CAD/CAM/CAE 入门与提高 系列丛书

Revit 2018 中文版 建筑设计入门与提高

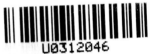

CAD/CAM/CAE技术联盟◎编著

清华大学出版社
北京

内 容 简 介

本书编者根据自己多年实践经验及学习者的心理，总结出 Revit 2018 中文版的新功能及各种基本操作方法和技巧。全书共 14 章，内容包括 Revit 2018 简介、绘图环境设置、基本绘图工具、族、概念体量、模型布局、结构设计、墙设计、门窗设计、板设计、屋顶设计、楼梯设计、房间图例和家具布置、施工图设计等知识。在介绍该软件的过程中，注重由浅入深、从易到难，各章节既相对独立又前后关联。

本书内容翔实、图文并茂、语言简洁、思路清晰、实例丰富，可以作为相关院校的教材，也可作为初学者的自学指导书。

图书在版编目(CIP)数据

Revit 2018 中文版建筑设计入门与提高/CAD/CAM/CAE 技术联盟编著．—北京：清华大学出版社，2019

(CAD/CAM/CAE 入门与提高系列丛书)

ISBN 978-7-302-51350-6

Ⅰ．①R…　Ⅱ．①C…　Ⅲ．①建筑设计－计算机辅助设计－应用软件　Ⅳ．①TU201.4

中国版本图书馆 CIP 数据核字(2018)第 229196 号

责任编辑：赵益鹏　赵从棉
封面设计：李召霞
责任校对：刘玉霞
责任印制：丛怀宇

出版发行：清华大学出版社
　　网　　址：http://www.tup.com.cn，http://www.wqbook.com
　　地　　址：北京清华大学学研大厦 A 座　　**邮　　编**：100084
　　社 总 机：010-62770175　　**邮　　购**：010-62786544
　　投稿与读者服务：010-62776969，c-service@tup.tsinghua.edu.cn
　　质量反馈：010-62772015，zhiliang@tup.tsinghua.edu.cn
印 装 者：三河市铭诚印务有限公司
经　　销：全国新华书店
开　　本：185mm×260mm　　**印　　张**：27.75　　**字　　数**：638 千字
版　　次：2019 年 1 月第 1 版　　**印　　次**：2019 年 1 月第 1 次印刷
定　　价：79.80 元

产品编号：073760-01

前言
Preface

建筑信息模型（BIM）是一种数字信息的应用，利用 BIM 可以显著提高建筑工程整个进程的效率，并大大降低风险的发生。在一定范围内，BIM 可以模拟实际的建筑工程建设行为。BIM 还可以四维模拟实际施工，以便在早期设计阶段就发现后期真正施工阶段会出现的各种问题，进行提前处理，为后期活动打下坚实的基础，在后期施工时能作为施工的实际指导，也能作为可行性指导，以提供合理的施工方案及人员进行材料的合理配置，从而最大范围内实现资源合理利用。

Revit 软件专为 BIM 而构建，是以从设计、施工到运营的协调以及可靠的项目信息为基础而构建的集成流程。采用 Revit，建筑公司可以在整个流程中使用一致的信息来设计和绘制创新项目，并且还可以通过精确实现建筑外观的可视化来支持更好的沟通，模拟真实性能，以便让项目各方了解成本、工期与环境影响。

一、本书特点

☑ 作者权威

本书由 Autodesk 中国认证考试管理中心首席专家胡仁喜博士领衔的 CAD/CAM/CAE 技术联盟编写，所有编者都是在高校从事计算机辅助设计教学研究多年的一线人员，具有丰富的教学实践经验与教材编写经验，前期出版的一些相关书籍经过市场检验很受读者欢迎。多年的教学工作使他们能够准确地把握学生的心理与实际需求，本书由作者总结多年的设计经验以及教学的心得体会，历时多年的精心准备编写而成，力求全面、细致地展现 Revit 软件在建筑设计应用领域的各种功能和使用方法。

☑ 实例丰富

对于 Revit 这类专业软件在建筑设计领域应用的工具书，我们力求避免空洞的介绍和描述，而是步步为营，逐个知识点采用建筑设计实例演绎，这样读者在实例操作过程中就能牢固掌握软件功能。本书实例的种类非常丰富，有知识点讲解的小实例，有几个知识点或全章知识点综合的实例，有练习提高的上机实例，最后还有完整实用的工程案例。各种实例交错讲解，以达到巩固读者理解的目标。

☑ 突出提升技能

本书从全面提升 Revit 实际应用能力的角度出发，结合大量的案例来讲解如何利用 Revit 软件进行建筑设计，以使读者了解 Revit 并能够独立地完成各种建筑设计与制图。

本书中有很多实例本身就是建筑设计项目案例，经过作者精心提炼和改编，不仅可以使读者学好知识点，更重要的是能够帮助读者掌握实际的操作技能，同时培养其建筑设计实践能力。

二、本书的基本内容

本书重点介绍 Revit 2018 中文版的新功能及各种基本操作方法和技巧。全书共 14 章，内容包括 Revit 2018 简介、绘图环境设置、基本绘图工具、族、概念体量、模型布局、结构设计、墙设计、门窗设计、板设计、屋顶设计、楼梯设计、房间图例和家具布置、施工图设计等知识。各章之间紧密联系，前后呼应。

三、本书的配套资源

0-1

本书通过二维码扫码下载提供了极为丰富的学习配套资源，期望读者在最短的时间内学会并精通这门技术。

1. 配套教学视频

本书专门制作了 15 个经典中小型案例，1 个大型综合工程应用实例，226 分钟教材实例同步微视频，读者可以先看视频，像看电影一样轻松愉悦地学习本书内容，然后对照课本加以实践和练习，这样可以大大提高学习效率。

2. 全书实例的源文件和素材

本书附带了很多实例，包含实例和练习实例的源文件和素材，读者可以安装 Revit 2018 软件，打开并使用它们。

四、关于本书的服务

1. 关于本书的技术问题或有关本书信息的发布

读者朋友遇到有关本书的技术问题，可以登录网站 http://www.sjzswsw.com 或将问题发到邮箱 win760520@126.com，我们将及时回复；也欢迎加入图书学习交流群 QQ：725195807 交流探讨。

2. 安装软件的获取

按照本书上的实例进行操作练习，以及使用 Revit 进行建筑设计与制图时，需要首先在计算机上安装相应的软件。读者可从网络中下载相应软件，或者从软件经销商处购买。QQ 交流群也会提供下载地址和安装方法教学视频，需要的读者可以关注。

本书主要由 CAD/CAM/CAE 技术联盟编写，具体参与编写的人员有胡仁喜、刘昌丽、康士廷、王敏、闫聪聪、杨雪静、李亚莉、李兵、甘勤涛、王培合、王艳池、王玮、孟培、张亭、王佩楷、孙立明、王玉秋、王义发、解江坤、秦志霞、井晓翠等。本书的编写和出版得到了很多朋友的大力支持，值此图书出版发行之际，向他们表示衷心的感谢。

书中主要内容来自作者几年来使用 Revit 的经验总结，也有部分内容取自国内外有关文献资料。虽然笔者几易其稿，但由于水平有限，加之时间仓促，书中纰漏与失误在所难免，恳请广大读者批评指正。

作　者

2018 年 10 月

目　录

Contents

Note

Note

Note

Note

Note

Note

Note

第1章

Revit 2018简介

本章导读

Revit 作为一款专为建设行业 BIM 而构建的软件，可以帮助许多专业的设计和施工人员使用协调一致的基于模型的新办公方法与流程，将设计创意从最初的概念变为现实的构造。

学习要点

- Revit 的特性
- Revit 2018 的新增功能
- Revit 2018 的界面
- 文件管理

Note

1.1 Revit 概 述

Revit 软件专为建筑信息模型(BIM)而构建。BIM 是以从设计、施工到运营的协调、可靠的项目信息为基础而构建的集成流程。通过采用 BIM,建筑公司可以在整个流程中使用一致的信息来设计和绘制创新项目,并且还可以通过精确实现建筑外观的可视化来支持更好的沟通,模拟真实性能以便让项目各方了解成本、工期与环境影响。

在 Revit 模型中,所有的图纸、二维视图和三维视图以及明细表都是同一个基本模型数据库的信息表现形式。在图纸视图和明细表视图中操作时 Revit 将收集有关建筑项目的信息,并在模型的其他所有表现形式中协调该信息。Revit 参数化修改引擎可自动协调在任何位置进行的修改。

Revit 软件可以按照建筑师和设计师的思考方式进行设计,因此,可以提供更高质量、更加精确的建筑设计。Revit 通过使用专为支持建筑信息模型工作流而构建的工具,可以获取并分析概念,并可通过设计、文档和建筑保持用户的视野。强大的建筑设计工具可帮助用户捕捉和分析概念,以及保持从设计到建筑的各个阶段的一致性。

1.1.1 Revit 的特性

BIM 支持建筑师在施工前更好地预测竣工后的建筑,使他们在日益复杂的商业环境中保持竞争优势。

建筑行业的竞争极为激烈,我们需要采用独特的技术来充分发挥专业人员的技能和丰富经验。Revit 消除了很多庞杂的任务,许多用户使用后感到非常满意。

Revit 软件能够帮助用户在项目设计流程前期探究最新颖的设计概念和外观,并能在整个施工文档中忠实传达用户的设计理念。Revit 面向建筑信息模型(BIM)而构建,支持可持续设计、碰撞检测、施工规划和建造,同时帮助与工程师、承包商及业主更好地沟通协作。设计过程中的所有变更都会在相关设计与文档中自动更新,从而实现更加协调一致的流程,获得更加可靠的设计文档。

Revit 全面创新的概念设计功能带来易用工具,可帮助用户进行自由形状建模和参数化设计,并且还能够让用户对早期设计进行分析。借助这些功能,用户可以自由绘制草图,快速创建三维形状,交互地处理各个形状。可以利用内置的工具进行复杂形状的概念设计,为建造和施工准备模型。随着设计的持续推进,Revit 能够围绕最复杂的形状自动构建参数化框架,并为用户提供更高的创建控制能力、精确性和灵活性。从概念模型到施工文档的整个设计流程都在一个直观环境中完成。

1.1.2 常用术语

1. 项目

在 Revit 中,项目是单个设计信息数据库——建筑信息模型。项目文件中包含了建筑的所有设计信息,这些信息包括用于设计模型的构件、项目视图和设计图纸。通过使用单个项目文件,Revit 不仅可以轻松修改设计,还可以使修改反映在所有关联区域中，仅需要跟踪一个文件即可，方便项目管理。

2. 图元

在创建项目时，可以向设计添加 Revit 参数化建筑图元，Revit 软件按照类别、族和类型对图元进行分类。

3. 类别

类别是一组用于建筑设计进行建模或记录的图元。例如，模型图元类别包括墙、梁等，注释类别包括标记和文字注释等。

4. 族

族是某一类别中图元的类。族根据参照集的共用、使用上的相同和图形表示的相似来对图元进行分组，一个族中不同图元的部分或全部属性可能有不同的值，但是属性的设置是相同的。

5. 类型

每一个族都可以拥有多个类型，类型可以是族的特定尺寸，如 30×40 或楼板 150 等，也可以是样式，如尺寸标注的默认对齐样式或默认角度样式。

6. 实例

实例是放置在项目中的实际项，它们在建筑模型或图纸中都有特定的位置。

1.1.3 图元属性

在 Revit 中，放置在图纸中的每个图元都是某个族类型的一个实例。类型属性和实例属性是用来控制图元外观和行为的属性。

1. 类型属性

同一组类型属性由一个族中的所有图元共用，而且特定族类型的所有实例的每个属性都有相同的值，修改类型属性值会影响该类型当前和将来的所有实例。

2. 实例属性

一组共用的实例属性还适用于属于特定族类型的所有图元，但是这些属性的值可能会因图元在建筑或项目中的位置而异。例如，窗的尺寸标注是类型属性，但其在标高处的高程则是实例属性。同样，梁的剖面尺寸标注是类型属性，而梁的长度是实例属性。

修改实例属性的值只影响选择集内的图元或者将要放置的图元，例如，如果选择一个墙，并且在“属性”选项板上修改它的某个实例属性值，则只有该墙受到影响；如果选择一个用于放置墙的工具，并且修改该墙的某个实例属性值，则新值将应用于该工具放置的所有墙。

1.2 Revit 2018 的新增功能

Revit 2018 中新增了以下功能。

(1) 明细表的浏览器组织：若要支持用户的工作方式，除了视图和图纸外，还可自定义项目浏览器来过滤、编组和排序明细表。根据明细表/数量的属性或自定义参数，定义最多3个级别的过滤、6个级别的编组和排序条件。在明细表中选中构件时，三维模式下将高亮显示选中的构件。

(2) 更新后的图形和硬件选项："选项"对话框的"图形"选项卡经过重新组织，用来说明图形相关选项的影响。新的"硬件"选项卡提供了有关硬件设置的更多有意义信息。

(3) Dynamo 播放器支持脚本输入：Revit 设计师与工程师可在 Dynamo 播放器界面中提供 Dynamo 脚本的值，从而进一步发挥脚本的作用。Revit 用户可以快速更改输入值以调整当前模型的脚本。

(4) 新的族内容：Revit 2018 在窗、家具系统、家电设备、结构钢柱和框架形状、Steel Connection 的结构钢等族文件中添加了新的内容。

(5) FormIt Converter：在导入时，应用到 FormIt 图元的材质将传递到 Revit；将 FormIt 模型导入 Revit 时提高了模型保真度。

(6) 栏杆扶手：在编辑已重新作为图元主体的栏杆扶手的草图时，草图会显示在主体的标高上。

(7) 楼梯：在创建楼梯时，新增拾取标高自动生成并成组的功能，并且在组里可以仅选中相同高度的楼梯进行修改。

(8) 倾斜管道的多点布线：MEP 预制的"多点"布线工具现支持创建倾斜管道。

(9) 打印预制报告：现在可以从 Revit 中打印预制报告。

(10) 预制零件和部件：Structural Precast for Revit 是一款功能强大的以 BIM 为中心的产品，可用于为预浇平面图元进行建模和详细设计，提高了工程师、详图设计师和施工人员的工作效率。

(11) 自由形式钢筋：现在可以在复杂的土木工程结构图元或极具挑战性的建筑模型中，以平面或三维的方式为钢筋建模和添加细节。

(12) 可以连接 NWD/NWC 文件：Revit 现在可以连接 NWD/NWC 文件，相当于可以支持更多格式的文件。

(13) 新的注释功能：新的注释功能将使 Revit 导成 CAD 文件时图层分类更清晰与友善。

(14) 增加 Civil 3D 与 Revit 的接口：支持直接将 Civil 3D 的地形数据导入 Revit 中，如果原数据修改的话，简化了导入的步骤，可识别 Civil 3D 的经纬度。

(15) 地形：支持勘测或放样数据直接生成 Revit 地形。

1.3 Revit 2018 的界面

单击桌面上的 Revit 2018 图标，进入如图 1-1 所示的 Revit 2018 开始界面，单击"新建"按钮，新建一项目文件，进入 Revit 2018 绘图界面，如图 1-2 所示。

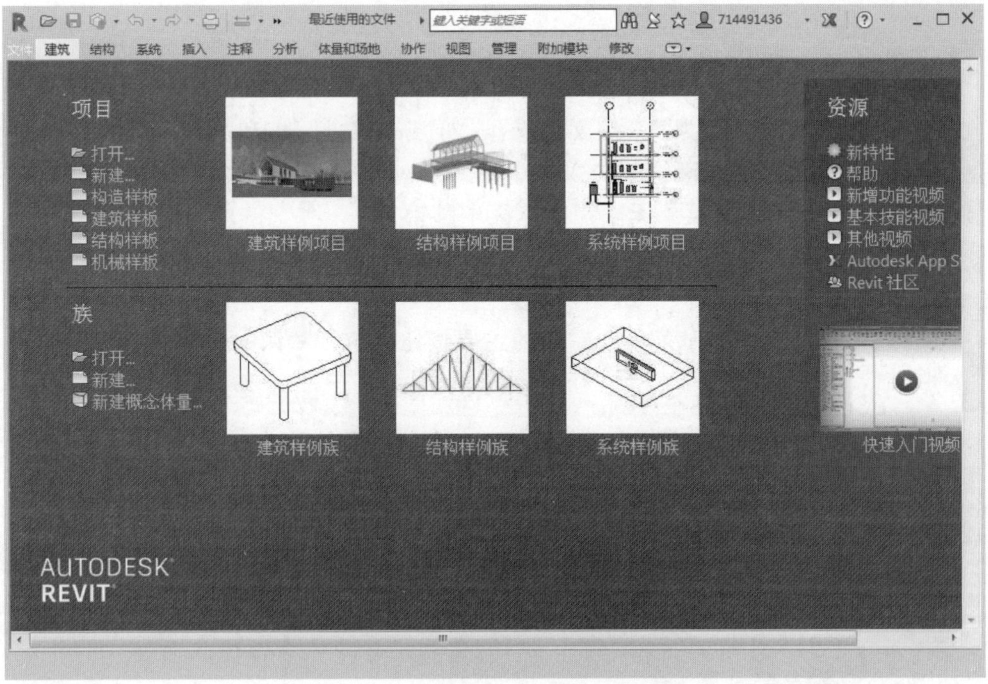

图 1-1　Revit 2018 开始界面

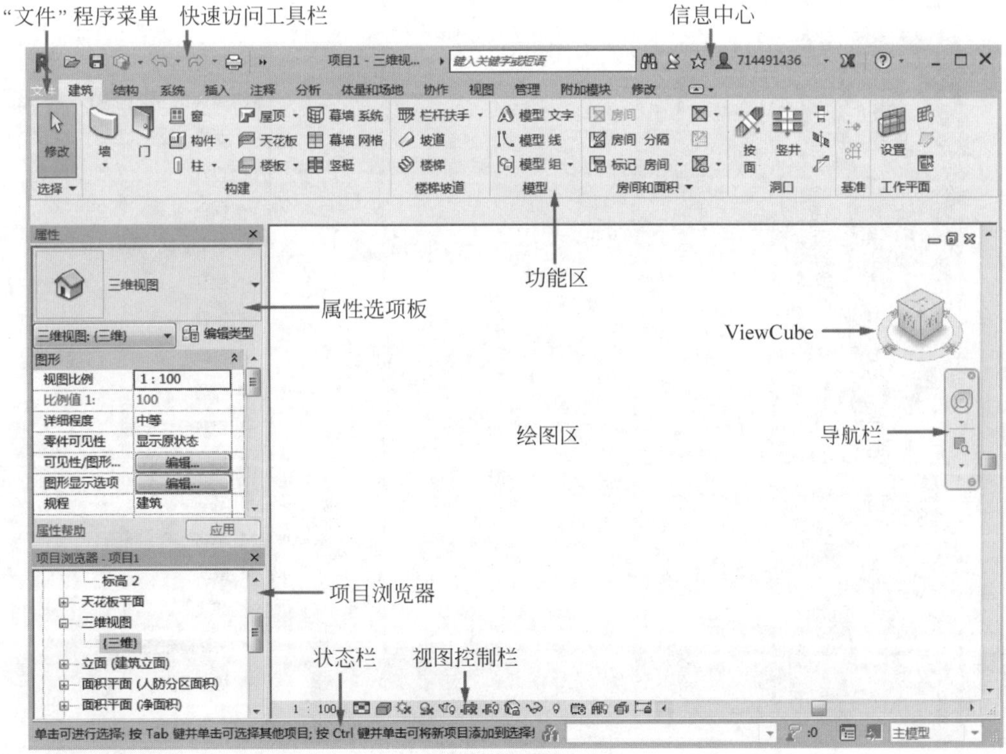

图 1-2　Revit 2018 绘图界面

1.3.1 “文件”程序菜单

“文件”程序菜单上提供了常用文件操作，如“新建”“打开”和“保存”等。还允许使用更高级的工具（如“导出”和“发布”）来管理文件。单击“文件”按钮打开程序菜单，如图 1-3 所示。“文件”程序菜单无法在功能区中移动。

要查看每个菜单的选择项，可单击其右侧的箭头，打开下一级菜单，单击所需的项进行操作。

可以直接单击应用程序菜单中左侧的主要按钮来执行默认的操作。

1.3.2 快速访问工具栏

快速访问工具栏中默认放置一些常用的工具按钮。

单击快速访问工具栏上的“自定义快速访问工具栏”按钮，打开如图 1-4 所示的下拉菜单，可以对该工具栏进行自定义，选中命令则在快速访问工具栏上显示，取消选中命令则隐藏。

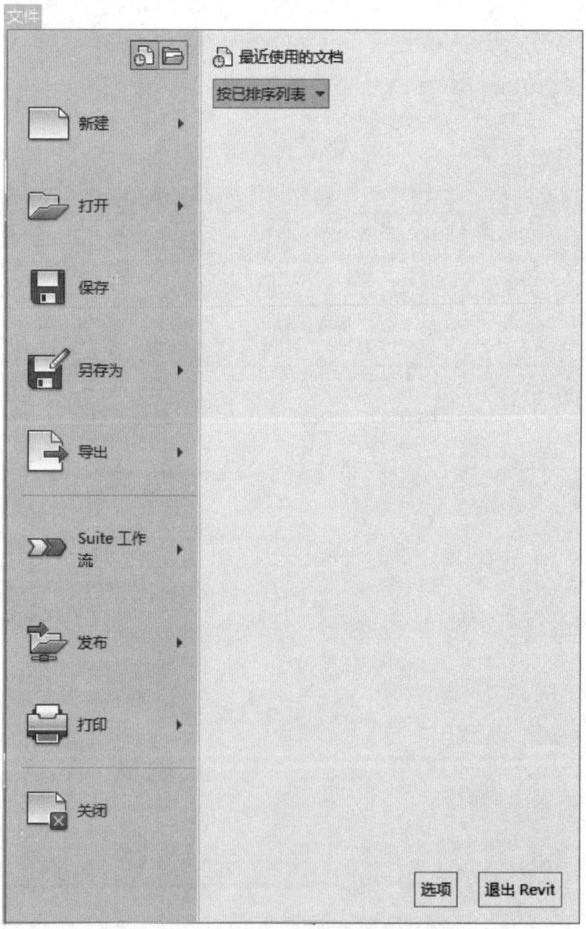

图 1-3 “文件”程序菜单

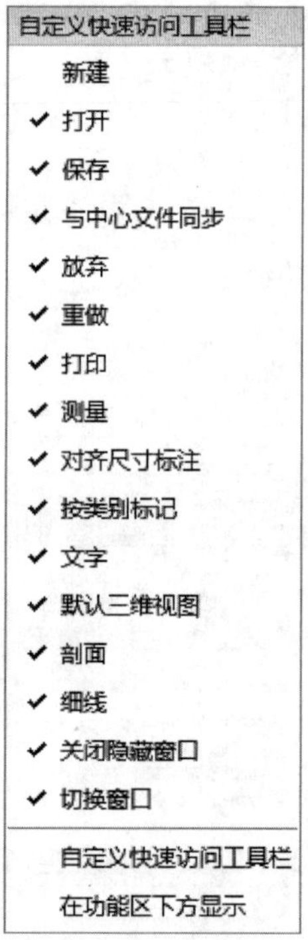

图 1-4 下拉菜单

在快速访问工具栏的某个工具按钮上右击，打开如图 1-5 所示的快捷菜单。在图 1-5 中，选择“从快速访问工具栏中删除”命令，将删除选中的工具按钮；选择“添加分隔符”命令，在工具的右侧添加分隔符线；单击“在功能区下方显示快速访问工具栏”命令，快速访问工具栏可以显示在功能区的上方或下方；单击“自定义快速访问工具栏”命令，打开如图 1-6 所示的“自定义快速访问工具栏”对话框，可以对快速访问工具栏中的工具按钮进行排序、添加或删除分割线。

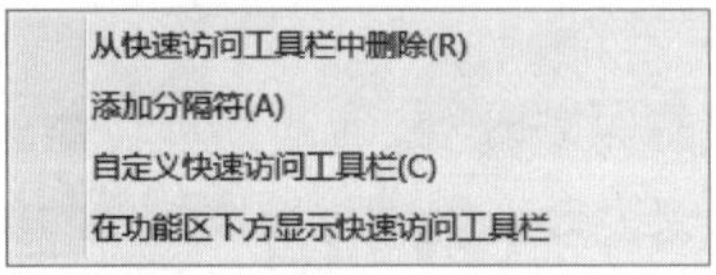

图 1-5　快捷菜单

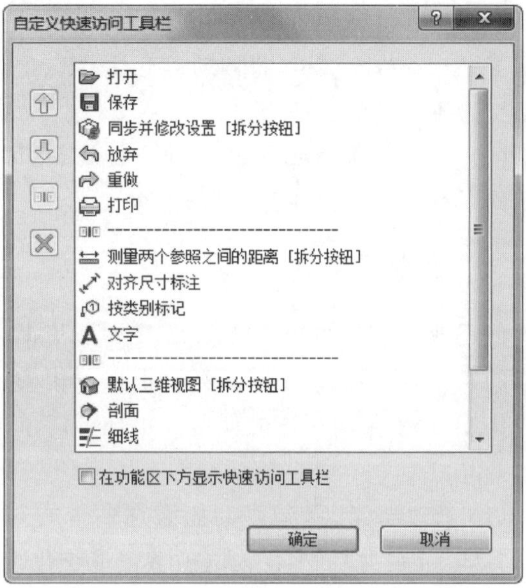

图 1-6　“自定义快速访问工具栏”对话框

- 上移按钮或下移按钮：在对话框的列表中选择命令，然后单击（上移）或（下移）按钮将该工具移动到所需位置。
- 添加分隔符按钮：选择要显示在分隔线上方的工具，然后单击此按钮，添加分隔线。
- 删除按钮：从工具栏中删除工具或分隔线。

在功能区中的任意工具按钮上右击，打开快捷菜单，然后选择“添加到快速访问工具栏”命令，将工具按钮添加到快速访问工具栏中。

注意：上下文功能区选项卡中的某些工具无法添加到快速访问工具栏中。

1.3.3　信息中心

该工具栏包括一些常用的数据交互访问工具，如图 1-7 所示，通过它可以访问许多与产品相关的信息源。

（1）搜索：在搜索框中输入要搜索信息的关键字，然后单击“搜索”按钮，可以在联机帮助中快速查找信息。

（2）通讯中心：可以接收支持信息、产品更新以及接收订阅的 RSS 提要的信息。

（3）收藏夹：显示所存储的重要链接。

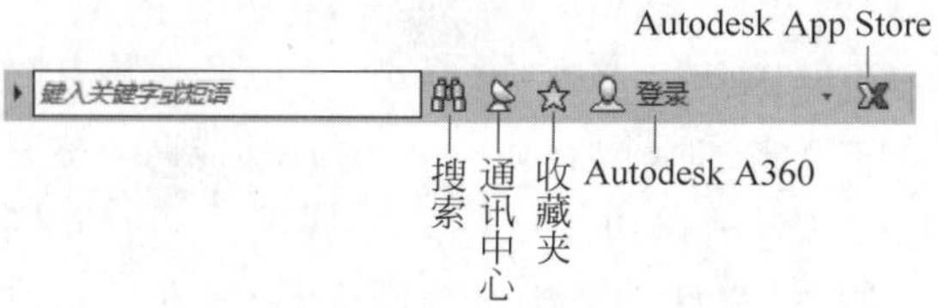

图 1-7 信息中心

(4) Autodesk A360：使用该工具可以访问与 Autodesk Account 相同的服务，但增加了 Autodesk A360 的移动性和协作优势。个人用户通过申请的 Autodesk 账户，可以登录到自己的云平台。

(5) Autodesk App Store：单击此按钮，可以登录到 Autodesk 官方的 App 网站下载不同系列软件的插件。

1.3.4 功能区

创建或打开文件时，功能区会显示系统提供创建项目或族所需的全部工具。调整窗口的大小时，功能区中的工具会根据可用的空间自动调整。每个选项卡集成了相关的操作工具，方便了用户的使用。用户可以单击功能区选项后面的 按钮控制功能的展开与收缩。

(1) 修改功能区：单击功能区选项卡右侧的向右箭头，系统提供了几种功能区的显示方式，分别为"最小化为选项卡""最小化为面板标题""最小化为面板按钮"和"循环浏览所有项"，如图 1-8 所示。

(2) 移动面板：面板可以在绘图区"浮动"，在面板上按住鼠标左键并拖动(图 1-9)，将其放置到绘图区域或桌面上即可。将光标放到浮动面板的右上角位置处，显示"将面板返回到功能区"，如图 1-10 所示。单击此处，使它变为"固定"面板。将光标移动到面板上以显示一个夹子，拖动该夹子到所需位置，移动面板。

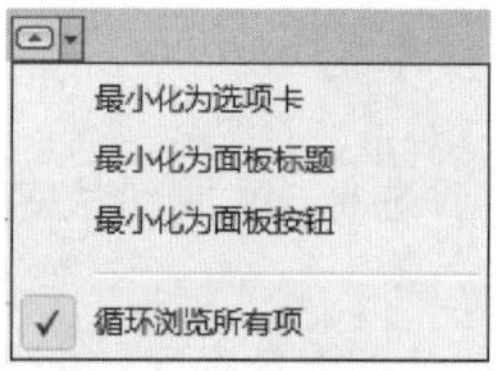

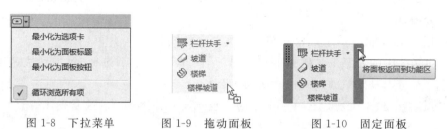

图 1-8 下拉菜单

图 1-9 拖动面板

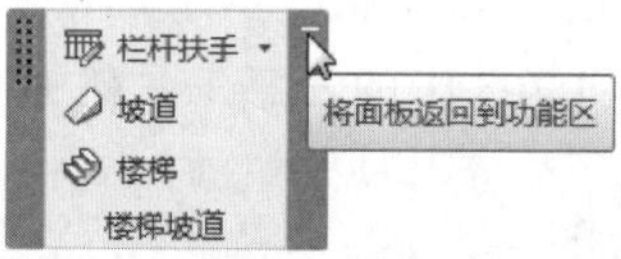

图 1-10 固定面板

(3) 展开面板：单击面板标题旁的箭头 可以展开该面板，以显示相关的工具和控件，如图 1-11 所示。默认情况下单击面板以外的区域时，展开的面板会自动关闭。单击图钉按钮 ，面板在其功能区选项卡显示期间始终保持展开状态。

(4) 上下文功能区选项卡：使用某些工具或者选择图元时，上下文功能区选项卡中会显示与该工具或图元的上下文相关的工具，如图 1-12 所示。退出该工具或清除选择时，该选项卡将关闭。

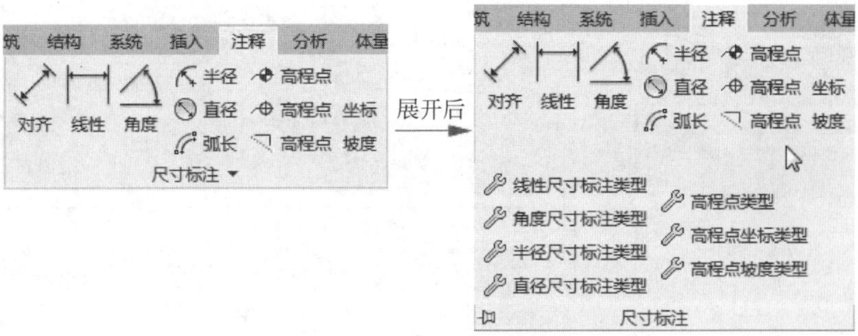

图 1-11 展开面板

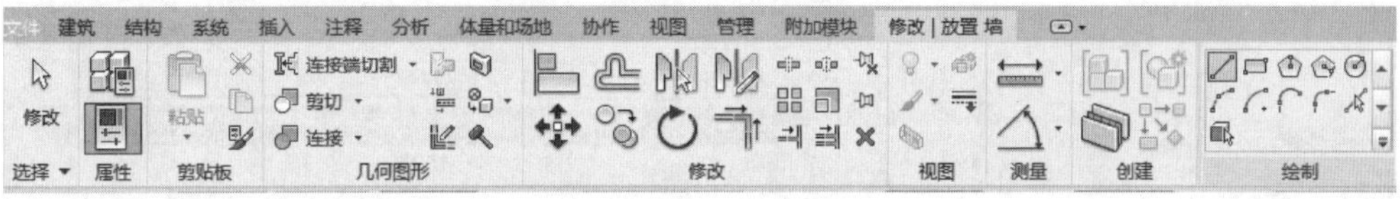

图 1-12 上下文功能区选项卡

1.3.5 “属性”选项板

“属性”选项板是一个无模式对话框，通过该对话框，可以查看和修改用来定义图元属性的参数。

第一次启动 Revit 时，“属性”选项板处于打开状态并固定在绘图区域左侧“项目浏览器”的上方，如图 1-13 所示。

1. 类型选择器

它可以显示当前选择的族类型，并提供一个可从中选择其他类型的下拉列表，如图 1-14所示。

2. 属性过滤器

该过滤器用来标识将由工具放置的图元类别，或者标识绘图区域中所选图元的类别和数量。如果选择了多个类别或类型，则选项板上仅显示所有类别或类型所共有的实例属性。当选择了多个类别时，使用过滤器的下拉列表可以仅查看特定类别或视图本身的属性。

3. “编辑类型”按钮

单击此按钮，打开相关的“类型属性”对话框，该对话框用来查看和修改选定图元或视图的类型属性，如图 1-15 所示。

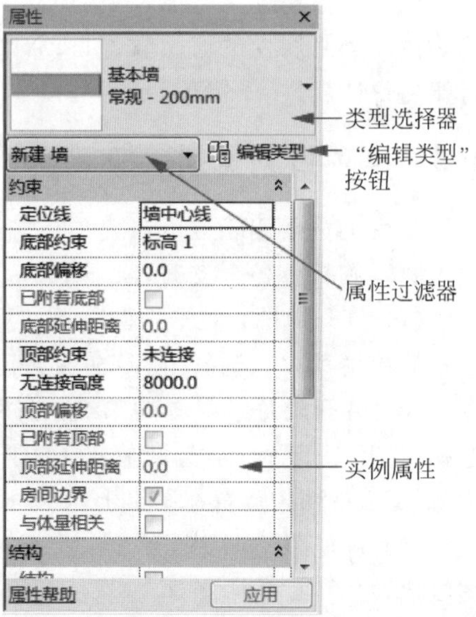

图 1-13 “属性”选项板

Note

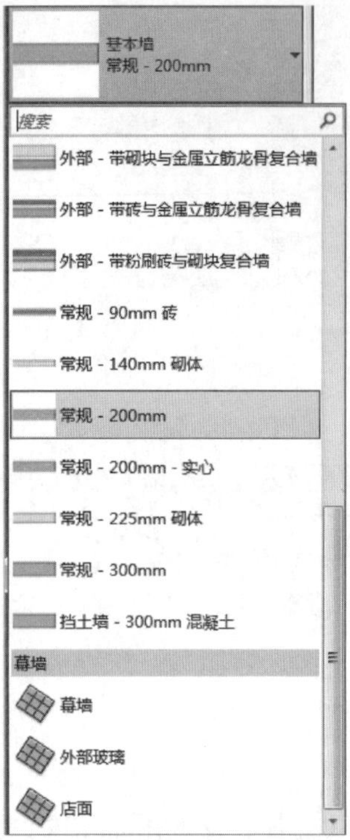

图 1-14　类型选择器下拉列表

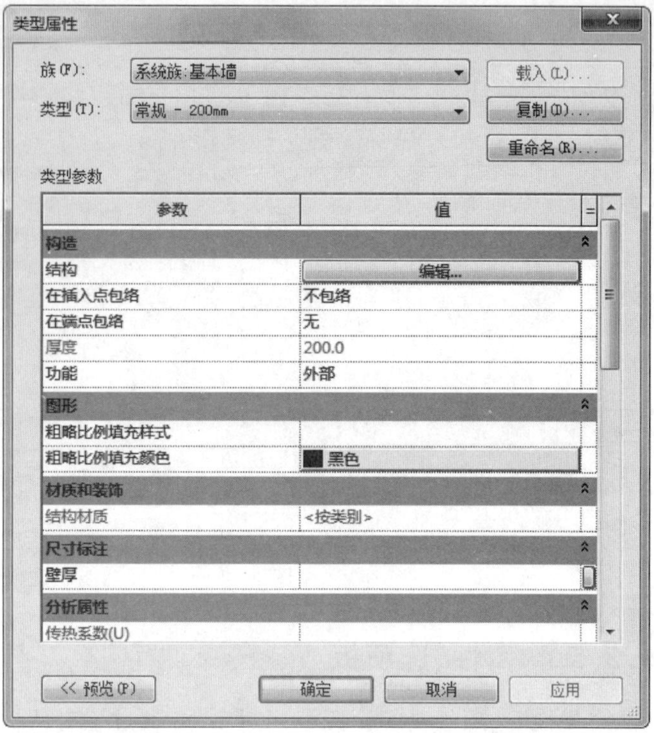

图 1-15　“类型属性”对话框

4. 实例属性

在大多数情况下，“属性”选项板中既显示可由用户编辑的实例属性，又显示只读实例属性。当某属性的值由软件自动计算或赋值，或者取决于其他属性的设置时，该属性可能是只读属性，不可编辑。

1.3.6　项目浏览器

项目浏览器用于显示当前项目中所有视图、明细表、图纸、组和其他部分的逻辑层次。展开和折叠各分支时，将显示下一层项目，如图 1-16 所示。

（1）打开视图：双击视图名称打开视图，也可以在视图名称上右击，打开如图 1-17 所示的快捷菜单，选择“打开”命令，打开视图。

（2）打开放置了视图的图纸：在视图名称上右击，打开如图 1-17 所示的快捷菜单，选择“打开图纸”命令，打开放置了视图的图纸。如果快捷菜单中的“打开图纸”选项不可用，则要么视图未放置在图纸上，要么视图是明细表或可放置在多个图纸上的图例视图。

（3）将视图添加到图纸中：将视图名称拖曳到图纸名称上或拖曳到绘图区域中的图纸上。

（4）从图纸中删除视图：在图纸名称下的视图名称上右击，在打开的快捷菜单中选择“从图纸中删除”命令，删除视图。

（5）单击“视图”选项卡“窗口”面板中的“用户界面”按钮，打开如图 1-18 所示的下拉列表，选中“项目浏览器”复选框。如果取消“项目浏览器”复选框的选中或单击项

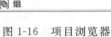

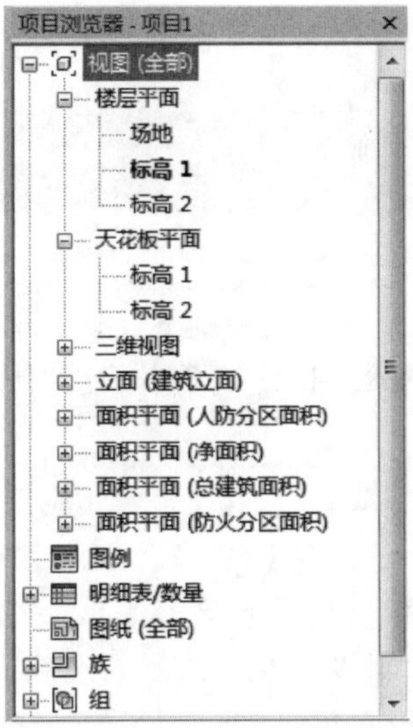

图 1-16　项目浏览器

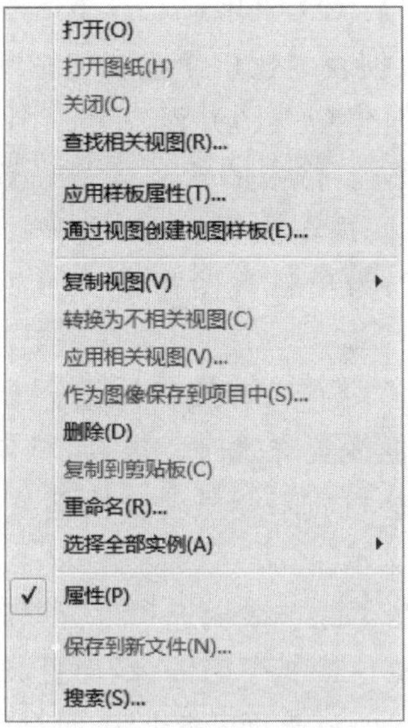

图 1-17　快捷菜单

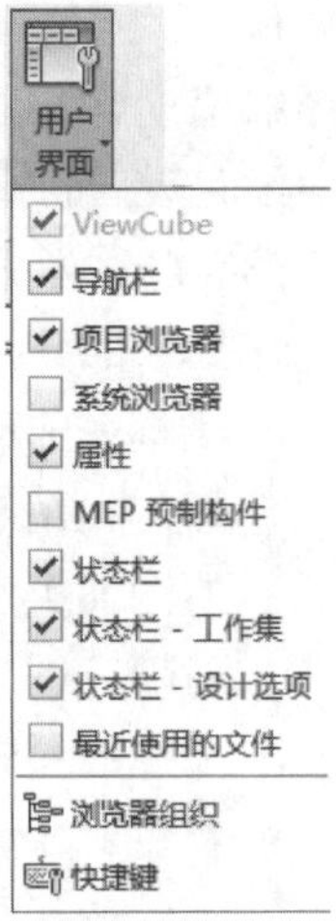

图 1-18　下拉列表

目浏览器顶部的“关闭”按钮 × ，则会隐藏项目浏览器。

(6) 拖曳项目浏览器的边框调整项目浏览器的大小。

(7) 在 Revit 窗口中拖曳浏览器移动光标时会显示一个轮廓，该轮廓指示浏览器将移动到的位置时松开鼠标，将浏览器放置到所需位置，还可以将项目浏览器从 Revit 窗口拖曳到桌面。

1.3.7　视图控制栏

视图控制栏位于视图窗口的底部，状态栏的上方，它可以控制当前视图中模型的显示状态，如图 1-19 所示。

(1) 比例：在图纸中用于表示对象的比例，可以为项目中的每个视图指定不同比例，也可以创建自定义视图比例。在比例上单击打开如图 1-20 所示的比例列表，选择需要的比例，也可以单击“自定义比例”选项，打开“自定义比例”对话框，输入比率的数值，如图 1-21 所示。

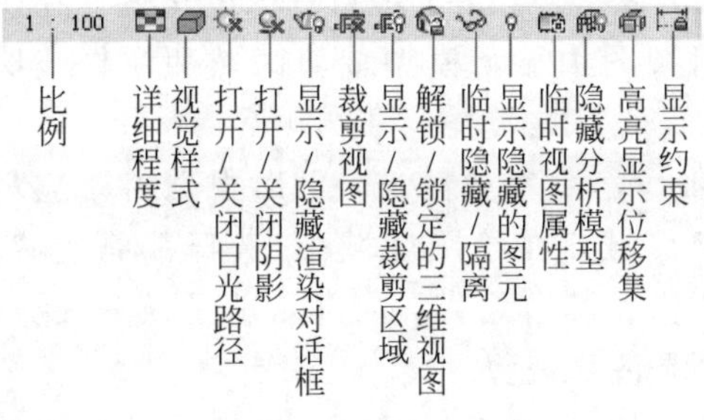

图 1-19　视图控制栏

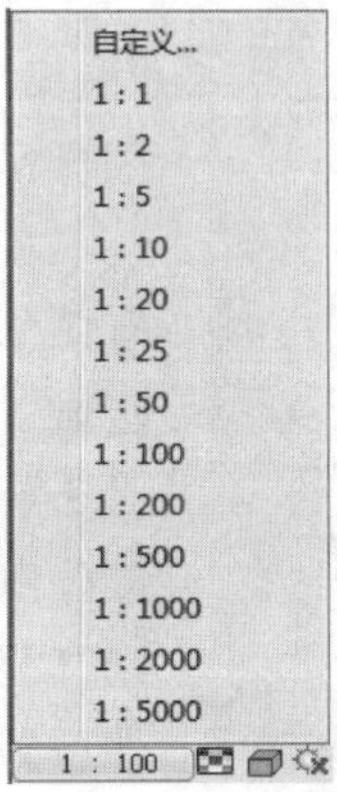

图 1-20　比例列表

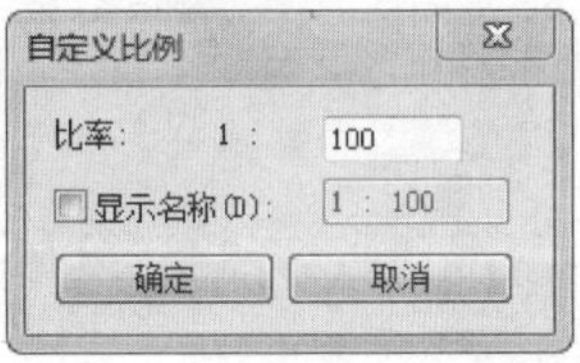

图 1-21　“自定义比例”对话框

Note

注意： 不能将自定义视图比例应用于该项目中的其他视图。

（2）详细程度：可根据视图比例设置新建视图的详细程度，包括粗略、中等和精细三种程度。当在项目中创建新视图并设置其视图比例后，视图的详细程度将会自动根据表格中的排列进行设置。通过预定义详细程度，可以影响不同视图比例下同一几何图形的显示。

（3）视觉样式：可以为项目视图指定许多不同的图形样式，如图1-22所示。

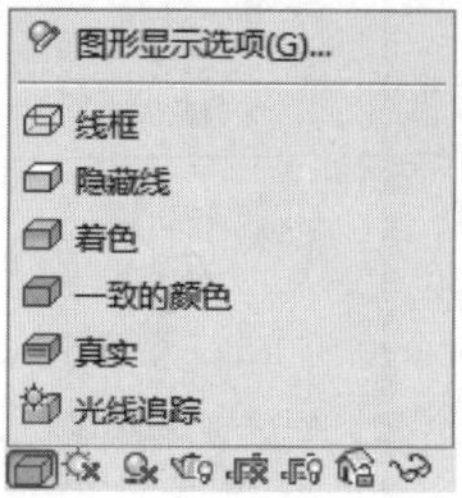

图1-22　视觉样式

- 线框：显示绘制了所有边和线而未绘制表面的模型图像。视图显示线框视觉样式时，可以将材质应用于选定的图元类型。这些材质不会显示在线框视图中，但是表面填充图案仍会显示。
- 隐藏线：显示绘制了除被表面遮挡部分以外的所有边和线的图像。
- 着色：显示处于着色模式下的图像，而且具有显示间接光及其阴影的选项。
- 一致的颜色：显示所有表面都按照表面材质颜色设置进行着色的图像。该样式会保持一致的着色颜色，使材质始终以相同的颜色显示，而无论以何种方式将其定向到光源。
- 真实：可在模型视图中即时显示真实材质外观。旋转模型时，表面会显示在各种照明条件下呈现的外观。

注意： "真实"视觉视图中不会显示人造灯光。

- 光线追踪：该视觉样式是一种照片级真实感渲染模式，该模式允许用户平移和缩放自己的模型。

（4）打开/关闭日光路径：控制日光路径可见性。在一个视图中打开或关闭日光路径时，其他任何视图都不受影响。

（5）打开/关闭阴影：控制阴影的可见性。在一个视图中打开或关闭阴影时，其他任何视图都不受影响。

（6）显示/隐藏渲染对话框：单击此按钮，打开"渲染"对话框，可进行照明、曝光、分辨率、背景和图像质量的设置，如图1-23所示。

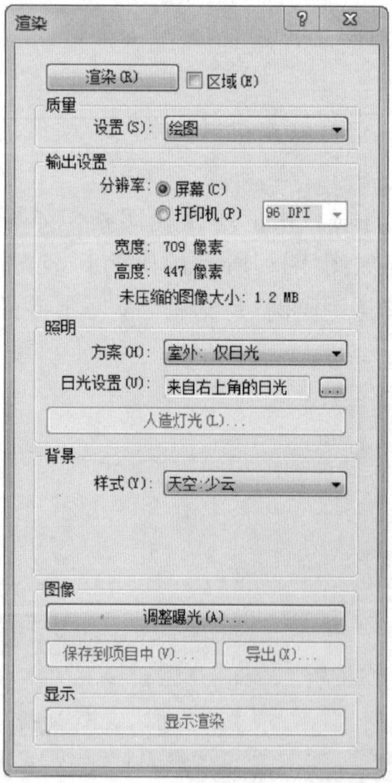

图1-23　"渲染"对话框

（7）裁剪视图：定义了项目视图的边界。在所有图形项目视图中显示模型裁剪区域和注释裁剪区域。

（8）显示/隐藏裁剪区域：可以根据需要显示或隐藏裁剪区域。在绘图区域中，选择裁剪区域，则会显示注释和模型裁剪。内部裁剪是模型裁剪，外部裁剪则是注释裁剪。

（9）解锁/锁定的三维视图：锁定三维视图的

Note

方向，以在视图中标记图元并添加注释记号。包括保存方向并锁定视图、恢复方向并锁定视图和解锁视图三个选项。

- 保存方向并锁定视图：将视图锁定在当前方向。在该模式中无法动态观察模型。
- 恢复方向并锁定视图：将解锁的、旋转方向的视图恢复到其原来锁定的方向。
- 解锁视图：解锁当前方向，从而允许定位和动态观察三维视图。

（10）临时隐藏/隔离：“隐藏”工具可在视图中隐藏所选图元，“隔离”工具可在视图中显示所选图元并隐藏所有其他图元。

（11）显示隐藏的图元：临时查看隐藏图元或将其取消隐藏。

（12）临时视图属性：包括启用临时视图属性、临时应用样板属性、最近使用的模板和恢复视图属性四种视图选项。

（13）隐藏分析模型：可以在任何视图中显示分析模型。

（14）高亮显示位移集：单击此按钮，启用高亮显示模型中所有位移集的视图。

（15）显示约束：在视图中临时查看尺寸标注和对齐约束，以解决或修改模型中的图元。“显示约束”绘图区域将显示一个彩色边框，以指示处于“显示约束”模式。所有约束都以彩色显示，而模型图元以半色调（灰色）显示。

1.3.8 状态栏

状态栏在屏幕的底部，如图 1-24 所示。状态栏会提供有关要执行的操作的提示。高亮显示图元或构件时，状态栏会显示族和类型的名称。

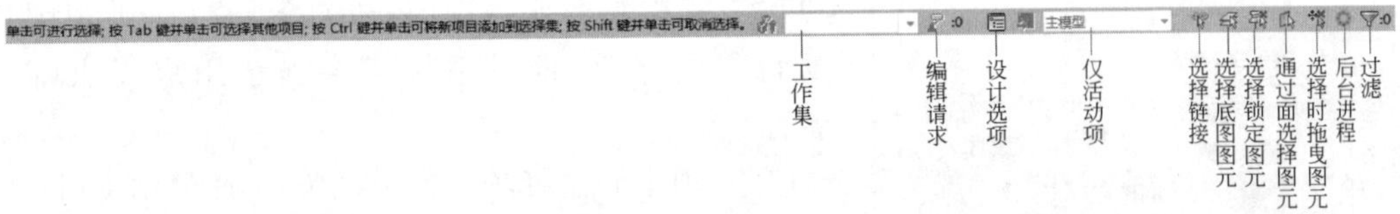

图 1-24 状态栏

（1）工作集：显示处于活动状态的工作集。

（2）编辑请求：对于工作共享项目，表示未决的编辑请求数。

（3）设计选项：显示处于活动状态的设计选项。

（4）仅活动项：用于过滤所选内容，以便仅选择活动的设计选项构件。

（5）选择链接：可在已链接的文件中选择链接和单个图元。

（6）选择底图图元：可在底图中选择图元。

（7）选择锁定图元：可选择锁定的图元。

（8）通过面选择图元：可通过单击某个面，来选中某个图元。

（9）选择时拖曳图元：不用先选择图元就可以通过拖曳操作移动图元。

（10）后台进程：显示在后台运行的进程列表。

（11）过滤：用于优化在视图中选定的图元类别。

Note

1.3.9 ViewCube

ViewCube 默认位于绘图区的右上方。通过 ViewCube 可以在标准视图和等轴测视图之间切换。

（1）单击 ViewCube 上的某个角，可以根据由模型的三个侧面定义的视口将模型的当前视图重定向到 3/4 视图；单击其中一条边缘，可以根据模型的两个侧面将模型的视图重定向到 1/2 视图；单击相应面，将视图切换到相应的主视图。

（2）如果从某个面视图中查看模型时 ViewCube 处于活动状态，则四个正交三角形会显示在 ViewCube 附近。使用这些三角形可以切换到某个相邻的面视图。

（3）单击或拖动 ViewCube 中指南针的东、南、西、北字样，切换到西南、东南、西北、东北等方向视图，或者将视图旋转到任意方向视图。

（4）单击“主视图”图标，不管目前是何种视图都会恢复到主视图方向。

（5）从某个面视图查看模型时，两个滚动箭头按钮会显示在 ViewCube 附近。单击图标，视图以 90°逆时针或顺时针进行旋转。

（6）单击“关联菜单”按钮，打开如图 1-25 所示的关联菜单。

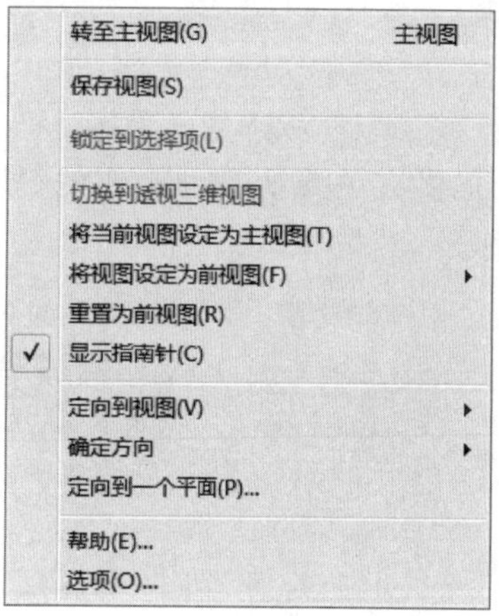

图 1-25 关联菜单

① 转至主视图：恢复随模型一同保存的主视图。

② 保存视图：使用唯一的名称保存当前的视图方向。此选项只允许在查看默认三维视图时使用唯一的名称将其保存。如果查看的是以前保存的正交三维视图或透视（相机）三维视图，则视图仅以新方向保存，而且系统不会提示用户提供唯一名称。

③ 锁定到选择项：当视图方向随 ViewCube 发生更改时，使用选定对象可以定义视图的中心。

④ 切换到透视三维视图：在三维视图的平行和透视模式之间切换。

⑤ 将当前视图设定为主视图：根据当前视图定义模型的主视图。

⑥ 将视图设定为前视图：在下拉菜单中定义前视图的方向，并将三维视图定向到该方向。

⑦ 重置为前视图：将模型的前视图重置为其默认方向。

⑧ 显示指南针：显示或隐藏围绕 ViewCube 的指南针。

⑨ 定向到视图：将三维视图设置为项目中的任何平面、立面、剖面或三维视图的方向。

⑩ 确定方向：将相机定向到北、南、东、西、东北、西北、东南、西南或顶部。

⑪ 定向到一个平面：将视图定向到指定的平面。

Note

1.3.10 导航栏

导航栏在绘图区域中，沿当前模型的窗口的一侧显示，包括“控制盘”和“区域放大”工具，如图 1-26 所示。

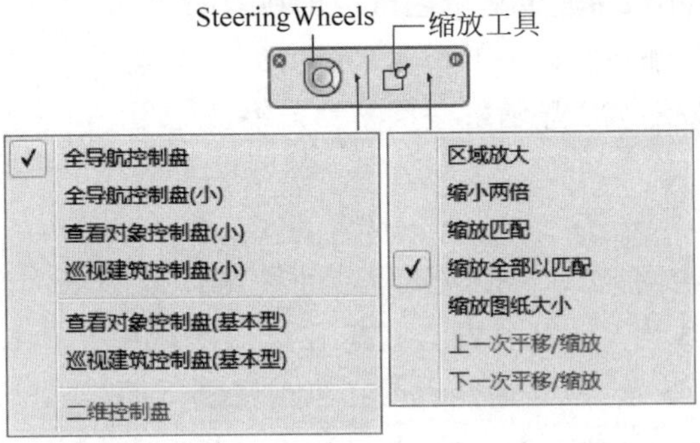

图 1-26 导航栏

1. SteeringWheels

它是控制盘的集合，通过这些控制盘，可以在专门的导航工具之间快速切换。每个控制盘都被分成不同的按钮。每个按钮都包含一个导航工具，用于重新定位模型的当前视图。它包含以下几种形式，如图 1-27 所示。

单击控制盘右下角的“显示控制盘菜单”按钮，打开如图 1-28 所示的控制盘菜单，菜单中包含了所有全导航控制盘的视图工具，单击“关闭控制盘”选项关闭控制盘，也可以单击控制盘上的“关闭”按钮，关闭控制盘。

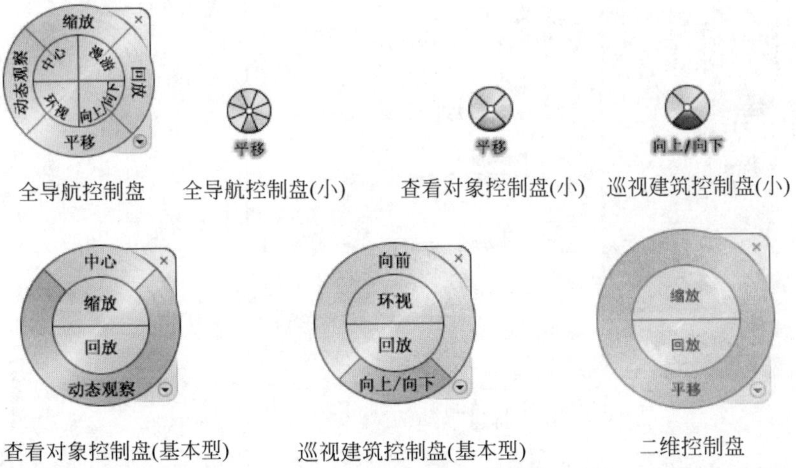

图 1-27 SteeringWheels

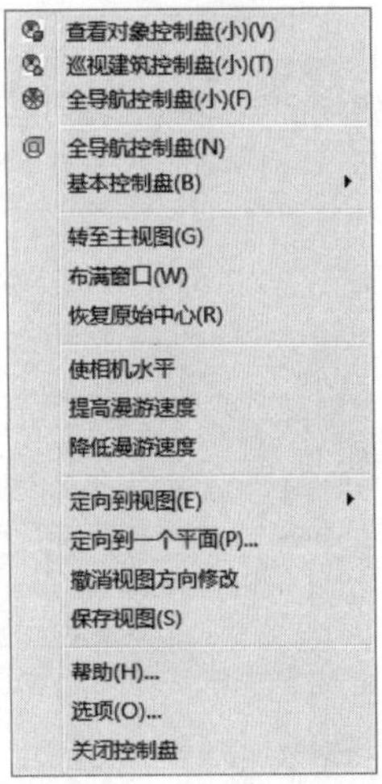

图 1-28 控制盘菜单

2. 缩放工具

缩放工具包括区域放大、缩小一半、缩放匹配、缩放全部以匹配、缩放图纸大小、上一次平移/缩放、下一次平移/缩放等工具。

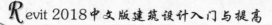

Note

(1) 区域放大：放大所选区域内的对象。
(2) 缩小一半：将视图窗口显示的内容缩小一半。
(3) 缩放匹配：缩放以显示所有对象。
(4) 缩放全部以匹配：缩放以显示所有对象的最大范围。
(5) 缩放图纸大小：缩放以显示图纸内的所有对象。
(6) 上一次平移/缩放：显示上一次平移或缩放结果。
(7) 下一次平移/缩放：显示下一次平移或缩放结果。

1.3.11 绘图区域

Revit 窗口中的绘图区域显示当前项目的视图以及图纸和明细表，每次打开项目中的某一视图时，默认情况下此视图会显示在绘图区域中其他打开的视图的上面。其他视图仍处于打开的状态，但是这些视图在当前视图下面。

绘图区域的背景颜色默认为白色。

1.4 文件管理

1.4.1 新建文件

单击"文件"程序菜单→"新建"下拉按钮，打开"新建"菜单，如图 1-29 所示，用于创建项目文件、族文件、概念体量等。

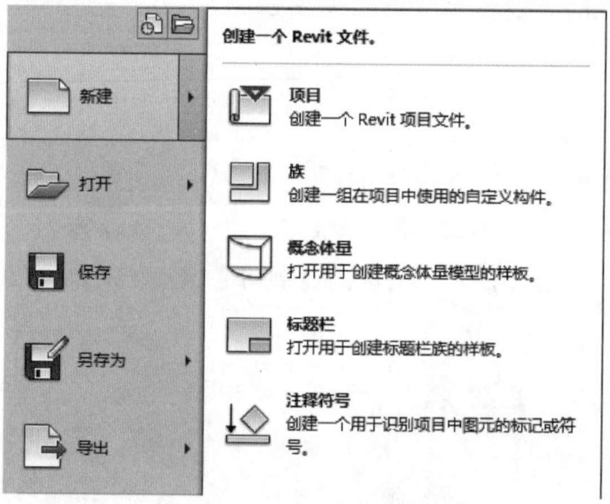

图 1-29 "新建"菜单

下面以新建项目文件为例介绍新建文件的步骤。

(1) 单击"文件"程序菜单→"新建"→"项目"命令，打开"新建项目"对话框，如图 1-30 所示。

(2) 在"样板文件"下拉列表框中选择样板，也可以单击"浏览"按钮，打开如图 1-31 所示的"选择样板"对话框，选择需要的样板，单击"打开"按钮，打开样板文件。

图 1-30　“新建项目”对话框

图 1-31　“选择样板”对话框

(3) 选择“项目”单选按钮，单击“确定”按钮，创建一个新项目文件。

注意：在 Revit 中，项目是整个建筑物设计的联合文件。建筑的所有标准视图、建筑设计图以及明细表都包含在项目文件中，只要修改模型，则所有相关的视图、施工图和明细表都会随之自动更新。

1.4.2　打开文件

单击“文件”程序菜单→“打开”下拉按钮，打开“打开”菜单，如图 1-32 所示，用于打开项目文件、族文件、Revit 文件、建筑构件文件、IFC 文件、样例文件等。

(1) 项目：单击此命令，打开“打开”对话框，在对话框中可以选择要打开的 Revit 项目文件和族文件，如图 1-33 所示。

- 核查：扫描、检测并修复模型中损坏的图元，此选项可能会大大增加打开模型所需的时间。
- 从中心分离：打开工作共享的本地模型，且使该模型独立于中心模型。
- 新建本地文件：打开中心模型的本地副本。

Note

图 1-32 “打开”文件

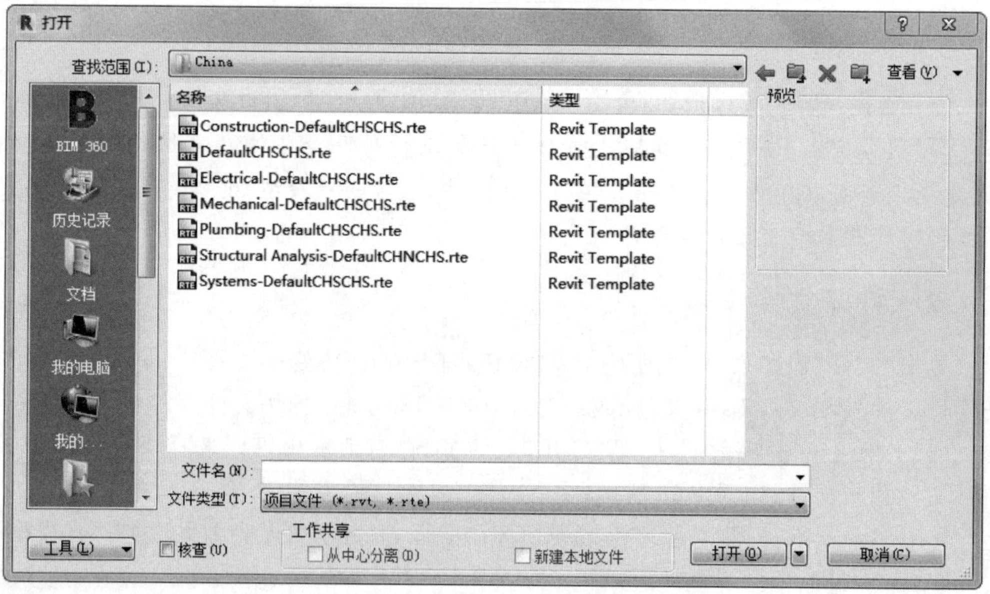

图 1-33 “打开”对话框(一)

(2) 族：单击此命令，打开"打开"对话框，可以打开软件自带族库中的族文件，或用户自己创建的族文件，如图 1-34 所示。

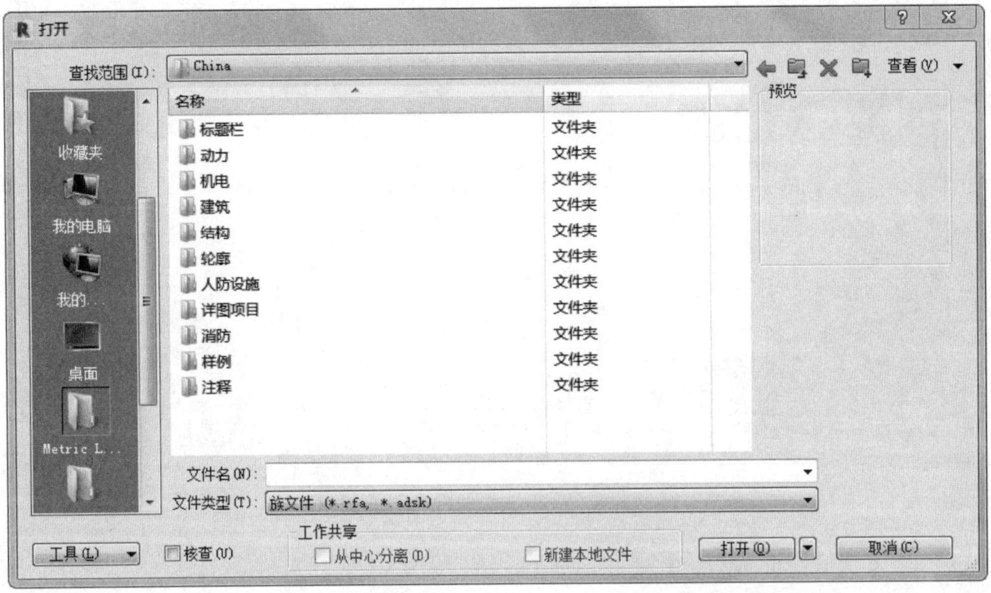

图 1-34　"打开"对话框(二)

(3) Revit 文件：单击此命令，可以打开 Revit 所支持的文件，例如.rvt、.rfa、.adsk 和.rte 文件，如图 1-35 所示。

图 1-35　"打开"对话框(三)

(4) 建筑构件：单击此命令，在对话框中选择要打开的 Autodesk 交换文件，如图 1-36所示。

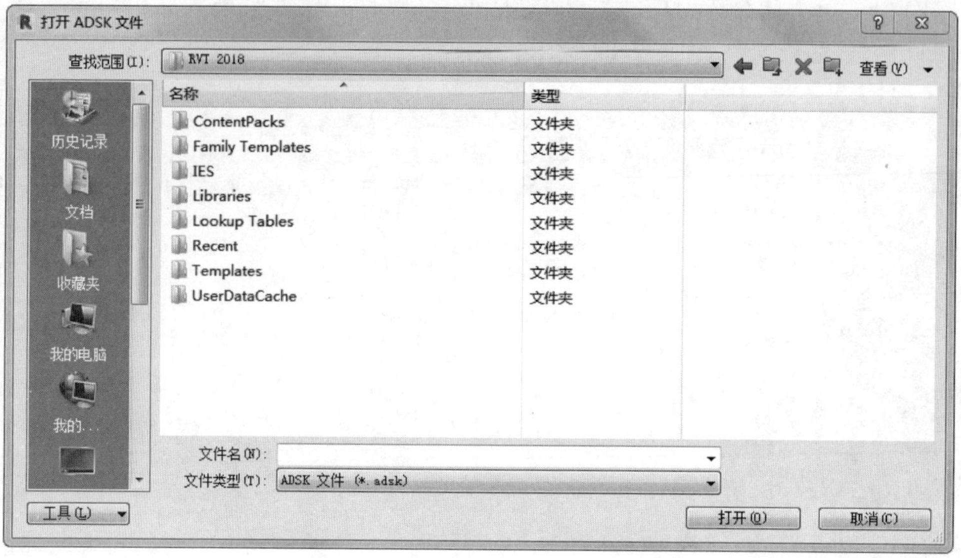

图 1-36 “打开 ADSK 文件”对话框

(5) IFC：单击此命令，在对话框中可以打开 IFC 类型文件，如图 1-37 所示。IFC 文件格式含有模型的建筑物或设施，也包括空间的元素、材料和形状。IFC 文件通常用于 BIM 工业程序之间的交互。

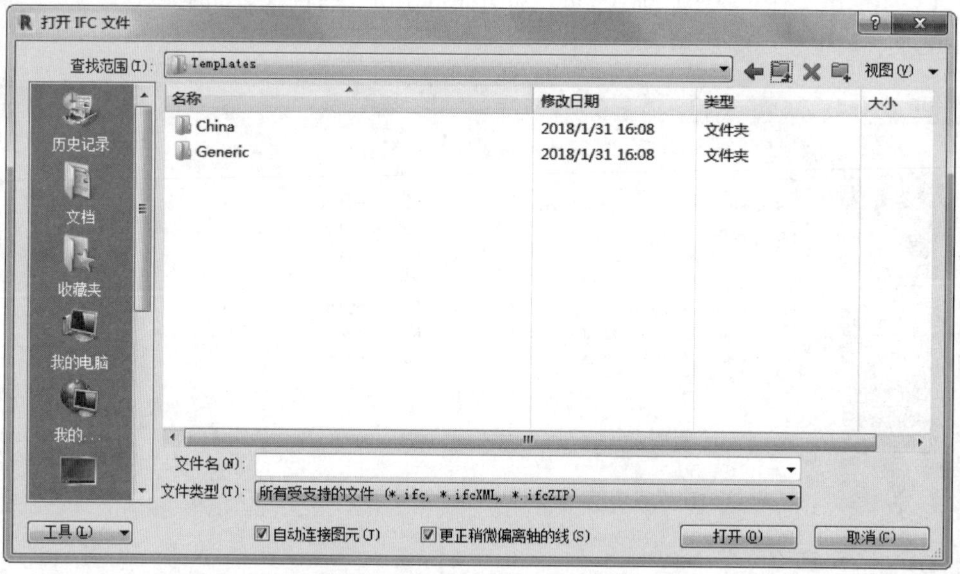

图 1-37 “打开 IFC 文件”对话框

(6) IFC 选项：单击此命令，打开“导入 IFC 选项”对话框，在该对话框中可以设置 IFC 类型名称对应的 Revit 类别，如图 1-38 所示。此命令只有在打开 Revit 文件的状态下才可以使用。

(7) 样例文件：单击此命令，打开“打开”对话框，可以打开软件自带的样例项目文件和族文件，如图 1-39 所示。

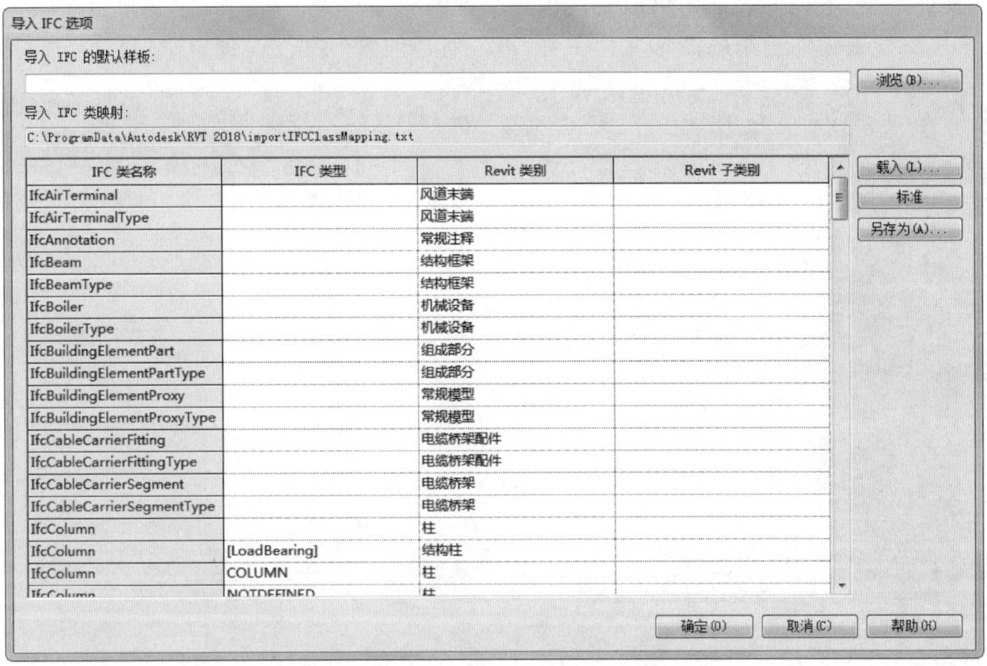

图 1-38 “导入 IFC 选项”对话框

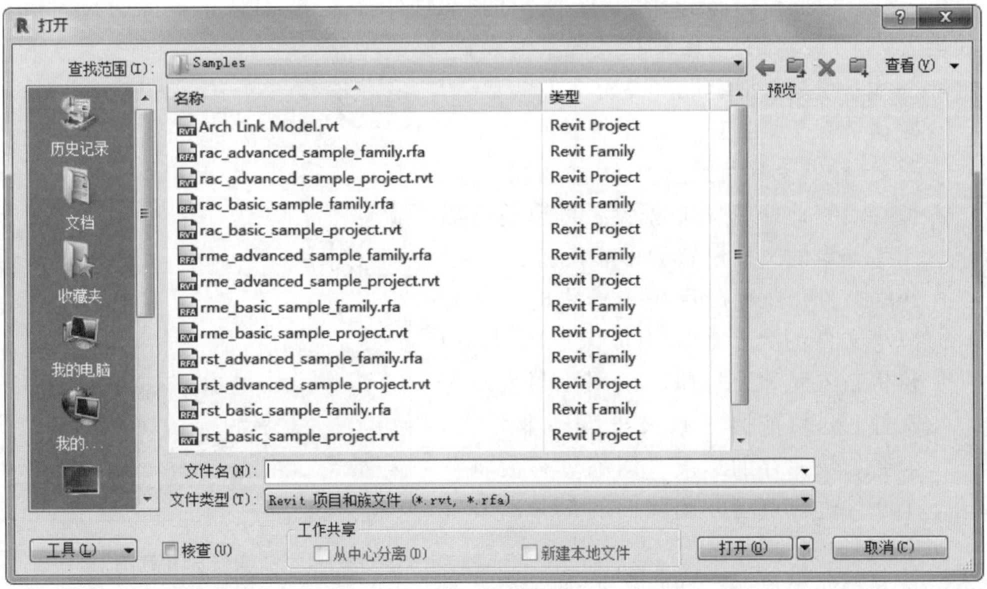

图 1-39 “打开”对话框(四)

1.4.3 保存文件

单击“文件”程序菜单→“保存”命令,可以保存当前项目、族文件、样板文件等。若文件已命名,则 Revit 会自动保存。若文件未命名,则系统打开“另存为”对话框(图 1-40),用户可以命名保存。在“保存于”下拉列表框中可以指定保存文件的路径;

Note

在“文件类型”下拉列表框中可以指定保存文件的类型。为了防止因意外操作或计算机系统故障导致正在绘制的图形文件丢失，可以对当前图形文件设置自动保存。

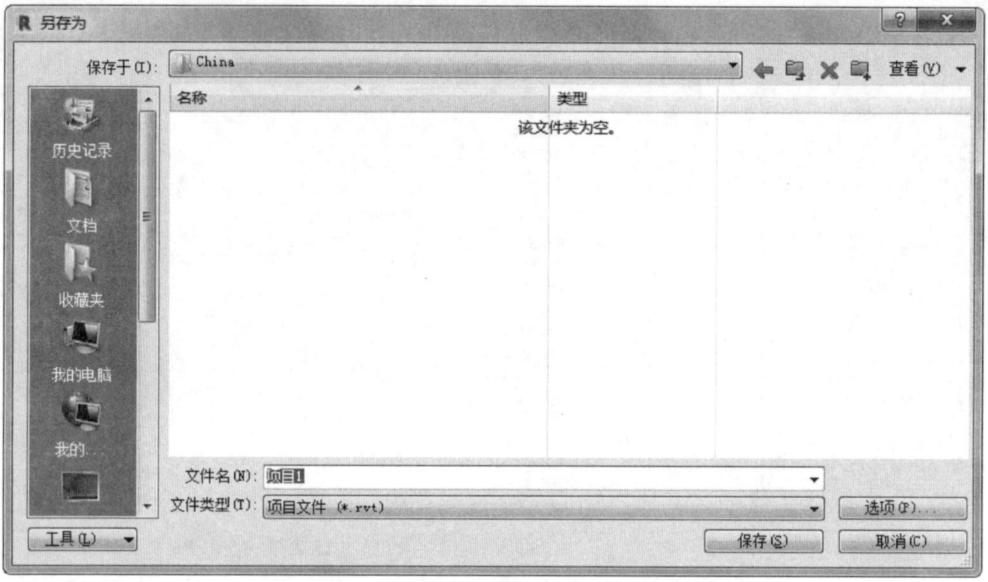

图 1-40　“另存为”对话框

单击“选项”按钮，打开如图 1-41 所示的“文件保存选项”对话框，可以指定备份文件的最大数量以及与文件保存相关的其他设置。

➢ 最大备份数：指定最多备份文件的数量。默认情况下，非工作共享项目有 3 个备份，工作共享项目最多有 20 个备份。

➢ 保存后将此作为中心模型：将当前已启用工作集的文件设置为中心模型。

➢ 压缩文件：保存已启用工作集的文件时减小文件的大小。在正常保存时，Revit 仅将新图元和经过修改的图元写入现有文件。这可能会导致文件变得非常大，但会加快保存的速度。压缩过程会将整个文件进行重写并删除旧的部分以节省空间。

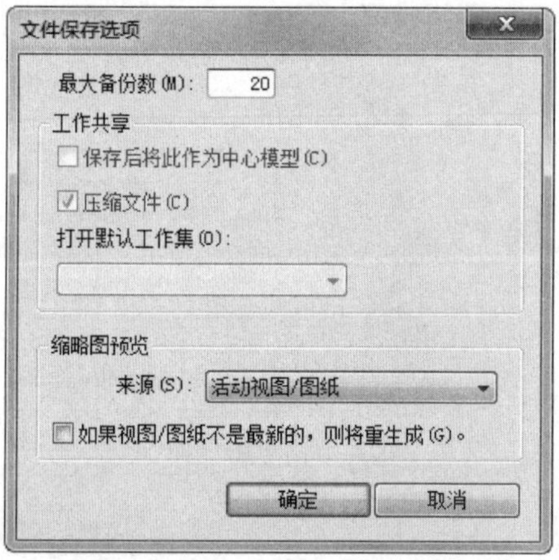

图 1-41　“文件保存选项”对话框

➢ 打开默认工作集：设置中心模型在本地打开时所对应的工作集默认设置。从该列表中，可以将一个工作共享文件保存为始终以下列选项之一为默认设置：“全部”“可编辑”“上次查看的”或者“指定”。用户修改该选项的唯一方式是选择“文件保存选项”对话框中的“保存后将此作为中心模型”，来重新保存新的中心模型。

缩略图预览：指定打开或保存项目时显示的预览图像。此选项的默认值为“活动视图/图纸”。Revit 只能从打开的视图创建预览图像。如果选中“如果视图/图纸不是最新的，则将重生成”复选框，则无论用户何时打开或保存项目，Revit 都会更新预览图像。

1.4.4　另存为文件

单击“文件”程序菜单→“另存为”下拉按钮，打开“另存为”菜单，如图 1-42 所示，可以将文件保存为项目、族、样板和库四种类型文件。

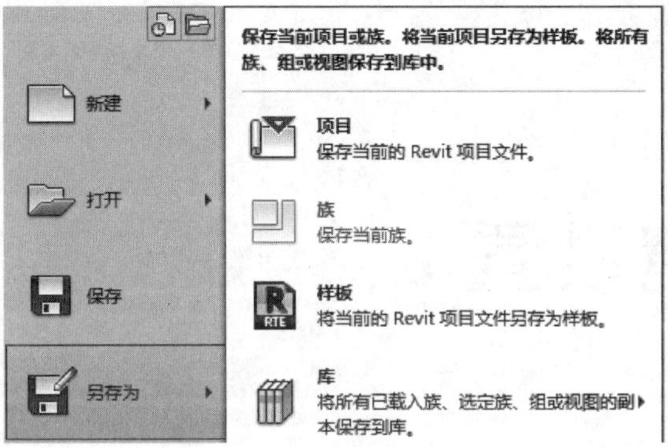

图 1-42　“另存为”菜单

执行其中一种命令后打开“另存为”对话框(图 1-43)，Revit 会用另存名保存，并把当前图形更名。

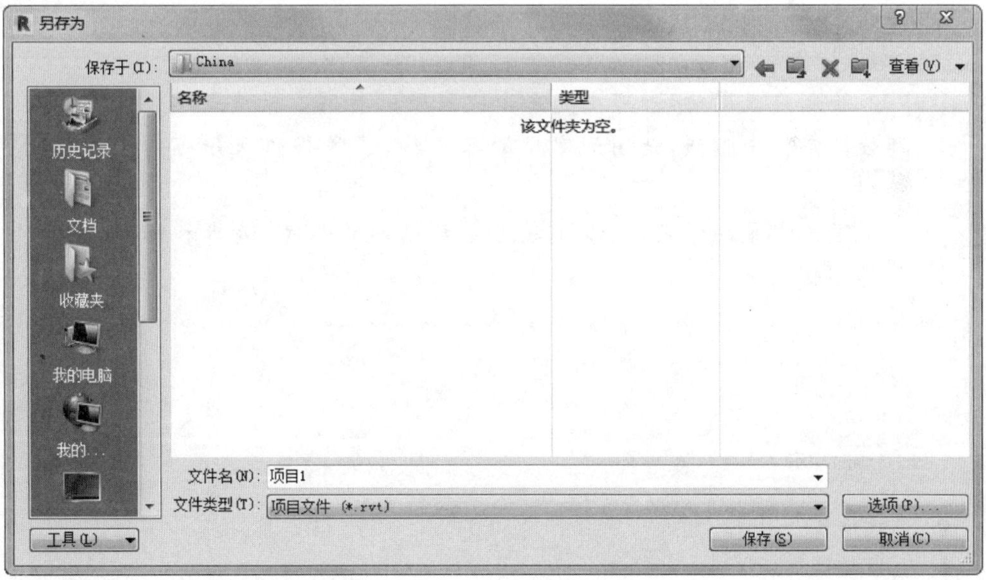

图 1-43　“另存为”对话框

第2章

绘图环境设置

本章导读

绘制建筑图时，一般要先画出建筑物的轴网。轴线是建筑物各组成部分的定位中心线，是图形定位的基准线，通常将网状分布的轴线称为轴网。

通过本章的学习，可以使读者掌握轴网的创建、编辑和标注以及轴号的编辑。

学习要点

- 系统设置
- 项目设置
- 图形设置

2.1　系统设置

“选项”对话框控制软件及其用户界面的各个方面。

单击“文件”程序菜单中的“选项”按钮，打开“选项”对话框，如图 2-1 所示。

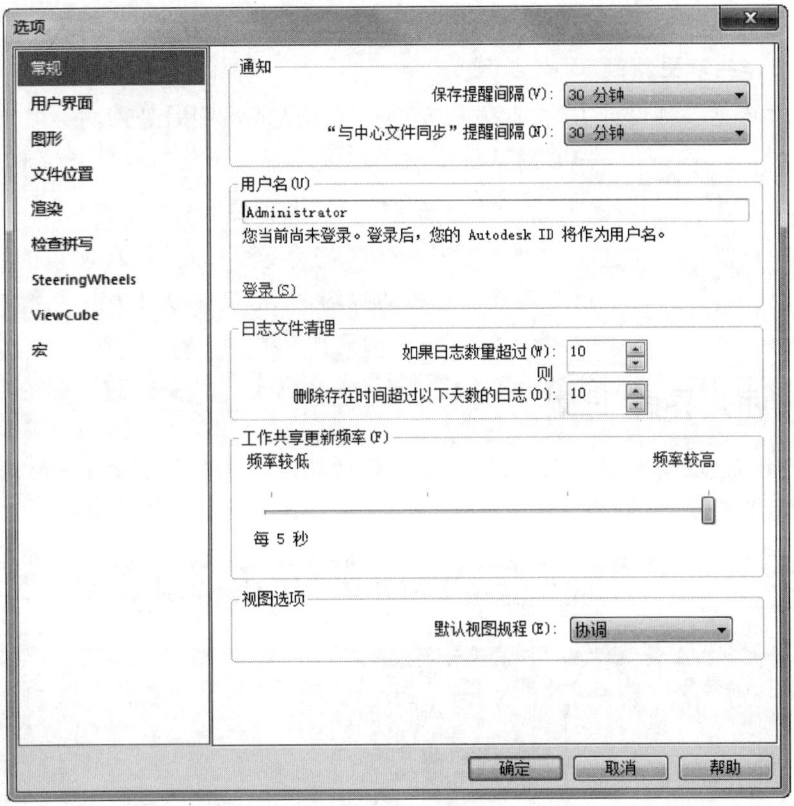

图 2-1　“选项”对话框

2.1.1　“常规”设置

在“常规”选项卡中可以设置通知、用户名、日志文件清理、工作共享更新频率和视图选项参数。

1. “通知”选项区

Revit 不能自动保存文件，可以通过“通知”选项区设置用户建立项目文件或族文件保存文档的提醒时间。在“保存提醒间隔”下拉列表框中选择保存提醒时间，保存提醒时间最少设置为 15 分钟。

2. “用户名”选项区

Revit 首次在工作站中运行时，使用 Windows 登录名作为默认用户名。在以后的设计中可以修改和保存用户名。如果需要使用其他用户名，以便在某个用户不可用时放弃该用户的图元，则先注销 Autodesk 账户，然后在“用户名”文本框中输入另一个用户的 Autodcsk 用户名。

3. “日志文件清理”选项区

日志文件是记录 Revit 任务中每个步骤的文本文档。这些文件主要用于软件支持进程。要检测问题或重新创建丢失的步骤或文件时，可运行日志。设置要保留的日志文件数量以及要保留的天数后，系统会自动进行清理，并始终保留设定数量的日志文件，后面产生的新日志会自动覆盖前面的日志文件。

4. “工作共享更新频率”选项区

工作共享是一种设计方法，此方法允许多名团队成员同时处理同一项目模型，拖动对话框中的滑块以设置工作共享的更新频率。

5. “视图选项”选项区

对于不存在默认视图样板，或存在视图样板但未指定视图规程的视图，指定其默认规程。系统提供了 6 种视图样板，如图 2-2 所示。

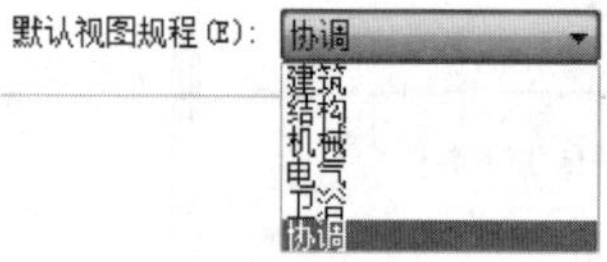

图 2-2 视图规程

2.1.2 “用户界面”设置

“用户界面”选项卡用来设置用户界面，包括功能区的设置、活动主题、快捷键的设置和选项卡的切换等，如图 2-3 所示。

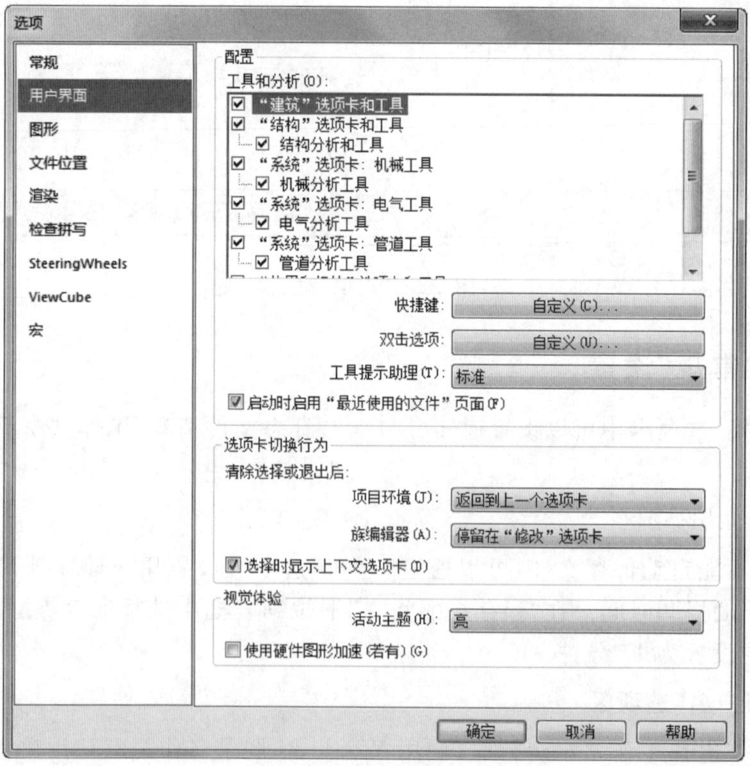

图 2-3 “用户界面”选项卡

1. “配置”选项区

(1) 工具和分析：可以通过选中或清除“工具和分析”下拉列表框中的复选框，控制用户界面功能区中选项卡的显示和关闭。例如：取消选中“‘建筑’选项卡和工具”复选框，单击“确定”按钮后，功能区中“建筑”选项卡不再显示，如图2-4所示。

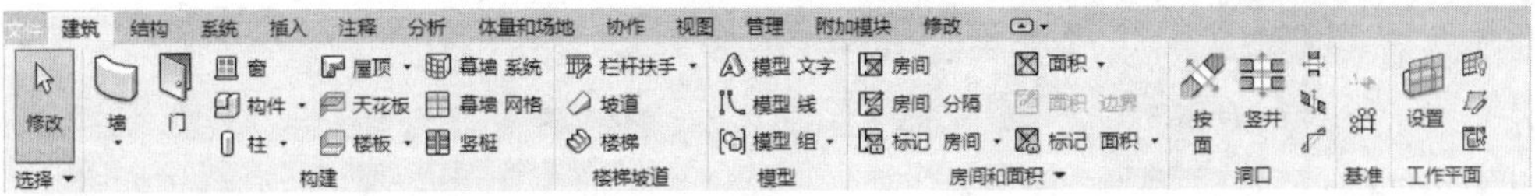

原始

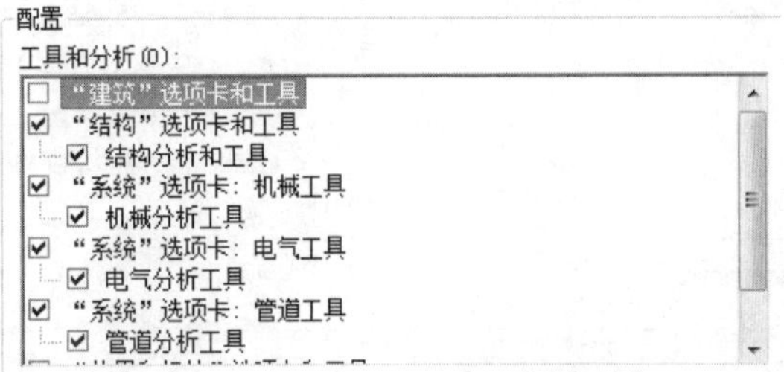

取消选中“‘建筑’选项卡和工具”复选框

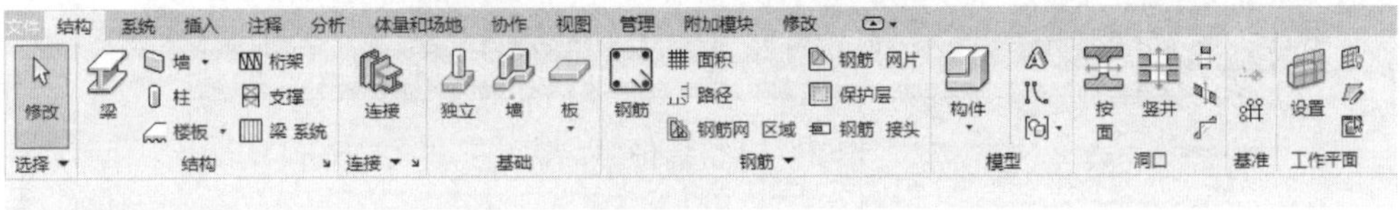

不显示“建筑”选项卡

图2-4 选项卡的关闭

(2) 快捷键：用于设置命令的快捷键。单击“自定义”按钮，打开“快捷键”对话框，如图2-5所示。设置快捷键的方法：搜索要设置快捷键的命令或者在列表中选择要设置快捷键的命令，然后在“按新建”文本框中输入快捷键，单击“指定”按钮 指定(A) ，添加快捷键。

(3) 双击选项：指定用于进入族、绘制的图元、部件、组等类型的编辑模式的双击动作。单击“自定义”按钮，打开如图2-6所示的“自定义双击设置”对话框，选择图元类型，然后在对应的双击栏中单击，右侧会出现下拉箭头，单击箭头，在打开的下拉列表框中选择对应的双击操作，单击“确定”按钮，完成双击设置。

(4) 工具提示助理：工具提示提供有关用户界面中某个工具或绘图区域中某个项目的信息，或者在工具使用过程中提供下一步操作的说明。将光标停留在功能区的某个工具之上时，默认情况下，Revit会显示工具提示。工具提示提供该工具的简要说明。如果光标在该功能区工具上再停留片刻，则会显示附加的信息(如果有)，如图2-7所示。系统提供了无、最小、标准和高四种类型。

① 无：关闭功能区工具提示和画布中工具提示，使它们不再显示。

② 最小：只显示简要的说明，而隐藏其他信息。

③ 标准：为默认选项。当光标移动到工具上时，显示简要的说明，如果光标再停留片刻，则接着显示更多信息。

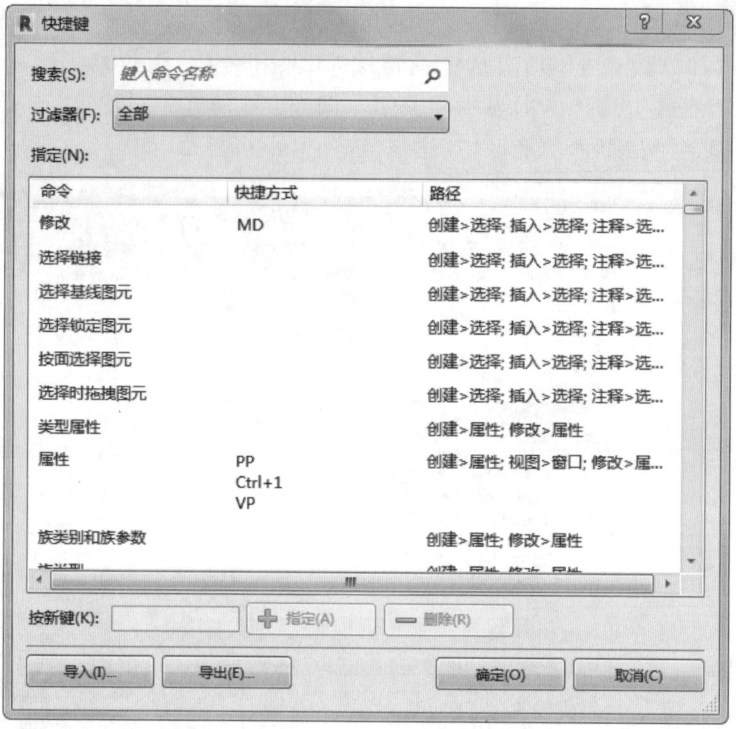

图 2-5 “快捷键”对话框

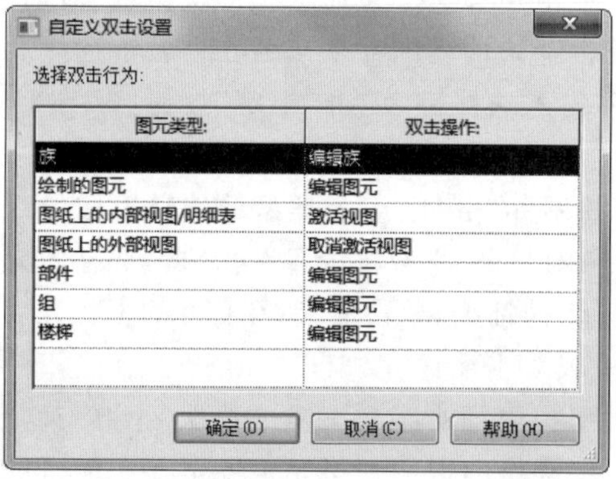

图 2-6 “自定义双击设置”对话框

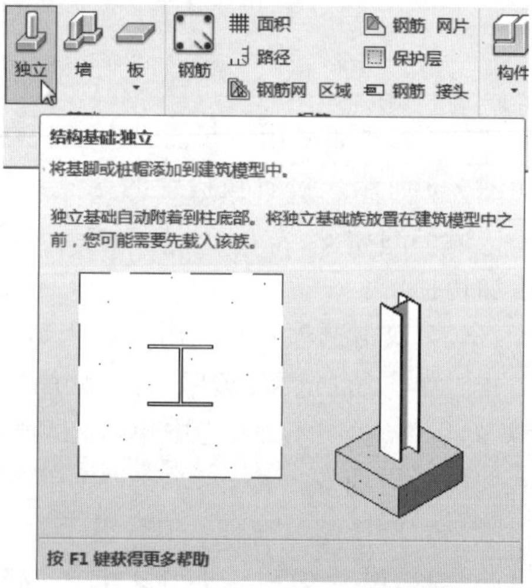

图 2-7 工具提示

④ 高：同时显示有关工具的简要说明和更多信息(如果有)，没有时间延迟。

(5) 启动时启用“最近使用的文件”页面：在启动 Revit 时显示“最近使用的文件”页面。该页面列出用户最近处理过的项目和族的列表，还提供对联机帮助和视频的访问。

2. “选项卡切换行为”选项区

该选项区用来设置上下文选项卡在功能区中的行为。

(1) 清除选择或退出后：项目环境或族编辑器中指定所需的行为。列表中包括“返回到上一个选项卡”和“停留在‘修改’选项卡”选项。

① 返回到上一个选项卡：在取消选择图元或者退出工具之后，Revit 显示上一次出现的功能区选项卡。

② 停留在“修改”选项卡：在取消选择图元或者退出工具之后，仍保留在“修改”选项卡上。

(2) 选择时显示上下文选项卡：选中此复选框，当激活某些工具或者编辑图元时会自动增加并切换到“修改|××”选项卡，如图 2-8 所示。其中包含一组只与该工具或图元的上下文相关的工具。

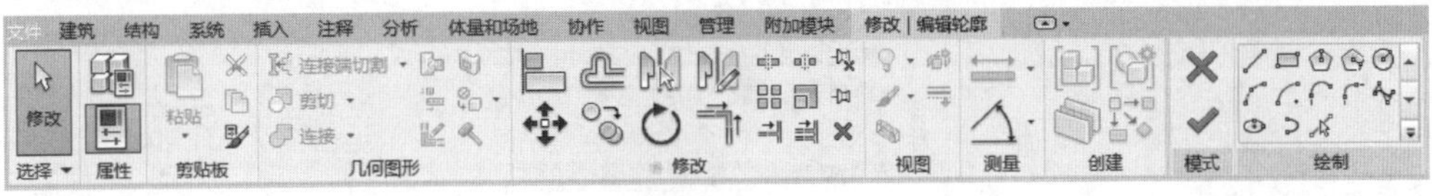

图 2-8 “修改|××”选项卡

3. “视觉体验”选项区

(1) 活动主题：用于设置 Revit 用户界面的视觉效果，包括明和暗两种，如图 2-9 所示。

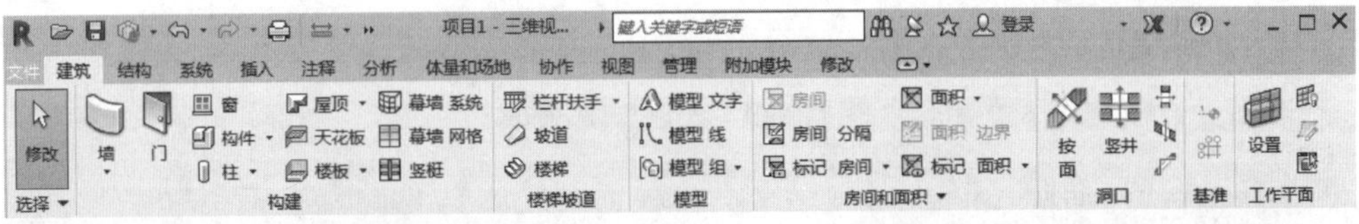

明

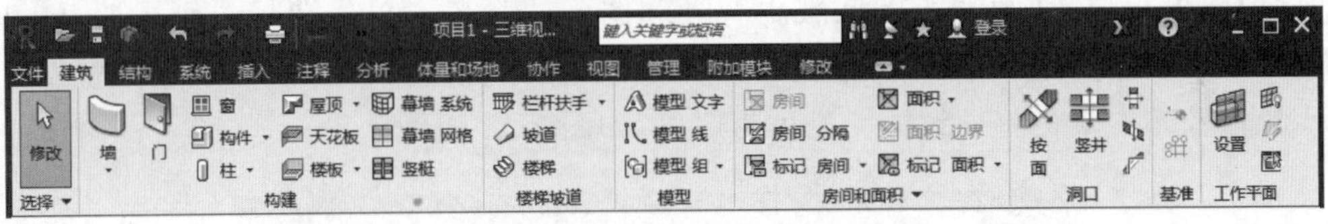

暗

图 2-9　活动主题

(2) 使用硬件图形加速：通过使用可用的硬件，提高了渲染 Revit 用户界面时的性能。

2.1.3　“图形”设置

“图形”选项卡主要控制图形和文字在绘图区域中的显示，如图 2-10 所示。

1. “图形模式”选项区

选中“使用反走样平滑线条”复选框，可以提高视图中的线条质量，使边显示得更平滑。如果要在使用反走样时体验最佳性能，则选中“使用硬件加速”复选框，启用硬件加速。如果没有启用硬件加速，并使用反走样，则在缩放、平移和操纵视图时性能会降低。

Note

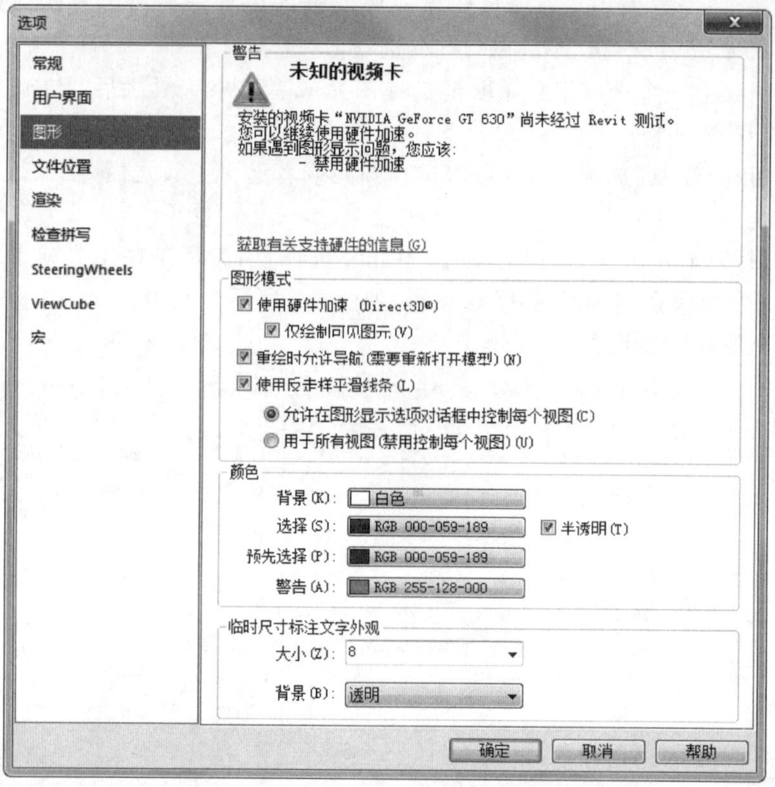

图 2-10 “图形”选项卡

2. “颜色”选项区

(1) 背景：用于更改绘图区域中背景和图元的颜色。单击背景右侧按钮，打开如图 2-11所示的“颜色”对话框，指定新的背景颜色，系统会自动根据背景色调整图元颜色，比如较暗的颜色将导致图元显示为白色，如图 2-12 所示。

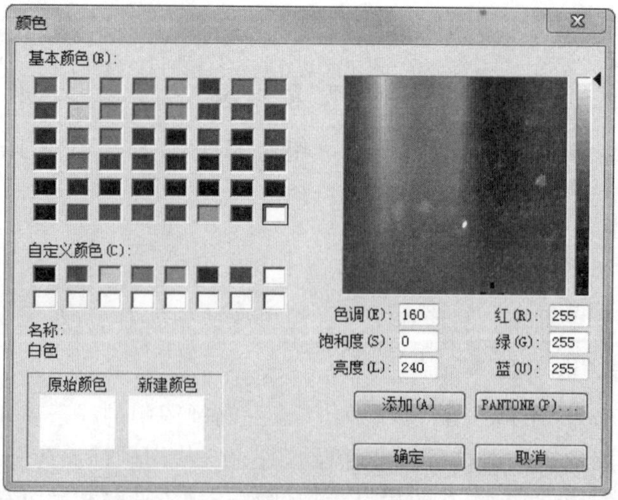

图 2-11 “颜色”对话框

（2）选择：用于显示绘图区域中选定图元的颜色，如图 2-13 所示。单击背景右侧按钮，可在“颜色”对话框中指定新的选择颜色。选中“半透明”复选框，可以查看选定图元下面的图元。

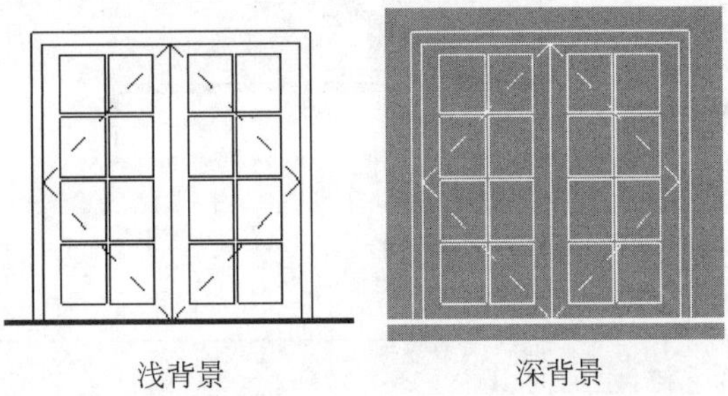

图 2-12　背景色和图元颜色

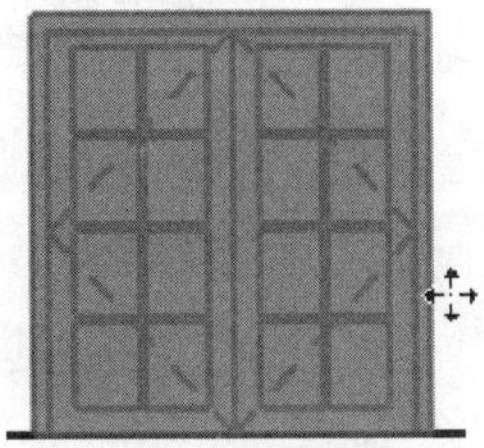

图 2-13　选择图元

（3）预先选择：设置在将光标移动到绘图区域中的图元时，用于显示高亮显示的图元的颜色，如图 2-14 所示。单击背景右侧按钮，可在“颜色”对话框中指定高亮显示颜色。

（4）警告：设置在出现警告或错误时选择的用于显示图元的颜色，如图 2-15 所示。单击背景右侧按钮，可在“颜色”对话框中指定新的警告颜色。

图 2-14　高亮显示

图 2-15　警告颜色

3. “临时尺寸标注文字外观”选项区

（1）大小：用于设置临时尺寸标注中文字的字体大小，如图 2-16 所示。

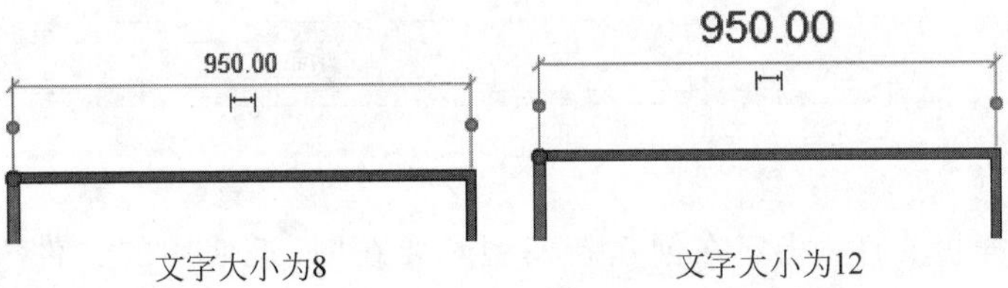

图 2-16　字体大小

（2）背景：用于指定临时尺寸标注中的文字背景为透明或不透明，如图 2-17 所示。

2.1.4　“文件位置”设置

“文件位置”选项卡用来设置 Revit 文件和目录的路径，如图 2-18 所示。

Note

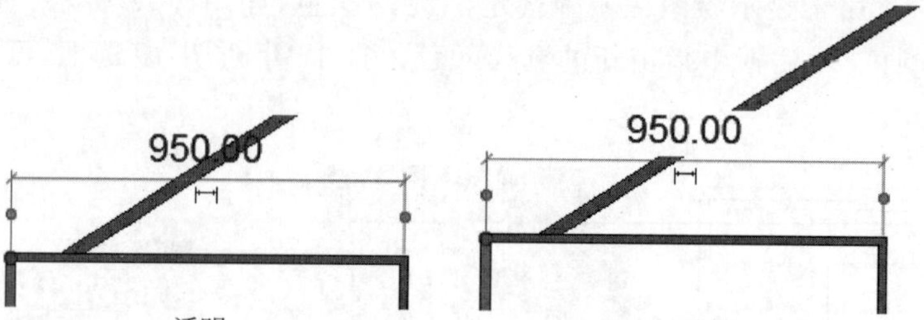

图 2-17　设置文字背景

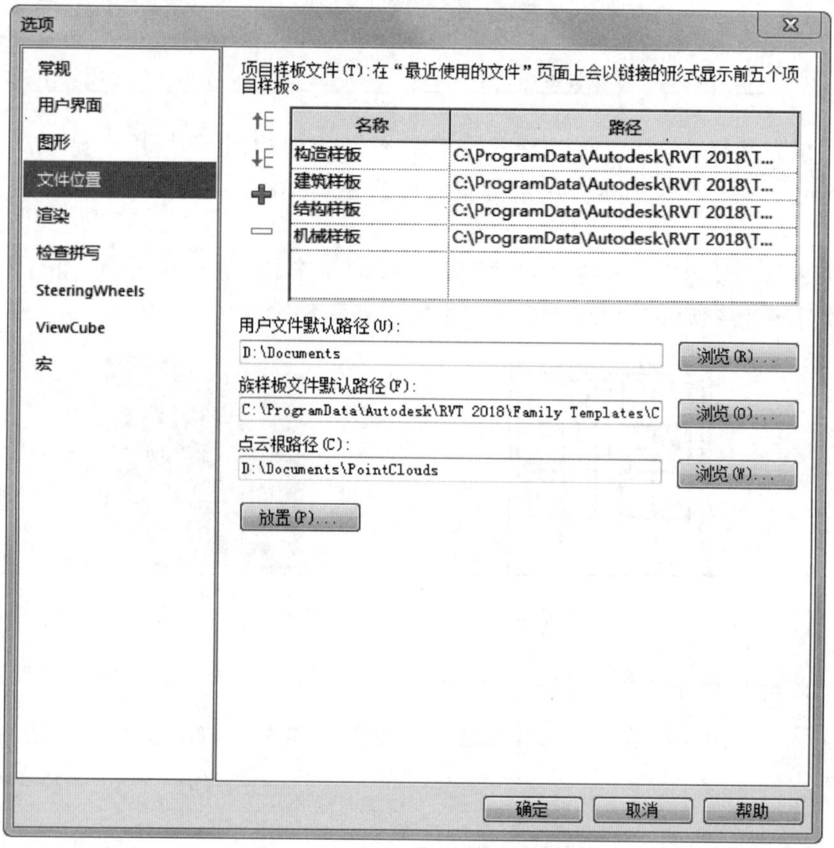

图 2-18　“文件位置”选项卡

（1）项目样板文件：指定在创建新模型时要在“最近使用的文件”窗口和“新建项目”对话框中列出的样板文件。

（2）用户文件默认路径：指定 Revit 保存当前文件的默认路径。

（3）族样板文件默认路径：指定样板和库的路径。

（4）点云根路径：指定点云文件的根路径。

（5）放置：添加公司专用的第二个库。单击“放置”按钮，打开如图 2-19 所示的“放置”对话框，可以添加或删除库路径。

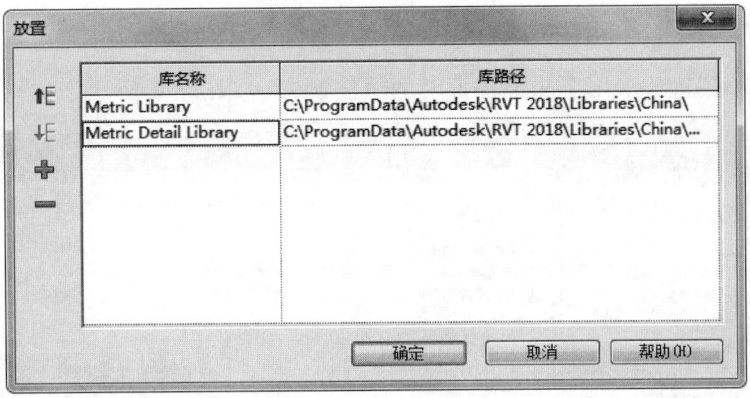

图 2-19 “放置”对话框

2.1.5 “渲染”设置

“渲染”选项卡提供有关在渲染三维模型时如何访问要使用的图像的信息，如图 2-20所示。在此选项卡中可以指定用于渲染外观的文件路径，单击“添加值”按钮➕，输入路径，选择列表中的路径，单击“删除值”按钮━，删除路径。

图 2-20 “渲染”选项卡

2.1.6 “检查拼写”设置

“检查拼写”选项卡用于文字输入时的语法设置，如图 2-21 所示。

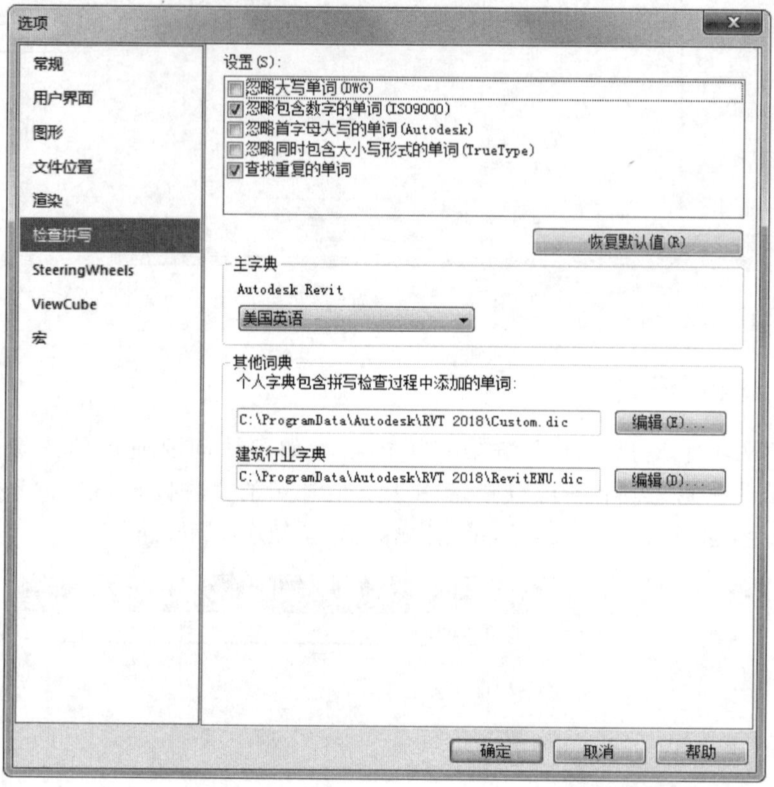

图 2-21 “检查拼写”选项卡

(1) 设置：选中或取消相应的复选框，以指示检查拼写工具是否应忽略特定单词或查找重复单词。

(2) 恢复默认值：单击此按钮，恢复到安装软件时的默认设置。

(3) 主字典：在列表中选择所需的字典。

(4) 其他词典：指定要用于定义检查拼写工具可能会忽略的自定义单词和建筑行业术语的词典文件的位置。

2.1.7 “SteeringWheels”设置

“SteeringWheels”选项卡用来设置 SteeringWheels 视图导航工具的选项，如图 2-22所示。

1. “文字可见性”选项区

(1) 显示工具消息：用于显示或隐藏工具消息，如图 2-23 所示。不管该设置如何，对于基本控制盘工具消息始终显示。

(2) 显示工具提示：用于显示或隐藏工具提示，如图 2-24 所示。

(3) 显示工具光标文字：工具处于活动状态时显示或隐藏光标文字。

图 2-22 "SteeringWheels"选项卡

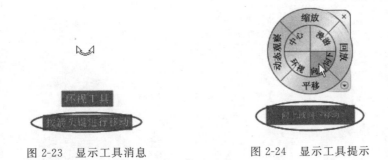

图 2-23 显示工具消息

图 2-24 显示工具提示

2. "大控制盘外观"/"小控制盘外观"选项区

(1) 尺寸：用来设置大/小控制盘的大小，包括大、中、小三种尺寸。

(2) 不透明度：用来设置大/小控制盘的不透明度，可以在其下拉列表框中选择不透明度值。

3. "环视工具行为"选项区

反转垂直轴：反转环视工具的向上向下查找操作。

4. "漫游工具"选项区

(1) 将平行移动到地平面：使用"漫游"工具漫游模型时，选中此复选框可将移动角度约束到地平面。取消选中此复选框，漫游角度将不受约束，将沿查看的方向"飞

Note

行”,可沿任何方向或角度在模型中漫游。

(2) 速度系数：使用“漫游”工具漫游模型或在模型中“飞行”时,可以控制移动速度。移动速度由光标从“中心圆”图标移动的距离控制。拖动滑块调整速度因子,也可以直接在文本框中输入。

5. “缩放工具”选项区

单击一次鼠标放大一个增量：允许通过单击缩放视图。

6. “动态观察工具”选项区

保持场景正立：使视图的边垂直于地平面。取消选中此复选框,可以按 360°旋转动态观察模型,此功能在编辑一个族时很有用。

2.1.8 “ViewCube”设置

“ViewCube”选项卡用于设置 ViewCube 导航工具的选项,如图 2-25 所示。

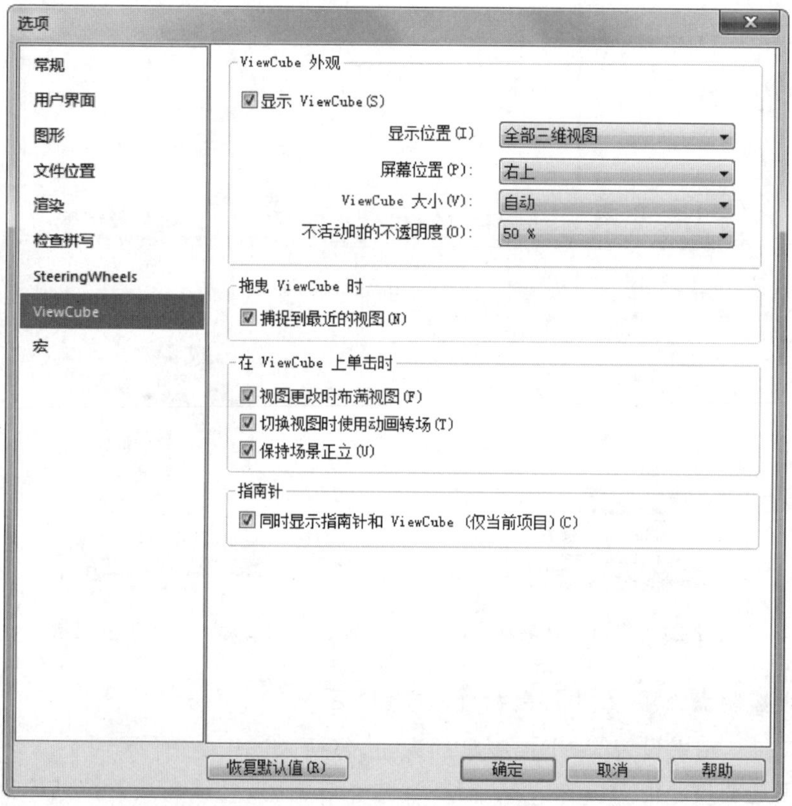

图 2-25 “ViewCube”选项卡

1. “ViewCube 外观”选项区

(1) 显示 ViewCube：设置在三维视图中显示或隐藏 ViewCube。

(2) 显示位置：指定在哪些视图中显示 ViewCube,如果选择“仅活动视图”,仅在当前视图中显示 ViewCube。

(3) 屏幕位置：指定 ViewCube 在绘图区域中的位置,如右上、右下、左上、左下。

(4) ViewCube 大小：指定 ViewCube 的大小，包括自动、微型、小、中、大。

(5) 不活动时的不透明度：指定未使用 ViewCube 时它的不透明度。如果选择了 0%，需要将光标移动至 ViewCube 位置上方，否则 ViewCube 不会显示在绘图区域中。

2．"拖曳 ViewCube 时"选项区

捕捉到最近的视图：选中此复选框，将捕捉到最近的 ViewCube 的视图方向。

3．"在 ViewCube 上单击时"选项区

(1) 视图更改时布满视图：选中此复选框后，在绘图区中选择了图元或构件，并在 ViewCube 上单击，则视图将相应地进行旋转，并进行缩放以匹配绘图区域中的该图元。

(2) 切换视图时使用动画转场：选中此复选框，切换视图方向时显示动画操作。

(3) 保持场景正立：使 ViewCube 和视图的边垂直于地平面。取消选中此复选框，可以按 360°动态观察模型。

4．"指南针"选项区

同时显示指南针和 ViewCube：选中此复选框，则在显示 ViewCube 的同时显示指南针。

2.1.9 "宏"设置

"宏"选项卡定义用于创建自动化重复任务的宏的安全性设置，如图 2-26 所示。

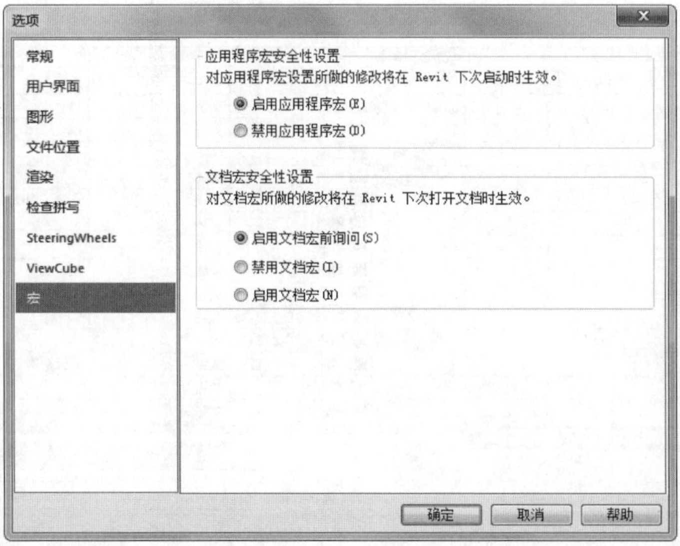

图 2-26　"宏"选项卡

1．"应用程序宏安全性设置"选项区

(1) 启用应用程序宏：选择此单选按钮，打开应用程序宏。

(2) 禁用应用程序宏：选择此单选按钮，关闭应用程序宏，仍然可以查看、编辑和构建代码，但是修改后不会改变当前模块状态。

Note

2. “文档宏安全性设置”选项区

(1) 启用文档宏前询问：系统默认选择此单选按钮，如果在打开 Revit 项目时存在宏，系统会提示启用宏，用户可以选择在检测到宏时启用宏。

(2) 禁用文档宏：在打开项目时关闭文档级宏，仍然可以查看、编辑和构建代码，但是修改后不会改变当前模块状态。

(3) 启用文档宏：打开文档宏。

2.2 项 目 设 置

本节主要介绍用于自定义项目的选项，包括项目单位、材质、填充样式、线样式等。

2.2.1 对象样式

可为项目中不同类别和子类别的模型图元、注释图元和导入对象指定线宽、线颜色、线型图案和材质。

(1) 单击“管理”选项卡“设置”面板中的“对象样式”按钮，打开“对象样式”对话框，如图 2-27 所示。

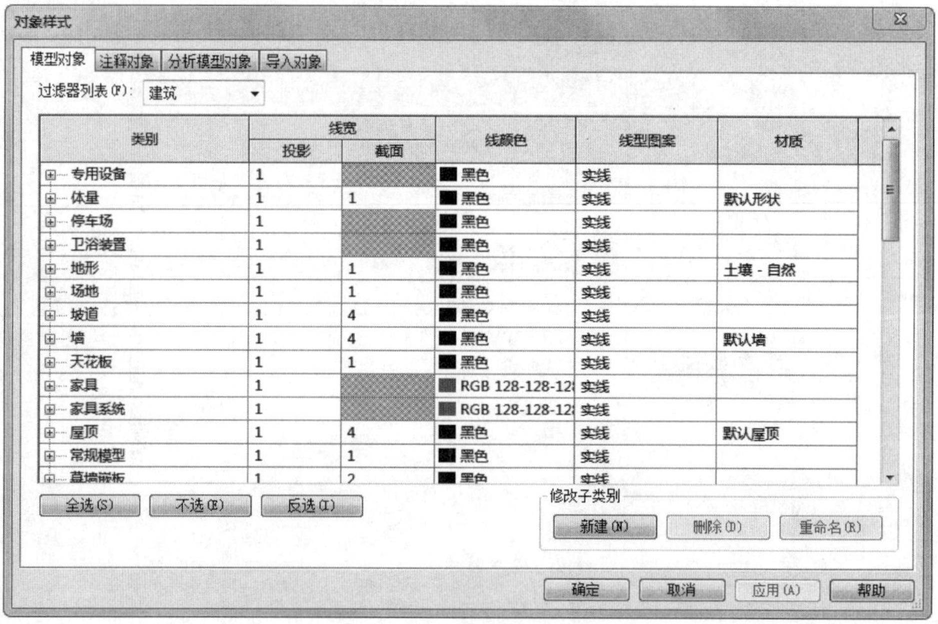

图 2-27 “对象样式”对话框

(2) 在各类别对应的线宽栏中指定投影和截面的线宽度，例如在投影栏中单击，打开如图 2-28 所示的线宽列表，选择所需的线宽即可。

(3) 在线颜色列表对应的栏中单击颜色块，打开“颜色”对话框，选择颜色设置线的颜色。

(4) 单击对应的线型图案栏，打开如图 2-29 所示的线型下拉列表框，选择所需的线型。

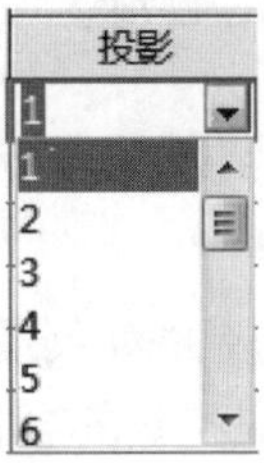

图 2-28 线宽列表

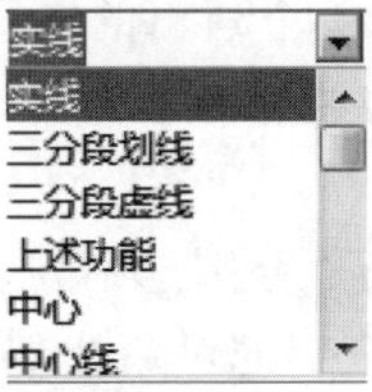

图 2-29 线型列表

(5) 单击对应的材质栏中的按钮，打开“材质浏览器”对话框，在对话框中选择族类别的材质，还可以通过修改族的材质类型属性来替换族的材质。

2.2.2 捕捉

在放置图元或绘制线(直线、弧线或圆形线)时，Revit 将显示捕捉点和捕捉线以帮助现有的几何图形排列图元、构件或线。

单击“管理”选项卡“设置”面板中的“捕捉”按钮，打开“捕捉”对话框，如图 2-30 所示。通过该对话框可以设置捕捉对象以及捕捉增量，对话框中还列出了对象捕捉的键盘快捷键。

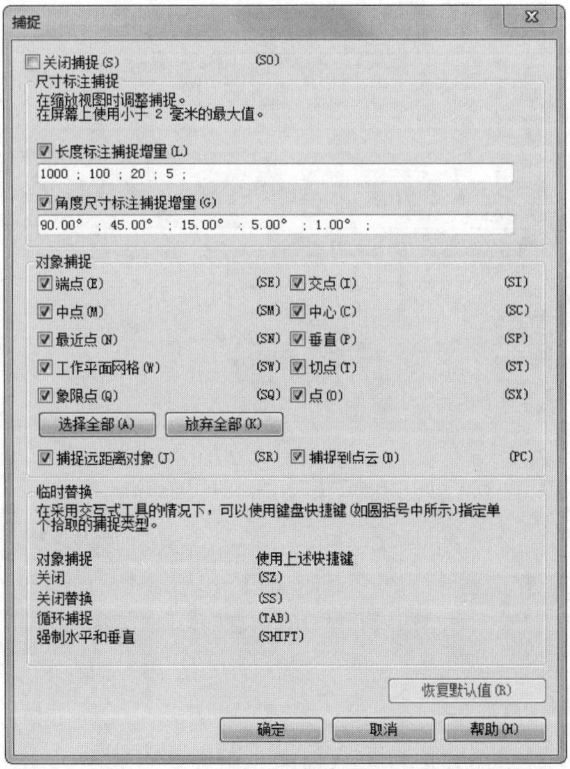

图 2-30 “捕捉”对话框

Note

（1）关闭捕捉：选中此复选框，禁用所有的捕捉设置。

（2）长度标注捕捉增量：用于在由远到近放大视图时，对基于长度的尺寸标注指定捕捉增量。对于每个捕捉增量集，用分号分隔输入的数值。第一个列出的增量会在缩小时使用，最后一个列出的增量会在放大时使用。

（3）角度尺寸标注捕捉增量：用于在由远到近放大视图时，对角度标注指定捕捉增量。

（4）对象捕捉：分别选中列表中的复选框启动对应的对象捕捉类型，单击"选择全部"按钮，则选中全部的对象捕捉类型；单击"放弃全部"按钮，则取消选中全部对象捕捉类型。每个捕捉对象后面对应的是键盘快捷键。

2.2.3 项目信息

可以指定项目信息，例如项目名称、状态、地址和其他信息。项目信息包含在明细表中，该明细表包含链接模型中的图元信息；还可以用在图纸上的标题栏中。

单击"管理"选项卡"设置"面板中的"项目信息"按钮，打开"项目信息"对话框，如图 2-31 所示。通过此对话框可以指定项目的组织名称、组织描述、建筑名称、项目发布日期、项目状态、项目名称等项目信息。

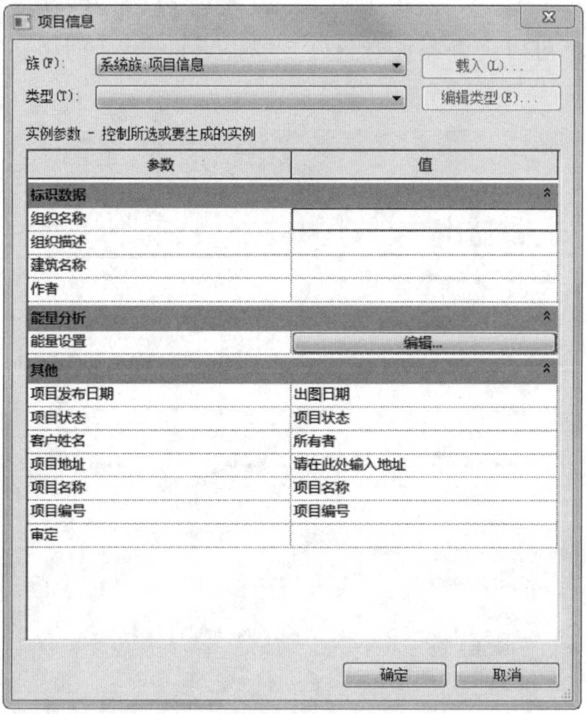

图 2-31 "项目信息"对话框

2.2.4 项目参数

项目参数是定义后添加到项目多类别图元中的信息容器。

(1) 单击“管理”选项卡“设置”面板中的“项目参数”按钮，打开“项目参数”对话框，如图 2-32 所示。

(2) 单击“添加”按钮，打开如图 2-33 所示的“参数属性”对话框，选择“项目参数”单选按钮，输入项目参数名称，例如输入面积，然后选择规程、参数类型、参数分组方式以及类别等，单击“确定”按钮，返回到“项目参数”对话框。

(3) 新建的项目参数添加到“项目参数”对话框中。

(4) 选择参数，单击“修改”按钮，打开“参数属性”对话框，可以在此对话框中对参数属性进行修改。

(5) 选择不需要的参数，单击“删除”按钮，打开如图 2-34 所示的“删除参数”提示框，提示若删除选择的参数将会丢失与之关联的所有数据。

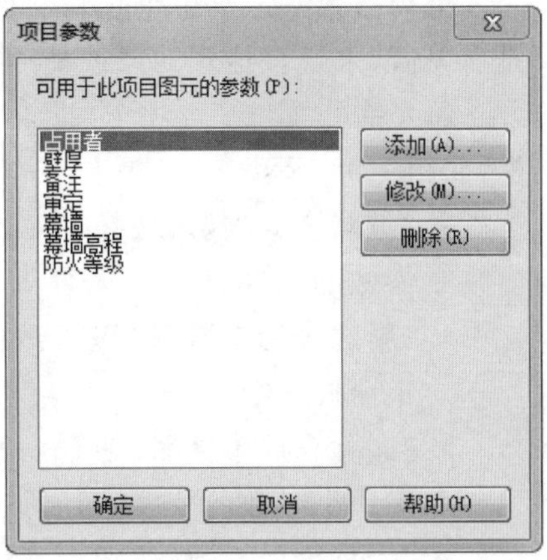

图 2-32 “项目参数”对话框

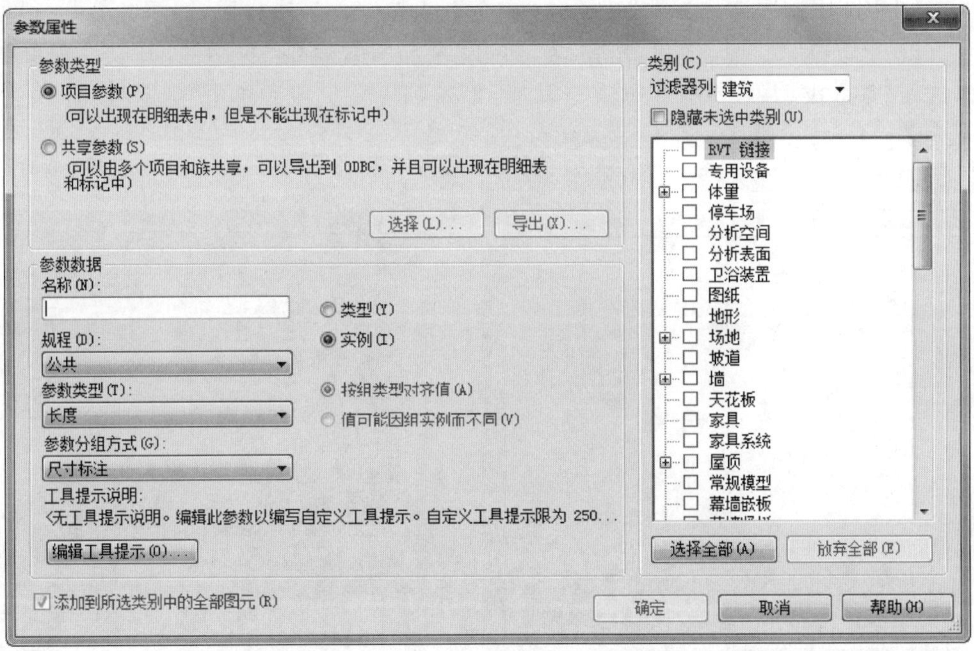

图 2-33 “参数属性”对话框

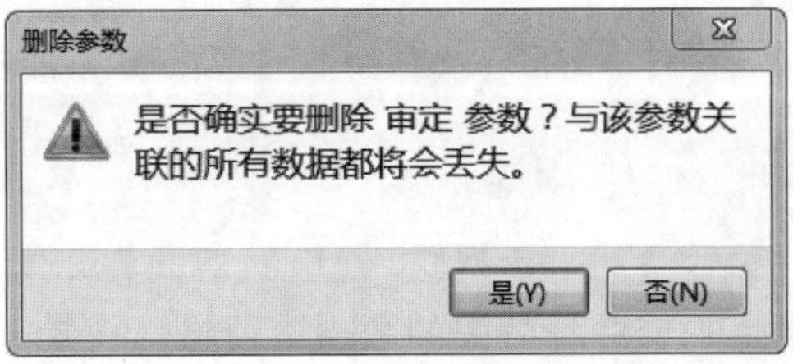

图 2-34 “删除参数”提示框

Note

2.2.5 全局参数

全局参数特定于单个项目文件，但未像项目参数那样指定给类别。全局参数可以是简单值、来自表达式的值或使用其他全局参数从模型获取的值。

(1) 单击“管理”选项卡“设置”面板中的“全局参数”按钮，打开“全局参数”对话框，如图 2-35 所示。

➢ “编辑全局参数”按钮：单击此按钮，打开“全局参数属性”对话框，可以更改参数的属性。

➢ “新建全局参数”按钮：单击此按钮，打开“全局参数属性”对话框，可以新建一个全局参数。

➢ “删除全局参数”按钮：删除选定的全局参数。如果要删除的参数同时用于另一个参数的公式中，则该公式也将被删除。

➢ “上移全局参数”按钮：将选中的参数上移一行。

➢ “下移全局参数”按钮：将选中的参数下移一行。

➢ “按升序排序全局参数”按钮：参数列表按字母顺序排序。

➢ “按降序排序全局参数”按钮：参数列表按字母逆序排序。

(2) 单击“新建全局参数”按钮，打开“全局参数属性”对话框，可以设置参数名称、规程、参数类型、参数分组方式等，如图 2-36 所示。完成后单击“确定”按钮。

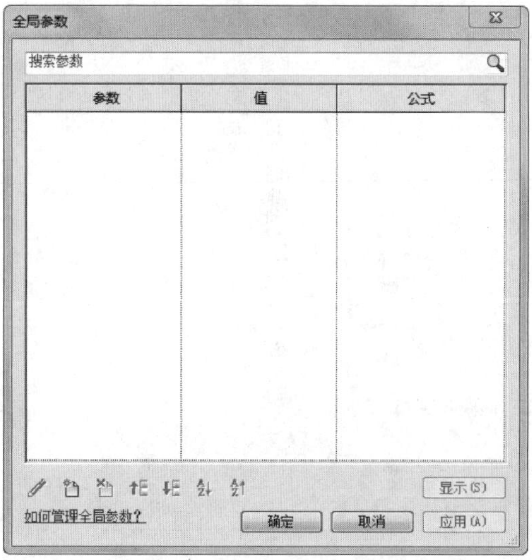

图 2-35 “全局参数”对话框

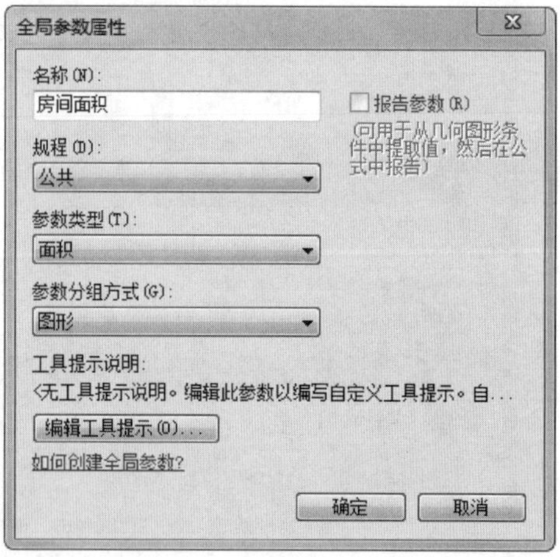

图 2-36 “全局参数属性”对话框

(3) 返回到“全局参数”对话框中，设置参数对应的值和公式，如图 2-37 所示。

2.2.6 项目单位

可以指定项目中各种数量的显示格式，指定的格式将影响图纸在屏幕上和打印输出的外观。可以对用于报告或演示目的的数据进行格式设置。

(1) 单击“管理”选项卡“设置”面板中的“项目单位”按钮，打开“项目单位”对话

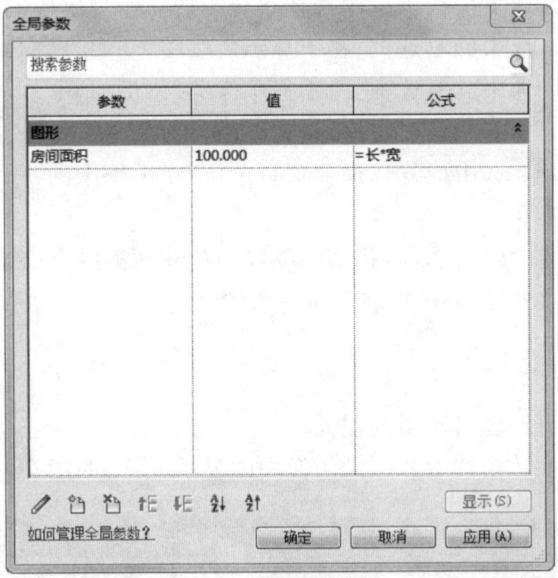

图 2-37　设置全局参数

框,如图 2-38 所示。

（2）在对话框中选择规程。

（3）单击格式列表中对应的单位按钮,打开如图 2-39 所示的“格式”对话框,在该对话框中可以设置各种类型的单位格式。

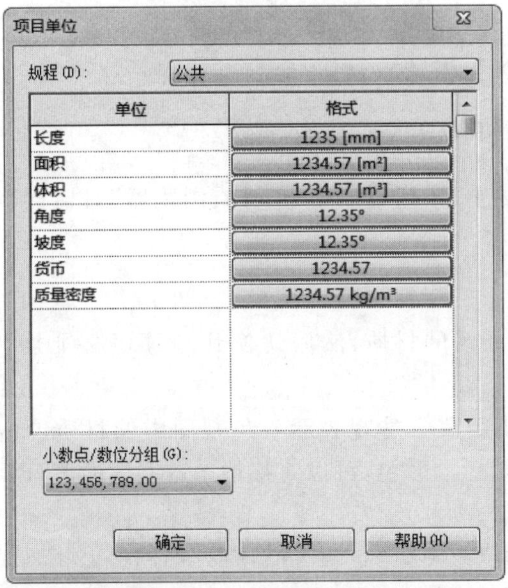

图 2-38　“项目单位”对话框

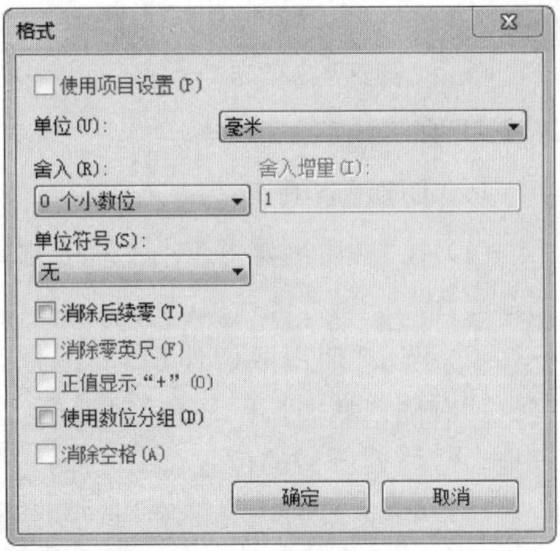

图 2-39　“格式”对话框

➢ 单位:在此下拉列表框中选择对应的单位。

➢ 舍入:在此下拉列表框中选择一个合适的值,如果选择“自定义”选项,则在“舍入增量”文本框中输入一个值。

- 单位符号：在此下拉列表框中选择适合的选项作为单位的符号。
- 消除后续零：选中此复选框，将不显示后续零，例如，123.400 将显示为 123.4。
- 消除零英尺：选中此复选框，将不显示零英尺，例如 0′－4″将显示为 4″。
- 正值显示“＋”：选中此复选框，将在正数前面添加“＋”号。
- 使用数位分组：选中此复选框，“项目单位”对话框中的“小数点/数位分组”选项将应用于单位值。
- 消除空格：选中此复选框，将消除英尺和英寸两侧的空格。

（4）单击“确定”按钮，完成项目单位的设置。

2.2.7　材质

可以将材质应用到建筑模型的图元中。

材质控制模型图元在视图和渲染图像中的显示方式，如图 2-40 所示。

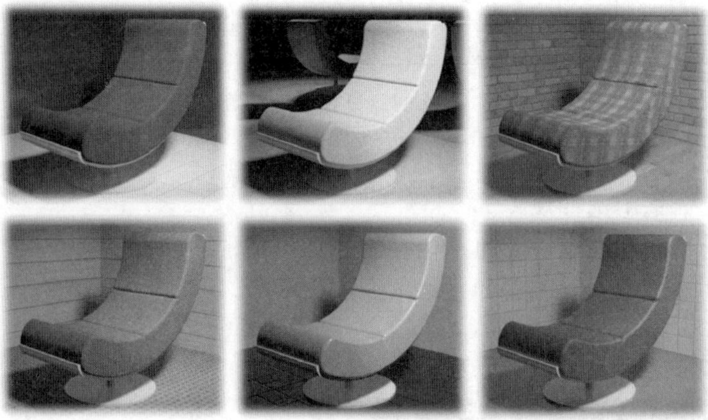

图 2-40　不同的材质

单击“管理”选项卡“设置”面板中的“材质”按钮，打开“材质浏览器”对话框，如图 2-41 所示。

1. “图形”选项卡

（1）在“材质浏览器”对话框中选择要更改的材质，然后切换到“图形”选项卡，如图 2-41所示。

（2）选中“使用渲染外观”复选框，将使用渲染外观表示着色视图中的材质，单击“颜色”右侧区域，打开“颜色”对话框，选择着色的颜色，可以直接输入透明度的值，也可以拖动滑块到所需的位置。

（3）单击“表面填充图案”选项区中的“填充图案”右侧区域，打开如图 2-42 所示的“填充样式”对话框，在列表中选择一种填充图案。单击“颜色”右侧区域，打开“颜色”对话框，选择用于绘制表面填充图案的颜色。单击“纹理对齐”按钮，打开“将渲染外观与表面填充图案对齐”对话框，将外观纹理与材质的表面填充图案对齐。

（4）单击“截面填充图案”选项区中的“填充图案”右侧区域，打开如图 2-42 所示的“填充样式”对话框，在列表中选择一种填充图案作为截面的填充图案。单击“颜色”右

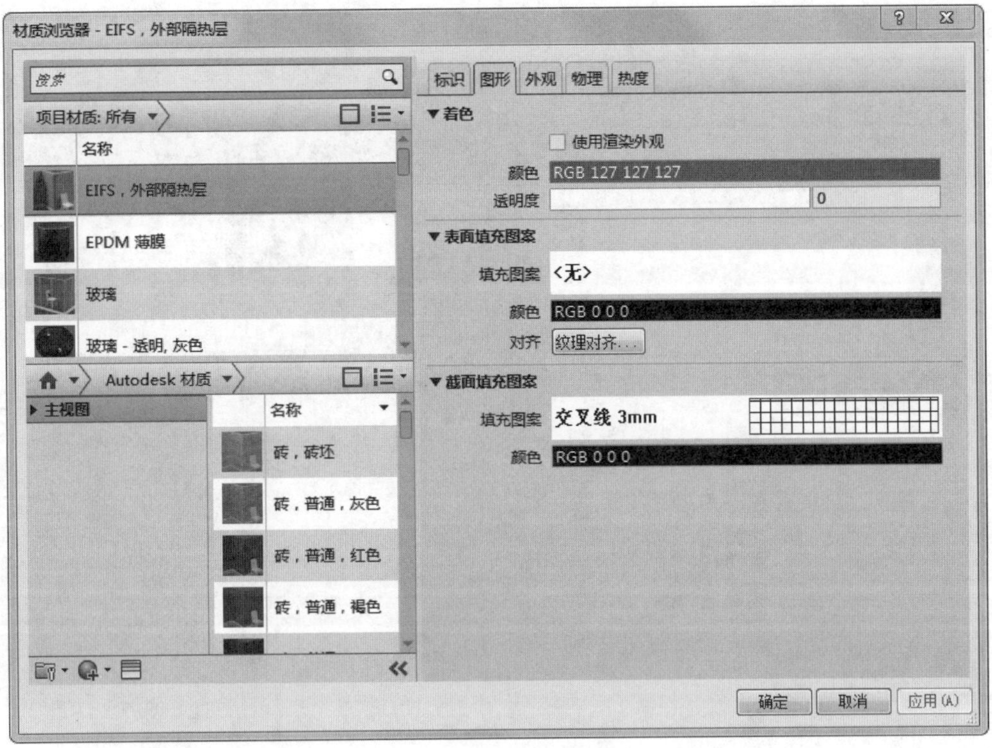

图 2-41 “材质浏览器”对话框

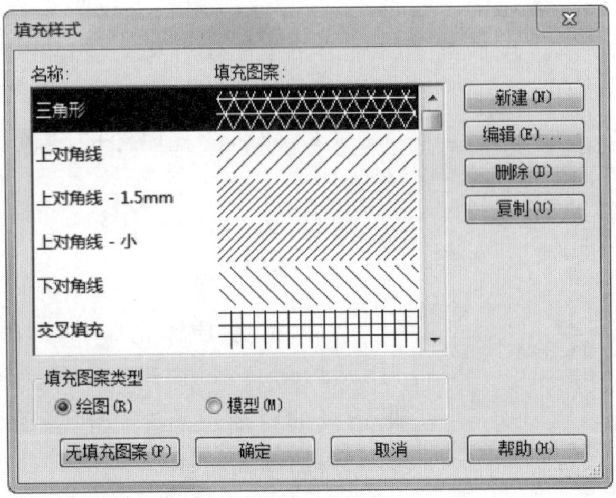

图 2-42 “填充样式”对话框

侧区域，打开“颜色”对话框，选择用于绘制截面填充图案的颜色。

(5) 单击图 2-41 中“应用”按钮，保存材质图形属性的更改。

2. “外观”选项卡

(1) 在“材质浏览器”对话框中选择要更改的材质，然后切换到“外观”选项卡，如图 2-43所示。

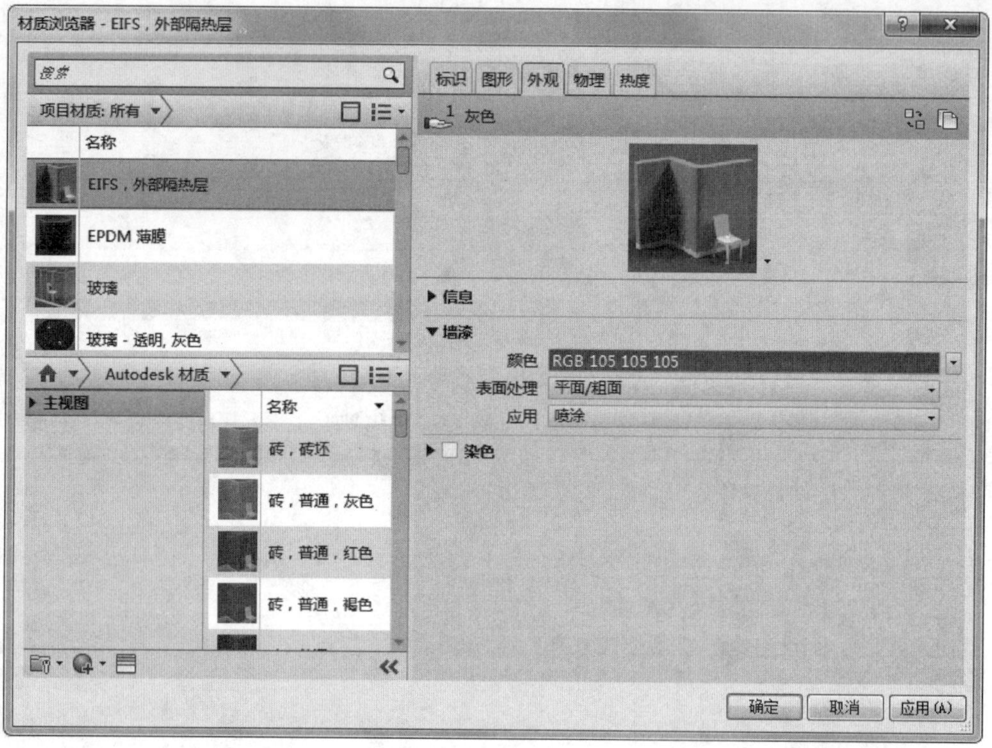

图 2-43 “外观”选项卡

（2）单击样例图像旁边的下拉箭头，再单击“场景”下拉箭头，然后从列表中选择所需设置，如图 2-44 所示。该预览是材质的渲染图像。Revit 渲染预览场景时，更新预览需要花费一段时间。

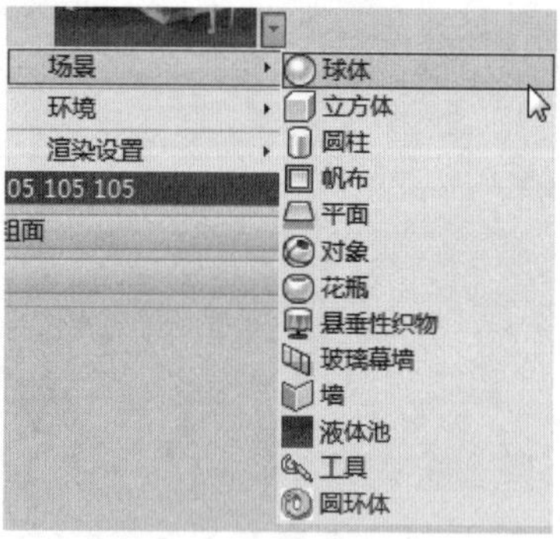

图 2-44 设置样例图样

（3）分别设置墙漆的颜色、表面处理来更改外观属性。

（4）单击“应用”按钮，保存材质外观的更改。

3. “物理”选项卡

（1）在“材质浏览器”对话框中选择要更改的材质，然后切换到“物理”选项卡，如图 2-45 所示。如果选择的材质没有“物理”选项卡，则表示物理资源尚未添加到此材质。

（2）单击属性类别左侧的下拉按钮以显示属性及其设置。

（3）更改其密度为所需的值。

（4）单击“应用”按钮，保存材质物理属性的更改。

4. “热度”选项卡

（1）在“材质浏览器”对话框中选择要更改的材质，然后切换到“热度”选项卡，如图 2-46所示。如果选择的材质没有“热度”选项卡，则表示热资源尚未添加到此材质。

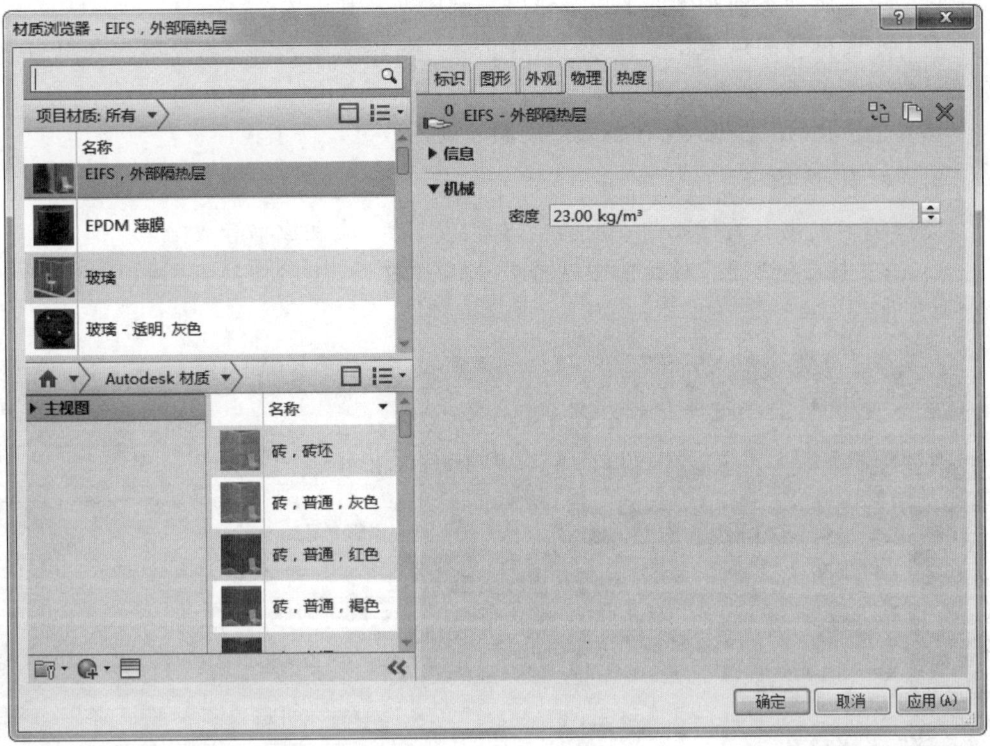

图 2-45 “物理”选项卡

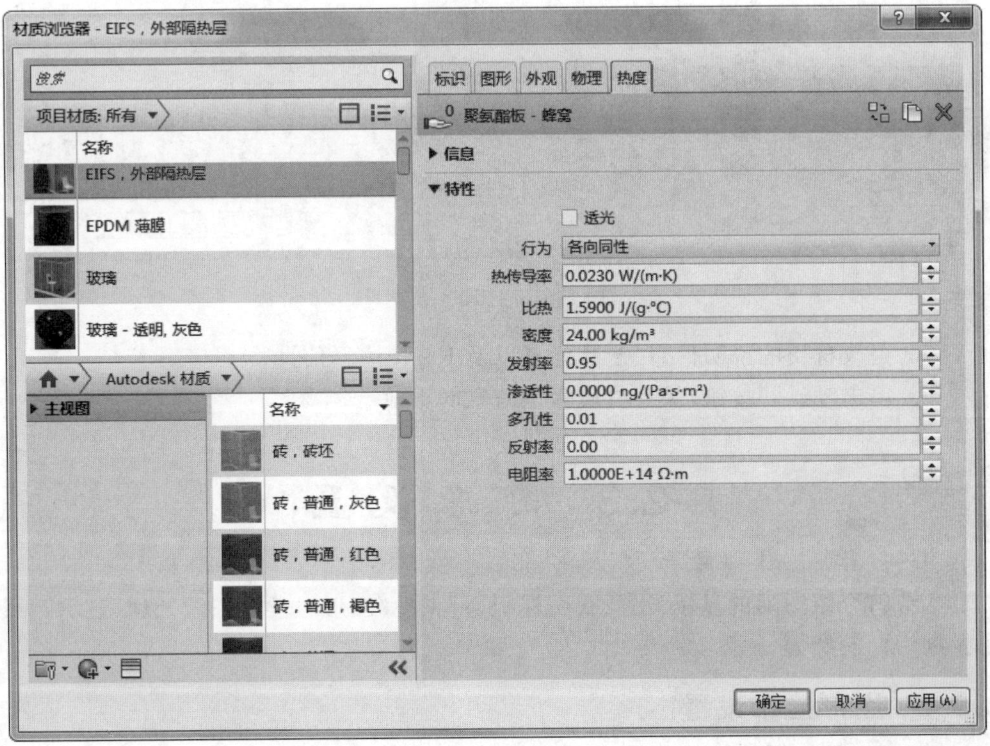

图 2-46 “热度”选项卡

（2）单击属性类别左侧的下拉按钮以显示属性及其设置。

（3）更改材质的热传导率、比热、密度、发射率、渗透性、多孔性、反射率和电阻率等热度特性。

（4）单击“应用”按钮，保存材质热度属性的更改。

5．“标识”选项卡

此选项卡提供有关材质的常规信息，如说明、制造商和成本等数据。

（1）在“材质浏览器”对话框中选择要更改的材质，然后切换到“标识”选项卡，如图 2-47所示。

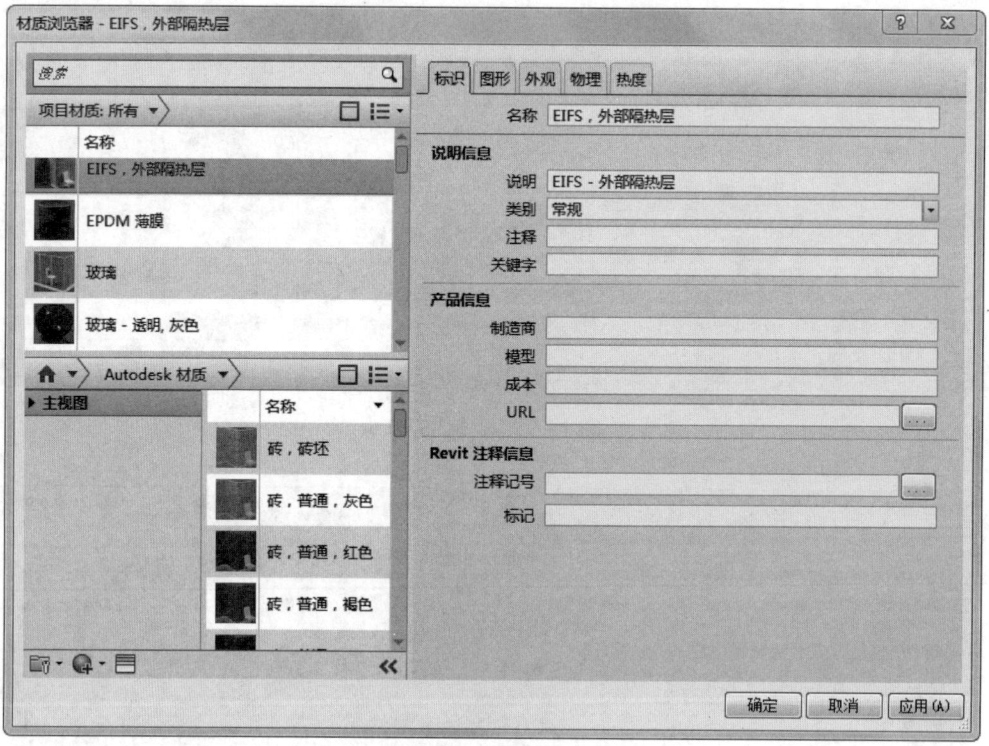

图 2-47 “标识”选项卡

（2）更改材质的说明信息、产品信息以及 Revit 注释信息。

（3）单击“应用”按钮，保存材质标识信息的更改。

2.3 图形设置

本节将介绍图形的显示设置、视图样板、可见性/图形、过滤器、线处理、显示隐藏线以及剖切面轮廓等。

2.3.1 图形显示设置

单击“视图”选项卡“图形”面板上的“图形显示选项”按钮 ↘，打开“图形显示选项”

对话框，如图 2-48 所示。

1. **模型显示**

➢ 样式：设置视图的视觉样式，包括线框、隐藏线、着色、一致的颜色和真实五种视觉样式。

- 显示边缘：选中此复选框，在视图中显示边缘上的线。
- 使用反失真平滑线条：选中此复选框，提高视图中线的质量，使边显示更平滑。

➢ 透明度：移动滑块更改模型的透明度，也可以直接输入值。

➢ 轮廓：从列表中选择线样式为轮廓线。

2. **阴影**

选中“投射阴影”或“显示环境阴影”复选框以管理视图中的阴影。

3. **勾绘线**

➢ 启用勾绘线：选中此复选框，启用当前视图的勾绘线。

➢ 抖动：移动滑块更改绘制线中的可变性程度，也可以直接输入 0～10 之间的数字。值为 0 时，将导致直线不具有手绘图形样式；值为 10 时，将导致每个模型线都具有包含高坡度的多个绘制线。

➢ 延伸：移动滑块更改模型线端点延伸超越交点的距离，也可以直接输入 0～10 之间的数字。值为 0 时，将导致线与交点相交；值为 10 时，将导致线延伸到交点的范围之外。

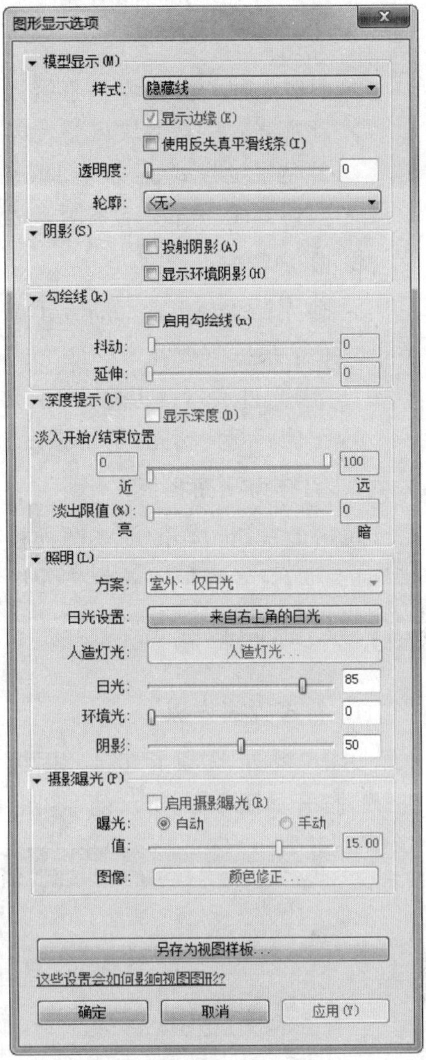

图 2-48　“图形显示选项”对话框

4. **深度提示**

➢ 显示深度：选中此复选框，启用当前视图的深度提示。

➢ 淡入开始/结束位置：移动双滑块开始和结束控件以指定渐变色效果边界。“近”和“远”值代表距离前/后视图剪裁平面百分比。

➢ 淡出限值：移动滑块指定“远”位置图元的强度。

5. **照明**

➢ 方案：从室内和室外日光以及人造光组合中选择方案。

➢ 日光设置：单击此按钮，打开“日光设置”对话框，可以按日期、时间和地理位置定义日光位置。

> ➢ 人造灯光：在“真实”视图中提供，当“方案”设置为人造灯光时，添加和编辑灯光组。
> ➢ 日光：移动滑块调整直接光的亮度，也可以直接输入 0～100 之间的数字。
> ➢ 环境光：移动滑块调整漫射光的亮度，也可以直接输入 0～100 之间的数字。在着色视觉样式、立面、图纸和剖面中可用。
> ➢ 阴影：移动滑块调整阴影的暗度。也可以直接输入 0～100 之间的数字。

6. 摄影曝光

- ➢ 曝光：以手动或自动方式调整曝光度。
- ➢ 值：根据需要在 0～21 之间移动滑块调整曝光值。接近 0 的值会减少高光细节（曝光过度），接近 21 的值会减少阴影细节（曝光不足）。
- ➢ 图像：调整高光、阴影强度、颜色饱和度及白点值。

7. 另存为视图样板

单击此按钮，打开“新视图样板”对话框，输入名称，单击“确定”按钮，打开“视图样板”对话框，设置样板以备将来使用。

2.3.2 视图样板

1. 管理视图样板

单击“视图”选项卡“图形”面板“视图样板”下拉列表框中的“管理视图样板”按钮，打开如图 2-49 所示的“视图样板”对话框。

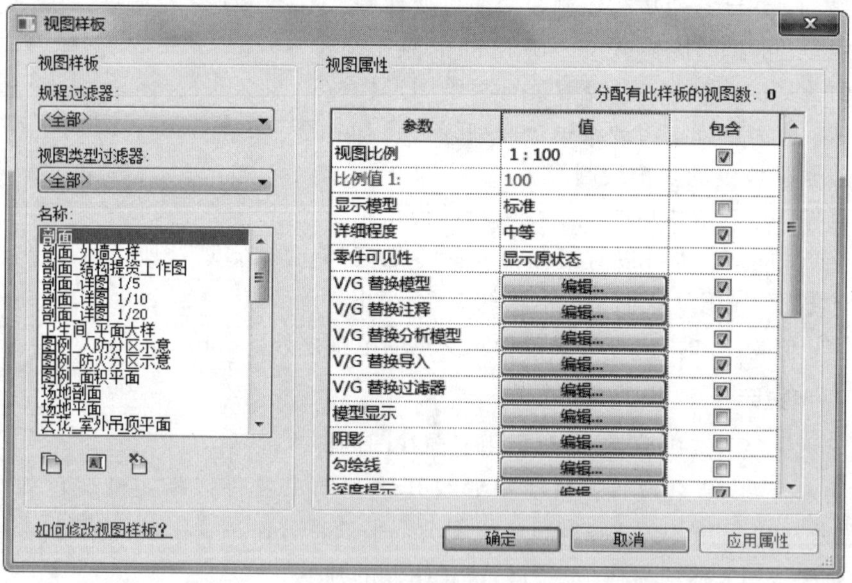

图 2-49 “视图样板”对话框

- ➢ 视图比例：在对应的“值”文本框中单击，打开下拉列表选择视图比例，也可以直接输入比例值。
- ➢ 比例值：指定来自视图比例的比率，例如，如果视图比例设置为 1∶100，则比例值为长宽比 100/1 或 100。

- 显示模型：在详图中隐藏模型，包括标准、不显示和半色调三种。
  - 标准：设置显示所有图元。该值适用于所有非详图视图。
  - 不显示：设置只显示详图视图专有图元，这些图元包括线、区域、尺寸标注、文字和符号。
  - 半色调：设置通常显示详图视图特定的所有图元，而模型图元以半色调显示。可以使用半色调模型图元作为线、尺寸标注和对齐的追踪参照。
- 详细程度：设置视图显示的详细程度，包括粗略、中等和详细三种。也可以直接在视图控制栏中更改详细程度。
- 零件可见性：指定是否在特定视图中显示零件以及用来创建它们的图元，包括显示零件、显示原状态和显示两者三种。
  - 显示零件：各个零件在视图中可见，当光标移动到这些零件上时，它们将高亮显示。
  - 显示原状态：各个零件不可见，但用来创建零件的图元是可见的并且可以选择。
  - 显示两者：零件和原始图元均可见，并能够单独高亮显示和选择。
- V/G 替换模型(/V/G 替换注释/V/G 替换分析模型/V/G 替换导入/V/G 替换过滤器/V/G 替换工作集/V/G 替换设计选项)：分别定义模型/注释/分析模型/导入类别/过滤器/工作集/设计选项的可见性/图形替换，单击“编辑”按钮，打开“可见性/图形替换”对话框进行设置。
- 模型显示：定义表面(视觉样式，如线框、隐藏线等)、透明度和轮廓的模型显示选项。单击“编辑”按钮，打开“图形显示选项”对话框来进行设置。
- 阴影：设置视图中的阴影。
- 勾绘线：设置视图中的勾绘线。
- 深度提示：定义立面和剖面视图中的深度提示。
- 照明：定义照明设置，包括照明方法、日光设置、人造灯光和日光梁、环境光和阴影。
- 摄影曝光：设置曝光参数来渲染图像，在三维视图中适用。
- 背景：指定图形的背景，包括天空、渐变色和图像，在三维视图中适用。
- 远剪裁：对于立面和剖面图形，指定远剪裁平面设置。单击对应的“不剪裁”按钮，打开如图 2-50 所示的“远剪裁”对话框，可以设置剪裁的方式。
- 阶段过滤器：将阶段属性应用于视图中。
- 规程：确定非承重墙的可见性和规程特定的注释符号。
- 显示隐藏线：设置隐藏线是按照规程、全部显示还是不显示。

图 2-50　“远剪裁”对话框

➢ 颜色方案位置：指定是否将颜色方案应用于背景或前景。

➢ 颜色方案：指定应用到视图中的房间、面积、空间或分区的颜色方案。

2. 从当前视图创建样板

可通过复制现有的视图样板，并进行必要的修改来创建新的视图样板。

图 2-51 “新视图样板”对话框

(1) 打开一个项目文件，在项目浏览器中，选择要从中创建视图样板的视图。

(2) 单击“视图”选项卡“图形”面板“视图样板”下拉列表框中的“从当前视图创建样板”按钮，打开“新视图样板”对话框，输入名称“新样板”，如图 2-51 所示。

(3) 单击“确定”按钮，打开“视图样板”对话框，对新建的样板设置属性值。

(4) 设置完成后，单击“确定”按钮，完成新样板的创建。

3. 将样板属性应用于当前视图

将视图样板应用到视图时，视图样板属性会立即影响视图。但是，以后对视图样板所进行的修改不会影响该视图。

(1) 打开一个项目文件，在项目浏览器中，选择要应用视图样板的视图。

(2) 单击“视图”选项卡“图形”面板“视图样板”下拉列表框中的“将样板属性应用于当前视图”按钮，打开“应用视图样板”对话框，如图 2-52 所示。

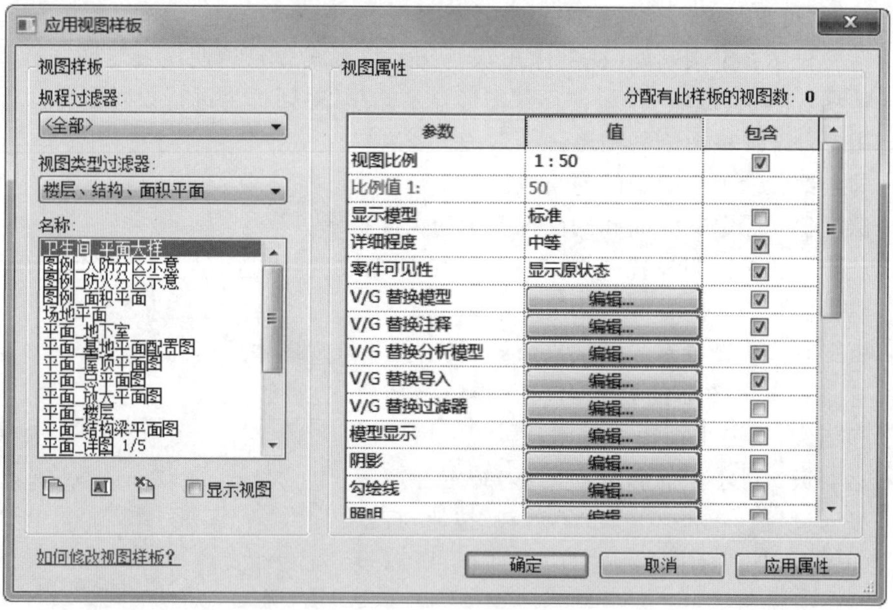

图 2-52 “应用视图样板”对话框

(3) 在“名称”列表中选择要应用的视图样板，还可以根据需要修改视图样板。

(4) 单击“确定”按钮，视图样板的属性将应用于选定的视图。

Note

2.3.3　可见性/图形

可以控制项目中各个视图的模型图元、基准图元和视图专有图元的可见性和图形显示。

单击“视图”选项卡“图形”面板中的“可见性/图形”按钮，打开“可见性/图形替换”对话框，如图 2-53 所示。

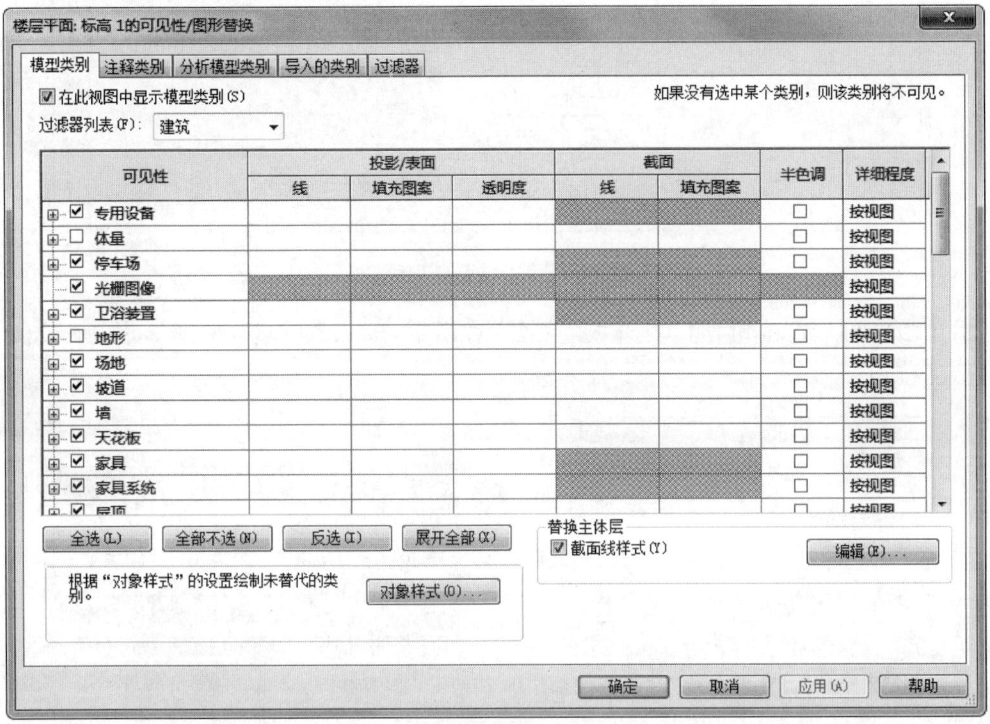

图 2-53　“可见性/图形替换”对话框

对话框中的选项卡按类别组织分为：“模型类别”“注释类别”“分析模型类别”“导入的类别”和“过滤器”。每个选项卡下的类别表可按规程进一步过滤为：“建筑”“结构”“机械”“电气”和“管道”。在相应选项卡的可见性列表框中取消选中对应的复选框，使其在视图中不显示。

2.3.4　过滤器

若要基于参数值控制视图中图元的可见性或图形显示，则应创建基于类别参数定义规则的过滤器。具体步骤如下。

(1) 单击“视图”选项卡“图形”面板中的“过滤器”按钮，打开“过滤器”对话框，如图 2-54 所示。该对话框中按基于规则和基于选择的树状结构给过滤器排序。

(2) 单击“新建”按钮，打开如图 2-55 所示的“过滤器名称”对话框，输入过滤器名称。

(3) 选取过滤器，单击“复制”按钮，复制的新过滤器将显示在“过滤器”列表中，

Note

图 2-54 “过滤器”对话框

然后单击“重命名”按钮，打开“重命名”对话框，输入新名称，如图 2-56 所示，单击“确定”按钮。

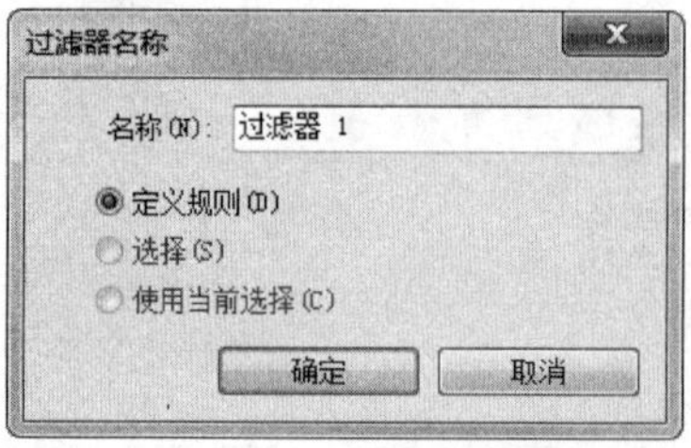

图 2-55 “过滤器名称”对话框

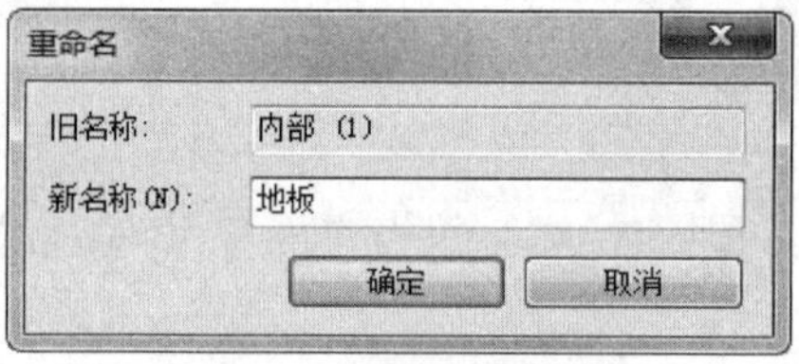

图 2-56 “重命名”对话框

(4) 在“类别”选项区中选择将包含在过滤器中的一个或多个类别。选定类别将确定可用于过滤器规则中的参数。

(5) 在“过滤器规则”选项区中选择过滤器条件，过滤器运算符等，根据需要添加其他过滤器，最多可以添加三个条件。

(6) 完成过滤器条件的创建后，单击“确定”按钮。

2.3.5 线处理

线处理用于更改活动视图中的选定线的线样式。

(1) 单击“视图”选项卡“图形”面板中的“细线”按钮，视图中的所有线都按照单一宽度显示，如图 2-57 所示。

(2) 按 Esc 键退出“细线”命令，单击“修改”选项卡“视图”面板中的“线处理”按钮，打开“修改|线处理”选项卡，如图 2-58 所示。

(3) 在“线样式”下拉列表框中选择“宽线”选项，如图 2-59 所示，在图形中选取要修改线样式的图形线，这里选取门上的圆弧线，圆弧线由细线样式变为宽线，如图 2-60 所示。

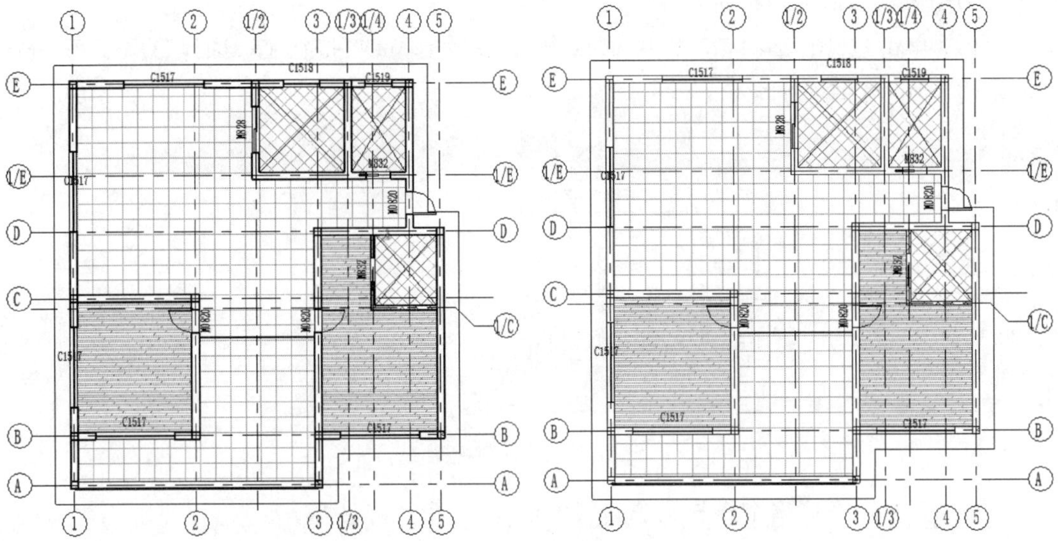

显示线宽　　　　单一宽度

图 2-57　细线处理

图 2-58　"修改|线处理"选项卡

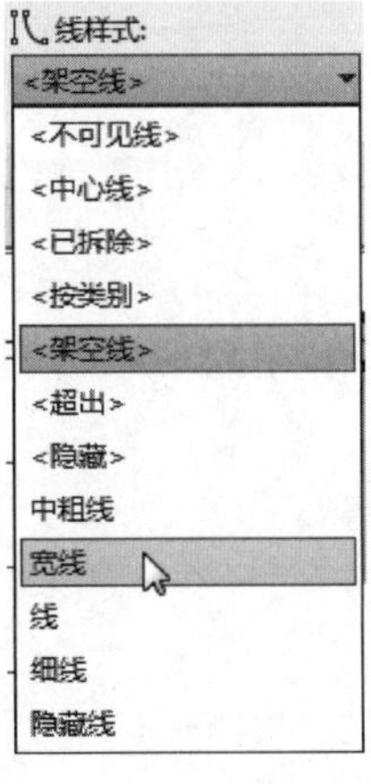

图 2-59　"线样式"下拉列表框

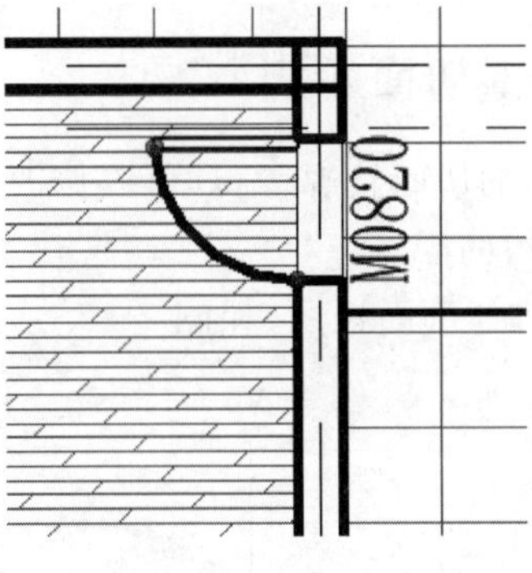

图 2-60　更改线样式

(4) 采用相同的方法,更改视图中其他边缘的线样式。

2.3.6　显示隐藏线

可以使用"显示隐藏线"工具显示当前视图中被其他图元遮挡的模型图元和详图图元。

(1) 打开一个要在其中显示被遮挡图元隐藏线的视图,在视图控制栏中设置视觉

Note

样式为隐藏线，如图 2-61 所示。

（2）单击“视图”选项卡“图形”面板中的“显示隐藏线”按钮，选择隐藏了另一个图元的图元，这里选择楼板。

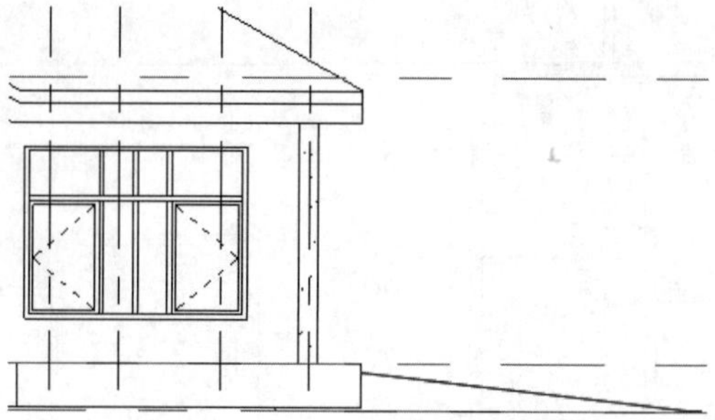

图 2-61　打开视图

（3）选择一个或多个要显示隐藏线的图元，这里选择坡道。

（4）被遮挡的图元中的线将在此图元中显示，如图 2-62 所示。

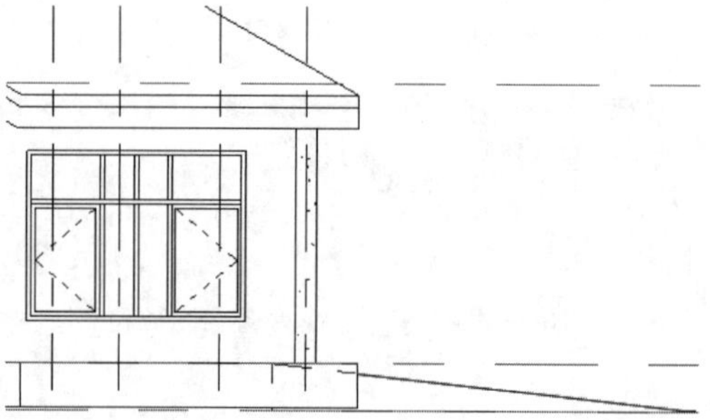

图 2-62　显示隐藏线

2.3.7　剖切面轮廓

使用“剖切面轮廓”工具可以修改在视图中剖切的图元的形状，例如屋顶、楼板、墙和复合结构的层。

（1）打开剖面视图，如图 2-63 所示。

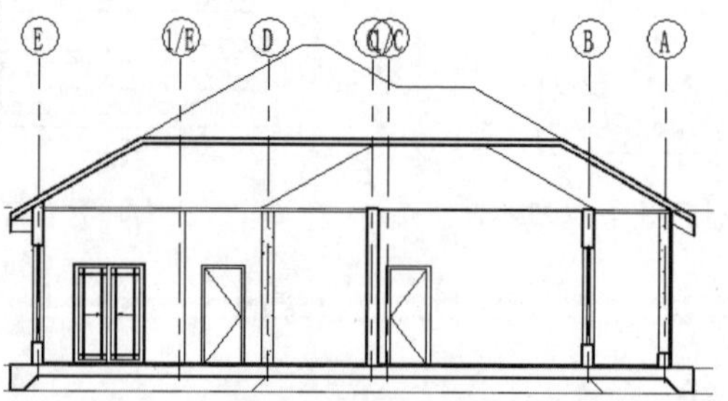

图 2-63　剖面视图

（2）单击“视图”选项卡“图形”面板中的“剖切面轮廓”按钮，在视图中选取要编辑的截面，这里选取屋顶轮廓，如图 2-64 所示。

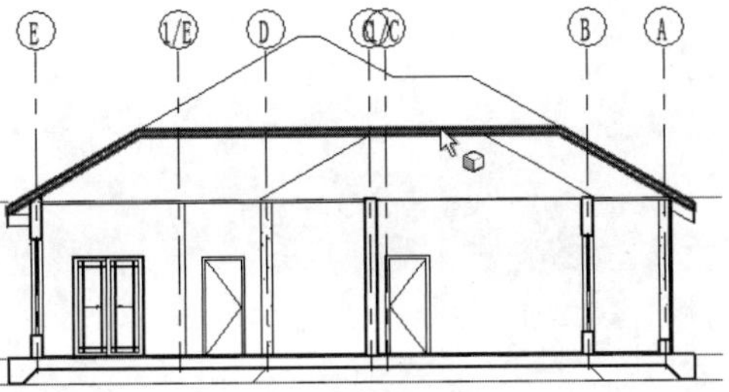

图 2-64　选取屋顶轮廓

（3）打开如图 2-65 所示的“修改|创建剖切面轮廓草图”选项卡和选项栏。

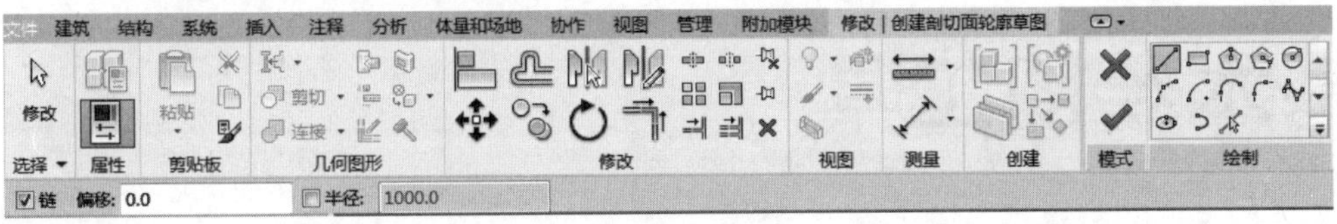

图 2-65　“修改|创建剖切面轮廓草图”选项卡和选项栏

（4）单击“绘制”面板中的“线”按钮，绘制屋顶轮廓，如图 2-66 所示。

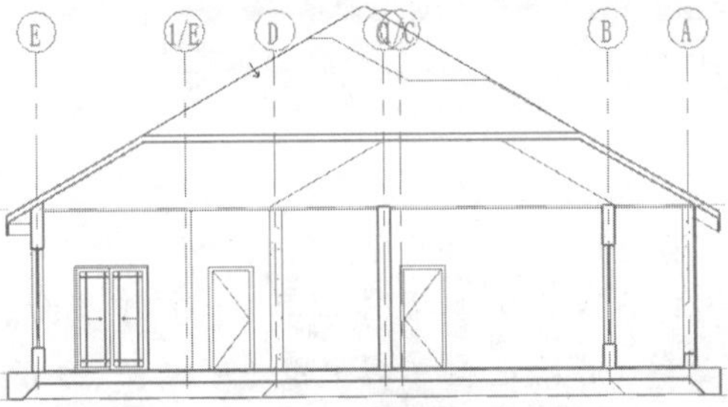

图 2-66　绘制屋顶

（5）单击“模式”面板中的“完成编辑模式”按钮，完成剖切面中屋顶轮廓的编辑，如图 2-67 所示。

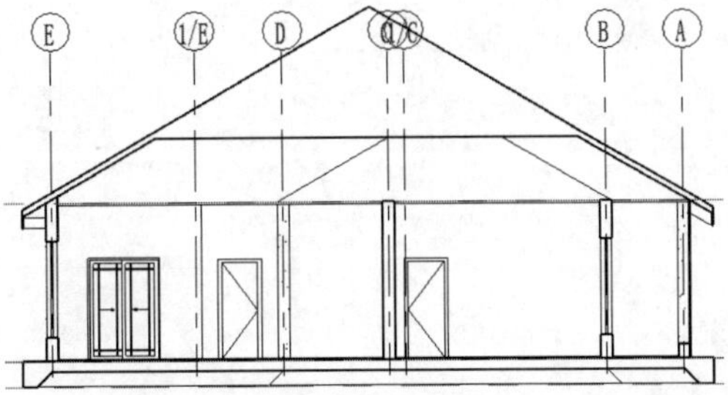

图 2-67　屋顶轮廓

第3章

基本绘图工具

本章导读

Revit 提供了丰富的实体操作工具，如工作平面、模型创建以及几何图形的编辑工具等，借助这些工具，用户可轻松、方便、快捷地绘制图形。

学习要点

- 工作平面
- 模型创建
- 图元修改

Note

3.1 工作平面

工作平面是一个用作视图或绘制图元起始位置的虚拟二维表面。工作平面可以作为视图的原点，可以用来绘制图元，还可以用于放置基于工作平面的构件。

3.1.1 设置工作平面

每个视图都与工作平面相关联。在视图中设置工作平面时，工作平面会与该视图一起保存。

在某些视图（如平面视图、三维视图和绘图视图）以及族编辑器的视图中，工作平面是自动设置的。在其他视图（如立面视图和剖面视图）中，则必须设置工作平面。

单击“建筑”选项卡“工作平面”面板中的“设置”按钮，打开如图 3-1 所示的“工作平面”对话框。利用该对话框可以显示或更改视图的工作平面，也可以显示、设置、更改或取消关联基于工作平面图元的工作平面。

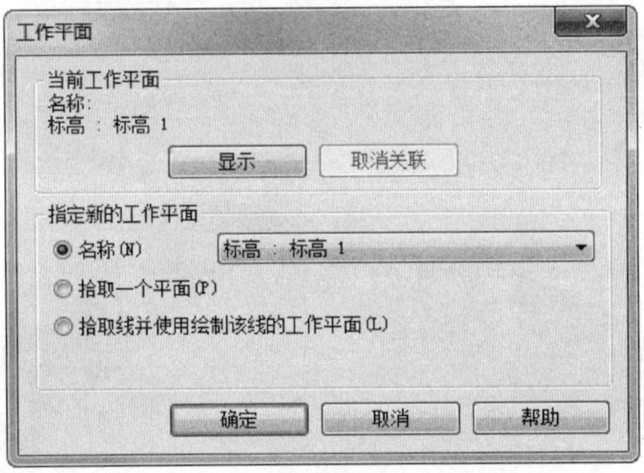

图 3-1　“工作平面”对话框

（1）名称：从列表中选择一个可用的工作平面。此列表中包括标高、网格和已命名的参照平面。

（2）拾取一个平面：选择此单选按钮，可以选择任何可以进行尺寸标注的平面（包括墙面、链接模型中的面、拉伸面、标高、网格和参照平面）为所需平面，Revit 会创建与所选平面重合的平面。

（3）拾取线并使用绘制该线的工作平面：选择此单选按钮，Revit 会创建与选定线的工作平面共面的工作平面。

3.1.2 显示工作平面

在视图中显示或隐藏活动的工作平面，工作平面在视图中以网格显示。

单击“建筑”选项卡“工作平面”面板上的“显示工作平面”按钮，显示的工作平面如图 3-2 所示。再次单击“显示工作平面”按钮，则隐藏工作平面。

Note

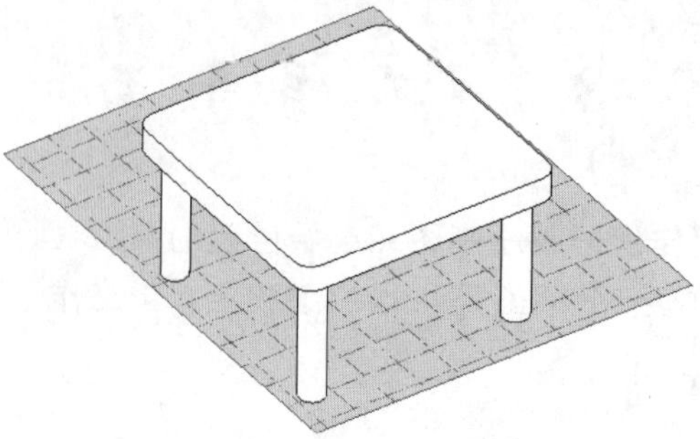

图 3-2　显示的工作平面

3.1.3　编辑工作平面

可以修改工作平面的边界大小和网格大小。

(1) 选取视图中的工作平面，拖动平面的边界控制点，改变其大小，如图 3-3 所示。

(2) 在"属性"选项板中的工作平面网格间距中输入新的间距值，或者在选项栏中输入新的间距值，然后按 Enter 键或单击"应用"按钮，更改网格间距大小，如图 3-4 所示。

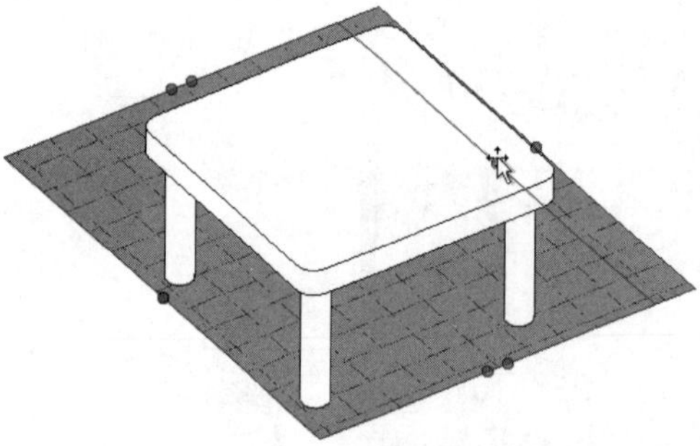

图 3-3　拖动更改大小

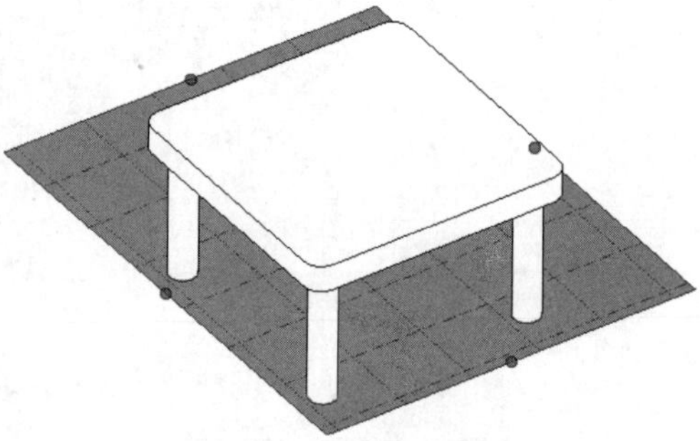

图 3-4　更改网格间距

3.1.4　工作平面查看器

使用工作平面查看器可以修改模型中基于工作平面的图元。工作平面查看器提供一个临时性的视图，不会保留在项目浏览器中。它对于编辑形状、放样和放样融合中的轮廓非常有用。

(1) 单击"快速访问"工具栏中的"打开"按钮 ，打开"放样.rfa"文件，如图 3-5 所示。

(2) 单击"创建"选项卡"工作平面"面板上的"工作平面查看器"按钮 ，打开"工作平面查看器"窗口，如图 3-6 所示。

(3) 根据需要编辑模型，如图 3-7 所示。

(4) 当在项目视图或工作平面查看器中进行更改时，其他视图会实时更新，结果如图 3-8 所示。

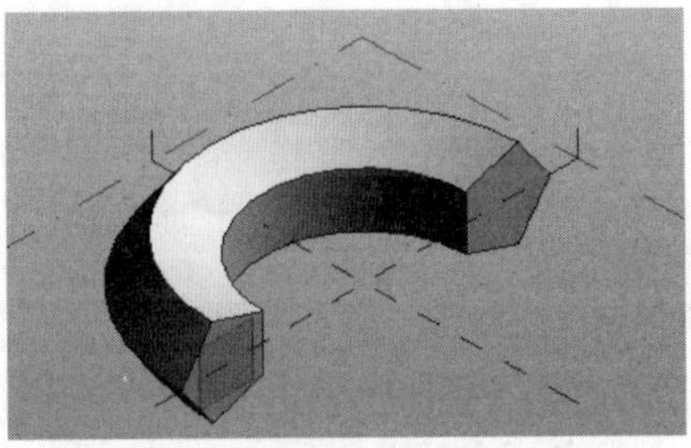

图 3-5　打开图形

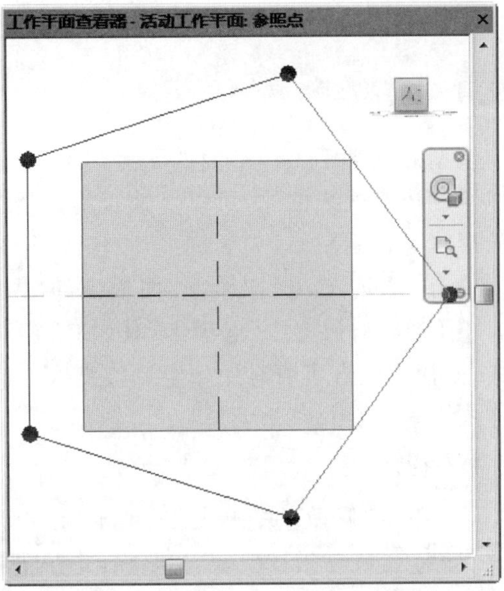

图 3-6　"工作平面查看器"窗口

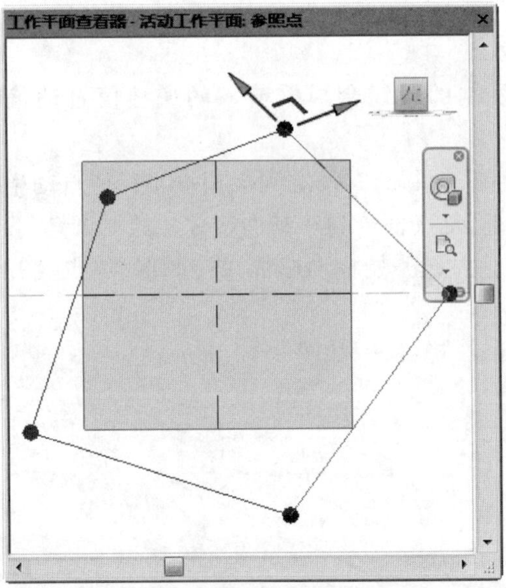

图 3-7　更改图形

图 3-8　更改后的图形

Note

3.2 模 型 创 建

3.2.1 模型线

模型线是基于工作平面的图元，存在于三维空间且在所有视图中都可见。模型线可以绘制成直线或曲线，可以单独绘制、链状绘制或者以矩形、圆形、椭圆形或其他多边形的形状进行绘制。

单击“建筑”选项卡“模型”面板上的“模型线”按钮，打开“修改|放置线”选项卡，其中“绘制”面板和“线样式”面板中包含了所有用于绘制模型线的绘图工具与线样式设置，如图 3-9 所示。

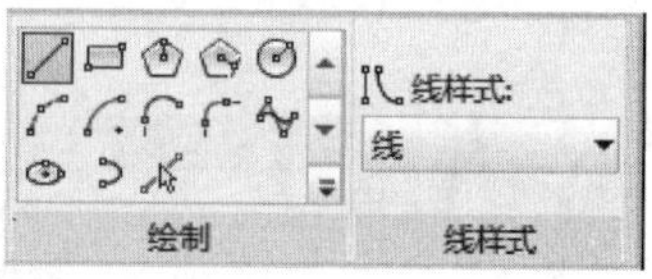

图 3-9　“绘制”面板和“线样式”面板

1. 直线

(1) 单击“修改|放置线”选项卡“绘制”面板上的“线”按钮，鼠标指针变成 -|- 形状，并在功能区的下方显示选项栏，如图 3-10 所示。

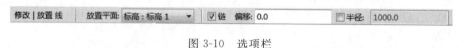

图 3-10　选项栏

- 放置平面：显示当前的工作平面，可以从列表中选择标高或拾取新工作平面为工作平面。
- 链：选中此复选框，绘制连续线段。
- 偏移：在文本框中输入偏移值，绘制的直线会根据输入的偏移值自动偏移轨迹线。
- 半径：选中此复选框，并输入半径值，绘制的直线之间会根据半径值自动生成圆角。要使用此选项，必须先选中“链”复选框绘制连续曲线才能绘制圆角。

(2) 在视图区中指定直线的起点，按住左键开始拖动鼠标，直到直线终点放开。视图中会显示直线的参数，如图 3-11 所示。

(3) 可以直接输入直线的参数，按 Enter 键确认，如图 3-12 所示。

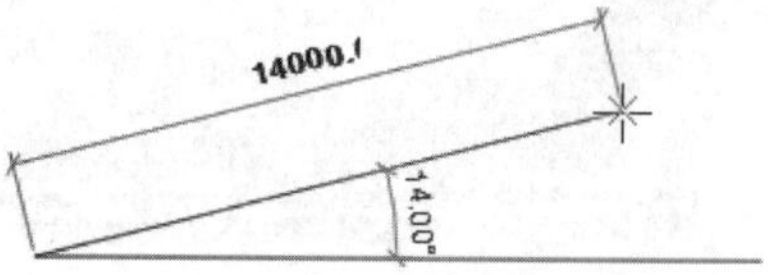

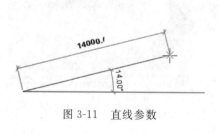

图 3-11　直线参数

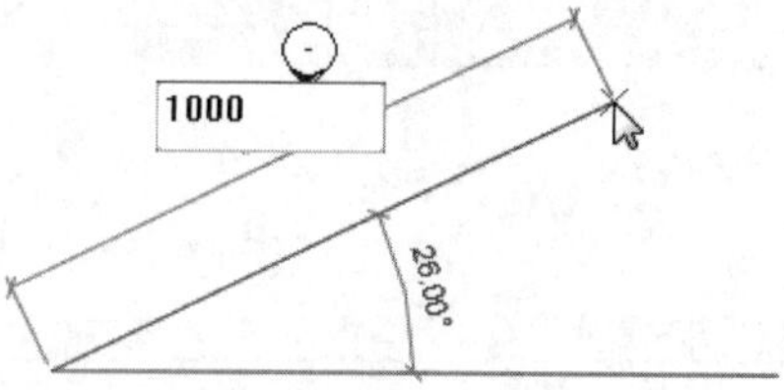

图 3-12　输入直线参数

2. 矩形

根据起点和角点绘制矩形。

(1) 单击“修改|放置线”选项卡“绘制”面板上的“矩形”按钮，在图中适当位置单击，确定矩形的起点。

(2) 拖动鼠标移动，动态显示矩形的大小，单击确定矩形的角点，也可以直接输入矩形的尺寸值。

(3) 在选项栏中选中“半径”，输入半径值，绘制带圆角的矩形，如图 3-13 所示。

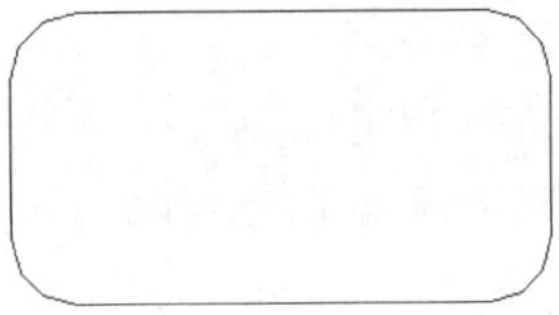

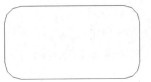

图 3-13 带圆角的矩形

3. 多边形

1) 内接多边形

对于内接多边形，圆的半径是圆心到多边形边之间顶点的距离。

(1) 单击“修改|放置线”选项卡“绘制”面板上的“内接多边形”按钮，打开选项栏，如图 3-14 所示。

图 3-14 多边形选项栏

(2) 在选项栏中输入边数、偏移值以及半径等参数。

(3) 在绘图区域内单击以指定多边形的圆心。

(4) 移动光标并单击确定圆心到多边形边之间顶点的距离，完成内接多边形的绘制。

2) 外接多边形

绘制一个各边与中心相距某个特定距离的多边形。

(1) 单击“修改|放置线”选项卡“绘制”面板上的“外接多边形”按钮，打开选项栏，如图 3-14 所示。

(2) 在选项栏中输入边数、偏移值以及半径等参数。

(3) 在绘图区域内单击以指定多边形的圆心。

(4) 移动光标并单击确定圆心到多边形边的垂直距离，完成外接多边形的绘制。

4. 圆

通过指定圆的中心点和半径来绘制圆形。

(1) 单击“修改|放置线”选项卡“绘制”面板上的“圆形”按钮，打开选项栏，如图 3-15 所示。

图 3-15 圆选项栏

(2) 在绘图区域中单击确定圆的圆心。

(3) 在选项栏中输入半径，仅需要单击一次就可将圆形放置在绘图区域。

(4) 如果在选项栏中没有确定半径，可以拖动光标调整圆的半径，再次单击确认半径，完成圆的绘制。

5. 圆弧

Revit 提供了四种用于绘制弧的选项。

Note

（1）起点-终点-半径弧：通过绘制连接弧的两个端点的弦指定起点和终点，然后使用第三个点指定角度或半径。

（2）圆心-端点弧：通过指定圆心、起点和端点绘制圆弧。此方法不能绘制角度大于 180°的圆弧。

（3）相切-端点弧：从现有墙或线的端点创建相切弧。

（4）圆角弧：绘制两相交直线间的圆角。

6. 椭圆和椭圆弧

（1）椭圆：通过中心点、长半轴和短半轴来绘制椭圆。

（2）半椭圆：通过长半轴和短半轴来控制半椭圆的大小。

7. 样条曲线

绘制一条经过或靠近指定点的平滑曲线。

（1）单击"修改|放置线"选项卡"绘制"面板上的"样条曲线"按钮，打开选项栏。

（2）在绘图区域中单击指定样条曲线的起点。

（3）移动光标单击，指定样条曲线上的下一个控制点，根据需要指定控制点。

用一条样条曲线无法创建单一闭合环，但是可以使用第二条样条曲线来使曲线闭合。

3.2.2 模型文字

模型文字是基于工作平面的三维图元，可用于建筑或墙上的标志或字母。对于能以三维方式显示的族（如墙、门、窗和家具族），用户可以在项目视图和族编辑器中添加模型文字。模型文字不可用于只能以二维方式表示的族，如注释、详图构件和轮廓族。

在添加模型文字之前首先需设置要在其中显示文字的工作平面。

1. 创建模型文字

操作步骤

（1）在图形区域中绘制一段墙体。

（2）单击"建筑"选项卡"工作平面"面板中的"设置"按钮，打开"工作平面"对话框，选择"拾取一个平面"单选按钮，如图 3-16 所示。单击"确定"按钮，选择墙体的前端面为工作平面，如图 3-17 所示。

（3）单击"建筑"选项卡"模型"面板中的"模型文字"按钮，打开"编辑文字"对话框，在上面输入"Revit 2018"，如图 3-18 所示。单击"确定"按钮。

（4）拖曳模型文字将其放置在选取的平面上，如图 3-19 所示。

（5）将文字放置到墙上适当位置单击，结果如图 3-20 所示。

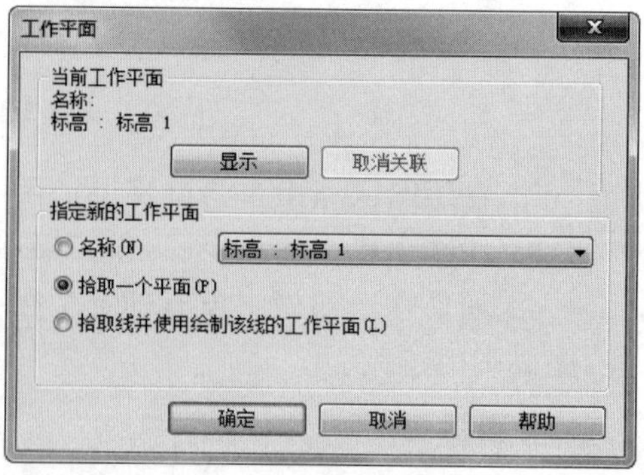

图 3-16 "工作平面"对话框

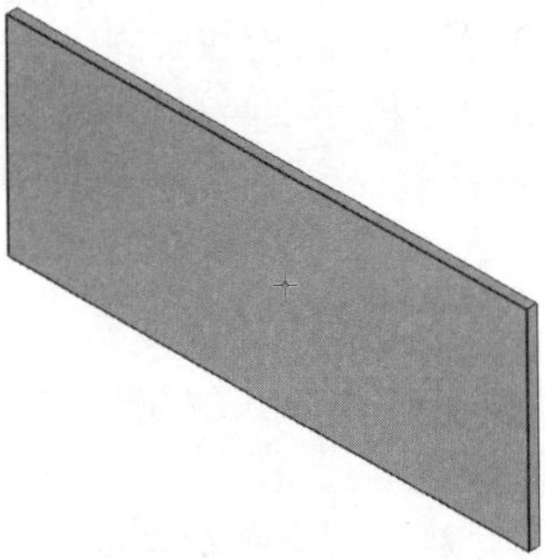

图 3-17　选取前端面

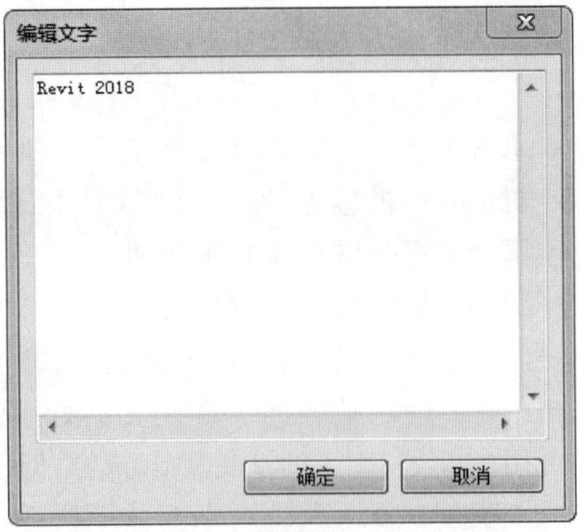

图 3-18　“编辑文字”对话框

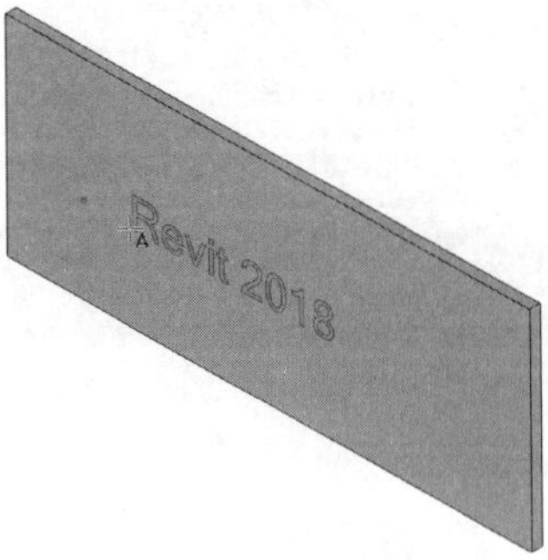

图 3-19　放置文字

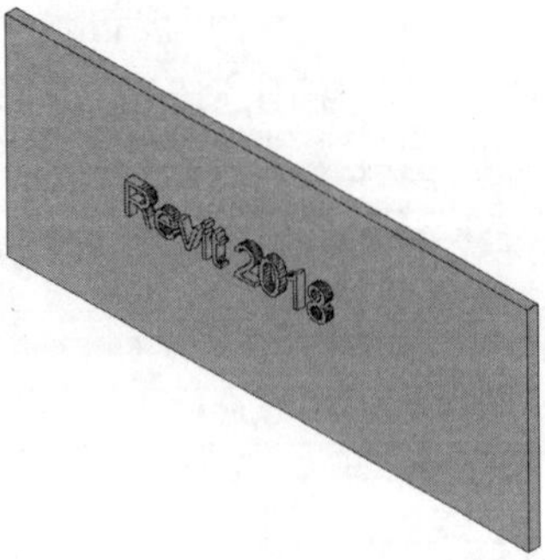

图 3-20　模型文字

2. 编辑模型文字

(1) 选中图 3-20 中的文字，在“属性”选项板中更改文字深度为 200，单击“应用”按钮，更改文字深度，如图 3-21 所示。

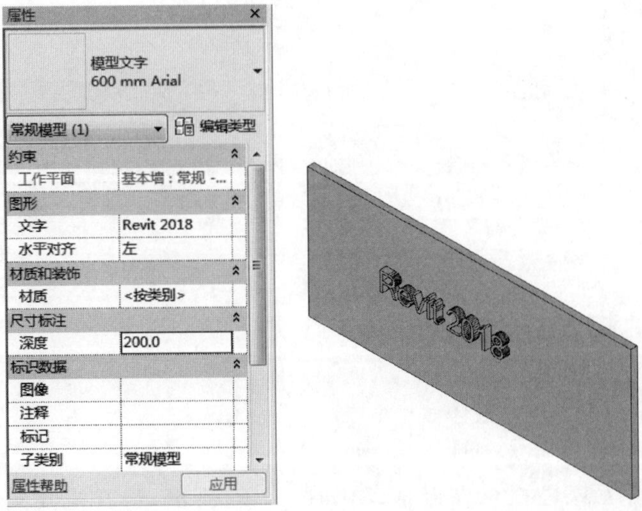

图 3-21　更改文字深度

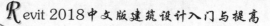

Note

➢ 工作平面：表示用于放置文字的工作平面。
➢ 文字：单击此文本框中的“编辑”按钮…，打开“编辑文字”对话框，可以更改文字。
➢ 水平对齐：指定存在多行文字时文字的对齐方式，各行之间相互对齐。
➢ 材质：单击…按钮，打开“材质浏览器”对话框，指定模型文字的材质。
➢ 深度：用于输入文字的深度。
➢ 图像：指定某一光栅图像作为模型文字的标识。
➢ 注释：用于输入有关文字的特定注释。
➢ 标记：指定某一类别模型文字的标记，如果将此标记修改为其他模型文字已使用的标记，则 Revit 将发出警告，但仍允许使用此标记。
➢ 子类别：显示默认类别或从下拉列表框中选择子类别。定义子类别的对象样式时，可以定义其颜色、线宽以及其他属性。

(2) 单击“属性”选项板中的“编辑类型”按钮 编辑类型，打开如图 3-22 所示的“类型属性”对话框，单击“复制”按钮，打开“名称”对话框，输入名称为“1000mm 仿宋”，如图 3-23 所示。单击“确定”按钮，返回到“类型属性”对话框，在“文字字体”下拉列表框中选择“仿宋”，更改文字大小为 1000，选中“斜体”复选框，如图 3-24 所示。单击“确定”按钮，完成文字字体和大小的更改，结果如图 3-25 所示。

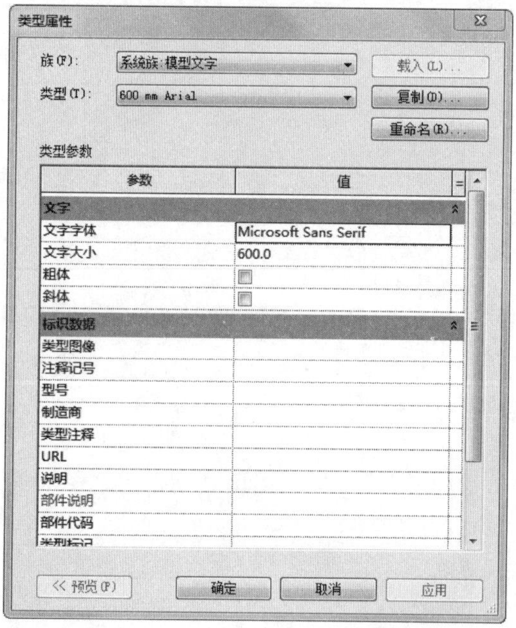

图 3-22 “类型属性”对话框

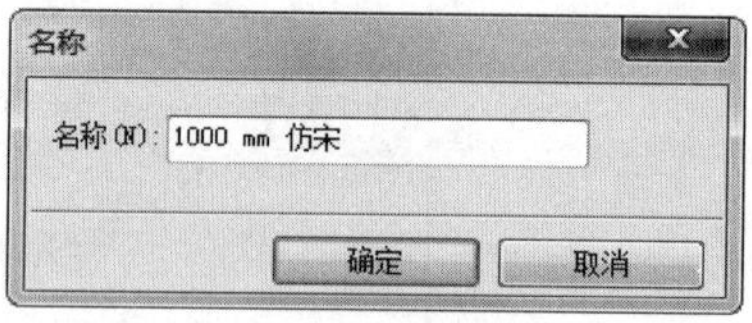

图 3-23 输入新名称

➢ 文字字体：设置模型文字的字体。
➢ 文字大小：设置文字大小。
➢ 粗体：将字体设置为粗体。
➢ 斜体：将字体设置为斜体。

(3) 选中文字后按住鼠标左键拖动，如图 3-26 所示，将其拖动到墙体中间位置释放鼠标，完成文字的移动，如图 3-27 所示。

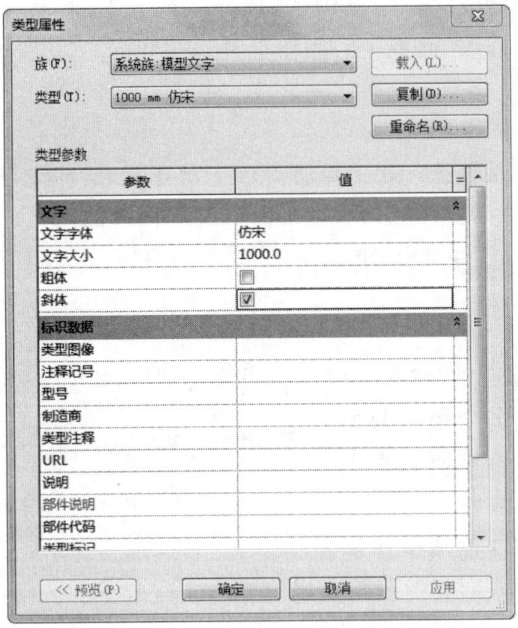

图 3-24　文字属性

图 3-25　更改字体和大小

图 3-26　拖动文字

图 3-27　移动文字效果

3.3　图 元 修 改

Revit 提供了图元的修改和编辑工具，主要集中在“修改”选项卡中，如图 3-28 所示。

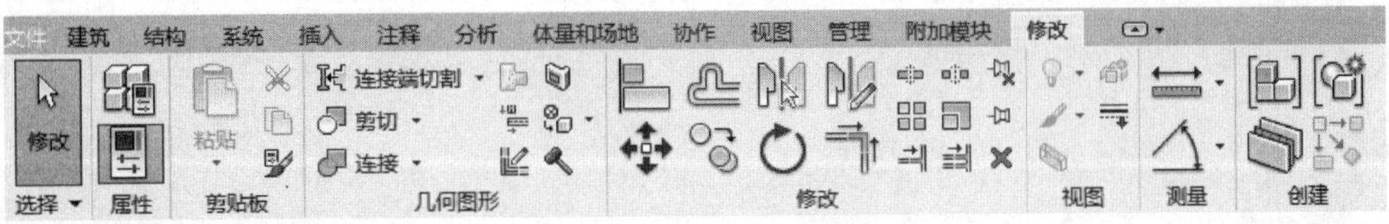

图 3-28　“修改”选项卡

当选择要修改的图元后，会打开“修改|××”选项卡，选择的图元不同，打开的“修改|××”选项卡也会有所不同，但是“修改”面板中的操作工具是相同的。

Note

3.3.1 对齐图元

可以将一个或多个图元与选定图元对齐。此工具通常用于对齐墙、梁和线，但也可以用于其他类型的图元。可以对齐同一类型的图元，也可以对齐不同族的图元，还可以在平面视图（二维）、三维视图或立面视图中对齐图元。

操作步骤

（1）单击“修改”选项卡“修改”面板中的“对齐”按钮，打开选项栏，如图 3-29 所示。

- 多重对齐：选中此复选框，将多个图元与所选图元对齐，也可以按住 Ctrl 键同时选择多个图元进行对齐。

图 3-29　对齐选项栏

- 首选：指明将如何对齐所选墙，包括参照墙面、参照墙中心线、参照核心层表面和参照核心层中心。

（2）选择要与其他图元对齐的图元，如图 3-30 所示。

（3）选择要与参照图元对齐的一个或多个图元，如图 3-31 所示。在选择之前，将光标在图元上移动，直到高亮显示要与参照图元对齐的图元部分时为止，然后单击该图元，对齐图元，如图 3-32 所示。

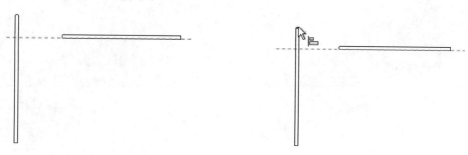

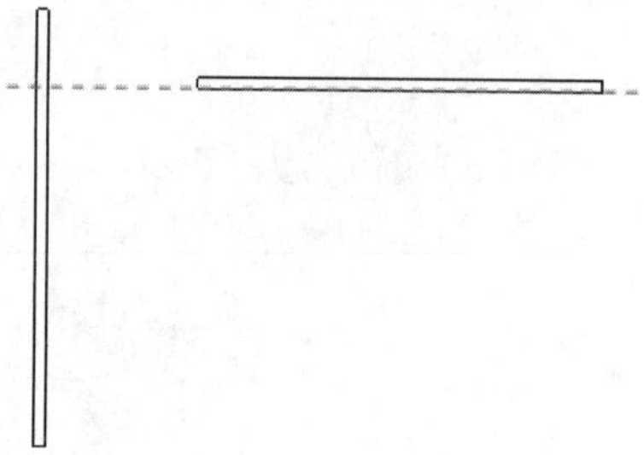
图 3-30　选取要对齐的图元

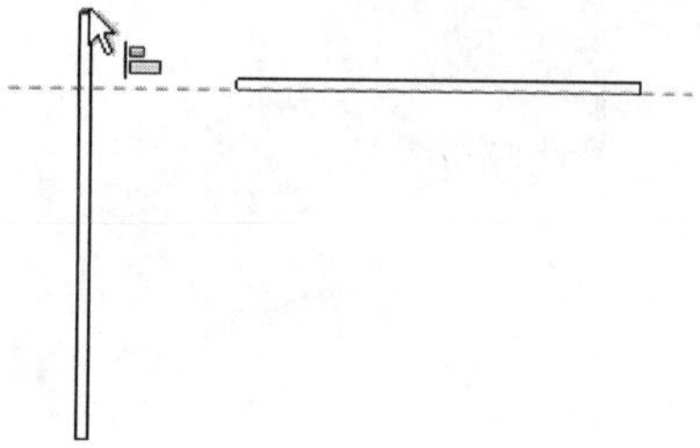
图 3-31　选取参照图元

（4）如果希望选定图元与参照图元保持对齐状态，可单击锁定标记来锁定对齐，如图 3-33 所示。当修改具有对齐关系的图元时，系统会自动修改与之对齐的其他图元。

注意：要启动新对齐，按 Esc 键一次；要退出对齐工具，按 Esc 键两次。

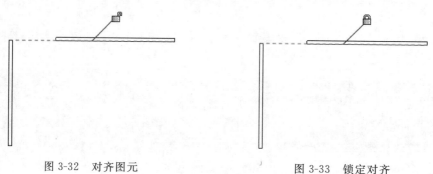

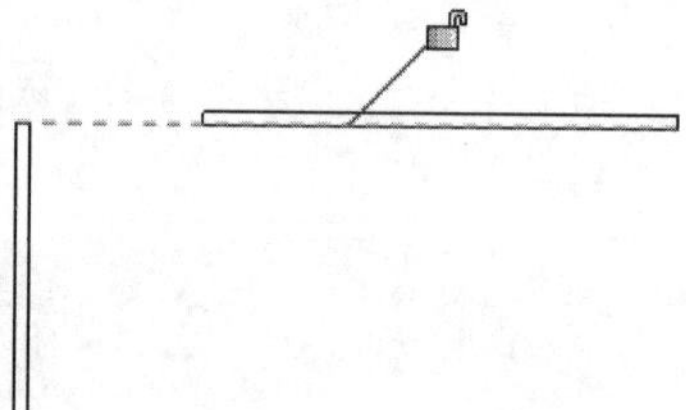
图 3-32　对齐图元

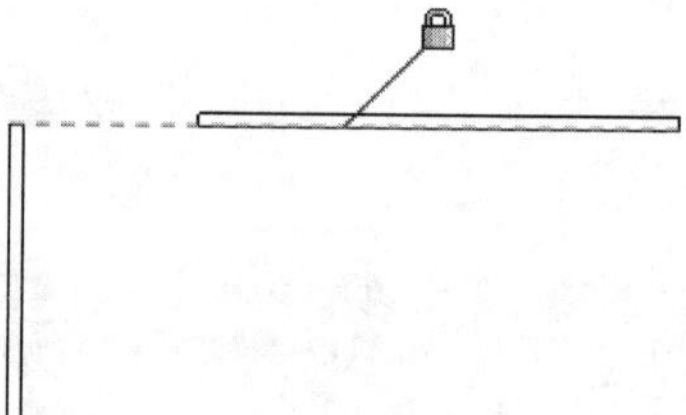
图 3-33　锁定对齐

3.3.2 移动图元

可以将选定的图元移动到新的位置。

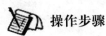

操作步骤

(1) 选择要移动的图元,如图 3-34 所示。

(2) 单击"修改"选项卡"修改"面板中的"移动"按钮,打开移动选项栏,如图 3-35 所示。

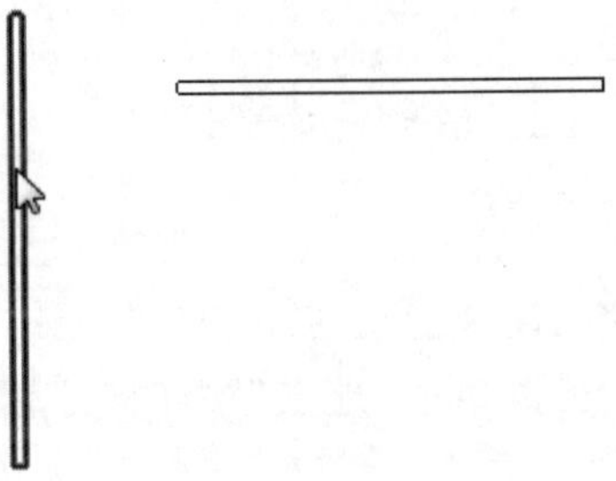

图 3-34 选择图元

图 3-35 移动选项栏

- 约束:选中此复选框,限制图元沿着与其垂直或共线的矢量方向的移动。
- 分开:选中此复选框,可在移动前中断所选图元和其他图元之间的关联。也可以将依赖于主体的图元从当前主体移动到新的主体上。

(3) 单击图元上的点作为移动的起点,如图 3-36 所示。

(4) 拖动鼠标移动图元到适当位置,如图 3-37 所示。

(5) 单击完成移动操作,如图 3-38 所示。如果想更精准地移动图元,在移动过程中输入要移动的距离即可。

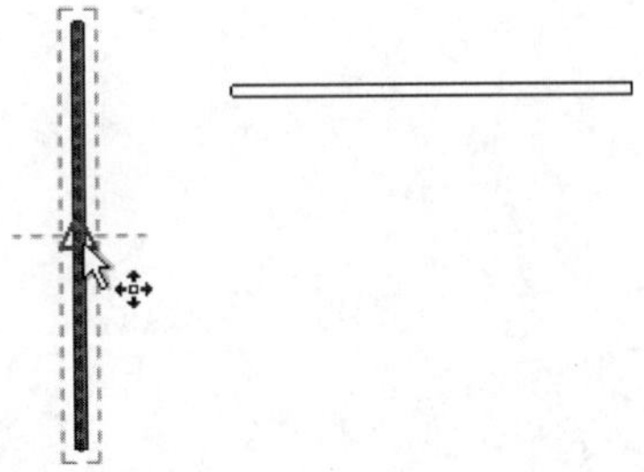

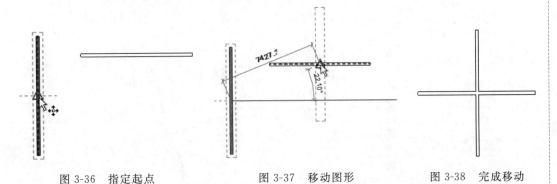

图 3-36 指定起点

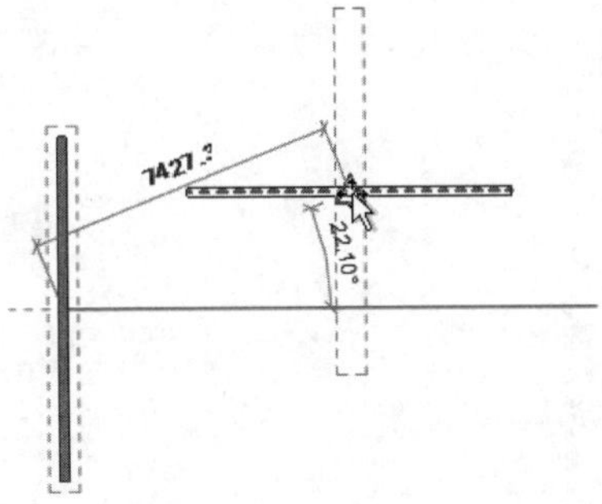

图 3-37 移动图形

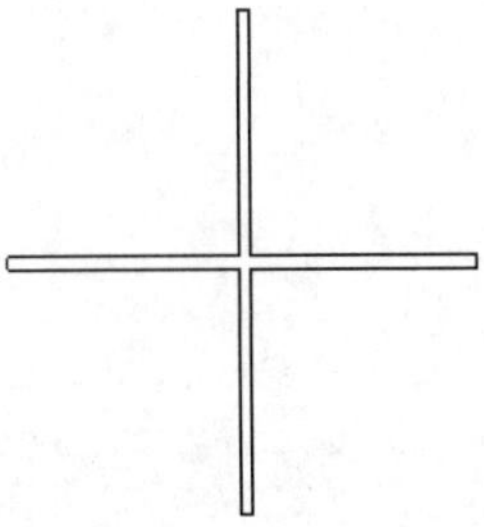

图 3-38 完成移动

3.3.3 旋转图元

可以绕轴旋转选定的图元。在楼层平面视图、天花板投影平面视图,以及立面视图和剖面视图中,图元会围绕垂直于这些视图的轴进行旋转。并不是所有图元均可以围绕任何轴旋转。例如,墙不能在立面视图中旋转,窗不能在没有墙的情况下旋转。

Note

操作步骤

(1) 选择要旋转的图元,如图 3-39 所示。

(2) 单击“修改”选项卡“修改”面板中的“旋转”按钮,打开旋转选项栏,如图 3-40所示。

- 分开:选中此复选框,可在移动前中断所选图元和其他图元之间的关联。
- 复制:选中此复选框,旋转所选图元的副本。而在原来位置上保留原始对象。

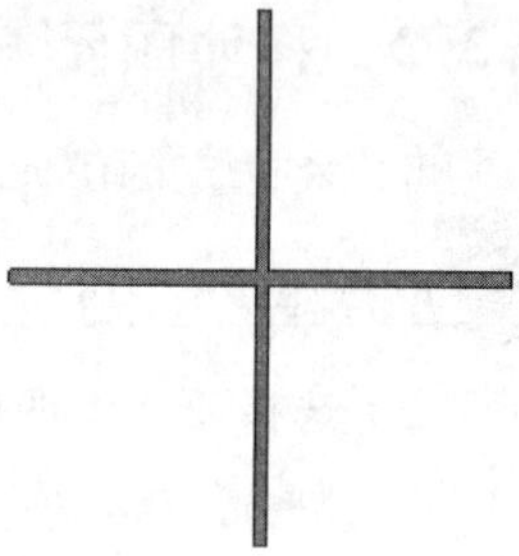

图 3-39 选择图元

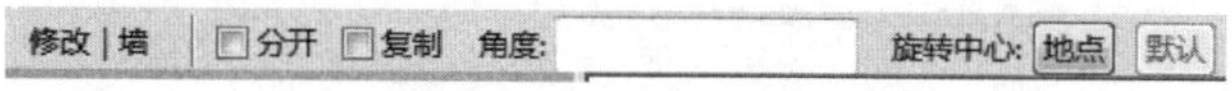

图 3-40 旋转选项栏

- 角度:输入旋转角度,系统会根据指定的角度执行旋转。
- 旋转中心:默认的旋转中心是图元中心,可以单击“地点”按钮,指定新的旋转中心。

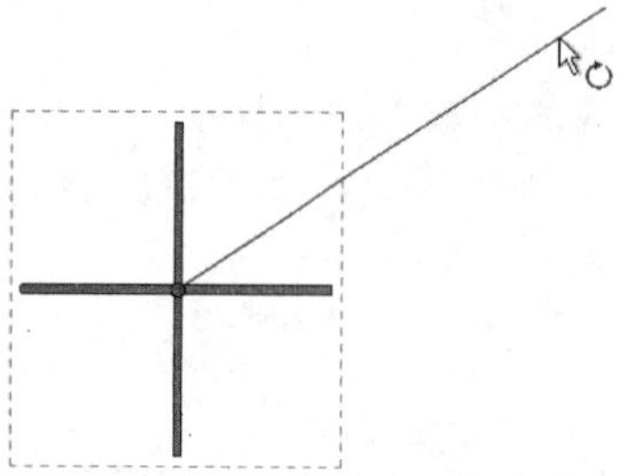

图 3-41 指定旋转的起始位置

(3) 单击以指定旋转的开始位置放射线,如图 3-41 所示。此时显示的线即表示第一条放射线。如果在指定第一条放射线时利用光标进行捕捉,则捕捉线将随预览框一起旋转,并在放置第二条放射线时捕捉屏幕上的角度。

(4) 移动光标旋转图元到适当位置,如图 3-42 所示。

(5) 单击完成旋转操作,如图 3-43 所示。如果想更精准地旋转图元,在旋转过程中输入要旋转的角度即可。

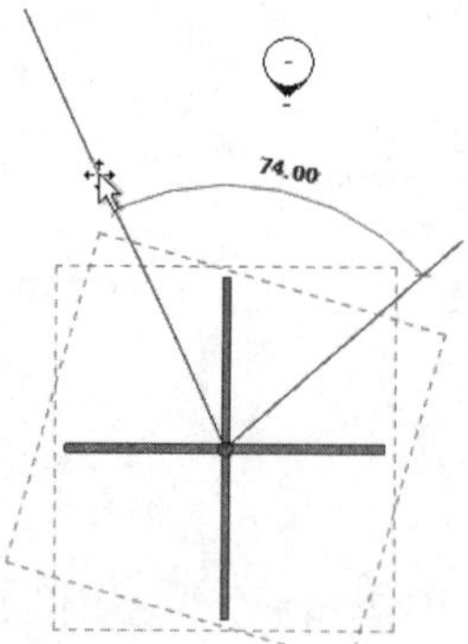

图 3-42 旋转图元

图 3-43 旋转图元

3.3.4 偏移图元

偏移图元是指将选定的图元(如线、墙或梁)复制并移动到其长度的垂直方向上的指定距离处。可以对单个图元或属于相同族的图元链应用偏移工具,可以通过拖曳选定图元或输入值来指定偏移距离。

偏移工具的使用限制条件如下：

(1) 只能在线、梁和支撑的工作平面中偏移它们。

(2) 不能对创建为内建族的墙进行偏移。

(3) 不能在与图元的移动平面相垂直的视图中偏移这些图元，如不能在立面图中偏移墙。

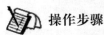

操作步骤

(1) 单击“修改”选项卡“修改”面板中的“偏移”按钮，打开选项栏，如图 3-44 所示。

图 3-44 偏移选项栏

- 图形方式：选择此单选按钮，将选定图元拖曳到所需位置。
- 数值方式：选择此单选按钮，在“偏移”文本框中输入偏移距离值，距离值为正数。
- 复制：选中此复选框，偏移所选图元的副本。而在原来位置上保留原始对象。

(2) 在选项栏中选择偏移距离的方式。

(3) 选择要偏移的图元或链，如果选择“数值方式”选项指定了偏移距离，则将在放置光标的一侧在离高亮显示图元该距离的地方显示一条预览线，如图 3-45 所示。

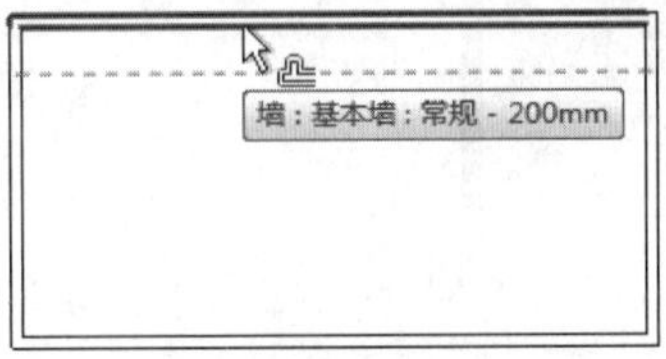

鼠标在墙的内部

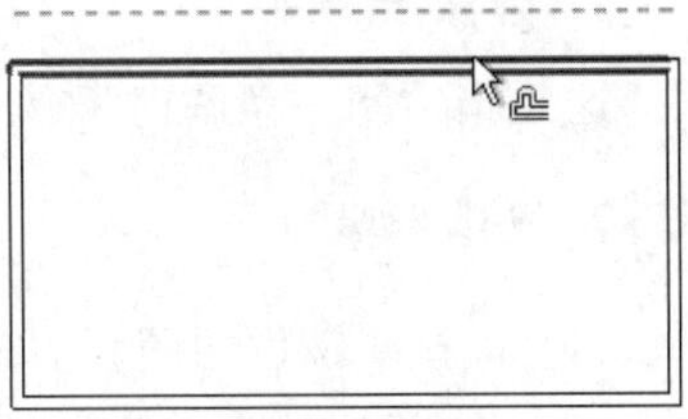

鼠标在墙的外部

图 3-45 偏移方向

(4) 根据需要移动光标，以便在所需偏移位置显示预览线，然后单击，将图元或链移动到该位置，或在那里放置一个副本。

(5) 如果选择“图形方式”单选按钮，则单击以选择高亮显示的图元，然后将其拖曳到所需距离并再次单击。开始拖曳后，将显示一个关联尺寸标注，可以输入特定的偏移距离。

3.3.5 镜像图元

可以移动或复制所选图元，并将其位置反转到所选轴线的对面。

1. 镜像-拾取轴

这是指通过已有轴来镜像图元。

操作步骤

(1) 选择要镜像的图元，如图 3-46 所示。

(2) 单击“修改”选项卡“修改”面板中的“镜像-拾取轴”按钮，打开选项栏，如

图 3-47 所示。

复制：选中此复选框，镜像所选图元的副本。而在原来位置上保留原始对象。

（3）选择代表镜像轴的线，如图 3-48 所示。

（4）单击完成镜像操作，如图 3-49 所示。

图 3-46　选择图元(一)

图 3-47　镜像选项栏

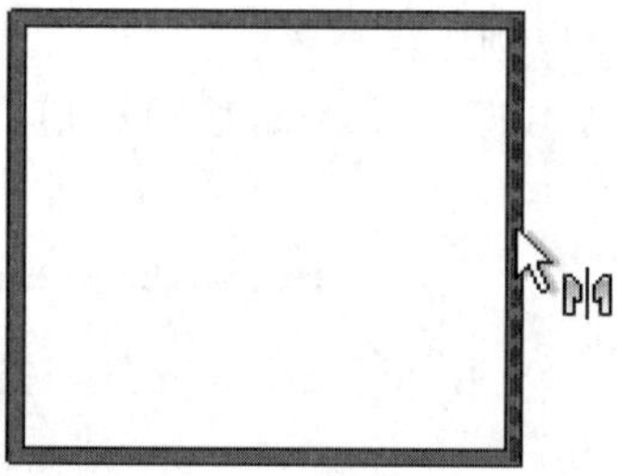

图 3-48　选取镜像轴线

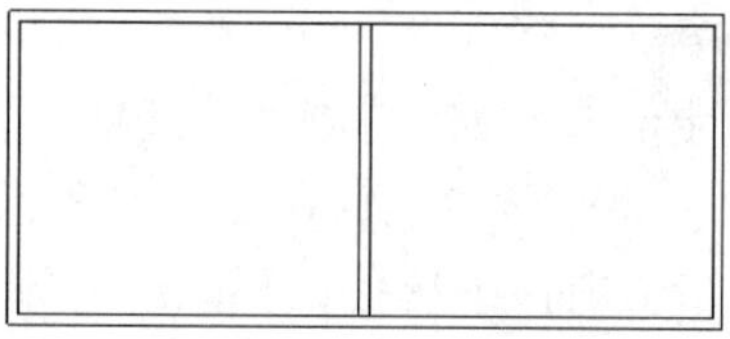

图 3-49　镜像图元

2. 镜像-绘制轴

这是指绘制一条临时镜像轴线来镜像图元。

操作步骤

（1）选择要镜像的图元，如图 3-50 所示。

（2）单击“修改”选项卡“修改”面板中的“镜像-绘制轴”按钮，打开选项栏，如图 3-51 所示。

图 3-50　选择图元

图 3-51　镜像选项栏

（3）绘制一条临时镜像轴线，如图 3-52 所示。

（4）单击完成镜像操作，如图 3-53 所示。

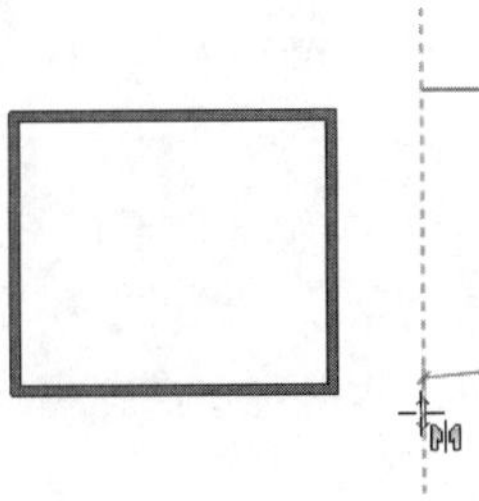

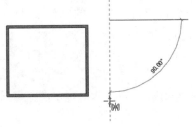

图 3-52　绘制镜像轴

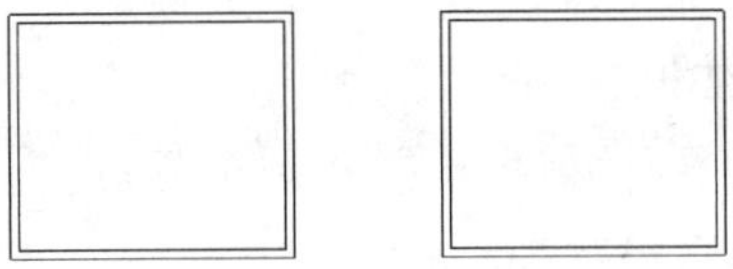

图 3-53　完成镜像

3.3.6　阵列图元

使用阵列工具可以创建一个或多个图元的多个实例,并同时对这些实例进行操作。

1. 线性阵列

可以指定阵列中的图元之间的距离。

操作步骤

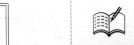

(1) 单击“修改”选项卡“修改”面板中的“阵列”按钮，选择要阵列的图元，按Enter 键，打开选项栏，如图 3-54 所示，单击“线性”按钮。

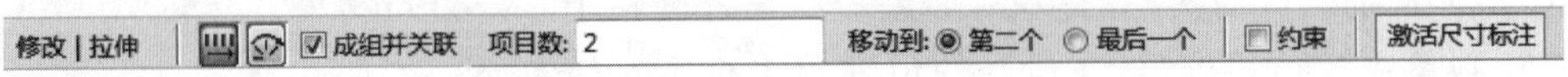

图 3-54　线性阵列选项栏

- 成组并关联：选中此复选框，将阵列的每个成员包括在一个组中。如果未选中此复选框，则阵列后，每个副本都独立于其他副本。
- 项目数：指定阵列中所有选定图元的副本总数。
- 移动到：成员之间间距的控制方法。
  - 第二个：指定阵列每个成员之间的间距，如图 3-55 所示。
  - 最后一个：指定阵列中第一成员到最后一个成员之间的间距。阵列成员会在第一个成员和最后一个成员之间以相等间距分布，如图 3-56 所示。

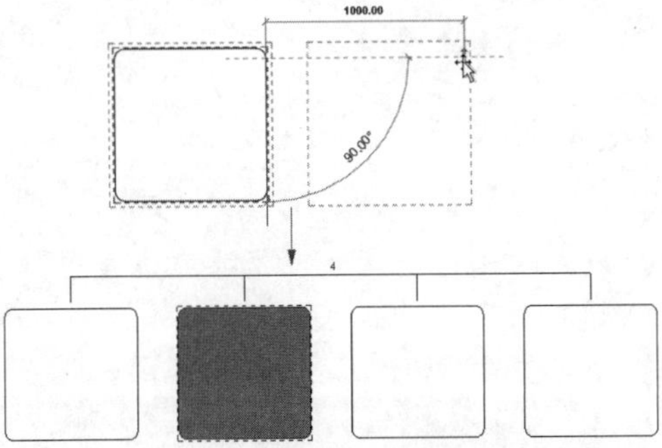

图 3-55　设置第二个成员间距

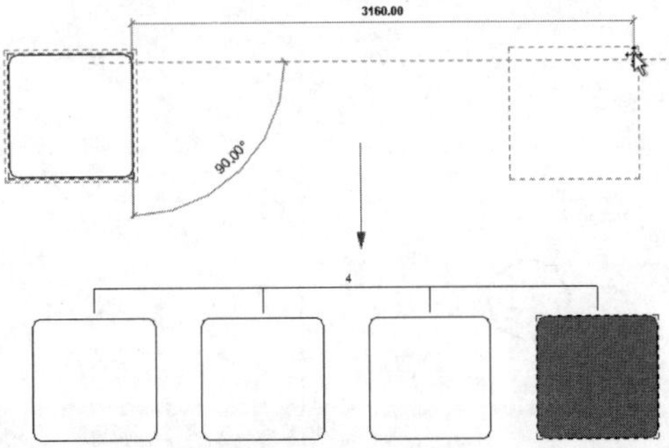

图 3-56　设置最后一个

- 约束：选中此复选框，用于限制阵列成员沿着与所选的图元垂直或共线的矢量方向移动。

Note

➢ 激活尺寸标注：单击此按钮，可以显示并激活要阵列图元的定位尺寸。

（2）在绘图区域中单击以指明测量的起点。

（3）移动光标显示第二成员尺寸或最后一个成员尺寸，单击确定间距尺寸，或直接输入尺寸值。

（4）在选项栏中输入副本数，也可以直接修改图形中的副本数字，完成阵列。

2. 半径阵列

绘制圆弧并指定阵列中要显示的图元数量。

操作步骤

（1）单击“修改”选项卡“修改”面板中的“阵列”按钮，选择要阵列的图元，按Enter键，打开选项栏，如图3-57所示，单击“半径”按钮。

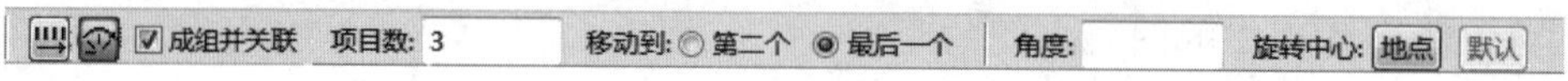

图3-57　半径阵列选项栏

➢ 角度：在此文本框中输入总的径向阵列角度，最大为360°。

➢ 旋转中心：设定径向旋转中心点。

（2）系统默认为图元的中心，如果需要设置旋转中心点，则单击“地点”按钮，在适当的位置单击指定旋转直线，如图3-58所示。

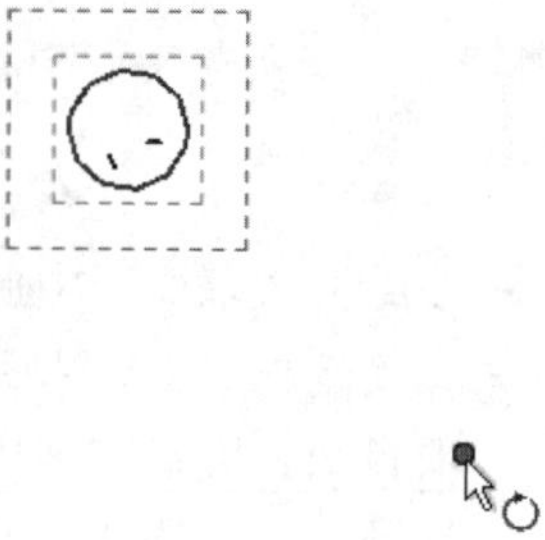

图3-58　指定旋转中心

（3）将光标移动到半径阵列的弧形开始的位置，如图3-59所示。在大部分情况下，都需要将旋转中心控制点从所选图元的中心移走或重新定位。

（4）在选项栏中输入旋转角度为360°，也可以指定第一条旋转放射线后移动光标放置第二条旋转放射线来确定旋转角度。

（5）在视图中输入项目副本数为6，如图3-60所示，也可以直接在选项栏中输入项目数，按Enter键确认，结果如图3-61所示。

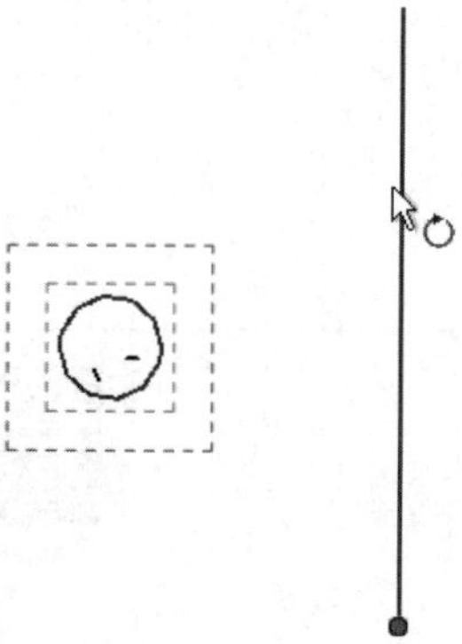

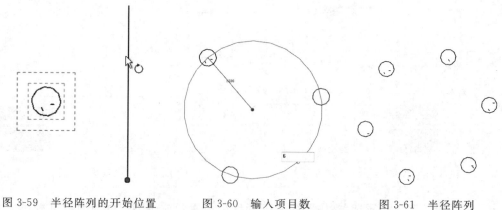

图3-59　半径阵列的开始位置

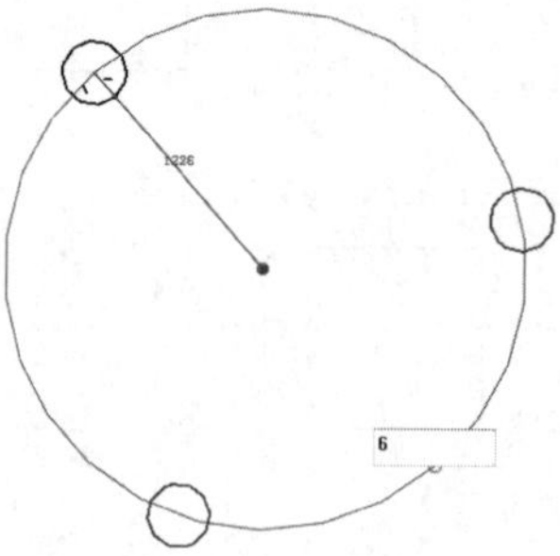

图3-60　输入项目数

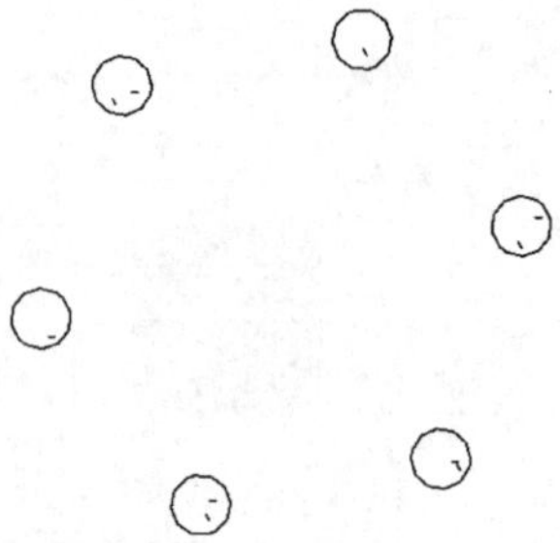

图3-61　半径阵列

3.3.7　缩放图元

缩放工具适用于线、墙、图像、链接、DWG 和 DXF 导入、参照平面以及尺寸标注的位置。可以通过图形方式或输入比例系数以调整图元的尺寸和比例。

缩放图元大小时，需要考虑以下事项。

(1) 无法调整已锁定的图元。对此种图元需要先解锁，然后才能调整其尺寸。

(2) 调整图元尺寸时，需要定义一个原点，图元将相对于该固定点均匀地改变大小。

(3) 所有选定图元都必须位于平行平面中。选择集中的所有墙必须都具有相同的底部标高。

(4) 调整墙的尺寸时，插入对象(如门和窗)与墙的中点保持固定的距离。

(5) 调整大小会改变尺寸标注的位置，但不改变尺寸标注的值。如果被调整的图元是尺寸标注的参照图元，则尺寸标注值会随之改变。

(6) 链接符号和导入符号具有名为"实例比例"的只读实例参数，它表明实例大小与基准符号的差异程度。用户可以调整链接符号或导入符号来更改实例比例。

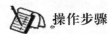

操作步骤

(1) 单击"修改"选项卡"修改"面板中的"缩放"按钮，选择要缩放的图元，如图 3-62 所示，打开选项栏，如图 3-63 所示。

图 3-62　选取图元

图 3-63　缩放选项栏

- 图形方式：选择此单选按钮，Revit 通过确定两个矢量长度的比率来计算比例系数。
- 数值方式：选择此单选按钮，在"比例"文本框中直接输入缩放比例系数，图元将按定义的比例系数调整大小。

(2) 在选项栏中选择"数值方式"单选按钮，输入缩放比例为 0.5，在图形中单击以确定原点，如图 3-64 所示。

(3) 缩放后的结果如图 3-65 所示。

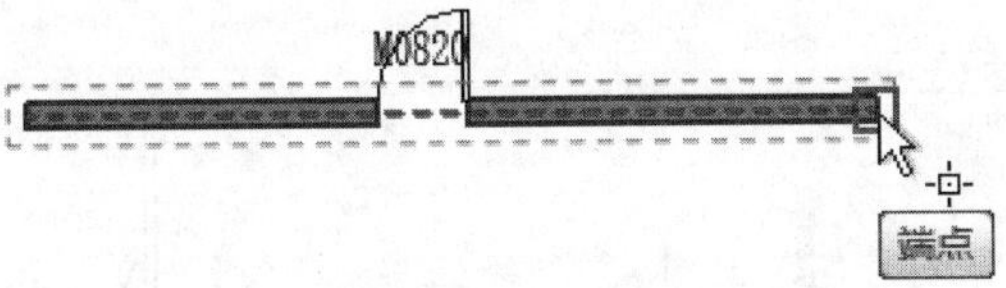

图 3-64　确定原点

图 3-65　缩放图形

(4) 如果选择"图形方式"单选按钮，则移动光标定义第一个矢量，单击设置长度，然后再次移动光标定义第二个矢量，系统会根据定义的两个矢量确定缩放比例。

3.3.8　修剪/延伸图元

可以修剪或延伸一个或多个图元至由相同的图元类型定义的边界，也可以延伸不平行的图元以形成角，或者在它们相交时对其进行修剪以形成角。选择要修剪的图元时，光标位置指示要保留的图元部分。

1. 修剪/延伸为角

Note

操作步骤

将两个所选图元修剪或延伸成一个角。

(1) 单击“修改”选项卡“修改”面板中的“修剪/延伸为角”按钮，选择要修剪/延伸的一个线或墙，单击要保留部分，如图 3-66 所示。

(2) 选择要修剪/延伸的第二个线或墙，如图 3-67 所示。

(3) 将所选图元修剪/延伸为一个角，如图 3-68 所示。

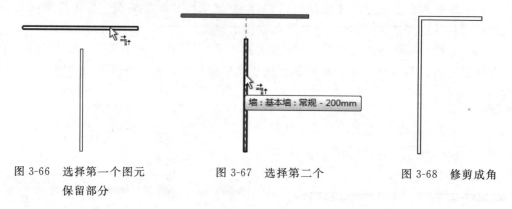

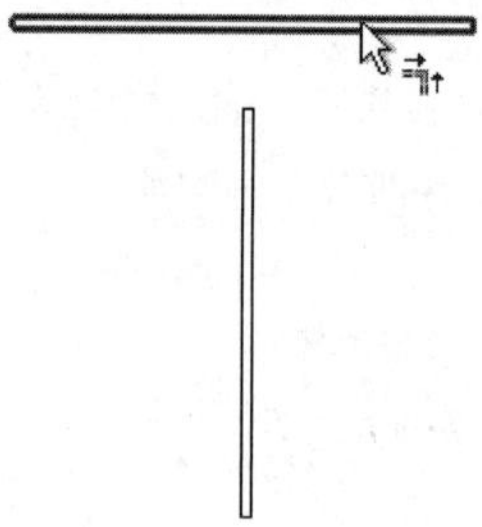

图 3-66　选择第一个图元保留部分

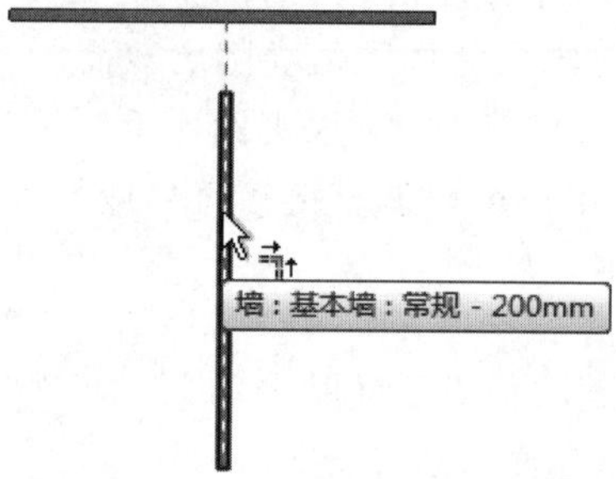

图 3-67　选择第二个

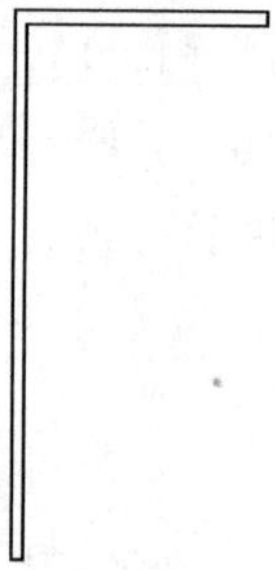

图 3-68　修剪成角

2. 修剪/延伸单一图元

操作步骤

将一个图元修剪或延伸到其他图元定义的边界。

(1) 单击“修改”选项卡“修改”面板中的“修剪/延伸单个图元”按钮，选择要用作边界的参照，如图 3-69 所示。

(2) 选择要修剪/延伸的图元，如图 3-70 所示。

(3) 如果此图元与边界(或投影)交叉，则保留所单击的部分，而修剪边界另一侧的部分，如图 3-71 所示。

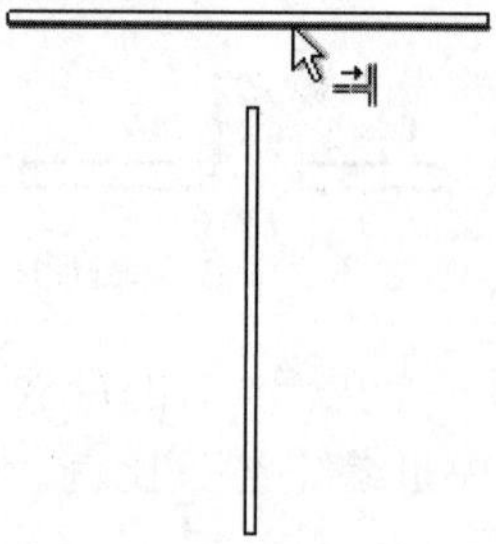

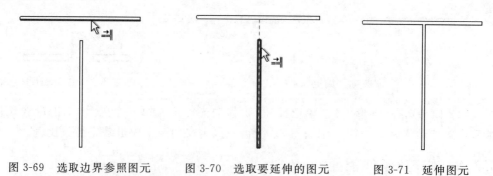

图 3-69　选取边界参照图元

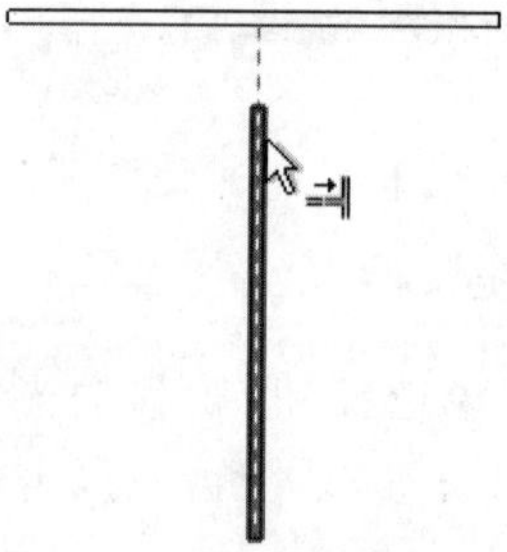

图 3-70　选取要延伸的图元

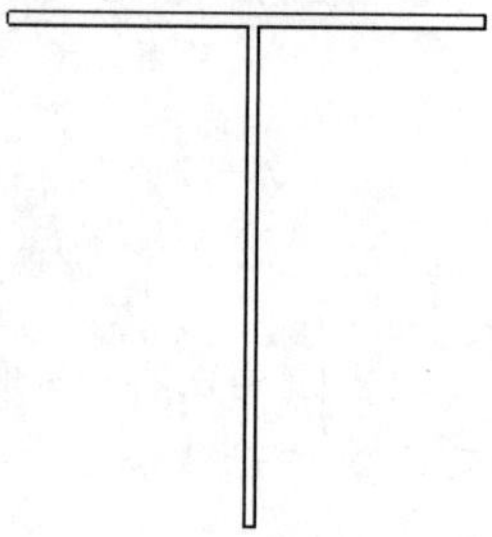

图 3-71　延伸图元

3. 修剪/延伸多个图元

操作步骤

将多个图元修剪或延伸到其他图元定义的边界。

(1) 单击"修改"选项卡"修改"面板中的"修剪/延伸单个图元"按钮，选择要用作边界的参照，如图 3-72 所示。

(2) 单击以选择要修剪或延伸的每个图元，或者框选所有要修剪/延伸的图元，如图 3-73 所示。

注意：当从右向左绘制选择框时，图元不必包含在选中的框内；当从左向右绘制时，仅选中完全包含在框内的图元。

(3) 如果此图元与边界(或投影)交叉，则保留所单击的部分，而修剪边界另一侧的部分，如图 3-74 所示。

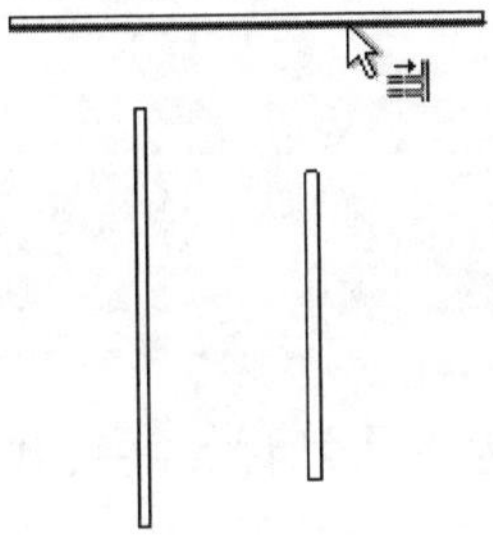

图 3-72　选取边界

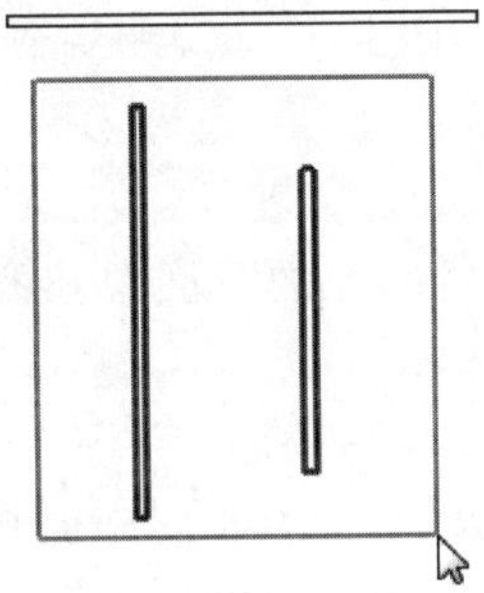

图 3-73　选取延伸图元

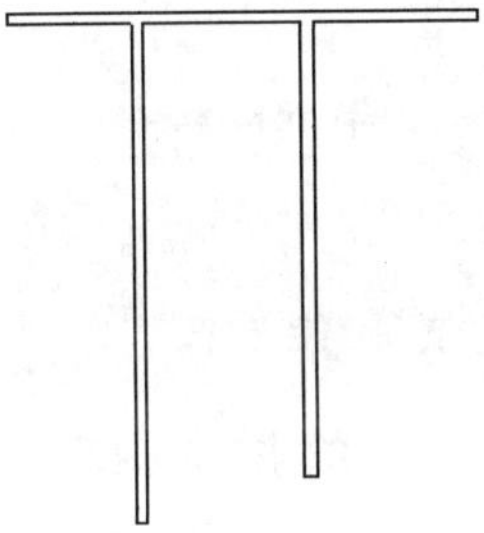

图 3-74　延伸图元

3.3.9　拆分图元

通过"拆分"工具，可将图元拆分为两个单独的部分，可删除两个点之间的线段，也可在两面墙之间创建定义的间隙。

拆分工具有两种使用方法：拆分图元和用间隙拆分。

拆分工具可以拆分墙、线、栏杆护手(仅拆分图元)、柱(仅拆分图元)、梁(仅拆分图元)、支撑(仅拆分图元)等图元。

1. 拆分

它是指在选定点剪切图元(例如墙或管道)，或删除两点之间的线段。

操作步骤

(1) 单击"修改"选项卡"修改"面板中的"拆分图元"按钮，打开选项栏，如图 3-75 所示。

删除内部线段：选中此复选框，Revit 会删除墙或线上所选点之间的线段。

图 3-75　拆分图元选项栏

(2) 在图元上要拆分的位置处单击，如图 3-76 所示，拆分图元。

（3）如果选中“删除内部线段”复选框，则单击确定另一个点，如图 3-77 所示，删除一条线段，结果如图 3-78 所示

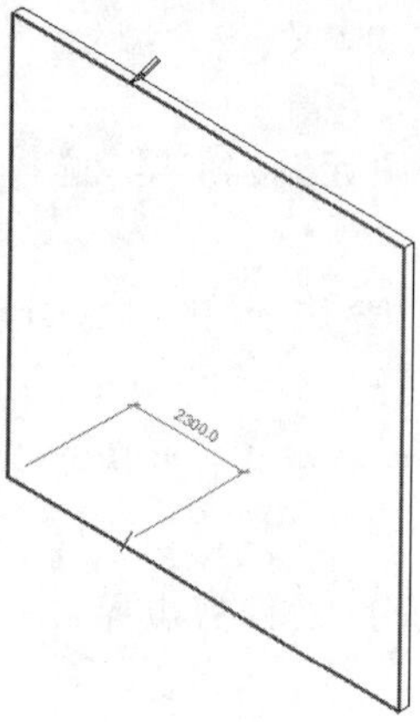

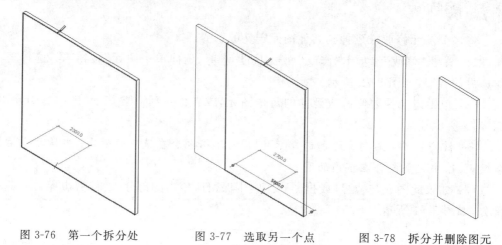

图 3-76　第一个拆分处

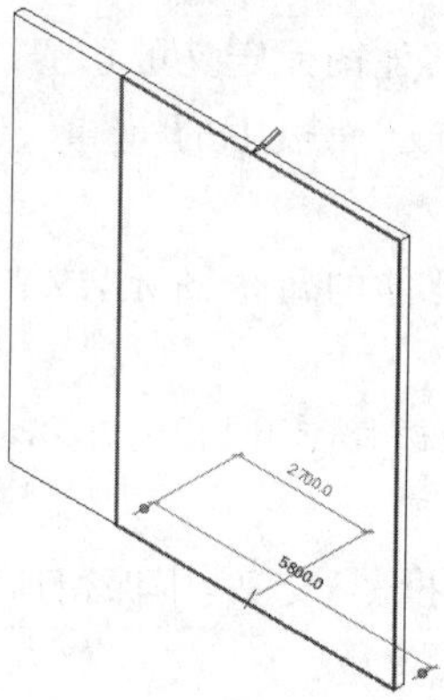

图 3-77　选取另一个点

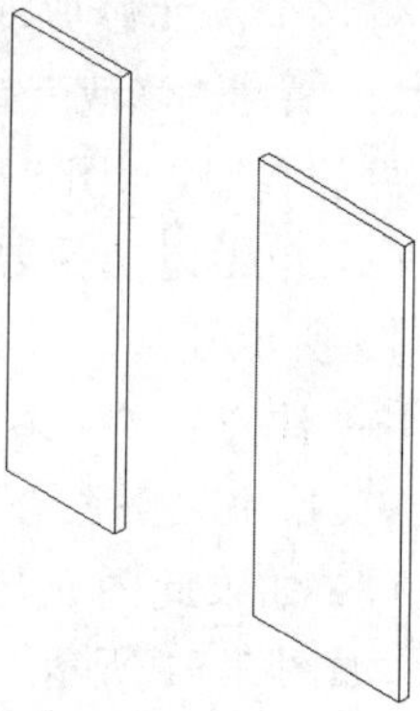

图 3-78　拆分并删除图元

2. 用间隙拆分

这是指将墙拆分成之间已定义间隙的两面单独的墙。

操作步骤

（1）单击“修改”选项卡“修改”面板中的“用间隙拆分”按钮，打开选项栏，如图 3-79 所示。

（2）在选项栏中输入连接间隙值。

（3）在图元上要拆分的位置处单击，如图 3-80 所示。

（4）拆分图元，即系统根据输入的间隙自动删除图元，如图 3-81 所示。

图 3-79　用间隙拆分选项栏

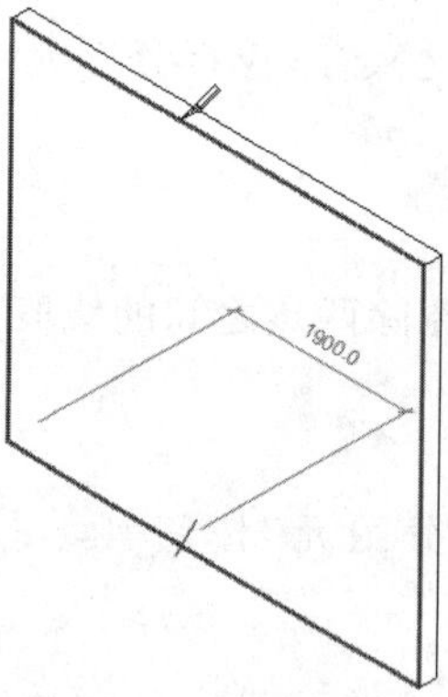

图 3-80　选取拆分位置

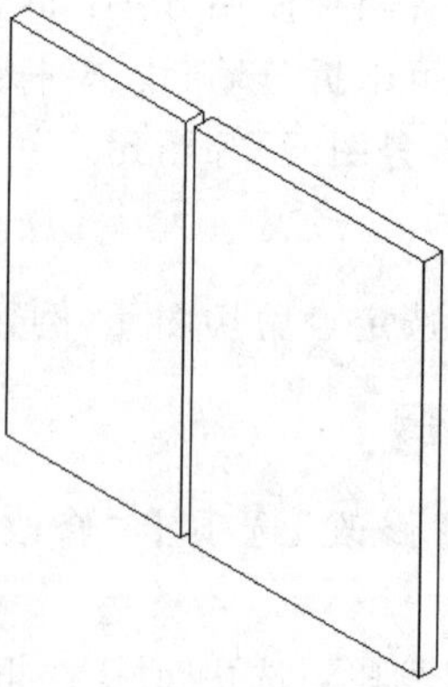

图 3-81　拆分图元

第4章

族

本章导读

族是Revit软件中的一个非常重要的构成要素，在Revit中不管是模型还是注释均是由族构成的，所以掌握族的概念和用法至关重要。

学习要点

- 族概述
- 注释族
- 三维模型

Note

4.1 族 概 述

族是一个包含通用属性(称作参数)集和相关图形表示的图元组。属于一个族的不同图元的部分或全部参数可能有不同的值,但是参数(其名称与含义)的集合是相同的。

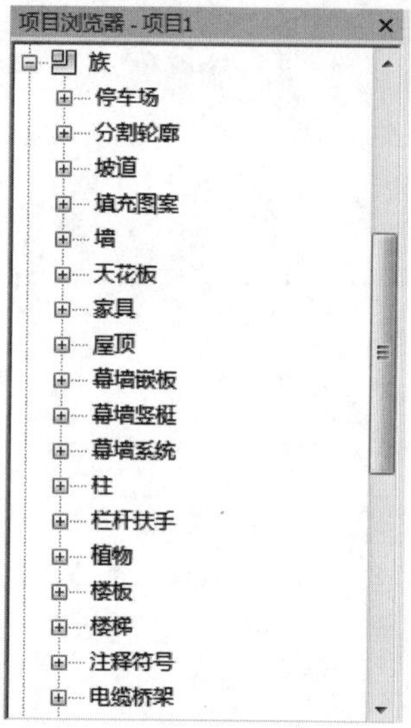

图 4-1 项目浏览器下的"族"

通过使用预定义的族和在 Revit Architecture 中创建新族,可以将标准图元和自定义图元添加到建筑模型中。通过族,还可以对用法和行为类似的图元进行某种级别的控制,以便用户轻松修改设计和高效管理项目。

项目中所有正在使用或可用的族都显示在项目浏览器"族"下,并按图元类别分组,如图 4-1 所示。

Revit 提供了 3 种类型的族:系统族、可载入族和内建族。

1. 系统族

系统族可以创建要在建筑现场装配的基本图元,例如墙、屋顶、楼板、风管、管道等。系统族还包含项目和系统设置,而这些设置会影响项目环境,如标高、轴网、图纸和视口等类型。

系统族是在 Revit 中预定义的。不能将其从外部文件中载入项目中,也不能将其保存到项目之外的位置。Revit 不允许用户创建、复制、修改或删除系统族,但可以复制和修改系统族中的类型,以便创建自定义的系统族类型。系统族中可以只保留一个系统族类型,除此以外的其他系统族类型都可以删除,因为每个族至少需要一个类型才能创建新系统族类型。

2. 可载入族

可载入族是在外部 RFA 文件中创建的,并可导入或载入项目中。

可载入族是用于创建某些构件的族,如窗、门、橱柜、装置、家具、植物以及锅炉、热水器等以及一些常规自定义的主视图元。由于载入族具有高度可自定义的特征,因此可载入的族是在 Revit 中最经常创建和修改的族。对于包含许多类型的可载入族,可以创建和使用类型目录,以便仅载入项目所需的类型。

3. 内建族

内建族是用户需要创建当前项目专有的独特构件时所创建的独特图元。用户可以创建内建几何图形,以便它可参照其他项目几何图形,使其在所参照的几何图形发生变化时进行相应大小调整和其他调整。创建内建族时,Revit 将为内建族创建一个族,该族包含单个族类型。

可以在项目中创建多个内建族,并且可以将同一内建族的多个副本放置在项目中。但是,与系统族和可载入族不同,用户不能通过复制内建族来创建多种类型。

4.2 注释族

注释族分为两种：标记族和符号族。标记族主要用于标注各种类别构件的不同属性，如窗标记、门标记等；符号族则一般在项目中用于“装配”各种系统族标记，如立面标记、高程点标高等。

与另一种二维构件族“详图构件”不同，注释族拥有“注释比例”的特性，即注释族的大小会根据视图比例的不同而变化，以保证出图时注释族保持同样的出图大小。

4.2.1 创建标记族

下面以创建门标记为例介绍标记族的创建方法。

（1）在开始界面中单击“族”→“新建”或者单击“文件”程序菜单→“族”→“新建”命令，打开“新族-选择样板文件”对话框，选择“注释”文件夹中的“公制门标记.rft”为样板族，如图 4-2 所示，单击“打开”按钮进入族编辑器，如图 4-3 所示。该族样板中默认提供两个正交参照平面，参照平面点位置表示标签的定位位置。

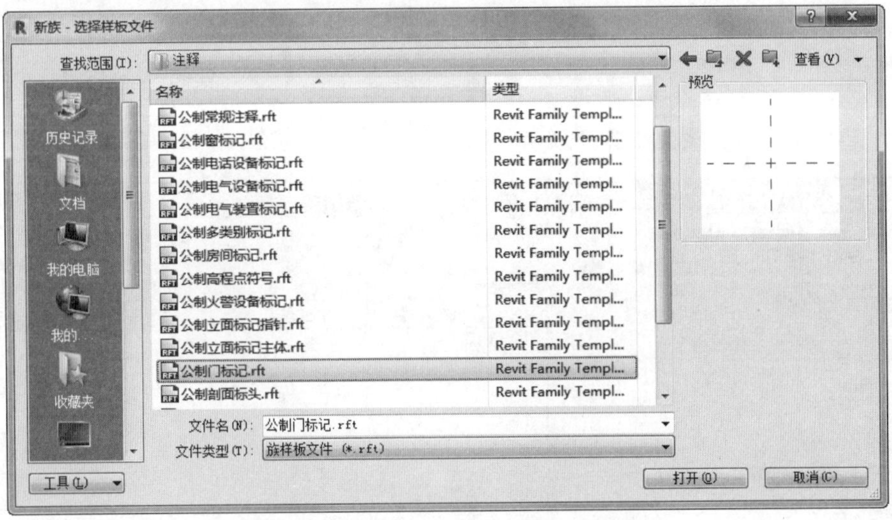

图 4-2 “新族-选择样板文件”对话框

（2）单击“创建”选项卡“文字”面板中的“标签”按钮，在视图的中心位置单击确定标签位置，打开“编辑标签”对话框，在“类别参数”栏中选择类型标记，双击后添加到“标签参数”栏，或者单击“将参数添加标签”按钮，将其添加到“标签参数”栏，更改样例值为 FM01，如图 4-4 所示。

（3）单击“确定”按钮，将标签添加到视图中，如图 4-5 所示。

（4）选中标签，单击“编辑类型”按钮，打开如图 4-6 所示的“类型属性”对话框，单击“复制”按钮，打开“名称”对话框，输入名称为 5mm，如图 4-7 所示。单击“确定”按钮，返回到“类型属性”对话框。

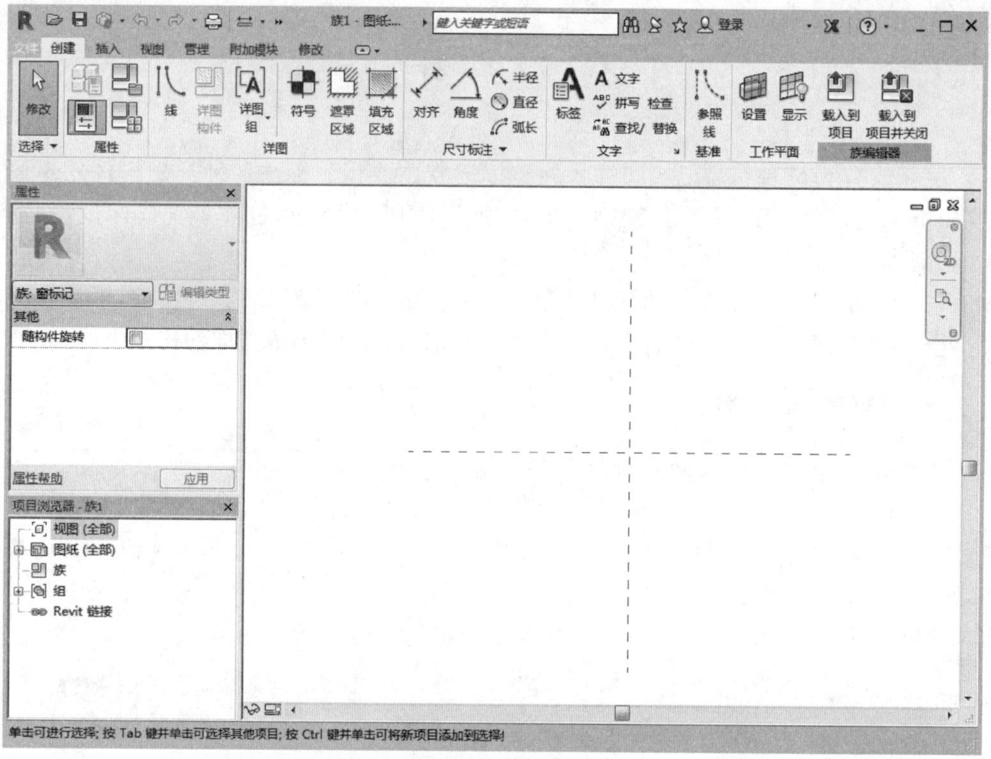

图 4-3　族编辑器

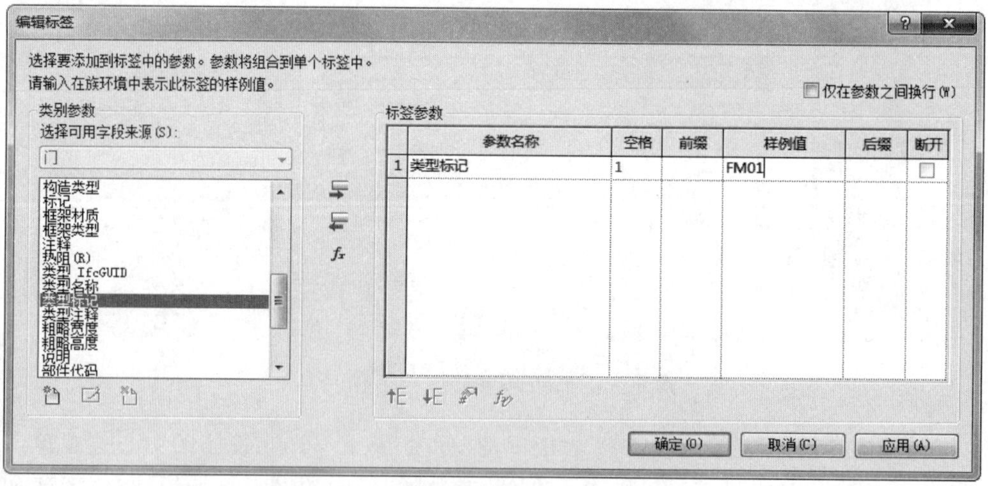

图 4-4　“编辑标签”对话框

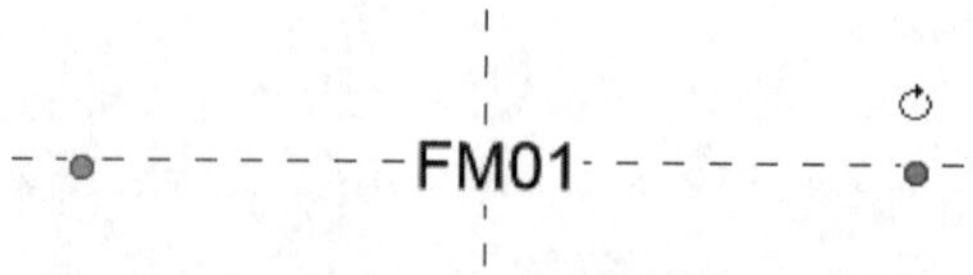

图 4-5　添加标签

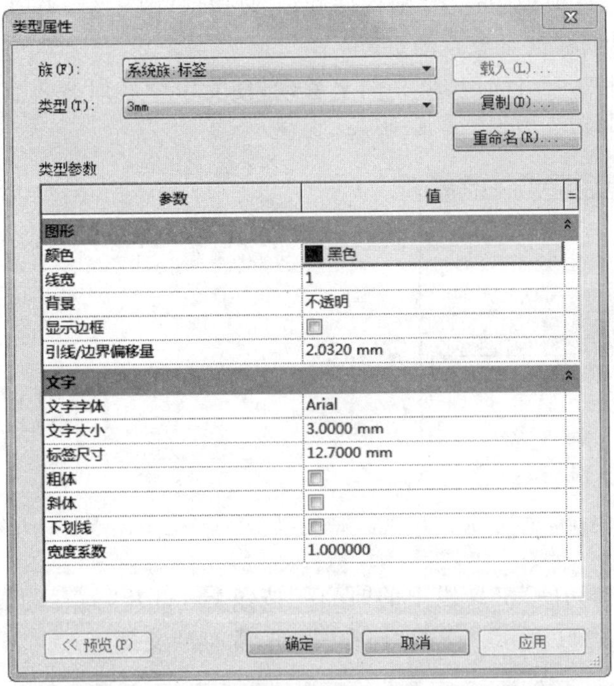

图 4-6　“类型属性”对话框

(5) 在“类型属性”对话框中设置背景为透明，文字字体为“仿宋”，字体大小为5mm，其他采用默认设置，如图 4-8 所示。单击“确定”按钮。

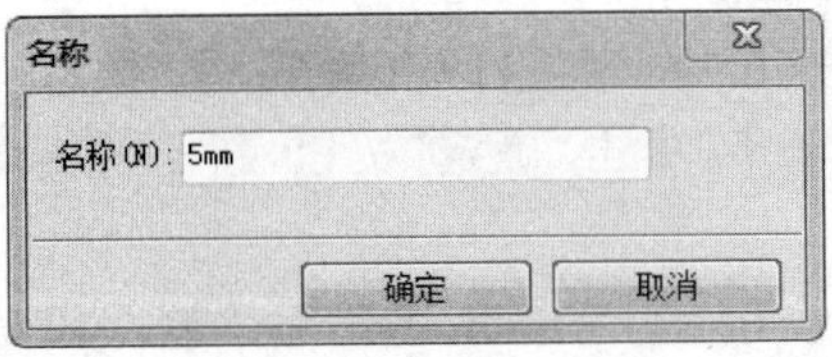

图 4-7　“名称”对话框

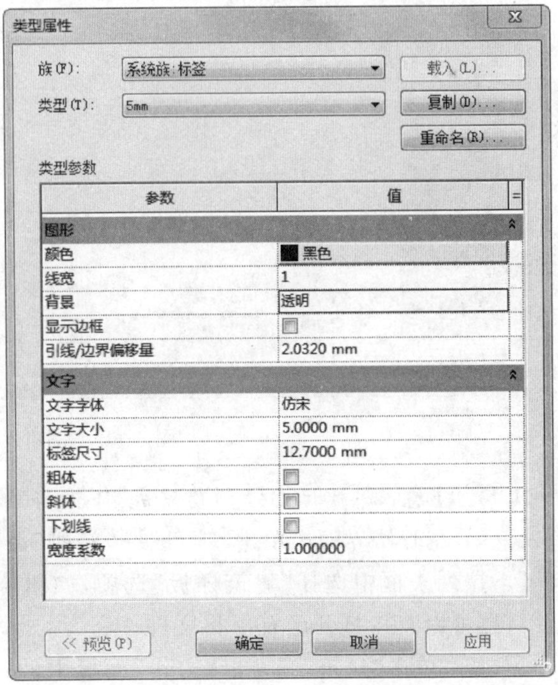

图 4-8　设置参数

Note

（6）在“属性”选项板中选中“随构件旋转”复选框（图 4-9），当项目中有不同方向的门时，门标记会根据标记对象自动更改。

（7）在视图中选取门标记，将其向上移动，使文字中心对齐垂直方向参照平面，底部稍高于水平参照平面，如图 4-10 所示。

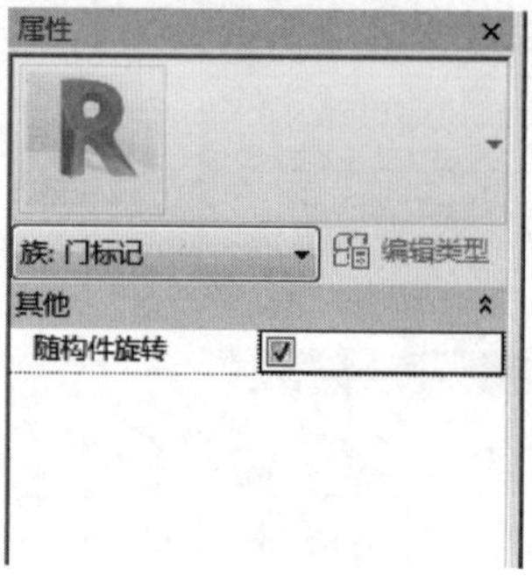

图 4-9　“属性”选项板

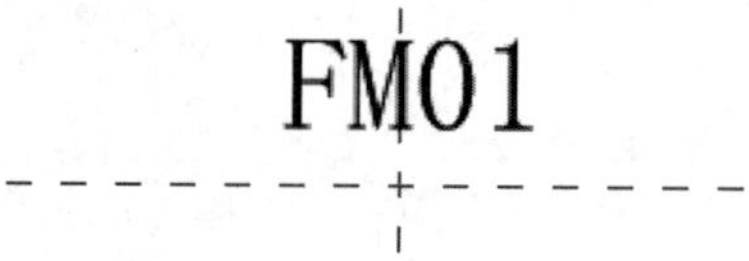

图 4-10　移动门标记

（8）单击“快速访问”工具栏中的“保存”按钮，打开“另存为”对话框，输入名称为“门标记”，如图 4-11 所示。单击“保存”按钮，保存族文件。

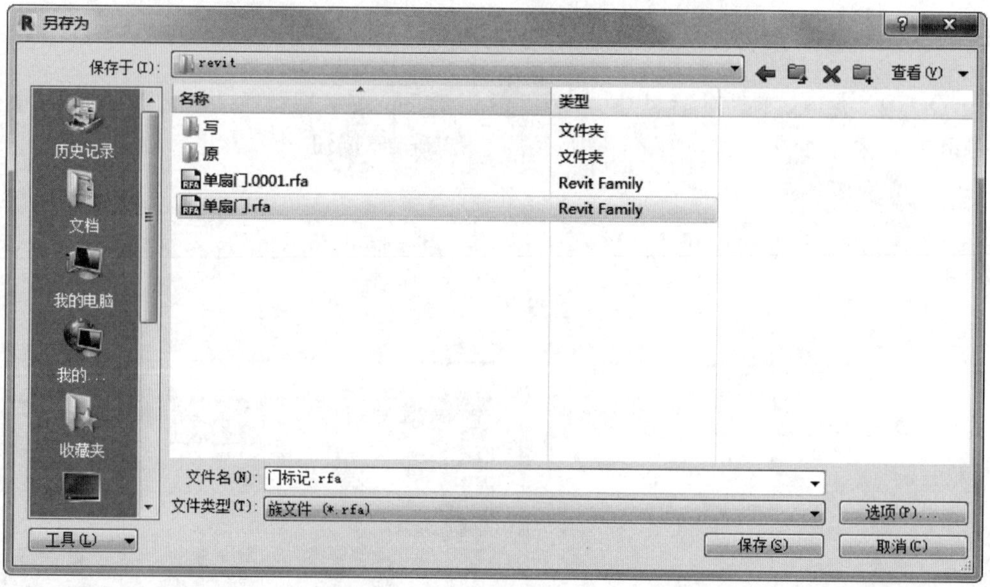

图 4-11　“另存为”对话框

注意：门标记已经创建完成，下面将验证它是否可用。

（9）在开始界面中单击“项目”→“新建”命令，打开“新建项目”对话框，在“样板文件”下拉列表框中选择“建筑样板”选项，如图 4-12 所示，单击“确定”按钮，新建项目文件。也可以直接打开已有项目文件。

（10）单击“建筑”选项卡“构建”面板中的“墙”按钮，在视图中任意绘制一段墙体，如图 4-13 所示。

图 4-12 “新建项目”对话框

图 4-13 绘制墙体

(11) 打开门标记族文件，单击“创建”选项卡“族编辑器”面板中的“载入到项目”按钮，返回到项目文件中。

(12) 单击“建筑”选项卡“构建”面板中的“门”按钮，打开“修改|放置门”选项卡，单击“在放置时进行标记”按钮，将门放置到墙体中，如图 4-14 所示。

(13) 放置完门后，显示门标记，结果如图 4-15 所示。

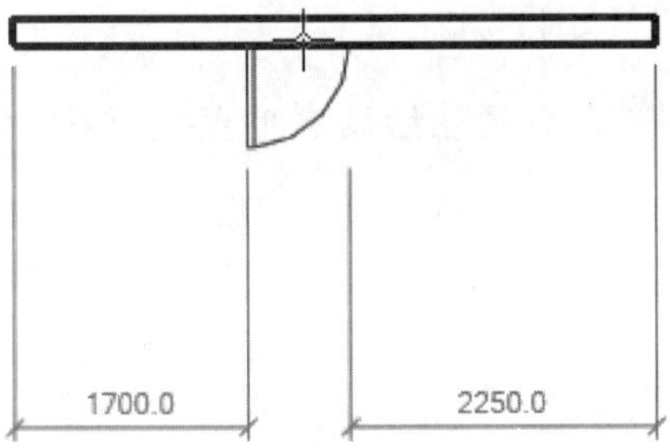

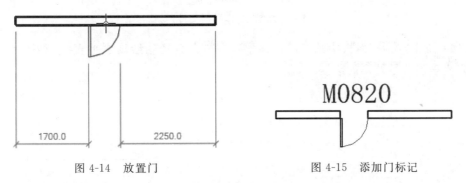

图 4-14 放置门

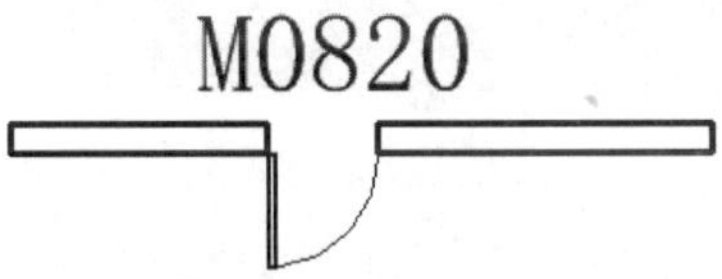

图 4-15 添加门标记

技巧：其他类型的标记族与门标记族的创建方法相同，只需在建立其他注释族时选择相应的样板即可。

4.2.2 创建符号族

在绘制施工图的过程中，需要使用大量的注释符号，以满足二维出图要求，例如指北针、高程点等。

在施工图中，有时会因为比例问题而无法表达清楚某一局部，为方便施工需另画详图。一般用索引符号注明要画出详图的位置、详图的编号以及详图所在的图纸编号。下面以索引符号为例介绍符号族的创建方法。

(1) 在开始界面中单击“族”→“新建”或者单击“文件”程序菜单→“族”→“新建”命令，打开“新族-选择样板文件”对话框，选择“注释”文件夹中的“公制详图索引标头.rft”为样板族，如图 4-16 所示，单击“打开”按钮进入族编辑器，如图 4-17 所示。

(2) 删除族样板中默认提供的注意事项文字。

(3) 单击“创建”选项卡“详图”面板中的“线”按钮，打开“修改|放置线”选项卡，单击“绘制”面板中的“圆”按钮，在视图中心位置绘制直径为 10mm 的圆。

图 4-16 “新族-选择样板文件”对话框

(4) 单击“绘制”面板中的“线”按钮，在最大直径处绘制水平直线，如图 4-18 所示，完成索引符号外形的绘制。

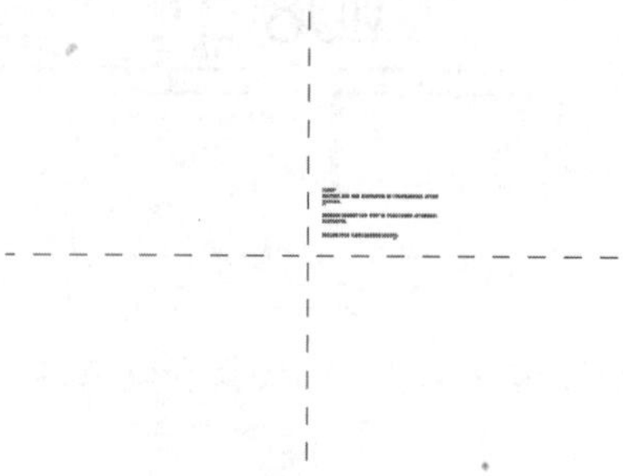

图 4-17 族样板

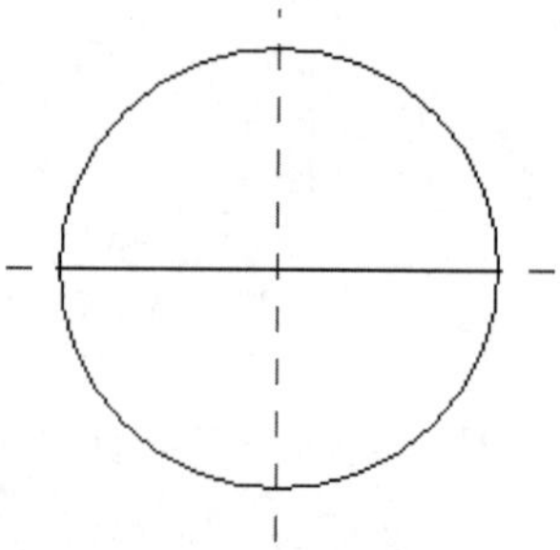

图 4-18 绘制图形

(5) 单击“创建”选项卡“文字”面板中的“标签”按钮，在视图的中心位置单击确定标签位置，打开“编辑标签”对话框，在“类别参数”栏中分别选择详图编号和图纸标号，单击“将参数添加标签”按钮，将其添加到“标签参数”栏，并更改样例值，选中“断开”复选框，如图 4-19 所示。

(6) 单击“确定”按钮，将标签添加到图形中，如图 4-20 所示。从图中可以看出索引符号不符合标准，下面进行修改。

(7) 选中标签，单击“编辑类型”按钮，打开如图 4-21 所示的“类型属性”对话框，单击“复制”按钮，打开“名称”对话框，输入名称为 2.5mm，单击“确定”按钮，返回到“类型属性”对话框。

(8) 在“类型属性”对话框中新建“2mm”类型，设置背景为透明，字体大小为 2mm，其他采用默认设置，如图 4-22 所示。单击“确定”按钮，更改后的索引符号如图 4-23 所示。

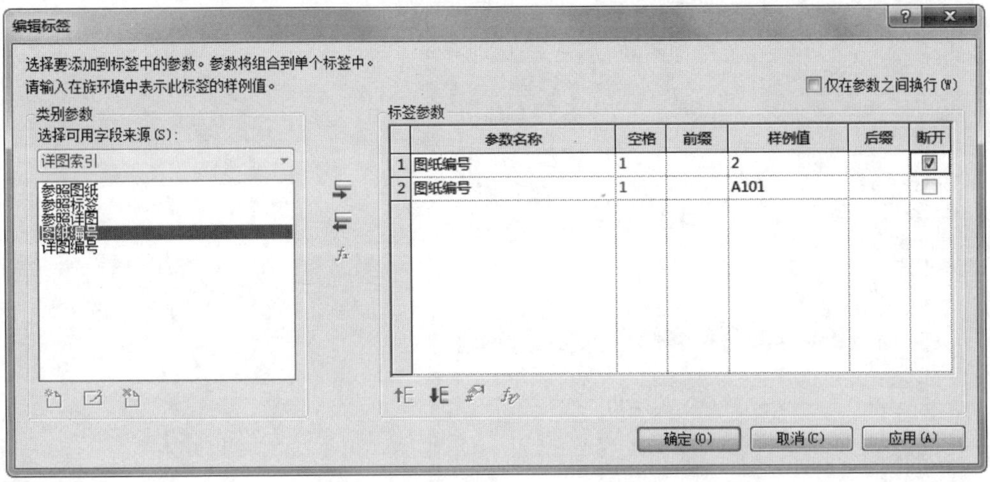

图 4-19 “编辑标签”对话框

图 4-20 添加标签

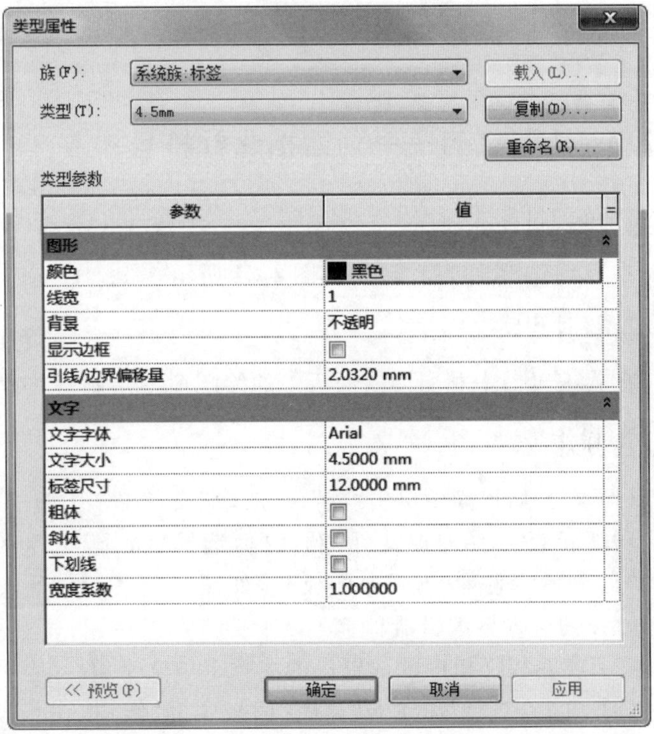

图 4-21 “类型属性”对话框

(9) 单击“快速访问”工具栏中的“保存”按钮，打开“另存为”对话框，输入名称为“索引符号”，单击“保存”按钮，保存族文件。

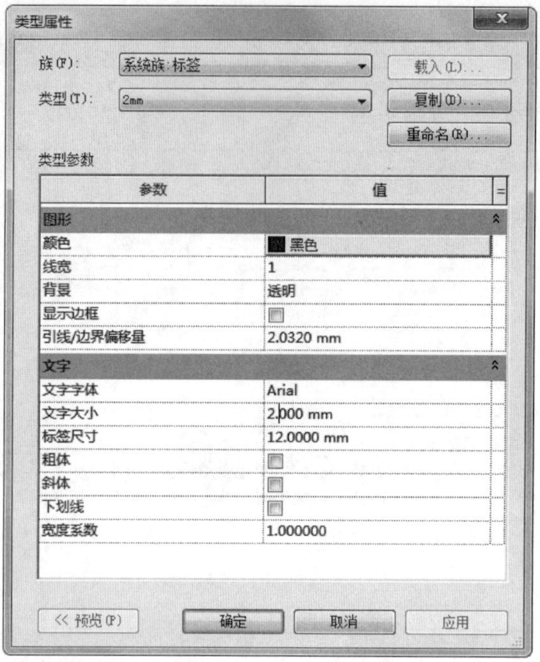

图 4-22　设置参数

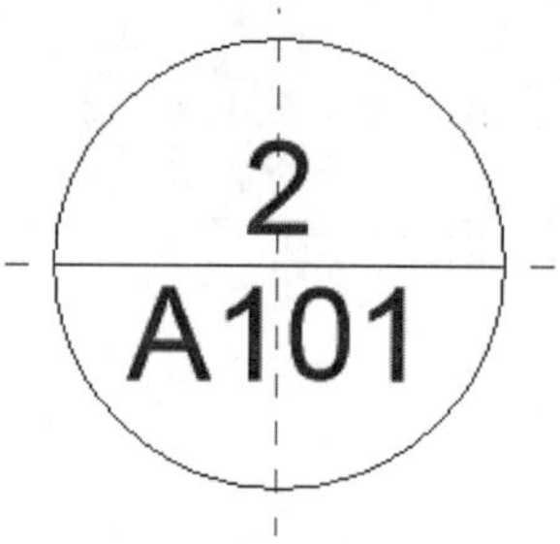

图 4-23　更改文字大小

Note

4-1

4.2.3　上机练习——创建指北针符号

练习目标

本节创建指北针符号族，如图 4-24 所示。

设计思路

在族编辑器中利用详图面板中的绘图命令绘制指北针符号。

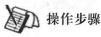

操作步骤

(1) 在开始界面中单击“族”→“新建”或者单击“文件”程序菜单→“族”→“新建”命令，打开“新族-选择样板文件”对话框，选择“注释”文件夹中的“公制常规注释.rft”为样板族，如图 4-25 所示，单击“打开”按钮进入族编辑器。

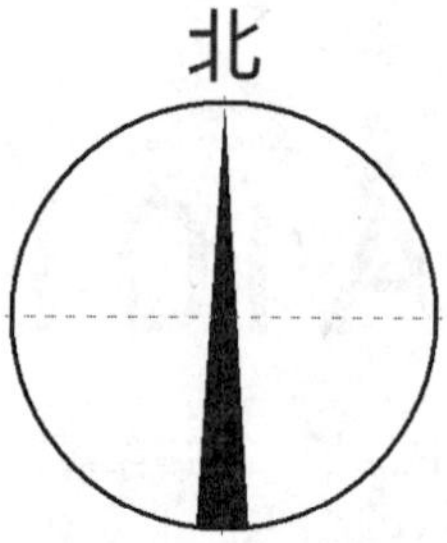

图 4-24　指北针符号

(2) 删除族样板中默认提供的注意事项文字。

(3) 单击“创建”选项卡“详图”面板中的“线”按钮，打开“修改|放置线”选项卡，单击“绘制”面板中的“圆”按钮，在视图中心位置绘制圆，修改半径为 12mm，如图 4-26 所示。

(4) 单击“创建”选项卡“详图”面板中的“线”按钮，打开“修改|放置线”选项卡，单击“绘制”面板中的“线”按钮，在选项栏中输入偏移值为 1.5，捕捉上下象限点，绘制竖直线，如图 4-27 所示。

图 4-25　“新族-选择样板文件”对话框

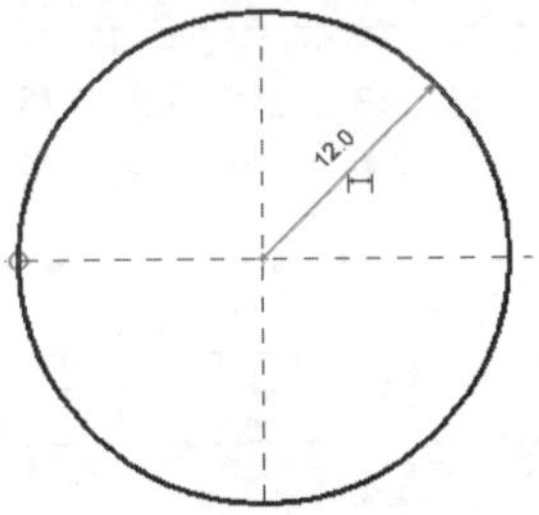

图 4-26　绘制圆

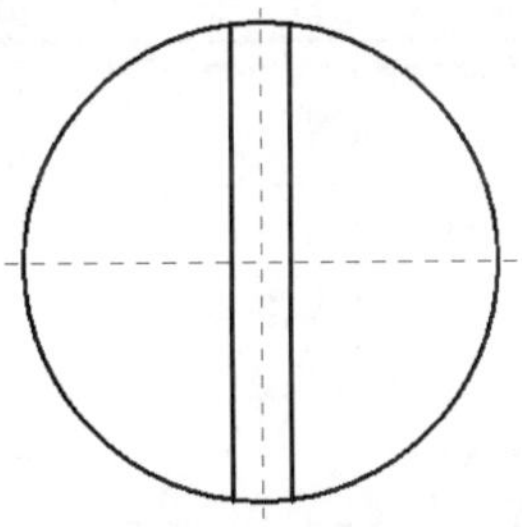

图 4-27　绘制直线

（5）单击“创建”选项卡“详图”面板中的“填充区域”按钮，打开“修改|创建填充区域边界”选项卡，单击“绘制”面板中的“线”按钮，在“子类别”面板中的“子类别”下拉列表中选择“〈不可见线〉”，然后分别捕捉上象限点和竖直线与圆的交点绘制填充边界，如图 4-28 所示。单击“模式”面板中的“完成编辑模式”按钮，然后删除竖直线，如图 4-29 所示。

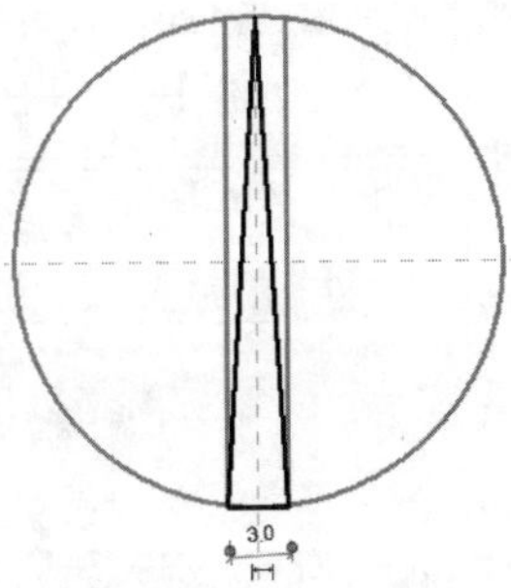

图 4-28　绘制填充边界

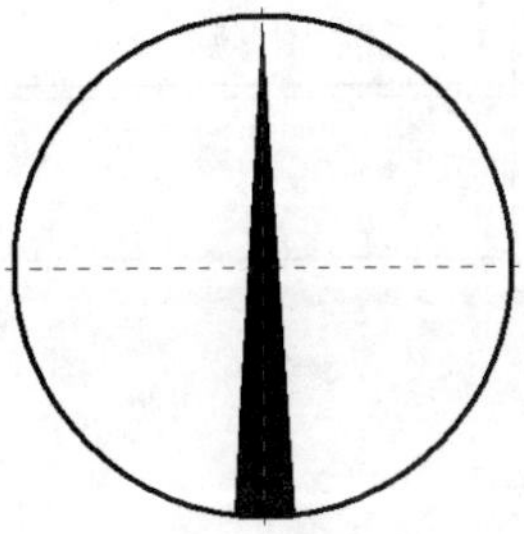

图 4-29　填充区域

Note

(6) 单击"创建"选项卡"文字"面板中的"文字"按钮 A，在图形上输入文字"北"，单击"放置编辑文字"选项卡中的"关闭"按钮 ☒，并调整文字位置，结果如图 4-24 所示。

(7) 单击"快速访问"工具栏中的"保存"按钮，打开"另存为"对话框，输入名称为"指北针"，单击"保存"按钮，保存族文件。

4.3 创建图纸模板

4.3.1 图纸概述

标准图纸的图幅、图框、标题栏以及会签栏都必须按照国家标准来进行确定和绘制。

1. 图幅

根据国家规范的规定，按图面的长和宽确定图幅的等级。室内设计常用的图幅有A0(也称 0 号图幅，其余类推)、A1、A2、A3 及 A4，每种图幅的长宽尺寸如表 4-1 所示，表中的尺寸代号意义如图 4-30 和图 4-31 所示。

表 4-1　图幅标准

尺寸代号 \ 图幅代号	A0	A1	A2	A3	A4
$b \times l$/mm×mm	841×1189	594×841	420×594	297×420	210×297
c/mm	10		5		
a/mm	25				

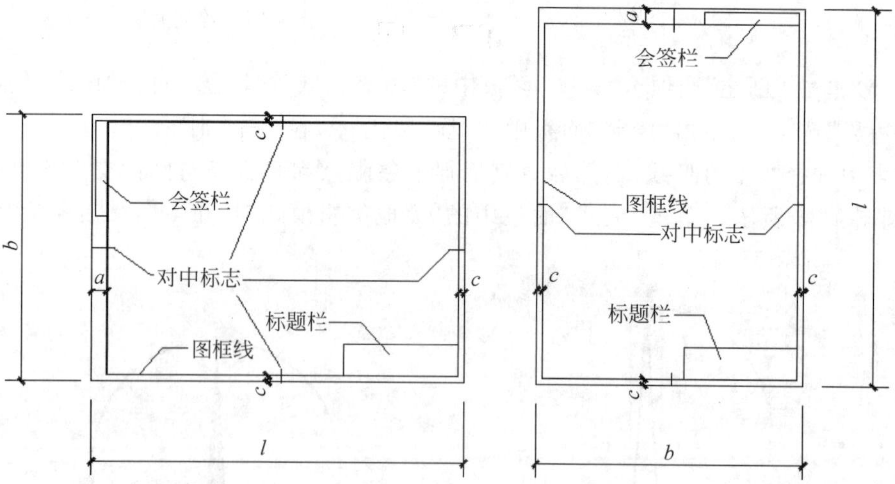

图 4-30　A0～A3 图幅格式

2. 标题栏

标题栏包括设计单位名称、工程名称、签字区、图名区及图号区等内容。一般标题栏格式如图 4-32 所示，如今不少设计单位采用个性化的标题栏格式，但是仍必须包括这几项内容。

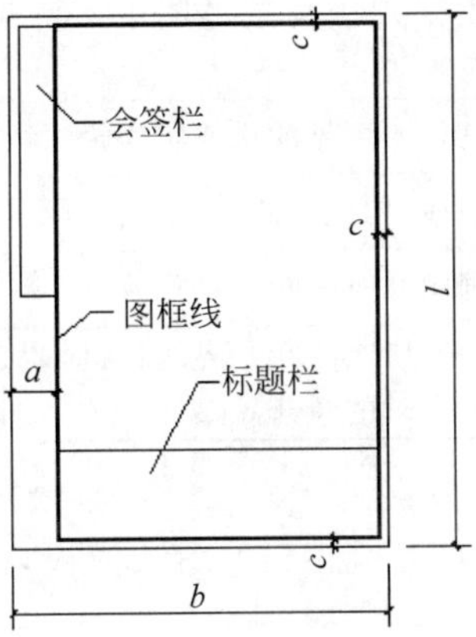

图 4-31　A4 图幅格式

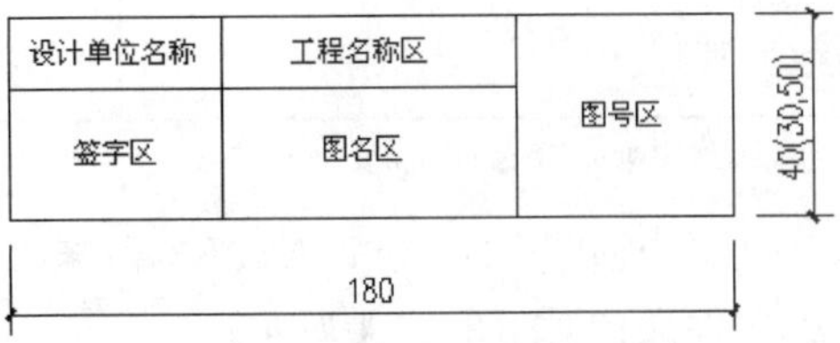

图 4-32　标题栏格式

3. 会签栏

会签栏是各工种负责人审核后签名所用的表格，它包括专业、姓名、日期等内容，具体根据需要设置，如图 4-33 所示为其中一种格式。对于不需要会签的图样，可以不设此栏。

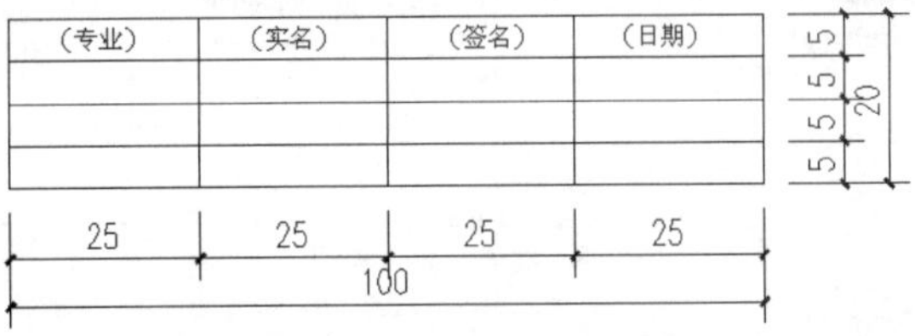

图 4-33　会签栏格式

4. 线型要求

建筑设计图主要由各种线条构成，不同的线型表示不同的对象和不同的部位，代表着不同的含义。为了使图面能够清晰、准确、美观地表达设计思想，在工程实践中采用一套常用的线型，并规定了它们的使用范围，如表 4-2 所示。

表 4-2　常用线型

名　称		线　型	线宽	适 用 范 围
实线	粗		b	建筑平面图、剖面图、构造详图的被剖切截面的轮廓线；建筑立面图外轮廓线；图框线
	中		$0.5b$	建筑设计图中被剖切的次要构件的轮廓线；建筑平面图、顶棚图、立面图、家具三视图中构配件的轮廓线等
	细		$\leqslant 0.25b$	尺寸线、图例线、索引符号、地面材料线及其他细部刻画用线

Note

续表

名　　称		线　　型	线宽	适 用 范 围
虚线	中		0.5b	主要用于构造详图中不可见的实物轮廓
	细		≤0.25b	其他不可见的次要实物轮廓线
点划线	细		≤0.25b	轴线、构配件的中心线、对称线等
折断线	细		≤0.25b	画图样时的断开界限
波浪线	细		≤0.25b	构造层次的断开界线，有时也表示省略画出时的断开界限

注：标准实线宽度 b=0.4～0.8mm。

Revit 软件提供了 A0、A1、A2、A3 和修改通知单(A4)，共五种图纸模板，都放置在“标题栏”文件夹中，如图 4-34 所示。

图 4-34　“打开”对话框

4-2

4.3.2　上机练习——创建 A3 图纸

练习目标

本节绘制 A3 图纸，如图 4-35 所示。

设计思路

首先绘制图框，然后绘制会签栏并将其放置在适当位置，最后绘制标题栏。

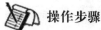

操作步骤

(1) 在开始界面中单击“族”→“新建”或者单击“文件”程序菜单→“族”→“新建”命

Note

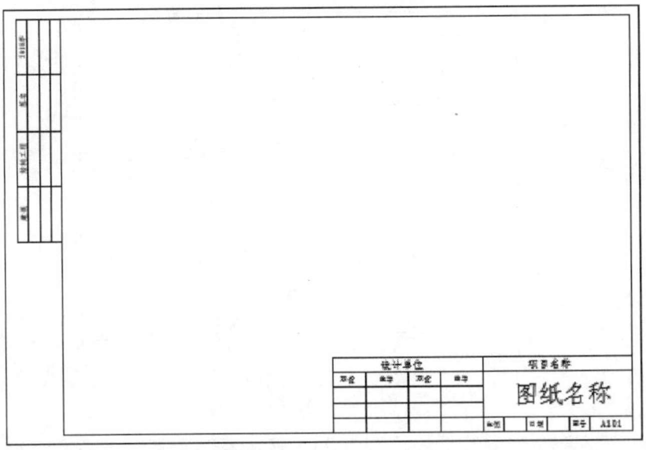

图 4-35 A3 图纸

令，打开“新族-选择样板文件”对话框，选择“标题栏”文件夹中的“A3 公制. rft”为样板族，如图 4-36 所示。单击“打开”按钮进入族编辑器，视图中显示 A3 图幅的边界线。

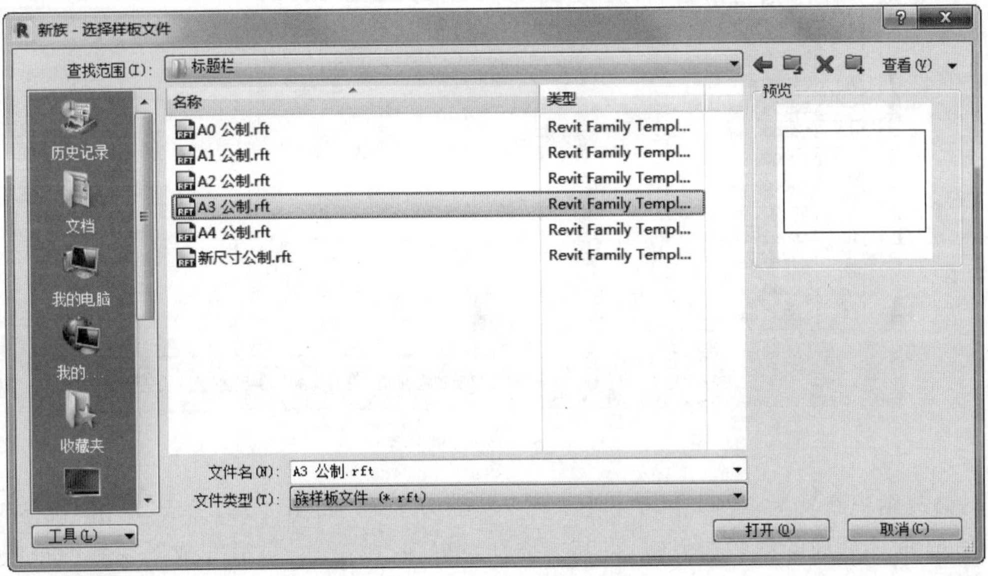

图 4-36 “新族-选择样板文件”对话框

(2) 单击“创建”选项卡“详图”面板中的“线”按钮，打开“修改|放置线”选项卡，单击“修改”面板中的“偏移”按钮，将左侧竖直线向内偏移 25mm，将其他三条直线向内偏移 5mm，并利用“拆分图元”按钮，拆分图元后删除多余的线段，结果如图 4-37所示。

(3) 单击“管理”选项卡“设置”面板“其他设置”下拉菜单中的“线宽”按钮，打开“线宽”对话框，分别设置 1 号线线宽为 0.2mm，2 号线线宽为 0.4mm，3 号线线宽为 0.8mm，其他采用默认设置，如图 4-38 所示。单击“确定”按钮，完成线宽设置。

(4) 单击“管理”选项卡“设置”面板中的“对象样式”按钮，打开“对象样式”对话

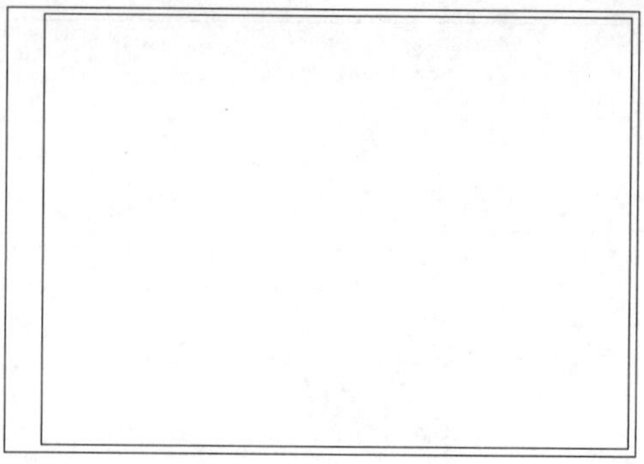

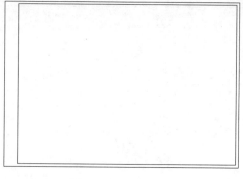

图 4-37　绘制图框

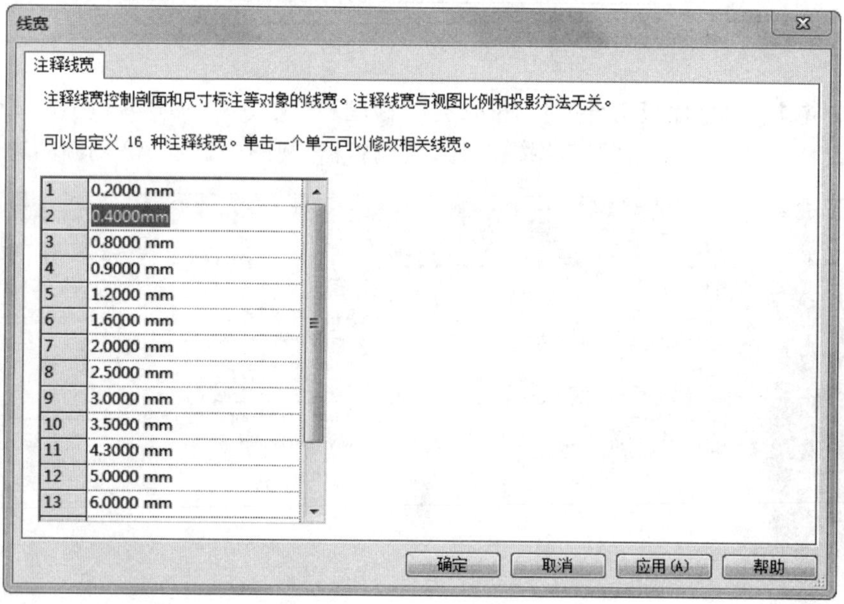

图 4-38　“线宽”对话框

框，修改图框线宽为 3 号，中粗线为 2 号，细线为 1 号，如图 4-39 所示，单击“确定”按钮。选取最外面的图幅边界线，将其子类别设置为“细线”。最后完成图幅和图框线型的设置。

(5) 如果放大视图也看不出线宽效果，则单击“视图”选项卡“图形”面板中的“细线”按钮，使其呈未选中状态。

(6) 单击“创建”选项卡“详图”面板中的“线”按钮，打开“修改|放置线”选项卡，单击“绘制”面板中的“矩形”按钮，绘制长为 100、宽为 20 的矩形。

(7) 将子类别更改为“细线”，单击“绘制”面板中的“线”按钮，根据图 4-33 绘制会签栏，如图 4-40 所示。

(8) 单击“创建”选项卡“文字”面板中的“文字”按钮 A，单击“属性”选项板中的“编辑类型”按钮，打开“类型属性”对话框，设置字体为“仿宋_GB2312”，文字大小为 2.5mm，然后在会签栏中输入文字，如图 4-41 所示。

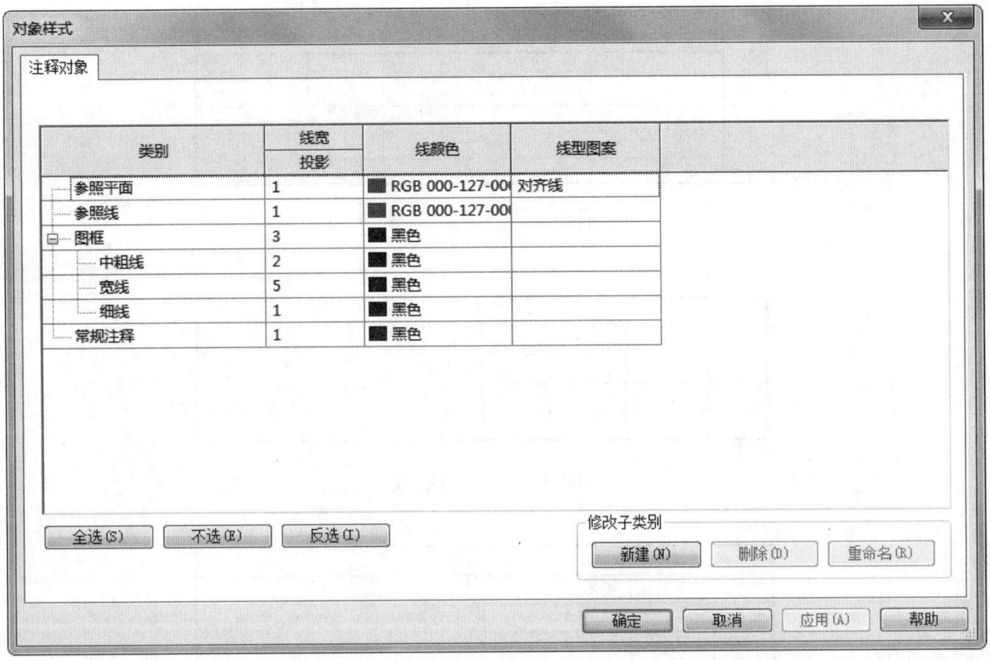

图 4-39　“对象样式”对话框

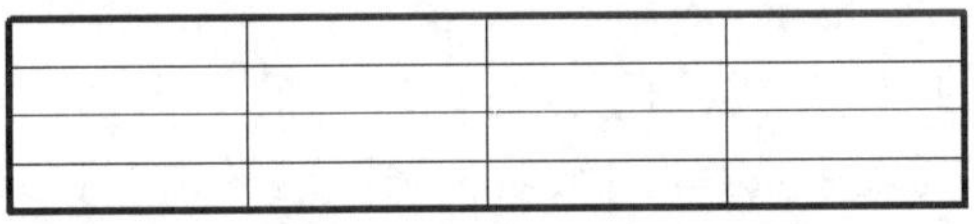

图 4-40　绘制会签栏

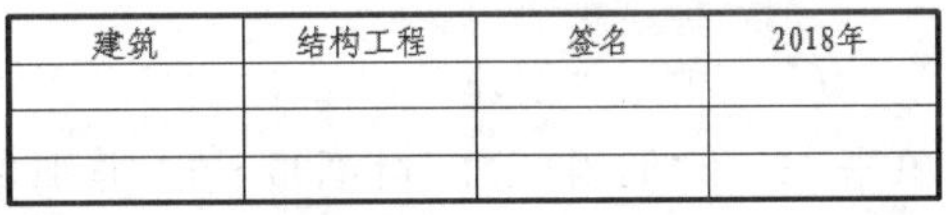

图 4-41　输入文字

(9) 单击“修改”选项卡“修改”面板中的“旋转”按钮，将会签栏逆时针旋转 90°；单击“修改”选项卡“修改”面板中的“移动”按钮，将旋转后的会签栏移动到图框外的左上角，如图 4-42 所示。

(10) 单击“创建”选项卡“详图”面板中的“线”按钮，打开“修改|放置线”选项卡，将子类别更改为“线框”，单击“绘制”面板中的“矩形”按钮，以图框的右下角点为起点，绘制长为 140、宽为 35 的矩形。

(11) 单击“修改”面板中的“偏移”按钮，将水平直线和竖直直线进行偏移，偏移尺寸如图 4-43 所示，然后将偏移后的直线子类别更改为“细线”，如图 4-43 所示。

(12) 单击“修改”选项卡“修改”面板中的“拆分图元”按钮，删除多余的线段，或拖动直线端点调整直线长度，如图 4-44 所示。

(13) 单击“创建”选项卡“文字”面板中的“文字”按钮 A，填写标题栏中的文字，如图 4-45 所示。

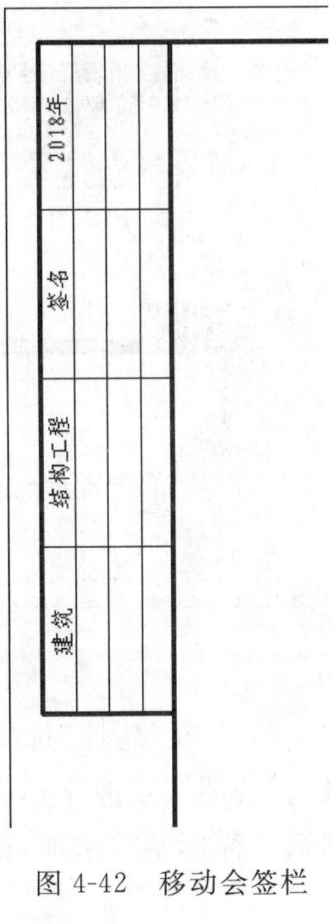

图 4-42　移动会签栏

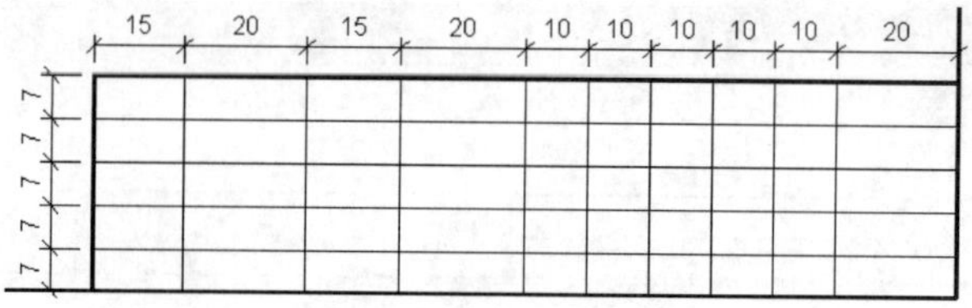

图 4-43　绘制会签栏

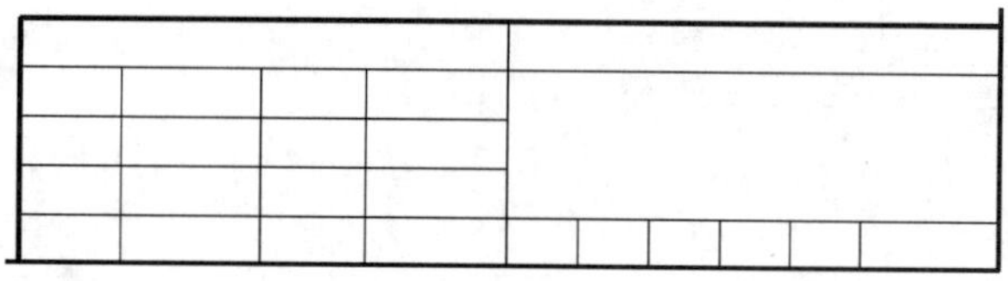

图 4-44　调整线段

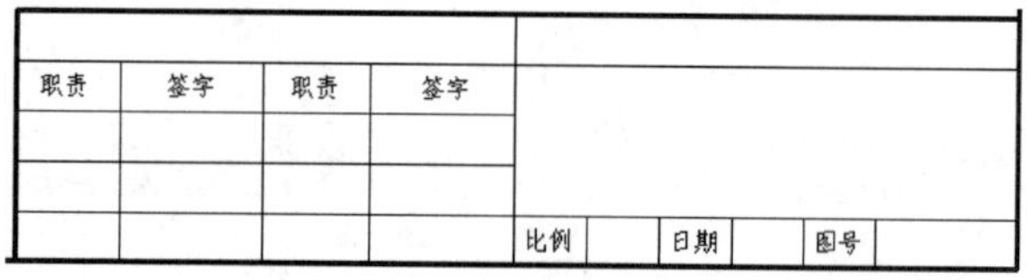

图 4-45　填写文字

(14) 单击“创建”选项卡“文字”面板中的“标签”按钮，在标题栏的最大区域内单击，打开“编辑标签”对话框，在“类别参数”列表中选择“图纸名称”选项，单击“将参数添加到标签”按钮，将图纸名称添加到标签参数栏中，如图 4-46 所示。

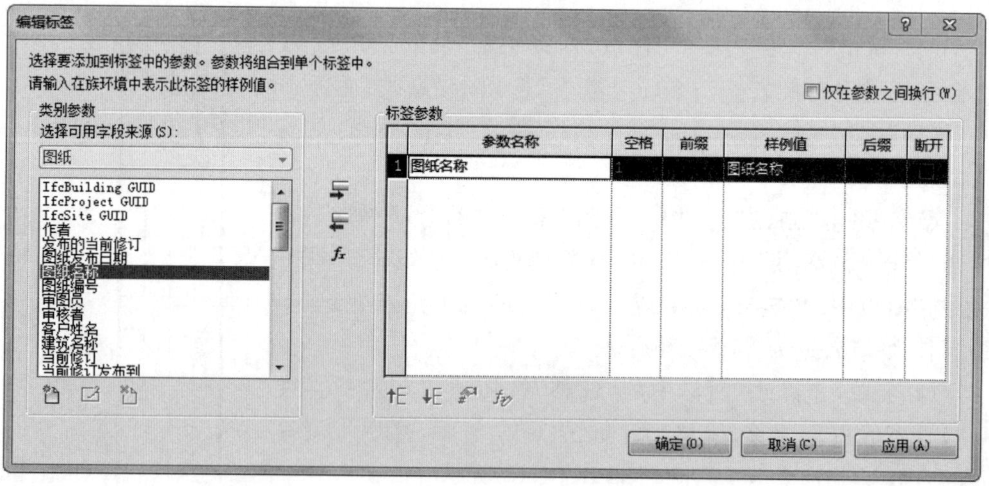

图 4-46　“编辑标签”对话框

(15) 在“属性”选项板中单击“编辑类型”按钮，打开“类型属性”对话框，设置背景为“透明”，更改字体为“仿宋 GB_2312”，其他采用默认设置，单击“确定”按钮，完成图纸名称标签的添加，如图 4-47 所示。

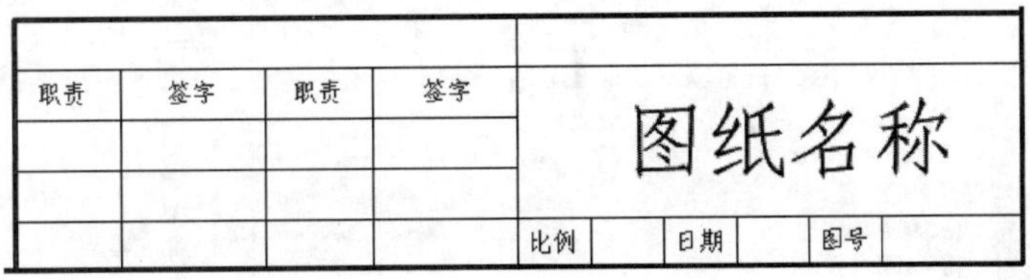

图 4-47 添加图纸名称标签

(16) 采用相同的方法,添加其他标签,结果如图 4-48 所示。

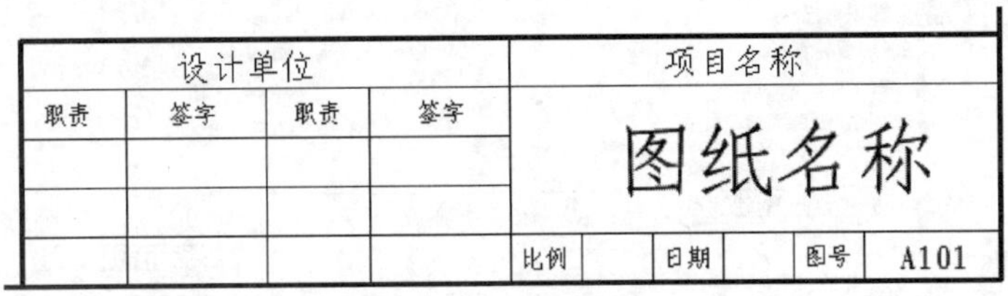

设计单位
项目名称
职责
签字
职责
签字
图纸名称
比例
日期
图号
A101

图 4-48 添加标签

(17) 单击“快速访问”工具栏中的“保存”按钮,打开“另存为”对话框,输入名称为“A3 图纸”,单击“保存”按钮,保存族文件。

4.4 三维模型

在族编辑器中可以创建实心几何图形和空心几何图形。基于二维截面轮廓进行扫掠得到实心几何图形,通过布尔运算进行剪切得到空心几何图形。

4.4.1 拉伸

在工作平面上绘制特定形状的二维轮廓,然后拉伸该轮廓使其与它的绘制平面垂直得到拉伸模型。

具体绘制步骤如下。

(1) 在开始界面中单击“族”→“新建”或者单击“文件”程序菜单→“族”→“新建”命令,打开“新族-选择样板文件”对话框,选择“公制常规模型.rft”为样板族,如图 4-49 所示,单击“打开”按钮进入族编辑器,如图 4-50 所示。

(2) 单击“创建”选项卡“形状”面板中的“拉伸”按钮,打开“修改|创建拉伸”选项卡,如图 4-51 所示。

(3) 单击“修改|创建拉伸”选项卡“绘制”面板中的绘图工具绘制拉伸截面,这里单击“绘制”面板中的“圆”按钮,绘制半径为 500 的圆,如图 4-52 所示。

(4) 在“属性”选项板中输入拉伸终点为 350,如图 4-53 所示,或在选项栏中输入深度为 350,单击“模式”面板中的“完成编辑模式”按钮,完成拉伸模型的创建,如图 4-54所示。

Note

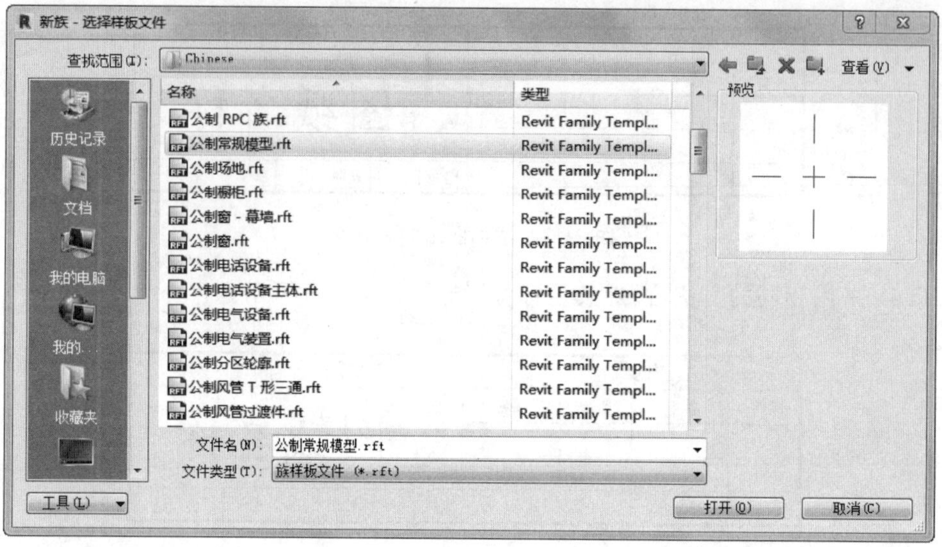

图 4-49 “新族-选择样板文件”对话框

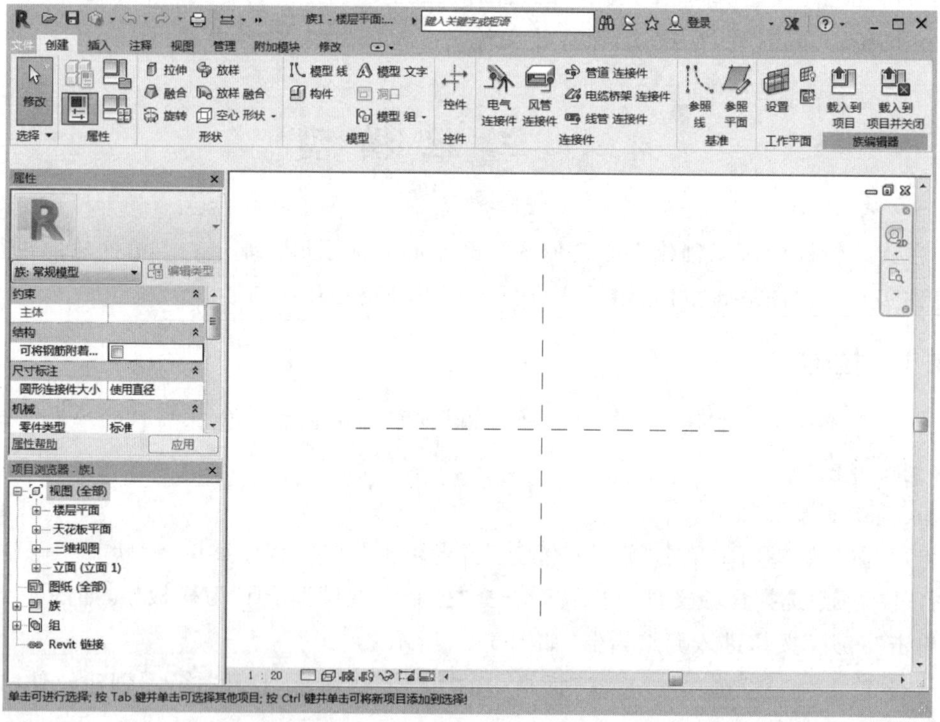

图 4-50 族编辑器

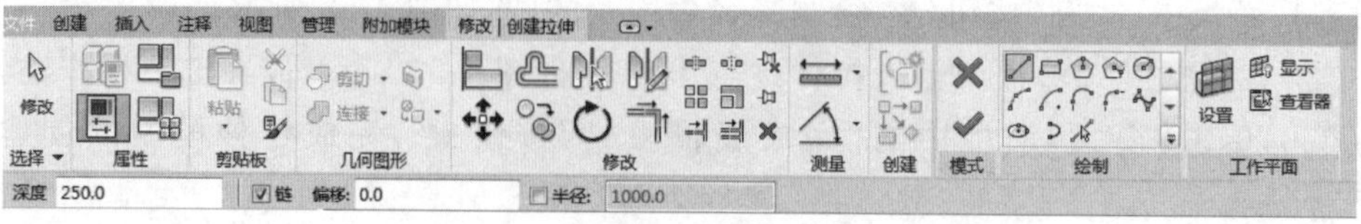

图 4-51 “修改|创建拉伸”选项卡

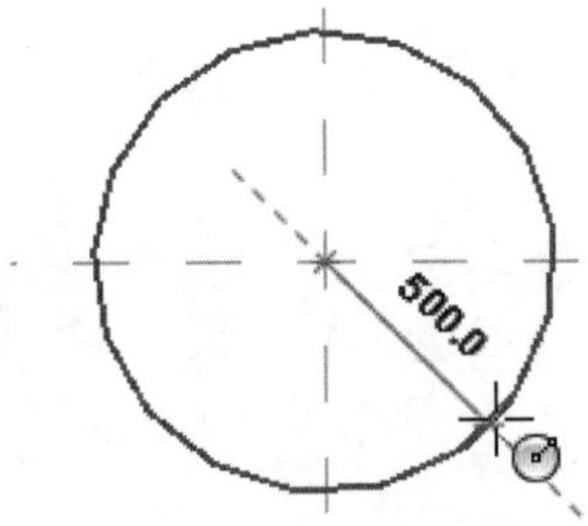

图 4-52　绘制截面

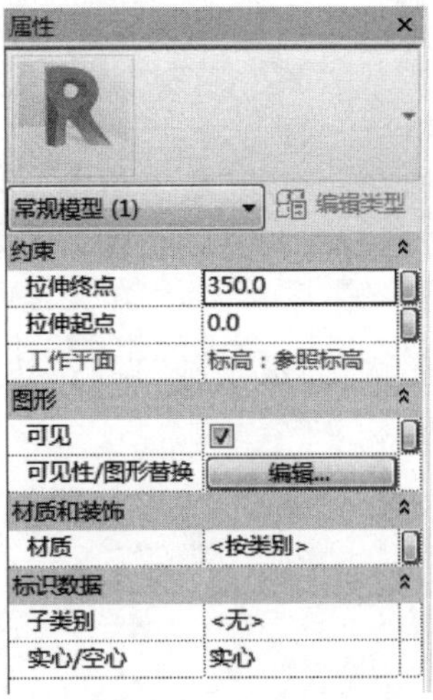

图 4-53　“属性”选项板

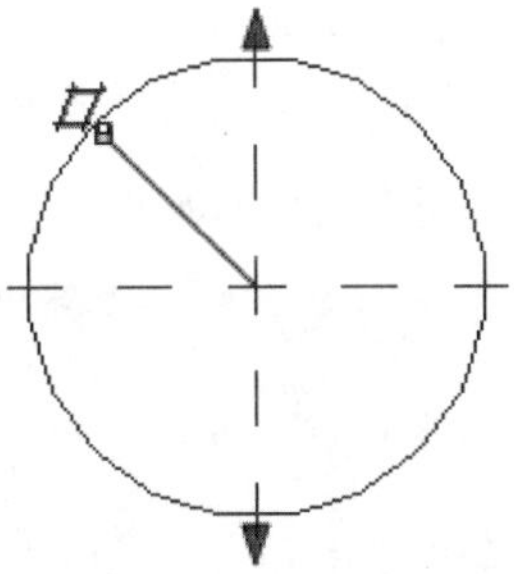

图 4-54　创建拉伸

- 要从默认起点 0.0 拉伸轮廓，则在“约束”选项区的“拉伸终点”文本框中输入一个正/负值作为拉伸深度。
- 要从不同的起点拉伸，则在“约束”选项区的“拉伸起点”文本框中输入值作为拉伸起点。
- 要设置实心拉伸的可见性，则在“图形”选项区中单击“可见性/图形替换”对应的“编辑”按钮，打开如图 4-55 所示的“族图元可见性设置”对话框，然后进行可见性设置。
- 要按类别将材质应用于实心拉伸，则在“材质和装饰”选项区中单击“材质”字段，再单击按钮，打开材质浏览器，指定材质。
- 要将实心拉伸指定给子类别，则在“标识数据”选项区下选择“实心/空心”为“实心”。

(5) 在项目浏览器中的三维视图下双击视图 1，显示三维视图，如图 4-56 所示。

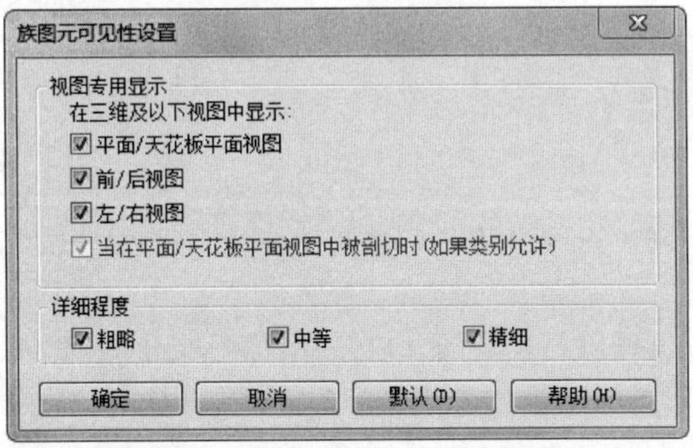

图 4-55　“族图元可见性设置”对话框

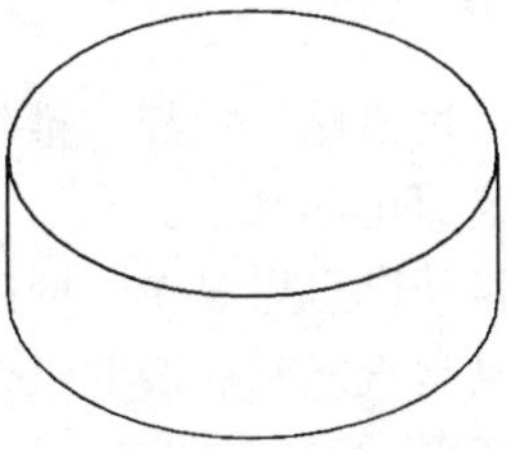

图 4-56　三维模型

4.4.2　旋转

旋转是指围绕轴转动某个图形以创建特定的形状。

Note

如果轴与旋转造型接触，则产生一个实心几何图形；如果远离轴旋转几何图形，则旋转体中将有个孔。

具体绘制步骤如下。

（1）在开始界面中单击“族”→“新建”或者单击“文件”程序菜单→“族”→“新建”命令，打开“新族-选择样板文件”对话框，选择“公制常规模型.rft”为样板族，单击“打开”按钮进入族编辑器。

（2）单击“创建”选项卡“形状”面板中的“旋转”按钮，打开“修改|创建旋转”选项卡，如图4-57所示。

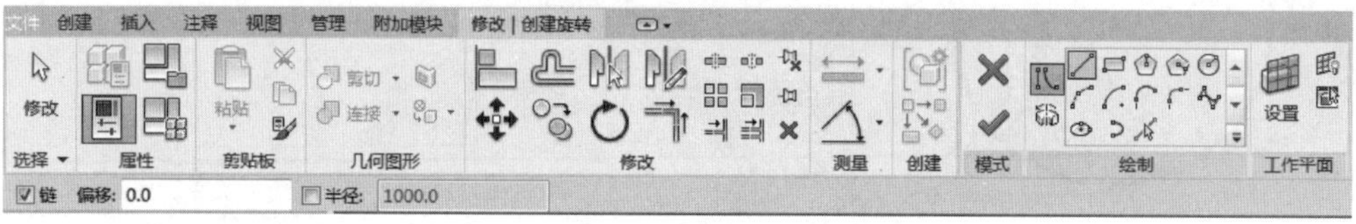

图4-57　“修改|创建旋转”选项卡

（3）单击“修改|创建旋转”选项卡“绘制”面板中的“圆”按钮，绘制旋转截面，单击“修改|创建旋转”选项卡“绘制”面板中的“轴线”按钮，绘制竖直轴线，如图4-58所示。

（4）在“属性”选项板中输入起始角度为0°，终止角度为270°，单击“模式”面板中的“完成编辑模式”按钮，完成旋转模型的创建，如图4-59所示。

（5）在项目浏览器中的三维视图下双击视图1，显示三维视图，如图4-60所示。

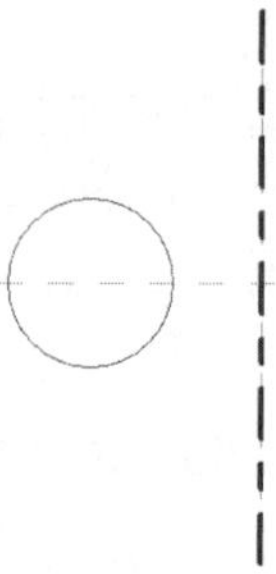

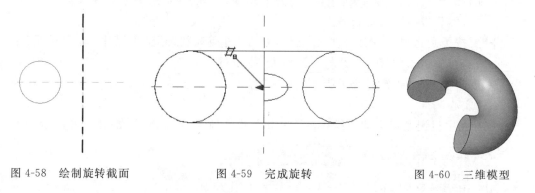

图4-58　绘制旋转截面

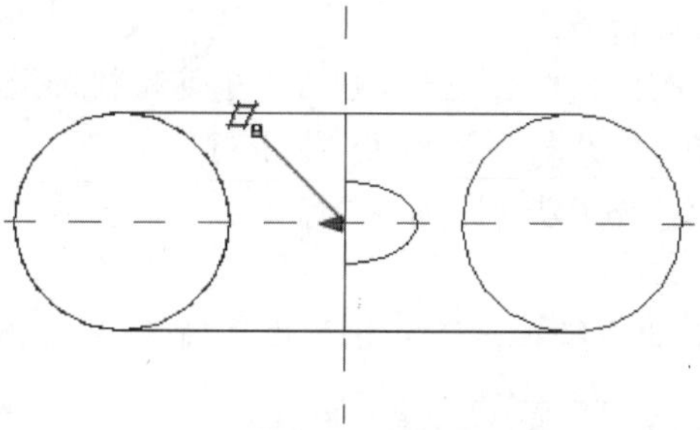

图4-59　完成旋转

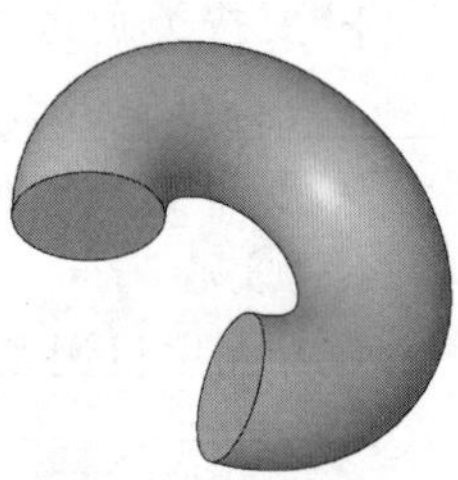

图4-60　三维模型

4.4.3　放样

通过沿路径放样二维轮廓，可以创建三维形状。可以使用放样方式创建饰条、栏杆扶手或简单的管道。

路径既可以是单一的闭合路径，也可以是单一的开放路径，但不能有多条路径。路径可以是直线和曲线的组合。轮廓草图可以是单个闭合环形，也可以是不相交的多个闭合环形。

具体绘制步骤如下。

（1）在开始界面中单击“族”→“新建”或者单击“文件”程序菜单→“族”→“新建”命令，打开“新族-选择样板文件”对话框，选择“公制常规模型.rft”为样板族，单击“打开”按钮进入族编辑器。

(2) 单击“创建”选项卡“形状”面板中的“放样”按钮，打开“修改|放样”选项卡，如图 4-61 所示。

图 4-61　“修改|放样”选项卡

(3) 单击“放样”面板中的“绘制路径”按钮，打开“修改|放样→绘制路径”选项卡，单击“绘制”面板中的“样条曲线”按钮，绘制如图 4-62 所示的放样路径。单击“模式”面板中的“完成编辑模式”按钮，完成路径绘制。如果选择现有的路径，则单击“拾取路径”按钮，拾取现有绘制线作为路径。

(4) 单击“放样”面板中的“编辑轮廓”按钮，打开如图 4-63 所示的“转到视图”对话框，选择“立面：前”视图绘制轮廓，如果在平面视图中绘制路径，则应选择立面视图来绘制轮廓。单击“打开视图”按钮，将视图切换至前立面图。

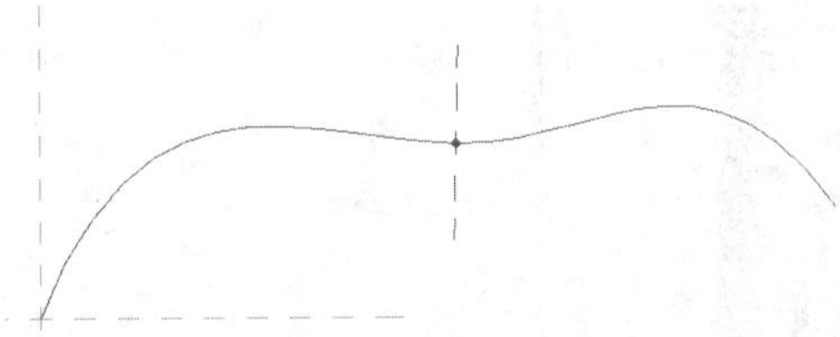

图 4-62　绘制路径

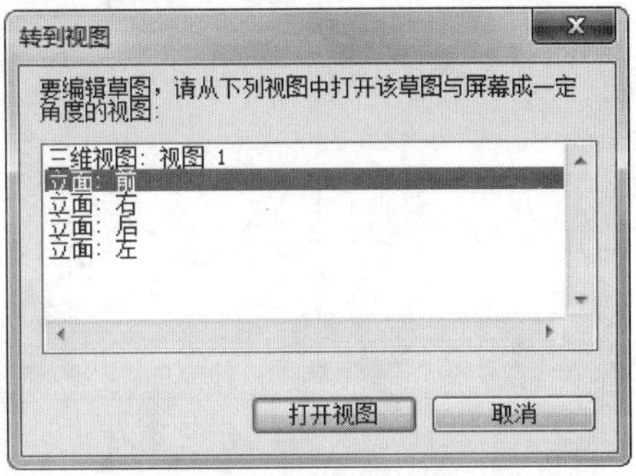

图 4-63　“转到视图”对话框

(5) 单击“绘制”面板中的“椭圆”按钮，绘制如图 4-64 所示的放样截面轮廓。单击“模式”面板中的“完成编辑模式”按钮，结果如图 4-65 所示。

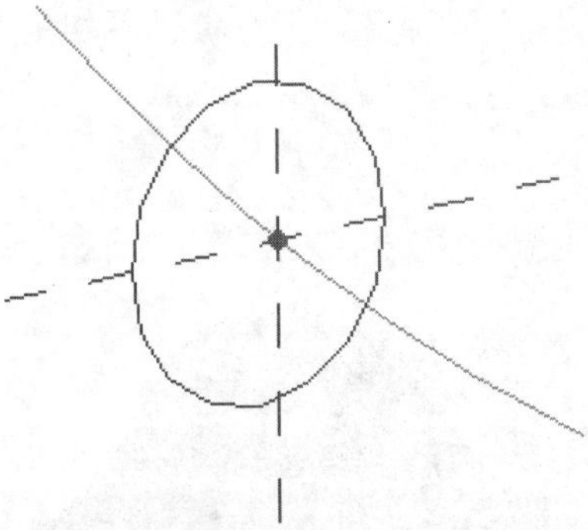

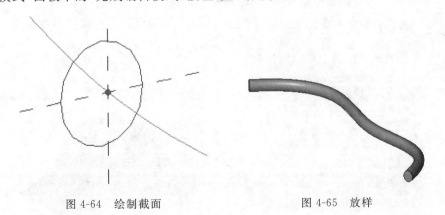

图 4-64　绘制截面

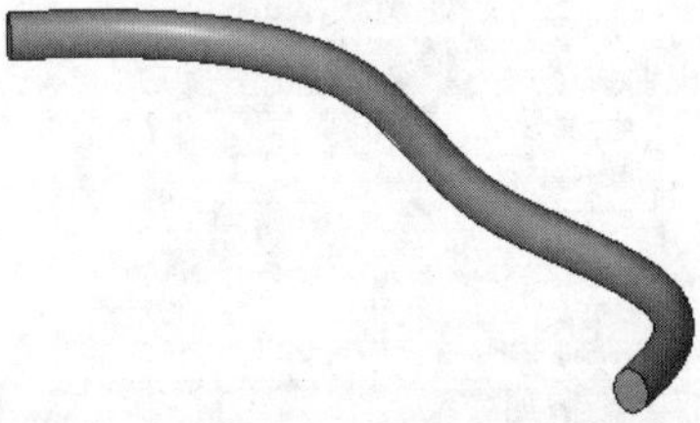

图 4-65　放样

4.4.4　融合

利用融合工具可将两个轮廓(边界)融合在一起。

Note

具体绘制步骤如下。

（1）在开始界面中单击“族”→“新建”或者单击“文件”程序菜单→“族”→“新建”命令，打开“新族-选择样板文件”对话框，选择“公制常规模型.rft”为样板族，单击“打开”按钮进入族编辑器。

（2）单击“创建”选项卡“形状”面板中的“融合”按钮，打开“修改|创建融合底部边界”选项卡，如图4-66所示。

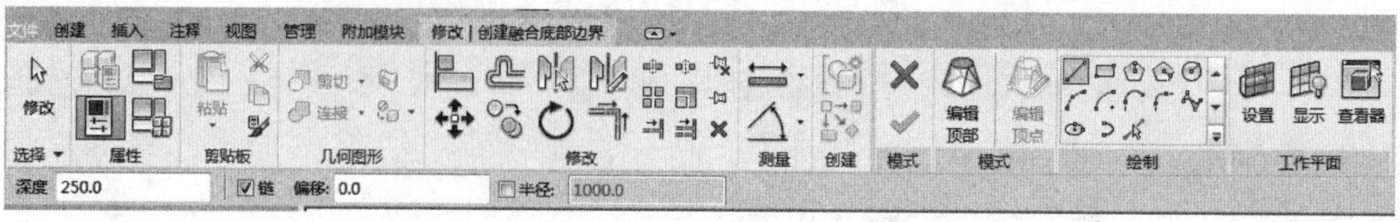

图4-66 “修改|创建融合底部边界”选项卡

（3）单击“绘制”面板中的“矩形”按钮，绘制边长为1000的正方形，如图4-67所示。

（4）单击“模式”面板中的“编辑顶部”按钮，再单击“绘制”面板中的“矩形”按钮，绘制半径为340的圆，如图4-68所示。

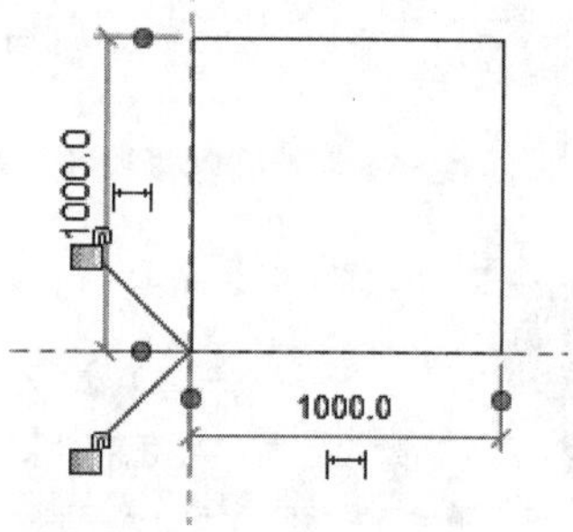

图4-67 绘制底部边界

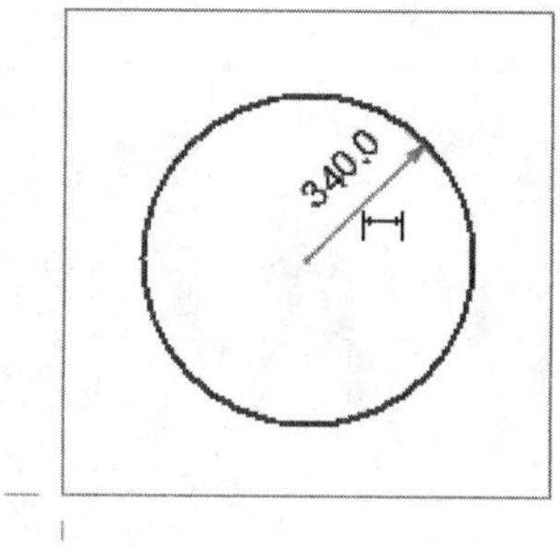

图4-68 绘制顶部边界

（5）在“属性”选项板中的“第二端点”文本框中输入500，如图4-69所示，或在选项栏中输入深度为500，单击“模式”面板中的“完成编辑模式”按钮，结果如图4-70所示。

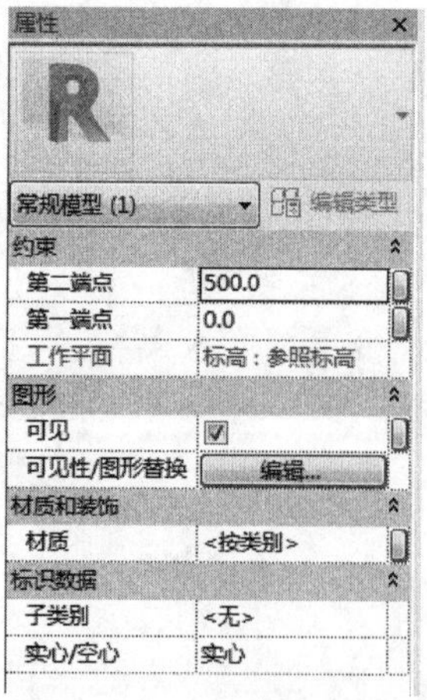

图4-69 “属性”选项板

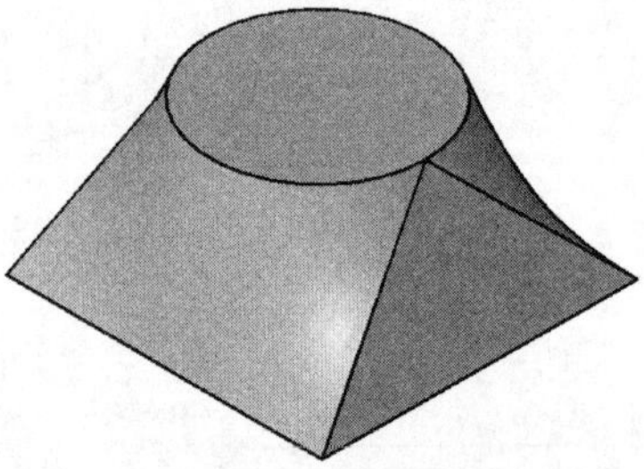

图4-70 融合

4.4.5 放样融合

通过放样融合工具可以创建一个具有两个不同轮廓的融合体，然后沿某个路径对其进行放样。放样融合的造型由绘制或拾取的二维路径以及绘制或载入的两个轮廓确定。

具体绘制步骤如下。

(1) 在开始界面中单击“族”→“新建”或者单击“文件”程序菜单→“族”→“新建”命令，打开“新族-选择样板文件”对话框，选择“公制常规模型. rft”为样板族，单击“打开”按钮进入族编辑器。

(2) 单击“创建”选项卡“形状”面板中的“放样融合”按钮，打开“修改|放样融合”选项卡，如图 4-71 所示。

图 4-71 “修改|放样融合”选项卡

(3) 单击“放样融合”面板中的“绘制路径”按钮，打开“修改|放样融合→绘制路径”选项卡，单击“绘制”面板中的“样条曲线”按钮，绘制如图 4-72 所示的放样路径。单击“模式”面板中的“完成编辑模式”按钮，完成路径绘制。如果选择现有的路径，则单击“拾取路径”按钮，拾取现有绘制线作为路径。

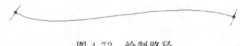

图 4-72 绘制路径

(4) 单击“放样融合”面板中的“编辑轮廓”按钮，打开如图 4-63 所示的“转到视图”对话框，选择“立面：前”视图绘制轮廓，如果在平面视图中绘制路径，应选择立面视图来绘制轮廓。单击“打开视图”按钮。

(5) 单击“放样融合”面板中的“选择轮廓 1”按钮，然后单击“绘制截面”按钮，利用矩形绘制如图 4-73 所示的截面轮廓 1。单击“模式”面板中的“完成编辑模式”按钮，结果如图 4-74 所示。

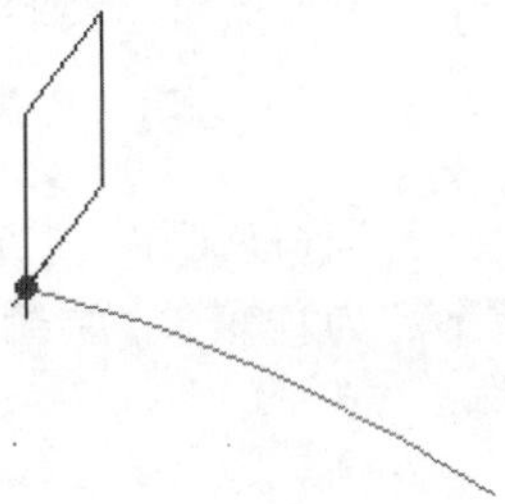

图 4-73 绘制截面 1

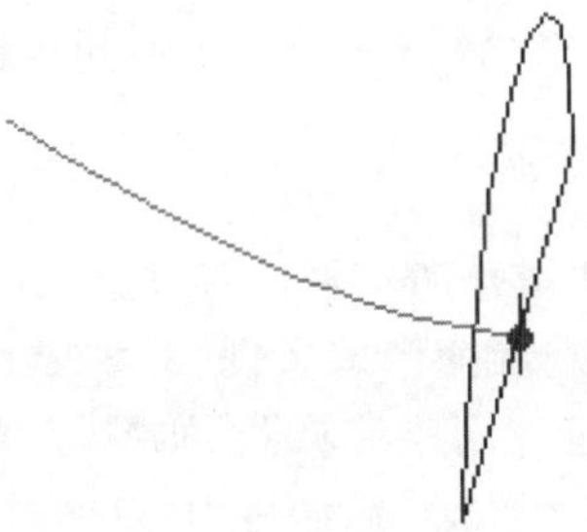

图 4-74 绘制截面 2

(6) 单击“放样融合”面板中的“选择轮廓 2”按钮，然后单击“绘制截面”按钮，利用圆弧绘制如图 4-74 所示的截面轮廓 2。单击“模式”面板中的“完成编辑模式”按钮，结果如图 4-75 所示。

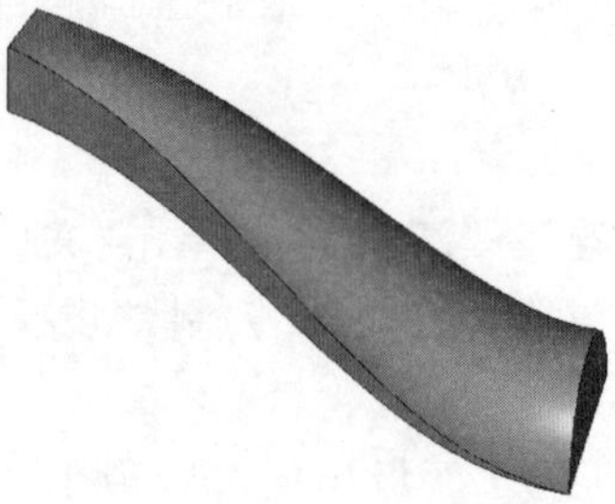

图 4-75　放样融合

4-3

4.4.6　上机练习——创建单扇门

练习目标

本节创建单扇门，如图 4-76 所示。

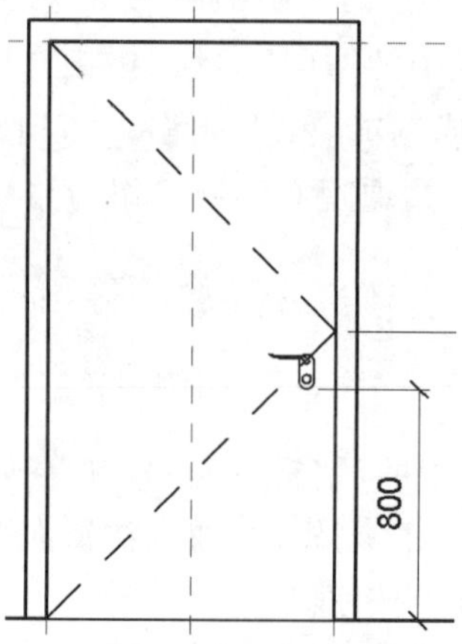

图 4-76　单扇门

设计思路

在公制门样板族中利用绘图和拉伸命令绘制单扇门族的立面和剖面图形。

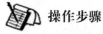

操作步骤

(1) 在开始界面中单击“族”→“新建”或者单击“文件”程序菜单→“族”→“新建”命令，打开“新族-选择样板文件”对话框，选择“公制门.rft”为样板族，如图 4-77 所示，单击“打开”按钮进入族编辑器，如图 4-78 所示。

(2) 单击“创建”选项卡“工作平面”面板中的“设置”按钮，打开“工作平面”对话框，选择“拾取一个平面”单选按钮，如图 4-79 所示。单击“确定”按钮，在视图中拾取墙体中心位置的参照平面为工作平面，如图 4-80 所示。

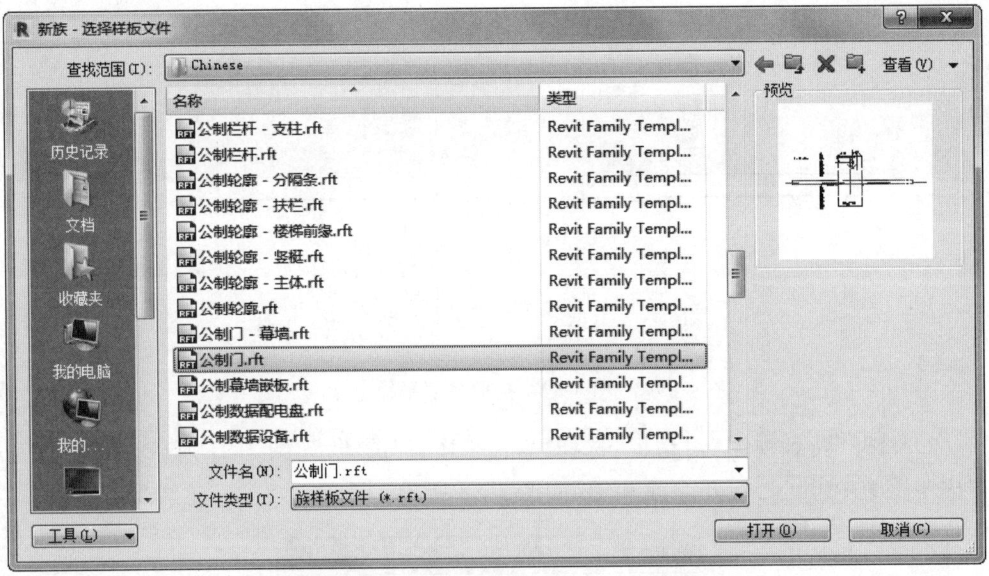

图 4-77　“新族-选择样板文件”对话框

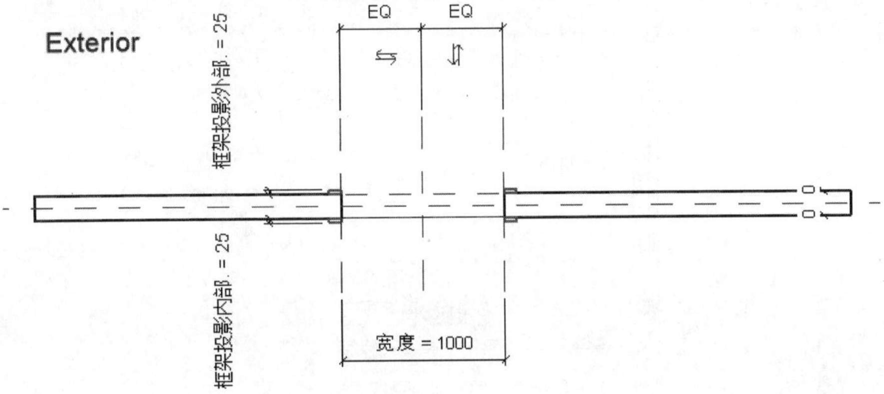

图 4-78　绘制门界面

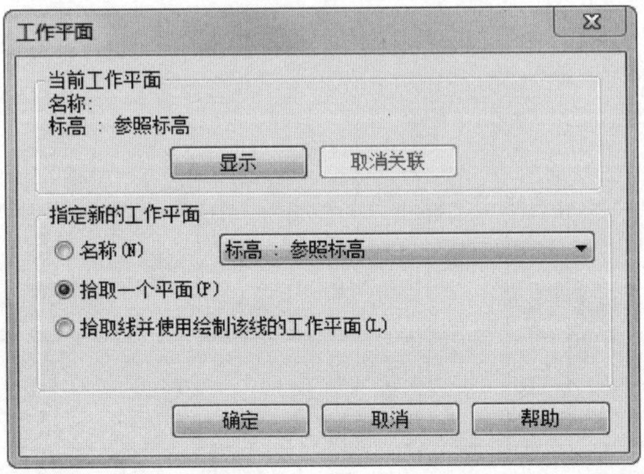

图 4-79　“工作平面”对话框

Note

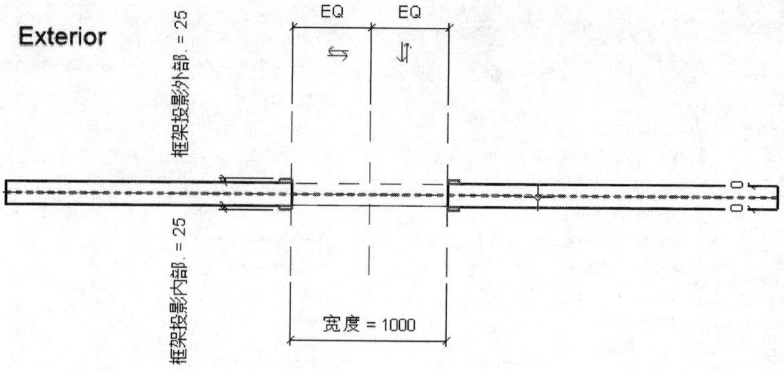

图 4-80　拾取参照平面

(3) 打开“转到视图”对话框，选择“立面：外部”选项，如图 4-81 所示，单击“打开视图”按钮 打开视图 ，打开立面视图，如图 4-82 所示。

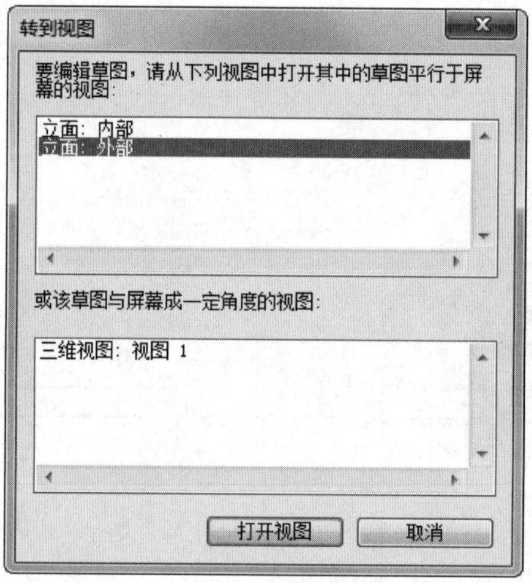

图 4-81　“转到视图”对话框

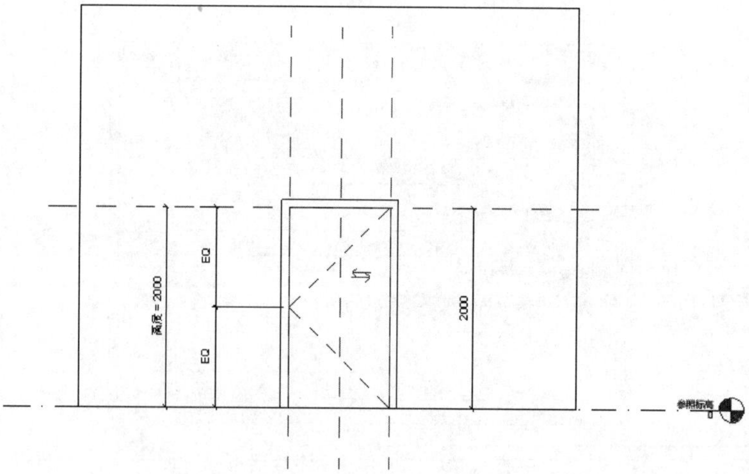

图 4-82　立面视图

Note

（4）单击“创建”选项卡“形状”面板中的“拉伸”按钮，打开“修改|创建拉伸”选项卡，单击“绘制”面板中的“矩形”按钮，以洞口轮廓及参照平面为参照，创建轮廓线，如图 4-83 所示。单击视图中的“创建或删除长度或对齐约束”图标，将轮廓线与洞口进行锁定，如图 4-84 所示。

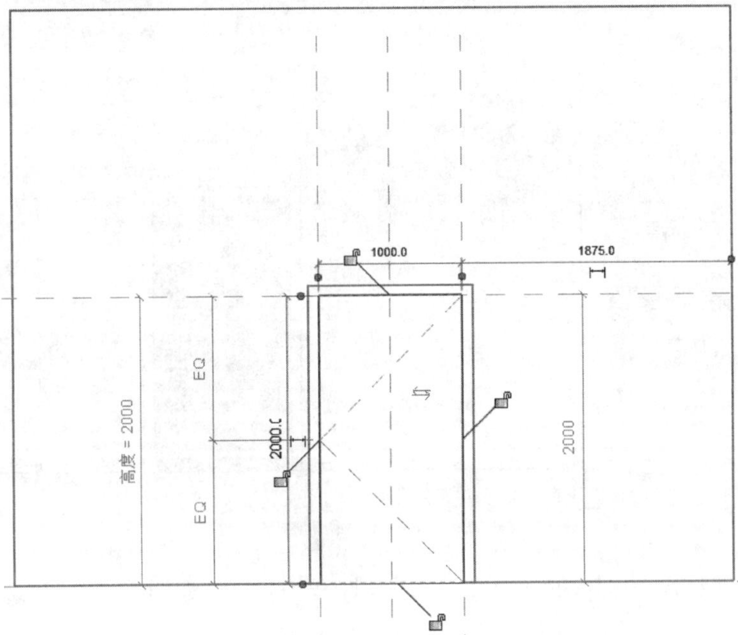

图 4-83　绘制轮廓线

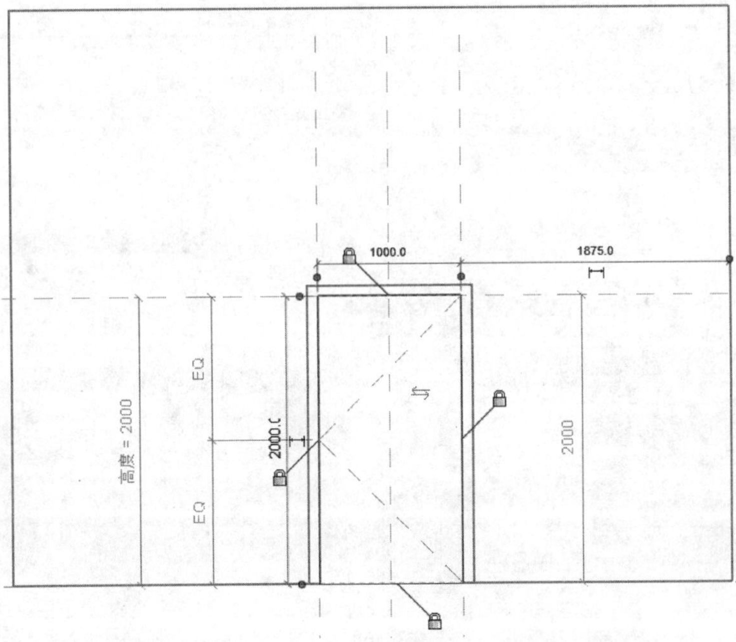

图 4-84　锁定约束

Note

（5）在“属性”选项板中设置拉伸起点为−25，拉伸终点为25，如图4-85所示，单击“应用”按钮，再单击“模式”面板中的“完成编辑模式”按钮✔，完成拉伸模型的创建。

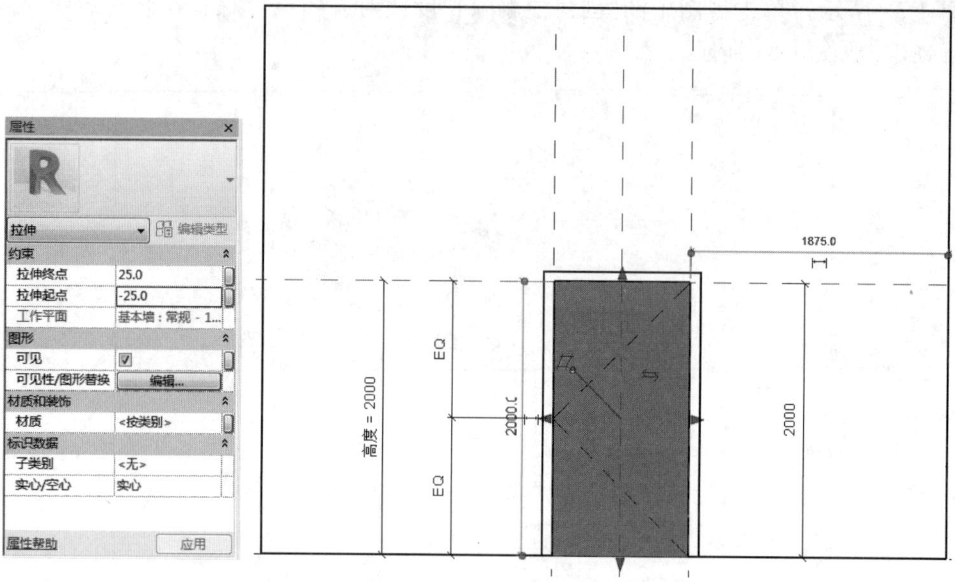

图4-85　设置拉伸参数

（6）单击“材质”栏中的“按类别”选项，打开“材质浏览器”对话框，选择“木材”材质，如图4-86所示，单击“确定”按钮，完成木材的创建。

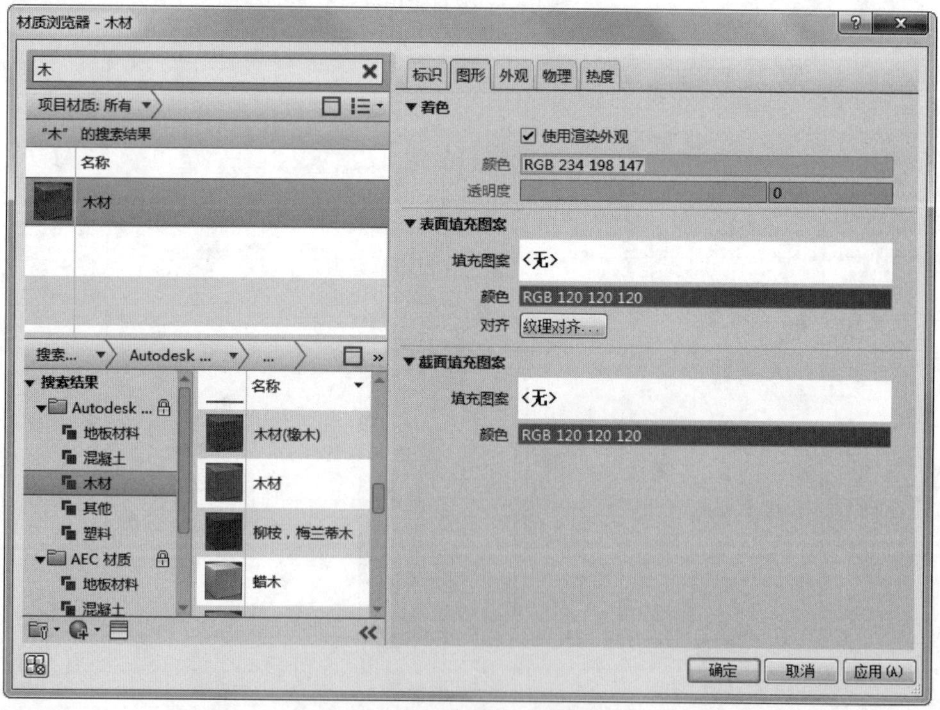

图4-86　“材质浏览器”对话框

(7) 在项目浏览器中选择“楼层平面”→“参照标高”选项，双击打开参照标高视图，如图 4-87 所示。

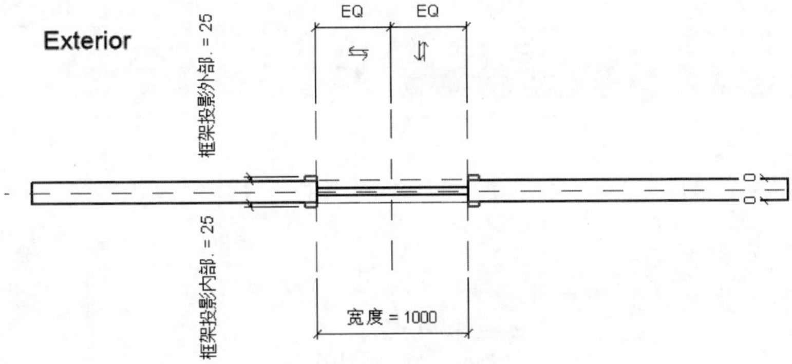

图 4-87　参照标高视图

(8) 单击“测量”面板中的“对齐尺寸标注”按钮，分别拾取门框上下边线、中间参照面标注连续尺寸，然后单击 EQ 限制符号，结果如图 4-88 所示。

(9) 单击“注释”选项卡“详图”面板中的“符号线”按钮，然后单击“绘制”面板中的“矩形”按钮，在“属性”选项板中设置子类别为“门[截面]”，如图 4-89 所示。在平面视图门洞左侧绘制长度为 1000、宽度为 30 的矩形，如图 4-90 所示。

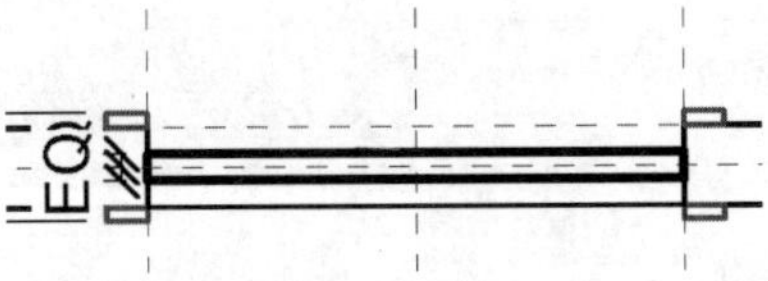

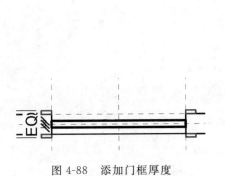

图 4-88　添加门框厚度

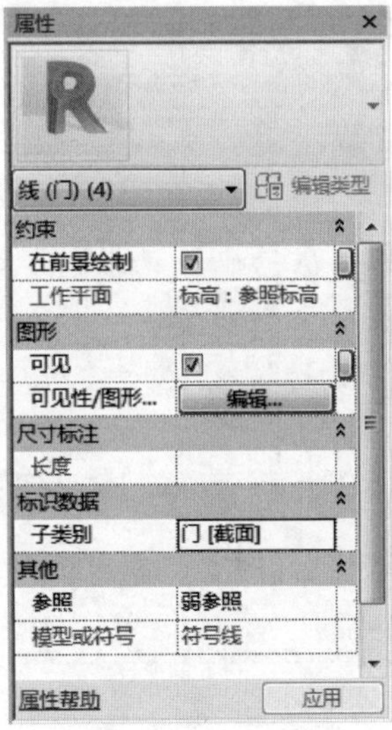

图 4-89　设置子类别

(10) 单击“注释”选项卡“详图”面板中的“符号线”按钮，然后单击“绘制”面板中的“圆心-端点弧”按钮，在“属性”选项板中设置子类别为“平面打开方向[截面]”，如图 4-91 所示。绘制门开启线并更改角度为 90°，如图 4-92 所示。

(11) 单击“插入”选项卡“从库中载入”面板中的“载入族”按钮，打开“载入族”对话框，选择“China”→“建筑”→“门”→“门构件”→“拉手”文件夹中的“门锁 1. rfa”族文件，如图 4-93 所示。

Note

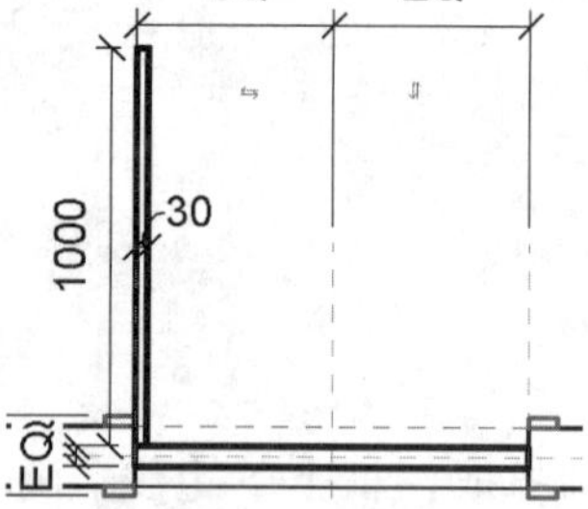

图 4-90　绘制矩形

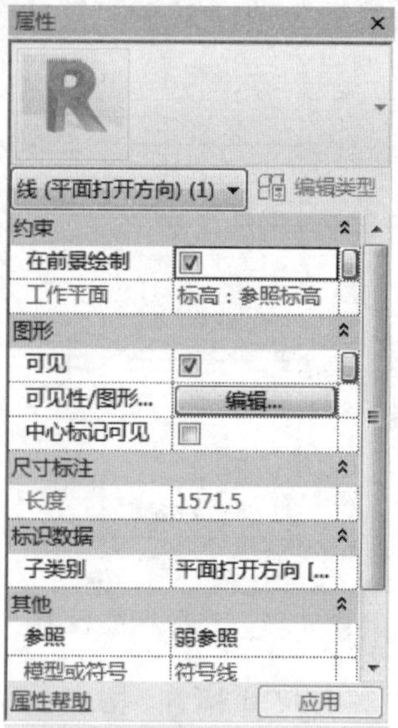

图 4-91　设置子类别

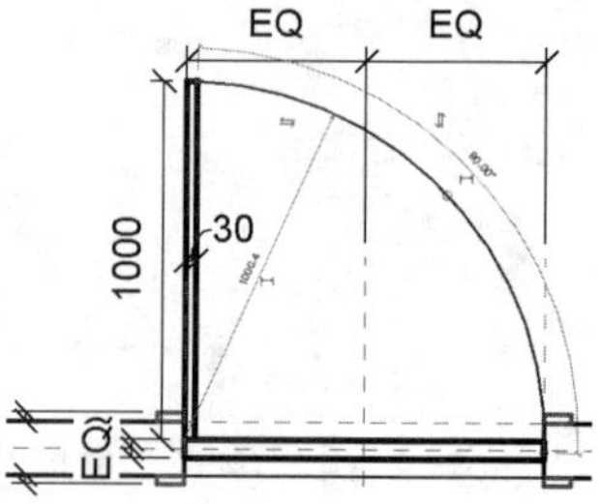

图 4-92　绘制圆弧

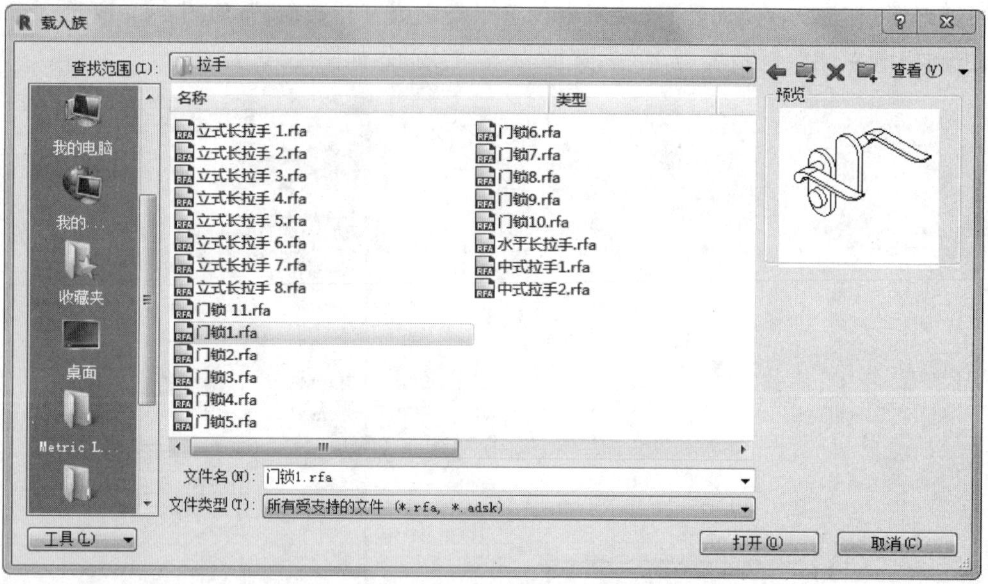

图 4-93　“载入族”对话框

(12) 单击“创建”选项卡“模型”面板中的“构件”按钮，将载入的“门锁 1”放置在视图中适当位置，如图 4-94 所示。

(13) 双击门锁文件，进入门锁族编辑环境。单击“创建”选项卡“属性”面板中的“族类别和族参数”按钮，打开“族类别和族参数”对话框，选中“共享”复选框，如图 4-95所示。其他采用默认设置，单击“确定”按钮。

(14) 单击“创建”选项卡“族编辑器”面板中的“载入到项目”按钮，打开如图 4-96所示的“族已存在”提示框，单击“覆盖现有版本”选项。

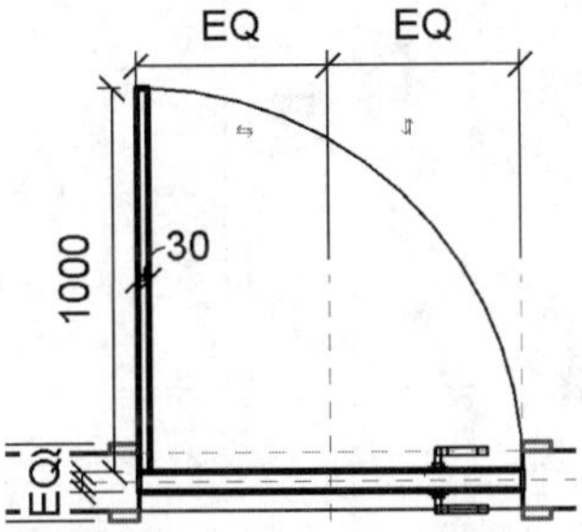

图 4-94 放置门锁

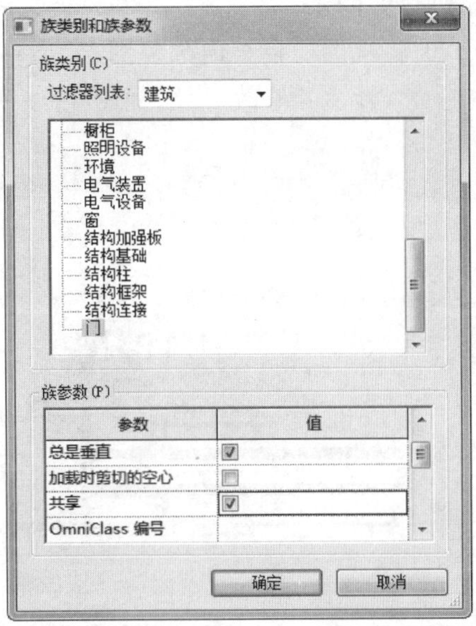

图 4-95 “族类别和族参数”对话框

（15）在视图中选择门锁，然后单击“属性”选项板中的“编辑类型”按钮，打开“类型属性”对话框，更改嵌板厚度为 50，如图 4-97 所示，其他采用默认设置，单击“确定”按钮。

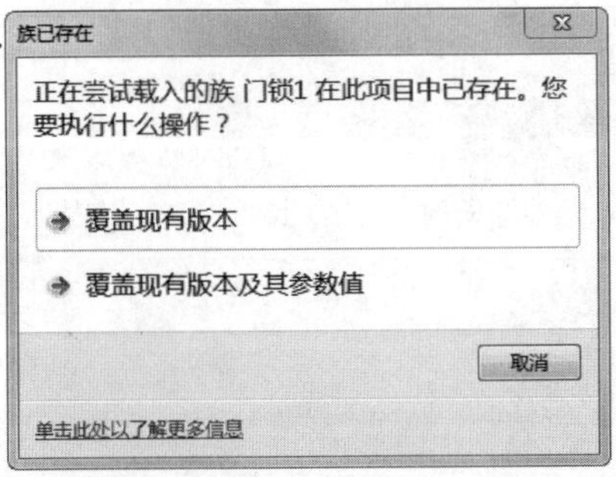

图 4-96 “族已存在”提示框

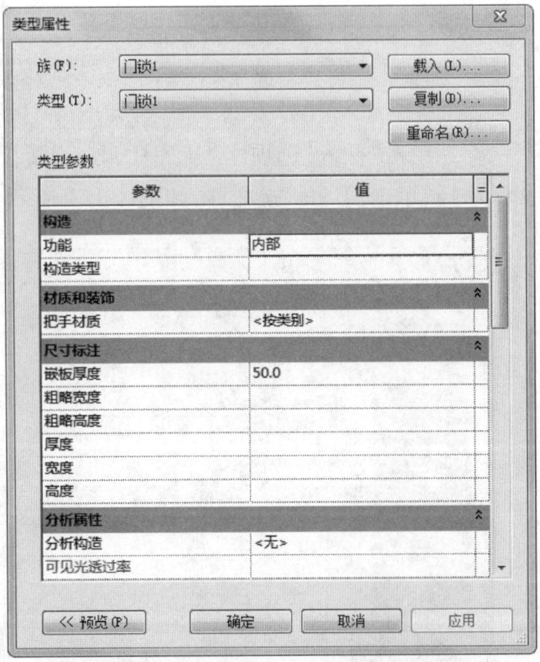

图 4-97 “类型属性”对话框

（16）选取门锁，单击“修改”选项卡“修改”面板中的“镜像-绘制轴”按钮，在门锁的左侧位置绘制一条竖直线作为镜像轴，然后将原门锁删除，修改门锁的临时位置尺寸，如图 4-98 所示。

(17) 将视图切换至内部视图，然后移动门锁的位置，单击“测量”面板中的“对齐尺寸”按钮，标注并修改尺寸，如图 4-99 所示。

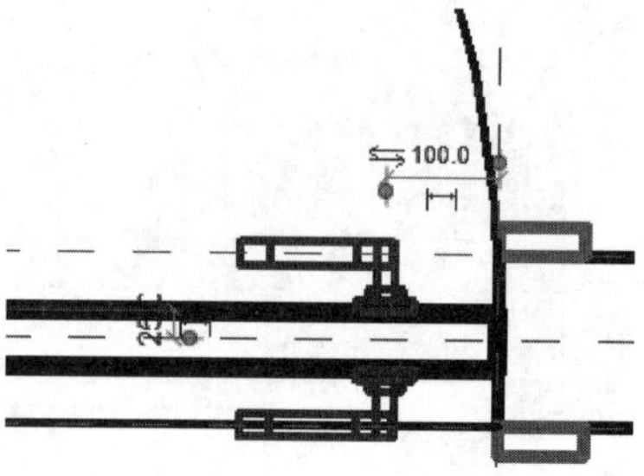

图 4-98　临时位置尺寸

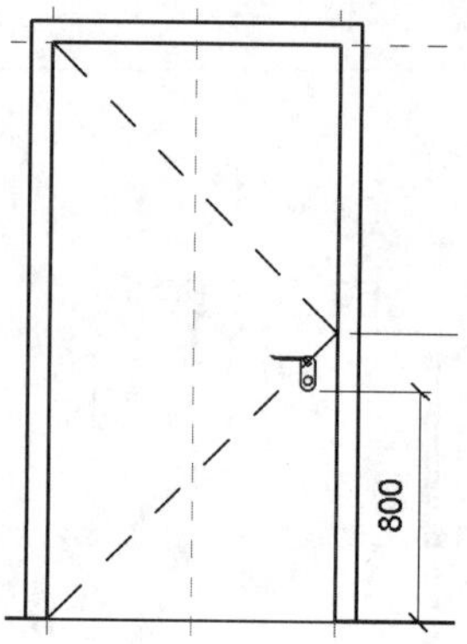

图 4-99　移动门锁

(18) 单扇门族绘制完成，单击“快速访问”工具栏中的“保存”按钮，打开“另存为”对话框，输入名称为“单扇门”，单击“保存”按钮，保存族文件。

(19) 在开始界面中单击“项目”→“新建”命令，打开“新建项目”对话框，在“样板文件”下拉列表框中选择“建筑样板”选项，单击“确定”按钮，新建项目文件。也可以直接打开已有项目文件。

图 4-100　绘制墙体

(20) 单击“建筑”选项卡“构建”面板中的“墙”按钮，在视图中任意绘制一段墙体，如图 4-100 所示。

(21) 单击“插入”选项卡“从库中载入”面板中的“载入族”按钮，打开“载入族”对话框，选择“单扇门. rfa”族文件，如图 4-101 所示。单击“打开”按钮，载入单扇门族文件。

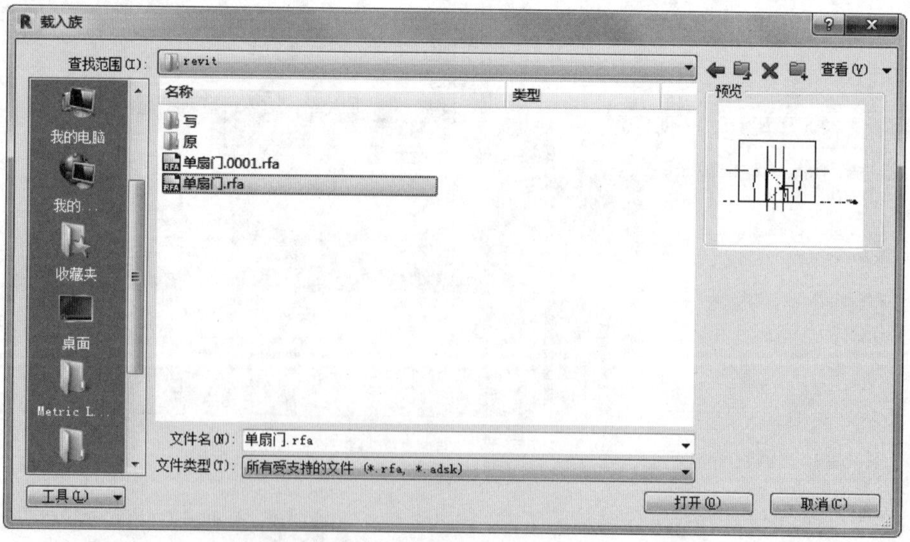

图 4-101　“载入族”对话框

(22) 在项目浏览器中，选择“族”→“门”→“单扇门”节点下的“单扇门”族文件，将其拖曳到墙体中放置，如图 4-102 所示。在项目浏览器中双击“三维视图”节点下的“三维”，切换到三维视图，观察图形，如图 4-103 所示。

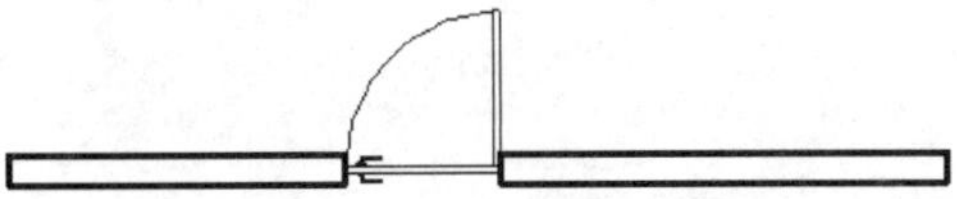

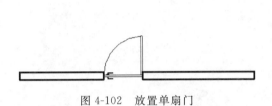

图 4-102 放置单扇门

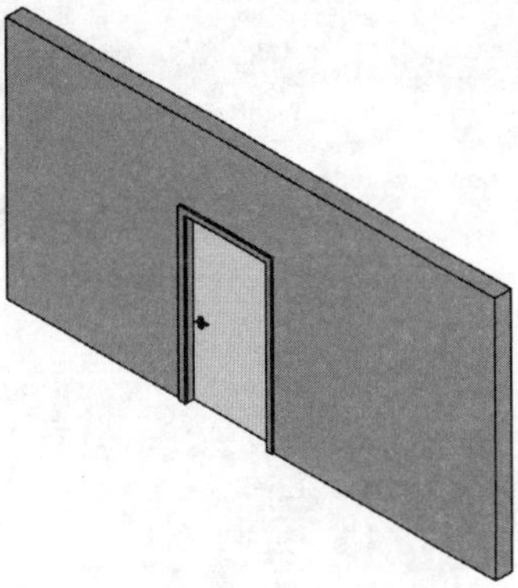

图 4-103 效果图

第5章

概念体量

本章导读

在初始设计中可以使用体量工具表达潜在设计意图，而无须使用通常项目中的详细程度。可以创建和修改组合成建筑模型壳元的几何造型。可以随时拾取体量面并创建建筑模型图元，例如墙、楼板、幕墙系统和屋顶。在创建了建筑图元后，可以将视图指定为显示体量图元、建筑图元或同时显示这两种图元。体量图元和建筑图元不会自动链接，如果修改了体量面，则必须更新建筑面。

学习要点

- 体量概述
- 创建体量族
- 编辑体量
- 内建体量

Note

5.1 体量概述

体量可以在项目内部(内建体量)或项目外部(可载入体量族)创建。

常用术语如下。

- 体量：使用体量实例观察、研究和解析建筑形式的过程。
- 体量族：创建形状的族,属于体量类别。内建体量随项目一起保存；它不是单独的文件。
- 体量实例或体量：载入的体量族的实例或内建体量。
- 概念设计环境：一类族编辑器,可以使用内建和可载入体量族图元来创建概念设计。
- 体量形状：每个体量族和内建体量的整体形状。
- 体量研究：在一个或多个体量实例中对一个或多个建筑形式进行的研究。
- 体量面：体量实例上的表面,可用于创建建筑图元(如墙或屋顶)。
- 体量楼层：在已定义的标高处穿过体量的水平切面。体量楼层提供了有关切面上方体量直至下一个切面或体量顶部之间尺寸标注的几何图形信息。
- 建筑图元：可以从体量面创建的墙、屋顶、楼板和幕墙系统。
- 分区外围：建筑必须包含在其中的法定定义的体积。分区外围可以作为体量进行建模。

5.2 创建体量族

在族编辑器中创建体量族后,可以将族载入项目中,并将体量族的实例放置在项目中。

(1) 在开始界面中单击“族”→“新建概念体量”按钮,打开“新概念体量-选择样板文件”对话框,选择“公制体量.rft”文件,如图 5-1 所示。

(2) 单击“打开”按钮,进入体量族创建环境,如图 5-2 所示。

5.2.1 创建拉伸形状

本节先绘制截面轮廓,然后系统根据截面创建拉伸模型。

操作步骤

(1) 新建一体量族文件。

(2) 单击“创建”选项卡“绘制”面板中的“线”按钮,打开如图 5-3 所示的“修改|放置 线”选项卡和选项栏,绘制如图 5-4 所示的封闭轮廓。

(3) 单击“形状”面板“创建形状”下拉列表框中的“实心形状”按钮,系统自动创建如图 5-5 所示的拉伸模型。

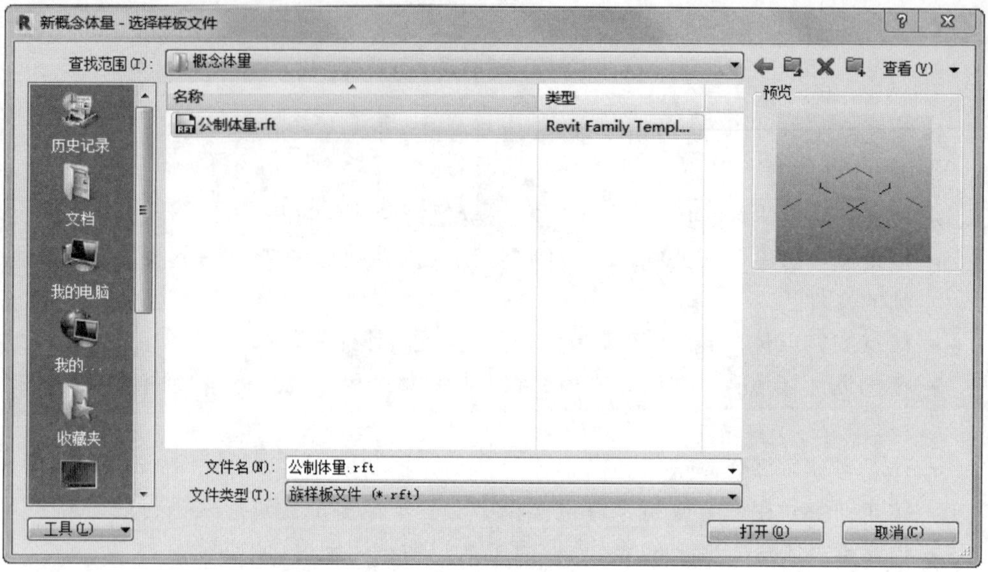

图 5-1 “新概念体量-选择样板文件”对话框

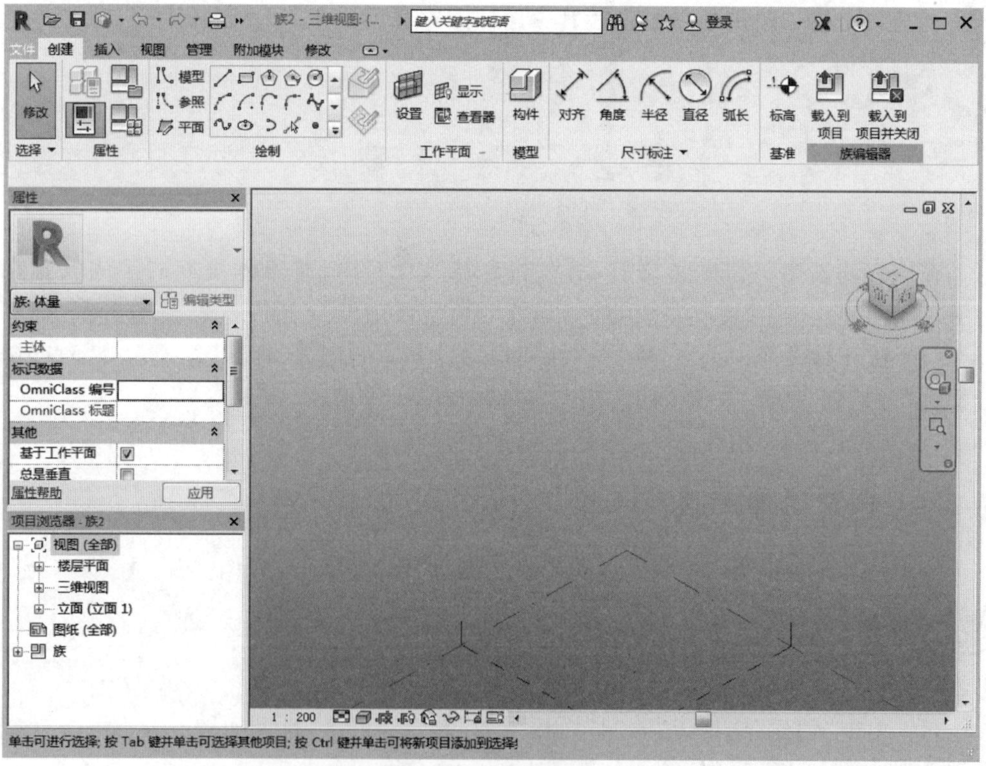

图 5-2 体量族环境

图 5-3　“修改|放置线”选项卡和选项栏

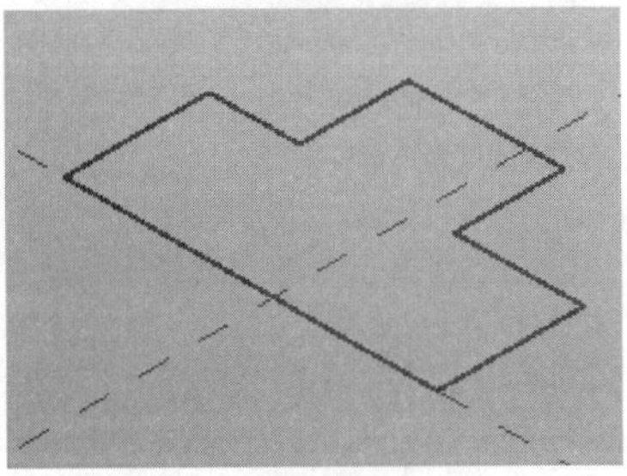

图 5-4　绘制封闭轮廓

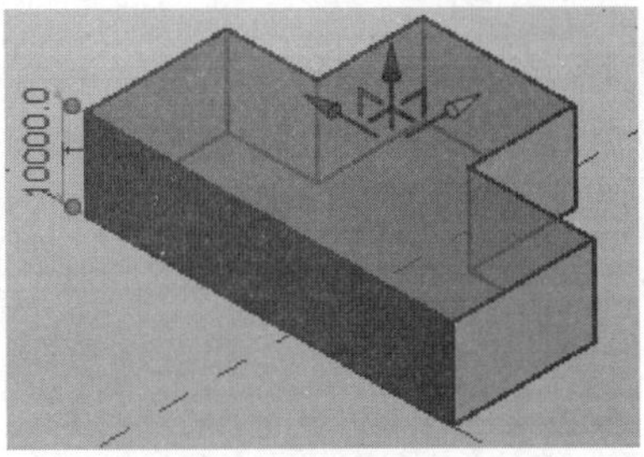

图 5-5　拉伸模型

（4）单击尺寸修改拉伸深度，如图 5-6 所示。

（5）拖动模型上的操纵控件上的箭头，可以改变倾斜角度，如图 5-7 所示。

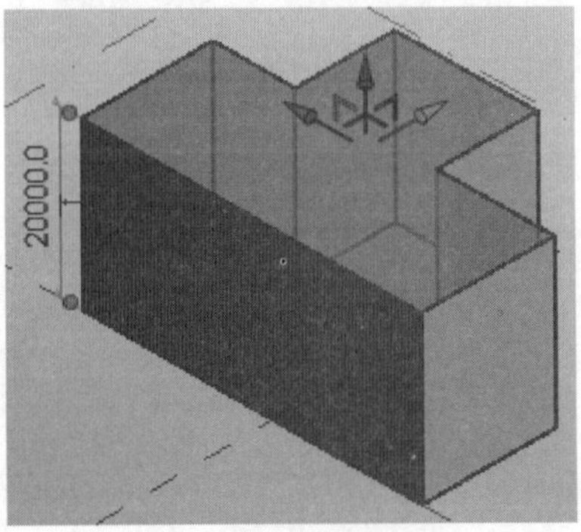

图 5-6　修改深度

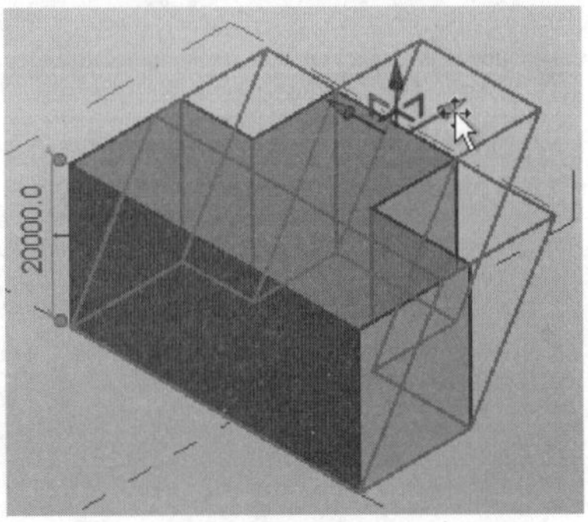

图 5-7　改变倾斜角度

（6）选取模型上的边线，拖动操纵控件上的箭头，可以修改模型的局部形状，如图 5-8所示。

（7）选取模型的端点，可以拖动操纵控件改变该点在 3 个方向的形状，如图 5-9 所示。

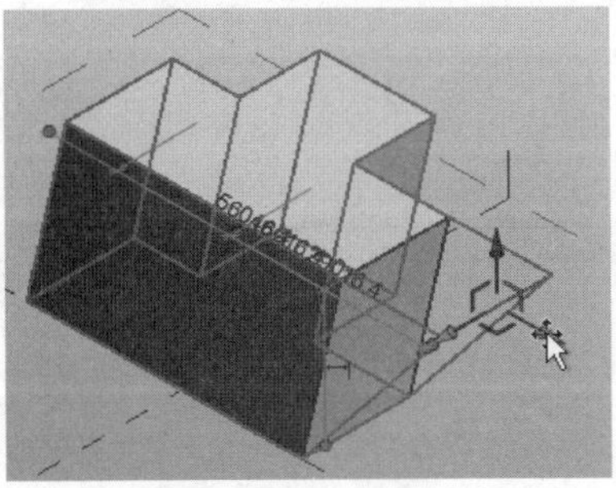

图 5-8　改变形状

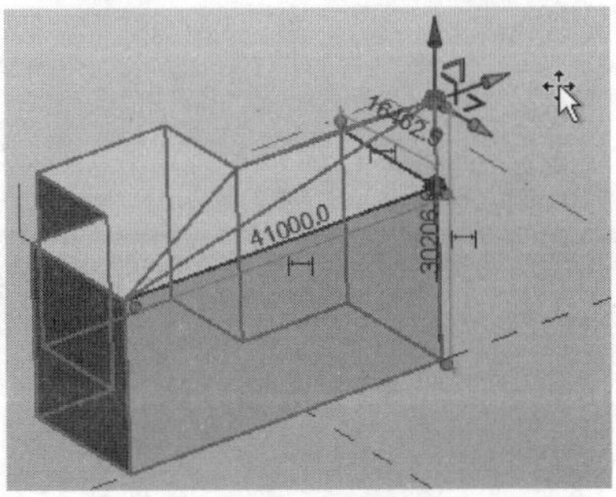

图 5-9　拖动端点

5.2.2 创建表面形状

本节先绘制曲线，然后系统根据曲线创建表面形状。

操作步骤

(1) 新建一体量族文件。

(2) 单击“创建”选项卡“绘制”面板中的“样条曲线”按钮，打开“修改|放置 线”选项卡和选项栏，绘制如图 5-10 所示的曲线。也可以选取模型线或参照线。

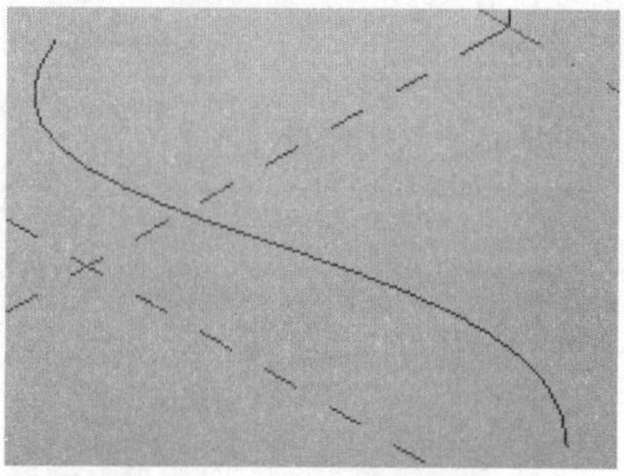

图 5-10　绘制曲线

(3) 单击“形状”面板“创建形状”下拉列表框中的“实心形状”按钮，系统自动创建如图 5-11 所示的拉伸曲面。

(4) 选中曲面，可以拖动操纵控件上的箭头使曲面沿各个方向移动，如图 5-12 所示。

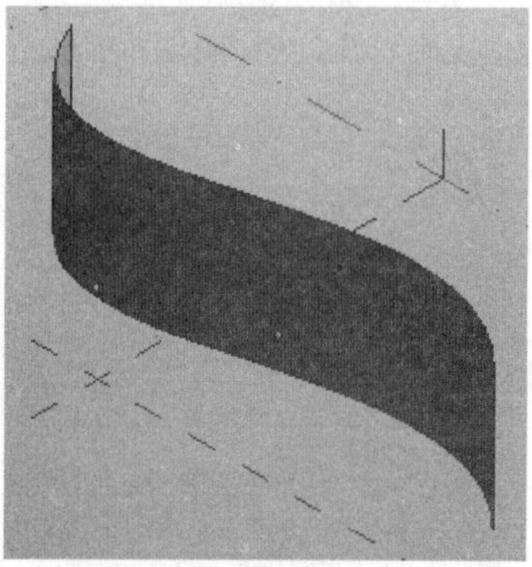

图 5-11　拉伸曲面

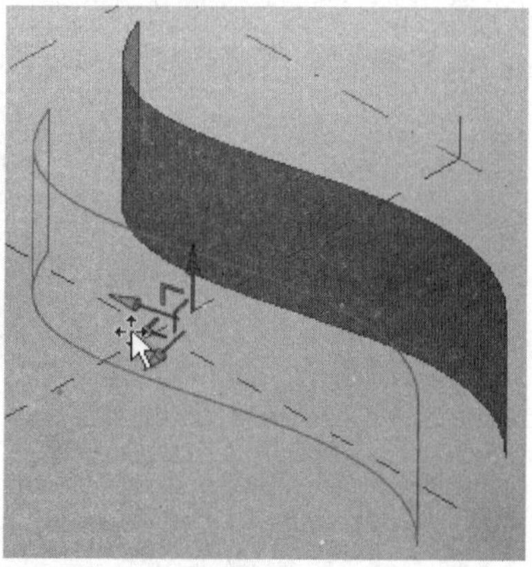

图 5-12　移动曲面

(5) 选取曲面的边，拖动操纵控件的箭头改变曲面形状，如图 5-13 所示。

(6) 选取曲面的角点，拖动操纵控件改变曲面在三个方向的形状，也可以分别选择操纵控件上的方向箭头改变各个方向上的形状，如图 5-14 所示。

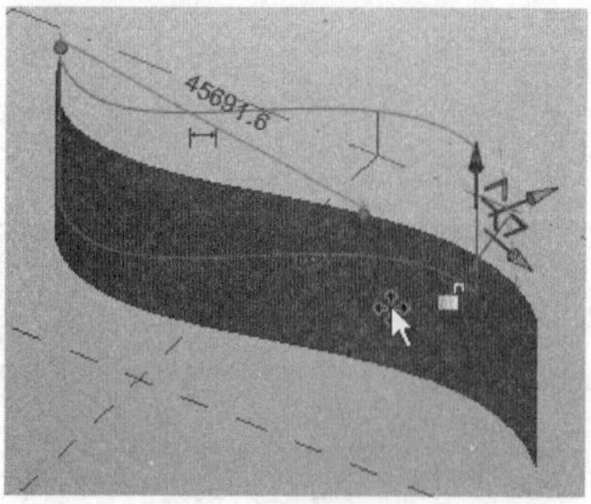

图 5-13　改变形状

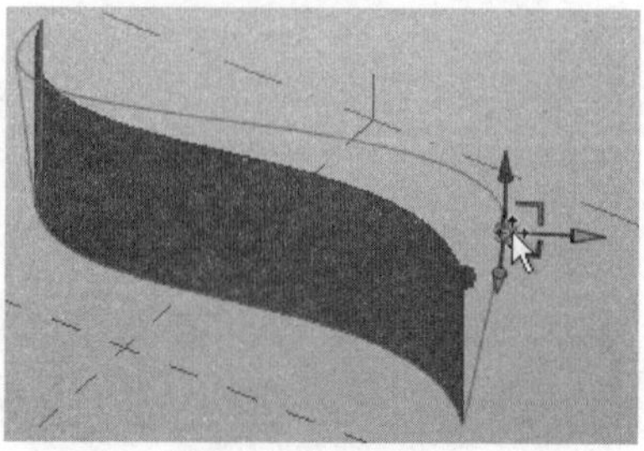

图 5-14　改变角点形状

Note

5.2.3　创建旋转形状

本节由线和共享工作平面的二维轮廓来创建旋转形状。

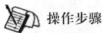

操作步骤

(1) 新建一体量族文件。

(2) 单击“创建”选项卡“绘制”面板中的“线”按钮，绘制一条直线段作为旋转轴。

(3) 单击“绘制”面板中的“圆”按钮，绘制旋转截面，如图 5-15 所示。

(4) 选取直线和圆，单击“形状”面板“创建形状”下拉列表框中的“实心形状”按钮，系统自动创建如图 5-16 所示的旋转模型。

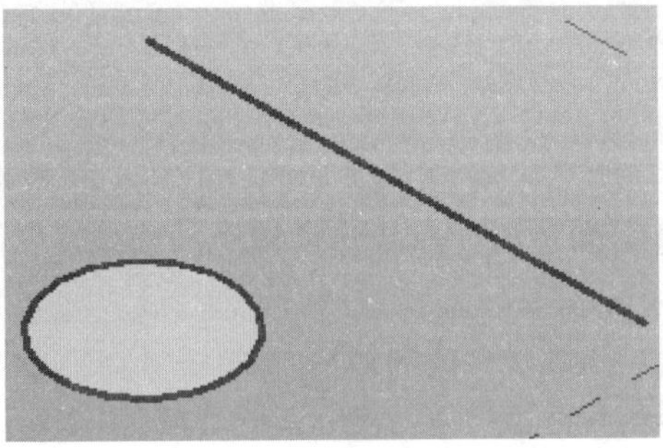

图 5-15　绘制截面

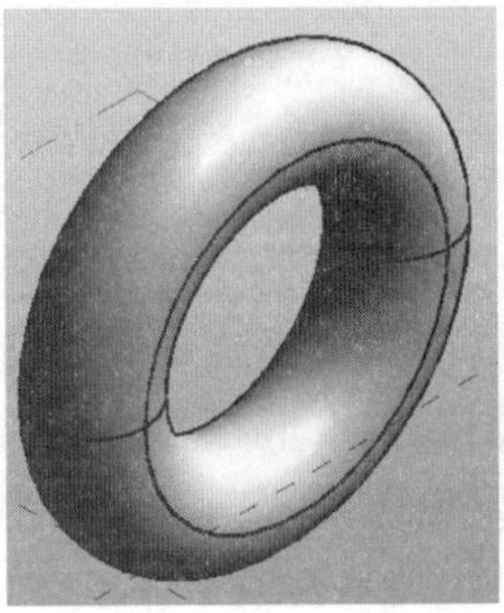

图 5-16　旋转模型

(5) 选取旋转模型上的面或边线，拖动操纵控件上的紫色箭头，可以改变模型大小，如图 5-17 所示。

(6) 拖动模型的操纵控件上的红色箭头移动模型，如图 5-18 所示。

(7) 选取旋转轮廓的外边缘，拖动操纵控件上的橙色箭头，更改旋转角度，如图 5-19所示。也可以在“属性”选项板中更改起始角度和结束角度，如图 5-20 所示，单击“应用”按钮，更改模型的旋转角度，如图 5-21 所示。

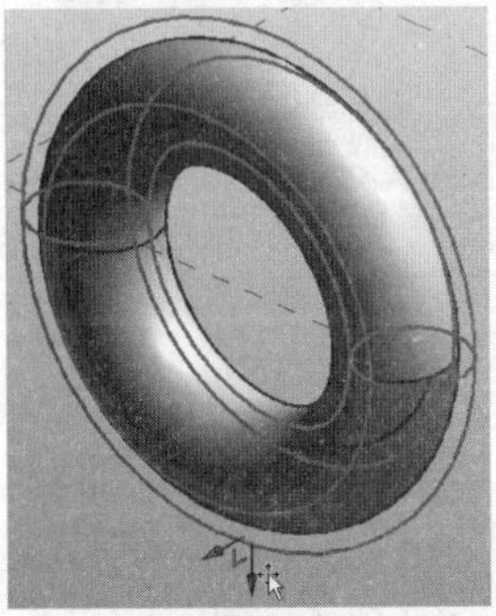

图 5-17　改变模型大小

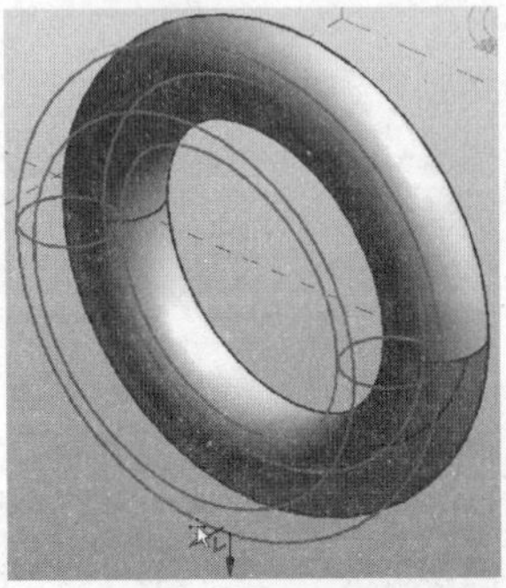

图 5-18　移动模型

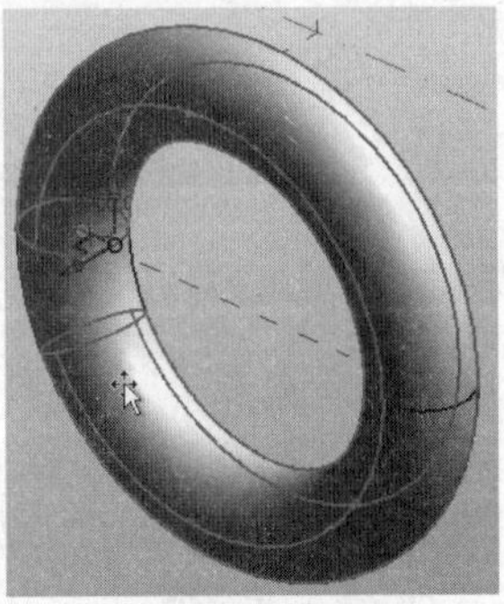

图 5-19　更改角度

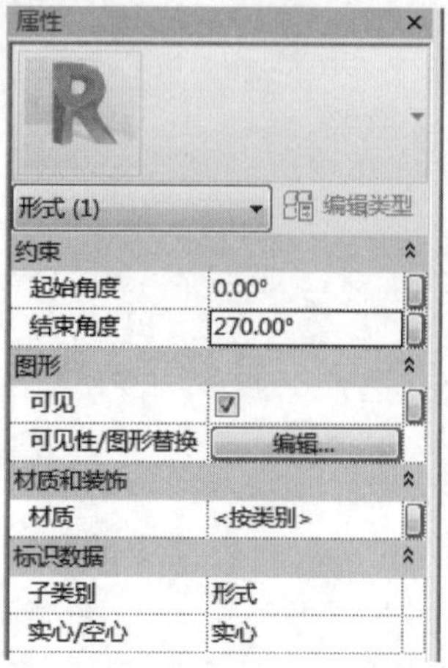

图 5-20 “属性”选项板

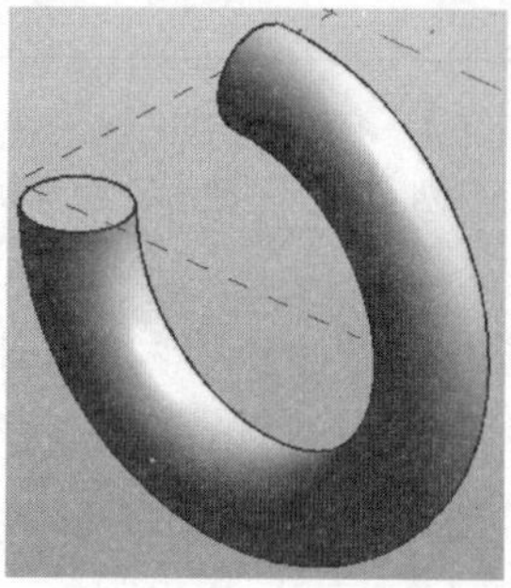

图 5-21 更改角度的最终效果

5.2.4 创建放样形状

可以由线和垂直于线绘制的二维轮廓创建放样形状。放样中的线定义了放样二维轮廓来创建三维形态的路径。

如果轮廓是基于闭合环生成的,可以使用多分段的路径来创建放样。如果轮廓不是闭合的,则不会沿多分段路径进行放样。

操作步骤

(1) 新建一体量族文件。

(2) 单击“创建”选项卡“绘制”面板中的“样条曲线”按钮,绘制一条曲线作为放样路径,如图 5-22 所示。

(3) 单击“创建”选项卡“绘制”面板中的“点图元”按钮,在路径上放置参照点,如图 5-23 所示。

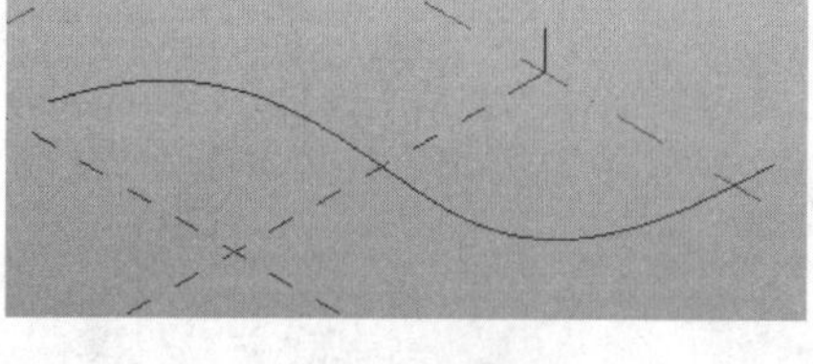

图 5-22 绘制路径

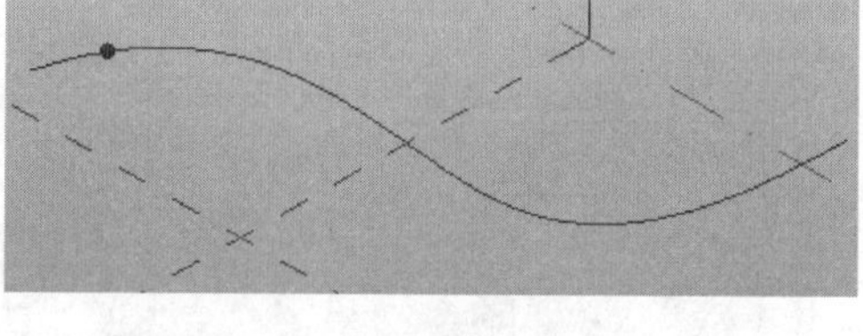

图 5-23 创建参照点

(4) 选择参照点,放大图形,将工作平面显示出来,如图 5-24 所示。

(5) 单击“绘制”面板中的“椭圆”按钮,在选项栏中取消选中“根据闭合的环生成表面”复选框,在工作平面上绘制截面轮廓,如图 5-25 所示。

(6) 选取路径和截面轮廓,单击“形状”面板“创建形状”下拉列表框中的“实心形状”按钮,系统自动创建如图 5-26 所示的放样模型。

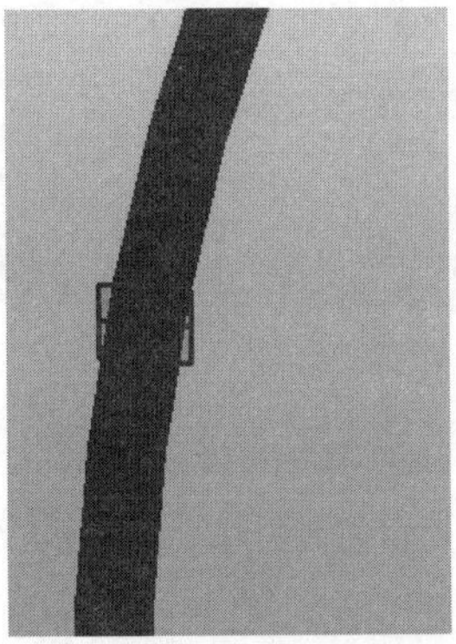
图 5-24 显示工作平面

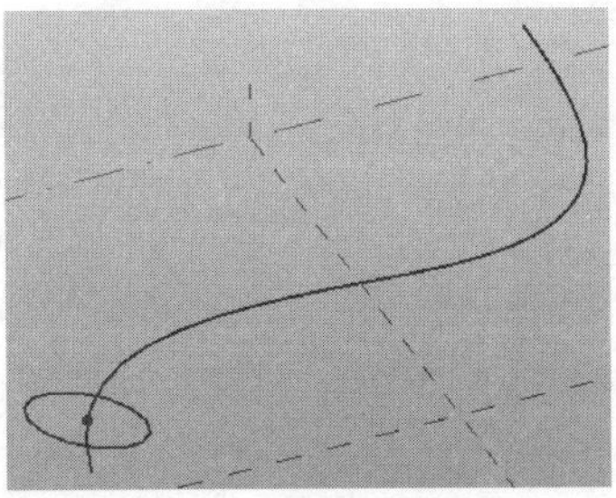
图 5-25 绘制截面轮廓

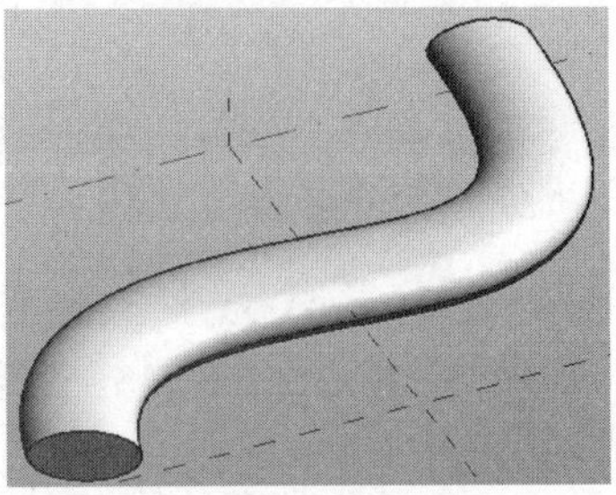
图 5-26 放样模型

5.2.5 创建放样融合形状

可以由垂直于线绘制的线和两个或多个二维轮廓创建放样融合形状。放样融合中的线定义了放样并融合二维轮廓来创建三维形状的路径。轮廓由线处理组成,线处理垂直于用于定义路径的一条或多条线而绘制。

与放样形状不同,放样融合无法沿着多段路径创建。但是,轮廓可以打开、闭合或是两者的组合。

操作步骤

(1) 新建一体量族文件。

(2) 单击"创建"选项卡"绘制"面板中的"起点-终点-半径弧"按钮,绘制一条曲线作为路径,如图 5-27 所示。

(3) 单击"创建"选项卡"绘制"面板中的"点图元"按钮,沿路径放置放样融合轮廓的参照点,如图 5-28 所示。

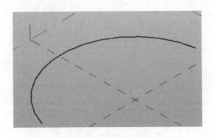

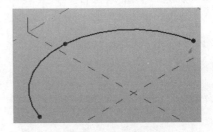

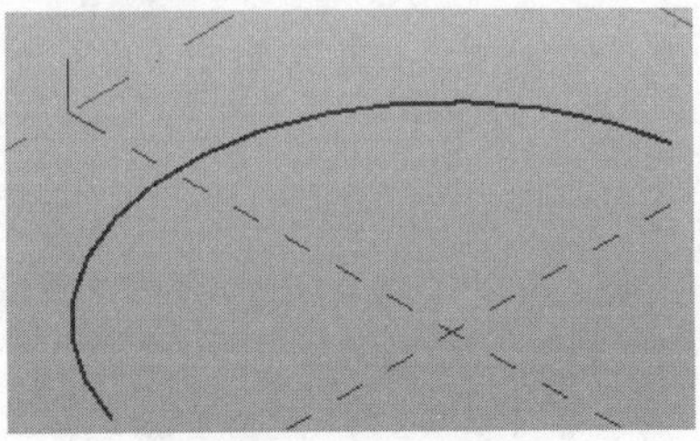
图 5-27 绘制路径

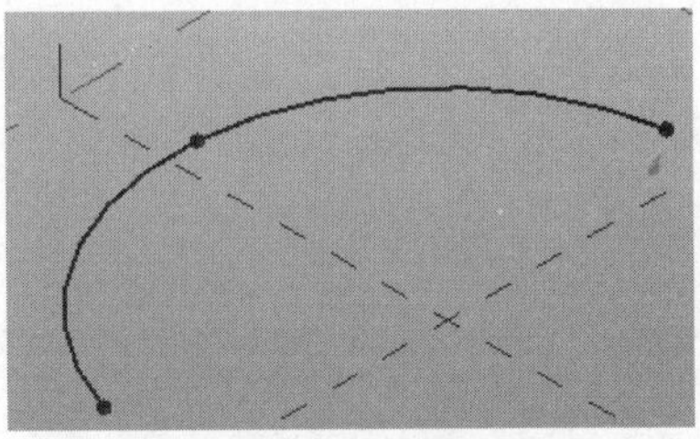
图 5-28 创建参照点

(4) 选择起点参照点,放大图形,将工作平面显示出来,单击"绘制"面板中的"圆"按钮,在工作平面上绘制第一个截面轮廓,如图 5-29 所示。

(5) 选择中间的参照点,放大图形,将工作平面显示出来,单击"绘制"面板中的"内接多边形"按钮,在工作平面上绘制第二个截面轮廓,如图 5-30 所示。

(6) 选择终点的参照点,放大图形,将工作平面显示出来,单击"绘制"面板中的"矩形"按钮,在工作平面上绘制第三个截面轮廓,如图 5-31 所示。

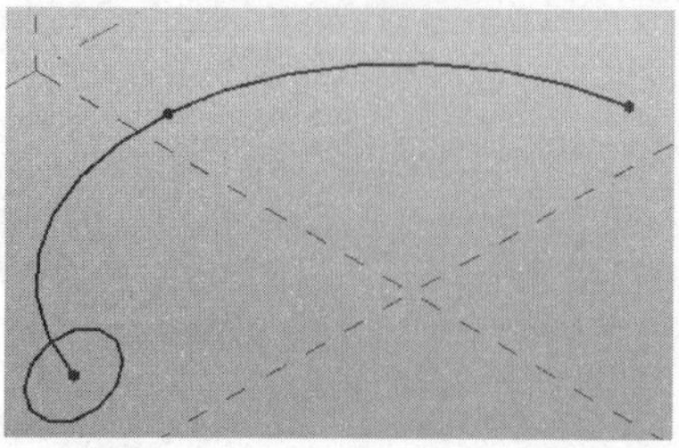

图 5-29　绘制第一个截面轮廓

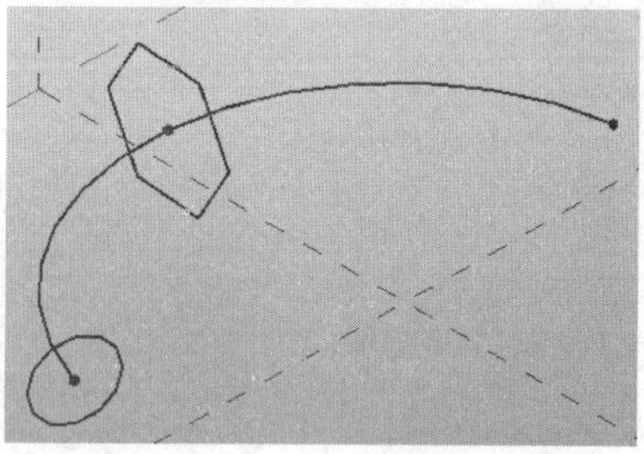

图 5-30　绘制第二个截面轮廓

(7) 选取所有的路径和截面轮廓，单击“形状”面板“创建形状”下拉列表框中的“实心形状”按钮，系统自动创建如图 5-32 所示的放样融合模型。

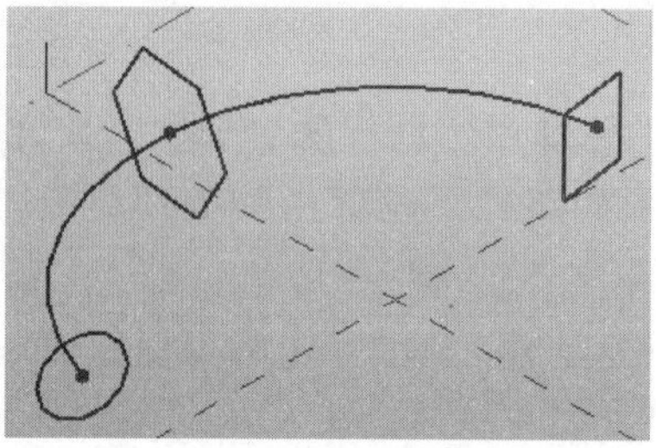

图 5-31　绘制第三个截面轮廓

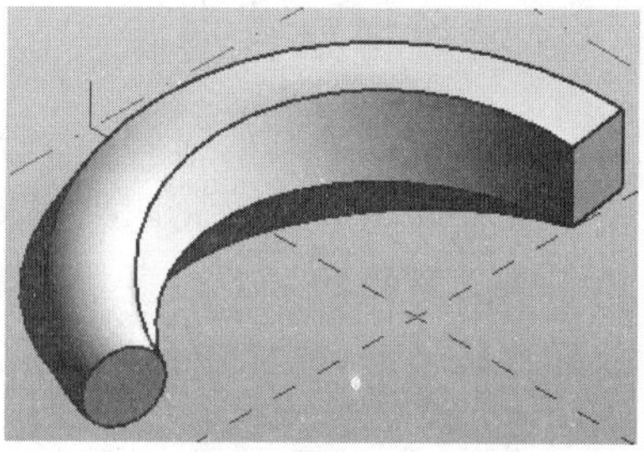

图 5-32　放样融合模型

5.2.6　创建空心形状

本节使用“创建空心形状”工具来创建负几何图形（空心）以剪切实心几何图形。

操作步骤

(1) 新建一体量族文件。

(2) 单击“创建”选项卡“绘制”面板中的“矩形”按钮，绘制如图 5-33 所示的封闭轮廓。

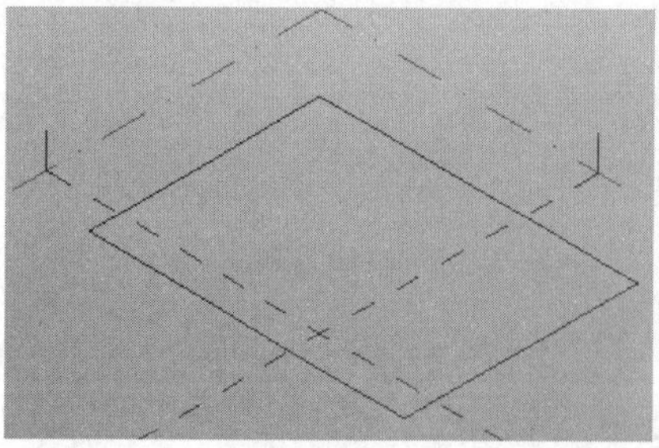

图 5-33　绘制封闭轮廓

(3) 单击“形状”面板“创建形状”下拉列表框中的“实心形状”按钮，系统自动创建如图 5-34 所示的拉伸模型。

(4) 单击“绘制”面板中的“圆”按钮，在拉伸模型的侧面绘制截面轮廓，如图 5-35所示。

(5) 单击“形状”面板“创建形状”下拉列表框中的“空心形状”按钮，系统自动创建一个拉伸的空心形状。默认孔底为如图 5-36 所示的平底，也可以单击按钮，更改孔底为圆弧底，如图 5-37 所示。

(6) 拖动操纵控件调整孔的深度，或直接修改尺寸，创建通孔，结果如图 5-38 所示。

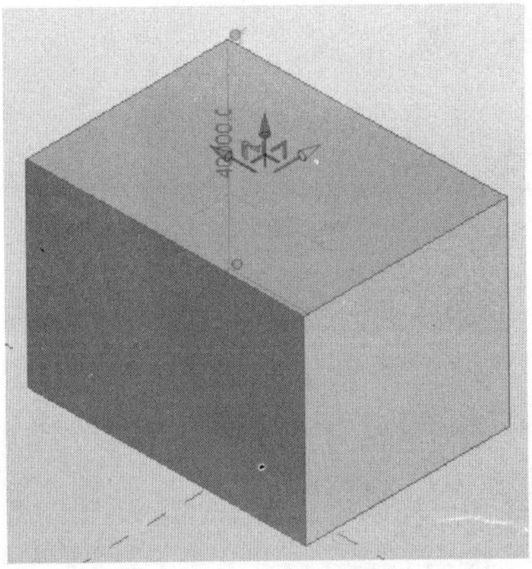

图 5-34　拉伸模型

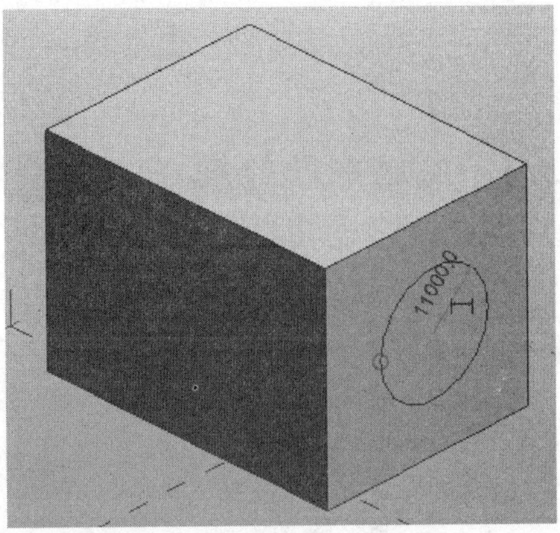

图 5-35　绘制截面轮廓

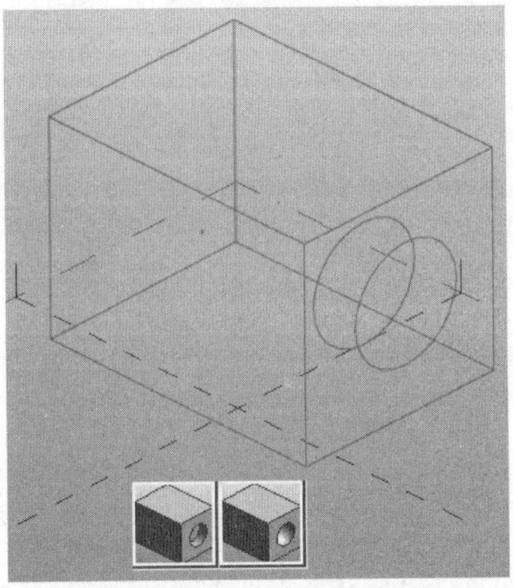

图 5-36　平底

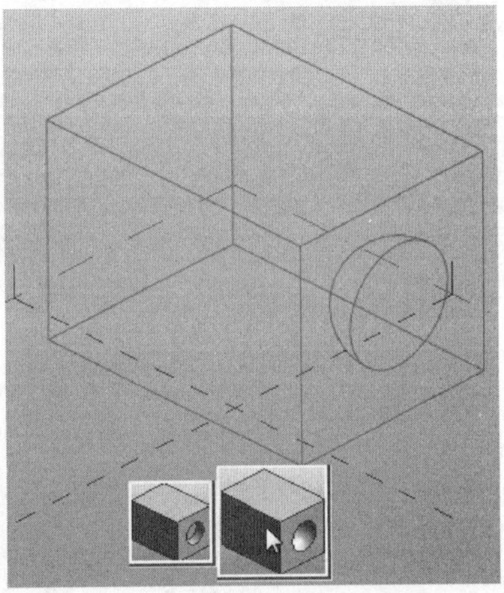

图 5-37　圆弧底

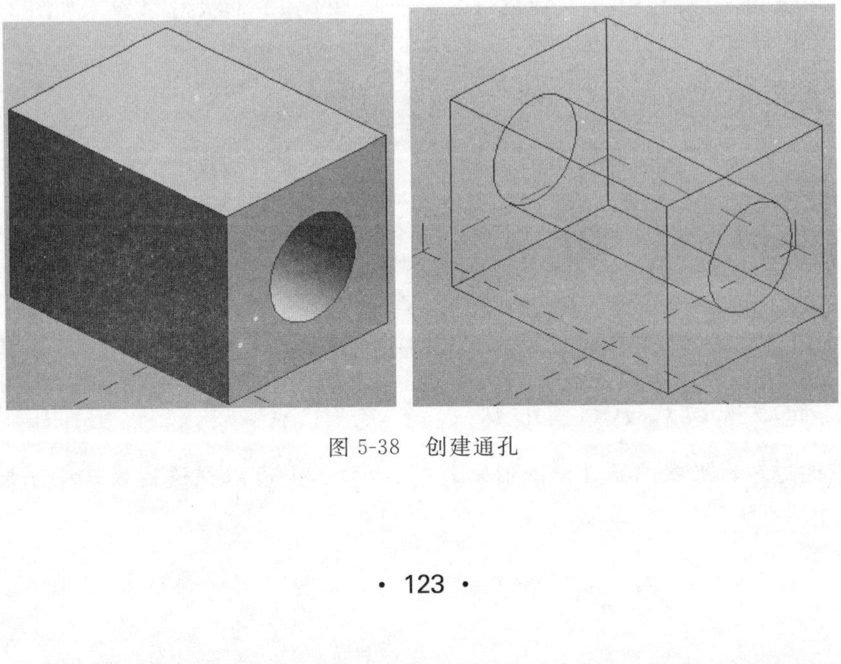

图 5-38　创建通孔

Note

5.3 编辑体量

5.3.1 编辑形状轮廓

可以通过更改轮廓或路径来编辑形状。

操作步骤

（1）在视图中选择侧面，打开“修改|形式”选项卡，单击“形状”面板中的“编辑轮廓”按钮，打开“修改|形式→编辑轮廓”选项卡，并进入路径编辑模式，更改路径的形状和大小，如图 5-39 所示。

（2）单击“模式”面板中的“完成编辑模式”按钮，完成路径的更改。

（3）选取放样融合的端面，单击“形状”面板中的“编辑轮廓”按钮，进入路径编辑模式，对截面轮廓进行编辑，如图 5-40 所示。

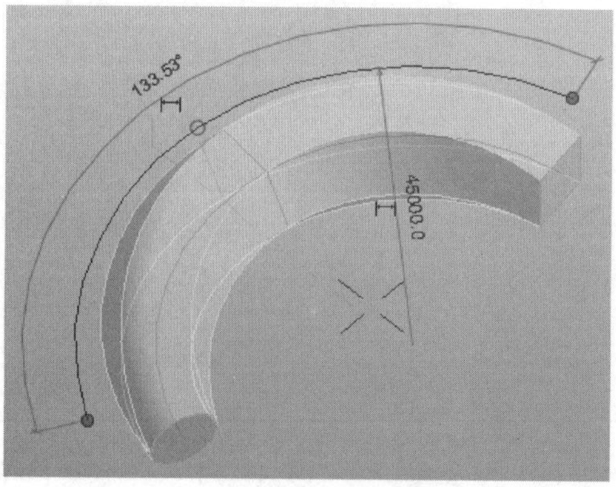

图 5-39 编辑路径

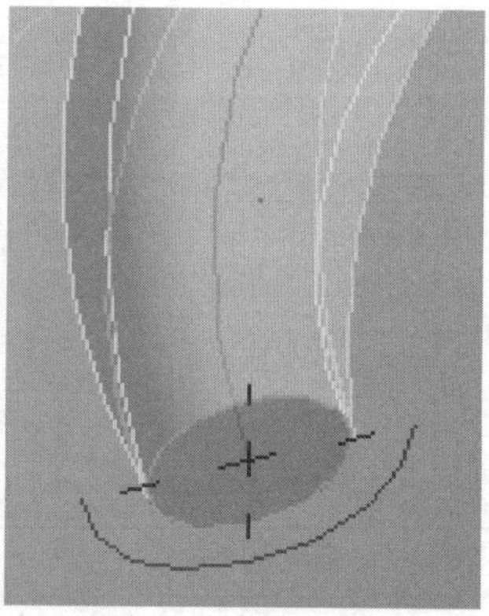

图 5-40 编辑端面轮廓

（4）单击“模式”面板中的“完成编辑模式”按钮，完成形状编辑，结果如图 5-41 所示。

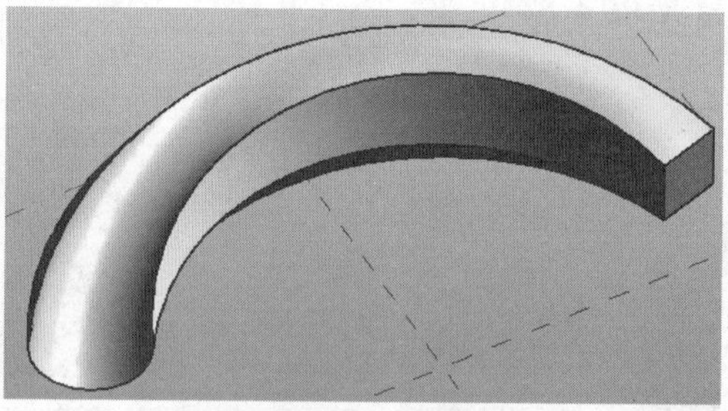

图 5-41 编辑形状

5.3.2 在透视模式中编辑形状

可以通过编辑形状的源几何图形来调整其形状，也可以在透视模式中添加和删除轮廓、边和顶点。

Note

操作步骤

(1) 选择形状模型，打开“修改|形式”选项卡，单击“形状”面板中的“透视”按钮，进入透视模式，如图 5-42 所示，可以显示形状的几何图形和节点。

(2) 选择形状和三维控件显示的任意图元以重新定位节点和线，如图 5-43 所示。

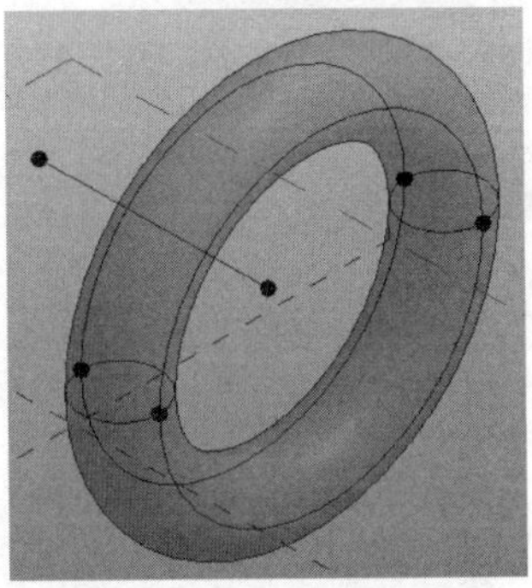

图 5-42　透视模式

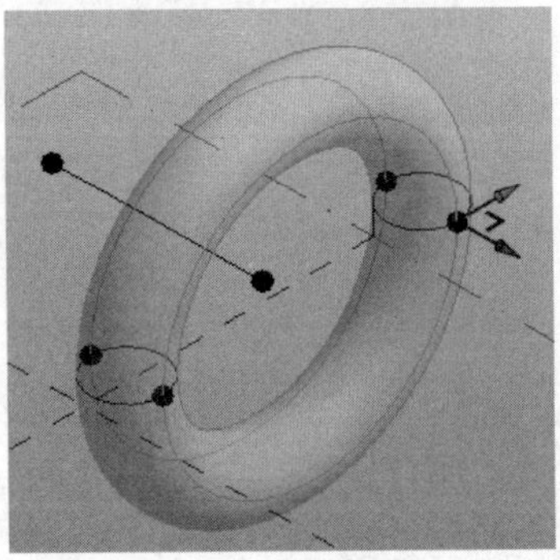

图 5-43　选择节点

(3) 选择节点，并拖动节点更改截面大小，如图 5-44 所示。

(4) 单击“添加边”按钮，在轮廓线上添加节点增加边，如图 5-45 所示。

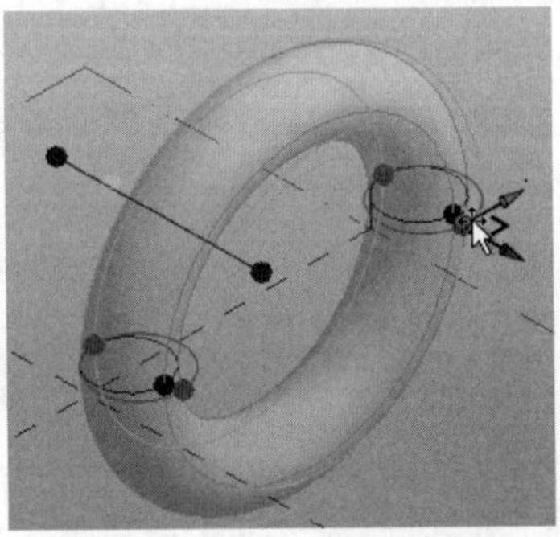

图 5-44　更改截面大小

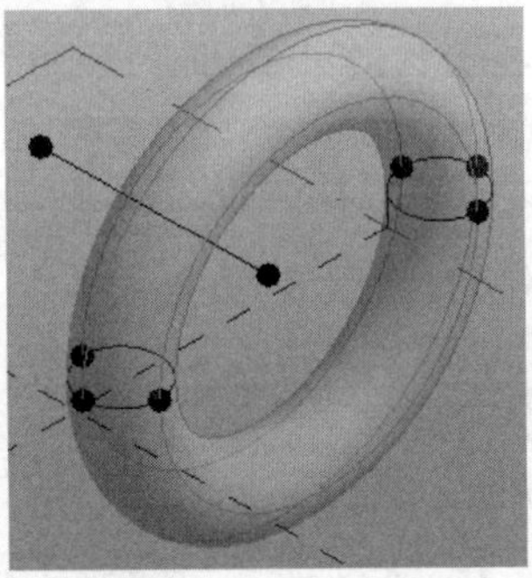

图 5-45　增加边

(5) 选择增加的点，拖动控件改变截面形状，如图 5-46 所示。

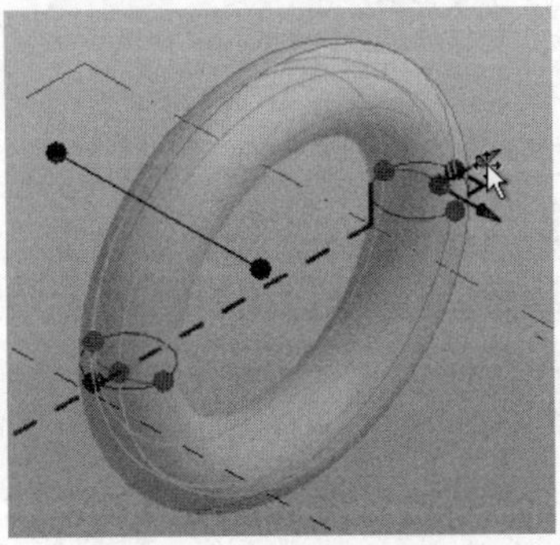

图 5-46　改变形状

Note

(6) 再次单击“形状”面板中的“透视”按钮，退出透视模式，结果如图 5-47 所示。

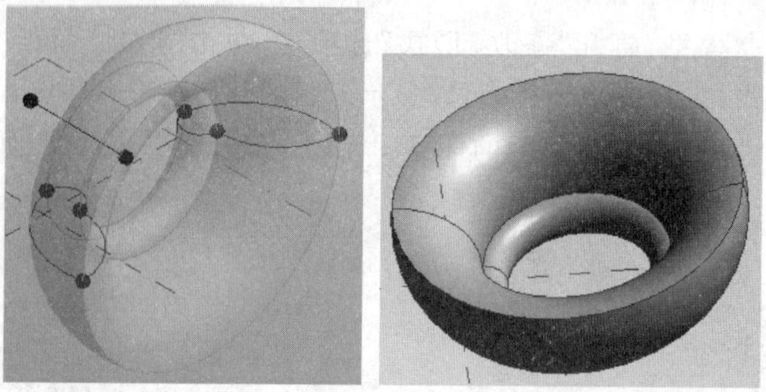

图 5-47　编辑形状

5.3.3　分割路径

可以分割路径和形状边以定义放置在设计中自适应构件上的节点。

在概念设计中分割路径时，将应用节点以表示构件的放置点位置。通过确定分割数或通过与参照(标高、垂直参照平面或其他分割路径)的交点来执行分割。

操作步骤

(1) 打开已经绘制好的形状，这里打开放样融合形状。

(2) 选择形状的一条边线，如图 5-48 所示。

(3) 打开“修改|形式”选项卡，单击“分割”面板中的“分割路径”按钮，默认情况下，路径将分割为具有 6 个等距离节点的 5 段(英制样板)或具有 5 个等距离节点的 4 段(公制样板)，如图 5-49 所示。

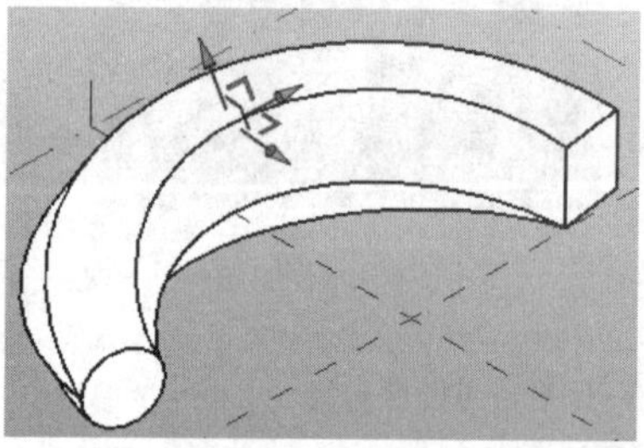

图 5-48　选择边线

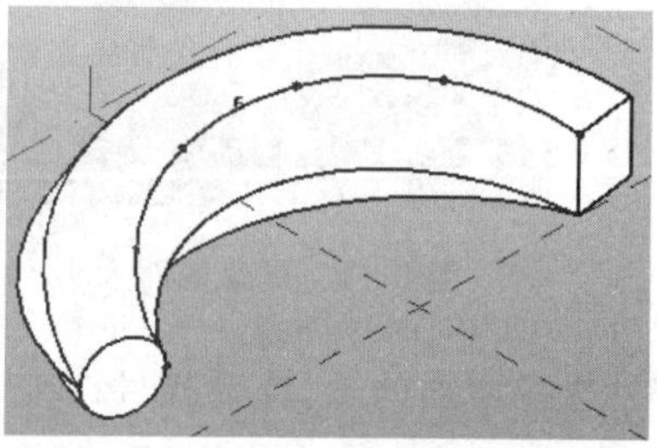

图 5-49　分割路径

(4) 在“属性”选项板中更改节点数量为 8，如图 5-50 所示，也可以直接在视图中选择节点数字，输入节点数量为 8，结果如图 5-51 所示。

- 布局：指定如何沿分割路径分布节点。包括“无”“固定数量”“固定距离”“最小距离”或“最大距离”。
  - 无：这将移除使用“分割路径”工具创建的节点并对路径产生影响。
  - 固定数量：默认为此布局，它指定以相等间距沿路径分布的节点数。默认情况下，该路径将分割为 5 段 6 个等距离节点(英制样板)或 4 段 5 个等距离节点(公制样板)。

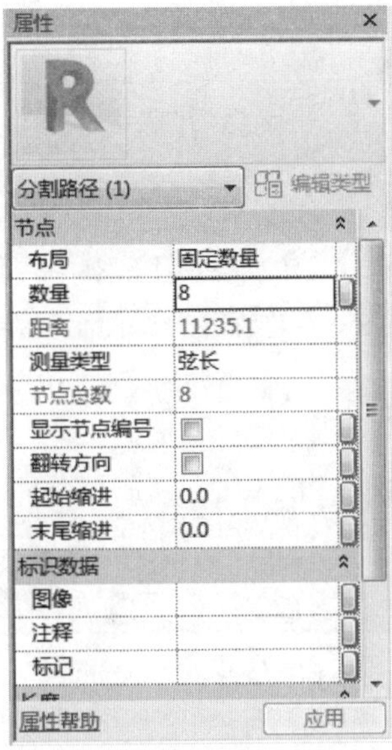

图 5-50 “属性”选项板

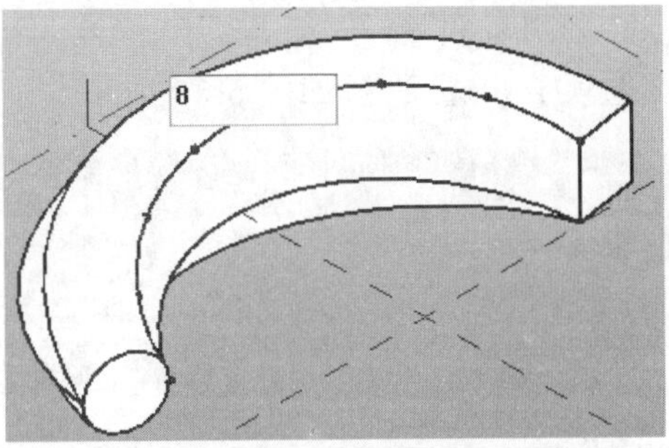

图 5-51 更改节点数量

注意：当“弦长度”的“测量类型”仅与复杂路径的几个分割点一起使用时，生成的系列点可能不像如图 5-49 所示的那样非常接近曲线。当路径的起点和终点相互靠近时会发生这种情况。

- 固定距离：指定节点之间的距离。默认情况下，一个节点放置在路径的起点，新节点按路径的“距离”实例属性定义的间距放置。通过指定“对齐”实例属性，也可以将第一个节点指定在路径的“中心”或“末端”。
- 最小距离：以相等间距沿节点之间距离最短的路径分布节点。
- 最大距离：以相等间距沿节点之间距离最长的路径分布节点。

➢ 数量：指定用于分割路径的节点数。

➢ 距离：沿分割路径指定节点之间的距离。

➢ 测量类型：指定测量节点之间距离所使用的长度类型。包括“弦长”和“线段长度”两种类型。
- 弦长：指的是节点之间的直线。
- 线段长度：指的是节点之间沿路径的长度。

➢ 节点总数：指定根据分割和参照交点创建的节点总数。

➢ 显示节点编号：设置在选择路径时是否显示每个节点的编号。

➢ 翻转方向：选中此复选框，则沿分割路径反转节点的数字方向。

➢ 起始缩进：指定分割路径起点处的缩进长度。缩进取决于测量类型，分布时创建的节点不会延伸到缩进范围。

➢ 末尾缩进：指定分割路径终点的缩进长度。

5.3.4 分割表面

在概念设计中将表面沿着 U、V 方向进行分割。可以根据需要调整 U、V 方向网格的间距、旋转和网格定位。

操作步骤

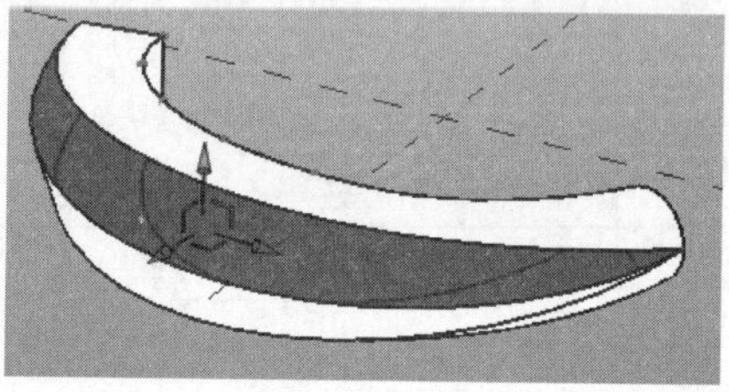

图 5-52　选择面

（1）打开已经绘制好的形状，这里打开放样融合形状。

（2）选择形状的一个面，如图 5-52 所示。

（3）打开“修改|形式”选项卡，单击“分割”面板中的“分割表面”按钮，打开“修改|分割的表面”选项卡和选项栏，如图 5-53 所示。

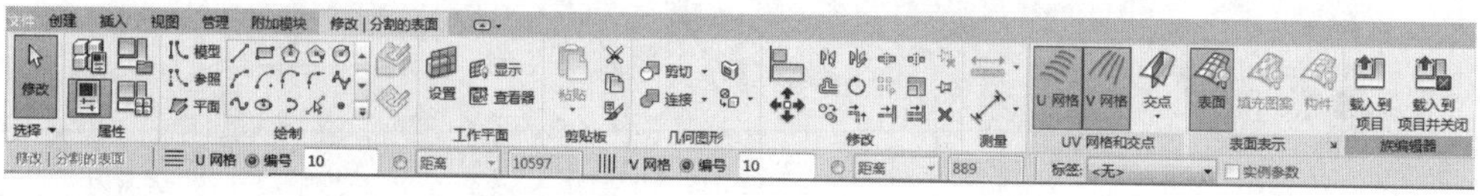

图 5-53　“修改|分割的表面”选项卡和选项栏

默认情况下，U 网格和 V 网格的数量为 10，如图 5-54 所示。

（4）可以在选项栏中更改 U 网格和 V 网格的数量或距离，也可以在“属性”选项板中更改，如图 5-55 所示。

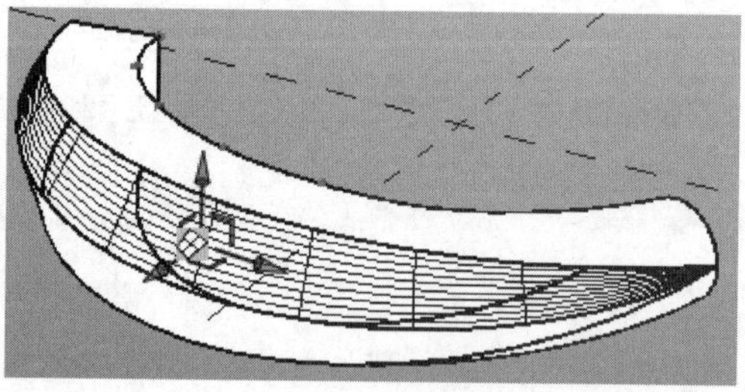

图 5-54　分割表面

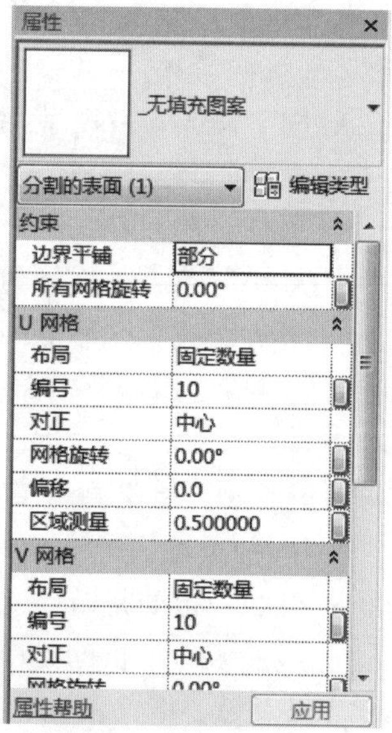

图 5-55　“属性”选项板

- 边界平铺：确定填充图案与表面边界相交的方式，包括空、部分和悬挑三种方式。
- 所有网格旋转：指定 U 网格以及 V 网格的旋转。
- 布局：指定 U 网格和 V 网格的间距形式为固定数量或固定距离。默认设置为固定数量。
- 编号：设置 U 网格和 V 网格的固定分割数量。
- 对正：用于测量 U 网格和 V 网格的位置，包括起点、中心和终点。

➢ 网格旋转：用于指定 U 网格和 V 网格的旋转角度。

➢ 偏移：指定网格原点的 U、V 向偏移距离。

➢ 区域测量：沿分割的弯曲表面 U 网格和 V 网格的位置，网格之间的弦距离将由此进行测量。

(5) 单击“配置 U 网格和 V 网格布局”按钮，U 网格和 V 网格编辑控件即显示在分割表面上，如图 5-56 所示。

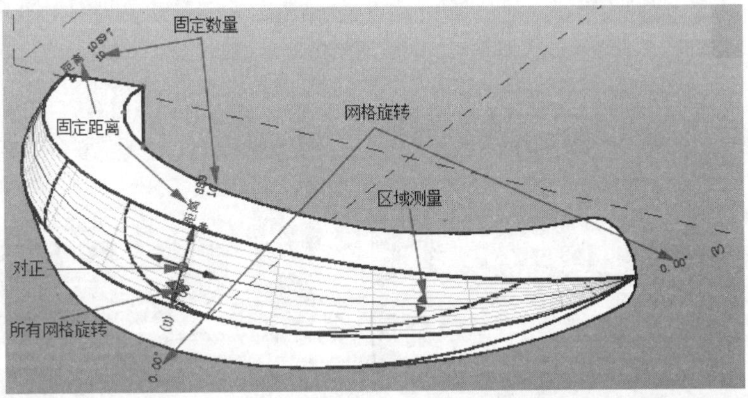

图 5-56　U 网格和 V 网格编辑控件

➢ 固定数量：单击绘图区域中的数值，然后输入新数量。

➢ 固定距离：单击绘图区域中的距离值，然后输入新距离。

注意：选项栏上的“距离”下拉列表框中也列出最小或最大距离，而不是绝对距离。只有表面在最初就被选中时(不是在面管理器中)，才能使用该选项。

➢ 网格旋转：单击绘图区域中旋转值，然后输入两种网格的新角度。

➢ 所有网格旋转：单击绘图区域中的旋转值，然后输入新角度以均衡旋转两个网格。

➢ 区域测量：单击并拖曳这些控制柄以沿着对应的网格重新定位带。每个网格带表示沿曲面的线，网格之间的弦距离将由此进行测量。距离沿着曲线可以是不同的比例。

➢ 对正：单击、拖曳并捕捉该小控件至表面区域(或中心)以对齐 U 网格和 V 网格。新位置即为“U 网格和 V 网格”布局的原点。也可以使用“对齐”工具将网格对齐到边。

(6) 根据需要调整 U 网格和 V 网格的间距、旋转和网格定位。

(7) 可以单击“UV 网格和交点”面板中的“U 网格”按钮和“V 网格”按钮来控制 U 网格和 V 网格的关闭或显示，如图 5-57 所示。

(8) 单击“表面表示”面板中的“表面”按钮，控制分割表面后的网格显示，默认状态下系统激活此按钮，显示网格，再次单击此按钮，关闭网格显示。

(9) 单击“表面表示”面板中的“显示属性”按钮，打开“表面表示”对话框，默认情况下选中“UV 网格和相交线”复选框，如图 5-58 所示。如果选中“原始表面”和“节点”复选框，则显示原始表面和节点，如图 5-59 所示。

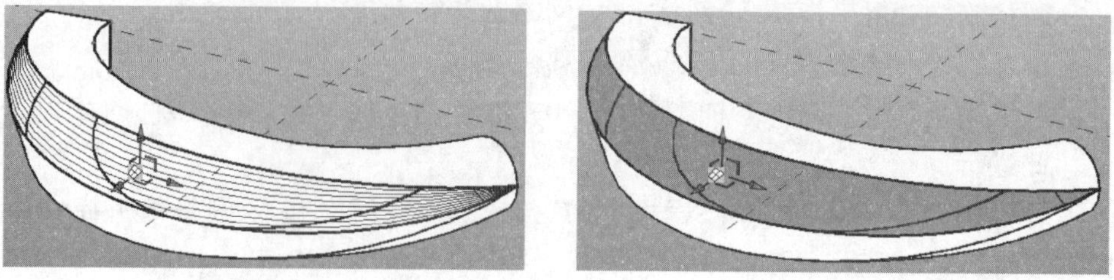

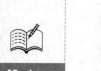

关闭U网格　　　　　　关闭U网格和V网格

图 5-57　UV 网格的显示控制

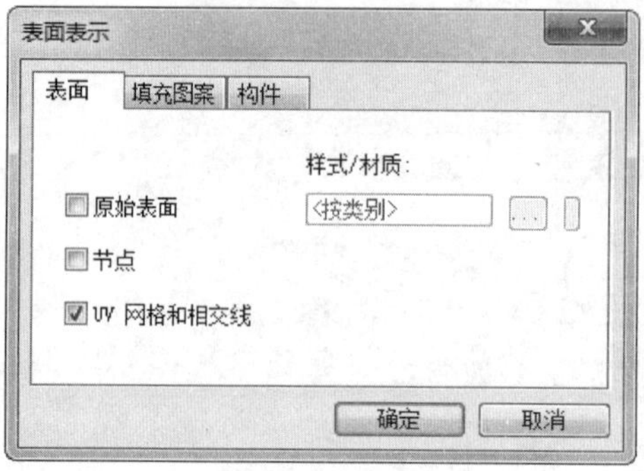

图 5-58　“表面表示”对话框

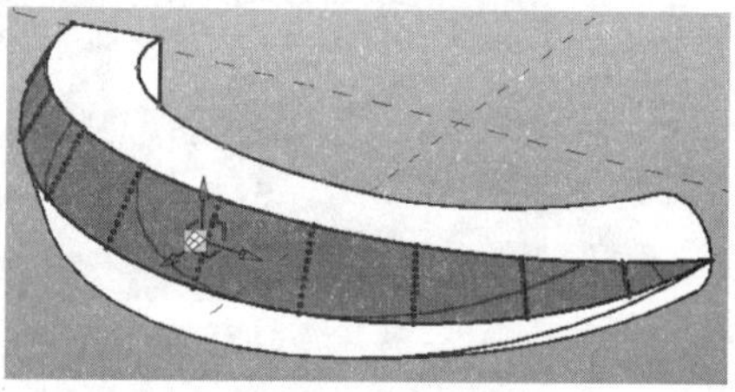

图 5-59　显示原始表面和节点

提示：在选择面或边线时，单击“分割”面板中的“分割设置”按钮 ↘，打开如图 5-60所示的“默认分割设置”对话框，可以设置分割表面时的 U 网格和 V 网格数量和分割路径时的布局编号。

图 5-60　“默认分割设置”对话框

5.4　内建体量

本节创建特定于当前项目上下文的体量。

操作步骤

(1) 在项目文件中，单击“体量和场地”选项卡“概念体量”面板中的“内建体量”按钮，打开“名称”对话框，输入体量名称，如图 5-61 所示。

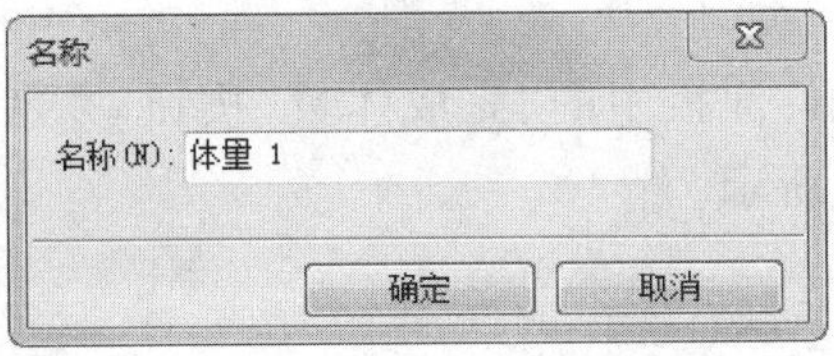

图 5-61　“名称”对话框

（2）单击“确定”按钮，进入体量创建环境，如图 5-62 所示。

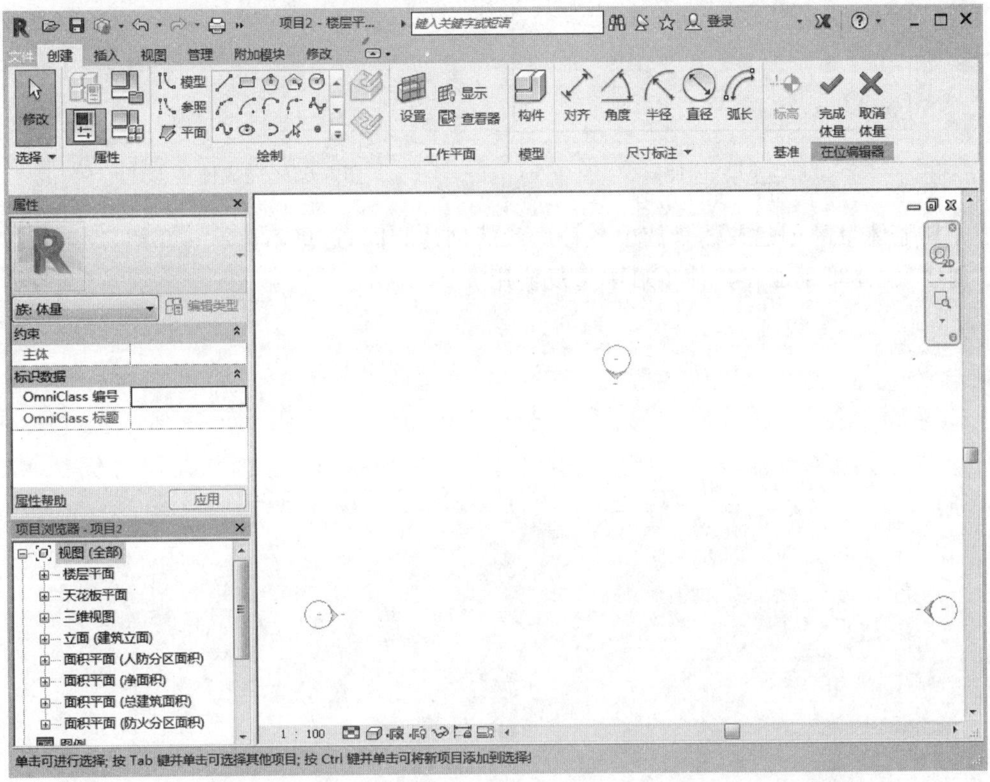

图 5-62　体量环境

（3）单击“创建”选项卡“绘制”面板中的“矩形”按钮，绘制截面轮廓，如图 5-63 所示。

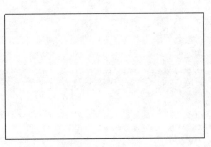

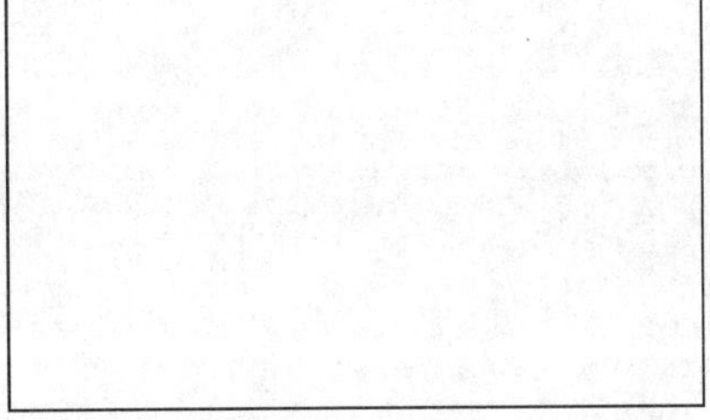

图 5-63　绘制截面

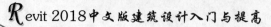

（4）单击“形状”面板“创建形状”下拉列表中的“实心形状”按钮，系统自动创建如图 5 64 所示的拉伸模型。

（5）单击“在位编辑器”面板中的“完成体量”按钮，完成体量的创建，将视图切换到三维视图，如图 5-65 所示。

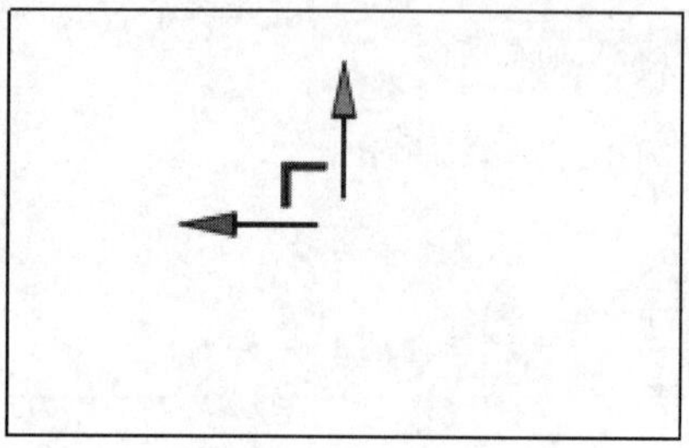

图 5-64　拉伸模型

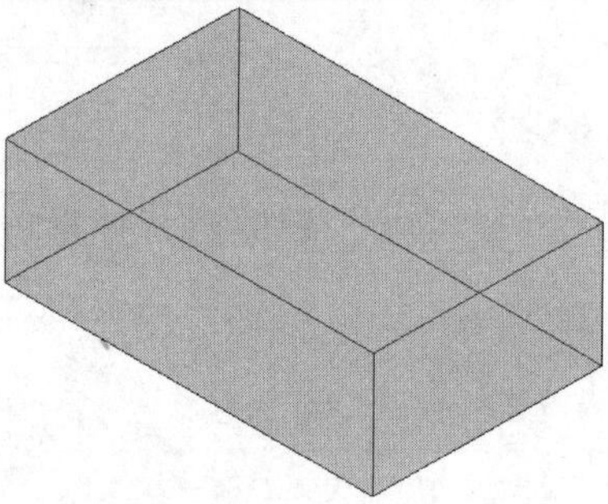

图 5-65　完成体量创建

其他体量的创建与体量族中各种形状的创建相同，这里不再一一介绍，读者可以自己创建，此体量不能在其他项目中重复使用。

第6章

模型布局

本章导读

本章通过定义标高、轴网和地理位置，创建场地平面等，开始模型的设计。

学习要点

- 标高
- 轴网
- 定位
- 场地设计

Note

6.1 标　　高

标高是水平平面，用作屋顶、楼板和天花板等以层为主体的图元的参照，它大多用于定义建筑内的垂直高度或楼层。用户可以为每个已知楼层或建筑的其他必需参照创建标高。标高必须放置于剖面或立面视图中，当标高修改后，视图中的构件会随着标高的改变而发生高度上的变化。

6.1.1 创建标高

使用“标高”工具，可定义垂直高度或建筑内的楼层标高。用户可为每个已知楼层或其他必需的建筑参照（例如，第二层、墙顶或基础底端）创建标高。

操作步骤

（1）新建一项目文件，并将视图切换到东立面视图，或者打开要添加标高的剖面视图或立面视图。

（2）东立面视图中显示预设的标高如图 6-1 所示。

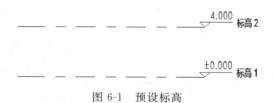

图 6-1　预设标高

（3）单击“建筑”选项卡“基准”面板中的“标高”按钮，打开“修改|放置 标高”选项卡和选项栏，如图 6-2 所示。

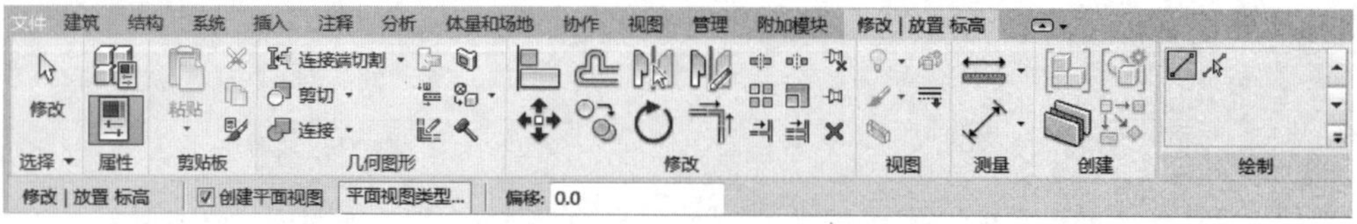

图 6-2　“修改|放置 标高”选项卡和选项栏

➢ 创建平面视图：默认选中此复选框，所创建的每个标高都是一个楼层，并且拥有关联楼层平面视图和天花板投影平面视图。如果取消选中此复选框，则认为标高是非楼层的标高或参照标高，并且不创建关联的平面视图。墙及其他以标高为主体的图元可以将参照标高用作自己的墙顶定位标高或墙底定位标高。

➢ 平面视图类型：单击此选项，打开如图 6-3 所示的“平面视图类型”对话框，指定视图类型。

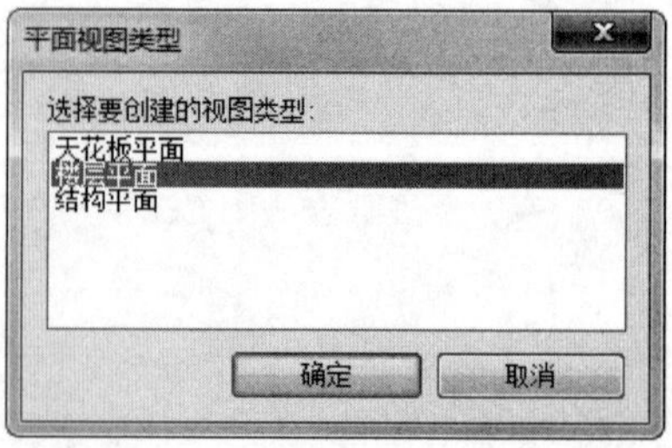

图 6-3　“平面视图类型”对话框

(4) 在创建标高时，如果光标与现有标高线对齐，则光标和该标高线之间会显示一个临时的垂直尺寸标注，如图 6-4 所示。单击确定标高的起点。

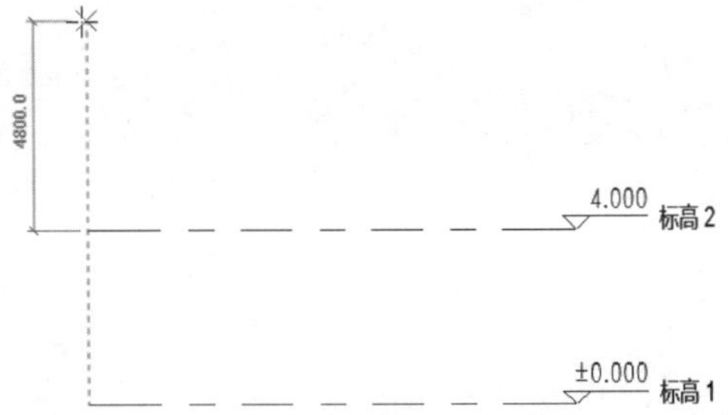

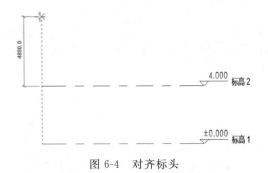

图 6-4　对齐标头

(5) 通过水平移动光标绘制标高线，直到捕捉到另一侧标头时，单击确定标高线的终点。

(6) 选择与其他标高线对齐的标高线时，将会出现一个锁以显示对齐，如图 6-5 所示。如果水平移动标高线，则全部对齐的标高线会随之移动。

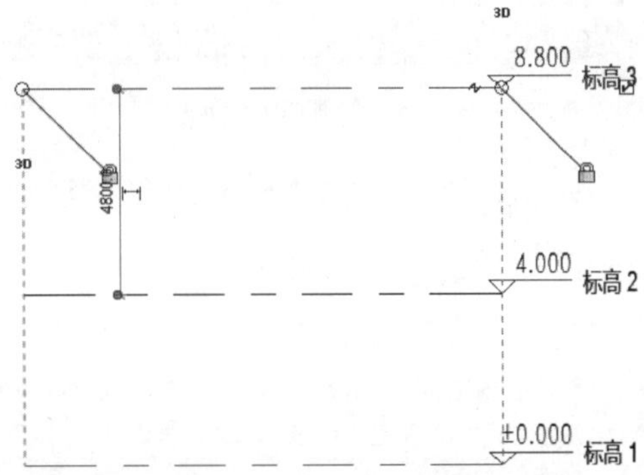

图 6-5　锁定对齐

(7) 选中视图中标高的临时尺寸值，可以更改标高的高度，如图 6-6 所示。

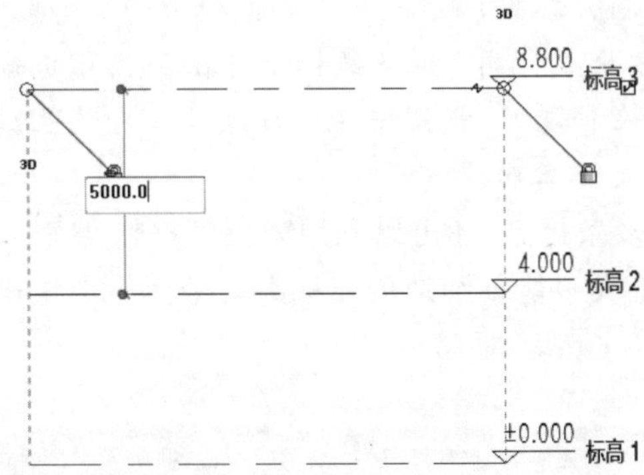

图 6-6　更改标高高度

(8) 单击标高的名称，可以对其进行更改，如图 6-7 所示。在空白位置单击，打开如图 6-8 所示的“Revit”提示框，单击“是”按钮，则相关的楼层平面和天花板投影平面的名称也将随之更新。如果输入的名称已存在，则会打开如图 6-9 所示的“Autodesk Revit 2018”错误提示框，单击“取消”按钮，重新输入名称。

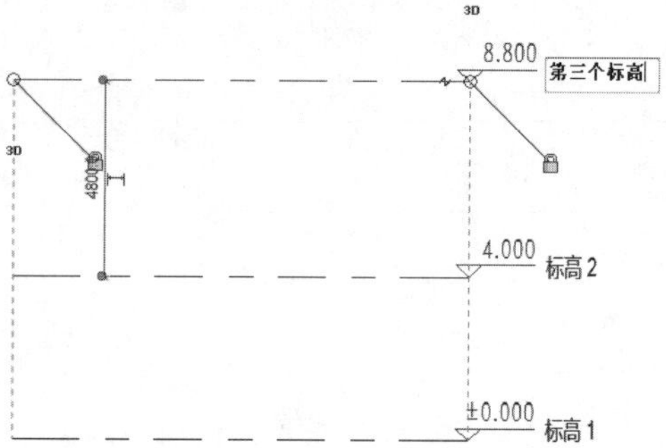

图 6-7　输入标高名称

图 6-8　“Revit”提示框

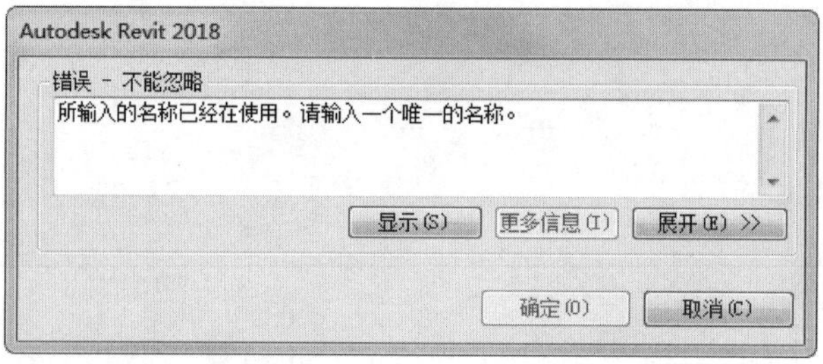

图 6-9　“Autodesk Revit 2018”错误提示框

注意：在绘制标高时，要注意鼠标指针的位置，如果鼠标指针在现有标高的上方，则会在当前标高上方生成标高；如果鼠标指针在现有标高的下方位置，则会在当前标高的下方生成标高。在拾取时，视图中会以虚线表示即将生成的标高位置，可以根据此预览来判断标高位置是否正确。

(9) 如果想要生成多条标高，还可以利用“复制”按钮和“阵列”按钮创建多个标高，只是利用这两种工具只能单纯地创建标高符号而不会生成相应的视图，所以需要手动创建平面视图。

6.1.2　编辑标高

当标高创建完成后，还可以修改标高的标头样式、标高线型，调整标高及标头位置。

操作步骤

(1) 选取要修改的标高，在“属性”选项板中更改类型，如图 6-10 所示。

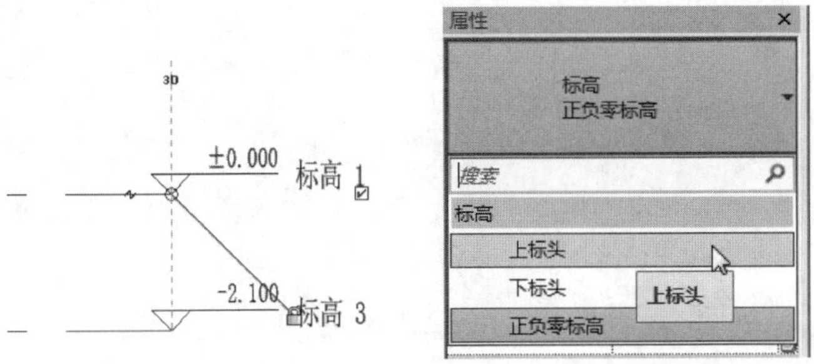

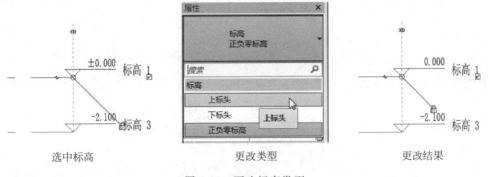

选中标高　　　　更改类型　　　　更改结果

图 6-10　更改标高类型

(2) 当相邻两个标高靠得很近时，有时会出现标头文字重叠现象，可以单击“添加弯头”按钮，拖动控制柄到适当的位置，如图 6-11 所示。

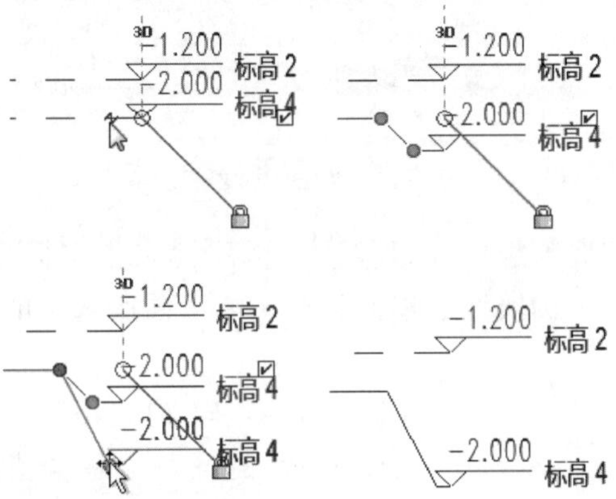

图 6-11　调整位置

(3) 选取标高线，拖动标高线两端的操纵柄，向左或向右移动鼠标，调整标高线的长度，如图 6-12 所示。

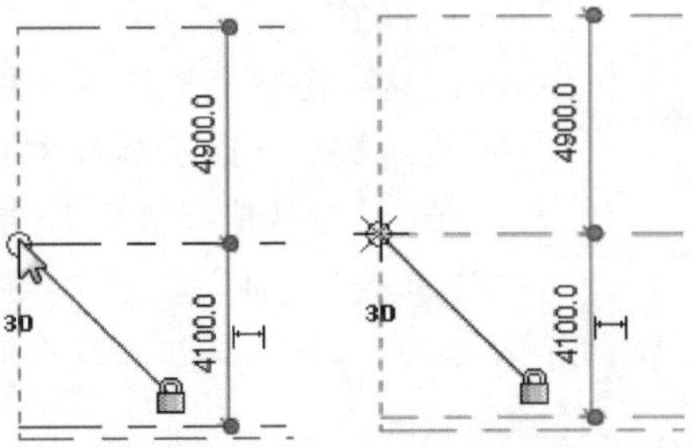

图 6-12　调整标高线长度

(4) 选取一条标高线，在标高编号的附近会显示“隐藏或显示标头”复选框，取消选中此复选框隐藏标头，选中此复选框，则显示标头，如图 6-13 所示。

(5) 选取标高后，单击“3D”字样，将标高切换到“2D”属性，如图 6-14 所示。这时拖曳标头延长标高线后，其他视图不会受到影响。

Note

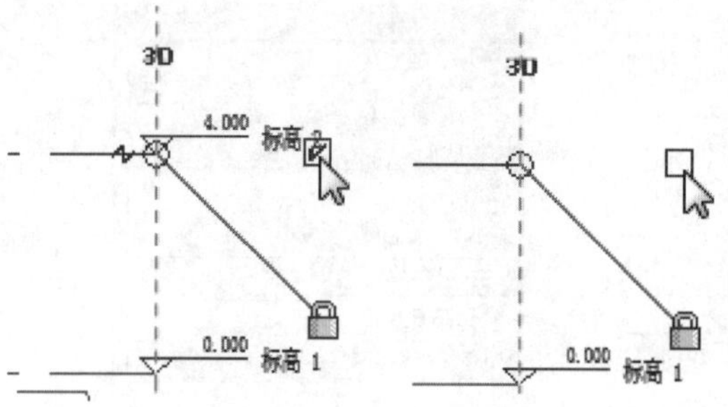

图 6-13　隐藏或显示标头

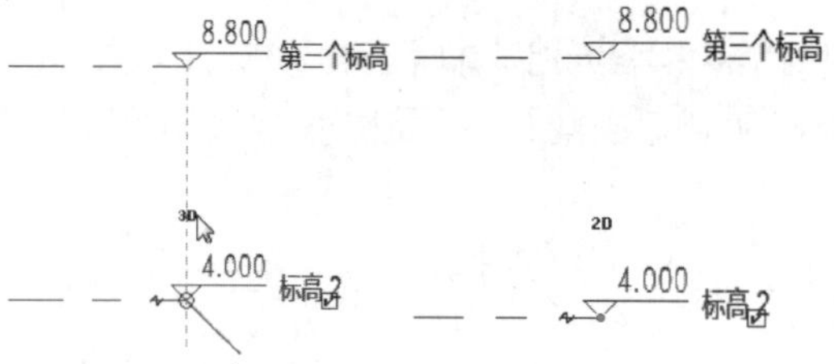

图 6-14　“3D”与“2D”切换

（6）可以在“属性”选项板中通过修改实例属性来指定标高的高程、计算高度和名称，如图 6-15 所示。对实例属性的修改只会影响当前所选中的图元。

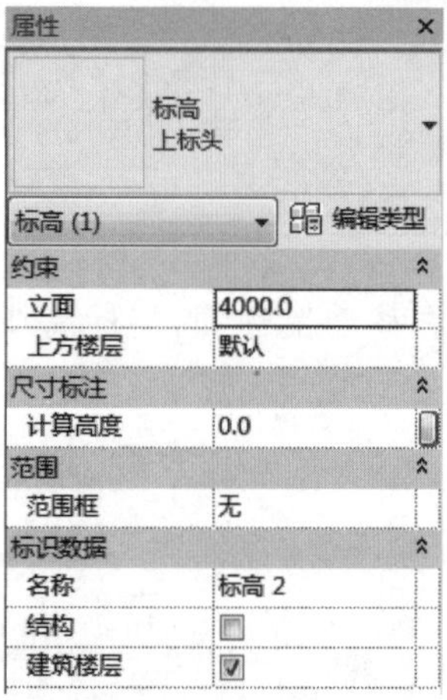

图 6-15　“属性”选项板

➢ 立面：标高的垂直高度。
➢ 上方楼层：与“建筑楼层”参数结合使用，此参数指示该标高的下一个建筑楼层。默认情况下，“上方楼层”是下一个启用“建筑楼层”的最高标高。
➢ 计算高度：在计算房间周长、面积和体积时要使用的标高之上的距离。
➢ 名称：标高的标签。可以为该属性指定任何所需的标签或名称。
➢ 结构：将标高标识为主要结构（如钢顶部）。
➢ 建筑楼层：指示标高对应于模型中的功能楼层或楼板，与其他标高（如平台和保护墙）相对。

（7）单击“属性”选项板中的“编辑类型”按钮，打开如图 6-16 所示的“类型属性”对话框，可以在该对话框中修改标高类型的基面、线宽、颜色等属性。

➢ 基面：包括项目基点和测量点。如果选择项目基点，则在某一标高上报告的高程基于项目原点；如果选择测量点，则报告的高程基于固定测量点。
➢ 线宽：设置标高类型的线宽。可以从“值”列表中选择线宽型号。
➢ 颜色：设置标高线的颜色。单击颜色，打开“颜色”对话框，从对话框的“颜色”列表中选择颜色或自定义颜色。
➢ 线型图案：设置标高线的线型图案。线型图案可以为实线或虚线和圆点的组

Note

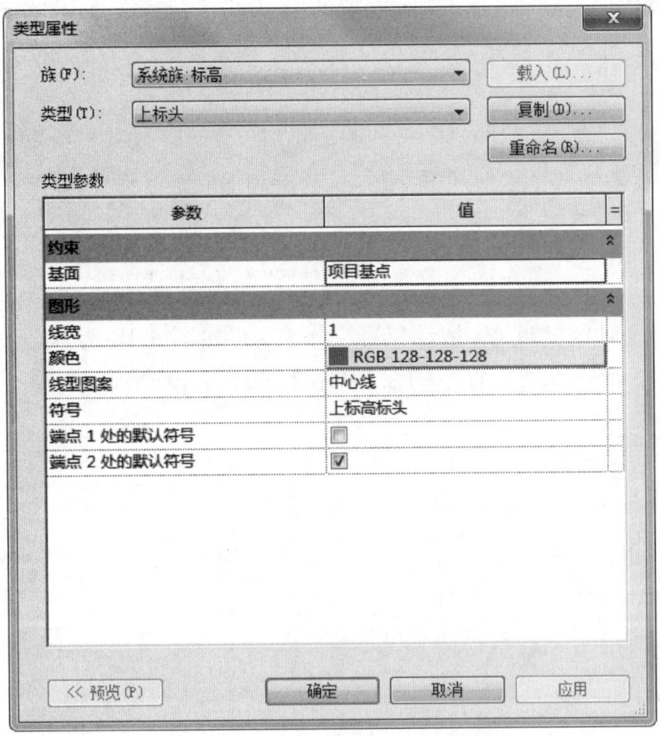

图 6-16 “类型属性”对话框

合。可以从 Revit 定义的值列表中选择线型图案，或自定义线型图案。

➢ 符号：确定标高线的标头是否显示编号中的标高号(标高标头-圆圈)、显示标高号但不显示编号(标高标头-无编号)或不显示标高号(〈无〉)。
➢ 端点 1 处的默认符号：默认情况下，在标高线的左端点处不放置编号，选中此复选框，显示编号。
➢ 端点 2 处的默认符号：默认情况下，在标高线的右端点处放置编号。选择标高线时，标高编号旁边将显示复选框，取消选中此复选框，则隐藏编号。

6.2 轴 网

轴网用于为构件定位，在 Revit 中轴网确定了一个不可见的工作平面。软件目前可以绘制弧形和直线轴网，不支持折线轴网。

6.2.1 创建轴网

使用“轴网”工具，可以在建筑设计中绘制轴网线。轴网可以是直线、圆弧或多段线。

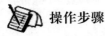

操作步骤

(1) 新建一项目文件，在默认的标高平面上绘制轴网。

（2）单击“建筑”选项卡“基准”面板中的“轴网”按钮，打开“修改|放置 轴网”选项卡和选项栏，如图 6 17 所示。

图 6-17 “修改|放置 轴网”选项卡和选项栏

（3）单击确定轴线的起点，拖动鼠标向下移动，如图 6-18 所示，到适当位置单击确定轴线的终点，完成一条竖直直线的绘制，结果如图 6-19 所示。

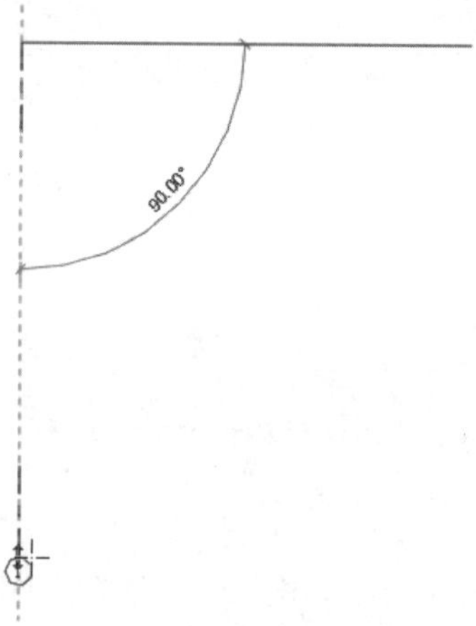

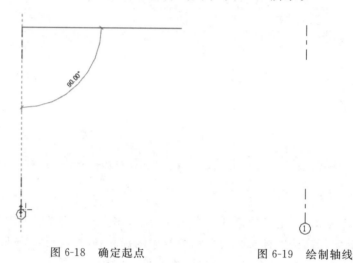

图 6-18 确定起点

图 6-19 绘制轴线

（4）继续绘制其他轴线。也可以单击“修改”面板中的“复制”按钮，框选上步绘制的轴线，然后按 Enter 键，指定起点，移动鼠标到适当位置，单击确定终点，如图 6-20 所示。也可以直接输入尺寸值确定两轴线之间的间距。

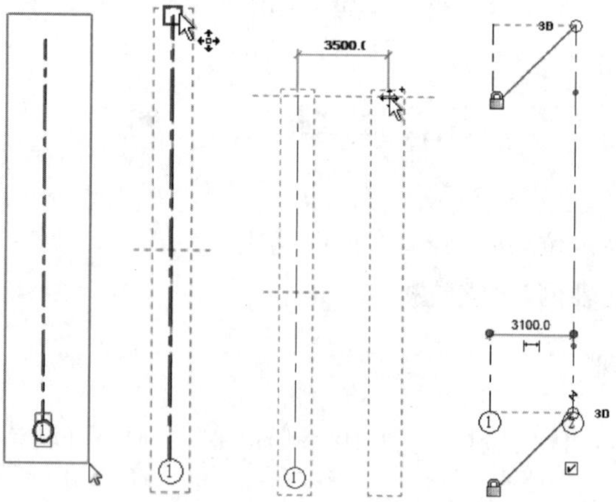

图 6-20 复制轴线

(5) 继续绘制其他竖轴线，如图 6-21 所示。复制的轴线编号是自动排序的。当绘制轴线时，可以让各轴线的头部和尾部相互对齐。如果轴线是对齐的，则选择线时会出现一个锁以指明对齐。如果移动轴网范围，则所有对齐的轴线都会随之移动。

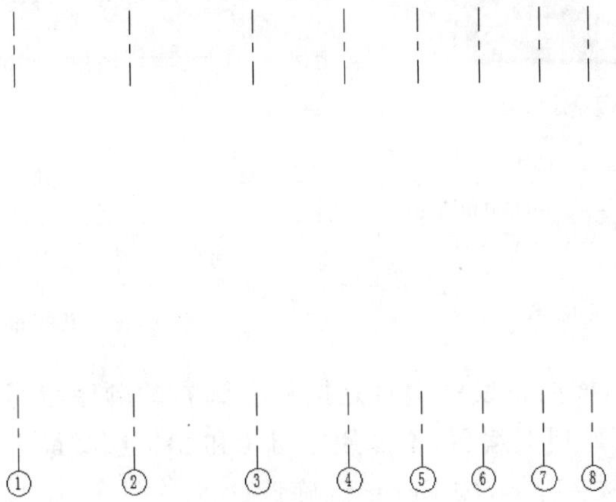

图 6-21 绘制竖直轴线

(6) 继续指定轴线的起点，水平移动鼠标到适当位置单击确定终点，绘制一条水平轴线，继续绘制其他水平轴线，如图 6-22 所示。

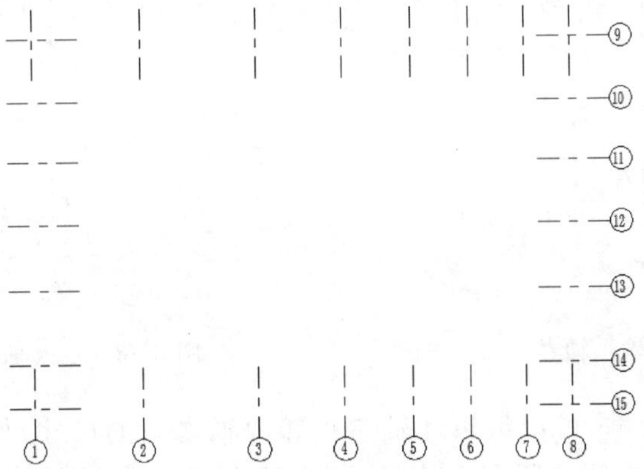

图 6-22 绘制水平轴线

提示：可以利用“阵列”命令创建轴线，在选项栏中采用“最后一个”选项阵列出来的轴线编号不是按顺序编号的，但是采用“第二个”选项阵列出来的轴线编号则按顺序编号。

6.2.2 编辑轴网

绘制完轴网后会发现有的地方不符合要求，需要对其进行修改。

操作步骤

(1) 打开 6.2.1 节绘制的文件，选取所有轴线，然后在“属性”选项板中选择“6.5mm 编号”类型，如图 6-23 所示，更改后的结果如图 6-24 所示。

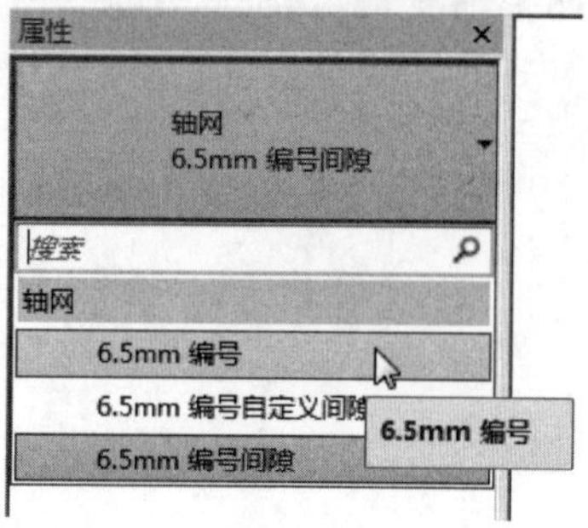

图 6-23　选择类型

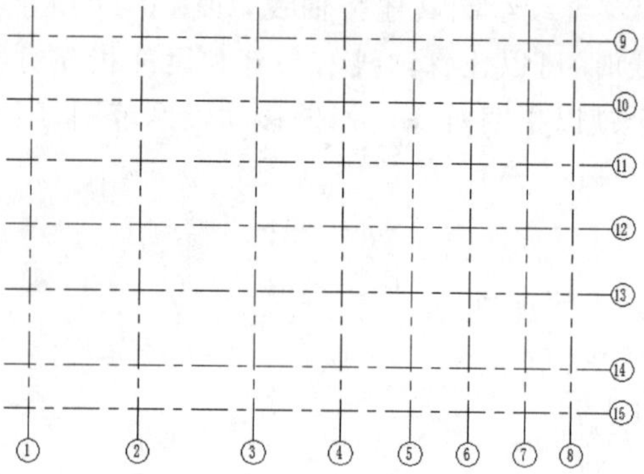

图 6-24　更改轴线类型

(2) 一般情况下，横向轴线的编号是按从左到右的顺序编写的，纵向轴线的编号则用大写的拉丁字母从下到上编写，不能用字母 I 和 O。选择最下端水平轴线，双击数字 15，更改为 A，如图 6-25 所示，按 Enter 键确认。

(3) 采用相同方法更改其他纵向轴线的编号，结果如图 6-26 所示。

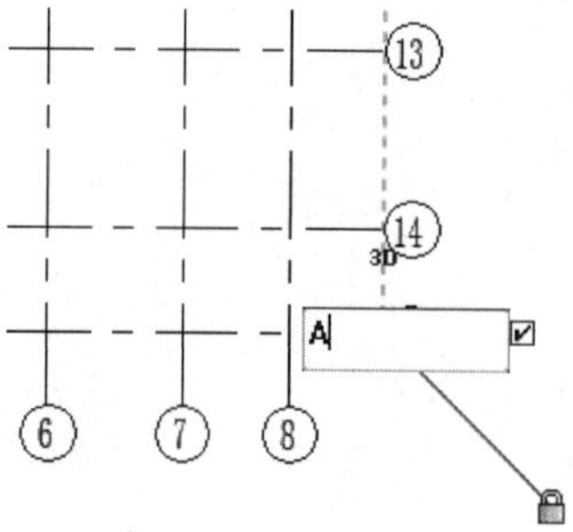

图 6-25　输入轴号

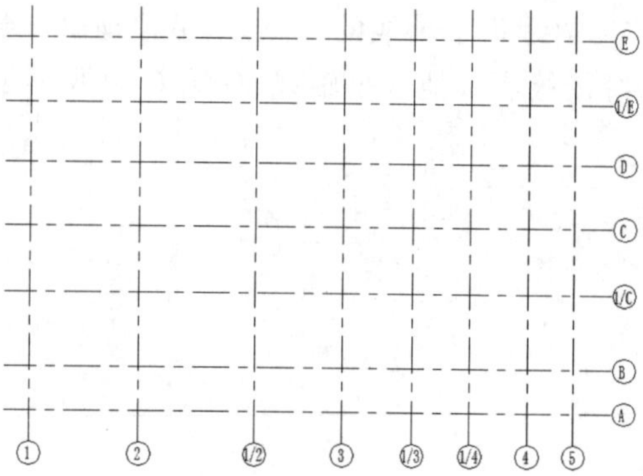

图 6-26　更改轴编号

(4) 选中临时尺寸，可以编辑此轴与相邻两轴之间的尺寸，如图 6-27 所示。采用相同的方法，更改轴之间的所有尺寸，如图 6-28 所示。也可以直接拖动轴线调整轴线之间的间距。

(5) 选取轴线，拖曳轴线端点调整轴线的长度，如图 6-29 所示。

(6) 选取任意轴线，单击“属性”选项板中的“编辑类型”按钮或者单击“修改|轴网”选项卡“属性”面板中的“类型属性”按钮，打开如图 6-30 所示“类型属性”对话框，可以在该对话框中修改轴线类型的符号、颜色等属性。选中“平面视图轴号端点 1 (默认)”复选框，单击“确定”按钮，结果如图 6-31 所示。

➢ 符号：用于轴线端点的符号。

➢ 轴线中段：在轴线中显示的轴线中段的类型。包括“无”“连续”或“自定义”，如图 6-32 所示。

➢ 轴线末段宽度：表示连续轴线的线宽，或者在“轴线中段”为“无”或“自定义”的情况下表示轴线末段的线宽，如图 6-33 所示。

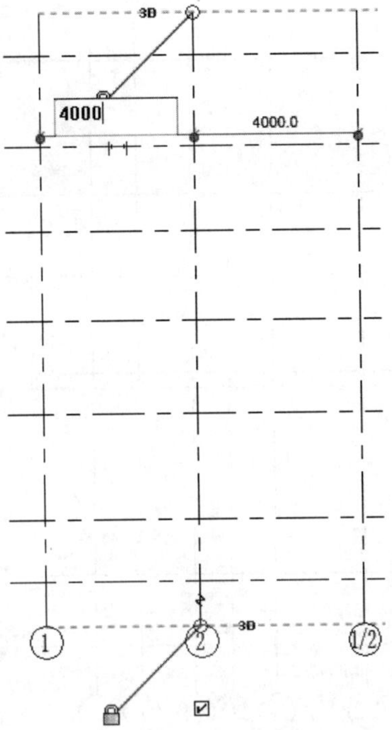

图 6-27　编辑尺寸

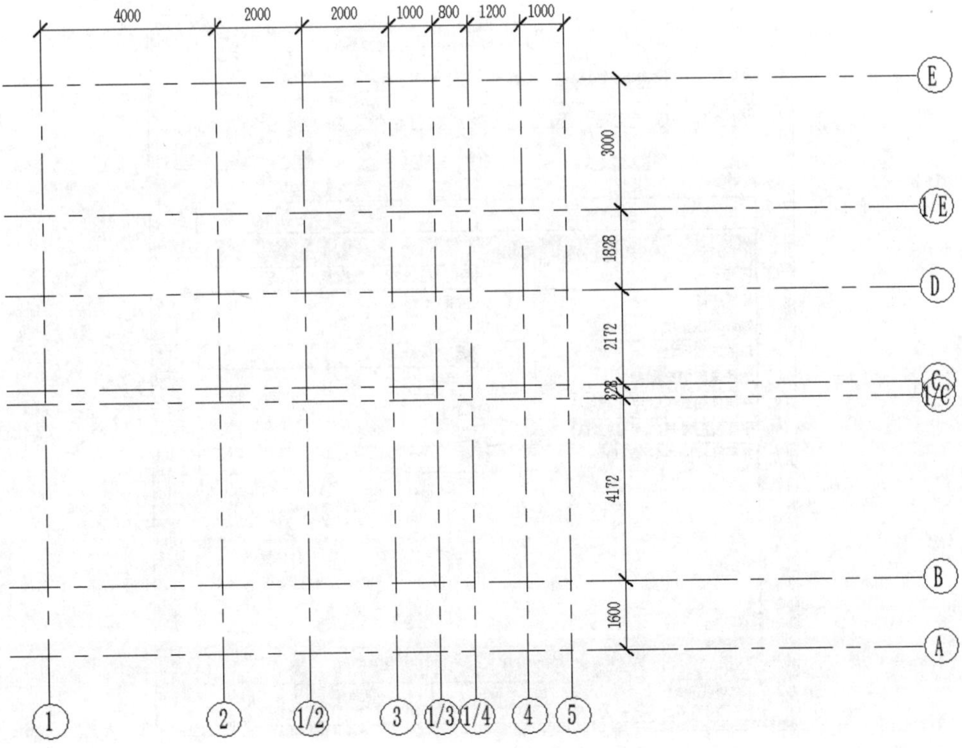

图 6-28　更改尺寸

Note

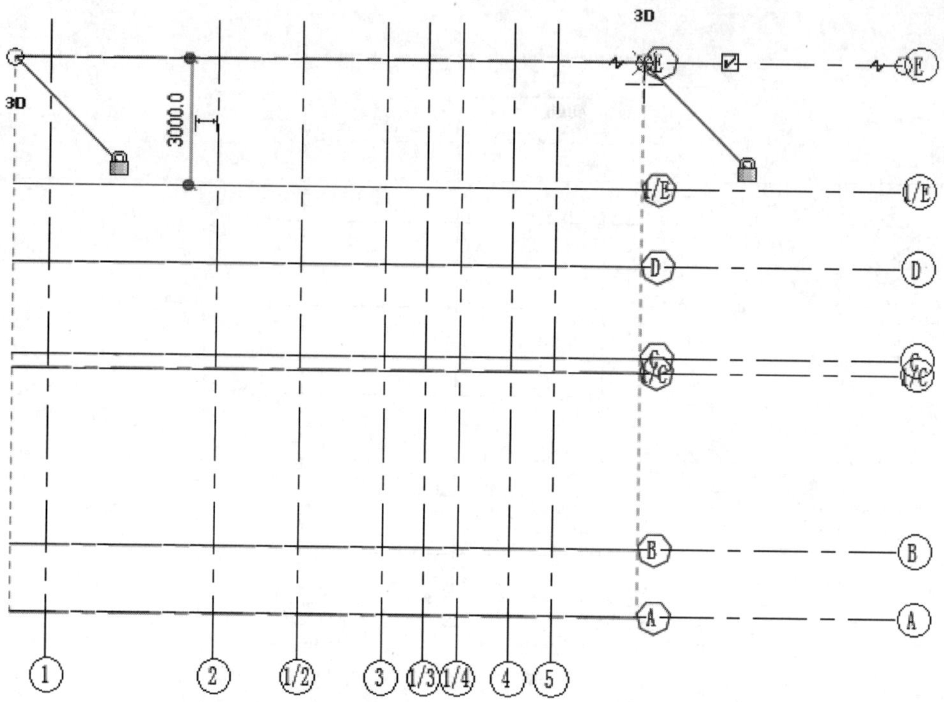

图 6-29　调整轴线长度

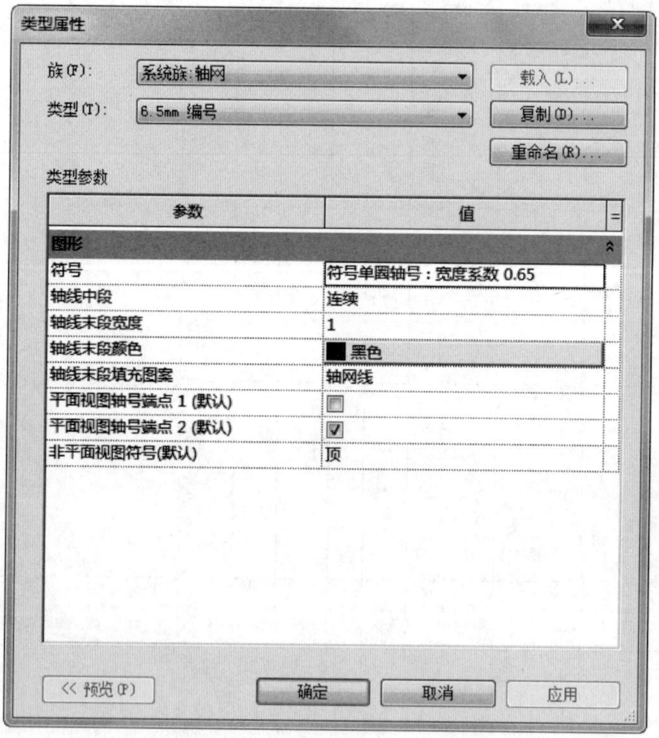

图 6-30　“类型属性”对话框

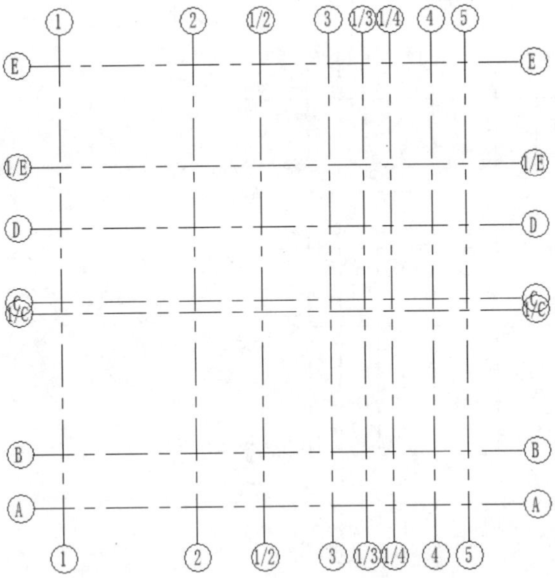

图 6-31　显示端点 1 的轴号

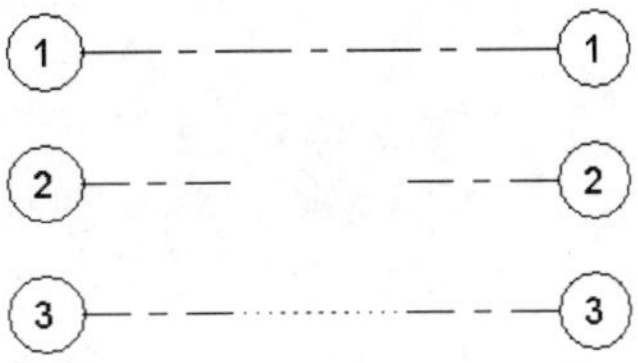

图 6-32　直线中段形式

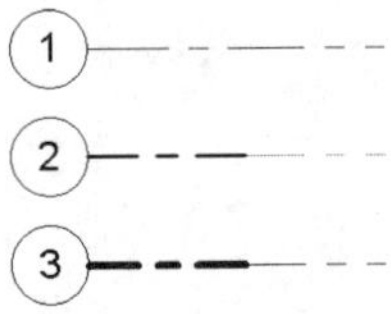

图 6-33　轴线末段宽度

- 轴线末段颜色：表示连续轴线的线颜色，或者在“轴线中段”为“无”或“自定义”的情况下表示轴线末段的线颜色，如图 6-34 所示。
- 轴线末段填充图案：表示连续轴线的线样式，或者在“轴线中段”为“无”或“自定义”的情况下表示轴线末段的线样式，如图 6-35 所示。

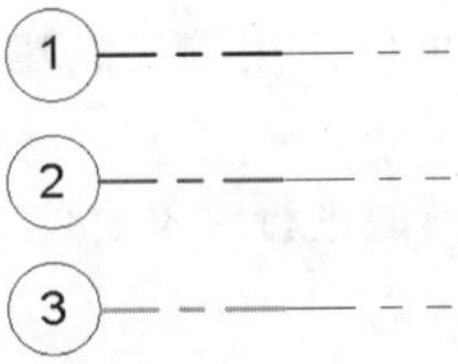

图 6-34　轴线末段颜色

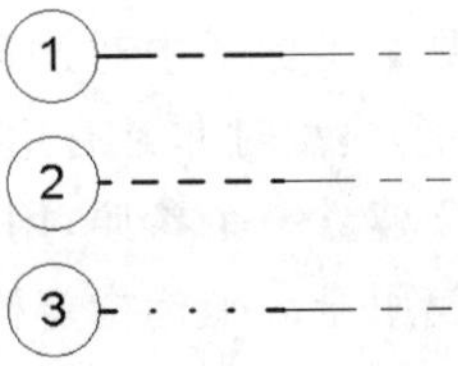

图 6-35　轴线末段填充图案

- 平面视图轴号端点 1（默认）：在平面视图中，在轴线的起点处显示编号的默认设置。也就是说，在绘制轴线时，编号在其起点处显示。
- 平面视图轴号端点 2（默认）：在平面视图中，在轴线的终点处显示编号的默认设置。也就是说，在绘制轴线时，编号显示在其终点处。
- 非平面视图符号(默认)：在非平面视图的项目视图（例如，立面视图和剖面视图）中，轴线上显示编号的默认位置，包括“顶”“底”“两者”（顶和底）和“无”。如果需要，可以显示或隐藏视图中各轴网线的编号。

（7）从图 6-31 中可以看出，C 和 1/C 两条轴线之间相距太近，可以选取 1/C 轴线，单击“添加弯头”按钮，添加弯头后如图 6-36 所示。

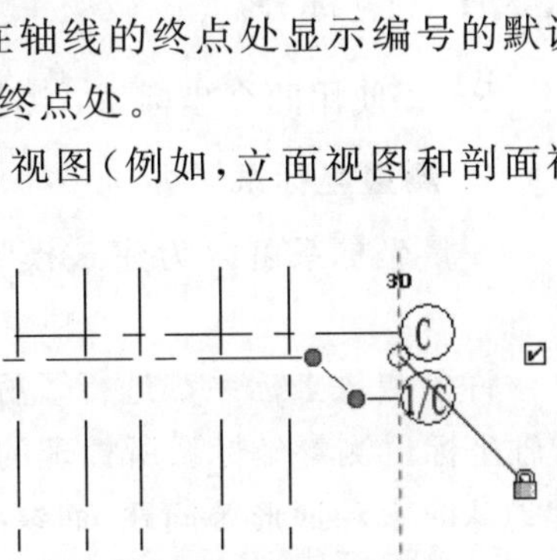

图 6-36　添加弯头

（8）选择任意轴线，选中或取消选中轴线外侧的方框☑,打开或关闭轴号显示,如图 6-37 所示。

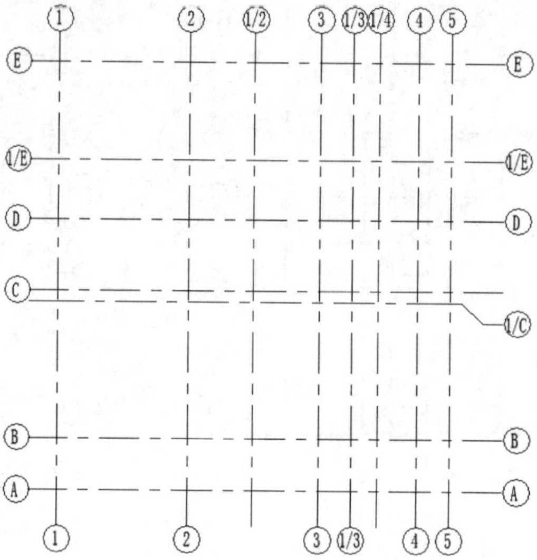

图 6-37　关闭轴号

6.3 定　位

Revit 提供了多种方法来定义模型的关联环境。

测量点在测量坐标系中对建筑几何图形进行定向,可以使用测量点建立共享坐标系,这在链接多个模型时非常有用。

项目基点会建立一个参照,用于测量距离并相对于模型进行对象定位。

地理位置使用全局坐标指定模型的真实世界位置。

正北是基于场地情况的真实世界北方向。

项目北会将建筑几何图形的主轴指向绘图区域的顶部,以便于在图纸上进行设计和放置。

6.3.1　坐标系

Revit 使用两个坐标系:测量坐标系和项目坐标系。

1. 测量坐标系

测量坐标系可以为建筑模型提供真实世界的关联环境,旨在描述地球表面上的位置。

许多测量坐标系都进行了标准化处理。有些系统使用经纬度,而有些使用 X、Y、Z 轴坐标。测量坐标系所处理的比例比项目坐标系所处理的比例大得多,并且可以处理地球曲率和地形等问题,而这些对于项目坐标系则无关紧要。

在 Revit 中,测量点△会标识模型附近的真实世界位置。例如,可以将测量点放置在项目场地一角或两条属性线的相交处,并指定其真实世界坐标。

2．项目坐标系

项目坐标系用于描述相对于建筑模型的位置，使用属性边界或项目范围中选定的点作为参照，以此测量距离并相对于模型定位对象。

使用项目坐标系可确定项目相对于模型附近指定点的位置。此坐标系特定于当前项目。

在 Revit 中，项目坐标系的原点即项目基点⊗，许多团队使用项目基点作为参考点在场地中进行测量，将其放置在建筑的边角或模型中的其他合适位置以简化现场测量。

6.3.2　内部原点

内部坐标系的原点为测量和项目坐标系提供了基础，内部原点的位置绝不会移动。内部原点也称为起始位置。

创建新模型时，默认情况下，项目基点⊗和测量点△均放置在内部原点上。

- 若要建立项目坐标系，应将项目基点从内部原点位置移动到其他位置，如建筑的一角。如果以后需要将项目基点移回内部原点，应取消剪裁项目基点并右击，然后从弹出的快捷菜单中选择“移动到起始位置”命令。
- 若要建立测量坐标系，应将测量点从内部原点移动到已知的真实世界位置，例如大地标记或两条建筑红线的相交处。

1．与内部原点的最大距离

模型几何图形必须定位在距内部原点 32 千米或 20 英里[①]的范围内。超出该距离范围可能会降低可靠性，并导致不必要的图形行为。

2．通过内部原点定位连接项和导入项

导入或链接另一模型时，可通过对齐传入几何图形的内部原点与主体模型的内部原点来定位该模型。若要执行此操作，应将“定位”选项设为“自动-原点到原点”或“手动-原点到原点”。

3．高程点坐标

在模型中使用高程点坐标时，可以指定坐标的相对位置是测量点、项目基点还是内部原点。若要报告相对于内部原点的高程点坐标，应修改“高程点坐标”类型属性，将“坐标原点”参数更改为“相对”。

6.3.3　定义测量点

指定测量点可以为 Revit 模型提供真实世界的关联环境。

导入或链接其他模型到当前 Revit 模型时，模型可以使用测量点进行对齐。

操作步骤

（1）打开场地平面视图或其他能显示测量点的视图。使项目基点⊗和测量点△位

① 1英里＝1.609 千米。

Note

于相同位置。

(2) 若要选中测量点，应将光标移动到符号上方，然后查看工具提示或状态栏。如果显示“场地：项目基点”，则按 Tab 键，直到显示“场地：测量点”为止。单击以选中测量点。

(3) 测量点旁边的剪裁符号表示该测量的剪裁状态。它可能已被剪裁或未被剪裁。

(4) 如果测量点已被剪裁，可单击它以取消剪裁。

(5) 将该测量点拖放到所需位置。或者在绘图区域使用“属性”选项板或“测量点”字段，输入“南/北”(北距)、“东/西”(东距)和“高程”的值。

(6) 在绘图区域中，单击以再次剪裁测量点。

6.3.4 地理位置

地理位置可使用全局坐标指定模型的真实世界位置。

Revit 使用地理位置的方式如下。

(1) 定义模型在地球表面上的位置。

(2) 为使用这些位置的视图(如日光研究和漫游)生成与位置相关的阴影。

(3) 为用于热负荷、冷负荷和能量分析的天气信息提供基础支持。

单击“管理”选项卡“项目位置”面板中的“地点”按钮，打开“位置、气候和场地”对话框，如图 6-38 所示。

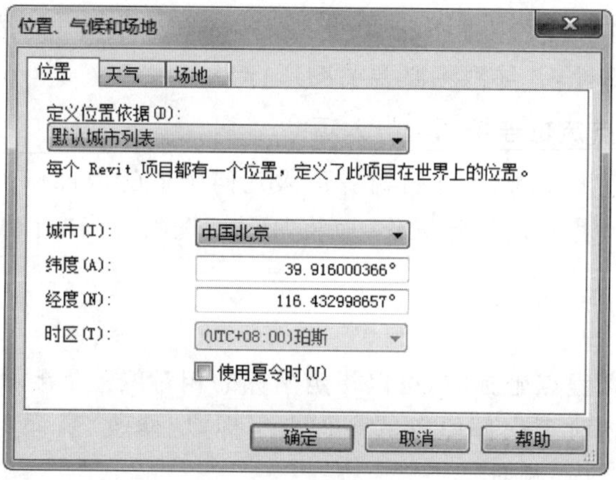

图 6-38 “位置、气候和场地”对话框

(1) “位置”选项卡如图 6-38 所示，用于指定模型的地理位置，以及用于分析气象站。

定义位置依据：可以从下拉列表框中选择“默认城市列表”或“Internet 映射服务”。

- 默认城市列表：从城市列表中选择主要城市，或直接输入经度和纬度。
- Internet 映射服务：使用交互式地图选择位置，或输入街道地址。

(2) “天气”选项卡如图 6-39 所示，可以调整用于执行热负荷和冷负荷分析的气候数据。

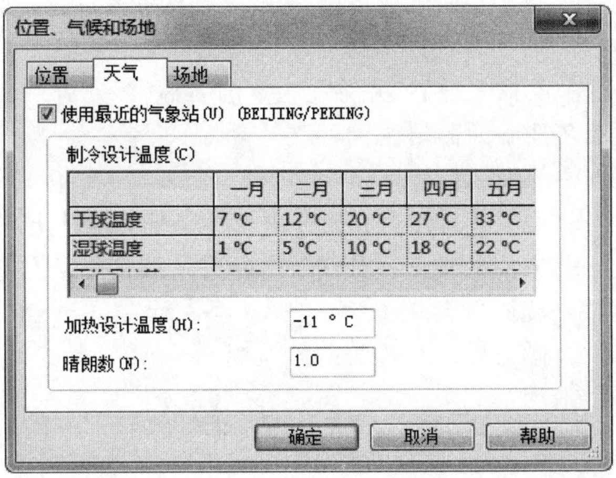

图 6-39 “天气”选项卡

➢ 使用最近的气象站：默认情况下，Revit 将使用《2007 ASHRAE 手册》中列出的离项目位置最近的气象站。

➢ 制冷设计温度：Revit 将使用最近的或选中的气象站，以填充“制冷设计温度”表。

- 干球温度：通常称为空气温度，是由暴露在空气中但不接触直接的日光照射和湿气的温度计所测量的温度。
- 湿球温度：是在恒压下使水蒸发到空气中直至空气饱和，通过这种冷却方式空气可能达到的温度。湿球温度与干球温度之差越小，相对湿度越大。
- 平均日较差：每日最高和最低温度之差的平均值。

➢ 加热设计温度：在典型气候的一年中至少 99%的时间内的最低户外干球温度。

➢ 晴朗数：平均值为 1.0。

(3)“场地”选项卡如图 6-40 所示，用于创建命名位置（场地），以管理场地上及相对于其他建筑物的模型的方向和位置。

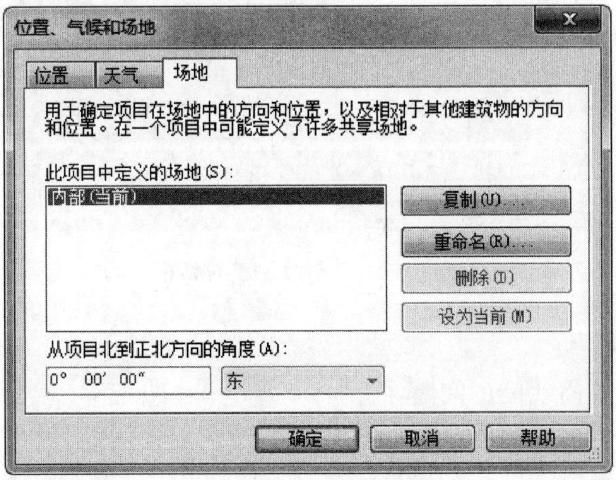

图 6-40 “场地”选项卡

Note

➢ 此项目中定义的场地：列出项目中定义的所有命名位置。默认情况下，项目存在命名为“内部”的场地。内部指向项目的内部原点。
➢ 复制：复制选中的命名位置，并分配指定的名称。
➢ 重命名：重命名选中的命名位置。
➢ 删除：删除选中的命名位置。
➢ 设为当前：当前表示具有焦点和用作项目共享坐标的命名位置。
➢ 从项目北到正北方向的角度：当“项目基点”从当前命名位置的正北向旋转时，这里显示度数和旋转方向。

6.4 场地设计

本节先绘制一个地形表面，然后添加建筑红线、建筑地坪以及停车场和场地构件。

6.4.1 场地设置

通过“场地设置”，可以定义等高线间隔、添加用户定义的等高线、选择剖面填充样式、基础土层高程和角度显示等。

单击“体量和场地”选项卡“场地建模”面板中的“场地设置”按钮 ↘，打开“场地设置”对话框，如图 6-41 所示。

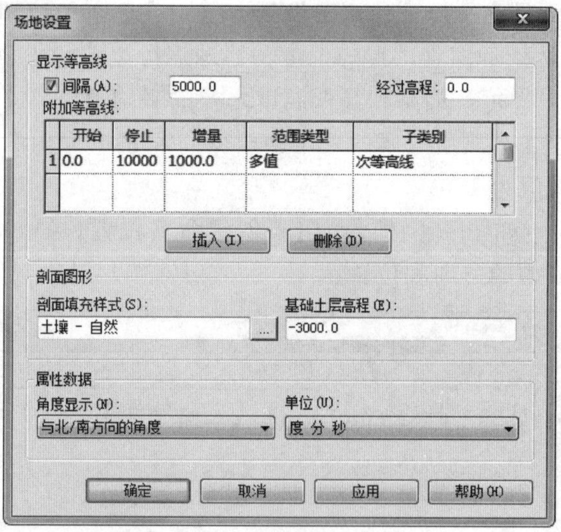

图 6-41 “场地设置”对话框

1. 显示等高线

➢ 间隔：设置等高线间的间隔。
➢ 经过高程：等高线间隔是根据这个值来确定的。例如，如果将等高线间隔设置为 10，则等高线将显示在－20、－10、0、10、20 的位置；如果将“经过高程”值设置为 5，则等高线将显示在－25、－15、－5、5、15、25 的位置。

➢ 附加等高线列表。
- 开始：设置附加等高线开始显示的高程。
- 停止：设置附加等高线不再显示的高程。
- 增量：设置附加等高线的间隔。
- 范围类型：选择"单一值"可以插入一条附加等高线；选择"多值"可以插入增量附加等高线。
- 子类别：设置将显示的等高线类型。包括次等高线、三角形边缘、主等高线、隐藏线四种类型。

➢ 插入：单击此按钮，插入一条新的附加等高线。

➢ 删除：选中附加等高线，单击此按钮，删除选中的等高线。

2. 剖面图形

➢ 剖面填充样式：设置在剖面视图中显示的材质。单击 按钮，打开"材质浏览器"对话框，可以设置剖面填充样式。

➢ 基础土层高程：控制着土壤横断面的深度（例如，−30 英尺[1]或−25 米）。该值控制项目中全部地形图元的土层深度。

3. 属性数据

➢ 角度显示：指定建筑红线标记上角度值的显示。

➢ 单位：指定在显示建筑红线表中的方向值时要使用的单位。

6.4.2　地形表面

"地形表面"工具使用点或导入的数据来定义地形表面。可以在三维视图或场地平面中创建地形表面。

1. 通过放置点创建地形

这是指在绘图区域中放置点来创建地形表面。

具体创建步骤如下。

（1）新建一项目文件。

（2）将视图切换到场地平面。

（3）单击"体量和场地"选项卡"场地建模"面板中的"地形表面"按钮，打开"修改|编辑表面"选项卡和选项栏，如图 6-42 所示。

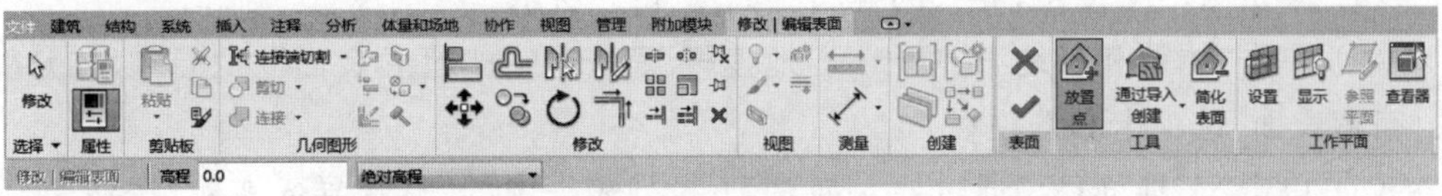

图 6-42　"修改|编辑表面"选项卡和选项栏

➢ 绝对高程：点显示在指定的高程处（从项目基点）。

➢ 相对于表面：通过该选项，可以将点放置在现有地形表面上的指定高程处，从而

① 1英尺=0.3048米。

编辑现有地形表面。要使该选项的使用效果更明显，需要在着色的三维视图中工作。

(4) 系统默认激活“放置点”按钮，在选项栏中输入高程值。

(5) 在绘图区域中单击以放置点。如果需要，在放置其他点时可以修改选项栏上的高程，如图 6-43 所示。

(6) 单击“表面”面板中的“完成表面”按钮，完成地形的插件，将视图切换到三维视图，结果如图 6-44 所示。

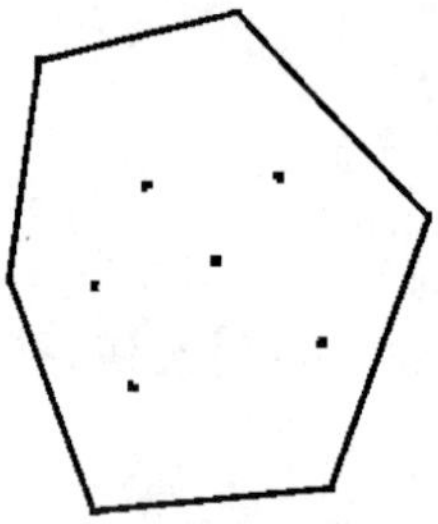

图 6-43 放置点

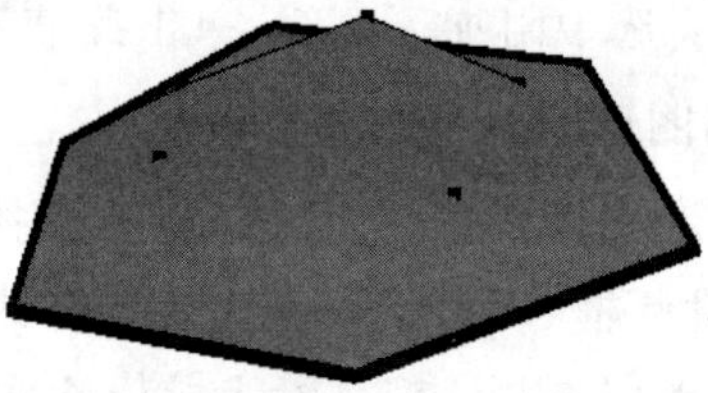

图 6-44 创建场地

2. 通过导入等高线创建地形

这是指根据从 DWG、DXF 或 DGN 文件导入的三维等高线数据自动生成地形表面。Revit 会分析数据并沿等高线放置一系列高程点。

导入等高线数据时，应遵循以下要求。

(1) 导入的 CAD 文件必须包含三维信息。

(2) 在要导入的 CAD 文件中，必须将每条等高线放置在正确的“Z”值位置。

(3) 将 CAD 文件导入 Revit 时，切勿选择“定向到视图”选项。

具体绘制过程如下。

(1) 新建一项目文件。

(2) 将视图切换到场地平面。

(3) 单击“插入”选项卡“导入”面板中的“导入 CAD”按钮，打开“导入 CAD 格式”对话框，设置导入单位为“米”，取消选中“定向到视图”复选框，其他采用默认设置，如图 6-45 所示。

(4) 单击“打开”按钮，导入的等高线如图 6-46 所示。

(5) 单击“体量和场地”选项卡“场地建模”面板中的“地形表面”按钮，打开“修改|编辑表面”选项卡和选项栏。

(6) 单击“工具”面板“通过导入创建”下拉列表框中的“选择导入实例”按钮，选择导入的等高线图，打开“从所选图层添加点”对话框，选取有效的图层，如图 6-47 所示。

(7) 单击“确定”按钮，在图形上生成一系列的高程点，如图 6-48 所示。

(8) 单击“表面”面板中的“完成表面”按钮，将视图切换到三维视图，自动生成地形表面，结果如图 6-49 所示。

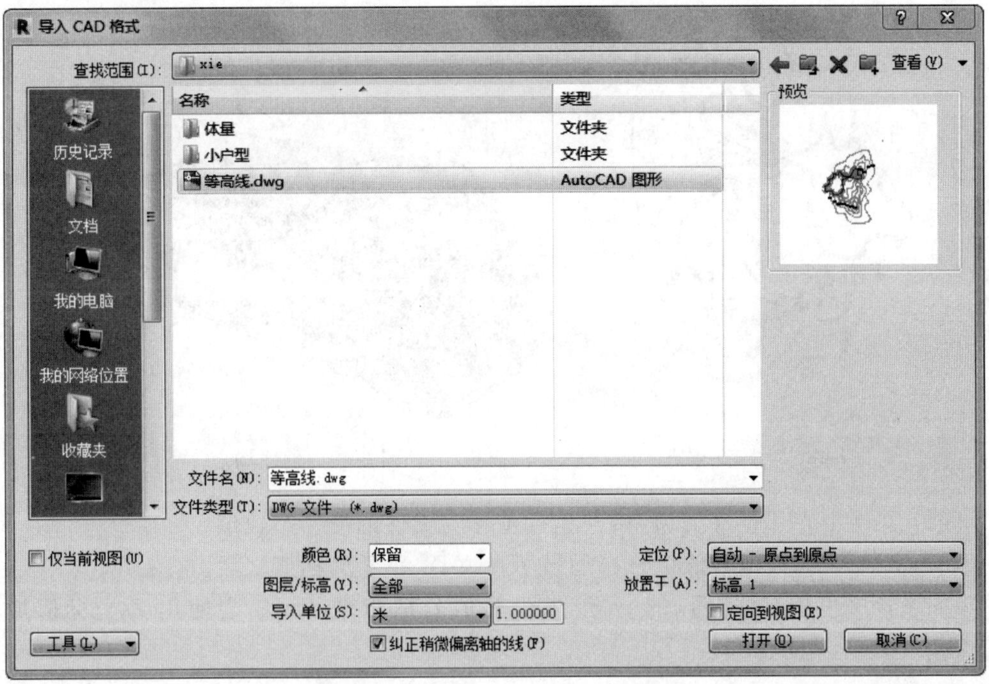

图 6-45　“导入 CAD 格式”对话框

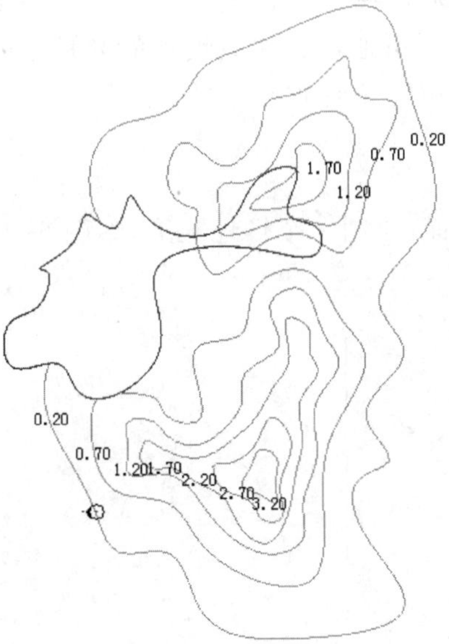

图 6-46　等高线

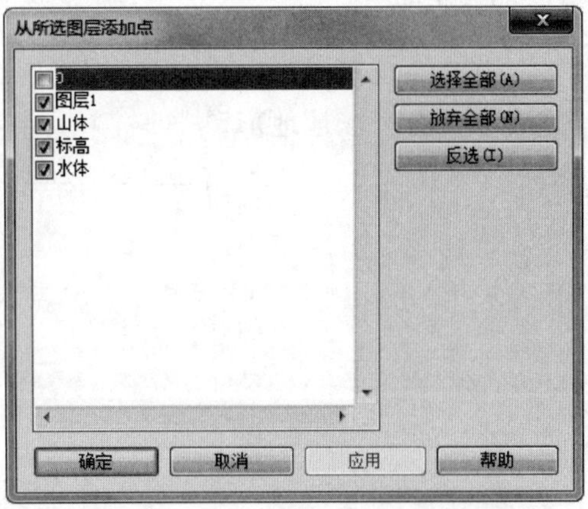

图 6-47　“从所选图层添加点”对话框

3. 通过点文件创建地形

将点文件导入以在 Revit 模型中系统根据点文件中的点创建地形表面。点文件使用高程点的规则网格来提供等高线数据。导入的点文件必须符合以下要求。

(1) 点文件必须使用逗号分隔的文件格式(可以是 CSV 或 TXT 文件)。

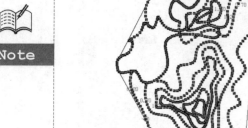

Note

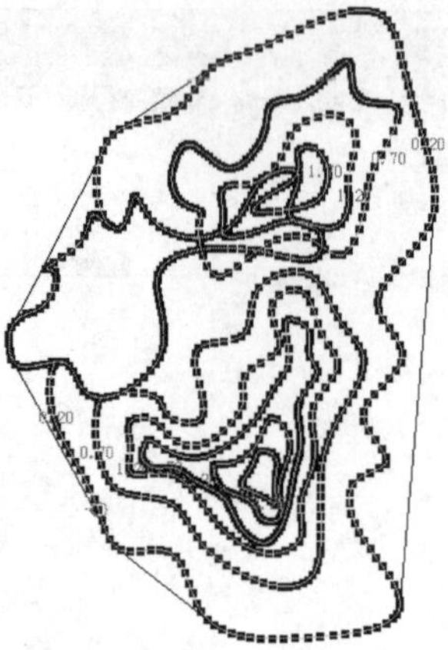

图 6-48 生成高程点

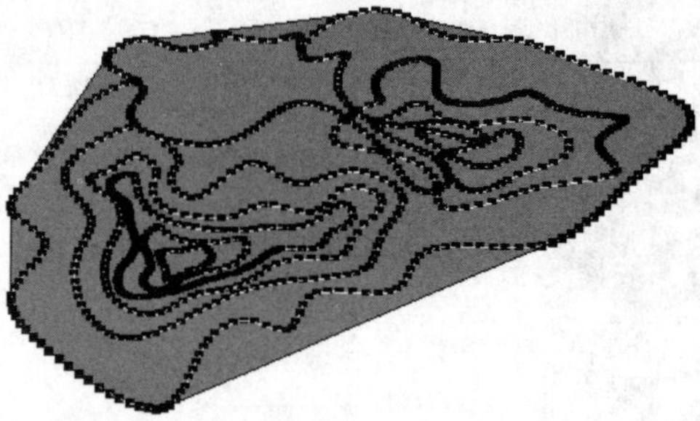

图 6-49 创建场地

(2) 文件中必须包含 X、Y 和 Z 坐标值作为文件的第一个数值。

(3) 点的任何其他数值信息必须显示在 X、Y 和 Z 坐标值之后。

如果该文件中有两个点的 X 和 Y 坐标值分别相等，Revit 会使用 Z 坐标值最大的点。

6.4.3 建筑地坪

通过在地形表面绘制闭合环，可以添加建筑地坪。在绘制地坪后，可以指定一个值来控制其距标高的高度偏移，还可以指定其他属性。可通过在建筑地坪的周长之内绘制闭合环来定义地坪中的洞口，还可以为该建筑地坪定义坡度。

操作步骤

(1) 新建一项目文件，并将视图切换到场地平面，绘制一个场地地形，如图 6-50 所示；或者直接打开场地地形。

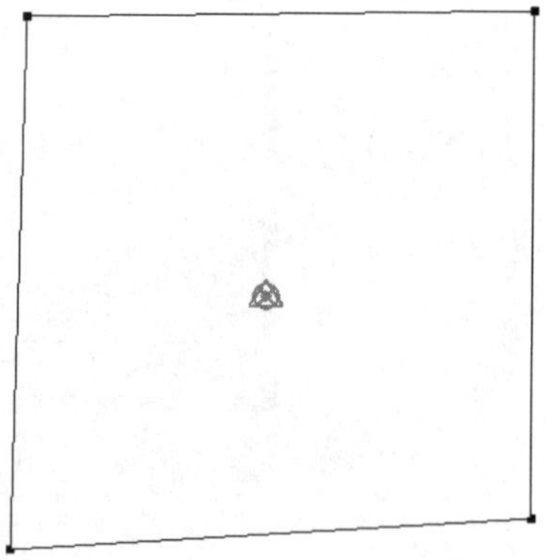

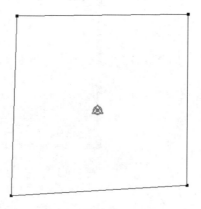

图 6-50 绘制场地地形

(2) 单击“体量和场地”选项卡“场地建模”面板中的“建筑地坪”按钮，打开“修改|创建建筑地坪边界”选项卡和选项栏，如图 6-51 所示。

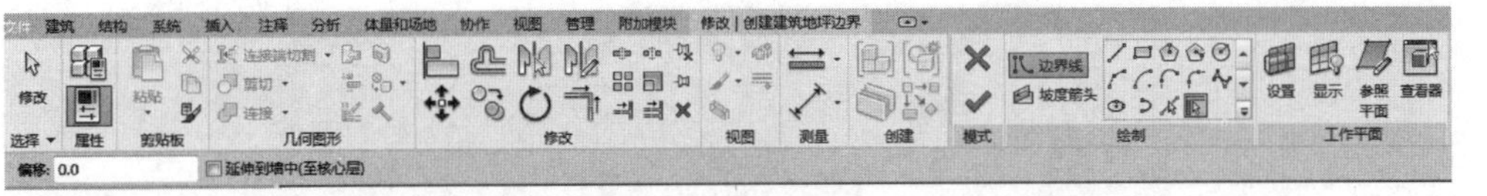

图 6-51 “修改|创建建筑地坪边界”选项卡和选项栏

(3) 单击“绘制”面板中的“边界线”按钮和“线”按钮(默认情况下,“边界线”按钮是启动状态),绘制闭合的建筑地坪边界线,如图 6-52 所示。

(4) 在“属性”选项板中设置自标高的高度为－200,其他采用默认设置,如图 6-53 所示。

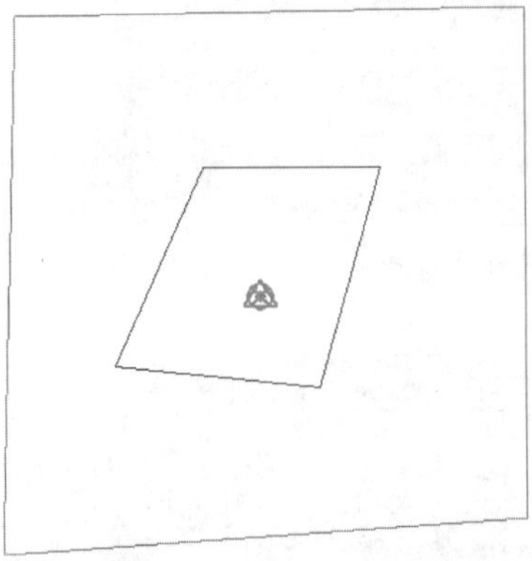

图 6-52 绘制地坪边界线

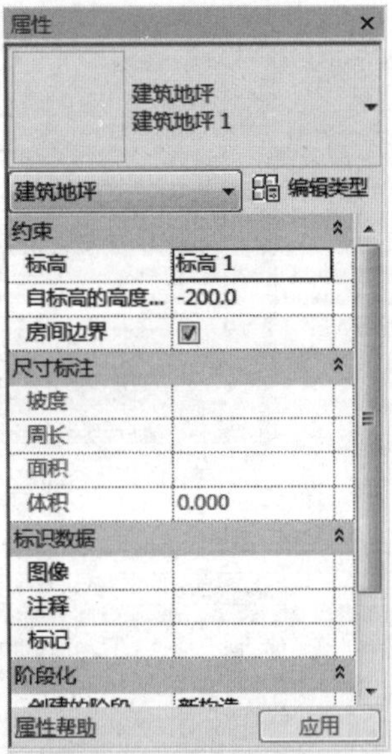

图 6-53 “属性”选项板

➢ 标高:设置建筑地坪的标高。

➢ 自标高的高度...:指定建筑地坪偏移标高的正负距离。

➢ 房间边界:用于定义房间的范围。

(5) 还可以单击“编辑类型”按钮,打开如图 6-54 所示的“类型属性”对话框,修改建筑地坪结构和指定图形设置。

➢ 结构:定义建筑地坪结构。单击“编辑”按钮 编辑... ,打开如图 6-55 所示的“编辑部件”对话框,通过将函数指定给部件中的每个层来修改建筑地坪的结构。

➢ 厚度:显示建筑地坪总厚度。

➢ 粗略比例填充样式:在粗略比例视图中设置建筑地坪的填充样式。

➢ 粗略比例填充颜色:在粗略比例视图中对建筑地坪的填充样式应用某种颜色。

(6) 单击“模式”面板中的“完成编辑模式”按钮,完成建筑地坪的创建,如图 6-56所示。

(7) 将视图切换到三维视图,建筑地坪的最终效果如图 6-57 所示。

Note

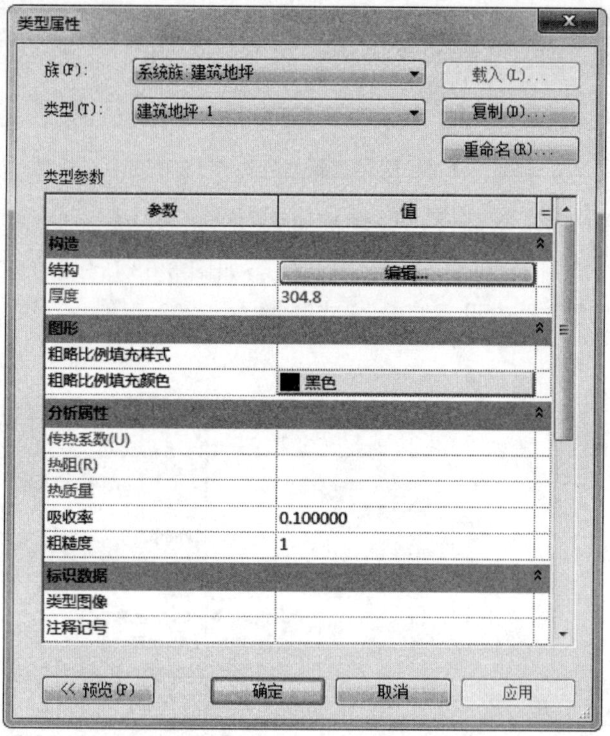

图 6-54 “类型属性”对话框

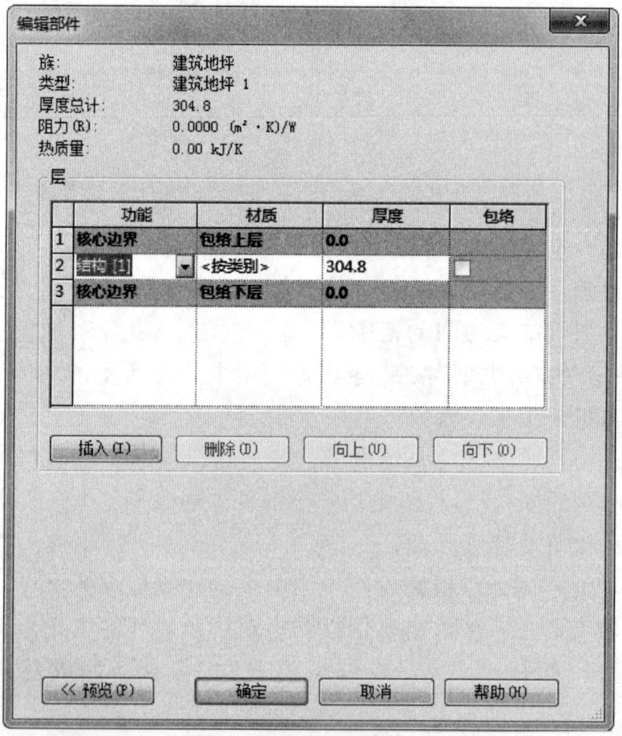

图 6-55 “编辑部件”对话框

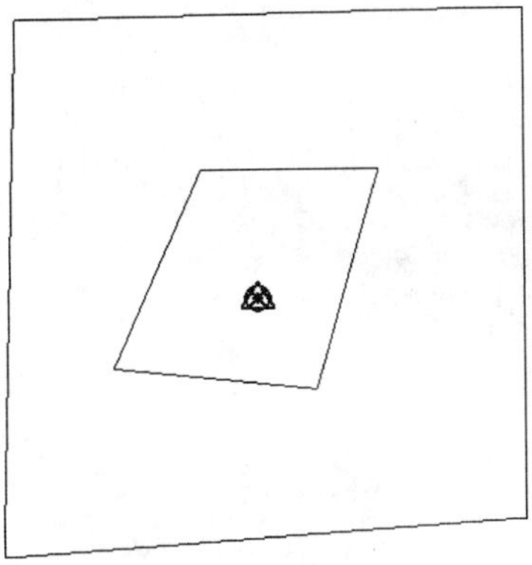

图 6-56 建筑地坪

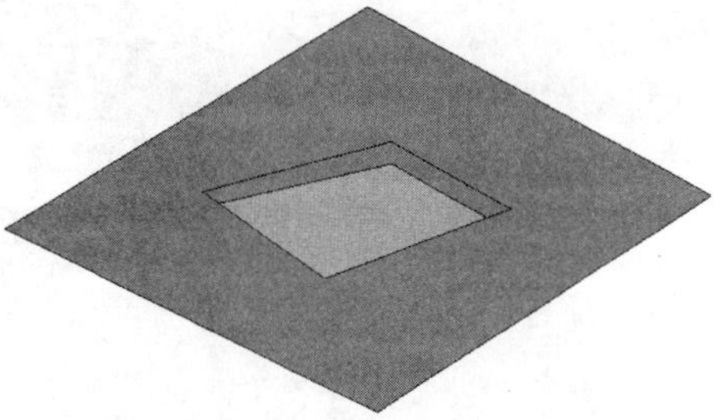

图 6-57 三维建筑地坪

6.4.4 停车场构件

可以将停车位添加到地形表面中，并将地形表面定义为停车场构件的主体。

操作步骤

(1) 打开 6.4.3 节绘制的建筑地坪文件。

(2) 单击“体量和场地”选项卡“场地建模”面板中的“停车场构件”按钮，打开“修改|停车场构件”选项卡和选项栏，如图 6-58 所示。

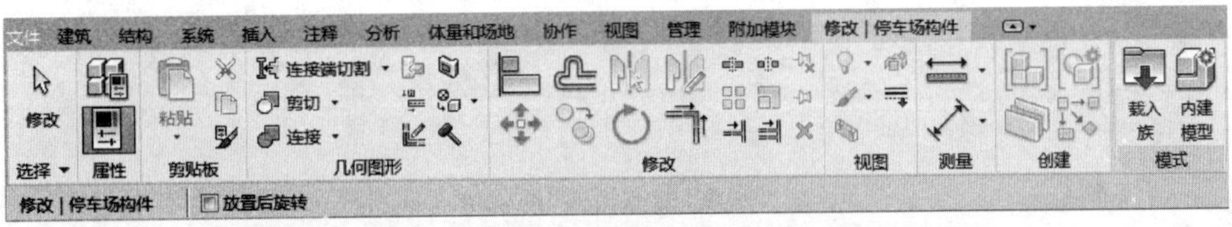

图 6-58 “修改|停车场构件”选项卡和选项栏

(3) 在“属性”选项板中选择“停车位 4800×2400mm-90 度”类型，其他采用默认设置，如图 6-59 所示。

(4) 在地形表面上适当位置单击放置停车场构件，如图 6-60 所示。

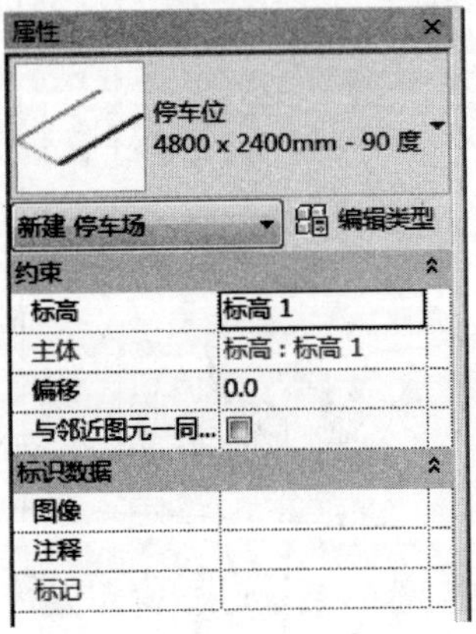

图 6-59 “属性”选项板

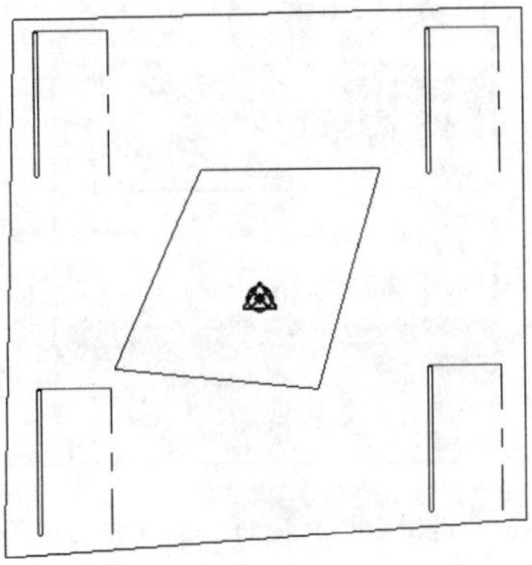

图 6-60 放置停车场构件

（5）将视图切换到三维视图，停车场构件最终效果图如图 6-61 所示。

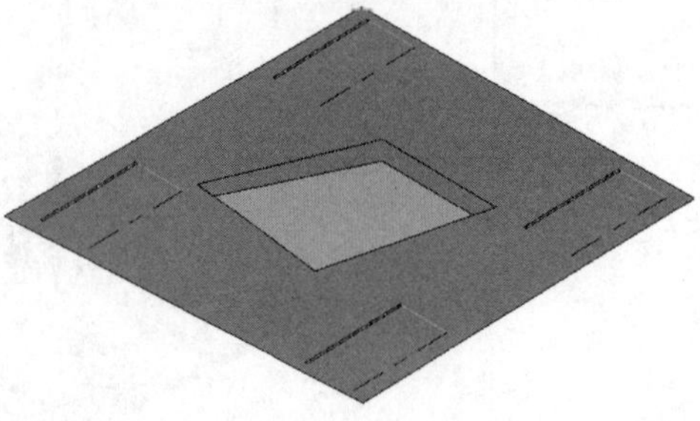

图 6-61　停车场构件

6.4.5　场地构件

可在场地平面中放置场地专用构件（如树、电线杆和消防栓）。

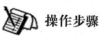

操作步骤

（1）打开 6.4.3 节绘制的建筑地坪文件。

（2）单击“体量和场地”选项卡“场地建模”面板中的“场地构件”按钮，打开“修改|场地构件”选项卡和选项栏，如图 6-62 所示。

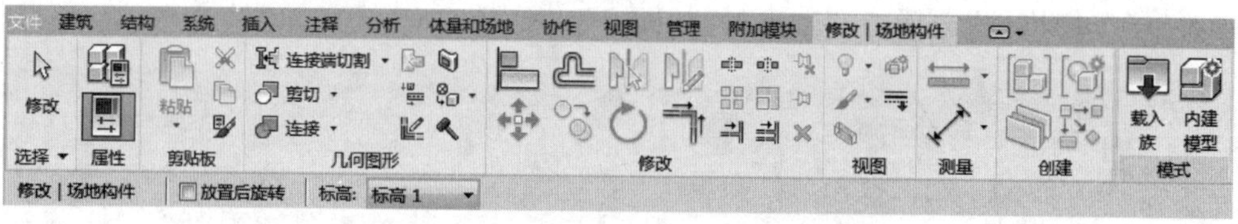

图 6-62　“修改|场地构件”选项卡和选项栏

（3）在“属性”选项板中选择“RPC 树-落叶树 杨叶桦-3.1 米”类型，其他采用默认设置，如图 6-63 所示。

（4）在地形表面上适当位置单击放置场地构件，如图 6-64 所示。

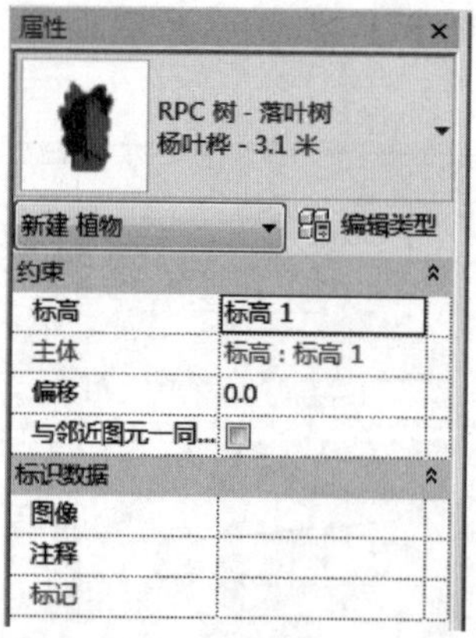

图 6-63　“属性”选项板

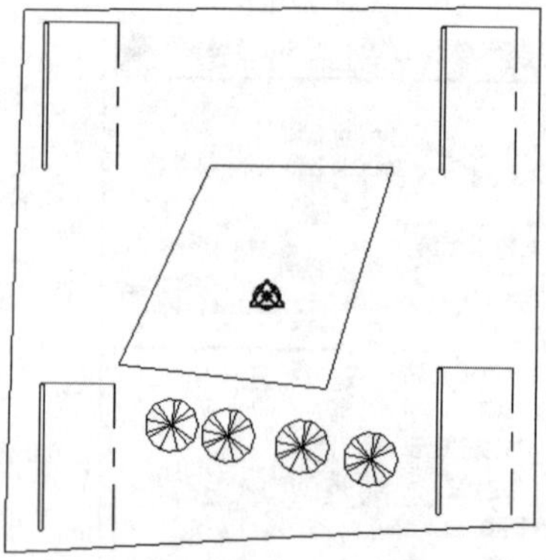

图 6-64　放置场地构件

(5) 在"属性"选项板中选择其他场地构件类型，将其放置到地形表面适当位置，如图 6-65 所示。

(6) 将视图切换到三维视图，场地构件最终效果图如图 6-66 所示。

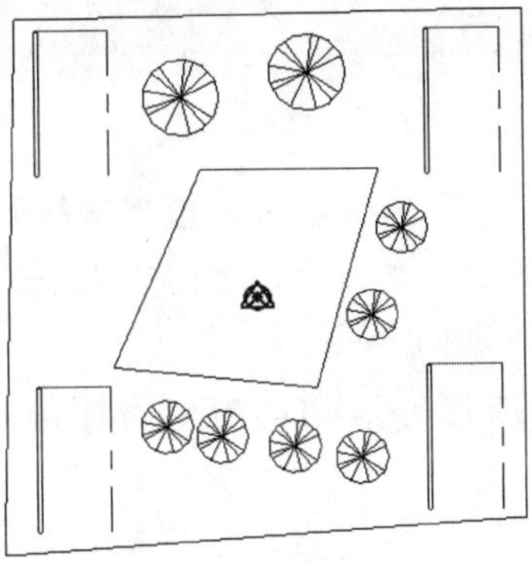

图 6-65 放置其他场地构件

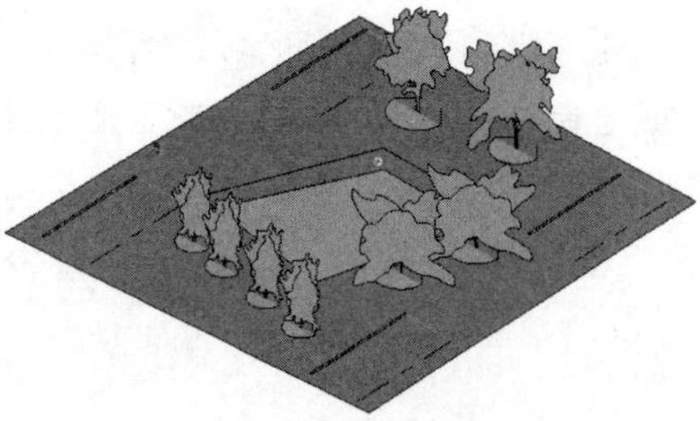

图 6-66 场地构件

6.4.6 拆分表面

可以将一个地形表面拆分为两个不同的表面，可以为这些表面指定不同的材质来表示公路、湖、广场或丘陵，也可以删除地形表面的一部分。

操作步骤

(1) 打开 6.4.2 节中创建的地形，如图 6-67 所示。

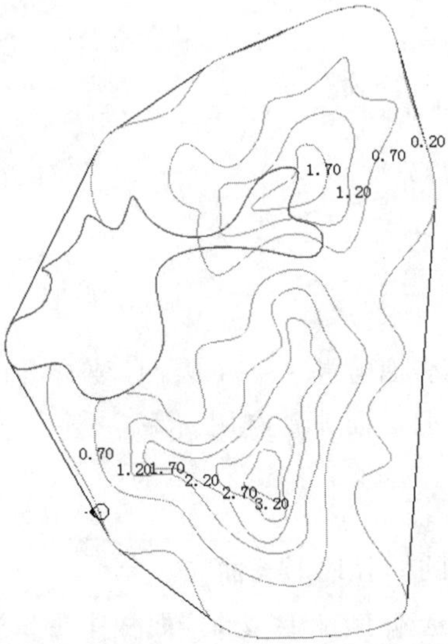

图 6-67 地形

(2) 单击"体量和场地"选项卡"修改场地"面板中的"拆分表面"按钮，在视图中选择要拆分的地形表面，系统进入草图模式。

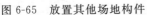

(3) 打开"修改|拆分表面"选项卡和选项栏，如图 6-68 所示。

图 6-68 “修改|拆分表面”选项卡和选项栏

(4) 单击“绘制”面板中的“线”按钮，绘制一个不与任何表面边界接触的单独的闭合环，或绘制一个单独的开放环。开放环的两个端点都必须在表面边界上。开放环的任何部分都不能相交，或者不能与表面边界重合，如图 6-69 所示。

(5) 单击“模式”面板中的“完成编辑模式”按钮，完成地形表面的拆分，如图 6-70所示。

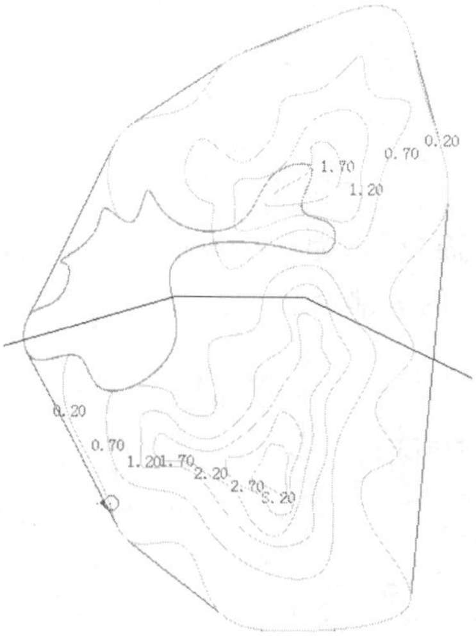

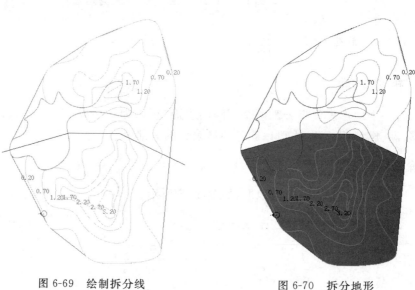

图 6-69 绘制拆分线

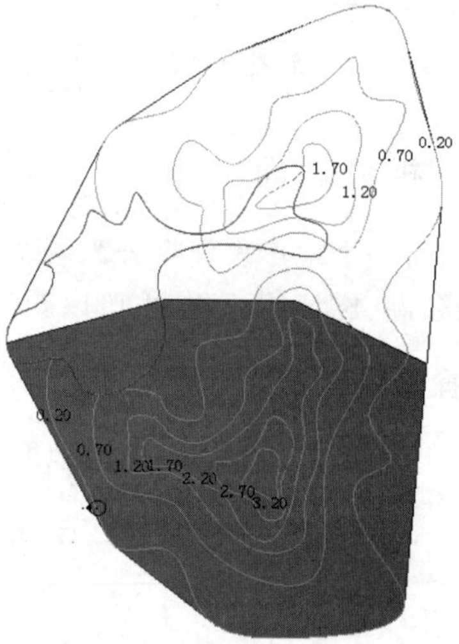

图 6-70 拆分地形

6.4.7 合并表面

可以将两个单独的地形表面合并为一个表面，要合并的表面必须重叠或共享公共边。此工具对于重新连接拆分表面非常有用。

操作步骤

(1) 打开 6.4.6 节绘制的拆分地形表面。

(2) 单击“体量和场地”选项卡“修改场地”面板中的“合并表面”按钮，在选项栏上取消选中“删除公共边上的点”复选框。

删除公共边上的点：选中此复选框，可删除表面被拆分后插入的多余点。默认情况下此选项处于选中状态。

(3) 选择一个要合并的地形表面，然后选择另一个地形表面，如图 6-71 所示。

(4) 系统自动将选择的两个地形表面合并成一个，如图 6-72 所示。

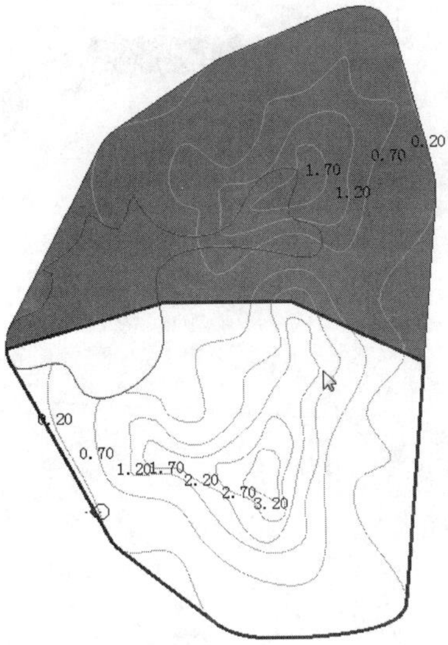

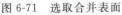

图 6-71　选取合并表面

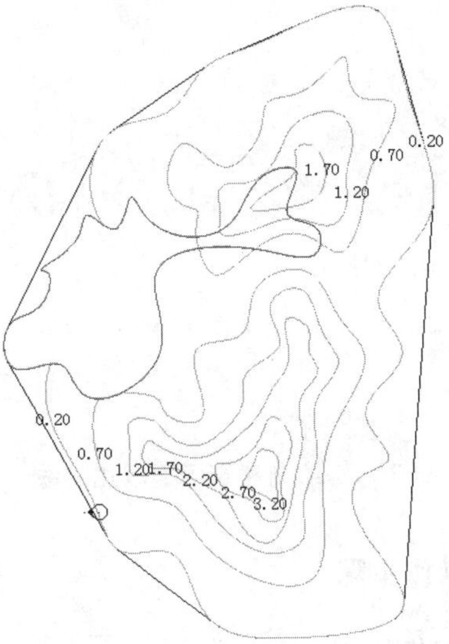

图 6-72　合并后的表面

6.4.8　子面域

子面域可定义不同属性集(例如材质)的地形表面区域。例如,可以使用子面域在平整表面、道路或岛上绘制停车场。创建子面域不会生成单独的表面。

操作步骤

(1) 打开 6.4.3 节绘制的建筑地坪文件。

(2) 单击"体量和场地"选项卡"修改场地"面板中的"子面域"按钮,打开"修改|创建子面域边界"选项卡和选项栏,如图 6-73 所示。

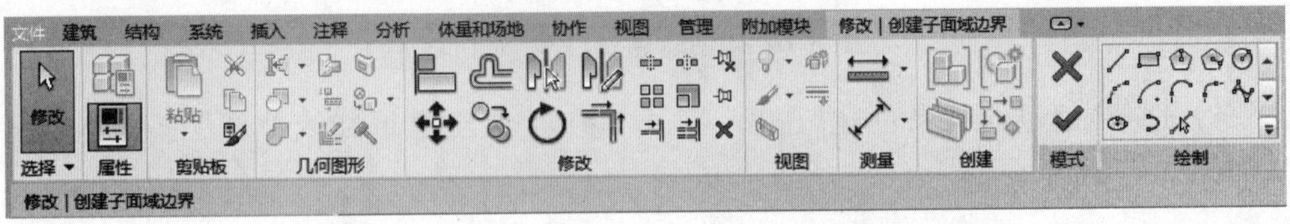

图 6-73　"修改|创建子面域边界"选项卡和选项栏

(3) 单击"绘制"面板中的"线"按钮,绘制建筑子面域边界线,如图 6-74 所示。

注意: 应使用单个闭合环创建地形表面子面域。如果创建多个闭合环,则只有第一个环用于创建子面域;其余环将被忽略。

(4) 单击"模式"面板中的"完成编辑"按钮,完成子面域的创建,如图 6-75 所示。

6.4.9　建筑红线

添加建筑红线的方法有两种:在场地平面中绘制或在项目中直接输入测量数据。

Note

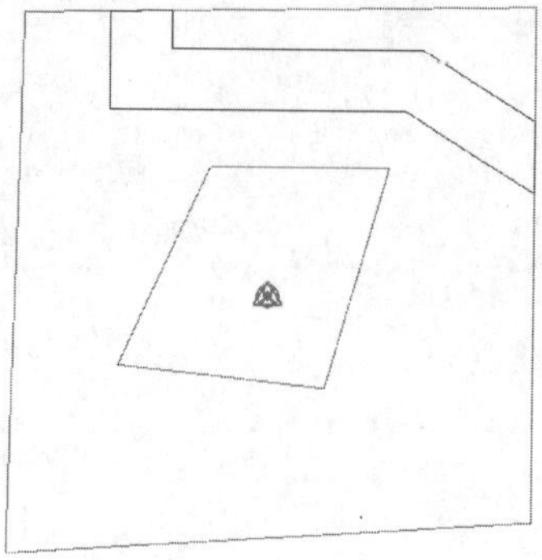

图 6-74　绘制建筑子面域边界线

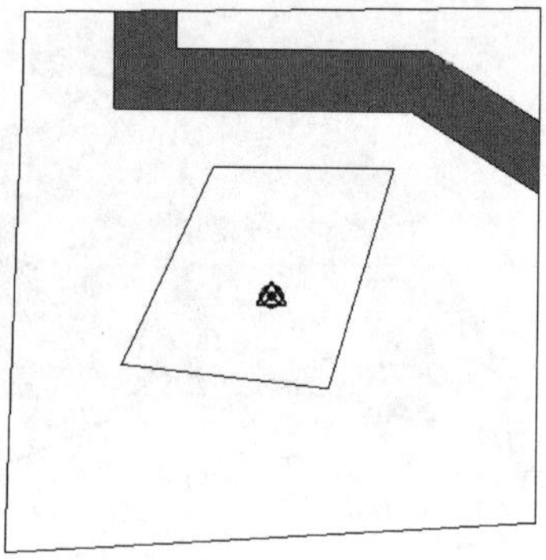

图 6-75　创建子面域

操作步骤

1. 直接绘制

（1）打开 6.4.8 节绘制的子面域文件。

（2）单击“体量和场地”选项卡“修改场地”面板中的“建筑红线”按钮，打开“创建建筑红线”对话框，如图 6-76 所示。

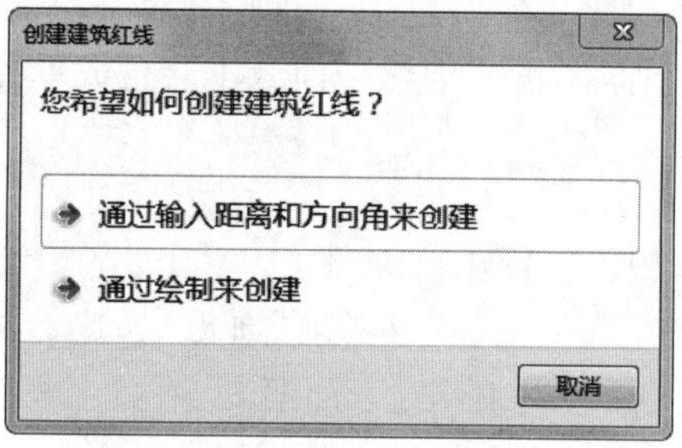

图 6-76　“创建建筑红线”对话框

（3）选择“通过绘制来创建”选项，打开“修改|创建建筑红线草图”选项卡和选项栏，如图 6-77 所示。

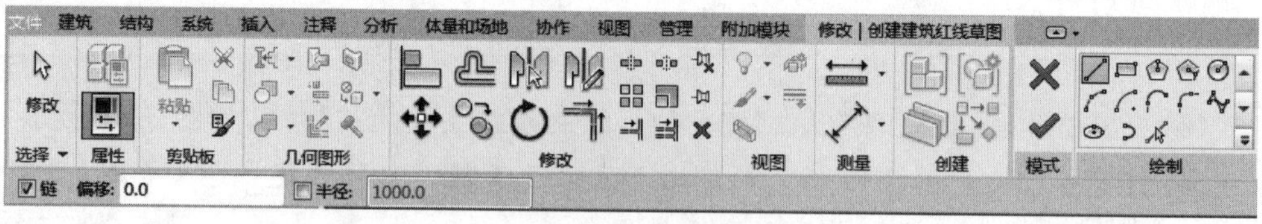

图 6-77　“修改|创建建筑红线草图”选项卡和选项栏

（4）单击“绘制”面板中的“线”按钮，绘制建筑红线草图，如图 6-78 所示。

注意：这些线应当形成一个闭合环。如果绘制一个开放环并单击“完成编辑”按钮，Revit 会发出一条警告，说明无法计算面积。可以忽略该警告继续工作，或将环闭合。

（5）单击“模式”面板中的“完成编辑”按钮，完成建筑红线的创建，如图 6-79 所示。

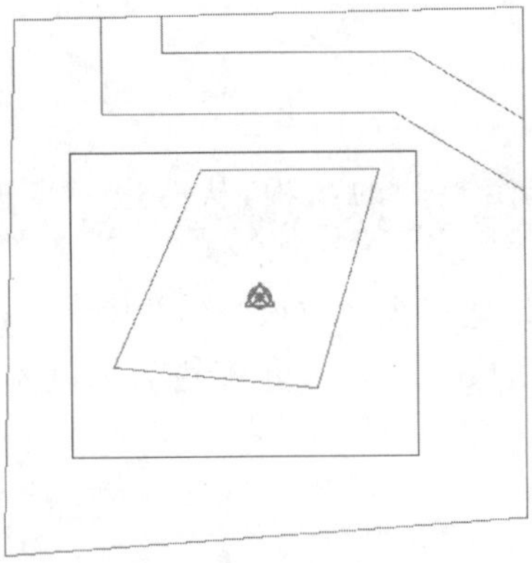

图 6-78　绘制建筑红线草图

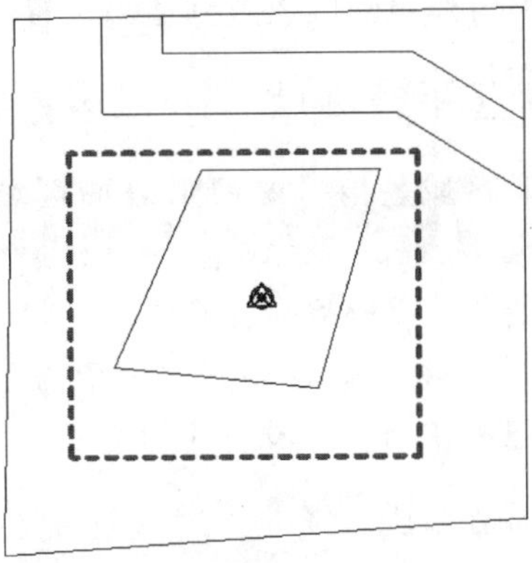

图 6-79　创建建筑红线

2. 通过角度和方向绘制

(1) 打开 6.4.8 节绘制的子面域文件。

(2) 单击“体量和场地”选项卡“修改场地”面板中的“建筑红线”按钮，打开“创建建筑红线”对话框。

(3) 选择“通过输入距离和方向角来创建”选项，打开“建筑红线”对话框，如图 6-80 所示。

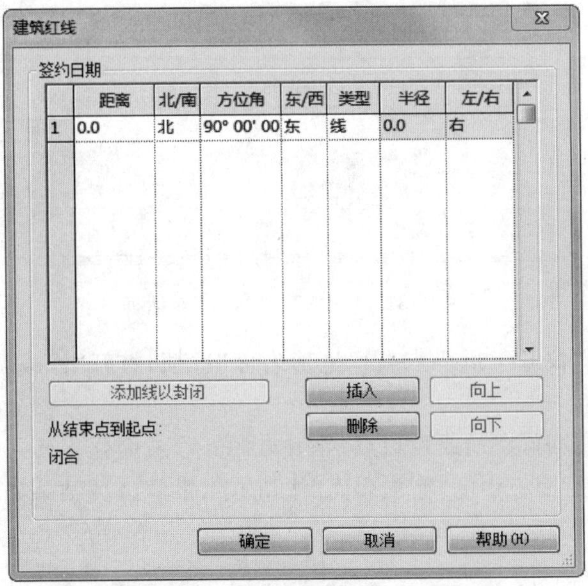

图 6-80　“建筑红线”对话框

(4) 单击“插入”按钮，从测量数据中添加距离和方位角。

(5) 也可以添加圆弧段为建筑红线，分别输入“距离”和“方向”的值，用于描绘弧上两点之间的线段，选取“弧”类型，并输入半径值。半径值必须大于线段长度的 1/2，半径越大，形成的圆越大，产生的弧也越平。

(6) 继续插入线段，可以单击“向上”或“向下”按钮，修改建筑红线的顺序。

(7) 将建筑红线放置到适当位置。

6.4.10 平整区域

平整区域是指平整地形表面区域、更改选定点处的高程，从而进一步进行场地设计。

若要创建平整区域，应选择一个地形表面，该地形表面应该为当前阶段中的一个现有表面。Revit 会将原始表面标记为已拆除并生成一个带有匹配边界的副本，并将此副本标记为在当前阶段新建的图元。

操作步骤

(1) 打开前面绘制的地形表面文件。

(2) 单击"体量和场地"选项卡"修改场地"面板中的"平整区域"按钮，打开"编辑平整区域"对话框，如图 6-81 所示。

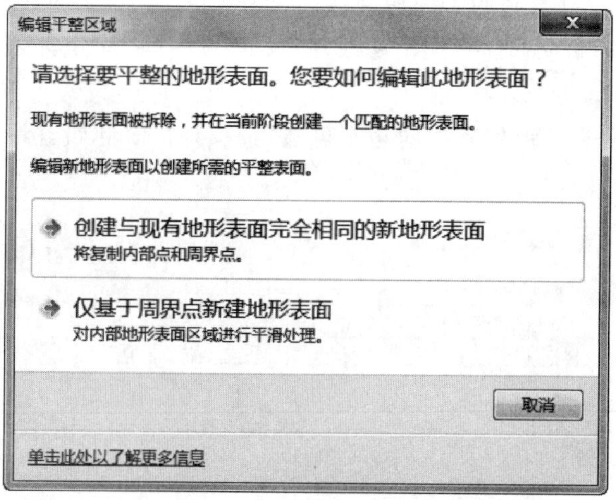

图 6-81 "编辑平整区域"对话框

(3) 这里选择"仅基于周界点新建地形表面"选项，打开"修改|编辑表面"选项卡，进入地形编辑环境。

(4) 选择地形表面，添加或删除点，修改点的高程或简化表面。

(5) 单击"表面"面板中的"完成表面"按钮，平整区域结果如图 6-82 所示。

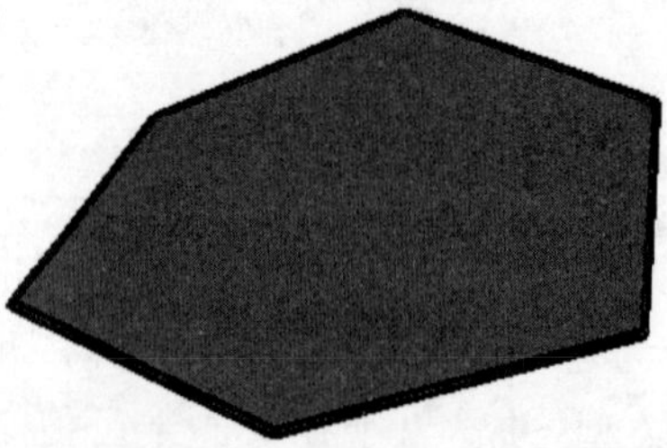

图 6-82 平整区域

Note

6.5 上机练习——教学楼模型布局

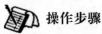

练习目标

本节练习教学楼模型布局,如图 6-83 所示。

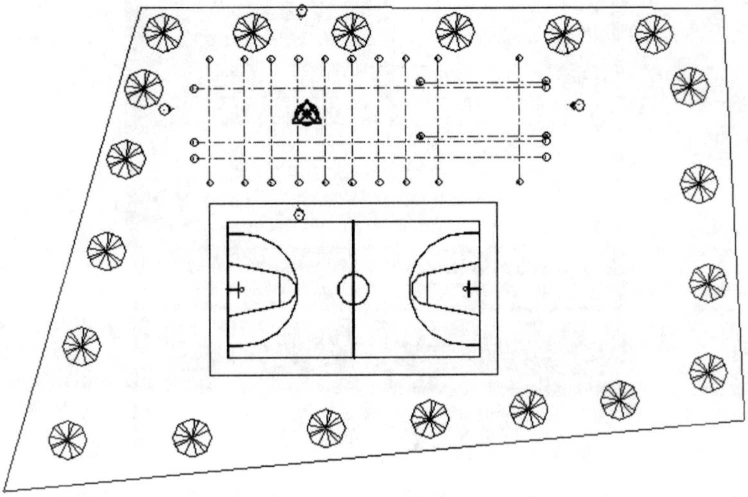

图 6-83 教学楼模型布局

设计思路

首先创建相关的标高,然后创建轴网,根据轴网创建场地表面,添加植物和其他构件。

6.5.1 创建标高

6-1

操作步骤

(1) 在开始界面中单击"项目"→"建筑样板"命令,新建一项目文件,系统自动切换视图到楼层平面:标高 1。

(2) 在项目浏览器中双击"立面"节点下的"东"选项,将视图切换到东立面视图,显示预设的标高,如图 6-84 所示。

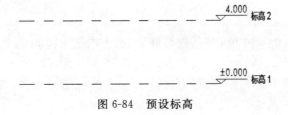

图 6-84 预设标高

Note

(3) 单击“管理”选项卡“设置”面板中的“项目单位”按钮，打开“项目单位”对话框，设置长度为1235[mm]，面积为1234.57[m^2]，体积为1234.57[m^3]，其他采用默认设置，如图6-85所示。

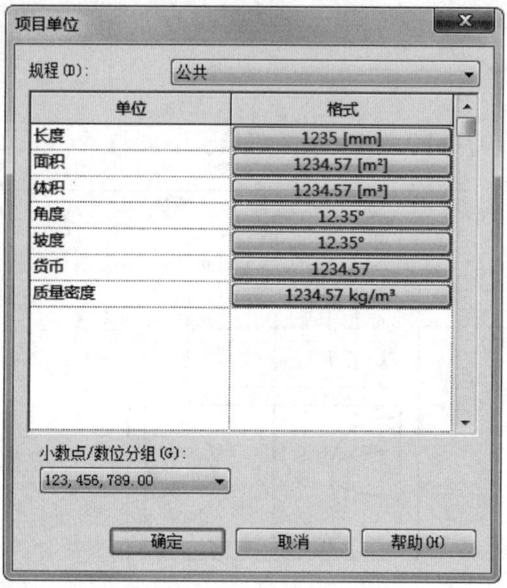

图6-85 “项目单位”对话框

(4) 单击“建筑”选项卡“基准”面板中的“标高”按钮，打开“修改|放置 标高”选项卡和选项栏，绘制标高线，如图6-86所示。

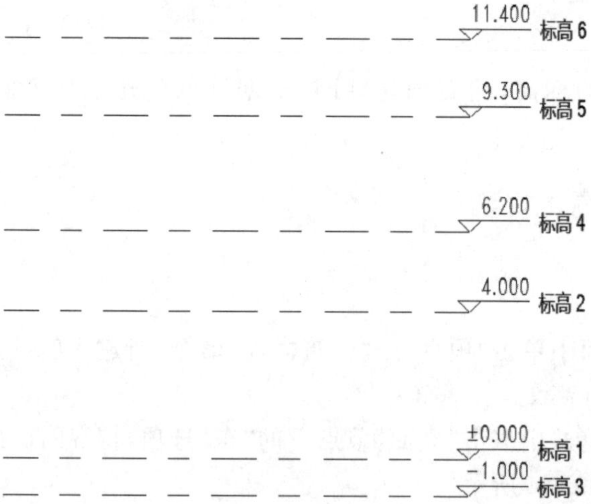

图6-86 绘制标高线

(5) 双击标高上的尺寸值，对其进行修改，也可以选取标高线更改标高线之间的尺寸值，如图6-87所示。

(6) 双击标高线上的名称，进行更改并将相应的视图重命名，选中左侧的“显示编号”复选框，显示左端的编号，最终结果如图6-88所示。

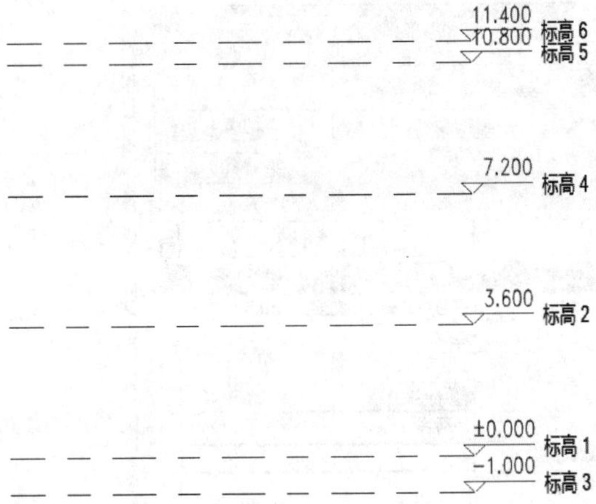

图 6-87　更改尺寸值

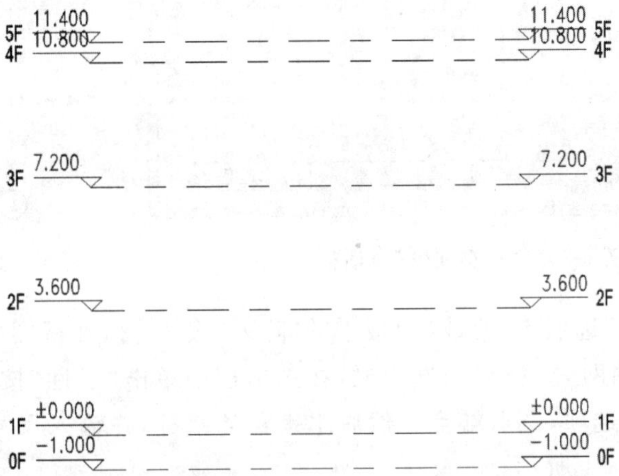

图 6-88　修改标高线结果

Note

6-2

6.5.2　创建轴网

操作步骤

(1) 在项目浏览器中双击“楼层平面”节点下的 1F，将视图切换到 1F 楼层平面视图。

(2) 单击“建筑”选项卡“基准”面板中的“轴网”按钮，打开“修改|放置 轴网”选项卡和选项栏。

(3) 在“属性”选项板中选择“轴网 6.5mm 编号”类型，单击“编辑类型”按钮，打开“类型属性”对话框，单击轴线末端颜色栏的颜色块，打开“颜色”对话框，选择红色，单击“确定”按钮，返回到“类型属性”对话框。选中“平面视图轴号端点 1(默认)”复选框，其他采用默认设置，如图 6-89 所示，单击“确定”按钮。

(4) 在视图中适当位置单击确定轴线的起点，移动鼠标在适当位置单击确定轴线的终点，绘制如图 6-90 所示的轴线网。

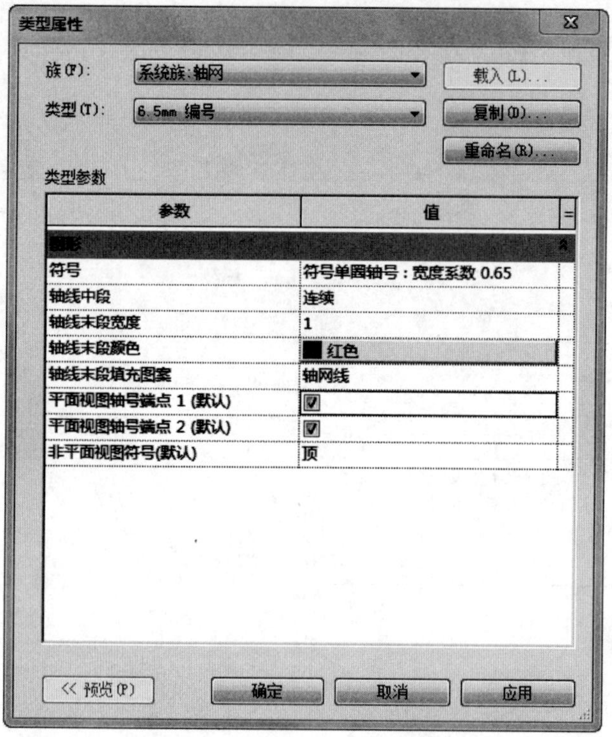

图 6-89 “类型属性”对话框

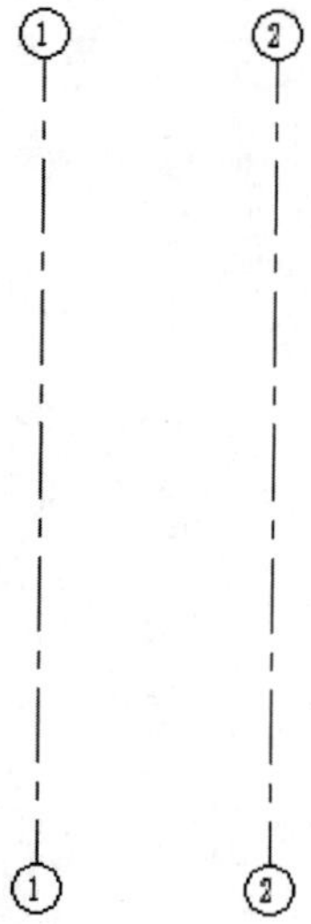

图 6-90 绘制轴网 1

(5) 单击“修改”选项卡“修改”面板中的“阵列”按钮，在视图中选择轴线 2，按空格键，打开“修改|轴网”选项卡和选项栏，在选项栏中单击“线性”按钮，输入项目数为 7，选择“第二个”选项，选取端点。然后水平移动鼠标，并输入尺寸为 3000，按 Enter 键确认，结果如图 6-91 所示。

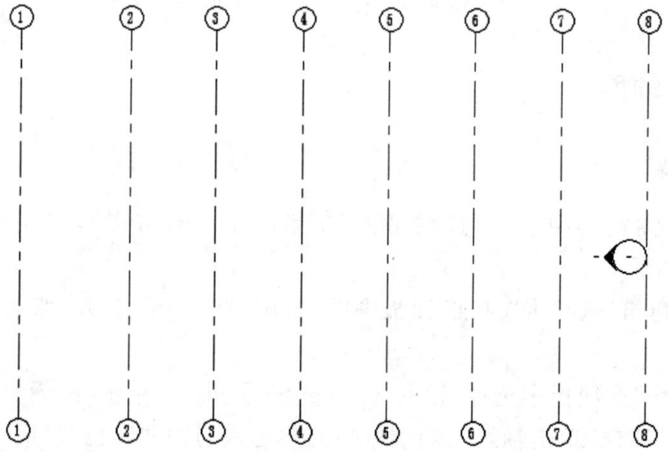

图 6-91 阵列轴线

(6) 单击“建筑”选项卡“基准”面板中的“轴网”按钮，继续绘制轴线，结果如图 6-92 所示。

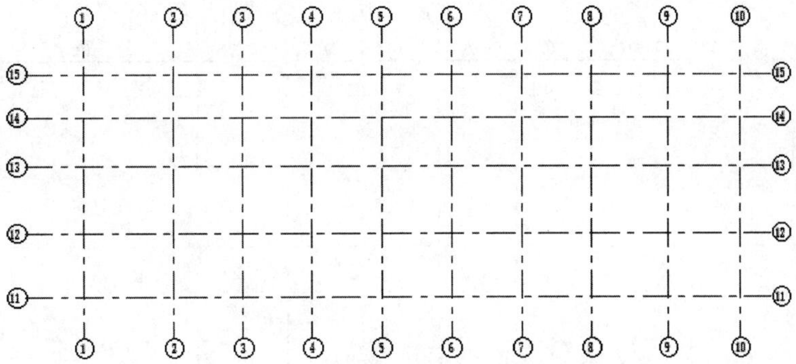

图 6-92 轴网

(7) 选择轴号,输入新的轴编号,竖直方向更改为字母,从 A 开始,结果如图 6-93 所示。

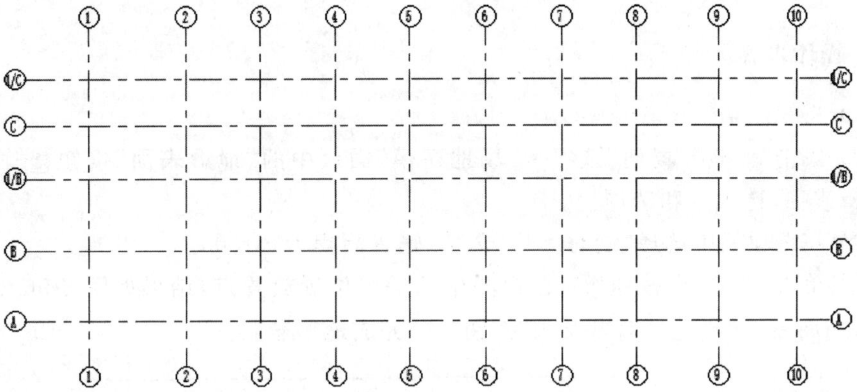

图 6-93 更改轴编号

(8) 选择 1/B 轴线,取消选中轴线左端的"隐藏编号"复选框,隐藏轴线下端的轴号,然后单击图标使其变成,删除对齐约束,拖动轴线调整 1/B 轴线长度。采用相同的方法,编辑其他的轴线,结果如图 6-94 所示。

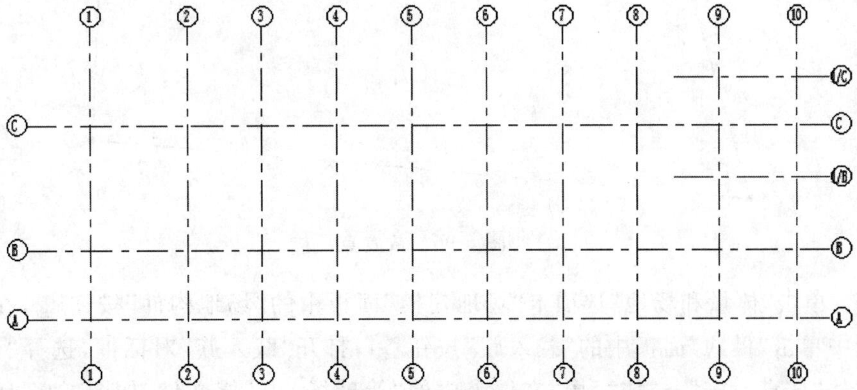

图 6-94 编辑轴线

(9) 选取轴线 2,双击轴线 1 与轴线 2 之间的临时尺寸,输入新尺寸为 3900。采用相同的方法,更改轴线之间的距离,具体尺寸如图 6-95 所示。

Note

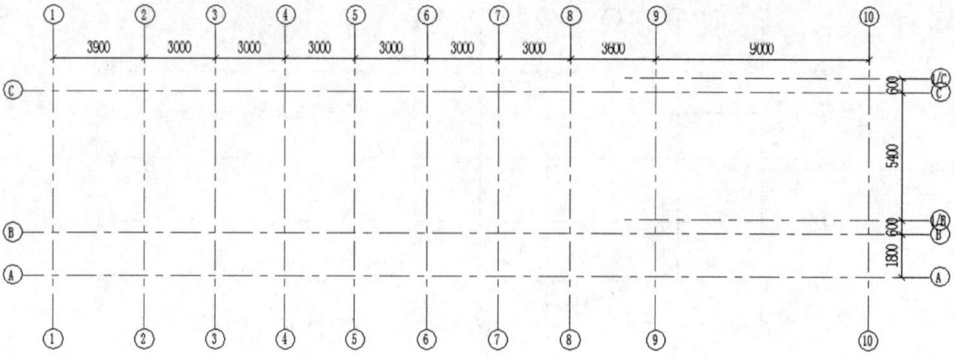

图 6-95　更改尺寸

6-3

6.5.3　创建场地

操作步骤

(1) 将视图切换至 0F 视图。

(2) 单击"体量和场地"选项卡"场地建模"面板中的"地形表面"按钮，打开"修改|编辑表面"选项卡和选项栏。

(3) 在选项栏中选择"绝对高程"选项，输入高程为－1000。

(4) 单击"放置点"按钮，在视图中的适当位置放置点，结果如图 6-96 所示。单击"模式"面板中的"完成编辑模式"按钮，完成地形绘制。

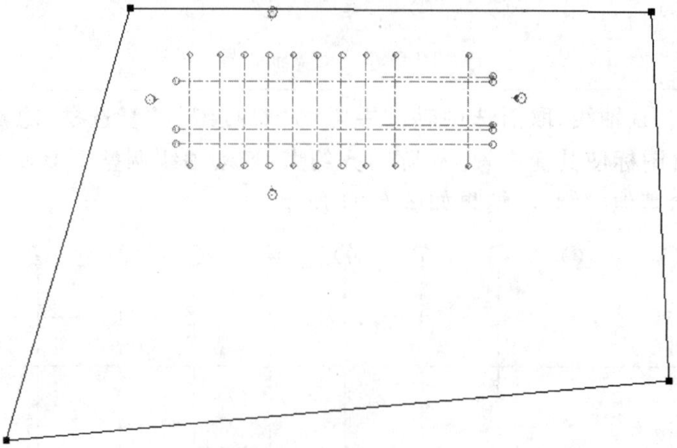

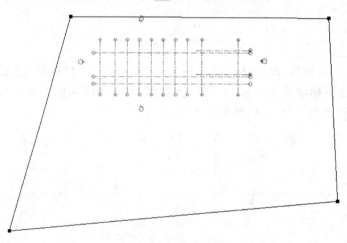

图 6-96　放置点

(5) 单击"体量和场地"选项卡"场地建模"面板中的"场地构件"按钮，在打开的选项卡中单击"模式"面板中的"载入族"按钮，打开"载入族"对话框，选择"建筑"→"场地"→"体育设施"→"体育场"文件夹中的"篮球场.rfa"族文件，如图 6-97 所示。单击"打开"按钮，载入篮球场族文件。

(6) 将篮球场放置到教学楼的前方适当位置，如图 6-98 所示。

(7) 单击"体量和场地"选项卡"场地建模"面板中的"场地构件"按钮，在"属性"

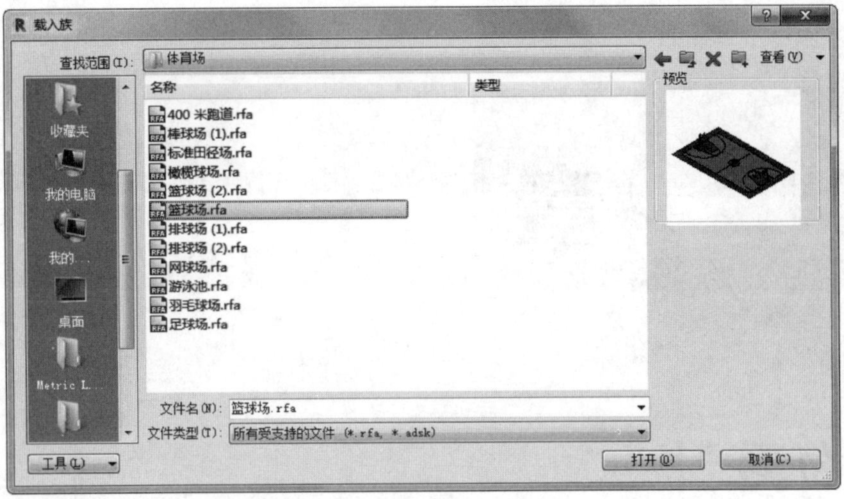

图 6-97 “载入族”对话框

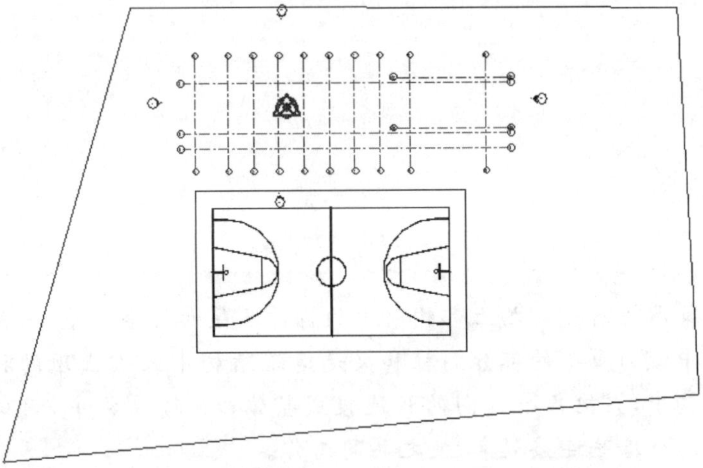

图 6-98 放置篮球场

选项板中选择“RPC 树-落叶树 大齿白杨-7.6 米”选项，标高为 0F，如图 6-99 所示。将落叶树放置在场地的四周，如图 6-83 所示。

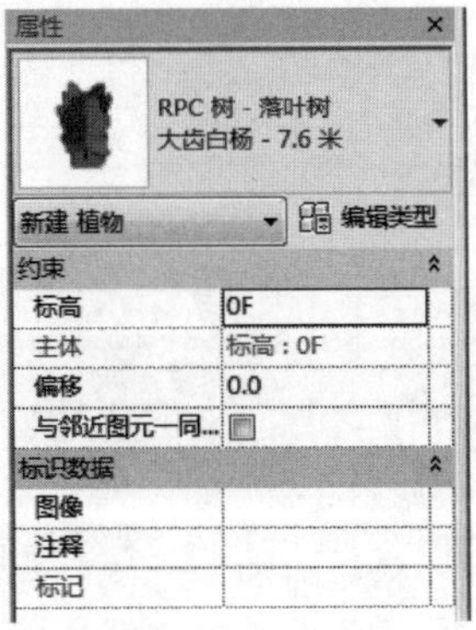

图 6-99 “属性”选项板

第7章

结构设计

本章导读

梁承托着建筑物上部构架中的构件及屋面的全部重量，是建筑上部构架中最为重要的部分。柱和梁是建筑结构中经常出现的构件。在框架结构中，梁把各个方向的柱连接成整体；在墙结构中，洞口上方的连梁将两个墙肢连接起来，使之共同工作。

本章主要介绍梁和柱的设计方法。

学习要点

- 柱
- 梁
- 梁和柱编辑
- 桁架

7.1　柱

在 Revit 中有两种柱，分别是结构柱和建筑柱，结构柱是用于承重的，而建筑柱是用来进行装饰和围护的。

7.1.1　结构柱

结构柱是主要的竖向受力构件，如图 7-1 所示，它的作用就是在框架结构中承受梁和板传来的荷载，并将荷载传给基础。

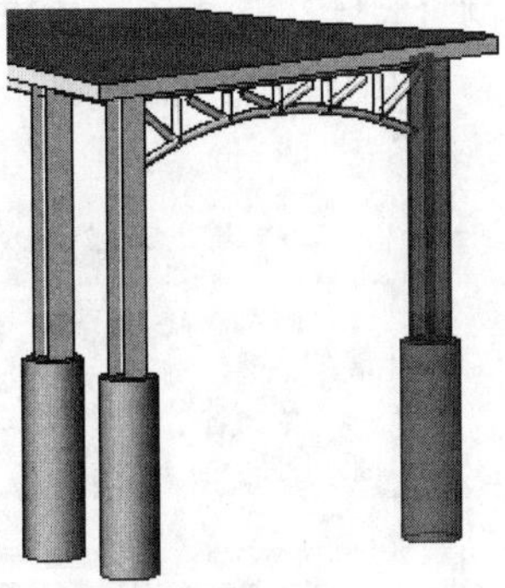

图 7-1　结构柱

本节利用结构柱工具将垂直承重图元添加到建筑模型中。

操作步骤

(1) 新建项目文件，并绘制轴网，或者打开第 6 章绘制的轴网，如图 7-2 所示。

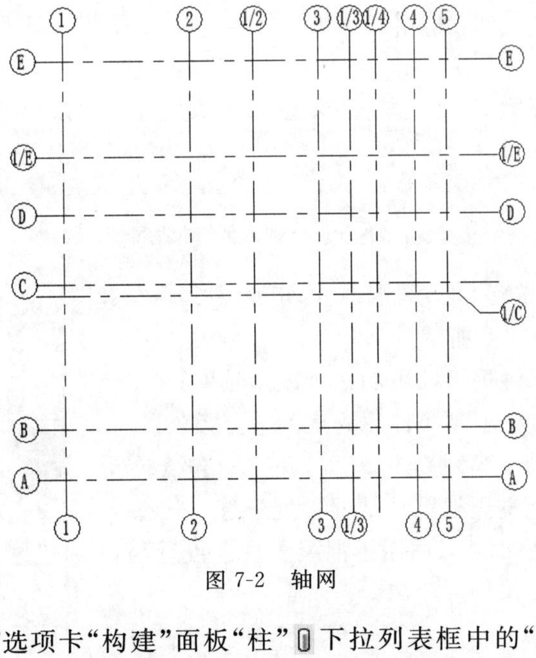

图 7-2　轴网

(2) 单击“建筑”选项卡“构建”面板“柱”下拉列表框中的“结构柱”按钮，打开“修改|放置 结构柱”选项卡和选项栏，如图 7-3 所示。

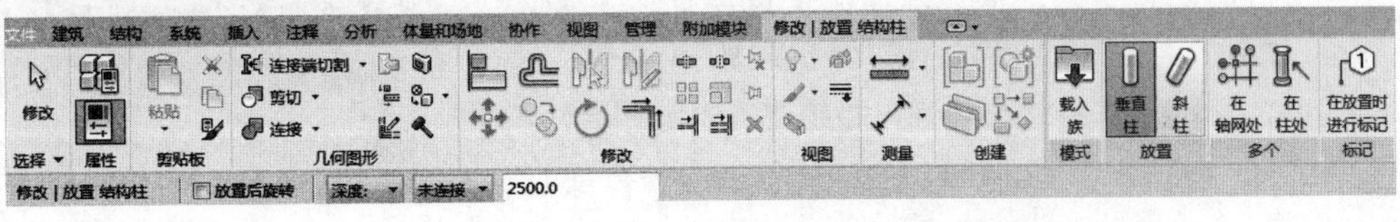

图 7-3　“修改|放置 结构柱”选项卡和选项栏

Note

➢ 放置后旋转：选中此复选框可以在放置柱后立即将其旋转。

➢ 深度/高度：此设置从柱的底部向下绘制。要从柱的底部向上绘制，则选择"高度"选项。

➢ 标高/未连接：选择柱的顶部标高；或者选择"未连接"选项，然后指定柱的高度。

(3) 在选项栏设置结构柱的参数，比如放置后是否旋转、结构柱的深度等。

(4) 在"属性"选项板的类型下拉列表中选择结构柱的类型，系统默认的只有"UC-普通柱-柱"，需要载入其他结构柱类型。

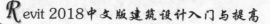

① 单击"模式"面板中的"载入族"按钮，打开"载入族"对话框，选择"China"→"结构"→"柱"→"混凝土"文件夹中的"混凝土-矩形-柱.rfa"族文件，如图 7-4 所示。

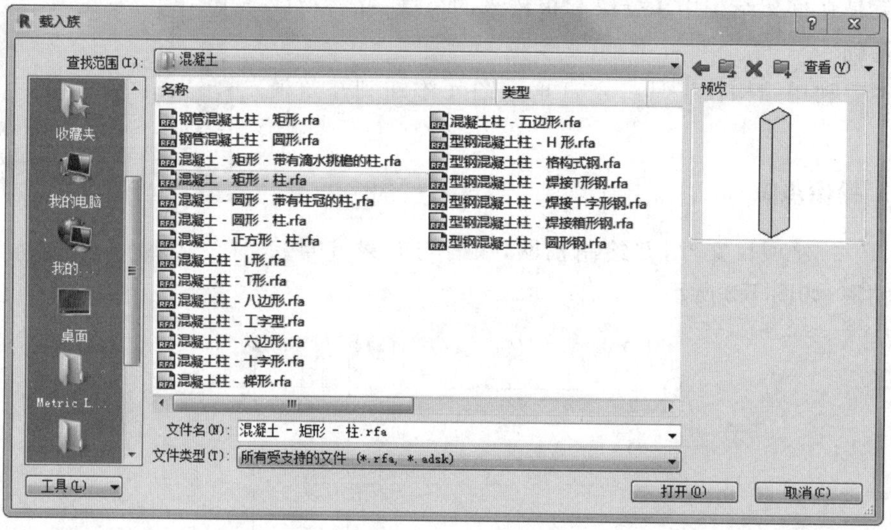

图 7-4 "载入族"对话框

② 单击"打开"按钮，加载"混凝土-矩形-柱.rfa"，此时"属性"选项板如图 7-5 所示。

➢ 随轴网移动：将垂直柱限制条件改为轴网。

➢ 房间边界：将柱限制条件改为房间边界条件。

➢ 启用分析模型：显示分析模型，并将它包含在分析计算中。该复选框默认情况下处于选中状态。

➢ 钢筋保护层-顶面：只适用于混凝土柱。设置与柱顶面间的钢筋保护层距离。

➢ 钢筋保护层-底面：只适用于混凝土柱。设置与柱底面间的钢筋保护层距离。

➢ 钢筋保护层-其他面：只适用于混凝土柱。设置从柱到其他图元面间的钢筋保护层距离。

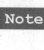

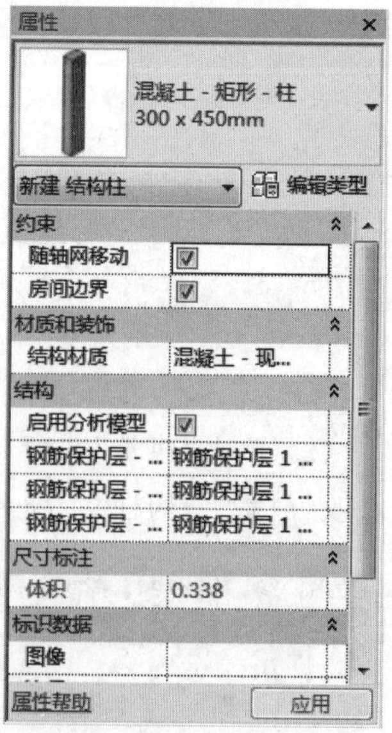

图 7-5 "属性"选项板

③ 单击"属性"选项板中的"编辑类型"按钮，打开"类型属性"对话框。单击"复制"按钮，打开"名称"对话框，输入名称为 240×240mm。单击"确定"按钮，返回到

"类型属性"对话框中,更改 b 和 h 的值为 240,如图 7-6 所示。

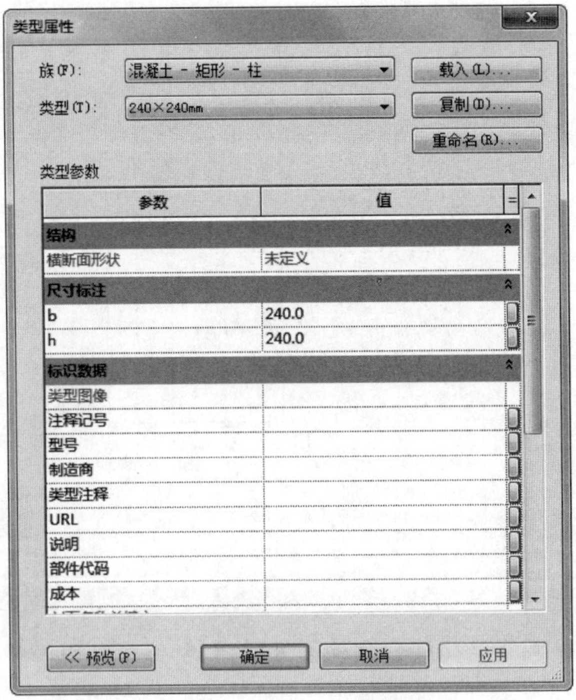

图 7-6　"类型属性"对话框

(5) 在选项栏中设置高度为标高 2,如图 7-7 所示。

图 7-7　选项栏设置

(6) 柱放置在轴网交点时,两组网格线将亮显,如图 7-8 所示。在其他轴网交点处单击放置柱,结果如图 7-9 所示。

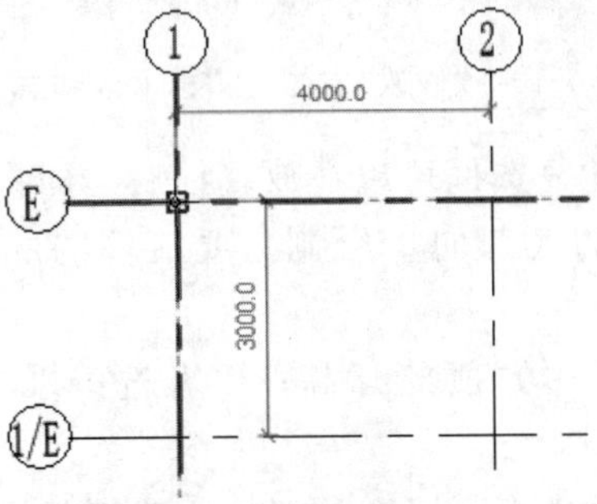

图 7-8　捕捉轴网交点

提示:放置柱时,使用空格键更改柱的方向。每次按空格键时柱将发生旋转,以便与选定位置的相交轴网对齐。在不存在任何轴网的情况下,按空格键时会使柱旋转 90°。

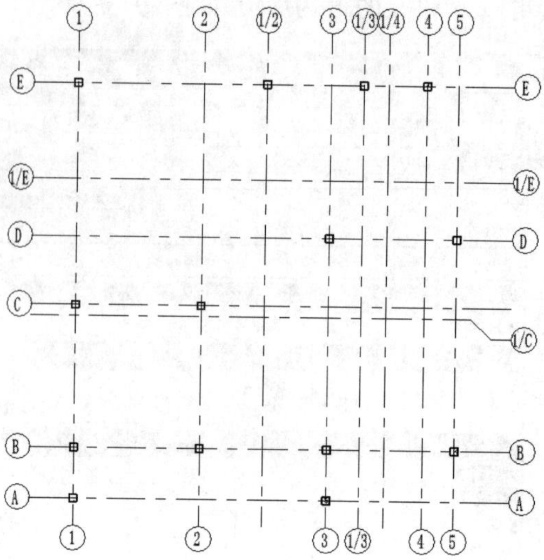

图 7-9　放置柱

7.1.2　建筑柱

可以使用建筑柱围绕结构柱创建柱框外围模型,并将其用于装饰应用。

操作步骤

(1) 新建一项目文件。

(2) 单击“建筑”选项卡“构建”面板“柱”下拉列表框中的“柱：建筑”按钮,打开“修改|放置 柱”选项卡和选项栏,如图 7-10 所示。

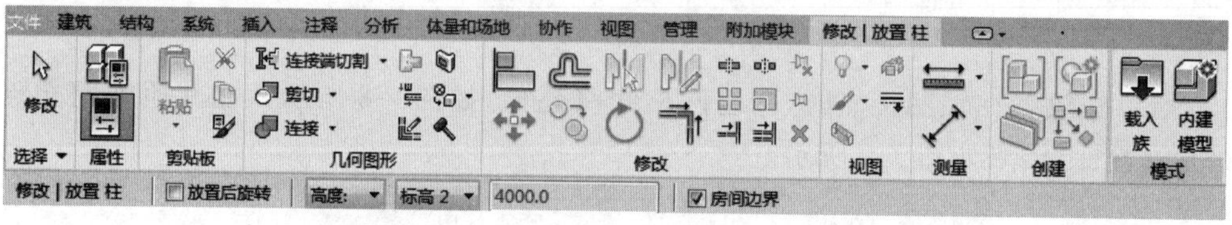

图 7-10　“修改|放置 柱”选项卡和选项栏

➢ 放置后旋转：选中此复选框可以在放置柱后立即将其旋转。

➢ 高度：此设置从柱的底部向上绘制。要从柱的底部向下绘制,则选择“深度”选项。

➢ 标高/未连接：选择柱的顶部标高；或者选择“未连接”选项,然后指定柱的高度。

➢ 房间边界：选中此复选框可以在放置柱之前将其指定为房间边界。

(3) 在选项栏设置结构柱的参数。

(4) 在“属性”选项板的“类型”下拉列表框中选择结构柱的类型,系统默认的只有“矩形柱”,可以单击“模式”面板中的“载入族”按钮,打开“载入族”对话框,在“China”→“建筑”→“柱”文件夹中选择需要的柱。这里选择“金属铠装柱. rfa”族文件,如图 7-11 所示。

（5）单击“打开”按钮，加载“金属铠装柱. rfa”，此时“属性”选项板如图 7-12 所示。

（6）单击放置柱，切换到三维视图来观察柱，如图 7-13 所示。通常，通过选择轴线或墙放置柱时将会对齐柱。

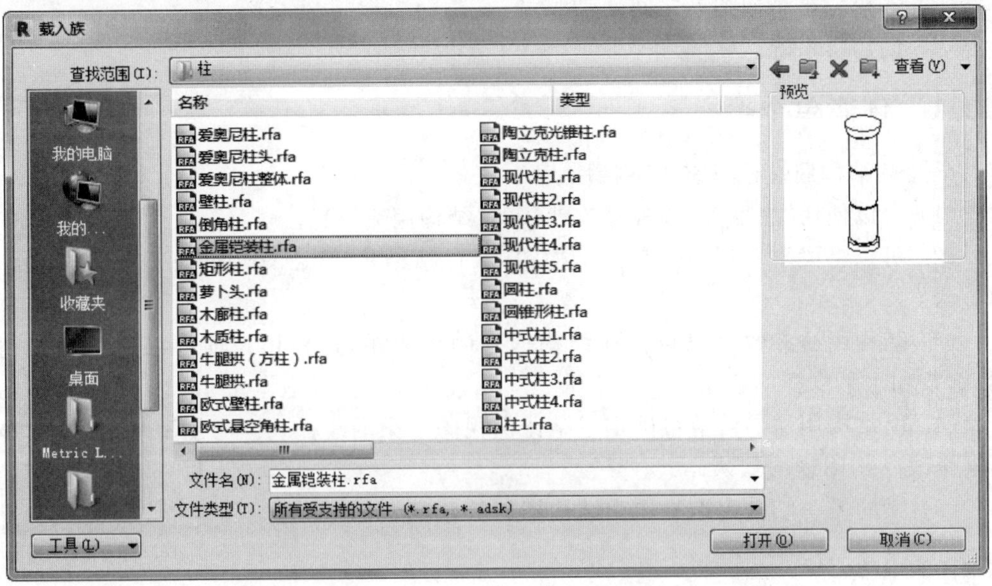

图 7-11 “载入族”对话框

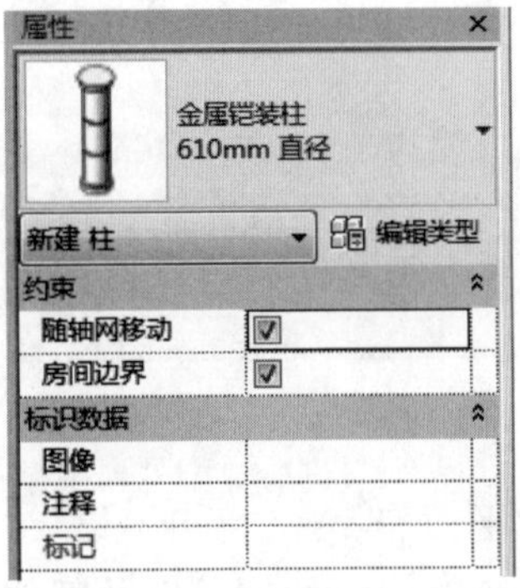

图 7-12 “属性”选项板

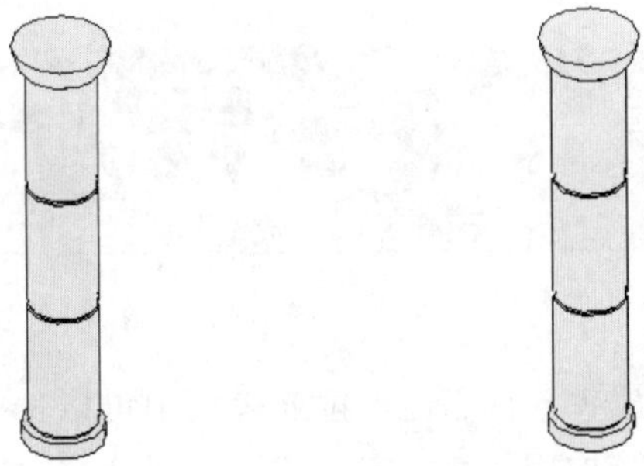

图 7-13 三维建筑柱

7.2 梁

由支座支承，承受的外力以横向力和剪力为主，以弯曲为主要变形的构件称为梁。

将梁添加到平面视图中时，必须将底剪裁平面设置为低于当前标高；否则，梁在该视图中不可见。但是如果使用结构样板，视图范围和可见性设置会使视图中显示梁。每个梁的图元是通过特定梁族的类型属性定义的。此外，还可以通过修改各种实例属性来定义梁的功能。

可以使用以下任一种方法，将梁附着到项目中的任何结构图元：

（1）绘制单个梁；

（2）创建梁链；

（3）选择位于结构图元之间的轴线；

（4）创建梁系统。

Note

7.2.1 创建单个梁

梁及其结构属性还具有以下特性。

（1）可以使用“属性”选项板修改默认的“结构用途”设置。

（2）可以将梁附着到任何其他结构图元（包括结构墙）上，但是它们不会连接到非承重墙。

（3）结构用途参数可以包括在结构框架明细表中，这样用户便可以计算大梁、托梁、檩条和水平支撑的数量。

（4）由结构用途参数值可确定粗略比例视图中梁的线样式。可使用“对象样式”对话框修改结构用途的默认样式。

（5）梁的另一结构用途是作为结构桁架的弦杆。

操作步骤

（1）打开7.1.1节绘制的结构柱，如图7-9所示。

（2）单击“结构”选项卡“结构”面板中的“梁”按钮，打开“修改|放置 梁”选项卡和选项栏，如图7-14所示。

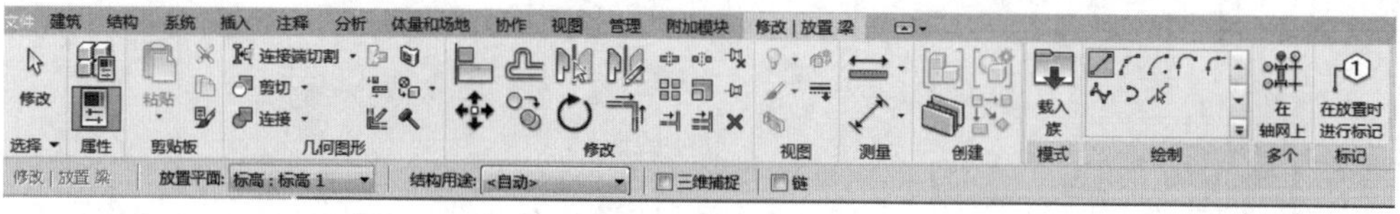

图7-14 “修改|放置 梁”选项卡和选项栏

- ➢ 放置平面：在下拉列表框中可以选择梁的放置平面。
- ➢ 结构用途：指定梁的结构用途，包括大梁、水平支撑、托梁、檀条以及其他。
- ➢ 三维捕捉：选中此复选框来捕捉任何视图中的其他结构图元，不论高程如何，屋顶梁都将捕捉到柱的顶部。
- ➢ 链：选中此复选框后依次连续放置梁。在放置梁时的第二次单击将作为下一个梁的起点。按Esc键完成链式放置梁。

（3）在“属性”选项板中只有热轧H型钢类型的梁，需载入其他类型的梁。单击“模式”面板中的“载入族”按钮，打开“载入族”对话框，选择“China”→“结构”→“框架”→“混凝土”文件夹中的“混凝土-矩形梁.rfa”族文件，如图7-15所示。

（4）混凝土梁的“属性”选项板如图7-16所示。在Revit中提供了混凝土和钢梁两种不同属性的梁，其属性参数也稍有不同。

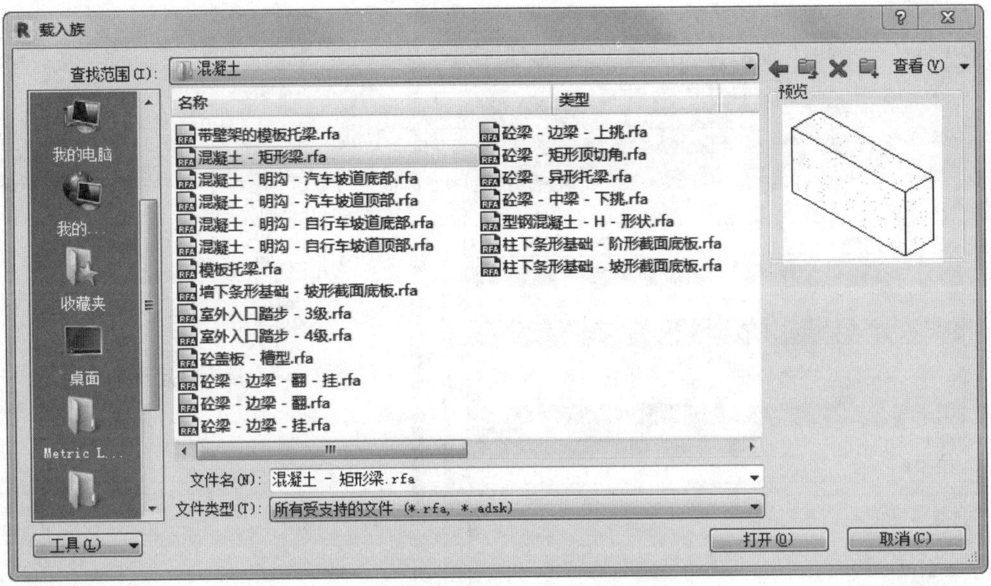

图 7-15　“载入族”对话框

➢ 参照标高：标高限制。这是一个只读的值，取决于放置梁的工作平面。

➢ YZ 轴对正：包括“统一”和“独立”两个选项。使用“统一”选项可为梁的起点和终点设置相同的参数。使用“独立”选项可为梁的起点和终点设置不同的参数。

➢ Y 轴对正：指定物理几何图形相对于定位线的位置，包括“原点”“左侧”“中心”和“右侧”。

➢ Y 轴偏移值：几何图形偏移的数值，是在“Y 轴对正”参数中设置的定位线与特性点之间的距离。

➢ Z 轴对正：指定物理几何图形相对于定位线的位置，包括“原点”“顶部”“中心”和“底部”。

➢ Z 轴偏移值：在“Z 轴对正”参数中设置的定位线与特性点之间的距离。

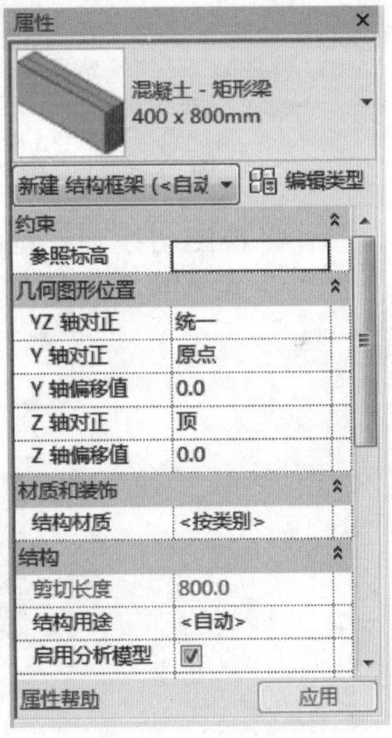

图 7-16　混凝土梁的“属性”选项板

(5) 单击“属性”选项板中的“编辑类型”按钮，打开“类型属性”对话框，新建“240×480mm”类型，更改 b 为 240，h 为 480，其他采用默认设置，如图 7-17 所示。

(6) 在选项栏中设置放置平面为“标高 2”，其他采用默认设置。

(7) 在绘图区域中单击柱的中点作为梁的起点，如图 7-18 所示。

(8) 移动鼠标，光标将捕捉到其他结构图元(例如柱的质心或墙的中心线)，状态栏将显示光标的捕捉位置，这里捕捉另一柱的中心，如图 7-19 所示。若要在绘制时指定梁的精确长度，则在起点处单击，然后按其延伸的方向移动光标。输入所需长度，然后按 Enter 键以放置梁。

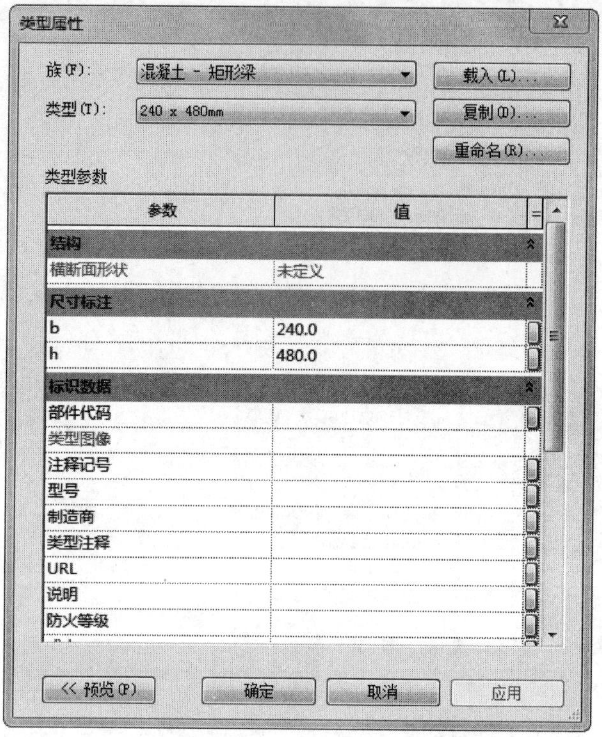

图 7-17 “类型属性”对话框

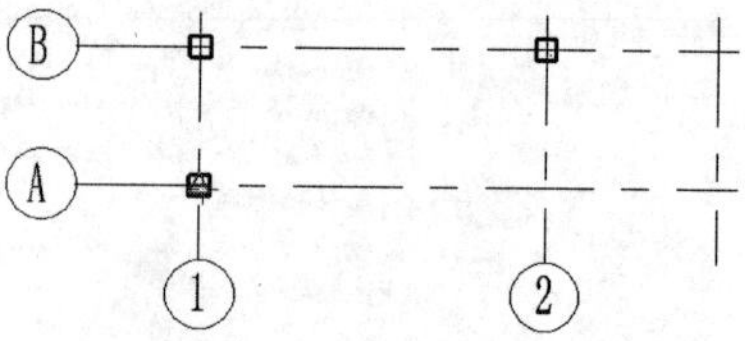

图 7-18 指定梁的起点

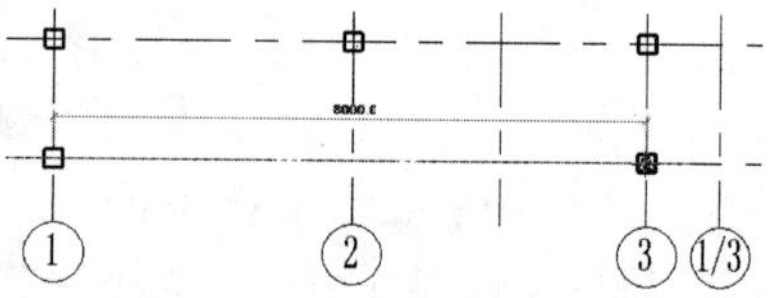

图 7-19 指定梁的中点

(9) 将视图切换到三维视图,观察图形,如图 7-20 所示。

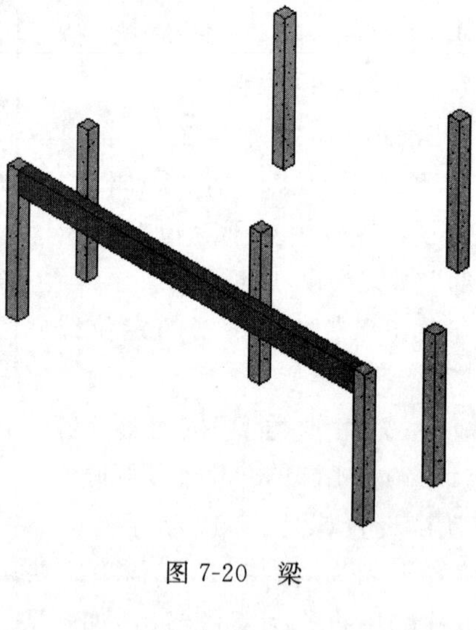

图 7-20 梁

7.2.2 创建轴网梁

Revit 沿轴线放置梁时,它将使用下列条件。

(1) 将扫描所有与轴线相交的可能支座,例如柱、墙或梁。

(2) 如果墙位于轴线上,则不会在该墙上放置梁。墙的各端用作支座。

(3) 如果梁与轴线相交并穿过轴线,则此梁被认为是中间支座,以此梁为支座在轴线上创建新梁。

(4) 如果梁与轴线相交但不穿过轴线,则此梁由在轴线上创建的新梁支撑。

Note

操作步骤

(1) 打开 7.1.1 节绘制的结构柱,如图 7-9 所示。

(2) 单击"结构"选项卡"结构"面板中的"梁"按钮,打开"修改|放置 梁"选项卡和选项栏,如图 7-14 所示。选择"标高 2"为放置平面。

(3) 单击"模式"面板中的"载入族"按钮,打开"载入族"对话框,选择"China"→"结构"→"框架"→"混凝土"文件夹中的"混凝土-矩形梁.rfa"族文件。

(4) 在选项栏中设置放置平面为"标高 2",其他采用默认设置。

(5) 单击"多个"面板上的"在轴网上"按钮,打开"修改|放置 梁→在轴网线上"选项卡,如图 7-21 所示。

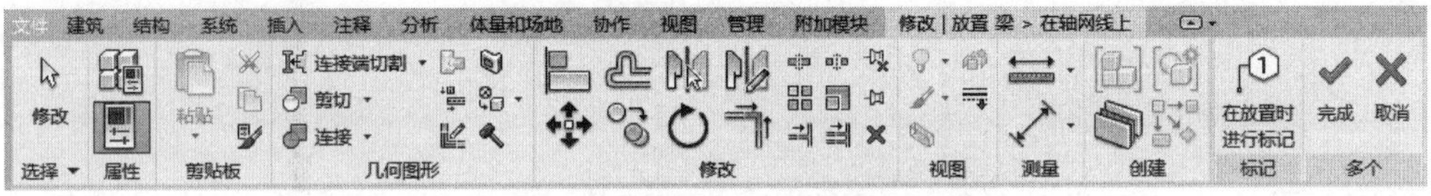

图 7-21　"修改|放置 梁→在轴网线上"选项卡

(6) 框选视图中绘制好的轴网,如图 7-22 所示。

图 7-22　框选轴网

Note

（7）单击“多个”面板中的“完成”按钮✔，生成梁如图 7-23 所示。

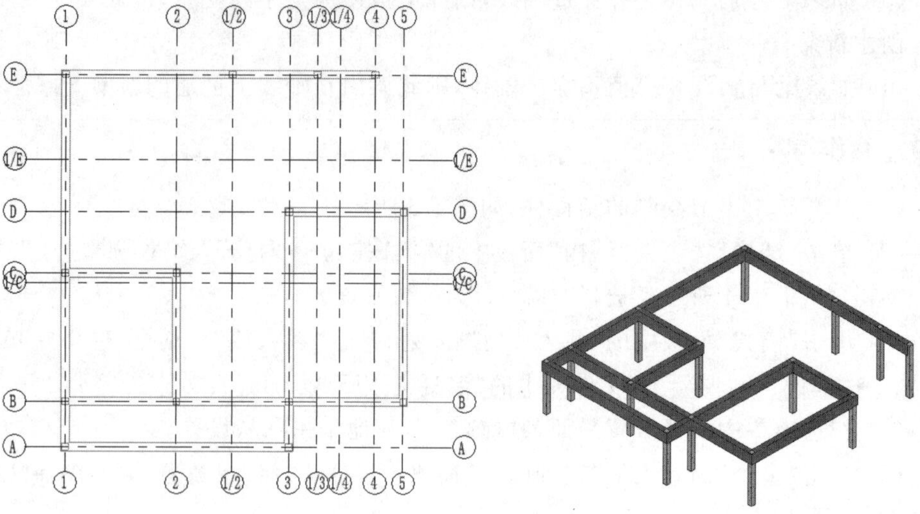

图 7-23　创建轴网梁

7.2.3　创建梁系统

梁系统参数会随设计的改变而调整。如果重新定位了一个柱，梁系统参数将自动随其位置的改变而调整。

创建梁系统时，如果两个面积的相同而支座不相同，则粘贴的梁系统面积可能不会如期望的那样附着到支座上。在这种情况下，可能需要修改梁系统。

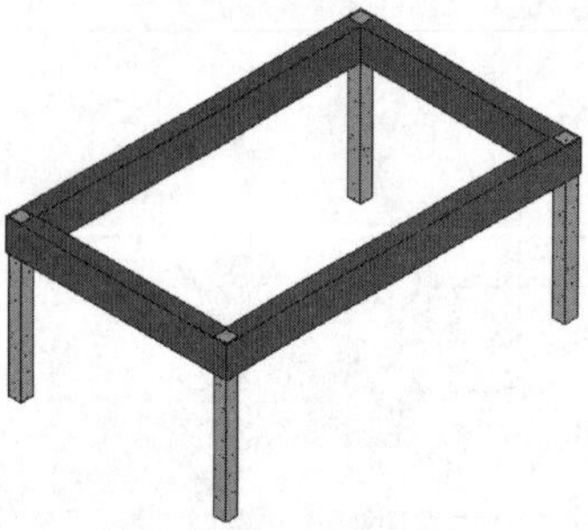

图 7-24　创建图形

操作步骤

（1）新建一项目文件，并创建如图 7-24 所示的图形。

（2）单击“结构”选项卡“结构”面板中的“梁系统”按钮▥，打开“修改|创建梁系统边界”选项卡和选项栏，如图 7-25 所示。

（3）在“属性”选项板的“填充图案”栏中设置梁类型，在“固定间距”文本框中输入两个梁之间的间距值为 2000，输入立面高度为 3000，如图 7-26 所示。

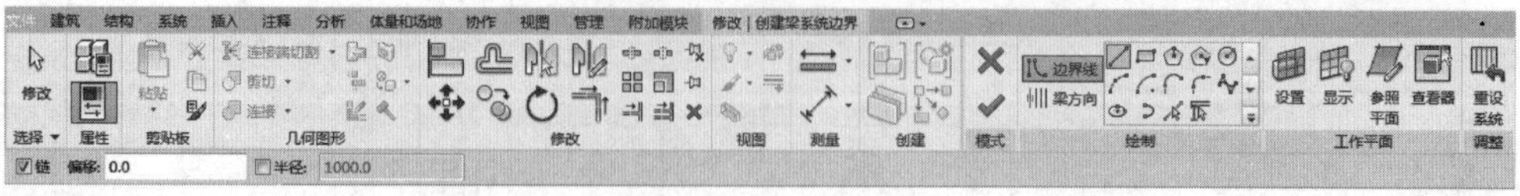

图 7-25　“修改|创建梁系统边界”选项卡和选项栏

（4）单击“绘制”面板中的“矩形”按钮▭，绘制边界线，如图 7-27 所示。将边界线锁定，梁系统参数将自动随其位置的改变而调整。

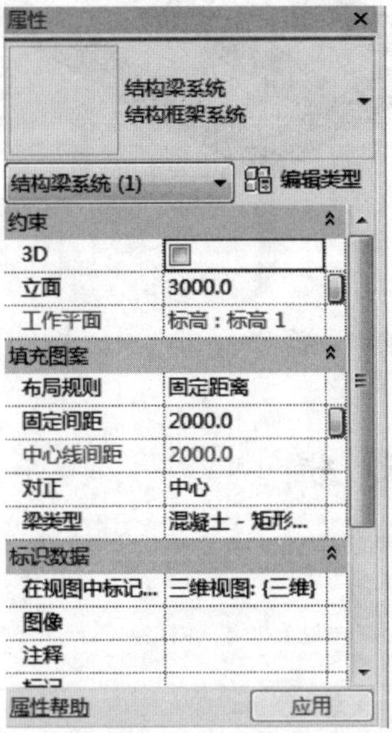

图 7-26　“属性”选项板

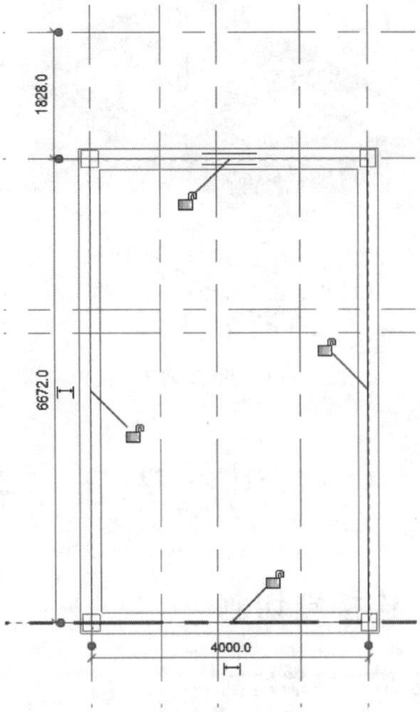

图 7-27　边界线

（5）单击“模式”面板中的“完成编辑模式”按钮，完成的结构梁系统如图 7-28 所示。

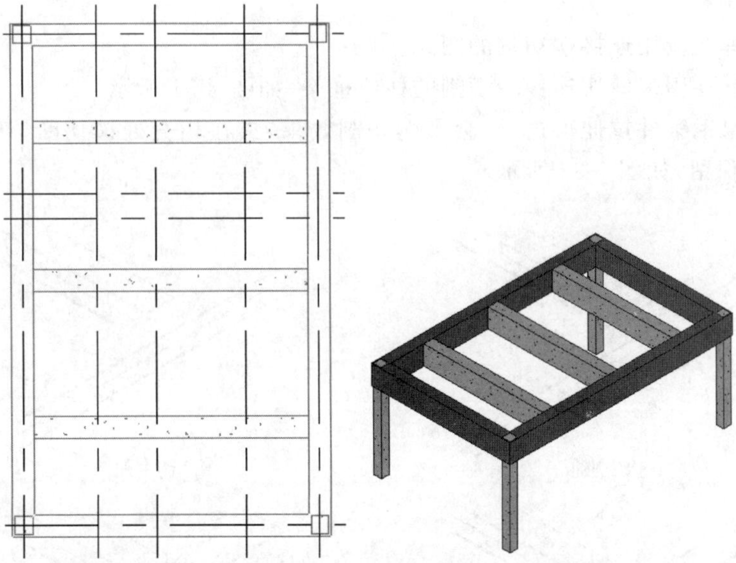

图 7-28　梁系统

（6）选中梁系统，然后单击“编辑边界”按钮，进入编辑边界环境。

（7）单击“绘制”面板中的“梁方向”按钮，拾取如图 7-29 所示的直线为梁方向。单击“模式”面板中的“完成编辑模式”按钮，绘制另一个方向上的梁系统，结果如图 7-30所示。

Note

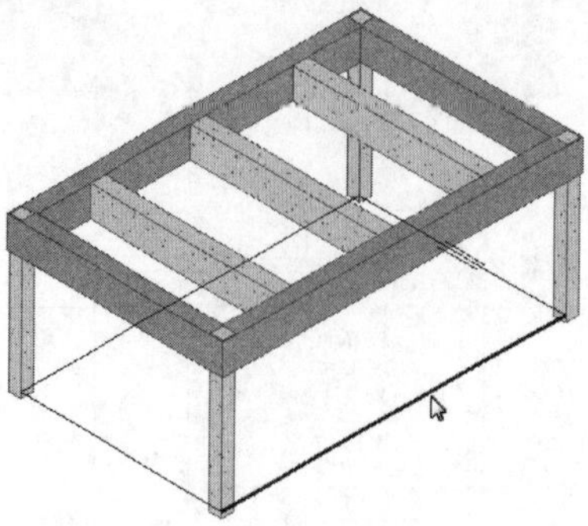

图 7-29　拾取梁方向

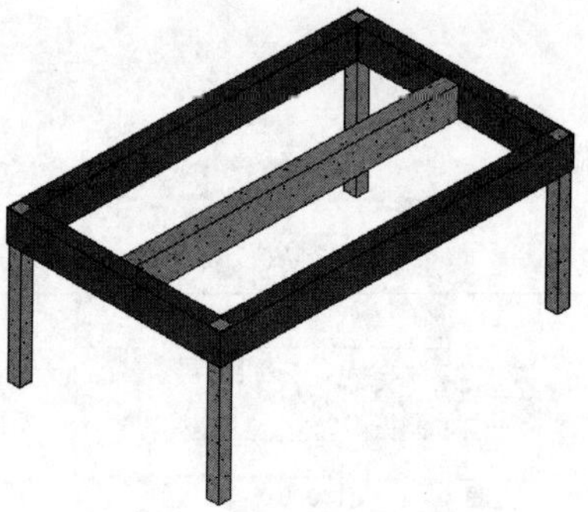

图 7-30　创建另一个梁系统

7.3　梁和柱编辑

7.3.1　连接端切割

1. 应用连接端切割

连接端切割可以应用于模型的钢构件，例如梁和柱。

操作步骤

(1) 单击"修改"选项卡"几何图形"面板"连接端切割"下的"应用连接端切割"按钮，打开选项栏。

(2) 选择要应用连接端切割的图元。

(3) 选择要用来剪切连接端切割的柱或框架，如图 7-31 所示。

(4) 如果钢梁件拉伸得过长，会影响切割效果，只在相交处被切断，切断处以外的钢梁件均被保留，如图 7-32 所示。

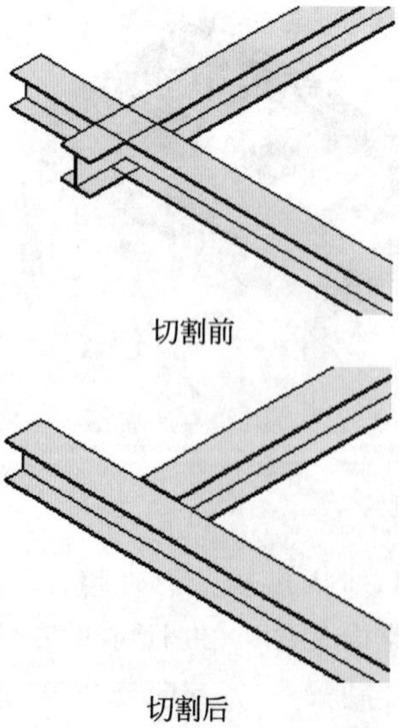

图 7-31　应用连接端切割

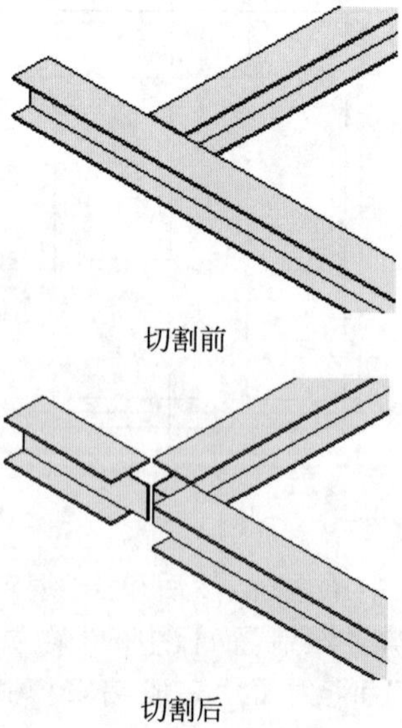

图 7-32　钢梁过长切割

（5）如果需要两条钢梁件相互切割，可以拖动构件端点缩短长度，如图 7-33 所示。再次应用连接端切割工具后，结果如图 7-34 所示。

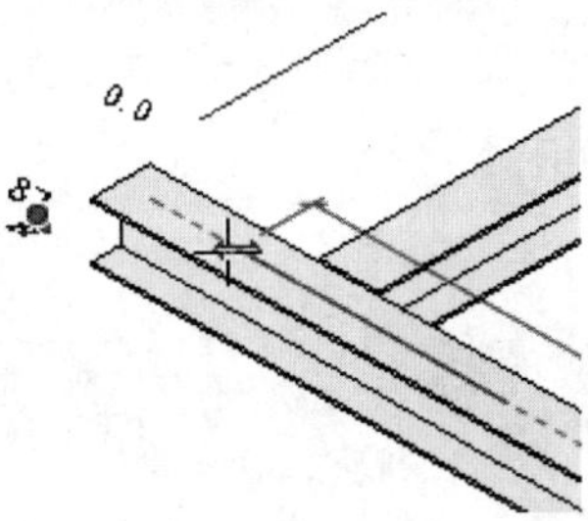

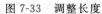

图 7-33　调整长度

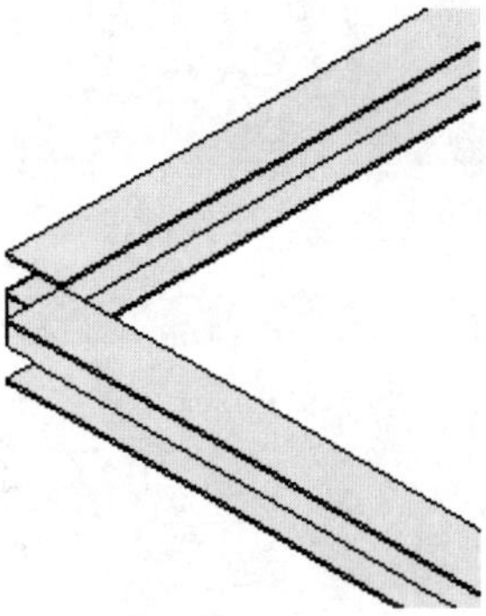

图 7-34　切割

2. 删除连接端切割

（1）单击"修改"选项卡"几何图形"面板"连接端切割"下的"应用连接端切割"按钮，打开选项栏。

（2）选择要删除连接端切割的构件。

（3）选择要用来加连接端切割的柱或框架。

7.3.2　梁/柱连接

使用"梁/柱连接"工具可以通过删除或应用梁的缩进来调整连接。

操作步骤

（1）单击"修改"选项卡"几何图形"面板中的"梁/柱连接"按钮，打开选项栏，如图 7-35 所示。

图 7-35　"梁/柱连接"选项栏

（2）视图中在梁（或柱，视具体情况而定）端点连接处显示缩进箭头控制柄，如图 7-36 所示。

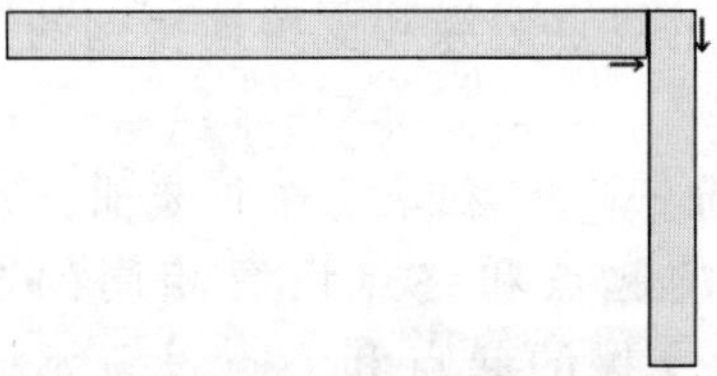

图 7-36　显示箭头控制柄

（3）在选项栏上，根据钢材、木材、预制混凝土和其他材质过滤可见连接控制柄。

（4）单击缩进箭头控制，沿着箭头所指方向修改缩进，如图 7-37 所示。

Note

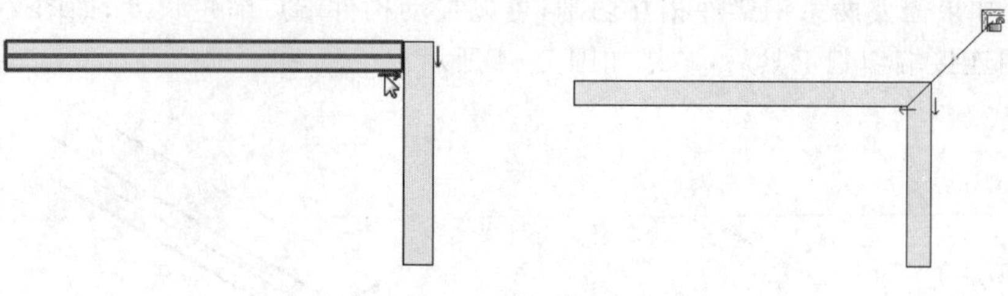

图 7-37　梁连接

7.4　支　　撑

通过在两个结构图元之间绘制线来创建支撑。可以在平面视图或框架立面视图中添加支撑。支撑会将其自身附着到梁和柱，并根据建筑设计中的修改进行参数化调整。

(1) 打开框架立面图。

(2) 单击"结构"选项卡"结构"面板中的"支撑"按钮，打开"修改|放置 支撑"选项卡和选项栏，如图 7-38 所示。

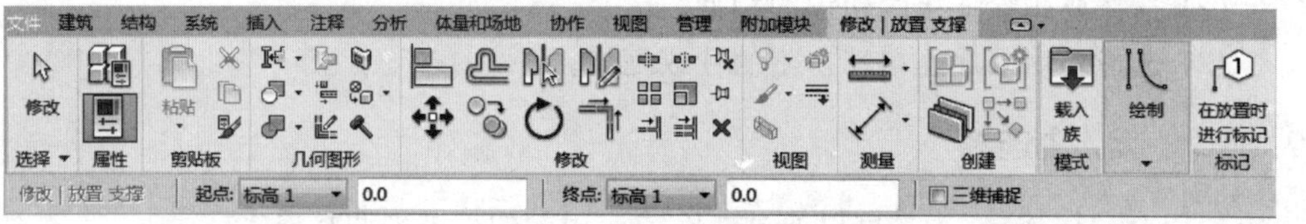

图 7-38　"修改|放置 支撑"选项卡和选项栏

(3) 在"属性"选项板中选择支撑类型，如图 7-39 所示。

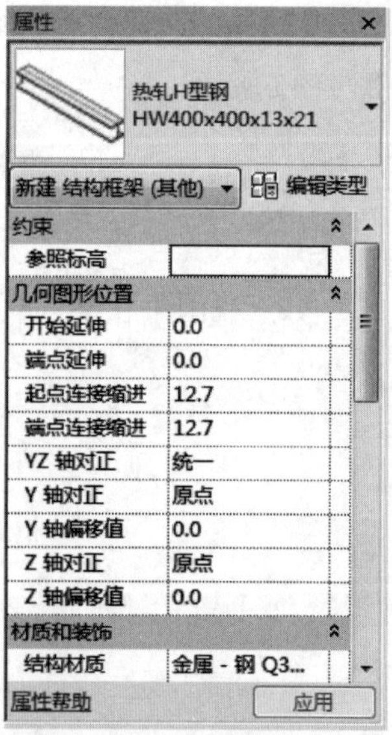

图 7-39　"属性"选项板

- 参照标高：标高限制。
- 开始延伸：将支撑几何图形添加到超出支撑起点的尺寸标注。
- 端点延伸：将支撑几何图形添加到超出支撑终点的尺寸标注。
- 起点连接缩进：支撑的起点边缘和支撑连接到的图元之间的尺寸标注。
- 端点连接缩进：支撑的终点边缘和支撑连接到的图元之间的尺寸标注。
- YZ 轴对正：包括"统一"或"独立"两个选项。选择"统一"可为支撑的起点和终点设置相同的参数，选择"独立"可为支撑的起点和终点设置不同的参数。
- Y 或 Z 轴对正：指定物理几何图形相对于定位线的位置，包括"原点""左侧""中心"或"右侧"。

➢ Y 或 Z 轴偏移值：设置的定位线与特性点之间的距离。

(4) 单击“编辑类型”按钮，打开如图 7-40 所示的“类型属性”对话框，修改支撑类型属性来更改尺寸标注、标识数据和其他属性。

图 7-40 “类型属性”对话框

➢ 横断面形状：指定图元的结构剖面形状族类别。
➢ 清除腹板高度：腹板角焊焊趾之间的详细深度。
➢ 翼缘角焊焊趾：从腹板中心到翼缘角焊焊趾的详细距离。
➢ 腹板角焊焊趾：翼缘外侧边与腹板角焊焊趾之间的距离。
➢ 螺栓间距：腹板两侧翼缘螺栓孔之间的标准距离。
➢ 螺栓直径：螺栓孔的最大直径。
➢ 两行螺栓间距：腹板两侧翼缘两个螺栓孔之间的距离。
➢ 行间螺栓间距：腹板两侧翼缘螺栓行之间的距离。
➢ 宽度：剖面形状的外部宽度。
➢ 腹杆厚度：剖面形状中的翼缘之间的距离(沿腹板)。
➢ 腹杆圆角：剖面形状中的翼缘末端的圆角半径。
➢ 高度：剖面形状的外部高度。
➢ 法兰厚度：剖面形状中的腹板外表面之间的距离。
➢ 质心垂直：沿垂直轴从剖面形状质心到下端的距离。
➢ 质心水平：沿水平轴从剖面形状质心到左侧末端的距离。

(5) 在绘图区域中，高亮显示要从中开始支撑的捕捉点，单击以放置起点，如图 7-41 所示。

(6) 按对角线方向移动指针以绘制支撑，并将光标靠近另一结构图元以捕捉到它。单击以放置终点，结果如图 7-42 所示。

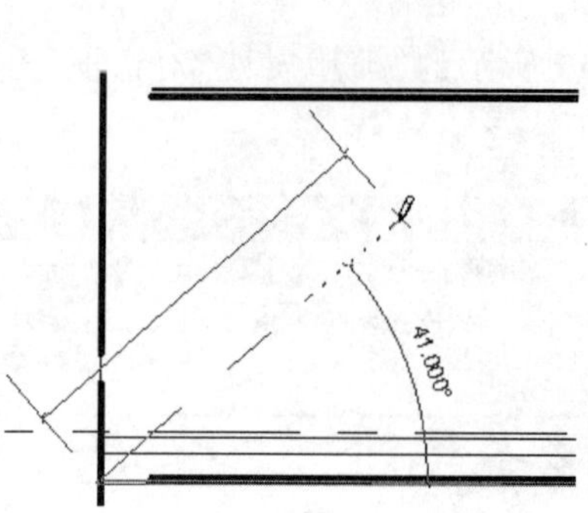

图 7-41　放置起点

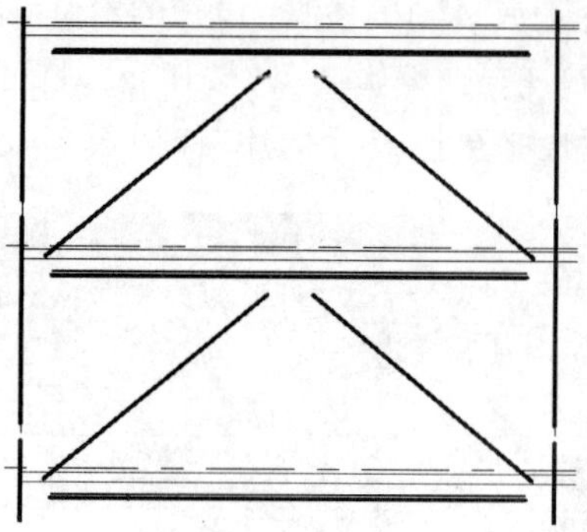

图 7-42　绘制支撑

7.5　桁　　架

桁架族中的所有类型共享相同轮廓布局。

7.5.1　放置桁架

（1）新建一项目文件，并切换至标高 1 楼层平面。

（2）单击“结构”选项卡“结构”面板中的“桁架”按钮，打开“修改|放置 桁架”选项卡和选项栏，如图 7-43 所示。

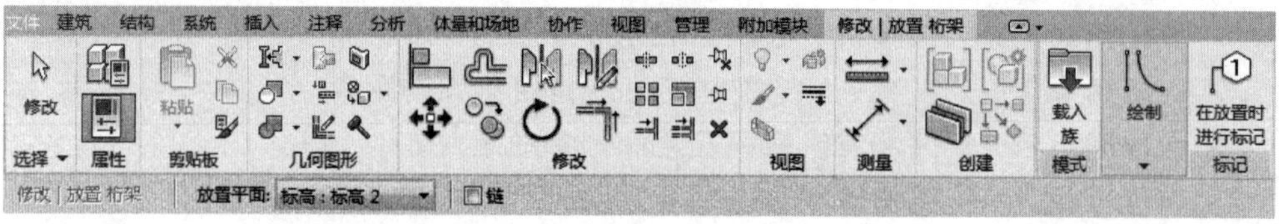

图 7-43　“修改|放置 桁架”选项卡和选项栏

（3）单击“模式”面板中的“载入族”按钮，打开“载入族”对话框，在“China”→“结构”→“桁架”文件夹中选择需要的桁架族，这里选择“豪威氏水平桁架. rfa”族文件，如图 7-44 所示，单击“打开”按钮，载入“豪威氏水平桁架. rfa”族文件。

（4）单击“绘制”面板中的“线”按钮，指定桁架的起点和终点，也可以单击“拾取线”按钮，选择约束桁架模型所需要的边或线。

（5）将视图切换至北立面图，得到桁架如图 7-45 所示。

7.5.2　编辑桁架轮廓

在非平面、垂直立面、剖面或三维视图中，可以编辑桁架的范围。根据需要，可以创建新线、删除现有线，以及使用“修剪/编辑”工具调整轮廓。通过编辑桁架的轮廓，可以将其上弦杆和下弦杆修改为任何所需形状。

（1）打开 7.5.1 节绘制的桁架文件。

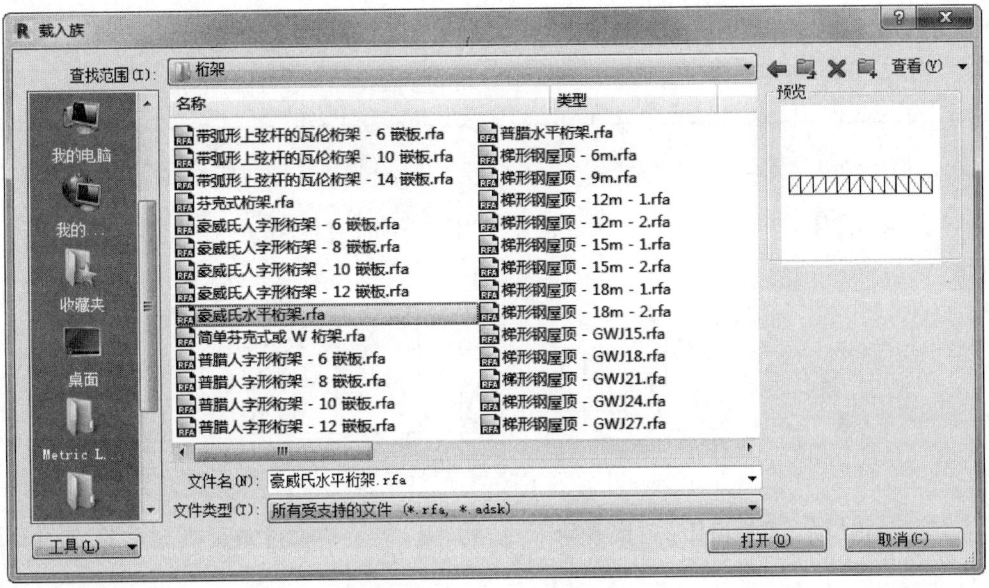

图 7-44　“载入族”对话框

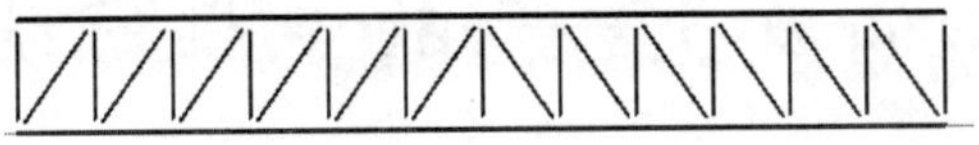

图 7-45　桁架

(2) 选取视图中的桁架，打开“修改|结构桁架”选项卡，如图 7-46 所示。

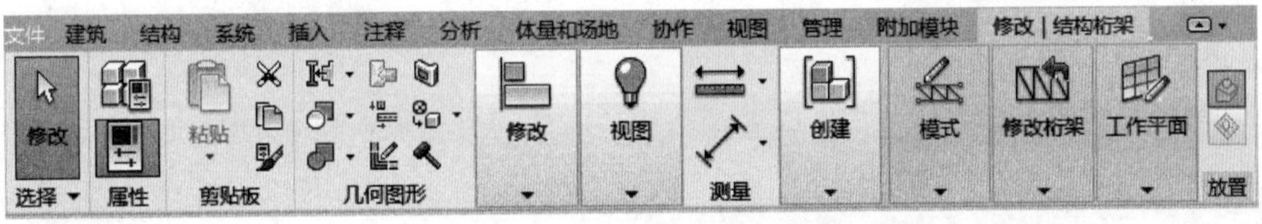

图 7-46　“修改|结构桁架”选项卡

(3) 单击“模式”面板中的“编辑轮廓”按钮，打开“修改|结构桁架→编辑轮廓”选项卡，如图 7-47 所示。

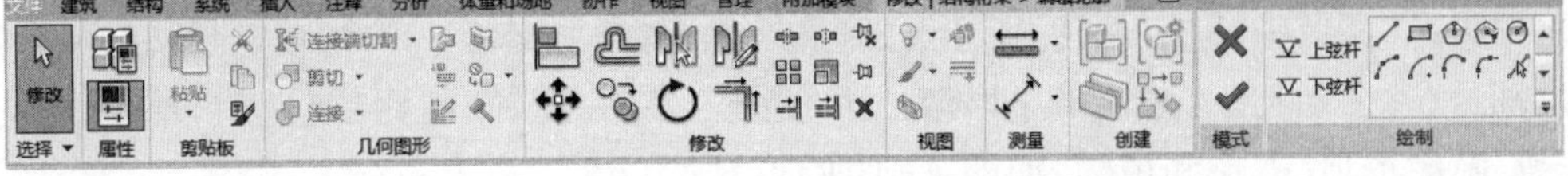

图 7-47　“修改|结构桁架→编辑轮廓”选项卡

(4) 单击“绘制”面板中的“上弦杆”按钮和“线”按钮，绘制上弦杆的轮廓，如图 7-48 所示。

(5) 删除旧的上弦杆轮廓线，如图 7-49 所示。

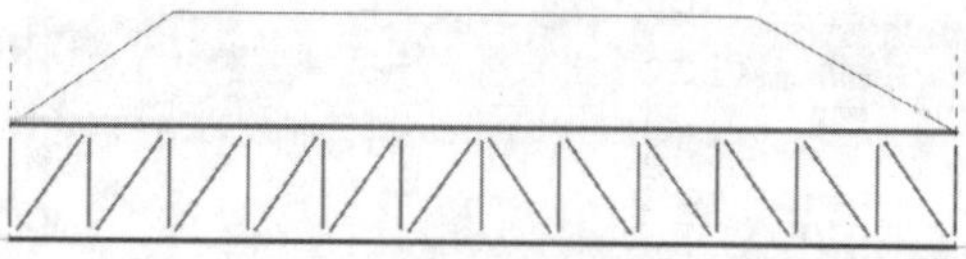

图 7-48　绘制上弦杆的轮廓线

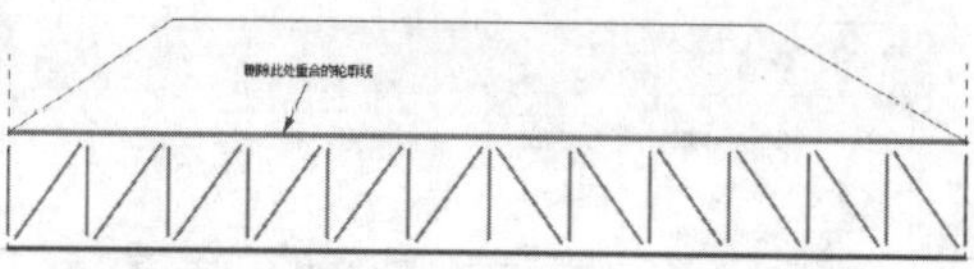

图 7-49　删除上弦杆的轮廓线

Note

（6）单击“模式”面板中的“完成编辑模式”按钮，完成桁架轮廓的编辑，如图 7-50 所示。

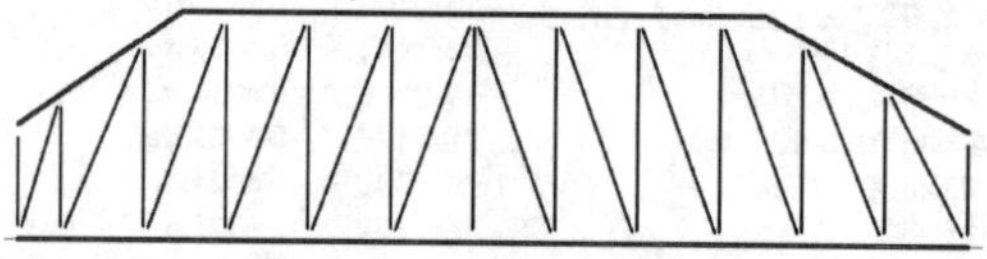

图 7-50　编辑桁架轮廓

（7）单击“模式”面板中的“重设轮廓”按钮，将桁架构件重新锁定并设定回其默认定义。

7.6　上机练习——教学楼的结构设计

练习目标

本节主要创建教学楼的柱和梁。

设计思路

首先设置结构柱的类型，然后进行结构柱布置，最后创建梁的类型，绘制梁。

7.6.1　创建柱

7-1

操作步骤

（1）将视图切换至 1F 楼层平面。

（2）为了绘制方便，在 1F 平面图中将场地以及构件设置为不可见。单击“视图”选项卡“图形”面板中的“可见性/图形”按钮，打开“楼层平面：1F 的可见性/图形替换”对话框，在“模型类别”选项卡中取消选中“地形”、“场地”和“植物”复选框，单击“确定”按钮，隐藏场地、地形和植物，如图 7-51 所示。

（3）单击“建筑”选项卡“构建”面板“柱”下拉列表中的“柱：建筑”按钮，打开“修改|放置 柱”选项卡和选项栏。

（4）在“属性”选项板中选择“矩形柱”类型，单击“编辑类型”按钮，打开“类型属性”对话框，单击“复制”按钮，新建“400×500mm”类型。在对话框中单击“材质”栏中的按钮，打开“材质浏览器”对话框，选择“粉刷，米色，平滑”材质，选中“使用渲染外观”复选框，如图 7-52 所示。其他采用默认设置，单击“确定”按钮。

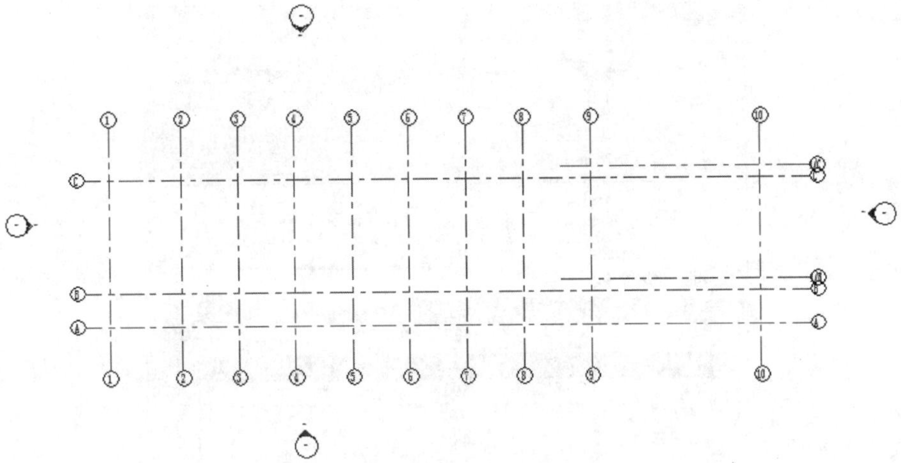

图 7-51　隐藏场地、地形和植物

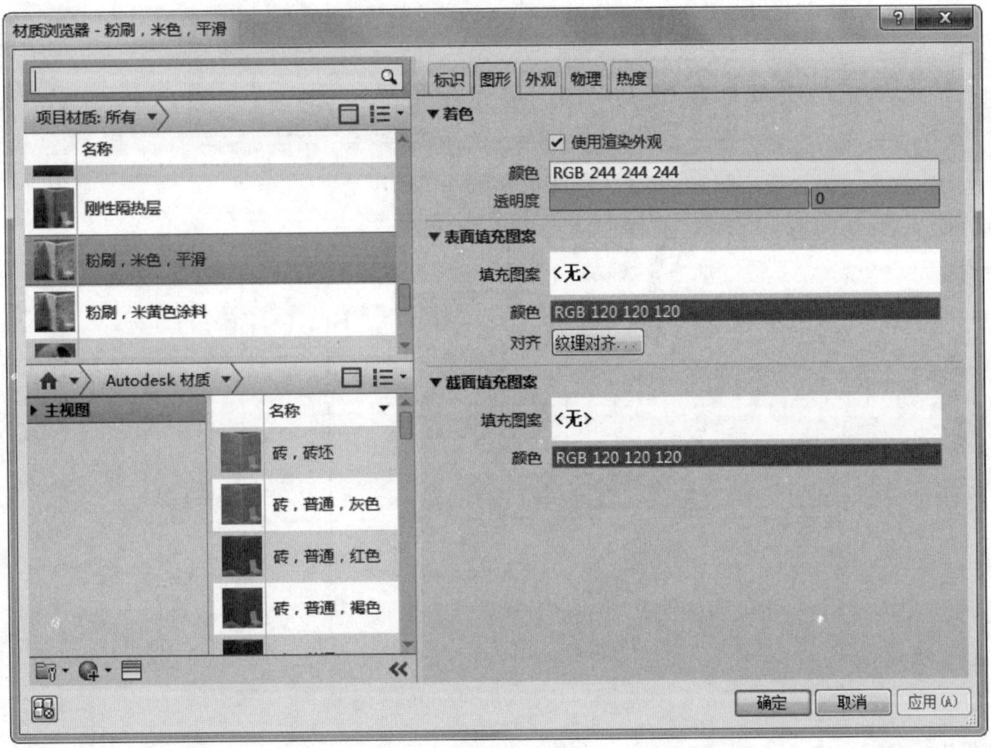

图 7-52　"材质浏览器"对话框

(5) 返回到"类型属性"对话框，更改深度为 500，宽度为 400，其他采用默认设置，如图 7-53 所示，单击"确定"按钮。

(6) 在选项栏中设置高度为 4F，其他采用默认设置。

(7) 在轴线 A 与轴线 2、3、4、5、6、7 的交点处放置柱子，如图 7-54 所示。

(8) 单击"建筑"选项卡"构建"面板中的"柱"下拉列表中的"柱：建筑"按钮，在"属性"选项板中选择"矩形柱 400×500mm"类型，单击"编辑类型"按钮，打开"类型

Note

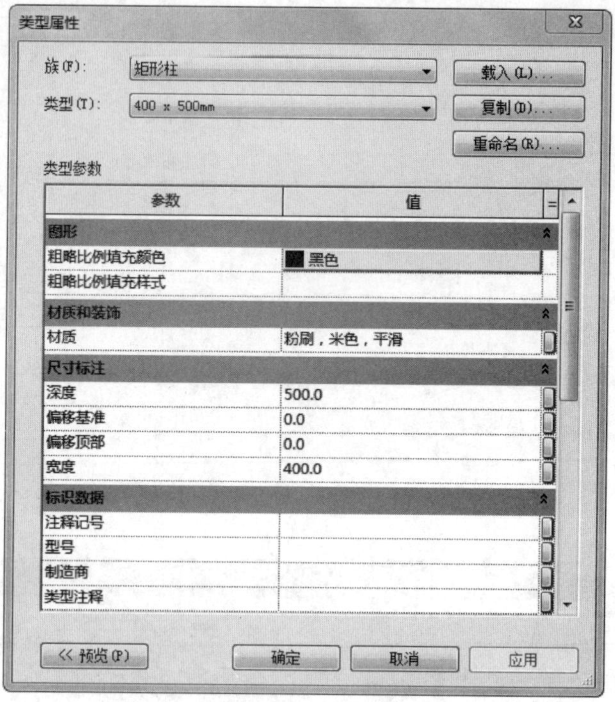

图 7-53　新建“400×500mm”类型

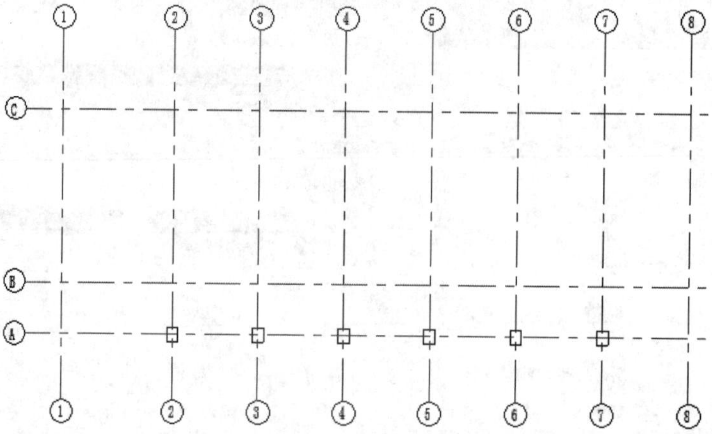

图 7-54　放置 400×500mm 柱子

属性”对话框。单击“复制”按钮，新建“400×900mm”类型，更改深度为 900，宽度为 400，其他采用默认设置，如图 7-55 所示，单击“确定”按钮。

(9) 在选项栏中设置高度为 4F，在轴线 A 与轴线 8、9 的交点处放置柱子，如图 7-56所示。

(10) 单击“建筑”选项卡“构建”面板中的“柱”下拉列表中的“柱：建筑”按钮，在“属性”选项板中选择“矩形柱 400×500mm”类型，单击“编辑类型”按钮，打开“类型属性”对话框。单击“复制”按钮，新建“240×360mm”类型，更改深度为 240，宽度为 360，其他采用默认设置，如图 7-57 所示，单击“确定”按钮。

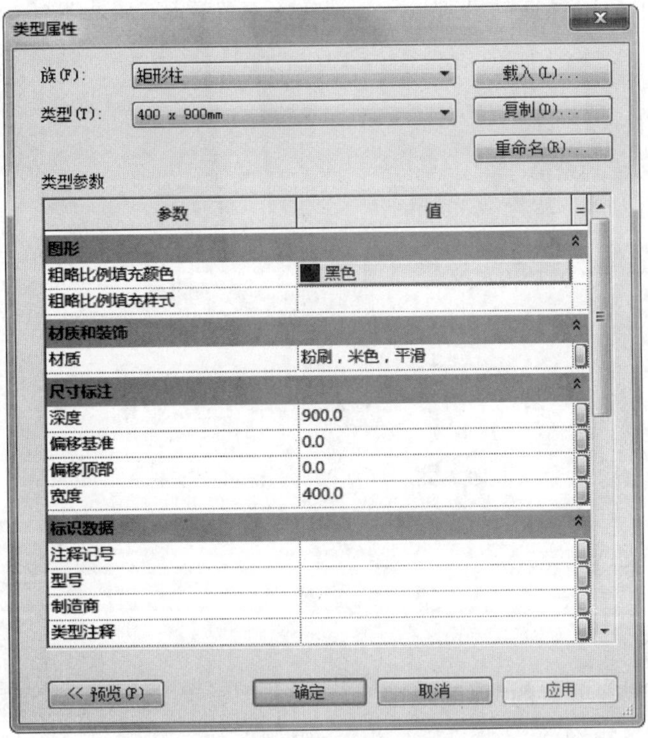

图 7-55 “类型属性”对话框

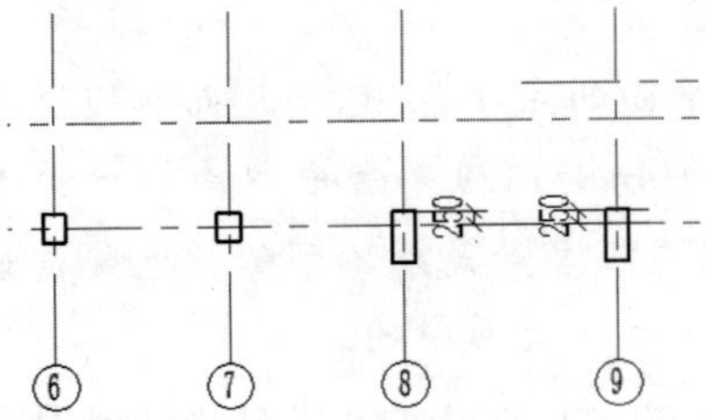

图 7-56 放置 400×900mm 柱子

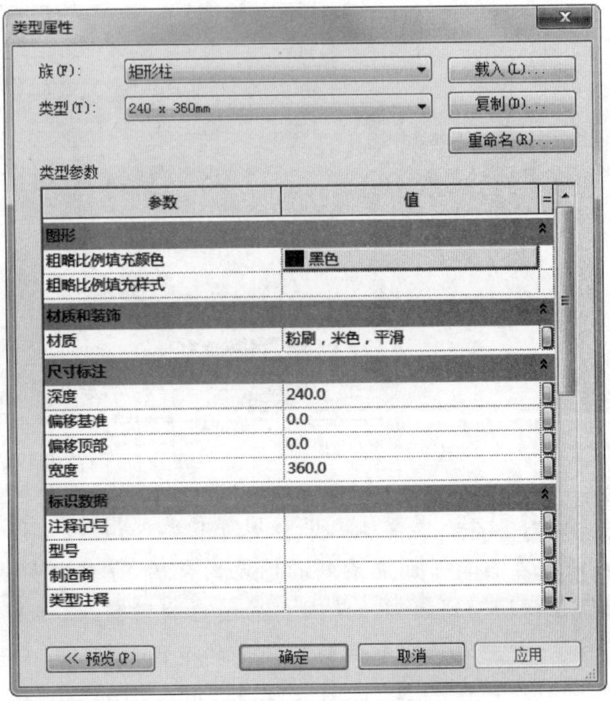

图 7-57 “类型属性”对话框

Note

(11) 在选项栏中设置高度为2F，在轴线5上放置柱子，具体尺寸如图7-58所示。

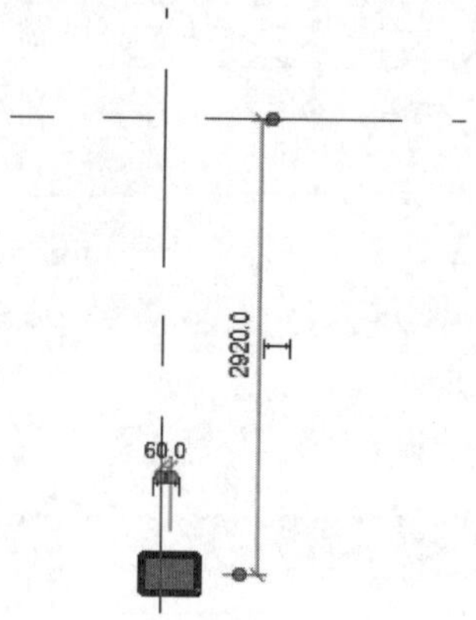

图7-58　放置240×360mm柱子

7-2

7.6.2　创建梁

操作步骤

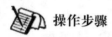

(1) 在"属性"选项板的"视图范围"栏中单击"编辑"按钮 编辑... ，打开"视图范围"对话框，设置视图深度中的标高为"无限制"，如图7-59所示。单击"确定"按钮，完成视图范围的设置。

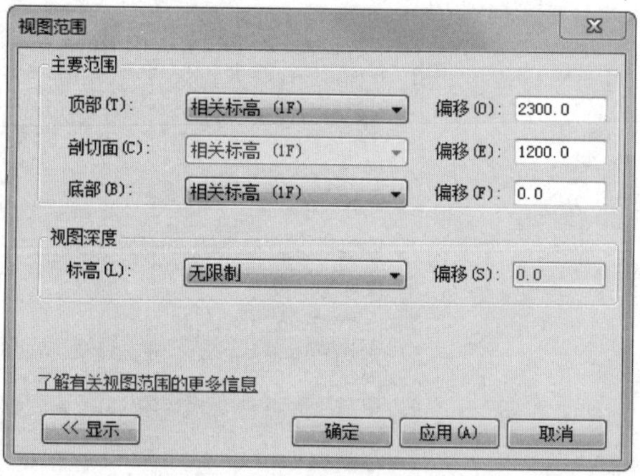

图7-59　"视图范围"对话框

提示：视图范围中的顶部和底部指的是当前平面的主要范围，剖切面和视图深度决定在当前平面能看到的图元的范围，也就是说在剖切面到视图深度范围内可以看到，在剖切面到顶部的范围内的图元除了窗、橱柜和常规模型外是看不到的。也就是如果这三种图元位于剖切面到顶部的范围的话，是可以显示在视图中的。

(2) 单击"结构"选项卡"结构"面板中的"梁"按钮，打开"修改|放置 梁"选项卡和选项栏。

(3) 单击"模式"面板中的"载入族"按钮，打开"载入族"对话框，在"China"→

"结构"→"框架"→"混凝土"文件夹中选择"混凝土-矩形梁.rfa"族文件，如图 7-60 所示。单击"打开"按钮，打开族文件。

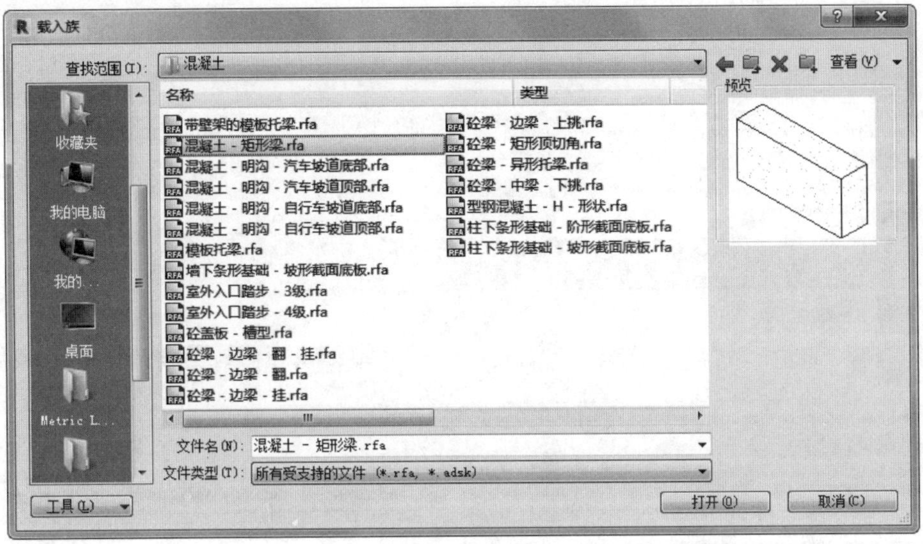

图 7-60　"载入族"对话框

(4) 单击"编辑类型"按钮，打开"类型属性"对话框，单击"复制"按钮，新建"250×300mm"类型，更改 b 为 250，h 为 300，其他采用默认设置，如图 7-61 所示。单击"确定"按钮。

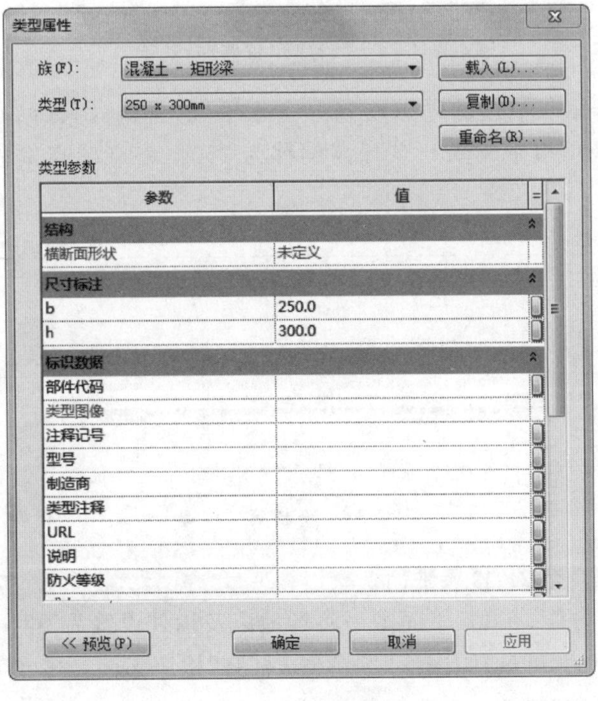

图 7-61　"类型属性"对话框

（5）在“属性”选项板中单击“结构材质”栏中的▭按钮，打开“材质浏览器”对话框，选择“粉刷，米色，平滑”材质，选中“使用渲染外观”复选框，如图 7 62 所示。其他采用默认设置，单击“确定”按钮。

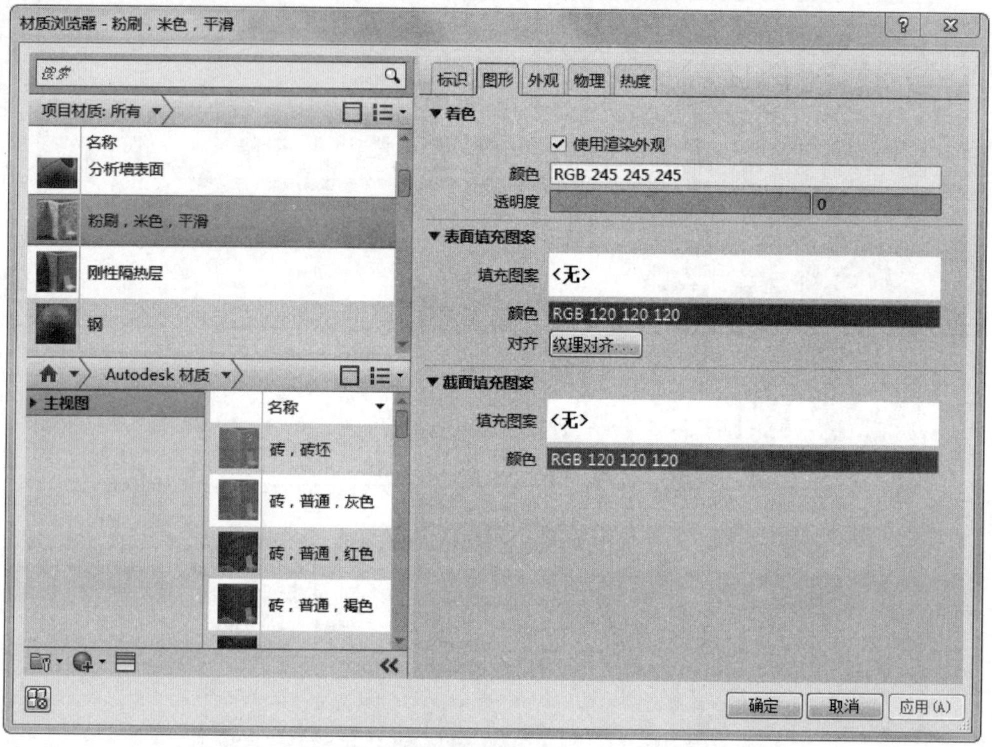

图 7-62 “材质浏览器”对话框

（6）捕捉左端第一个柱的中点绘制一条水平梁，并修改尺寸，绘制结果如图 7-63 所示。在“属性”选项板中输入起点标高偏移为 3500，终点标高偏移为 3500，单击“应用”按钮。

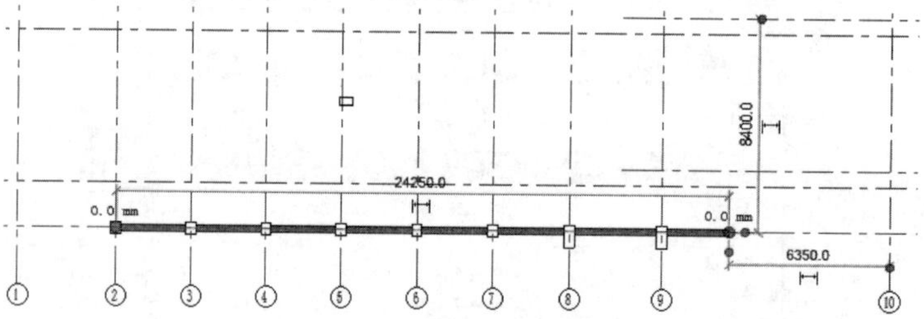

图 7-63 绘制第一根梁

（7）将视图切换至 2F 楼层平面。

（8）为了绘制方便，在 2F 平面图中将场地以及构件设置为不可见。单击“视图”选项卡“图形”面板中的“可见性/图形”按钮▭，打开“楼层平面：2F 的可见性/图形替换”对话框，在“模型类别”选项卡中取消选中“场地”和“植物”复选框，单击“确定”按钮，隐藏场地和植物。

(9) 单击“结构”选项卡“结构”面板中的“梁”按钮，在“属性”选项板中选择“混凝土-矩形梁 250×300mm”类型，捕捉左端第一个柱的中点为起点，然后捕捉右端的最后一个柱与轴线的交点绘制一条水平梁，如图 7-64 所示。在“属性”选项板中输入起点标高偏移为 3500，终点标高偏移为 3500，单击“应用”按钮。

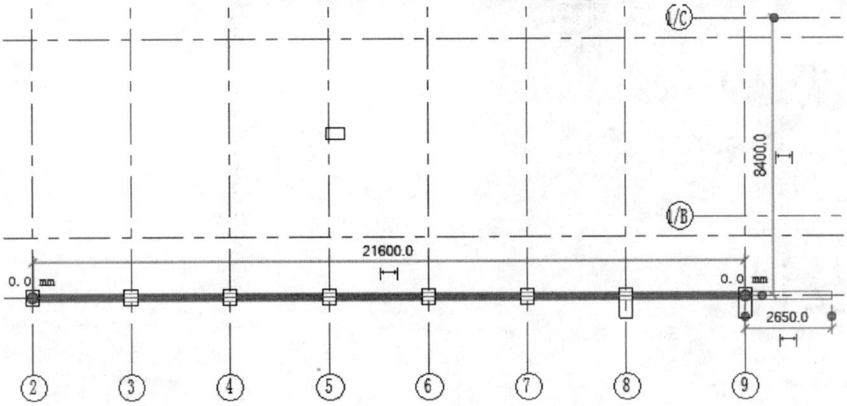

图 7-64　绘制第二根梁

(10) 重复步骤(1)～(3)，在 3F 楼层平面上绘制第三根梁。

第8章

墙设计

本章导读

墙体是建筑物重要的组成部分,起着承重、围护和分隔空间的作用,同时还具有保温、隔热、隔声等功能。墙体的材料和构造方法的选择将直接影响房屋的质量和造价,因此合理地选择墙体材料和构造方法十分重要。

本章主要介绍墙体、墙饰条、幕墙的创建方法和墙体的编辑方法。

学习要点

- 墙体
- 墙饰条
- 幕墙
- 编辑墙体

8.1 墙 体

与建筑模型中的其他基本图元类似，墙也是预定义系统族类型的实例，表示墙功能、组合和厚度的标准变化形式。通过修改墙的类型属性来添加或删除层、将层分割为多个区域，以及修改层的厚度或指定的材质，可以自定义这些特性。

8.1.1 一般墙体

通过单击“墙”工具，选择所需的墙类型，并将该类型的实例放置在平面视图或三维视图中，可以将墙添加到建筑模型中。

可以在功能区中选择一个绘制工具，在绘图区域中绘制墙的线性范围，或者通过拾取现有线、边或面来定义墙的线性范围。墙相对于所绘制路径或所选现有图元的位置由墙的某个实例属性的值来确定，即“定位线”。

操作步骤

(1) 单击“建筑”选项卡“构建”面板中的“墙”按钮，打开“修改|放置 墙”选项卡和选项栏，如图 8-1 所示。

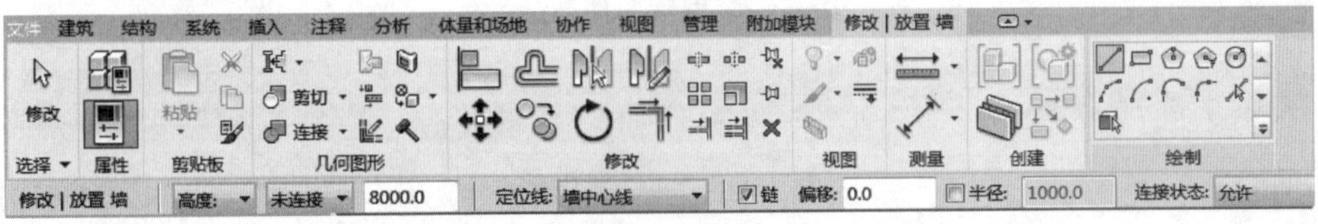

图 8-1 “修改|放置 墙”选项卡和选项栏

(2) 从“属性”选项板的“类型”下拉列表框中没有找到 240 的墙，所以这里要先创建 240 的墙。

① 选择“常规-200mm”类型，单击“编辑类型”按钮，打开“类型属性”对话框，单击“复制”按钮，打开“名称”对话框，新建名称为“常规-240mm”，如图 8-2 所示。

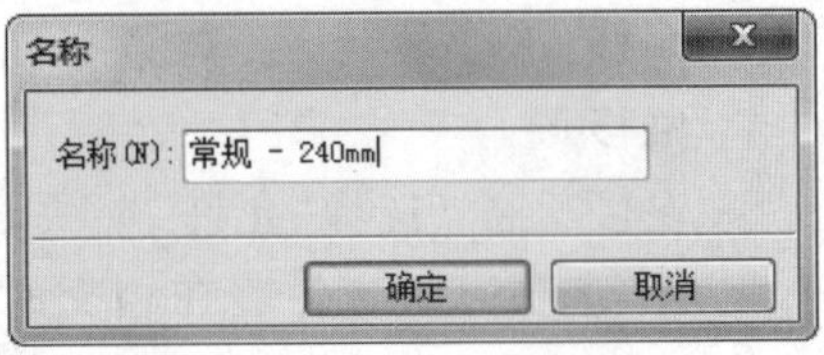

图 8-2 “名称”对话框

② 单击“确定”按钮，返回到“类型属性”对话框，单击对话框结构栏中的“编辑”按钮 编辑... ，打开“编辑部件”对话框，更改结构厚度为 240，其他采用默认设置，如图 8-3 所示。连续单击“确定”按钮，完成 240 墙的设置。

(3) 在选项栏中设置墙体高度为标高 2，定位线为“墙中心线”，其他采用默认设置，如图 8-4 所示。

- 高度：为墙的墙顶定位选择标高，或者默认设置“未连接”，然后输入高度值。
- 定位线：指定使用墙的哪一个垂直平面相对于所绘制的路径或在绘图区域中指定的路径来定位墙，包括“墙中心线”(默认)、“核心层中心线”“面层面：外部”

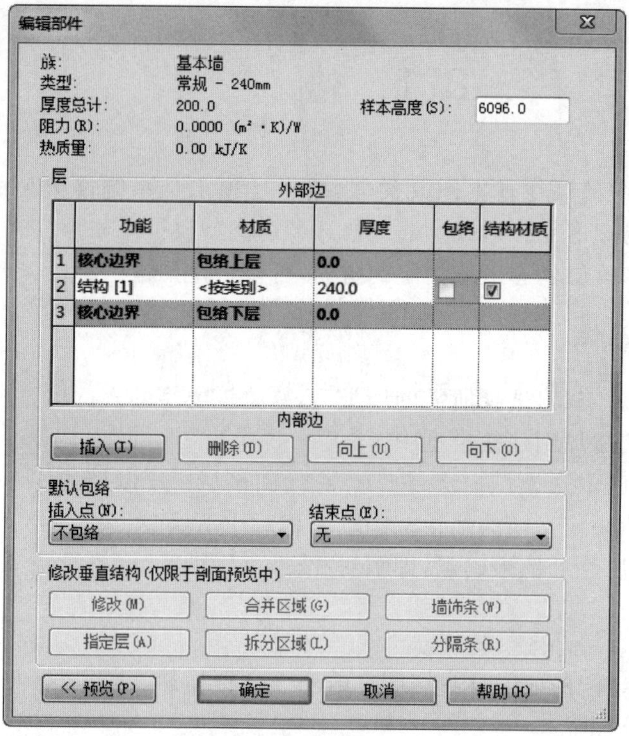

图 8-3 “编辑部件”对话框

图 8-4 选项栏

“面层面：内部”“核心面：外部”“核心面：内部”。在简单的砖墙中，“墙中心线”和“核心层中心线”平面将会重合，然而它们在复合墙中可能会不同。从左到右绘制墙时，其外部面(面层面：外部)默认情况下位于顶部。

➢ 链：选中此复选框，以绘制一系列在端点处连接的墙分段。

➢ 偏移：输入一个距离，以指定墙的定位线与光标位置或选定的线或面之间的偏移。

➢ 连接状态：选择“允许”选项以在墙相交位置自动创建对接(默认)；选择“不允许”选项以防止各墙在相交时连接。每次打开软件时默认选择“允许”选项，但上一选定选项在当前会话期间保持不变。

(4) 在视图中捕捉轴网的交点为墙的起点，如图 8-5 所示，移动鼠标到适当位置确定墙体的终点，如图 8-6 所示。连续绘制墙体，完成 240 墙的绘制，如图 8-7 所示。

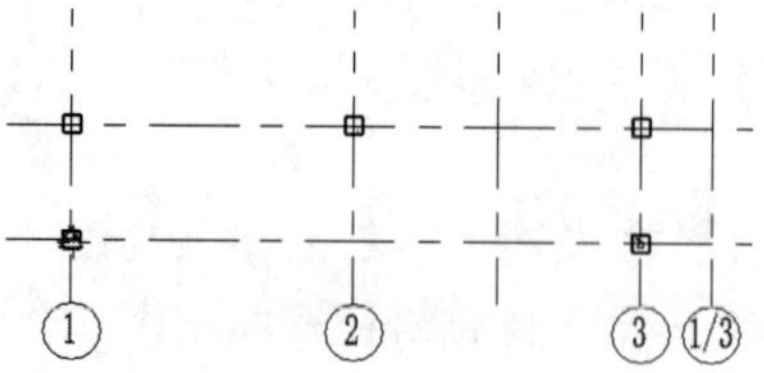

图 8-5 指定墙体起点

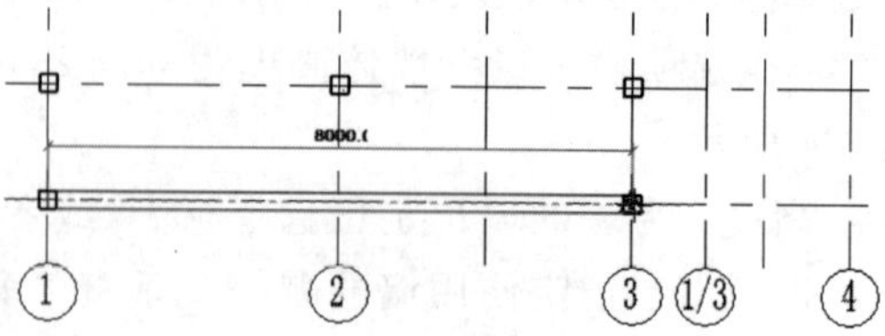

图 8-6 指定终点

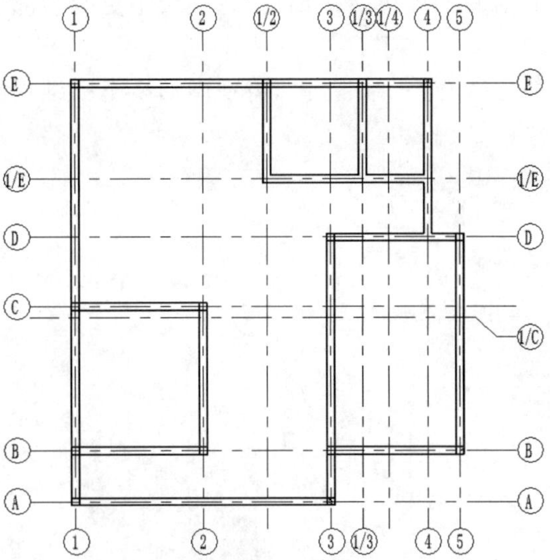

图 8-7　绘制 240 墙体

可以使用三种方法来放置墙。

- 绘制墙：使用默认的“线”工具，通过在图形中指定起点和终点来放置直墙分段。或者，可以指定起点，沿所需方向移动光标，然后输入墙长度值。
- 沿着现有的线放置墙：使用“拾取线”工具，沿着在图形中选择的线来放置墙分段。线可以是模型线、参照平面或图元(如屋顶、幕墙嵌板和其他墙)边缘。
- 将墙放置在现有面上：使用“拾取面”工具，将墙放置于在图形中选择的体量面或常规模型面上。

(5) 在“属性”选项板中选择“常规-140mm 砌体”类型，设置顶部约束为“直到标高：标高 2”，绘制卫生间的隔断，如图 8-8 所示。

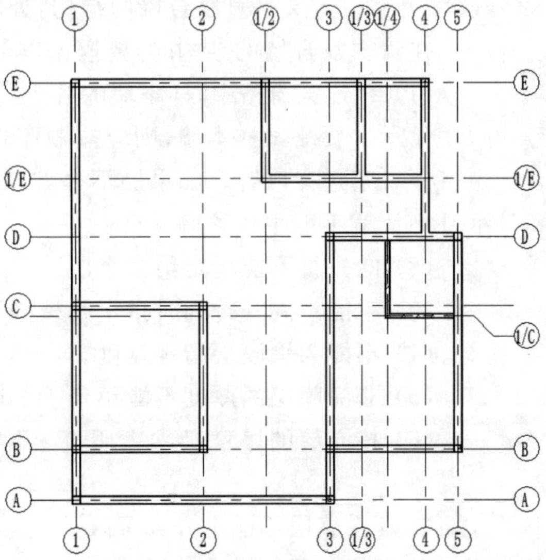

图 8-8　绘制隔断

（6）选取阳台上的南面的墙体，在“属性”选项板中更改顶部约束为“未连接”，输入高度为300，如图8-9所示。

（7）在项目浏览器中选择“三维视图”，将视图切换至三维视图，查看绘制的建筑墙体，如图8-10所示。

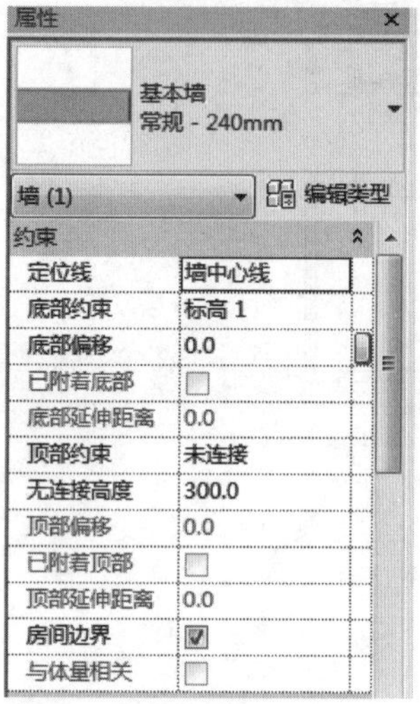

图8-9 “属性”选项板

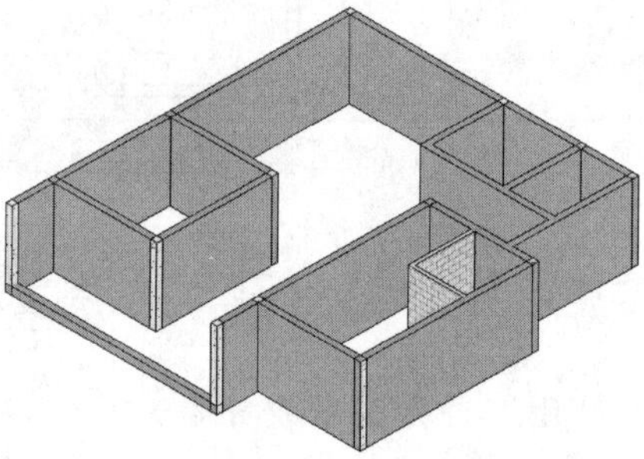

图8-10 三维图形

8.1.2 复合墙

复合墙板是用几种材料制成的多层板。复合板的面层有石棉水泥板、石膏板铝板、树脂板、硬质纤维板、压型钢板等，夹心材料可用矿棉、木质纤维、泡沫塑料和蜂窝状材料等。复合板充分利用材料的性能，大多具有强度高、耐久性好、防水性好、隔声性能好的优点，且安装、拆卸简便，有利于建筑工业化。

使用层或区域可以修改墙类型以定义垂直复合墙的结构，如图8-11所示。

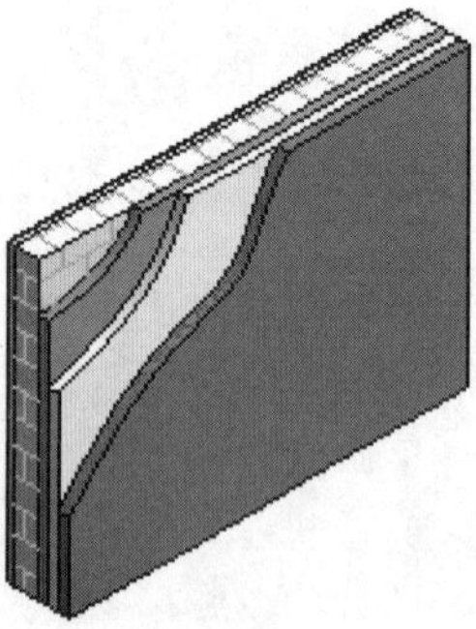

图8-11 复合墙

在编辑复合墙的结构时，要遵循以下原则。

（1）在预览窗格中，样本墙的各个行必须保持从左到右的顺序显示。要测试样本墙，则应按顺序选择行号，然后在预览窗格中观察选择内容。如果层不是按从左到右的顺序高亮显示，Revit就不能生成该墙。

（2）同一行不能指定给多个层。

（3）不能将同一行同时指定给核心层两侧的区域。

（4）不能为涂膜层指定厚度。

（5）非涂膜层的厚度不能小于1/8in或4mm。

（6）核心层的厚度必须大于0。不能将核心层指定为涂膜层。

（7）外部和内部核心边界以及涂膜层不能上升或下降。

（8）只能将厚度添加到从墙顶部直通到底部的层，不能将厚度添加到复合层。

(9) 不能水平拆分墙并随后不顾其他区域而移动区域的外边界。

(10) 层功能优先级不能按从核心边界到面层升序排列。

操作步骤

Note

(1) 单击“建筑”选项卡“构建”面板中的“墙”按钮，打开“修改|放置 墙”选项卡和选项栏。

(2) 在“属性”选项板中单击“编辑类型”按钮，打开“类型属性”对话框，新建“复合墙”，单击“编辑”按钮，打开“编辑部件”对话框，如图 8-12 所示。

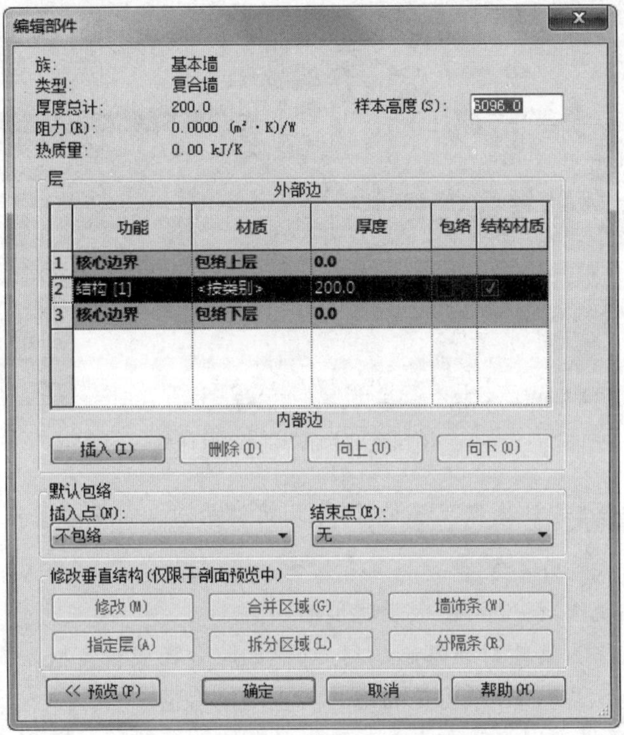

图 8-12　“编辑部件”对话框

(3) 单击“插入”按钮，插入一个构造层，选择功能为“面层 1[4]”，如图 8-13 所示。单击材质中的浏览器按钮，打开“材质浏览器”对话框，选择“涂料-棕色”材质，其他采用默认设置，如图 8-14 所示。单击“确定”按钮，返回到“编辑部件”对话框。

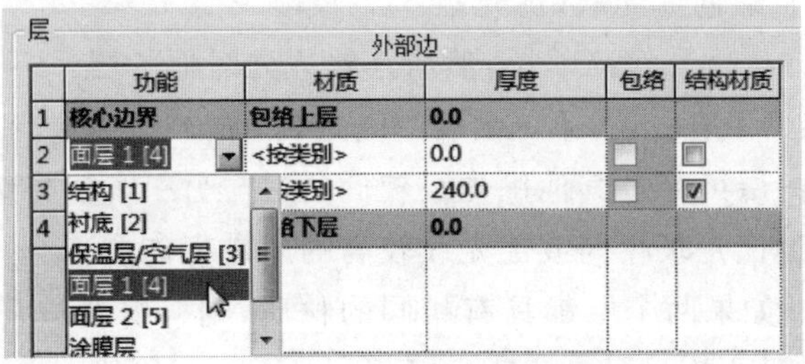

图 8-13　设置功能

Note

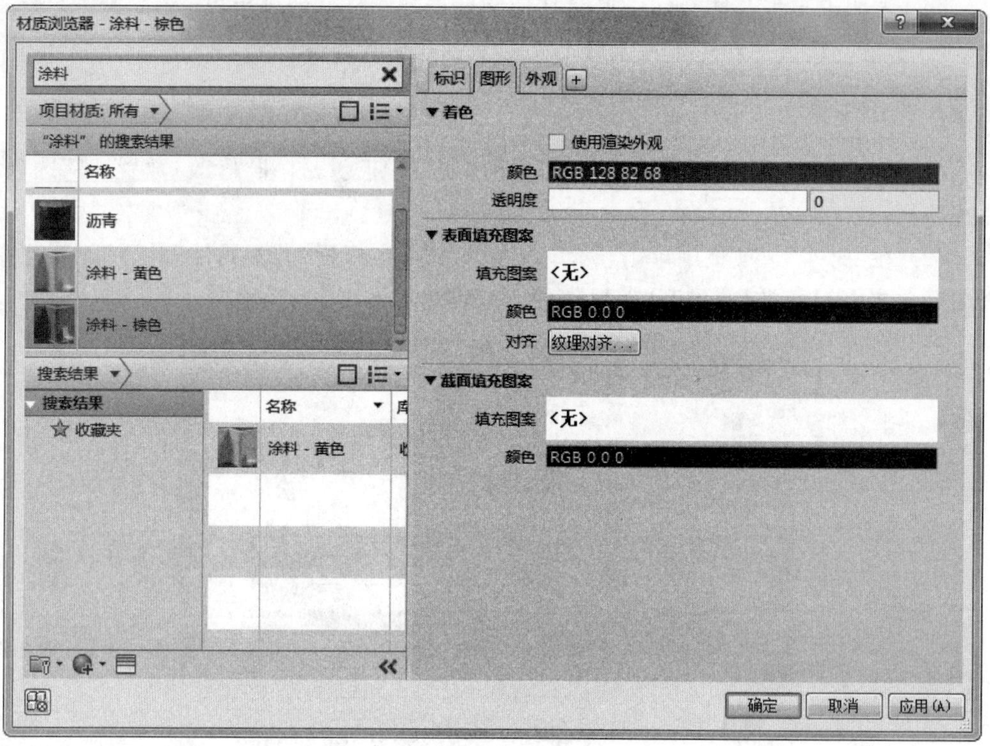

图 8-14 “材质浏览器”对话框

说明：Revit 软件提供了 6 种层，分别为结构[1]、衬底[2]、保温层/空气层[3]、涂膜层、面层 1[4]、面层 2[5]。

➢ 结构[1]：支撑其余墙、楼板或屋顶的层。

➢ 衬底[2]：作为其他材质基础的材质（例如胶合板或石膏板）。

➢ 保温层/空气层[3]：作用是隔绝并防止空气渗透。

➢ 涂膜层：通常为用于防止水蒸气渗透的薄膜。涂膜层的厚度应该为零。

➢ 面层 1[4]：面层 1 通常是外层。

➢ 面层 2[5]：面层 2 通常是内层。

层的功能具有优先顺序，其规则为：

① 结构层具有最高优先级（优先级 1）。

② “面层 2”具有最低优先级（优先级 5）。

③ Revit 首先连接优先级高的层，然后连接优先级低的层。

例如，假设连接两个复合墙，第一面墙中优先级 1 的层会连接到第二面墙中优先级 1 的层上。优先级 1 的层可穿过其他优先级较低的层与另一个优先级 1 的层相连接。优先级低的层不能穿过优先级相同或优先级较高的层进行连接。

④ 当层连接时，如果两个层都具有相同的材质，则接缝会被清除。如果是两个不同材质的层进行连接，则连接处会出现一条线。

⑤ 对于 Revit 来说，每一层都必须带有指定的功能，以使其准确地进行层匹配。

⑥ 墙核心内的层可穿过连接墙核心外的优先级较高的层。即使核心层被设置为优先级 5，核心中的层也可延伸到连接墙的核心。

(4) 单击“插入”按钮 插入(I)，新插入“保温层/空气层”，设置材质为纤维填充，厚度为 10，单击“向上”按钮 向上(U) 或“向下”按钮 向下(O) 调整当前层所在的位置。

(5) 继续在结构层下方插入面层 2[5]，采用材质为水泥砂浆，厚度为 20。

(6) 更改结构层的材质为“砖，普通，红色”，单击“预览”按钮，可以查看所设置的层，如图 8-15 所示。

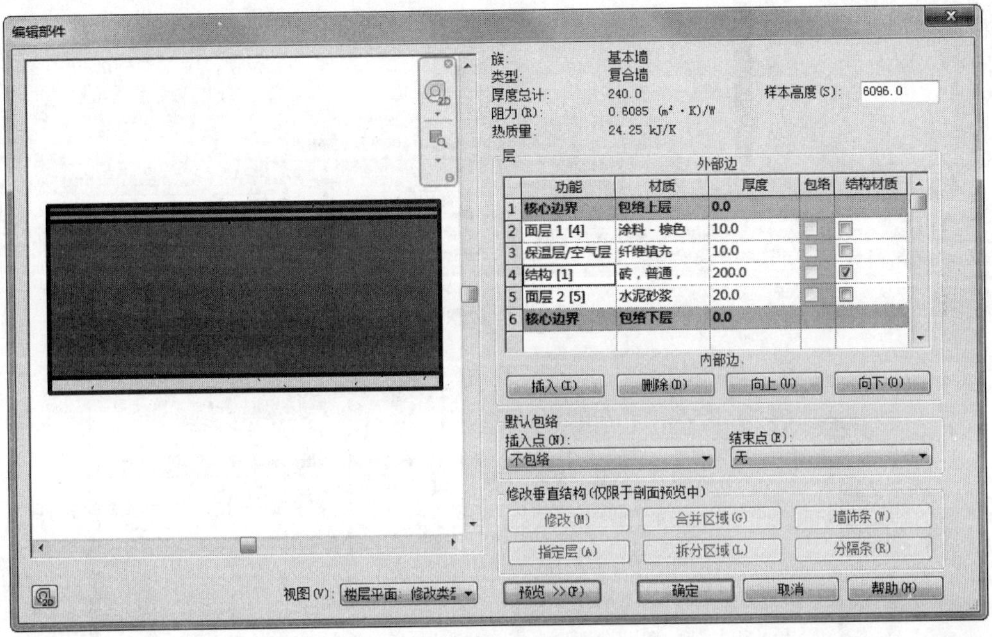

图 8-15　设置结构层

(7) 连续单击“确定”按钮，在图形中绘制墙体，结果如图 8-16 所示。

图 8-16　复合墙

(8) 选取右侧墙，在“属性”选项板中单击“编辑类型”按钮，新建“加装饰条复合墙”类型，单击“编辑”按钮，在打开的“编辑部件”对话框中选择视图为“剖面：修改类型属性”，如图 8-17 所示。

(9) 单击“墙饰条”按钮 墙饰条(W)，打开“墙饰条”对话框，单击“添加”按钮，添加墙饰条，设置材质为“石膏墙板”，距离底部 2000，其他采用默认设置，如图 8-18 所示。

(10) 连续单击“确定”按钮，完成带装饰条复合墙的创建，如图 8-19 所示。

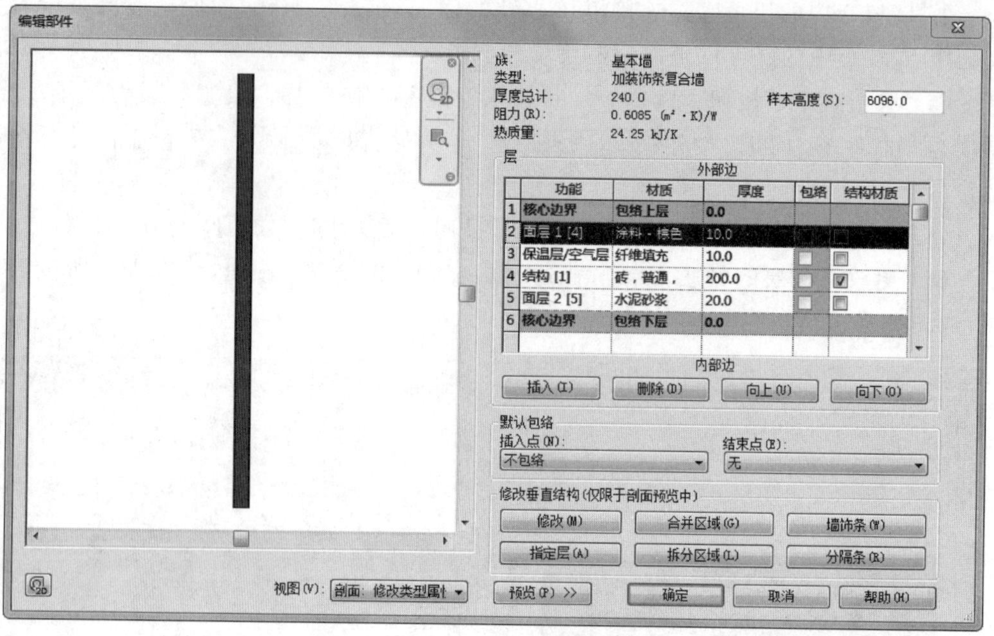

图 8-17　切换视图

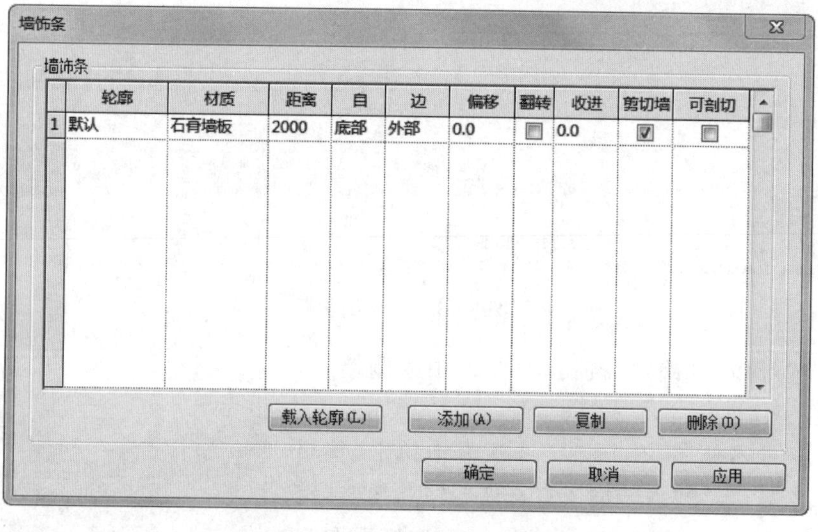

图 8-18　“墙饰条”对话框

图 8-19　带装饰条的复合墙

8.1.3 叠层墙

Revit 中包括用于为墙建模的“叠层墙”系统族，这些墙包含一面接一面叠放在一起的两面或多面子墙。子墙在不同的高度可以具有不同的墙厚度。叠层墙中的所有子墙都被附着，其几何图形相互连接。

Note

操作步骤

(1) 新建一项目文件，并绘制一段墙体，如图 8-20 所示。

(2) 选中墙体，将其类型更改为“叠层墙 外部-砌块勒脚砖墙”，如图 8-21 所示。结果如图 8-22 所示。

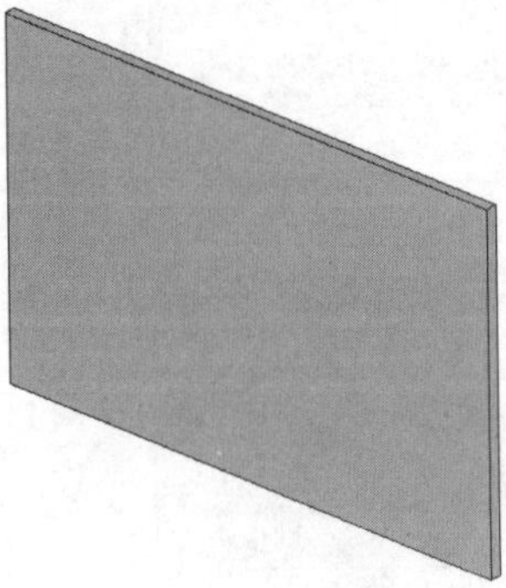

图 8-20　绘制墙体

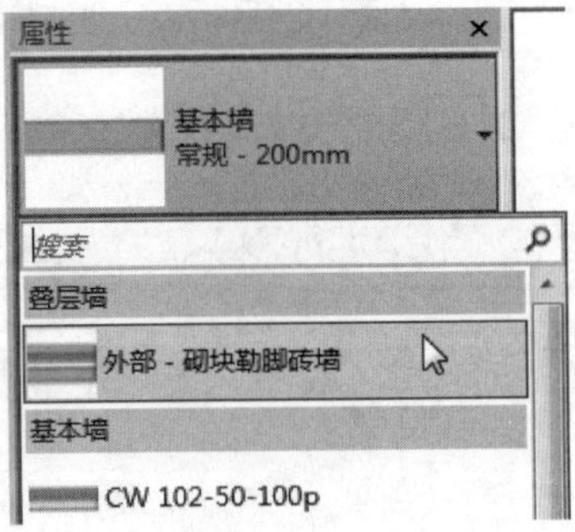

图 8-21　更改类型

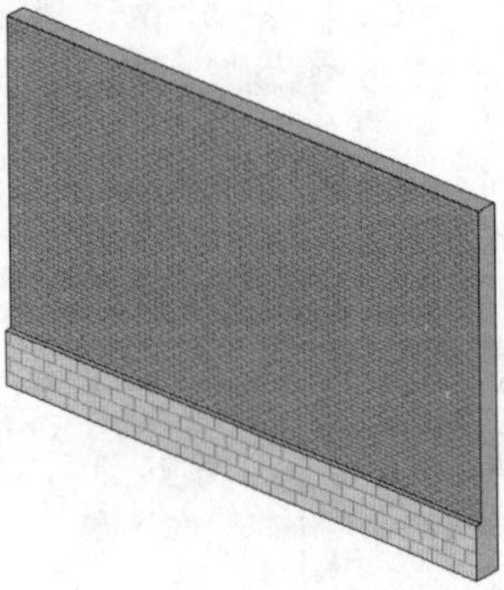

图 8-22　叠层墙

(3) 在“属性”选项板中单击“编辑类型”按钮，打开“类型属性”对话框，如图 8-23所示。单击“编辑”按钮，打开“编辑部件”对话框，如图 8-24 所示，单击“预览”按钮 预览 >>(P) ，预览当前墙体的结构。

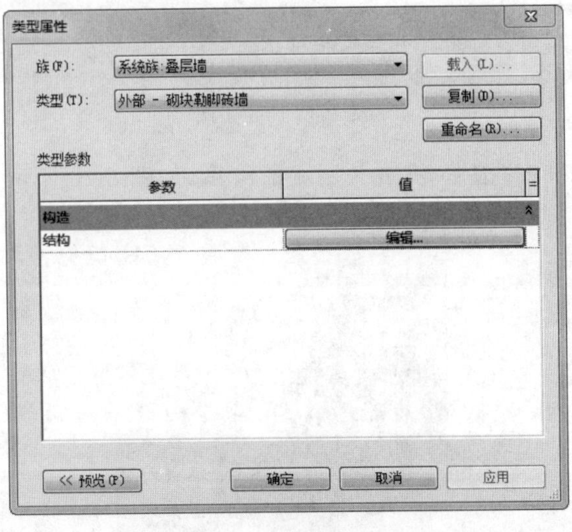

图 8-23　“类型属性”对话框

(4) 单击“插入”按钮 插入(I) ，插入“外部-带砌块与金属立筋龙骨复合墙”，单击“向上”或“向下”按钮，调整位置，如图 8-25 所示。

Note

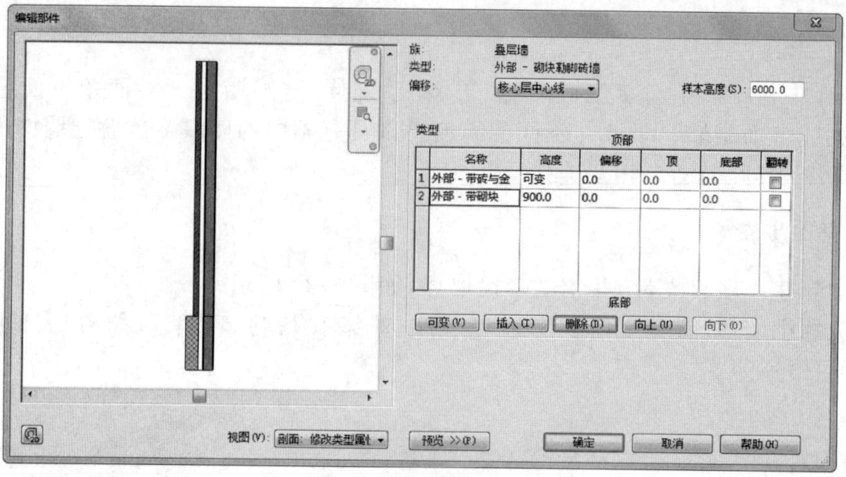

图 8-24 “编辑部件”对话框

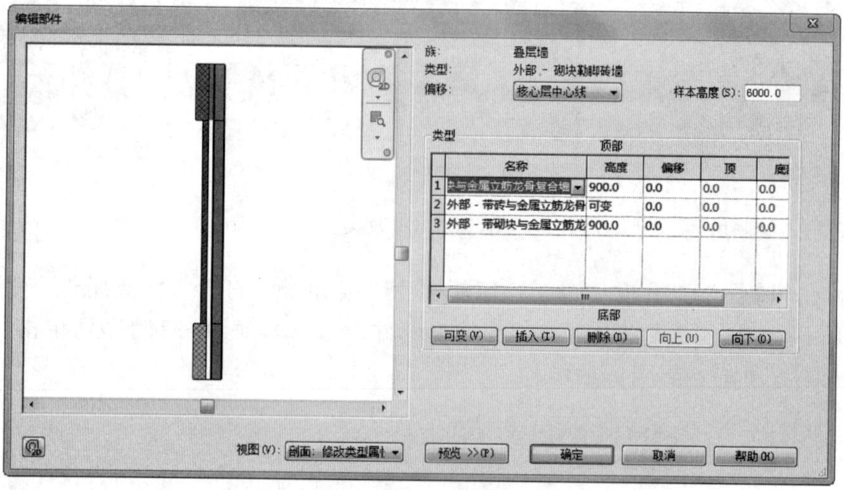

图 8-25 插入墙

(5) 连续单击“确定”按钮，完成叠层墙的编辑，如图 8-26 所示。

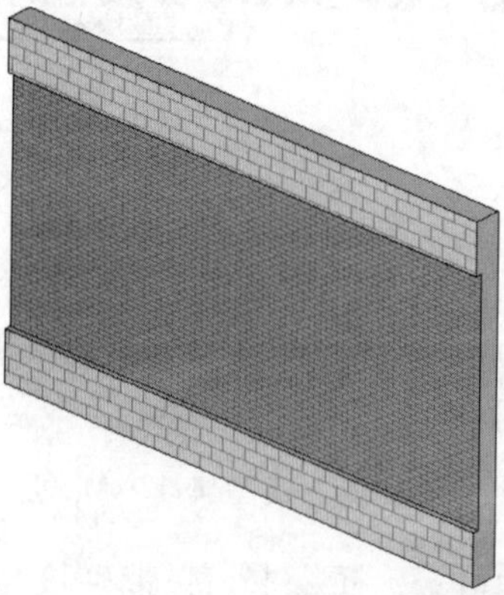

图 8-26 叠层墙

8.1.4　从体量面创建墙

使用“面墙”工具，可以通过拾取线或面从体量实例创建墙。此工具将墙放置在体量实例或常规模型的非水平面上。

操作步骤

（1）新建一长方体体量。

（2）单击“体量和场地”选项卡“面模型”面板中的“墙”按钮，打开“修改|放置墙”选项卡和选项栏，如图 8-27 所示。

图 8-27　“修改|放置 墙”选项卡和选项栏

（3）在选项栏中设置所需的标高、高度和定位线。

（4）在“属性”选项板中选择墙的类型为“基本墙 常规-200mm”，其他采用默认设置，如图 8-28 所示。

（5）在视图中选择一个体量面，如图 8-29 所示。

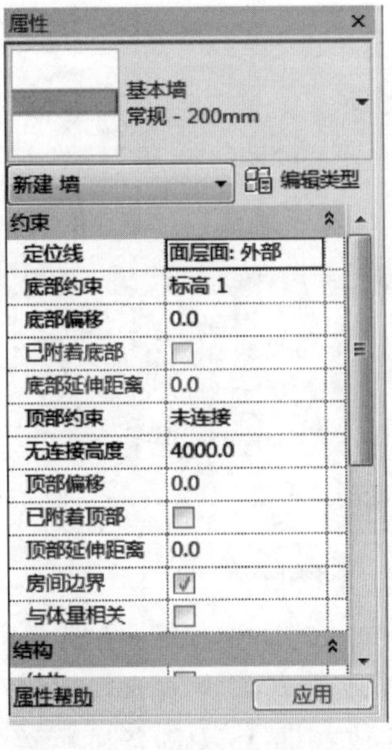

图 8-28　“属性”选项板

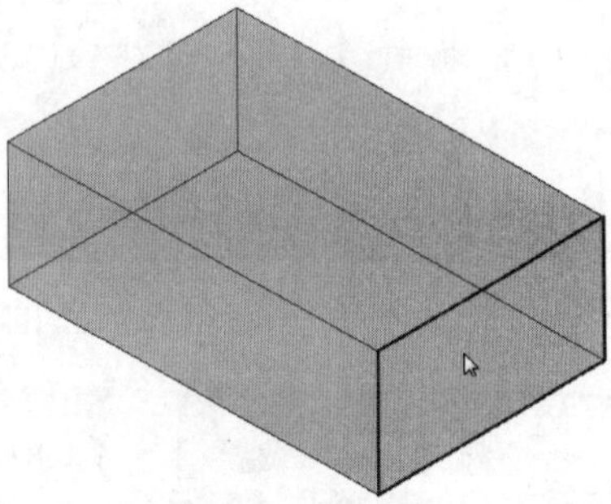

图 8-29　选择体量面

（6）系统会立即将墙放置在该面上，如图 8-30 所示。

（7）继续选取其他体量面，创建面墙，结果如图 8-31 所示。

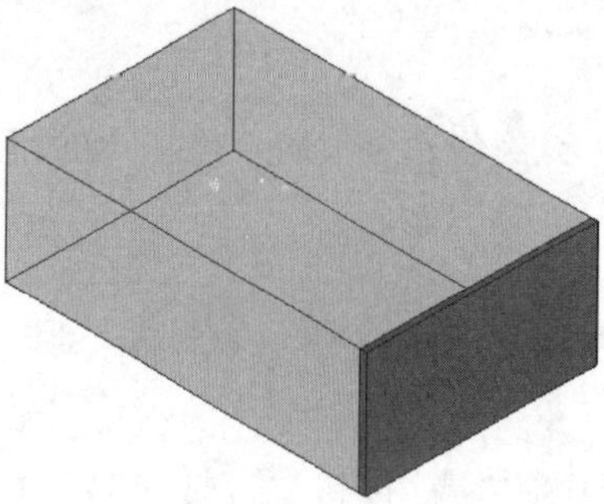

图 8-30　创建面墙

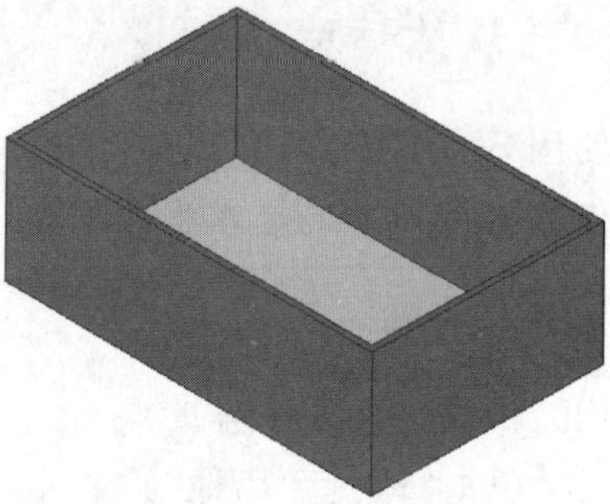

图 8-31　创建多个面墙

8.2 墙装饰条

在图纸中放置墙后，可以添加墙饰条或分隔缝、编辑墙的轮廓，以及插入主体构件，如门和窗等。

8.2.1 墙饰条

使用“墙：饰条”工具向墙中添加踢脚板、冠顶饰或其他类型的装饰用水平或垂直投影。

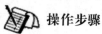

操作步骤

(1) 打开 8.1.2 节绘制的带装饰条的复合墙文件。

(2) 单击“建筑”选项卡“构建”面板“墙”列表下的“墙：饰条”按钮，打开“修改|放置 墙饰条”选项卡，如图 8-32 所示。

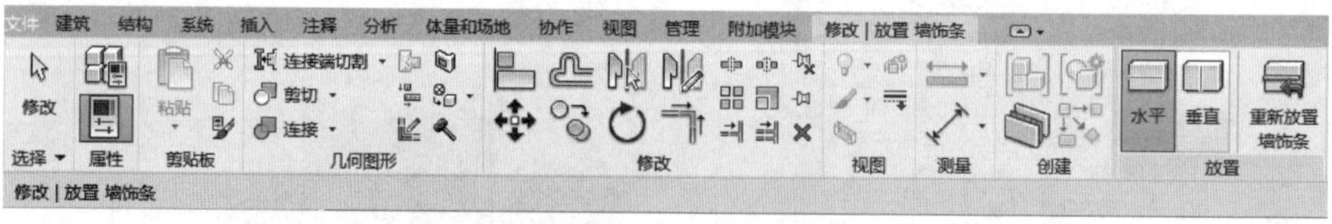

图 8-32　“修改|放置 墙饰条”选项卡

(3) 在“属性”选项板中选择墙饰条的类型，默认为檐口。

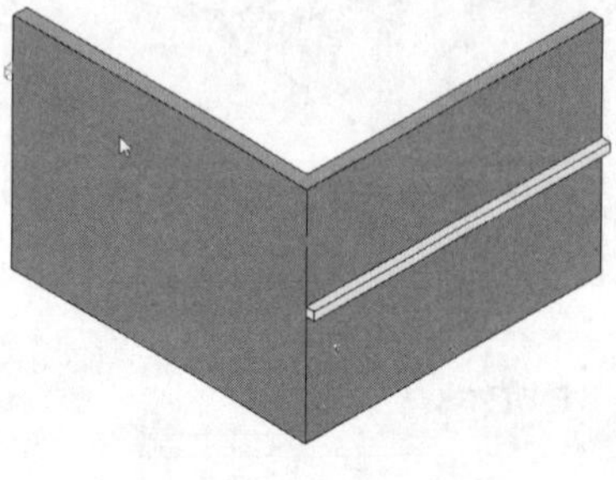

图 8-33　放置墙饰条

(4) 在“修改|放置 墙饰条”选项卡中选择装饰条的方向为水平或垂直。

(5) 将光标放在墙上以高亮显示墙饰条位置，如图 8-33 所示，单击以放置墙饰条。

(6) 继续为相邻墙添加墙饰条，Revit 会在各相邻墙体上预选墙饰条的位置，如图 8-34所示。

(7) 要在不同的位置放置墙饰条，需要单击“放置”面板中的“重新放置装饰条”按钮，将光标移到墙上适当的位置，如图 8-35 所示，单击以放置墙饰条，结果如图 8-36 所示。

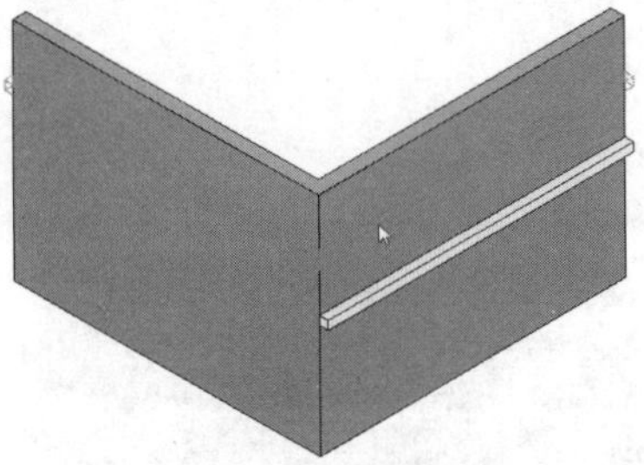

图 8-34　添加相邻墙饰条

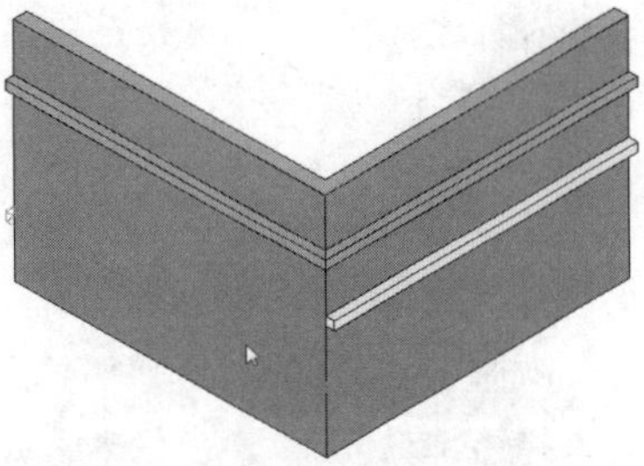

图 8-35　添加不同位置的墙饰条

（8）选取墙饰条，可以拖拉操纵柄来调整其大小，也可以单击“翻转”按钮，调整位置，如图 8-37 所示。

图 8-36　墙饰条

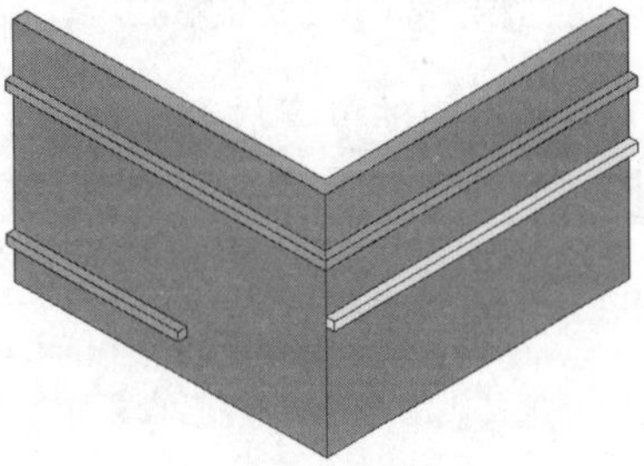

图 8-37　调整墙饰条大小

注意：如果在不同高度创建多个墙饰条，然后将这些墙饰条设置为同一高度，这些墙饰条将在连接处斜接。

8.2.2　分隔条

使用“分隔条”工具将装饰条用水平或垂直方式添加到立面视图或三维视图中的墙。

（1）继续上一个实例。

（2）单击“建筑”选项卡“构建”面板“墙”列表下的“墙：分隔条”按钮，打开“修改|放置 分隔条”选项卡，如图 8-38 所示。

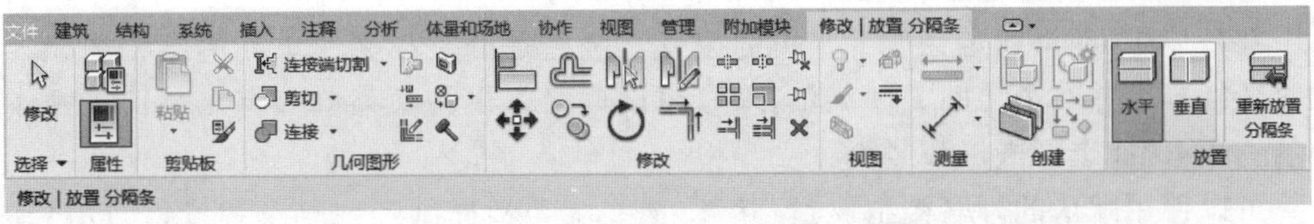

图 8-38　“修改|放置 分隔条”选项卡

（3）在“属性”选项板中选择分隔条的类型，默认为檐口。

（4）在“修改|放置 分隔条”选项卡中选择装饰条的方向为水平或垂直。

（5）将光标放在墙上以高亮显示分隔条位置，如图 8-39 所示，单击以放置分隔条。

(6) 单击“放置”面板中的“垂直”按钮▯▯,放置竖直分隔条,如图 8-40 所示。

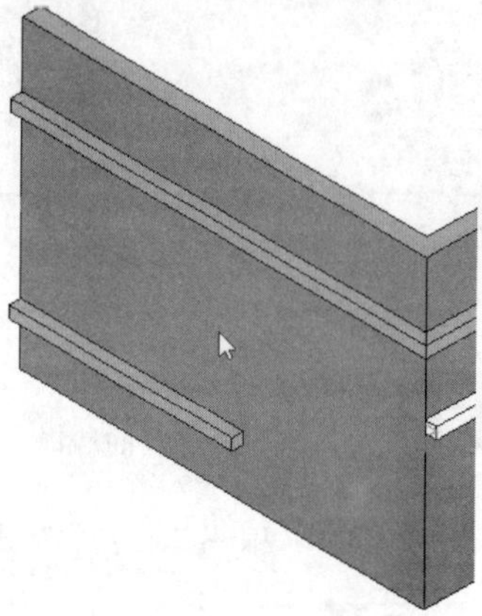

图 8-39　放置分隔条

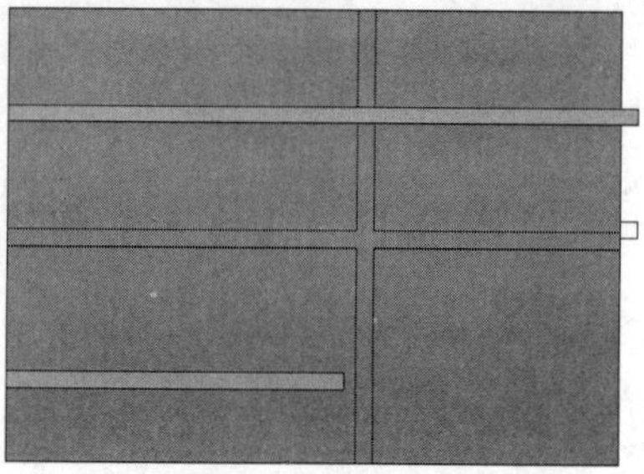

图 8-40　添加竖直分隔条

(7) 要在不同的位置放置分隔条,需要单击“放置”面板中的“重新放置分隔条”按钮,将光标移到墙上适当的位置,单击以放置分隔条。

8.3　幕墙系统

幕墙是建筑物的外墙围护,不承受主体结构载荷,像幕布一样挂上去,故又称为悬挂墙,它是大型和高层建筑常用的带有装饰效果的轻质墙体。它由结构框架与镶嵌板材组成。

幕墙是利用各种强劲、轻盈、美观的建筑材料取代传统的砖石或窗墙结合的外墙工法,它包在主结构的外围以使整栋建筑显得美观,达到使用功能健全而又安全的效果,简言之,是为建筑穿上一件漂亮的外衣。

8.3.1　幕墙

在一般应用中,幕墙常常定义为薄的、通常带铝框的墙,包含填充的玻璃、金属嵌板或薄石。绘制幕墙时,单个嵌板可延伸墙的长度。如果所创建的幕墙具有自动幕墙网格,则该墙将被再分为几个嵌板。

在幕墙中,网格线定义放置竖梃的位置。竖梃是分割相邻窗单元的结构图元。可通过选择幕墙并右击访问关联菜单,来修改该幕墙。在关联菜单上有几个用于操作幕墙的选项,例如选择嵌板和竖梃。

可以使用默认的幕墙类型设置幕墙。这些墙类型提供三种复杂程度,可以对其进行简化或增强。

(1) 幕墙——没有网格或竖梃。没有与此墙类型相关的规则,此墙类型的灵活性最强。

(2) 外部玻璃——具有预设网格。如果设置不合适,可以修改网格规则。

(3) 店面——具有预设网格和竖梃。如果设置不合适,可以修改网格和竖梃规则。

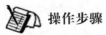

操作步骤

(1) 打开 8.1.1 节绘制的墙体文件，将视图切换至标高 1 楼层平面。

(2) 单击“建筑”选项卡“构建”面板中的“墙”按钮，打开“修改|放置 墙”选项卡和选项栏。

(3) 从“属性”选项板的“类型”下拉列表框中选择“幕墙”类型，如图 8-41 所示。此时“属性”选项板如图 8-42 所示。

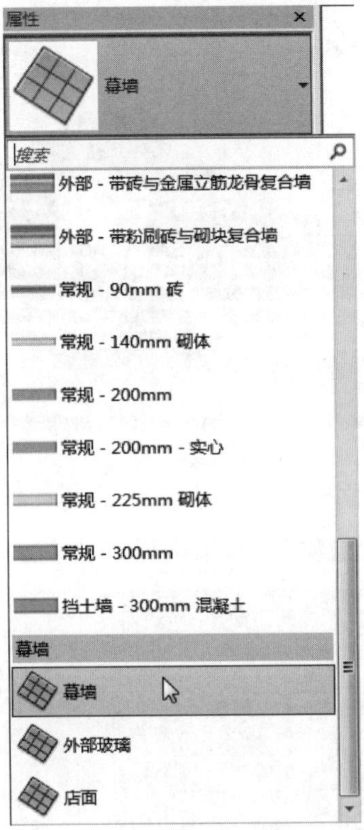

图 8-41　选择幕墙类型

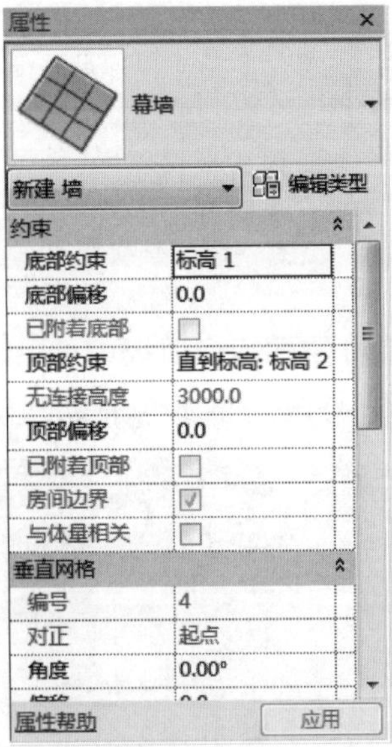

图 8-42　“属性”选项板

- 底部约束：设置幕墙的底部标高，例如“标高 1”。
- 底部偏移：输入幕墙距墙底定位标高的高度。
- 已附着底部：选中此复选框，指示幕墙底部附着到另一个模型构件。
- 顶部约束：设置幕墙的顶部标高。
- 无连接高度：输入幕墙的高度值。
- 顶部偏移：输入距顶部标高的幕墙偏移量。
- 已附着顶部：选中此复选框，指示幕墙顶部附着到另一个模型构件，比如屋顶等。
- 房间边界：选中此复选框，则幕墙将成为房间边界的组成部分。
- 与体量相关：选中此复选框，则此图元是从体量图元创建的。
- 编号：如果将“垂直/水平网格样式”下的“布局”设置为“固定数量”，则可以在这里输入幕墙上放置幕墙网格的数量，最多为 200。

Note

➢ 对正：确定在网格间距无法平均分割幕墙图元面的长度时，Revit 如何沿幕墙图元面调整网格间距。

➢ 角度：将幕墙网格旋转到指定角度。

➢ 偏移：从起始点到开始放置幕墙网格位置的距离。

（4）默认情况下，系统自动选择“线”按钮，在选项栏或“属性”选项板中设置墙的参数。

（5）在视图中捕捉阳台左侧柱中点作为幕墙的起点，移动光标到右侧柱中点单击确定终点绘制幕墙，如图 8-43 所示。

（6）将视图切换到三维视图，观察图形，如图 8-44 所示。

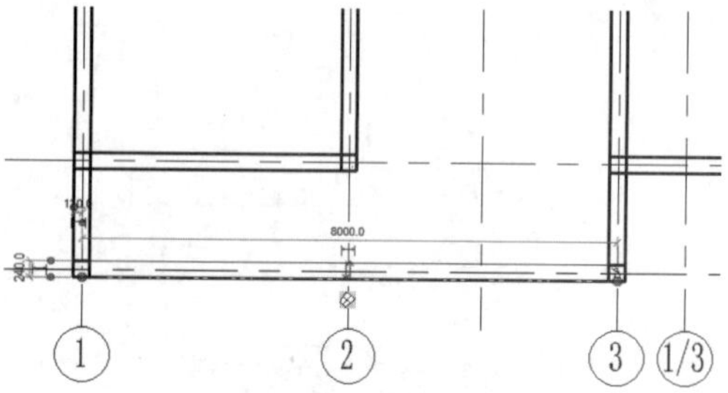

图 8-43　绘制幕墙

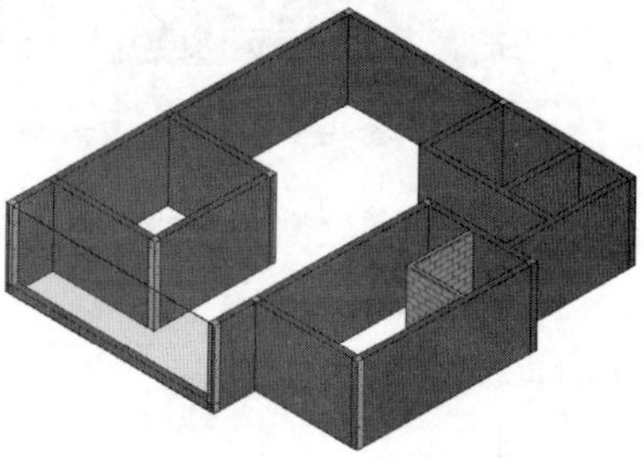

图 8-44　三维幕墙

（7）单击“属性”选项板中的“编辑类型”按钮，打开如图 8-45 所示的“类型属性”对话框，通过修改类型属性来更改幕墙族的功能、连接条件、轴网样式和竖梃。

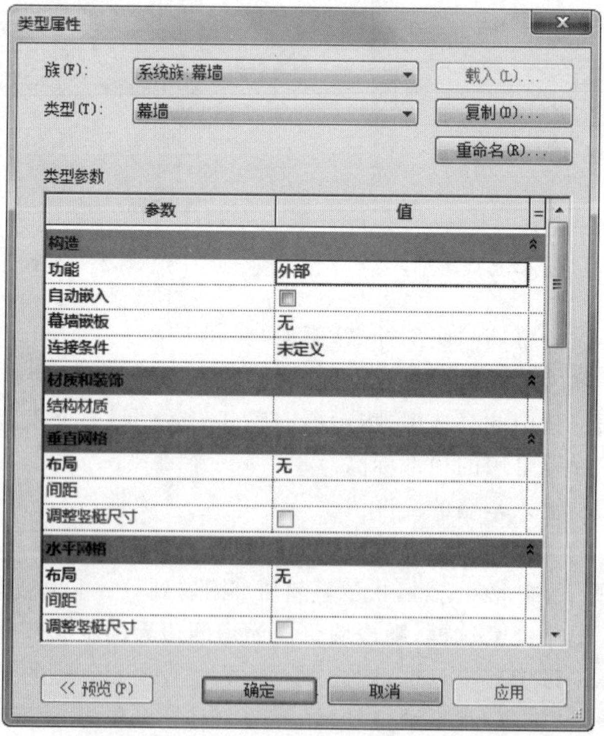

图 8-45　“类型属性”对话框

➢ 功能：指定墙的作用，包括外墙、内墙、挡土墙、基础墙、檐底板或核心竖井。
➢ 自动嵌入：指示幕墙是否自动嵌入墙中。
➢ 幕墙嵌板：设置幕墙图元的幕墙嵌板族类型。
➢ 连接条件：控制在某个幕墙图元类型中在交点处截断哪些竖梃。
➢ 布局：沿幕墙长度设置幕墙网格线的自动垂直/水平布局。
➢ 间距：当“布局”设置为“固定距离”或“最大间距”时启用。如果将布局设置为“固定距离”，则 Revit 将使用确切的“间距”值；如果将布局设置为“最大间距”，则 Revit 将使用不大于指定值的值对网格进行布局。
➢ 调整竖梃尺寸：调整网格线的位置，以确保幕墙嵌板的尺寸相等（如果可能）。有时，放置竖梃时，尤其放置在幕墙主体的边界处时，可能会导致嵌板的尺寸不相等；即使“布局”的设置为“固定距离”，也是如此。

(8) 选中“自动嵌入”复选框，分别设置垂直网格和水平网格的布局为“固定距离”，输入垂直网格的间距为 1000，水平间距为 1500，如图 8-46 所示。单击“确定”按钮，结果如图 8-47 所示。

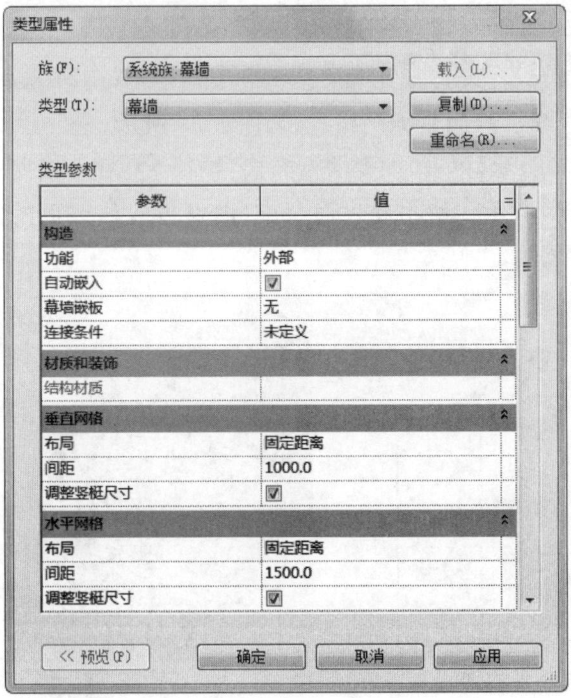

图 8-46 设置参数

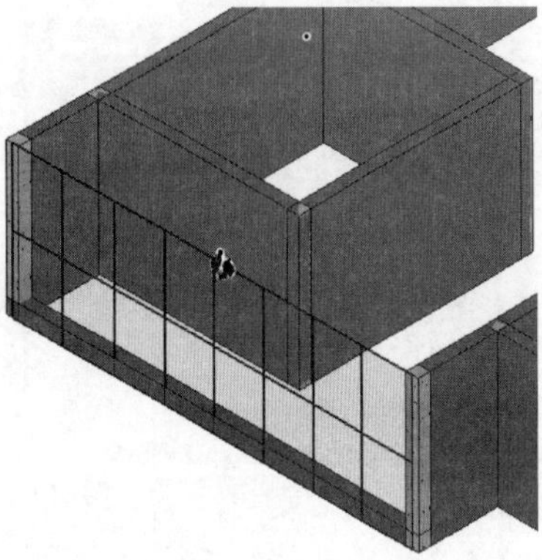

图 8-47 更改间距后的幕墙

8.3.2 幕墙网格

幕墙网格主要控制整个幕墙的划分，横梃、竖梃以及幕墙嵌板都要基于幕墙网格建立。如果绘制了不带自动网格的幕墙，可以手动添加网格。

将幕墙网格放置在墙、玻璃斜窗和幕墙系统上时，幕墙网格将捕捉到可见的标高、网格和参照平面。另外，在选择公共角边缘时，幕墙网格将捕捉到其他幕墙网格。

Note

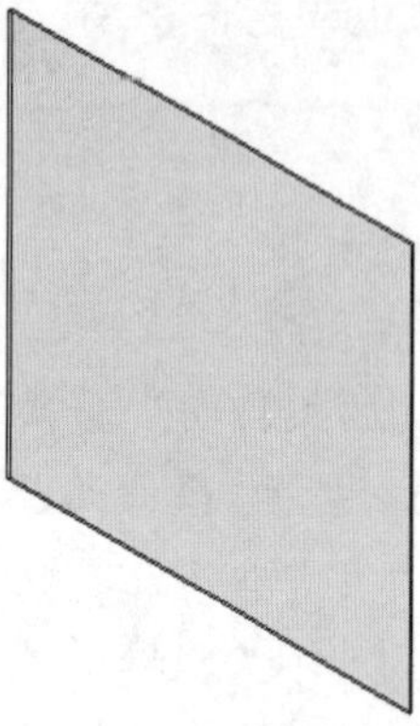

图 8-48　绘制墙体

(1) 新建一项目文件，并绘制一段幕墙，如图 8-48 所示。

(2) 单击“建筑”选项卡“构建”面板中的“幕墙网格”按钮，打开“修改|放置 幕墙网格”选项卡，如图 8-49 所示。

➢ 全部分段：单击此按钮，添加整条网格线。
➢ 一段：单击此按钮，添加一段网格线细分嵌板。
➢ 除拾取外的全部：单击此按钮，先添加一条红色的整条网格线，然后再单击某段删除，其余的嵌板添加网格线。

(3) 在选项卡中选择放置类型。

(4) 沿着墙体边缘放置光标，会出现一条临时网格线，如图 8-50 所示。

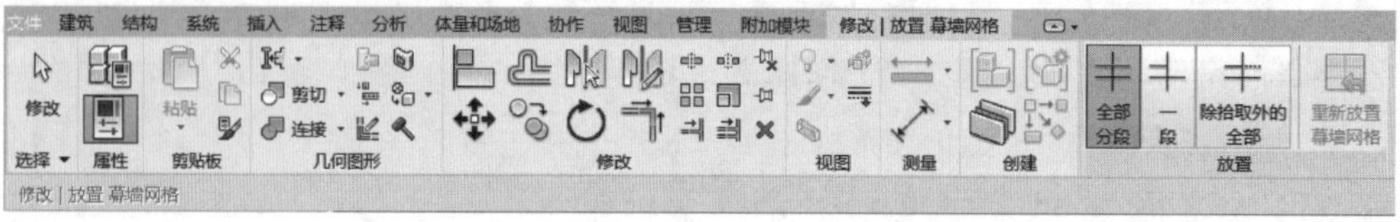

图 8-49　“修改|放置 幕墙网格”选项卡

(5) 在适当位置单击放置网格线，继续绘制其他网格线，如图 8-51 所示。

(6) 选中视图中的幕墙，如图 8-52 所示，单击“配置网格布局”按钮，在幕墙网格面上打开幕墙网格布局界面，如图 8-53 所示。使用此界面，可以图形方式修改面的实例参数值。在其他位置单击退出此界面。

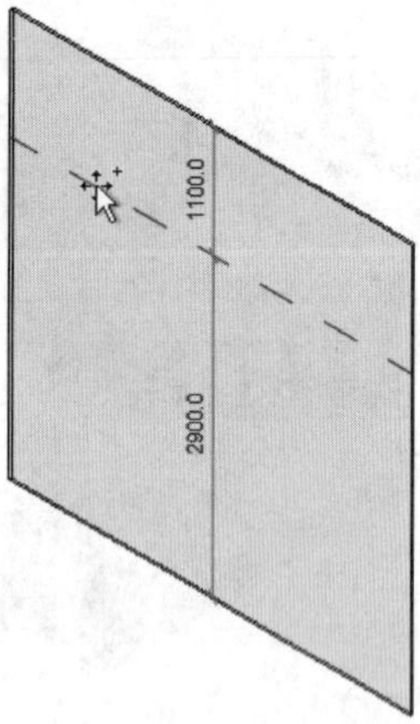

图 8-50　临时网格线

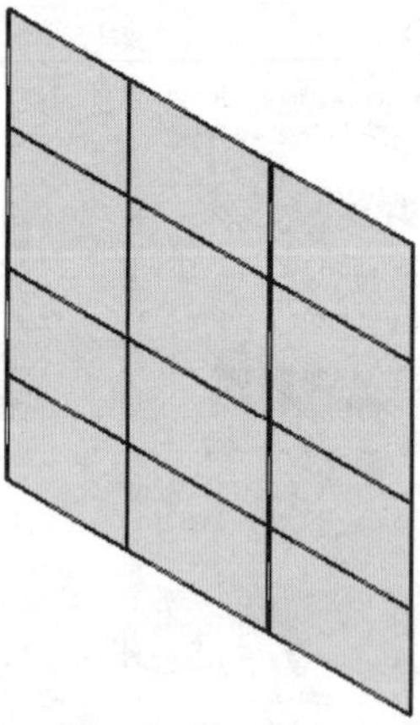

图 8-51　绘制幕墙网格

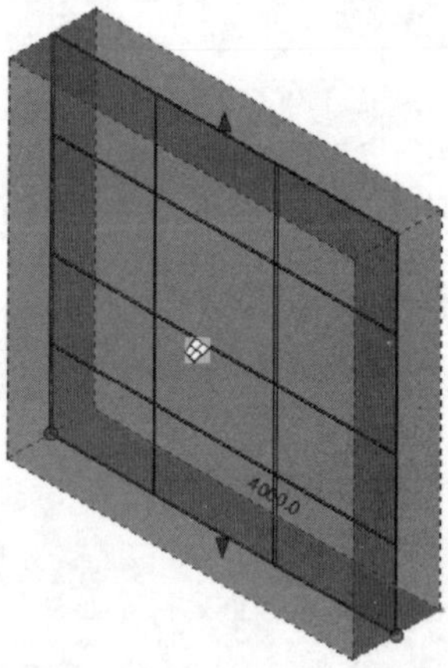

图 8-52　选中幕墙

➢ 对正原点：单击箭头可修改网格的对正方案。水平箭头用于修改垂直网格的对正；垂直箭头用于修改水平网格的对正。
➢ 垂直幕墙网格的原点和角度：单击控制柄可修改垂直网格相应的值。
➢ 水平幕墙网格的原点和角度：单击控制柄可修改水平网格相应的值。

(7) 选中幕墙中的网格线，可以输入尺寸值更改数值，也可以拖动网格线改变位置。

(8) 选中幕墙中的网格线，打开“修改|幕墙网格”选项卡，单击“幕墙网格”面板中的“添加/删除线段”按钮，然后在视图中选择不需要的网格，网格线被删除，如图 8-54所示。

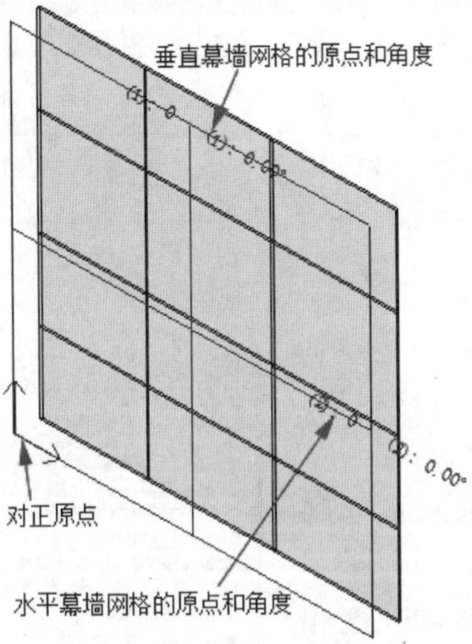

图 8-53 幕墙网格布局界面

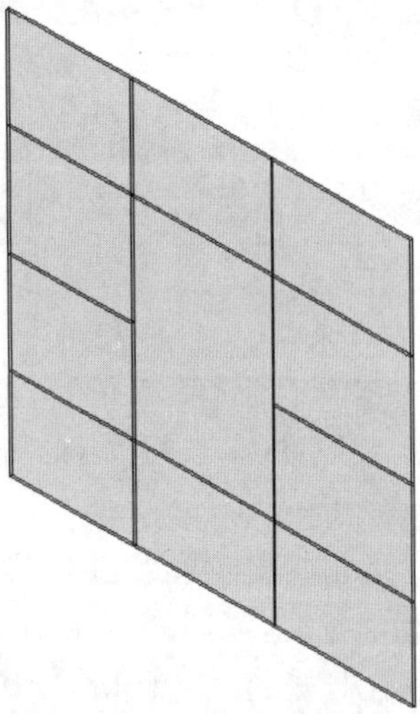

图 8-54 删除网格线

8.3.3 竖梃

幕墙竖梃是幕墙的龙骨，是根据幕墙网格来创建的，如图 8-55 所示。

操作步骤

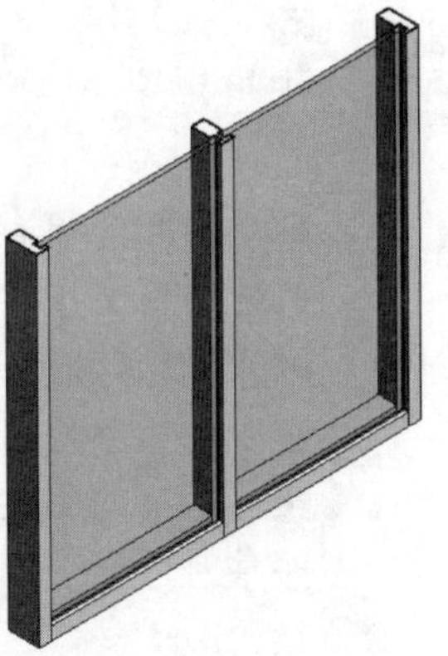

图 8-55 幕墙竖梃

(1) 打开 8.3.1 节中绘制的幕墙文件。

(2) 单击“建筑”选项卡“构建”面板中的“竖梃”按钮，打开“修改|放置 竖梃”选项卡，如图 8-56 所示。

(3) 在选项卡中选择竖梃的放置方式，包括网格线、单段网格线和全部网格线。这里单击“全部网格线”按钮，选择全部网格线放置方式。

- 网格线：创建当前选中的连续的水平或垂直的网格线的竖梃，从头到尾创建，如图 8-57 所示。
- 单段网格线：创建当前网格中所选网格的一段竖梃，如图 8-58 所示。

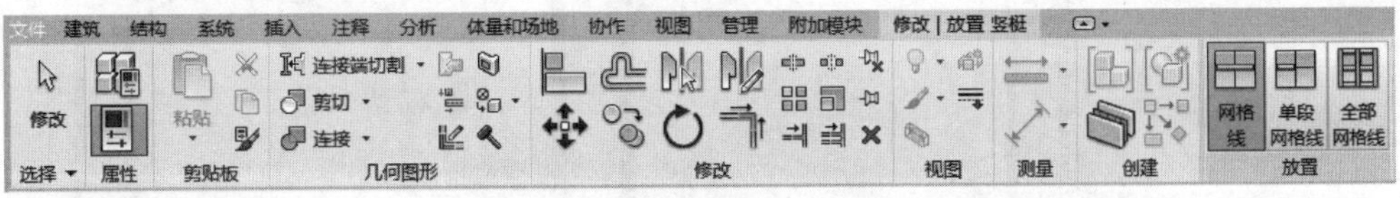

图 8-56 “修改|放置 竖梃”选项卡

Note

➢ 全部网格线：创建当前幕墙中所有网格线上的竖梃，如图 8-59 所示。

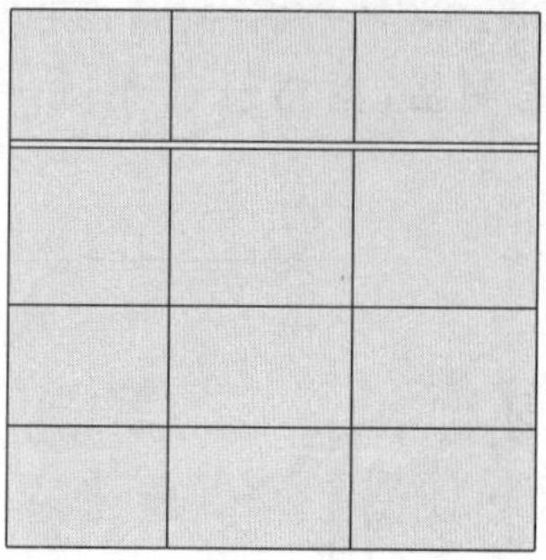

图 8-57　网格线竖梃

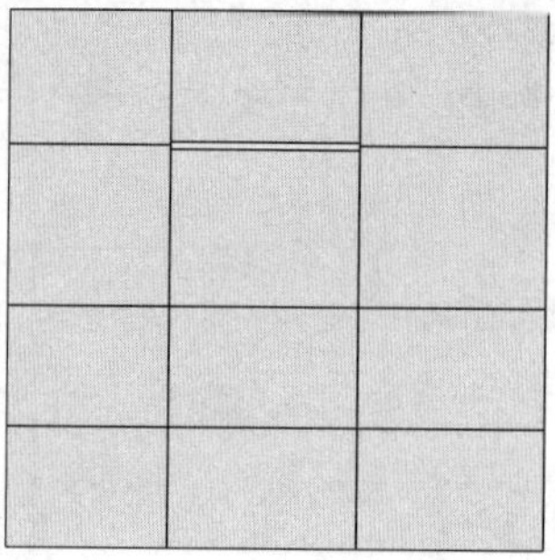

图 8-58　单段网格线竖梃

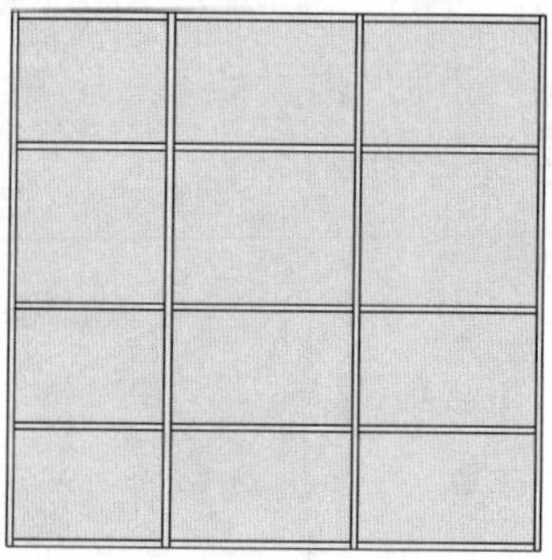

图 8-59　全部网格线竖梃

(4) 在“属性”选项板的“类型”下拉列表框中选择竖梃类型，这里选择“矩形竖梃 30mm 正方形”类型，如图 8-60 所示。

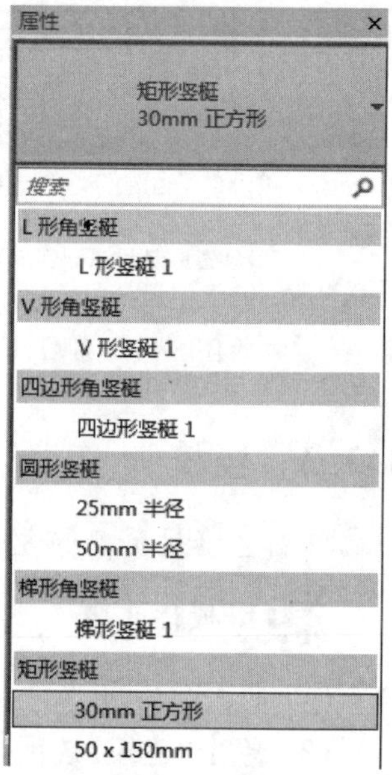

图 8-60　竖梃类型

➢ L 形角竖梃：幕墙嵌板或玻璃斜窗与竖梃的支脚端部相交，如图 8-61 所示。

可以在竖梃的“类型属性”中指定竖梃支脚的长度和厚度。

➢ V 形角竖梃：幕墙嵌板或玻璃斜窗与竖梃的支脚侧边相交，如图 8-62 所示。可以在竖梃的“类型属性”中指定竖梃支脚的长度和厚度。

➢ 梯形角竖梃：幕墙嵌板或玻璃斜窗与竖梃的侧边相交，如图 8-63 所示。可以在竖梃的“类型属性”中指定沿着与嵌板相交的侧边的中心宽度和长度。

➢ 四边形角竖梃：幕墙嵌板或玻璃斜窗与竖梃的支脚侧边相交。如果两个竖梃部分相等并且连接不是 90°角，则竖梃会呈现出风筝的形状，如图 8-64(a)所示。如果连接角度为 90°并且各部分不相等，则竖梃是矩形的，如图 8-64(b)所示。如果两个部分相等并且连接处是 90°角，则竖梃是方形的，如图 8-64(c)所示。

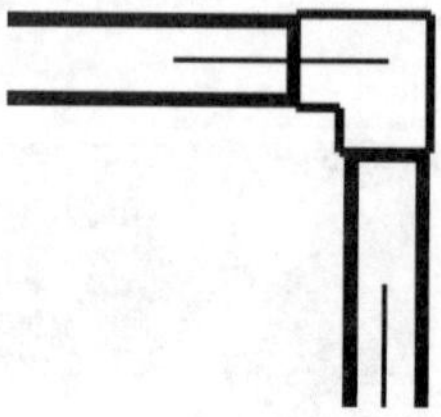

图 8-61　L 形角竖梃

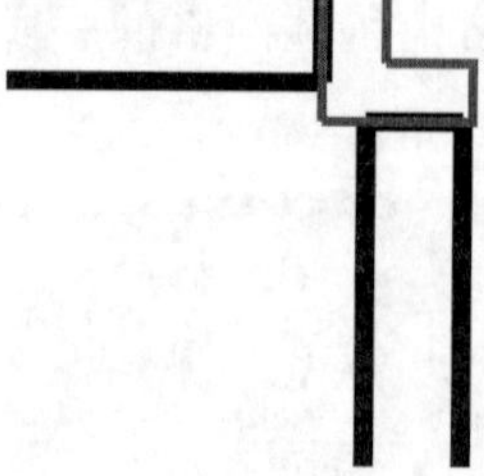

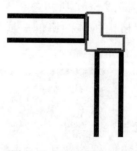

图 8-62　V 形角竖梃

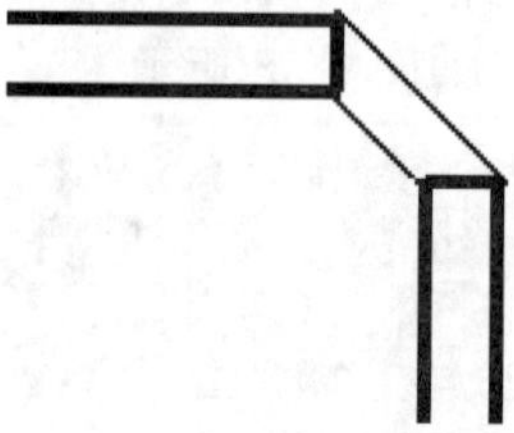

图 8-63　梯形角竖梃

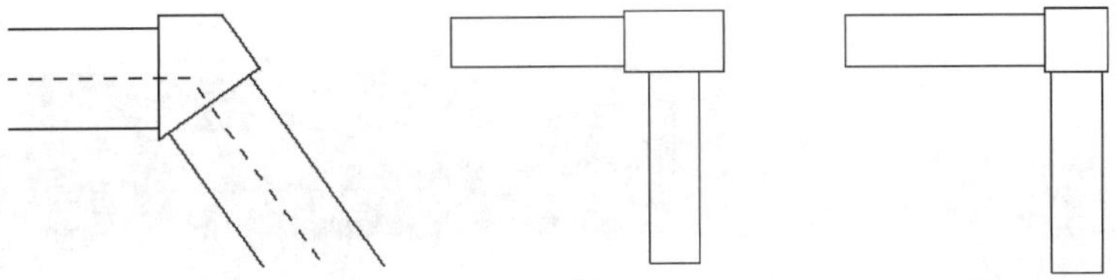

(a) (b) (c)

图 8-64 四边形角竖梃

➢ 矩形竖梃：常作为幕墙嵌板之间的分隔或幕墙边界，可以通过定义角度、偏移、轮廓、位置和其他属性来创建矩形竖梃，如图 8-65 所示。

➢ 圆形竖梃：常作为幕墙嵌板之间的分隔或幕墙边界，可以通过定义竖梃的半径以及距离幕墙嵌板的偏移来创建圆形竖梃，如图 8-66 所示。

（5）在“属性”选项板中单击“编辑类型”按钮，打开“类型属性”对话框，新建“50mm 正方形”类型，更改厚度为 50，设置边 2 和边 1 上的宽度为 25，其他采用默认设置，如图 8-67 所示，单击“确定”按钮。

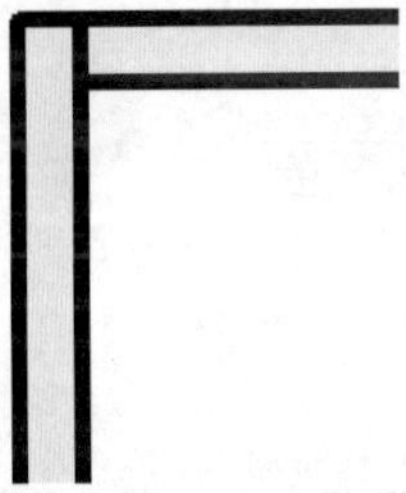

图 8-65 矩形竖梃

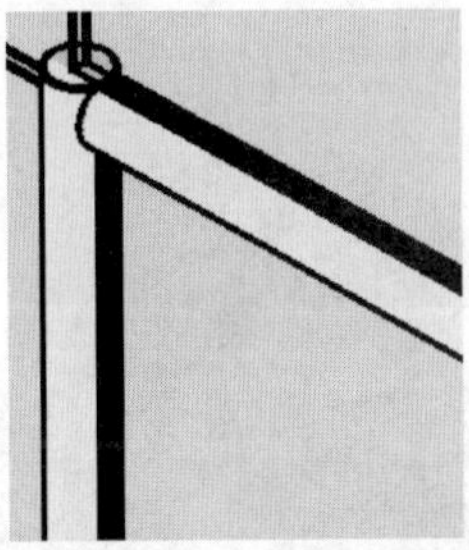

图 8-66 圆形竖梃

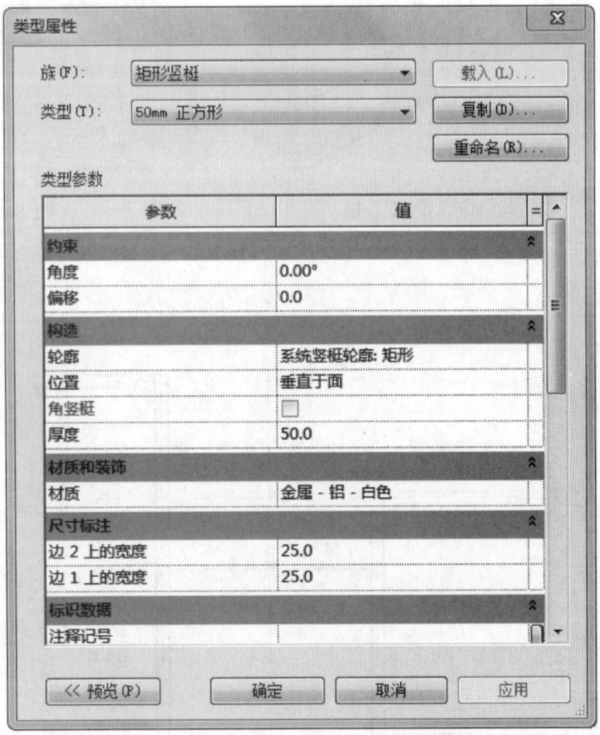

图 8-67 “类型属性”对话框

（6）在视图中选择幕墙，在幕墙的网格上创建竖梃，如图 8-68 所示。

（7）采用相同的方法，新建“内隔断玻璃幕墙”类型，并设置参数如图 8-69 所示，在如图 8-70 所示的位置绘制幕墙，结果如图 8-71 所示。

Note

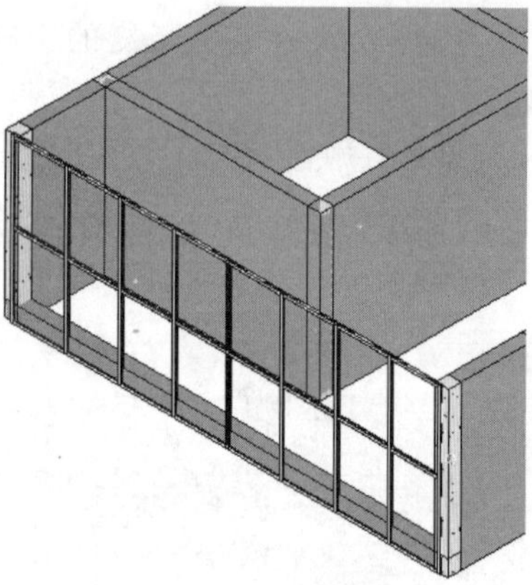

图 8-68　绘制竖梃

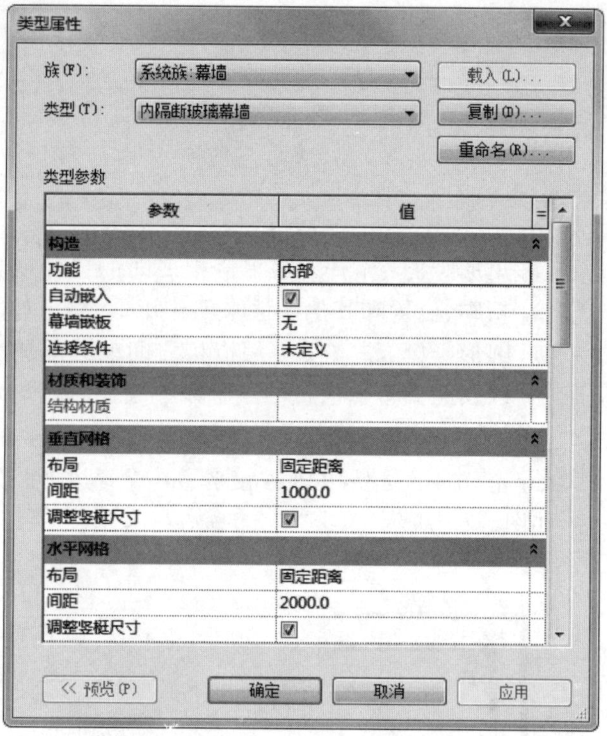

图 8-69　内隔断玻璃幕墙参数

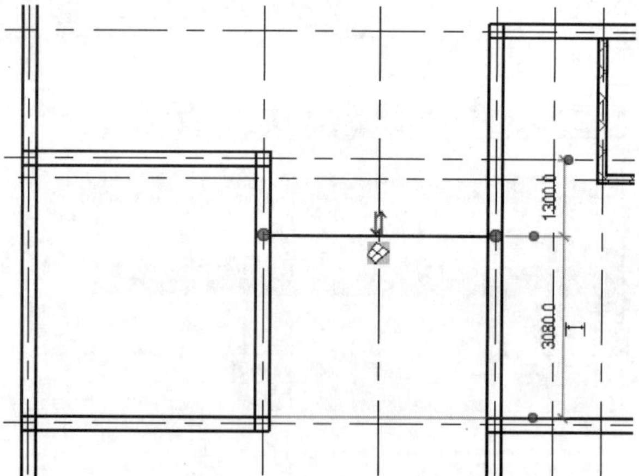

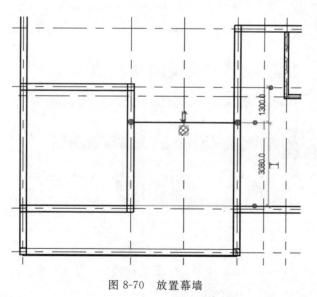

图 8-70　放置幕墙

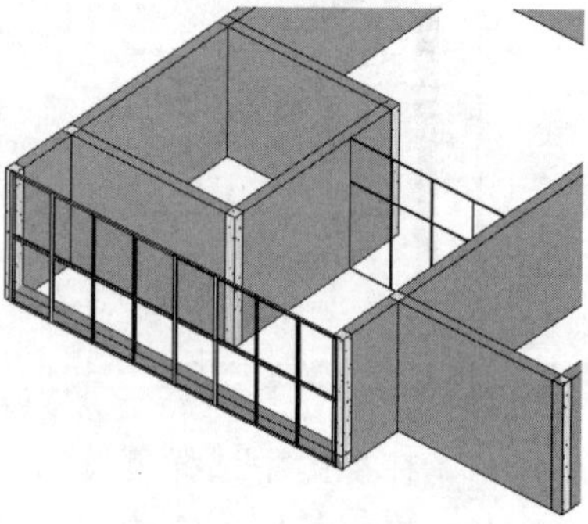

图 8-71　绘制幕墙

8.3.4　从体量面创建幕墙系统

使用“面幕墙系统”工具可以在任何体量面或常规模型面上创建幕墙系统。

操作步骤

(1) 新建一长方体体量。

(2) 单击“体量和场地”选项卡“面模型”面板中的“幕墙系统”按钮，打开“修改|放置面幕墙系统”选项卡。

(3) 在“属性”选项板中选择楼板类型为“幕墙系统 1500×3000mm”，更改网格 1 和网格 2 的偏移为 300，其他采用默认设置，如图 8-72 所示。

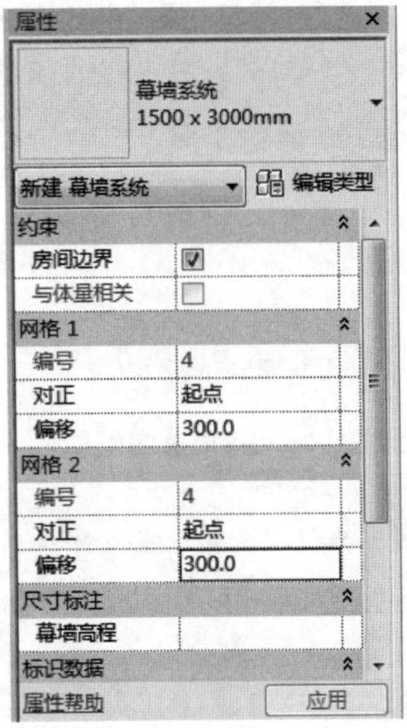

图 8-72　“属性”选项板

(4) 系统默认启用“选择多个”按钮，在视图中选择需要创建幕墙的面，如图 8-73所示。可以单击“多重选择”面板中的“清除选择”按钮，清除选择。

(5) 选取完面后，单击“多重选择”面板中的“创建系统”按钮，创建幕墙系统，结果如图 8-74 所示。

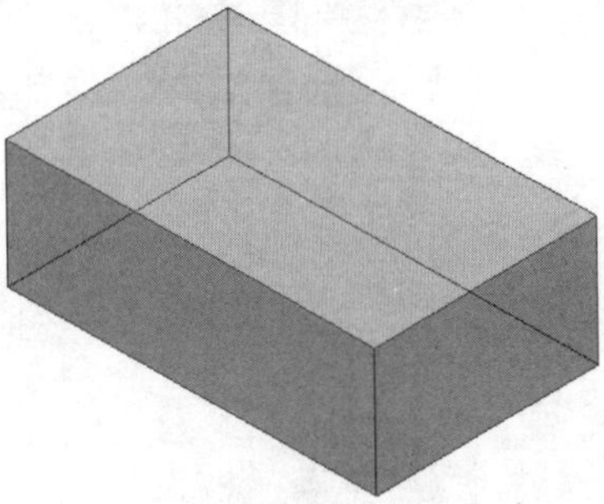

图 8-73　选取面

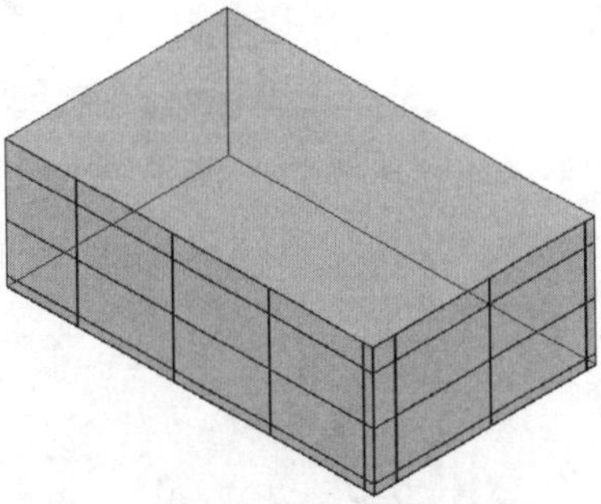

图 8-74　幕墙系统

8.4　编辑墙体

8.4.1　连接

1. 连接几何图形

使用“连接几何图形”工具可以在共享公共面的两个或多个主体图元(例如墙和楼板)之间创建连接，也可以使用此工具连接主体和内建族或者主体和项目族。

在族编辑器中连接几何图形时，会在不同形状之间创建连接。但是在项目中，连接图元之一实际上会根据下列方案剪切其他图元。

Note

(1) 墙剪切柱。

(2) 结构图元剪切主体图元(墙、屋顶、天花板和楼板)。

(3) 楼板、天花板和屋顶剪切墙。

(4) 檐沟、封檐带和楼板边剪切其他主体图元。檐口不剪切任何图元。

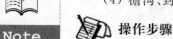

操作步骤

(1) 单击“修改”选项卡“几何图形”面板“连接”下的“连接几何图形”按钮，打开选项栏，如图 8-75 所示。

图 8-75　连接选项栏

多重连接：将所选的第一个几何图形实例连接到其他几个实例。

(2) 选择要连接的第一个几何图形。

(3) 选择要与第一个几何图形连接的第二个几何图形。如果选中“多重连接”复选框，则继续选择要与第一个几何图形连接的其他几何图形，结果如图 8-76 所示。

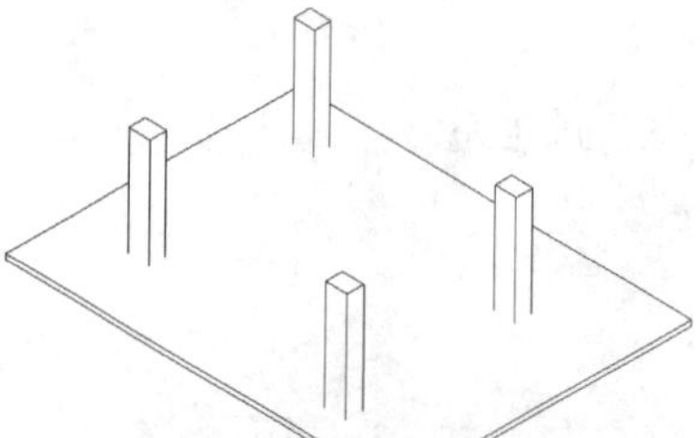

原图

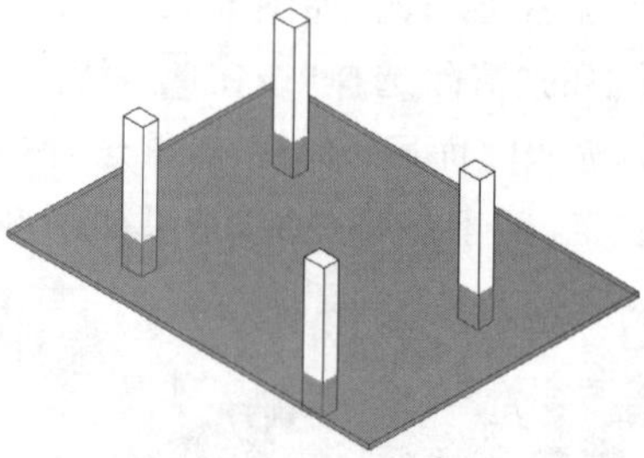

选取第一个图形

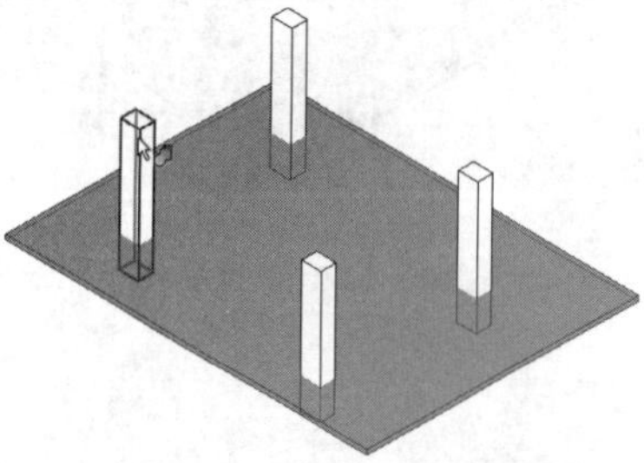

选取第二个图形

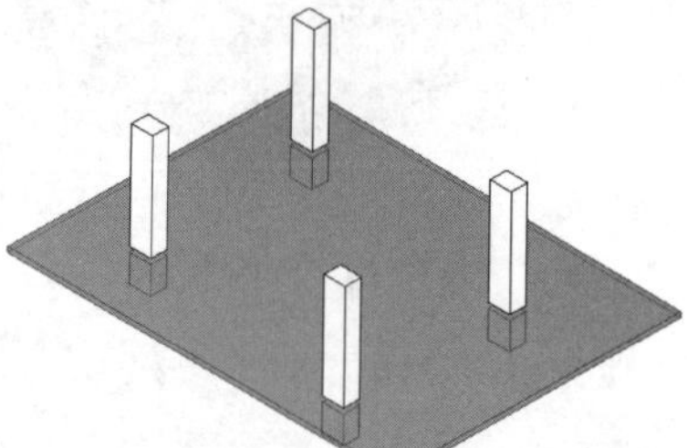

结果

图 8-76　连接几何图元的创建过程

2. 取消连接几何图形

使用“取消连接几何图形”工具可以删除用“连接几何图形”工具创建的两个或两个以上图元之间的连接。

操作步骤

(1) 单击“修改”选项卡“几何图形”面板“连接”下的“取消连接几何图形”按钮，激活命令。

（2）选择要取消连接的几何图形。

3．切换连接顺序

使用“切换连接顺序”工具可以反向连接图元。

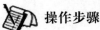

操作步骤

（1）单击“修改”选项卡“几何图形”面板“连接”下的“切换连接顺序”按钮，打开选项栏，如图8-77所示。

多个开关

图8-77　切换连接顺序选项栏

多个开关：切换多个图元与某个公共图元的连接顺序。

（2）选择第一个几何图形。

（3）选择与第一个几何图形连接的另一个几何图形。如果选中“多个开关”复选框，则继续选择要与第一个几何图形相交的图形，隐藏图元后结果如图8-78所示。

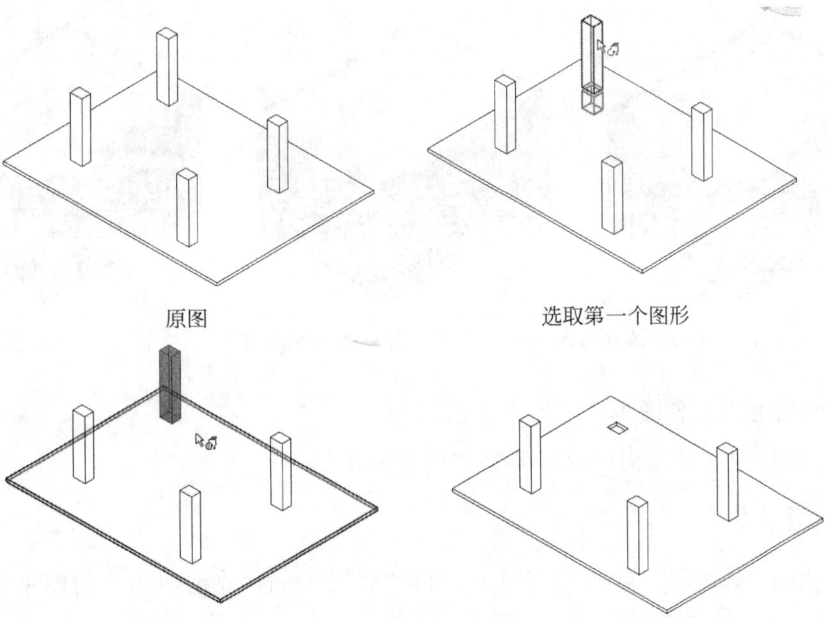
原图
选取第一个图形
选取第二个图形
结果

图8-78　切换连接顺序的创建过程

8.4.2　剪切

1．剪切墙体

使用“剪切几何图形”工具可以拾取并选择要剪切和不剪切的几何图形。

操作步骤

（1）打开墙体图形，如图8-79所示。

（2）单击“修改”选项卡“几何图形”面板“剪切”下的“剪切几何图形”按钮，打开选项栏，如图 8-80 所示。

（3）选择要被剪切的墙体，如图 8-81 所示。

（4）选择与主体平行的墙或用于剪切的族实例，如图 8-82 所示。

（5）隐藏被剪切的墙体，结果如图 8-83 所示。

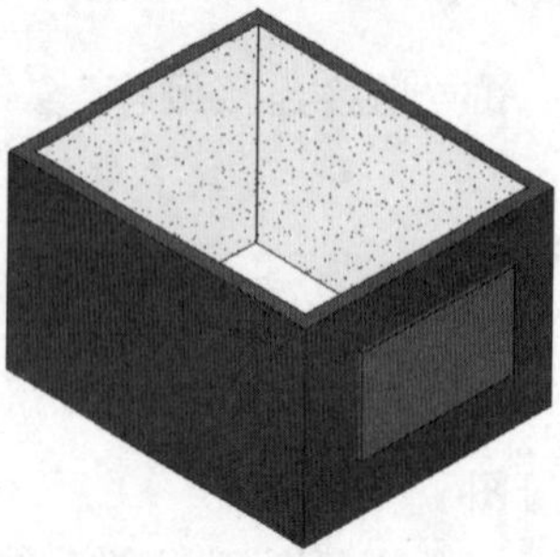

图 8-79　打开图形

图 8-80　剪切选项栏

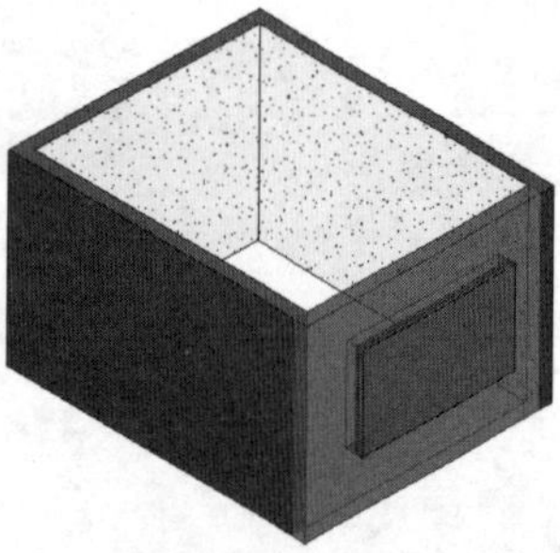

图 8-81　选取要被剪切的墙体

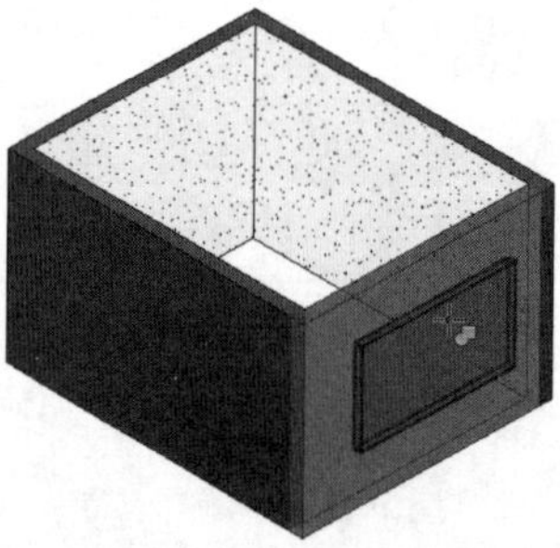

图 8-82　选取要用于剪切的图元

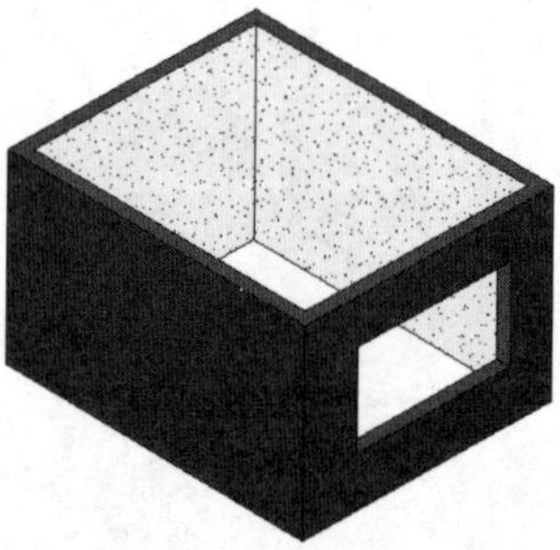

图 8-83　隐藏图元

2. 取消剪切几何图形

可以选择在连接几何图形时不剪切的几何图形。

操作步骤

（1）单击“修改”选项卡“几何图形”面板“剪切”下的“取消剪切几何图形”按钮，打开选项栏，如图 8-84 所示。

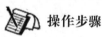

图 8-84　取消剪切选项栏

（2）选择剪切图元或主墙体。

（3）选择用于剪切的内嵌墙或族实例。

8.4.3　墙连接

墙相交时，Revit 默认情况下会创建平接连接，并通过删除墙与其相应构件层之间的可见边来清理平面视图中的显示。

操作步骤

（1）单击“修改”选项卡“几何图形”面板中的“墙连接”按钮，打开选项栏，如图 8-85 所示。

图 8-85　墙连接选项栏

(2) 将光标移至墙连接上，然后在显示的灰色方块中单击。

(3) 若要对多个相交墙连接进行编辑，应在按下 Ctrl 键的同时选择每个连接。

(4) 在选项栏中选择连接类型为平接(默认连接类型)、斜接或方接，如图 8-86 所示。

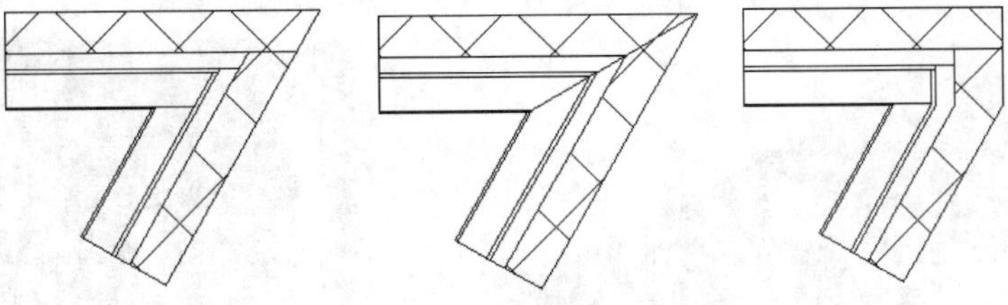

平接　　斜接　　方接

图 8-86　连接类型

(5) 如果选择的连接类型为"平接"或"方接"，则可以单击"下一个"和"上一个"按钮。

8.4.4　拆分面

可以利用"拆分面"工具拆分图元的所选面，该工具不改变图元的结构。可以在任何非族实例上使用"拆分面"命令。在拆分面后，可使用"填色"工具为此部分面应用不同材质。

操作步骤

(1) 单击"修改"选项卡"几何图形"面板中的"拆分面"按钮，选择要拆分的面，如图 8-87 所示。

(2) 打开"修改|拆分面→边界"选项卡，可以直接提取边界然后输入偏移值，也可以单击绘图命令绘制边界，如图 8-88 所示。单击"完成编辑模式"按钮，完成边界绘制。

(3) 完成面的拆分，如图 8-89 所示。

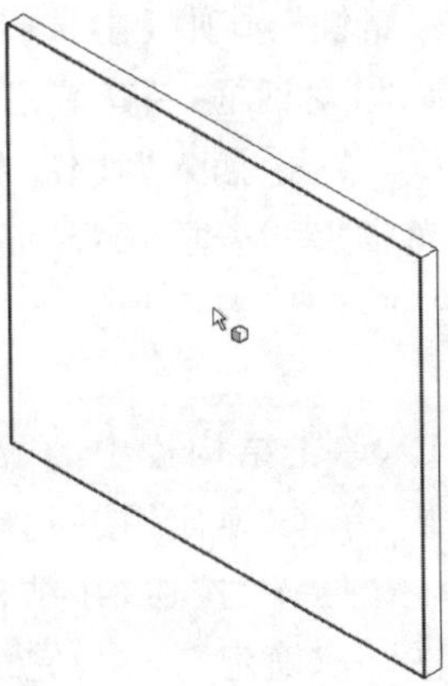

图 8-87　选择要拆分的面

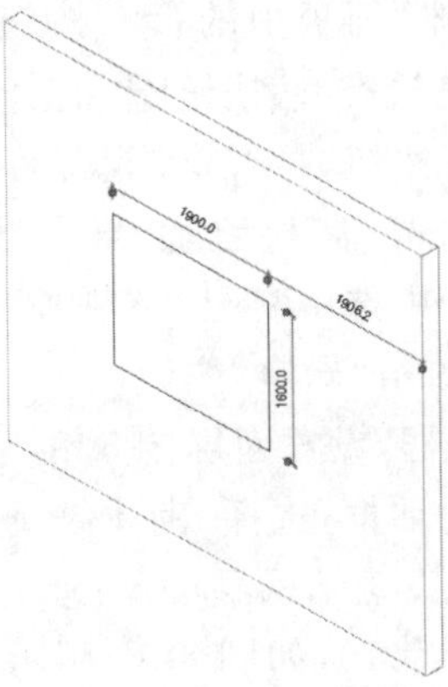

图 8-88　绘制边界

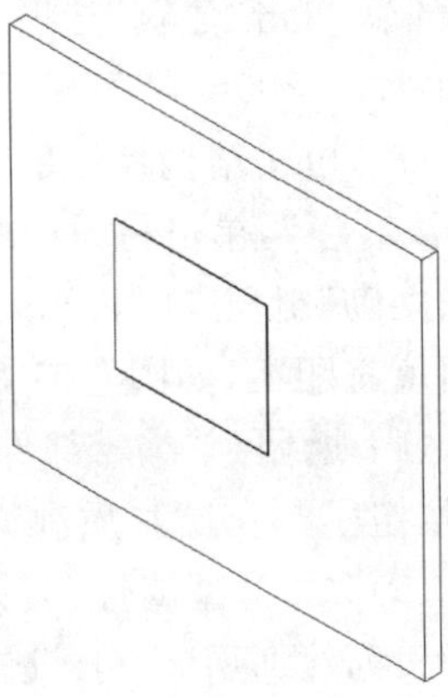

图 8-89　拆分面

8.5 上机练习——教学楼墙体设计

Note

练习目标

本节主要绘制教学楼上的墙体和幕墙，如图 8-90 所示。

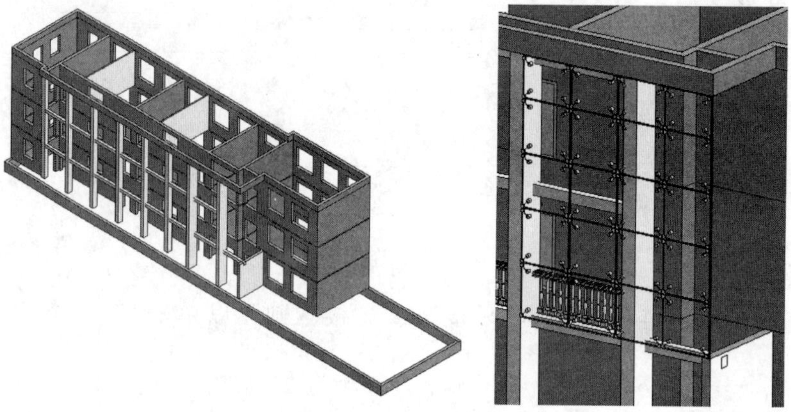

图 8-90 墙体

设计思路

首先利用墙体命令分别设置墙体结构，绘制教学楼的外墙、内墙和分隔墙，然后利用墙体命令设置幕墙类型，绘制幕墙。

8.5.1 创建墙体

8-1

操作步骤

1. 创建墙裙

（1）将视图切换至 0F 楼层平面。

（2）单击“建筑”选项卡“构建”面板中的“墙”按钮，在“属性”选项板中选择“基本墙 常规-200mm”类型，单击“编辑类型”按钮，打开“类型属性”对话框，新建墙裙。

（3）单击结构栏中的“编辑”按钮，打开“编辑部件”对话框，单击“插入”按钮，插入“面层 2[5]”，单击材质栏中的“浏览器”按钮，打开“材质浏览器”对话框，选择“石材，自然立砌”材质，在“图形”选择卡中选中“使用渲染外观”复选框，设置表面填充图案和截面填充图案，如图 8-91 所示，单击“确定”按钮。

（4）返回到“编辑部件”对话框，设置面层 2[5]的厚度为 10，单击结构栏中的“浏览器”按钮，打开“材质浏览器”对话框，选择“砌体-普通砖”材质，单击“确定”按钮。

（5）在“类型属性”对话框中设置结构层的厚度为 240，单击“插入”按钮，在结构层的下面创建面层 2[5]，设置厚度为 10，如图 8-92 所示。连续单击“确定”按钮，完成墙裙的创建。

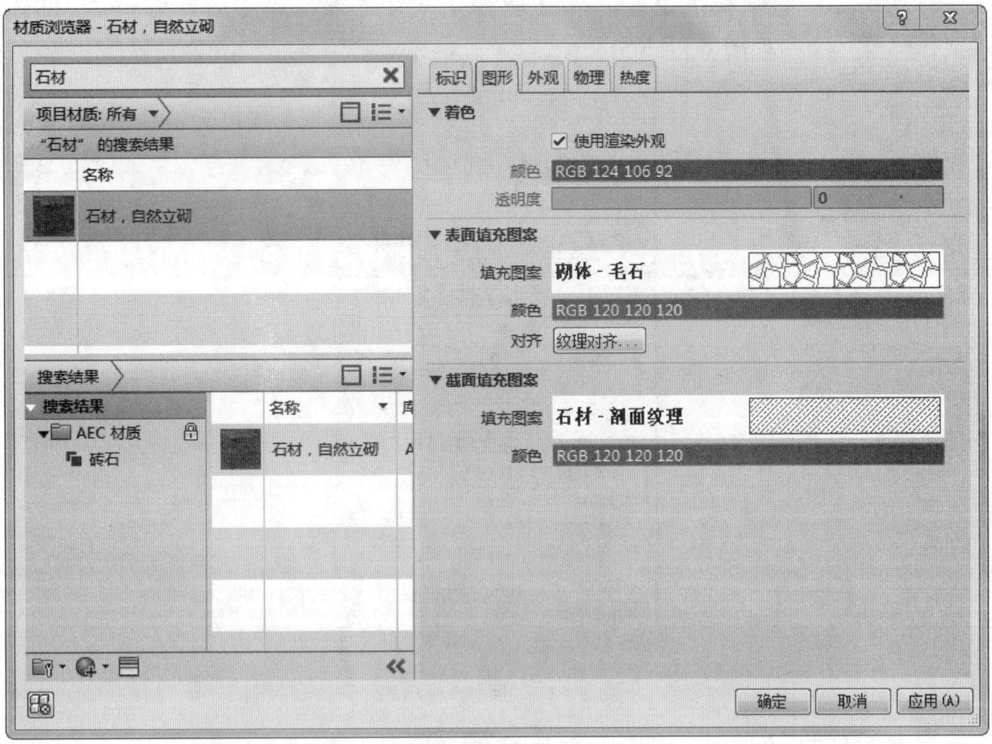

图 8-91 "材质浏览器"对话框

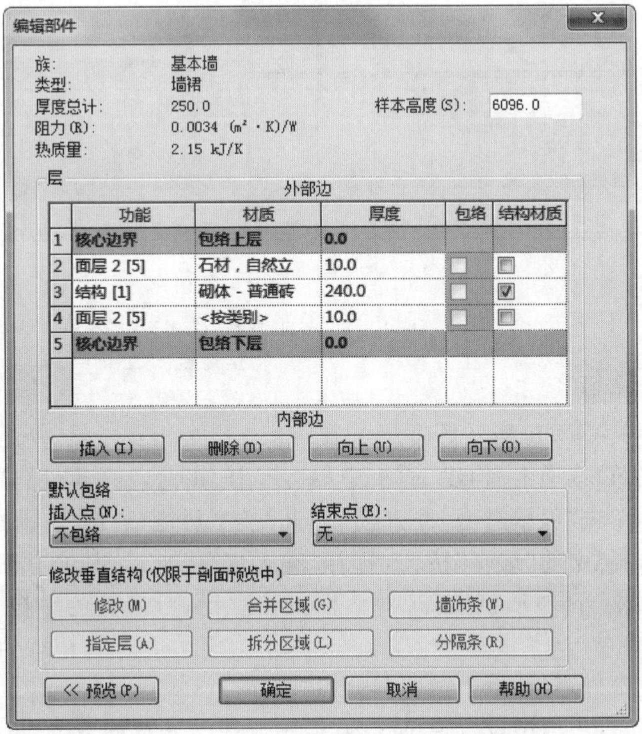

图 8-92 "编辑部件"对话框

Note

（6）在“属性”选项板中设置定位线为“核心层中心线”，底部约束为 0F，顶部约束为“直到标高：1F”，如图 8-93 所示。

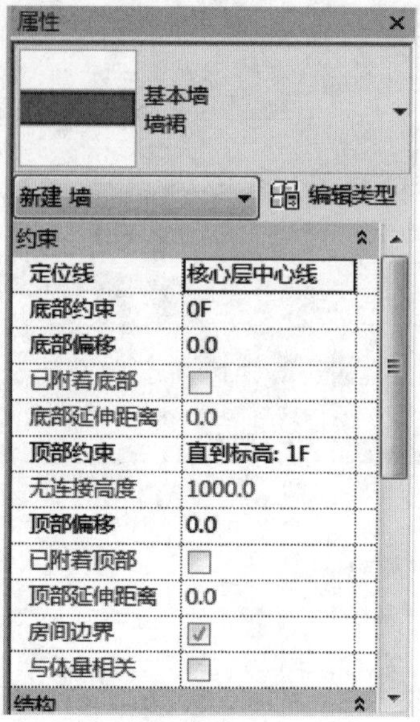

图 8-93 “属性”选项板

（7）根据轴网和结构柱，绘制如图 8-94 所示的墙裙，注意最下端的墙裙应与柱下边线重合。

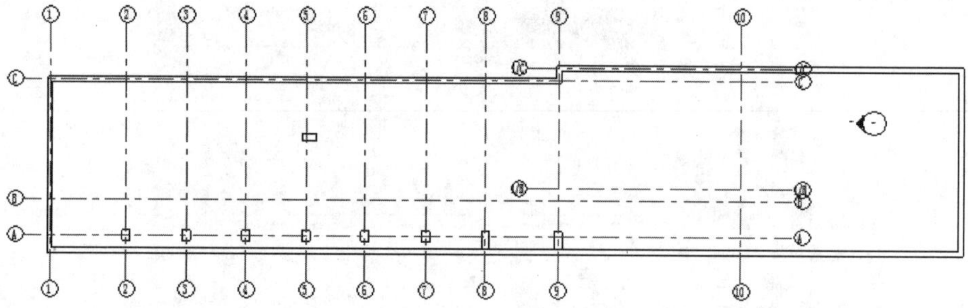

图 8-94 绘制墙裙

2. 创建第一层墙

（1）将视图切换至 1F 楼层平面。

（2）单击“建筑”选项卡“构建”面板中的“墙”按钮，在“属性”选项板中选择“基本墙 墙裙”类型，单击“编辑类型”按钮，打开“类型属性”对话框，新建外墙。

（3）单击结构栏中的“编辑”按钮，打开“编辑部件”对话框，单击面层 2[5]栏中的“浏览器”按钮，打开“材质浏览器”对话框，新建“粉刷，米黄色涂料”材质，具体参数如图 8-95 所示。

（4）在“编辑部件”对话框中设置其他参数，如图 8-96 所示。

（5）在“属性”选项板中设置定位线为“墙中心线”，底部约束为 1F，顶部约束为“直到标高：2F”，如图 8-97 所示。

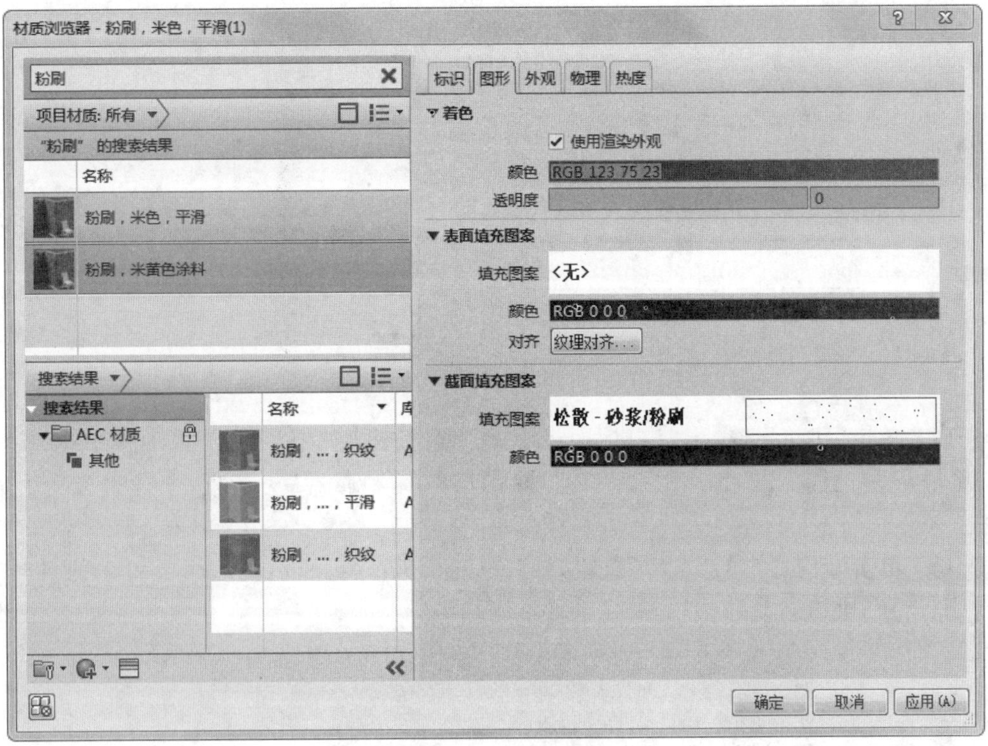

图 8-95　新建材质

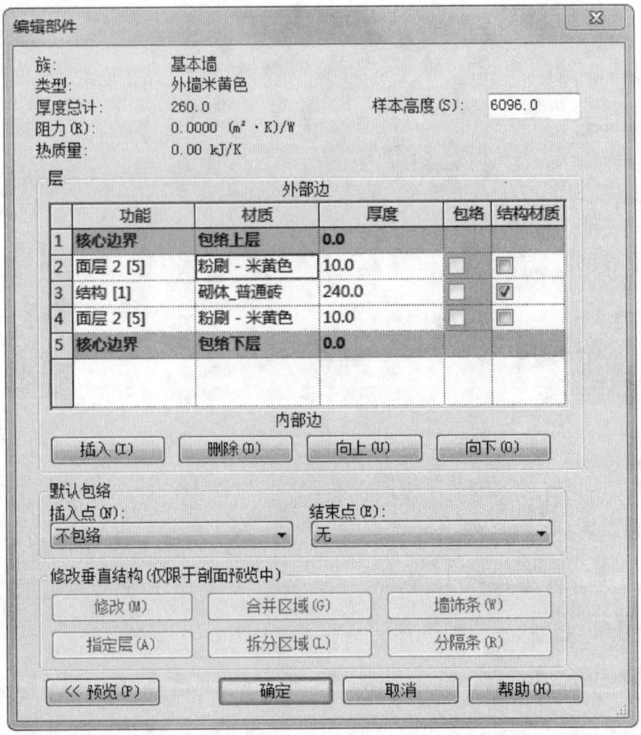

图 8-96　240 外墙参数

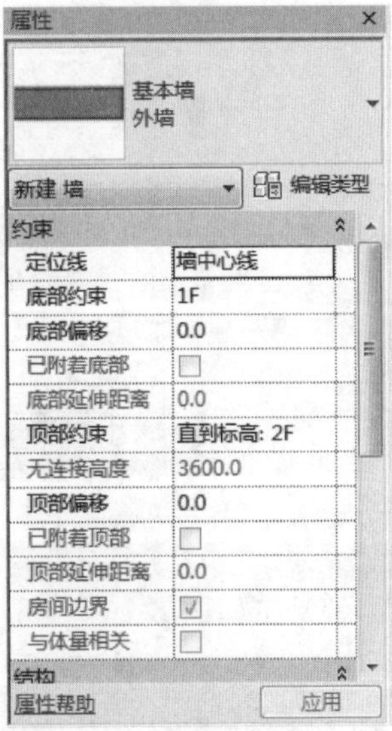

图 8-97　“属性”选项板

Note

(6) 根据轴网和结构柱，绘制如图 8-98 所示的外墙。

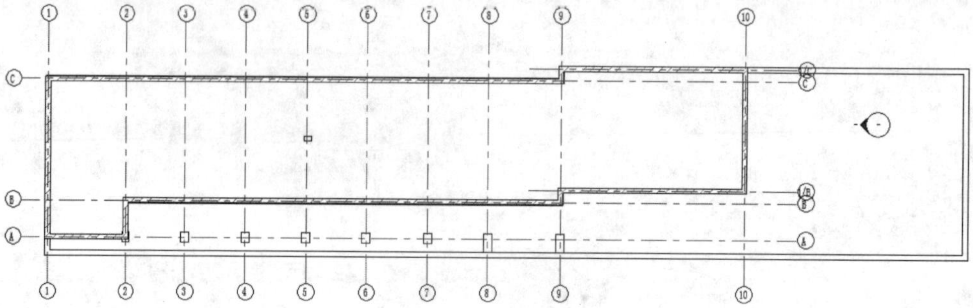

图 8-98　绘制外墙

(7) 单击“建筑”选项卡“构建”面板中的“墙”按钮，在“属性”选项板中选择“基本墙 墙裙”类型，单击“编辑类型”按钮，打开“类型属性”对话框，新建外墙与柱子同色。

(8) 单击结构栏中的“编辑”按钮，打开“编辑部件”对话框，更改面层 2[5]的材质为“粉刷，米色，平滑”，具体如图 8-99 所示。

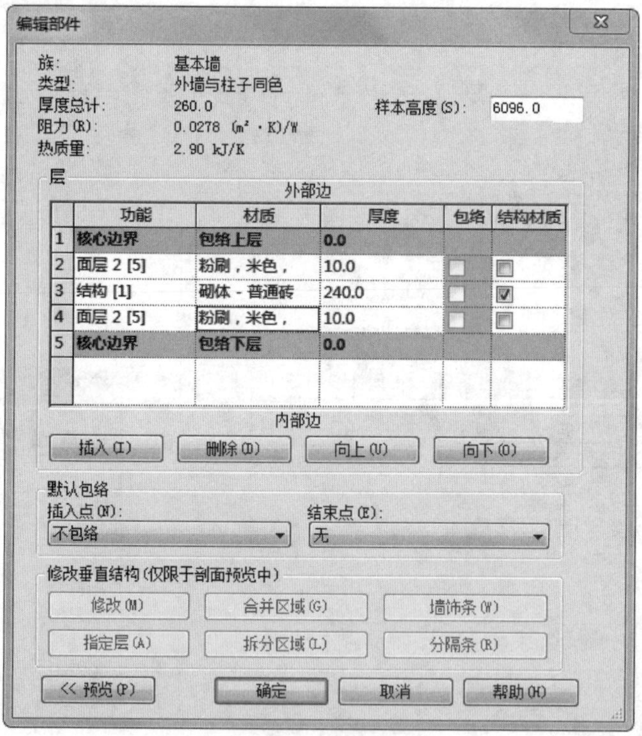

图 8-99　240 外墙参数

(9) 在如图 8-100 所示的位置绘制外墙，选取墙体修改尺寸。

(10) 单击“建筑”选项卡“构建”面板中的“墙”按钮，在“属性”选项板中选择“基本墙 外墙”类型，单击“编辑类型”按钮，打开“类型属性”对话框，新建内墙，参数与外墙相同，单击“确定”按钮。

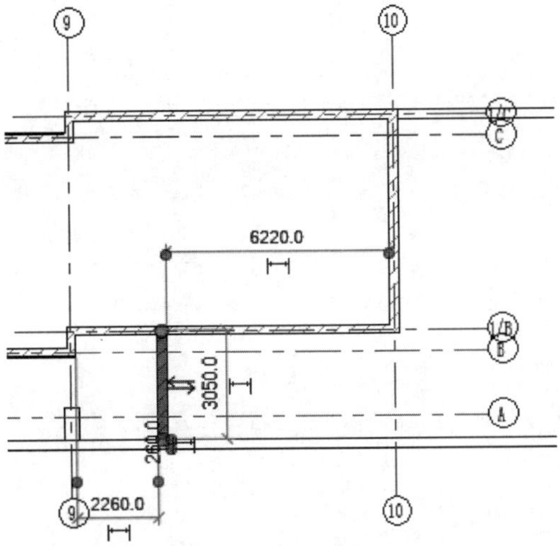

图 8-100　绘制外墙

(11) 根据轴网和结构柱,绘制如图 8-101 所示的内墙。

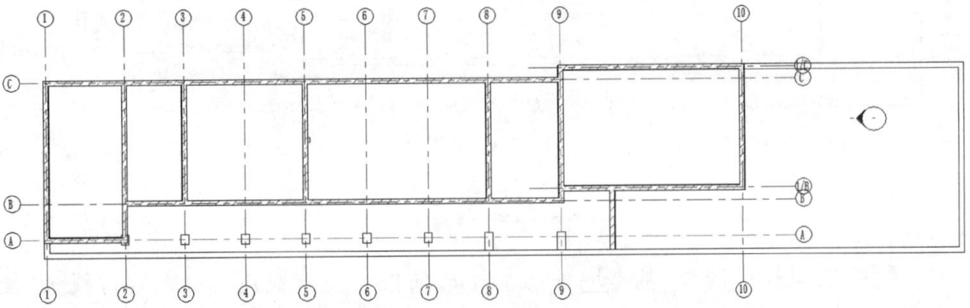

图 8-101　绘制内墙

3. 创建第二层墙

(1) 将视图切换到 2F 楼层平面。

(2) 单击“建筑”选项卡“构建”面板中的“墙”按钮 ,在“属性”选项板中选择“基本墙外墙”,设置定位线为“墙中心线”,底部约束为 2F,底部偏移为 0,顶部约束为“直到标高:3F”,如图 8-102 所示。

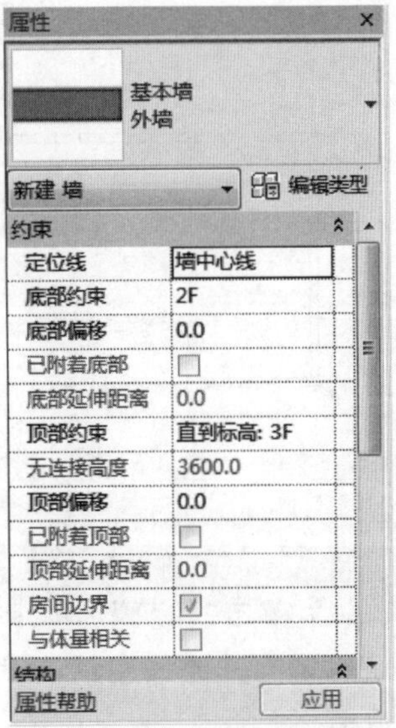

图 8-102　设置参数

(3) 在选项栏中设置连接状态为“允许”,根据轴网和结构柱绘制二层的外墙,如图 8-103所示。

(4) 单击“建筑”选项卡“构建”面板中的“墙”按钮 ,在“属性”选项板中选择“基本墙内墙”,其他采用默认设置,根据轴网和结构柱绘制内墙,如图 8-104 所示。

4. 创建第三层墙

(1) 将视图切换到 3F 楼层平面。

(2) 单击“建筑”选项卡“构建”面板中的“墙”按钮

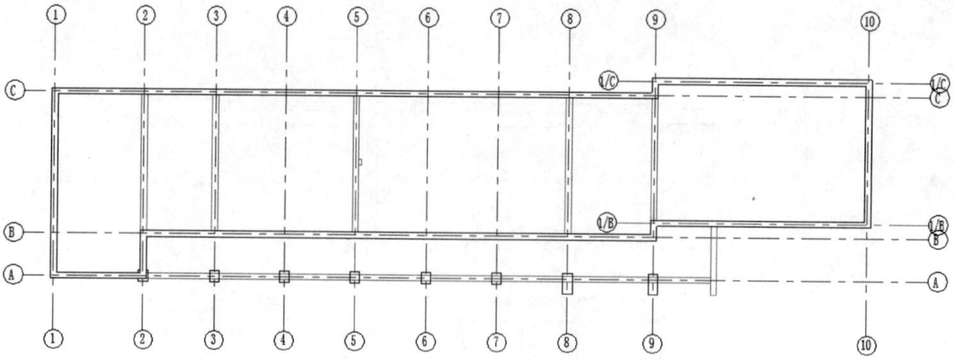

图 8-103　绘制二层外墙

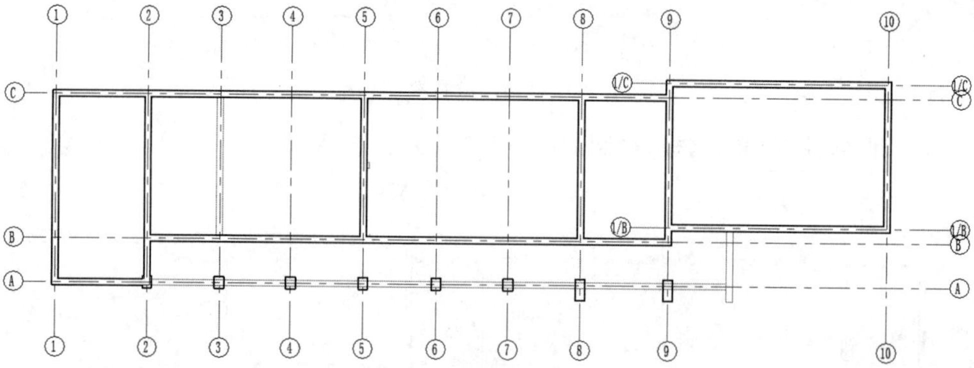

图 8-104　绘制内墙

，在“属性”选项板中选择“基本墙外墙”，在选项栏中设置高度为 4F，定位线为“墙中心线”，接状态为“允许”。

(3) 根据轴网和结构柱绘制三层的外墙，如图 8-105 所示。

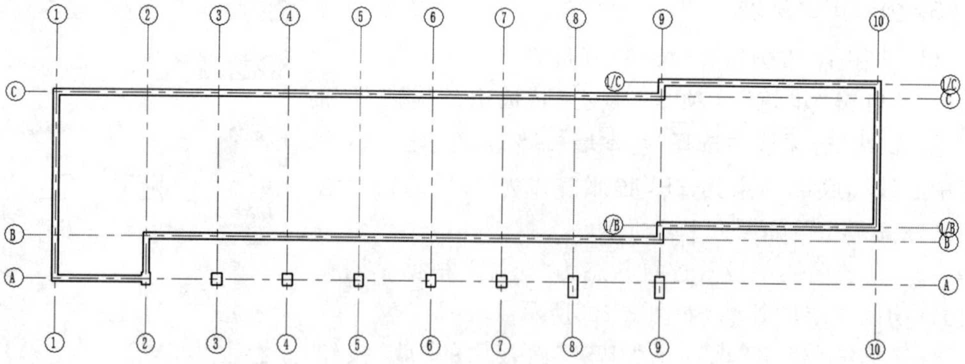

图 8-105　绘制三层外墙

(4) 单击“建筑”选项卡“构建”面板中的“墙”按钮，在“属性”选项板中选择“基本墙内墙”，其他采用默认设置，根据轴网和结构柱绘制内墙，如图 8-106 所示。按 Esc 键取消。

(5) 单击“建筑”选项卡“构建”面板中的“墙”按钮，在“属性”选项板中选择“基

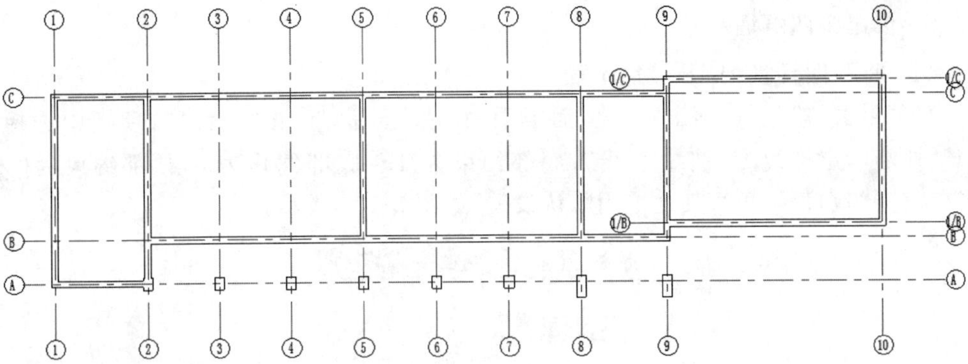

图 8-106 绘制内墙

本墙 内部-砌块墙 100"类型，设置定位线为"墙中心线"，底部约束为 3F，底部偏移为 0，顶部约束为"直到标高：4F"，其他采用默认设置，如图 8-107 所示。

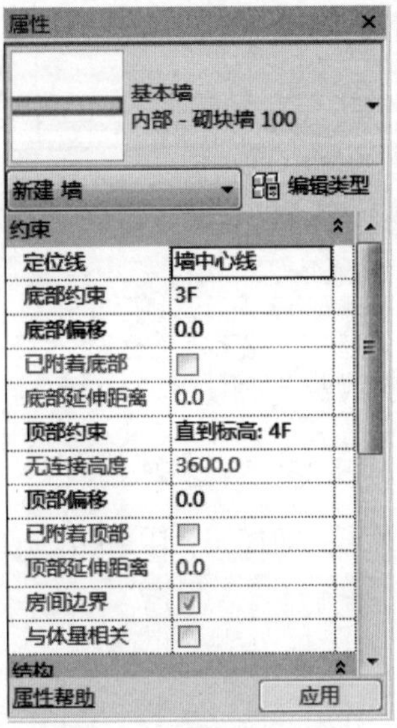

图 8-107 "属性"选项板

(6) 在图中绘制隔断墙，如图 8-108 所示。

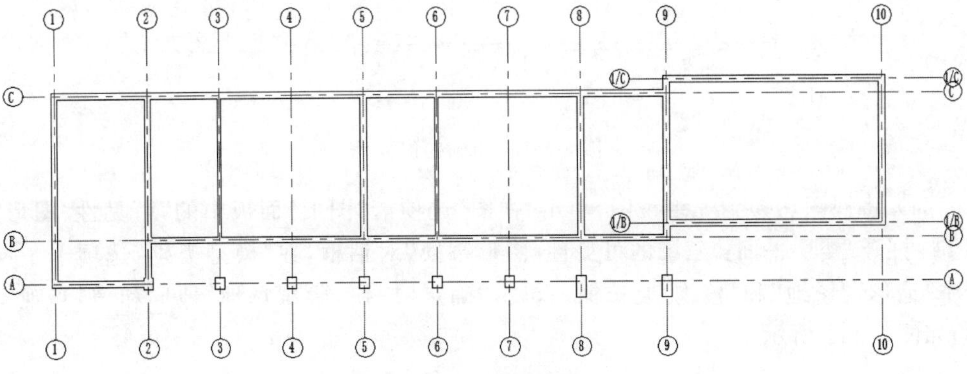

图 8-108 绘制隔断墙

5. 创建第四层墙

(1) 将视图切换到 4F 楼层平面。

(2) 单击“建筑”选项卡“构建”面板中的“墙”按钮，在“属性”选项板中选择“基本墙 外墙”，定位线为“墙中心线”，底部约束为 4F，底部偏移为 0，顶部约束为“未连接”，无连接高度为 600，其他采用默认设置，如图 8-109 所示。

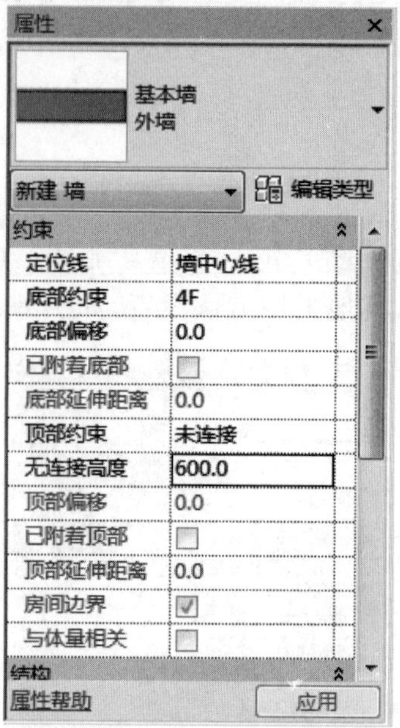

图 8-109 “属性”选项板

(3) 根据轴网绘制四层的外墙，如图 8-110 所示。

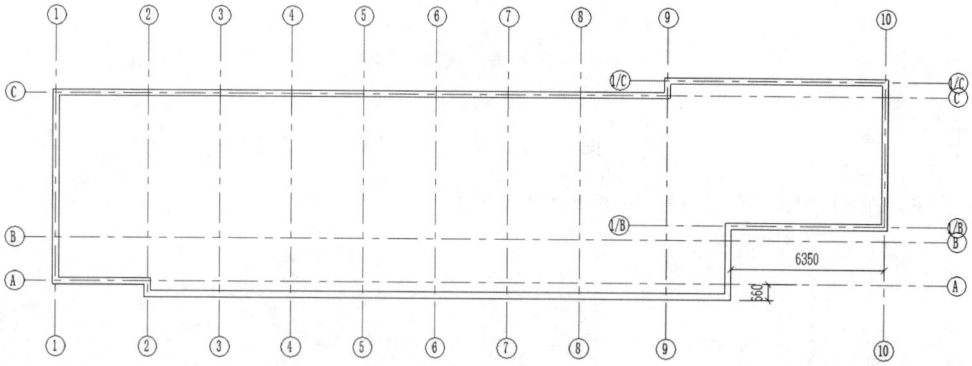

图 8-110 绘制四层外墙

(4) 将视图切换到三维视图，单击“视图”选项卡“图形”面板中的“可见性/图形”按钮，打开“楼层平面：三维的可见性/图形替换”对话框，在“模型类别”选项卡中取消选中“地形”“场地”和“植物”复选框。单击“确定”按钮，隐藏场地、地形和植物，观察墙体，如图 8-111 所示。

Note

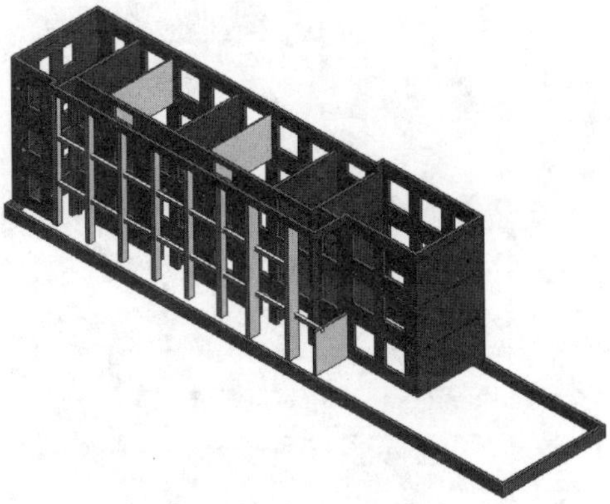

图 8-111　墙体

8.5.2　创建幕墙

8-2

操作步骤

(1) 将视图切换至 2F 楼层平面图。

(2) 单击“插入”选项卡“从库中载入”面板中的“载入族”按钮，打开“载入族”对话框，选择“建筑”→“幕墙”→“其它嵌板”文件夹中的“点爪式幕墙嵌板 1. rfa”族文件，如图 8-112 所示。单击“打开”按钮，载入点爪式幕墙嵌板 1 族文件。

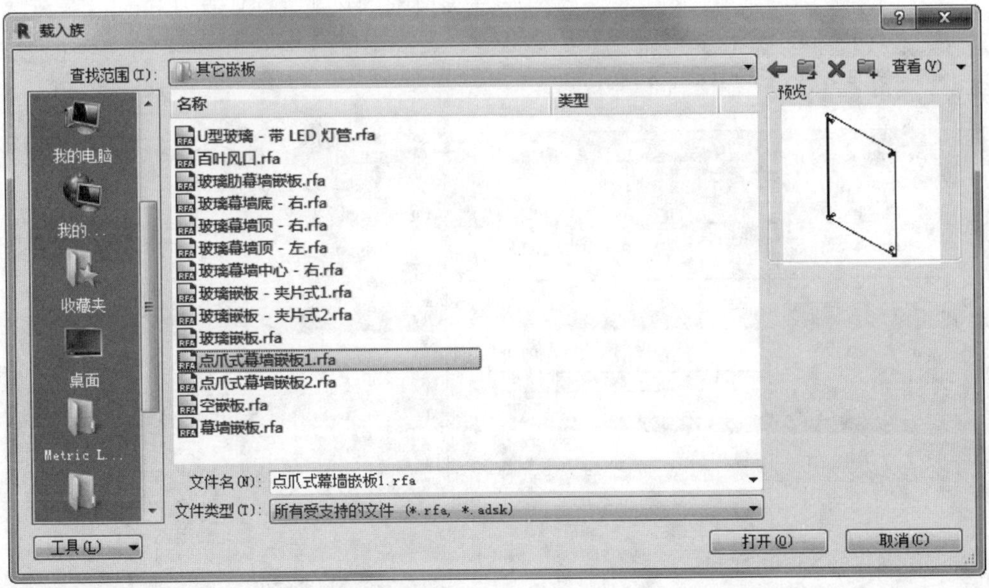

图 8-112　“载入族”对话框

(3) 单击“建筑”选项卡“构建”面板中的“墙”按钮，在“属性”选项板中选择“幕墙”类型，设置底部约束为 2F，底部偏移为 0，顶部约束为“直到标高：4F”，如图 8-113 所示。

Note

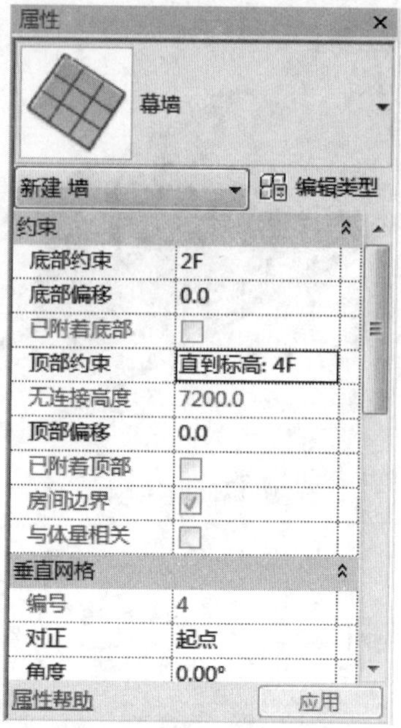

图 8-113 “属性”选项板

（4）单击“编辑类型”按钮，打开“类型属性”对话框，新建“幕墙 1”类型，不选中“自动嵌入”复选框，选择幕墙嵌板为“点爪式幕墙嵌板 1：点爪式幕墙嵌板”，连接条件为“垂直网格连续”，垂直/水平网格中的布局为“固定距离”，间距为 1500，设置垂直竖梃和水平竖梃中的各个类型都为“矩形竖梃：30mm 正方形”，其他采用默认设置，如图 8-114所示。连续单击“确定”按钮。

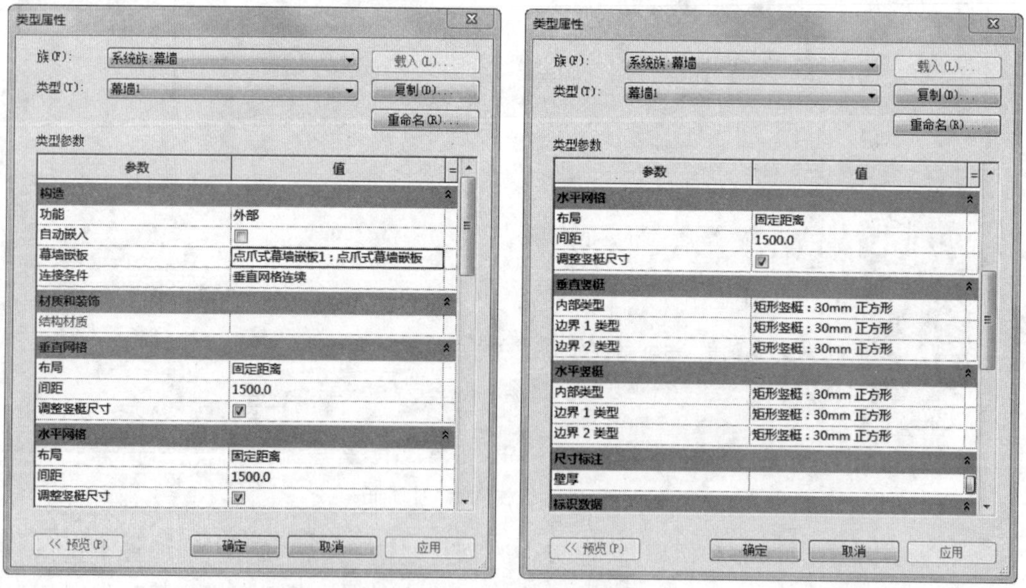

图 8-114 幕墙参数设置

(5) 在如图 8-115 所示的位置绘制幕墙,并修改临时尺寸。

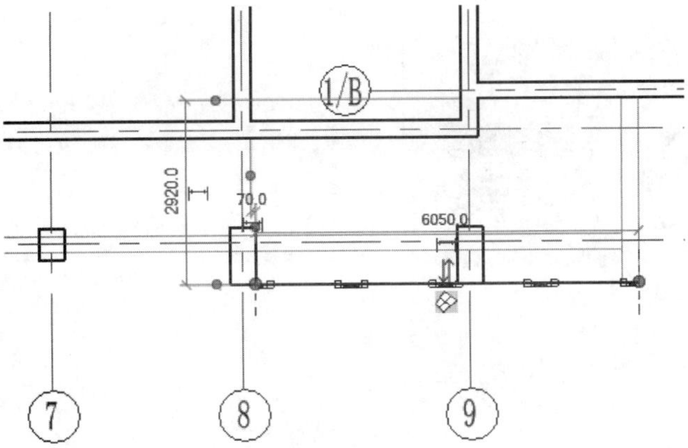

图 8-115 绘制幕墙

(6) 将视图切换到三维视图,观察图形,如图 8-116 所示。

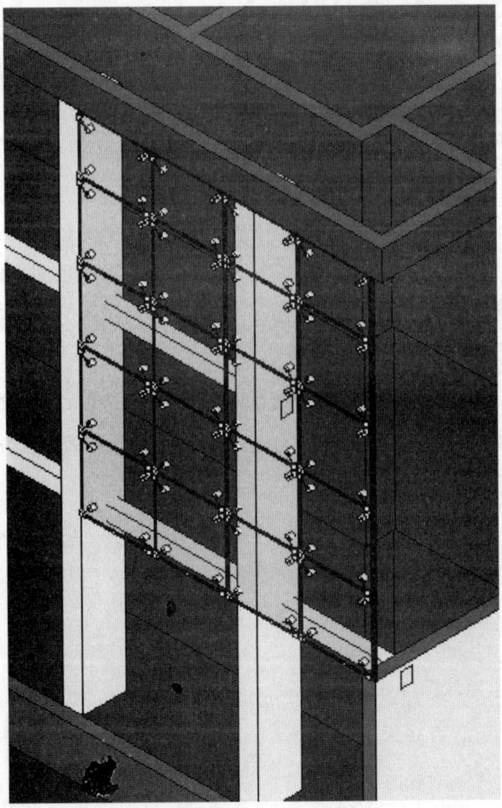

图 8-116 观察图形

第9章

门窗设计

本章导读

门窗按其所处的位置不同分为围护构件和分隔构件，是建筑物围护结构系统中重要的组成部分。

门窗是基于墙体放置的，删除墙体，则门窗也随之被删除。在 Revit 中门窗是可载入族，用户可以自己创建门窗族载入，也可以直接载入系统自带的门窗族。

学习要点

- 门
- 窗

9.1　门

门是基于主体的构件，可以添加到任何类型的墙内。可以在平面视图、剖面视图、立面视图或三维视图中添加门。

9.1.1　放置门

选择要添加的门类型，然后指定门在墙上的位置，Revit 将自动剪切洞口并放置门。

操作步骤

（1）打开 8.3.3 节创建的竖梃文件，将视图切换至标高 1 楼层平面视图。

（2）单击“建筑”选项卡“构建”面板中的“门”按钮，打开如图 9-1 所示的“修改|放置 门”选项卡。

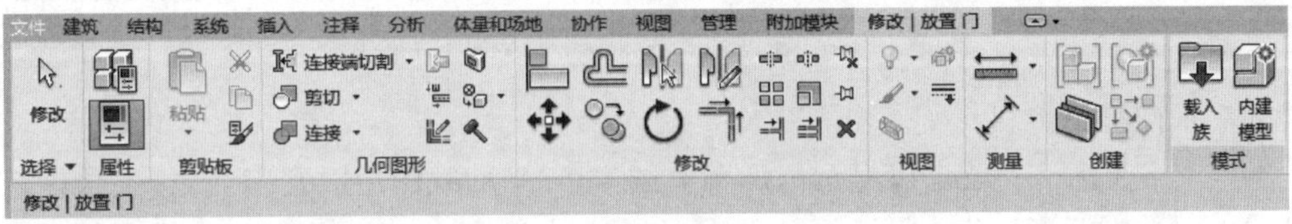

图 9-1　“修改|放置 门”选项卡

（3）在“属性”选项板中选择门类型，系统默认只有“单扇-与墙齐”类型，如图 9-2 所示。

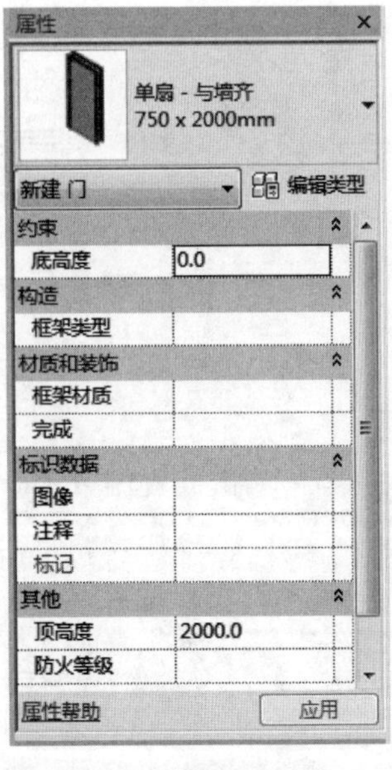

图 9-2　“属性”选项板

- 底高度：设置相对于放置比例的标高的底高度。
- 框架类型：门框类型。
- 框架材质：框架使用的材质。
- 完成：应用于框架和门的面层。
- 注释：显示输入或从下拉列表框中选择的注释，输入注释后，便可以为同一类别中图元的其他实例选择该注释，无须考虑类型或族。
- 标记：用于添加自定义标示的数据。
- 创建的阶段：指定创建实例时的阶段。
- 拆除的阶段：指定拆除实例时的阶段。
- 顶高度：指定相对于放置此实例的标高的实例顶高度。修改此值不会修改实例尺寸。
- 防火等级：设定当前门的防火等级。

（4）单击“模式”面板中的“载入族”按钮，打开“载入族”对话框，选择“China”→“建筑”→“门”→“普通门”→“推拉门”文件夹中的“双扇推拉门 2. rfa”族文件，如图 9-3 所示。

（5）在“修改|放置 门”选项卡中单击“在放置时进行标记”按钮，则在放置门的

Note

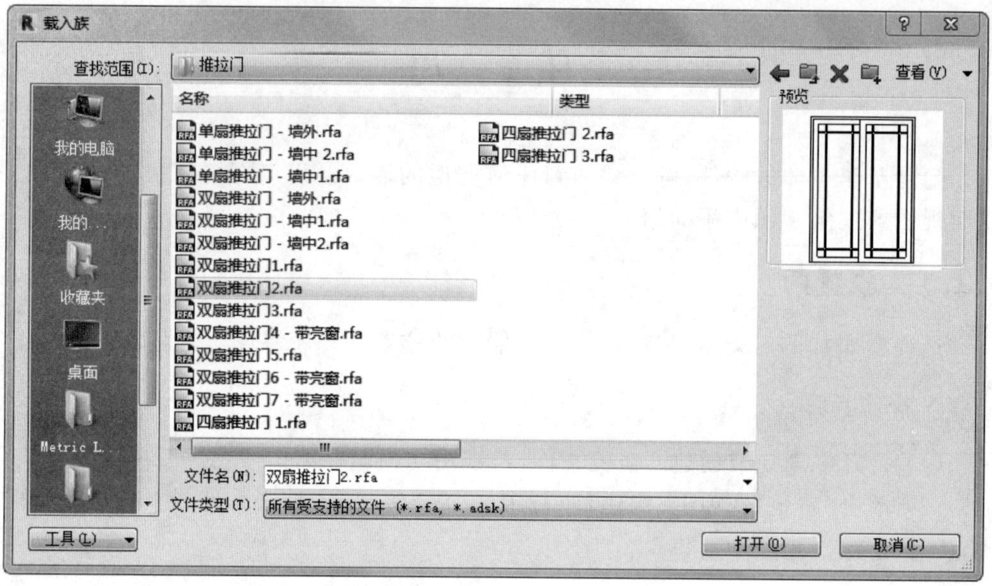

图 9-3 “载入族”对话框

时候显示门标记。

(6) 将光标移到墙上以显示门的预览图像，在平面视图中放置门时，按空格键可将开门方向从左开翻转为右开。默认情况下，临时尺寸标注指示从门中心线到最近垂直墙的中心线的距离，如图 9-4 所示。

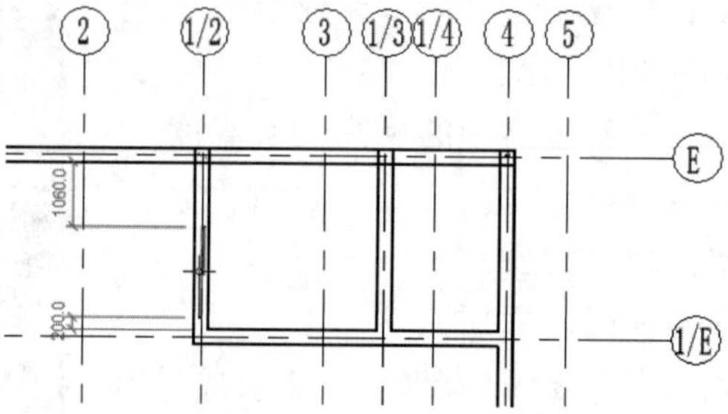

图 9-4 预览门图像

(7) 单击放置门，Revit 将自动剪切洞口并放置门，如图 9-5 所示。

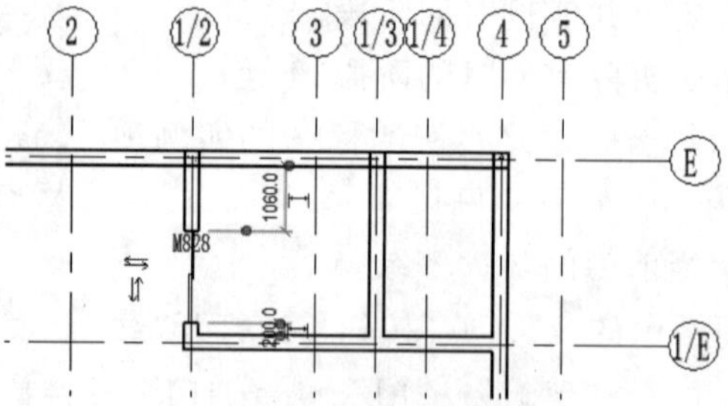

图 9-5 放置双扇推拉门

Note

（8）单击“建筑”选项卡“构建”面板中的“门”按钮，打开“修改|放置 门”选项卡。在“属性”选项板中选择“单扇-与墙对齐 750×2000”类型，在入口、卧室处放置单扇门，如图 9-6 所示。

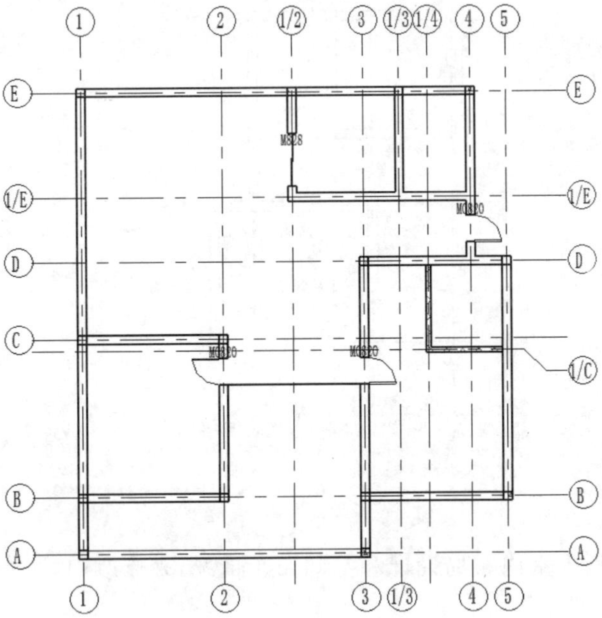

图 9-6　放置单扇门

（9）单击“模式”面板中的“载入族”按钮，打开“载入族”对话框，选择“China”→“建筑”→“门”→“普通门”→“推拉门”文件夹中的“单扇推拉门-墙中 2. rfa”族文件，如图 9-7 所示。

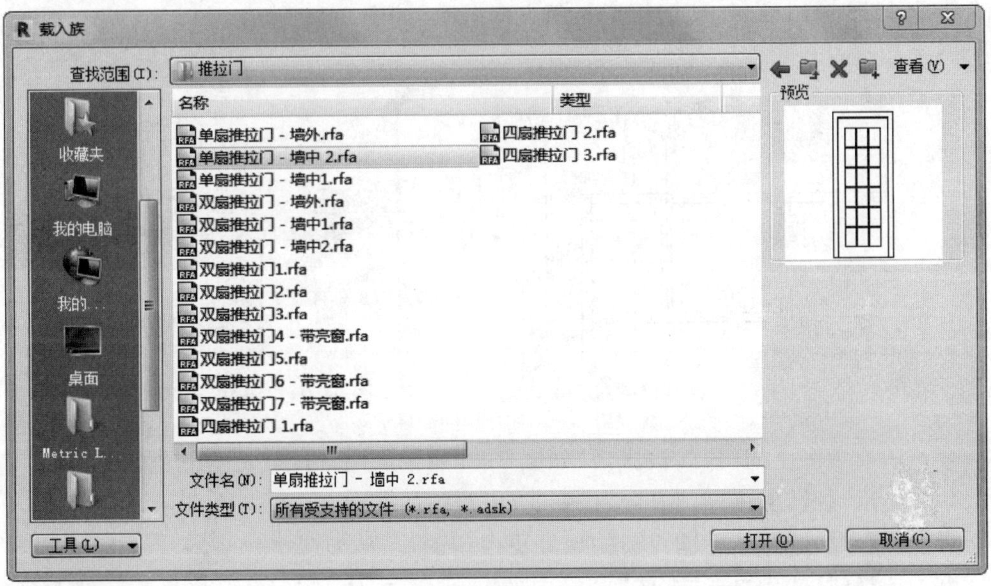

图 9-7　“载入族”对话框

（10）将单扇推拉门放置到卫生间墙上，如图 9-8 所示。

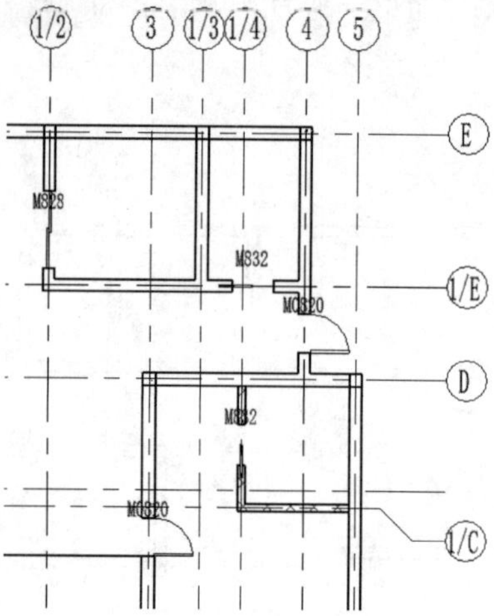

图 9-8　放置单扇推拉门

9.1.2　修改门

放置门以后，根据室内布局设计和空间布置情况，来修改门的类型、开门方向、门打开位置等。

操作步骤

（1）选取推拉门，显示临时尺寸，双击临时尺寸，更改尺寸值，使门位于墙的中间，如图 9-9 所示。

（2）按 Esc 键退出门的创建，选取门标记，在“属性”选项板的“方向”栏中选择“垂直”选项，如图 9-10 所示，使门标记与门方向一致，如图 9-11 所示。

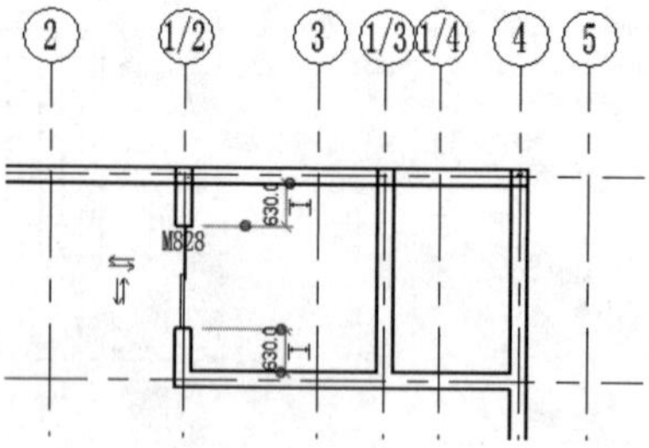

图 9-9　更改尺寸

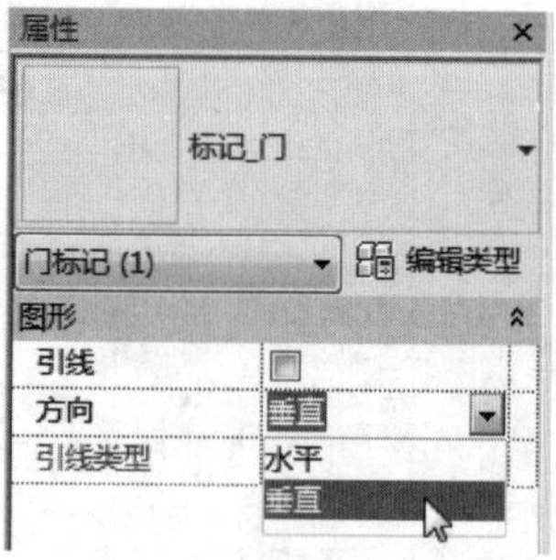

图 9-10　“属性”选项板

（3）选取主卧上的门，门被激活（如图 9-12 所示）并打开“修改|门”选项卡。

（4）单击“翻转实例开门方向”按钮⇅，更改门的朝向，如图 9-13 所示。

（5）双击尺寸值，然后输入新的尺寸更改门的位置，如图 9-14 所示。

（6）选择门，然后单击“主体”面板中的“拾取新主体”按钮，将光标移到另一面墙上，当预览图像位于所需位置时，单击以放置门。

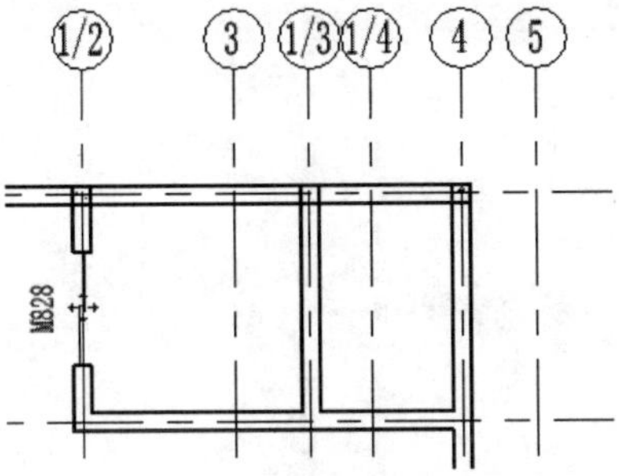

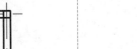

图 9-11 更改门标记方向

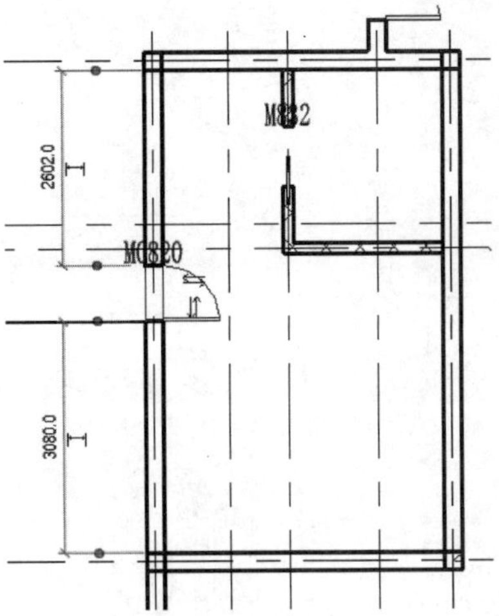

图 9-12 激活门

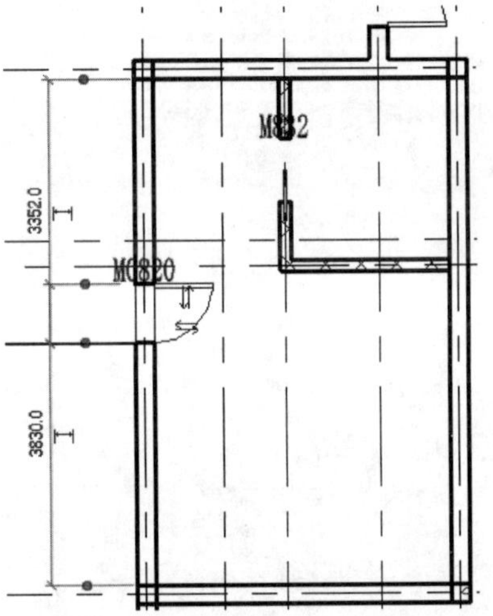

图 9-13 更改门朝向

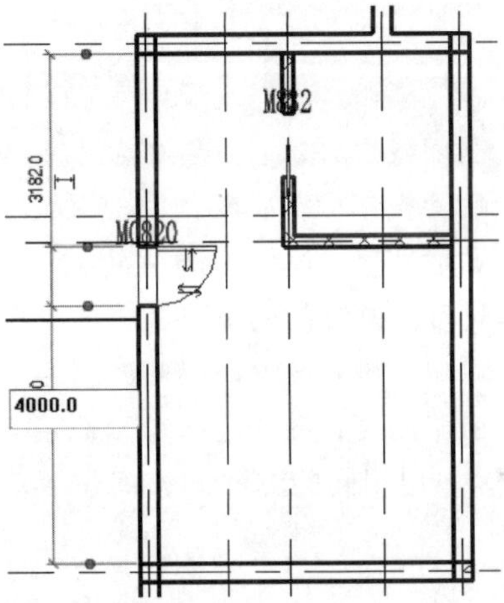

图 9-14 更改尺寸值

（7）单击“属性”选项板中的“编辑类型”按钮，打开如图 9-15 所示的“类型属性”对话框，更改其构造类型、功能、材质、尺寸标注和其他属性。

- 功能：指示门是内部的（默认值）还是外部的。功能可用在计划中并创建过滤器，以便在导出模型时对模型进行简化。
- 墙闭合：门周围的层包络，包括“按主体”“两者都不”“内部”“外部”和“两者”。
- 构造类型：门的构造类型。
- 门材质：显示门-嵌板的材质，如金属或木质。可以单击按钮，打开“材质浏览器”对话框，设置门-嵌板的材质。
- 框架材质：显示门-框架的材质。可以单击按钮，打开“材质浏览器”对话框，设置门-框架的材质。
- 厚度：设置门的厚度。
- 高度：设置门的高度。

Note

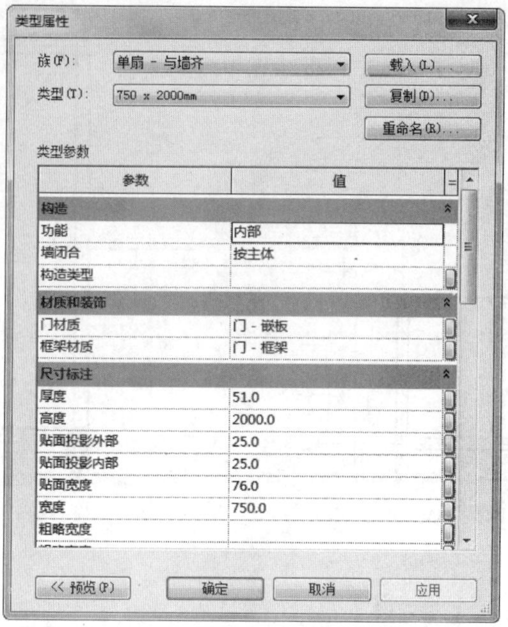

图 9-15 “类型属性”对话框

➢ 贴面投影外部：设置外部贴面宽度。
➢ 贴面投影内部：设置内部贴面宽度。
➢ 贴面宽度：设置门的贴面宽度。
➢ 宽度：设置门的宽度。
➢ 粗略宽度：设置门的粗略宽度，可以生成明细表或导出。
➢ 粗略高度：设置门的粗略高度，可以生成明细表或导出。

（8）采用相同的方法调整门位置和标记位置，如图 9-16 所示。

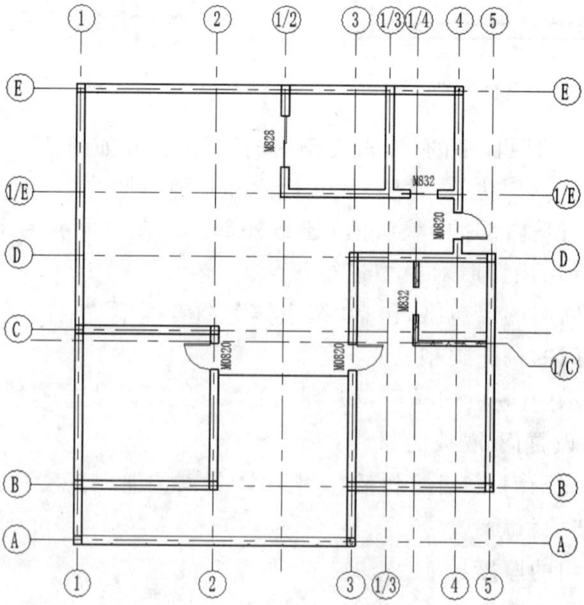

图 9-16 调整门和标记位置

9.2　窗

窗是基于主体的构件，可以添加到任何类型的墙内（对于天窗，可以添加到内建屋顶）。

9.2.1　放置窗

选择要添加的窗类型，然后指定窗在墙上的位置，Revit 将自动剪切洞口并放置窗。

操作步骤

（1）单击“建筑”选项卡“构建”面板中的“窗”按钮，打开如图 9-17 所示的“修改|放置 窗”选项卡和选项栏。

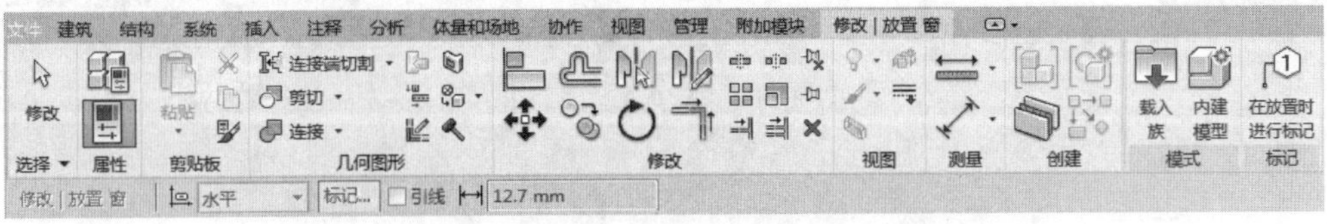

图 9-17　“修改|放置 窗”选项卡和选项栏

（2）在“属性”选项板中选择窗类型，系统默认的只有“固定”类型，如图 9-18 所示。

➢ 底高度：设置相对于放置比例的标高的底高度。

➢ 注释：显示输入或从下拉列表框中选择的注释。输入注释后，便可以为同一类别中图元的其他实例选择该注释，无须考虑类型或族。

➢ 标记：用于添加自定义标示的数据。

➢ 顶高度：指定相对于放置此实例的标高的实例顶高度。修改此值不会修改实例尺寸。

➢ 防火等级：设定当前窗的防火等级。

图 9-18　“属性”选项板

（3）单击“模式”面板中的“载入族”按钮，打开“载入族”对话框，选择“China”→“建筑”→“窗”→“普通窗”→“组合窗”文件夹中的“组合窗-双层四列（两侧平开）-上部固定.rfa”族文件，如图 9-19 所示。

（4）单击“打开”按钮，在“属性”选项板中输入底高度为 900。

（5）在“属性”选项板中单击“编辑类型”按钮，打开“类型属性”对话框，新建 2600×2000mm 类型，更改粗略宽度为 2600，粗略高度为 2000，其他采用默认设置，如图 9-20 所示。

➢ 窗嵌入：设置窗嵌入墙内部的深度。

➢ 墙闭合：用于设置窗周围的层包络，包括“按主体”“两者都不”“内部”“外部”和“两者”。

Note

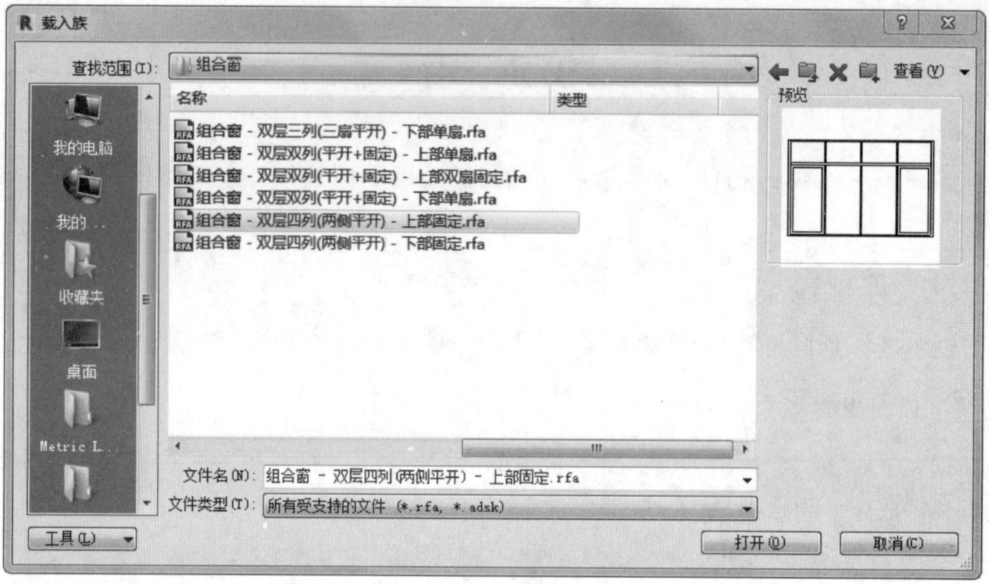

图 9-19 “载入族”对话框

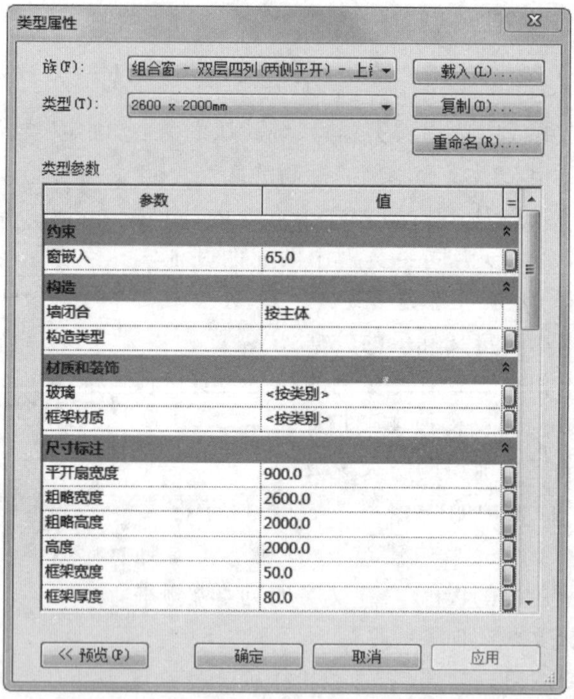

图 9-20 新建 2600×2000mm 类型

➢ 构造类型：设置窗的构造类型。

➢ 玻璃：设置玻璃的材质。可以单击▭按钮，打开“材质浏览器”对话框，设置玻璃的材质。

➢ 框架材质：设置框架的材质。

➢ 高度：设置窗洞口的高度。

➢ 粗略宽度：设置窗的粗略洞口的宽度，可以生成明细表或导出。

➢ 粗略高度：设置窗的粗略洞口的高度，可以生成明细表或导出。

(6) 将光标移到墙上以显示窗的预览图像，默认情况下，临时尺寸标注指示从窗边线到最近垂直墙的距离，如图 9-21 所示。

Note

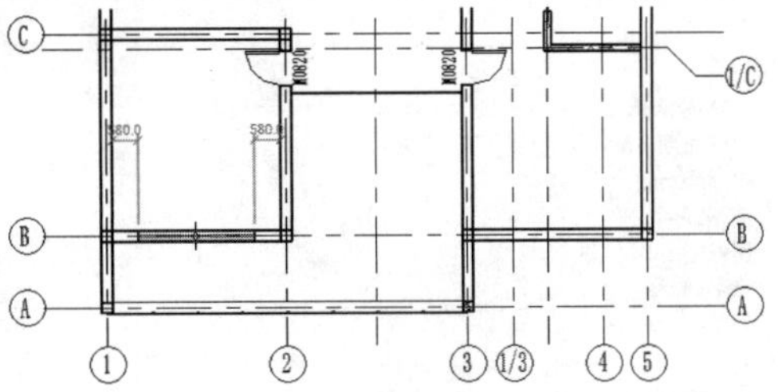

图 9-21　预览窗图像

(7) 单击放置窗，Revit 将自动剪切洞口并放置窗，如图 9-22 所示。

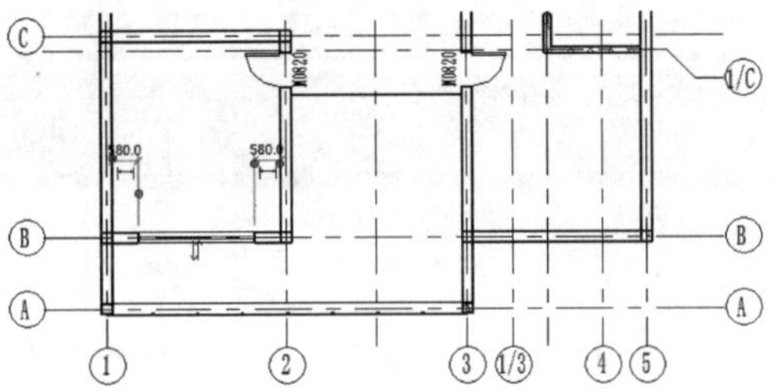

图 9-22　放置平开窗

(8) 继续放置其他平开窗，将窗放置在墙的中间位置，如图 9-23 所示。

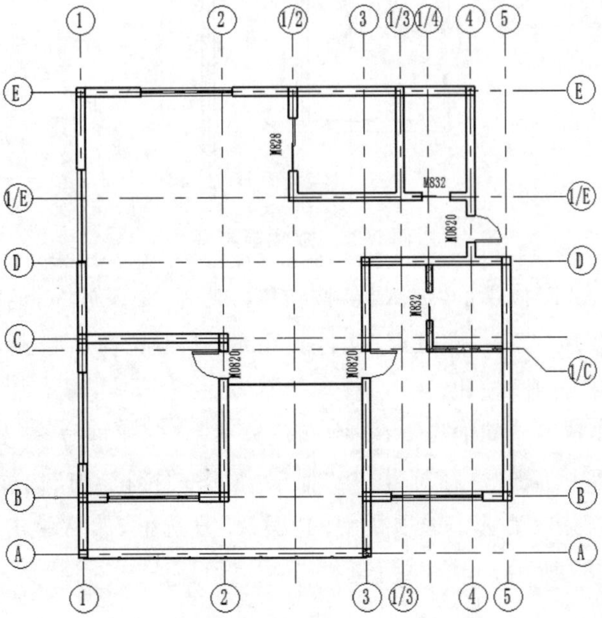

图 9-23　创建平开窗

(9) 单击"模式"面板中的"载入族"按钮，打开"载入族"对话框，选择"China"→"建筑"→"窗"→"普通窗"→"推拉窗"文件夹中的"推拉窗 1-带贴面. rfa"族文件，如图 9-24 所示。单击"打开"按钮。

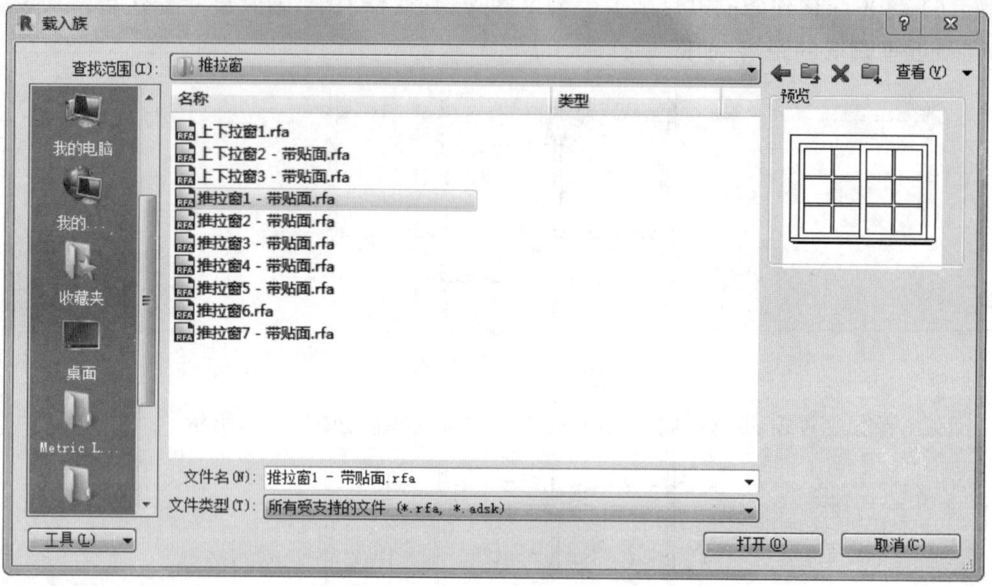

图 9-24 "载入族"对话框

(10) 将光标移到厨房的墙上，在中间位置单击，创建推拉窗，如图 9-25 所示。

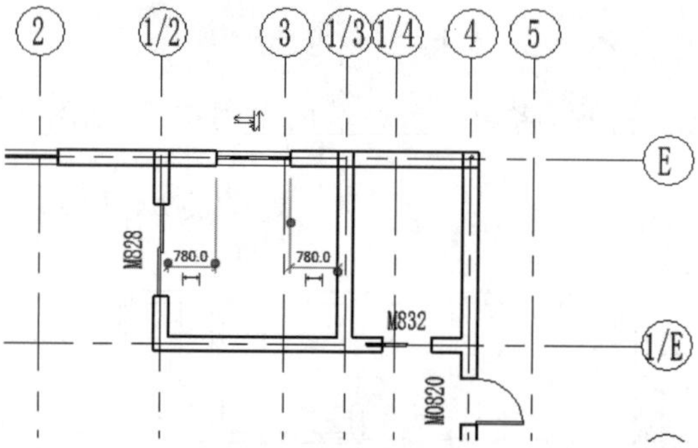

图 9-25 放置推拉窗

(11) 单击"模式"面板中的"载入族"按钮，打开"载入族"对话框，选择"China"→"建筑"→"窗"→"普通窗"→"推拉窗"文件夹中的"上下拉窗 2-带贴面. rfa"族文件，如图 9-26 所示。单击"打开"按钮。

(12) 将光标移到卫生间的墙上，在中间位置单击，创建推拉窗，如图 9-27 所示。

(13) 在浏览器中单击"注释符号"→"标记_窗"→"标记_窗"选项，如图 9-28 所示，将其拖动到窗户上，并取消选中选项栏中的"引线"复选框，然后单击图中的窗户，添加窗标记结果如图 9-29 所示。

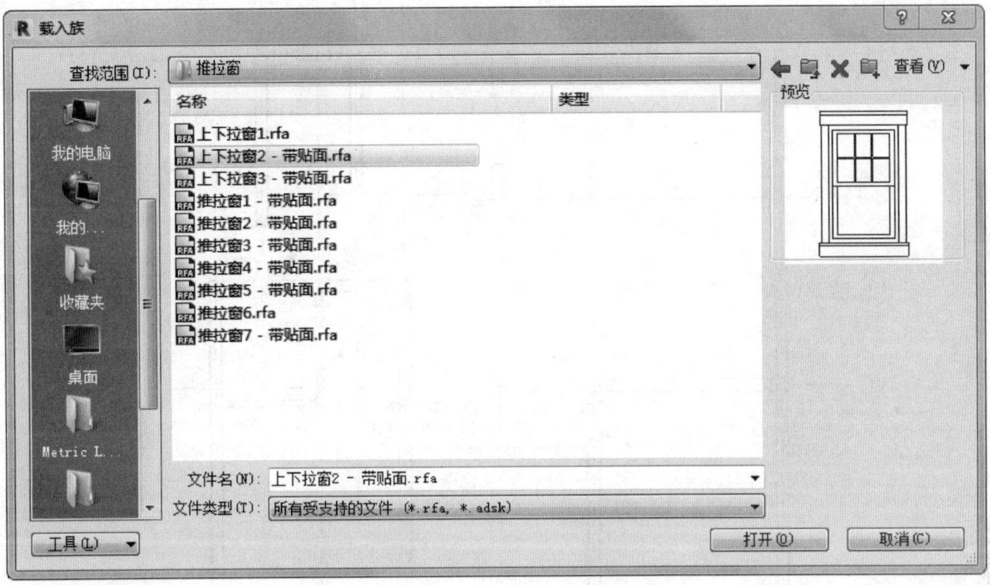

图 9-26　“载入族”对话框

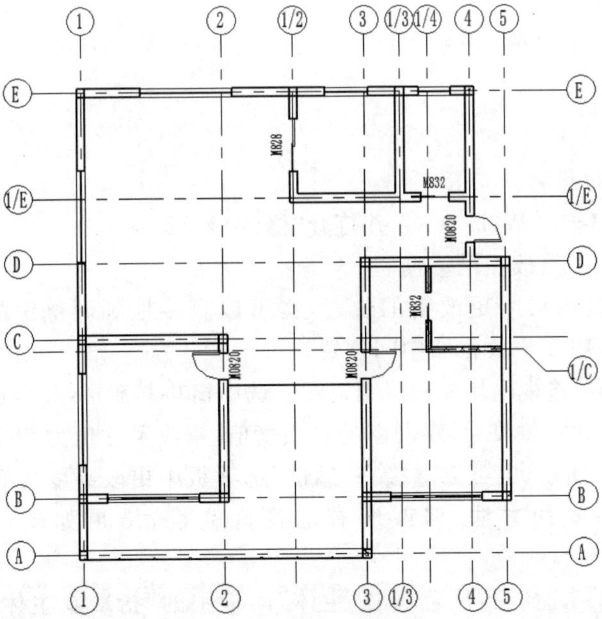

图 9-27　放置推拉窗

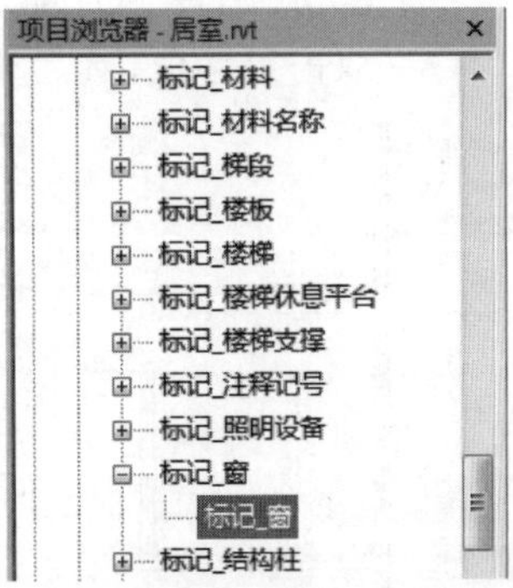

图 9-28　标记窗

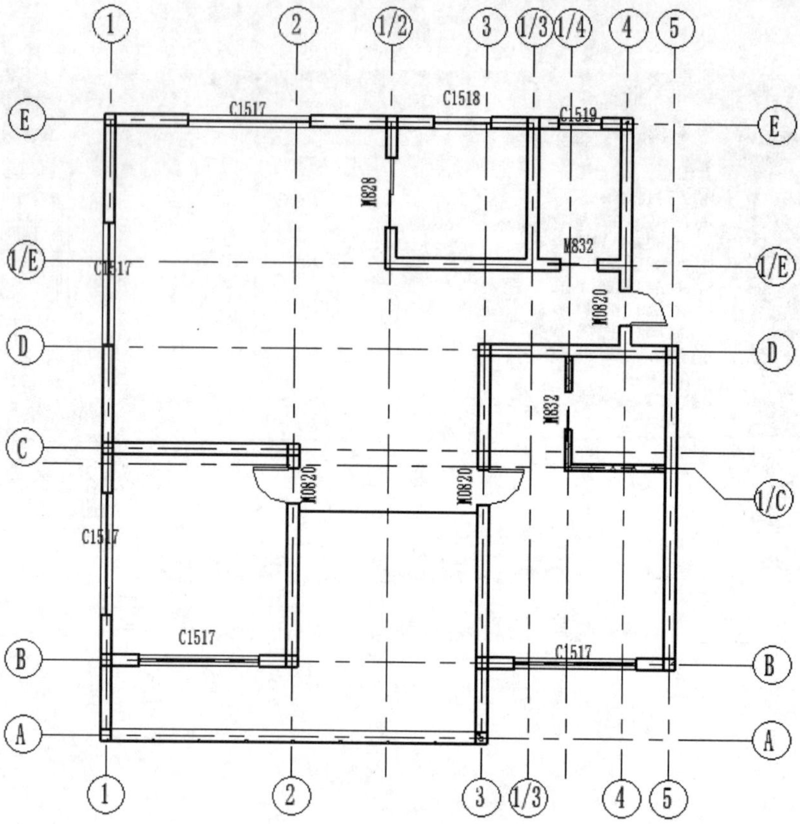

图 9-29　添加窗标记

9.2.2　修改窗

放置窗以后，可以修改窗扇的开启方向等。

(1) 在平面视图中选取窗，窗被激活(图 9-30)并打开“修改|窗”选项卡。

(2) 单击“翻转实例面”按钮⇅，更改窗的朝向。

(3) 双击尺寸值，然后输入新的尺寸更改窗的位置，也可以直接拖到调整窗的位置。一般窗户放在墙中间位置。

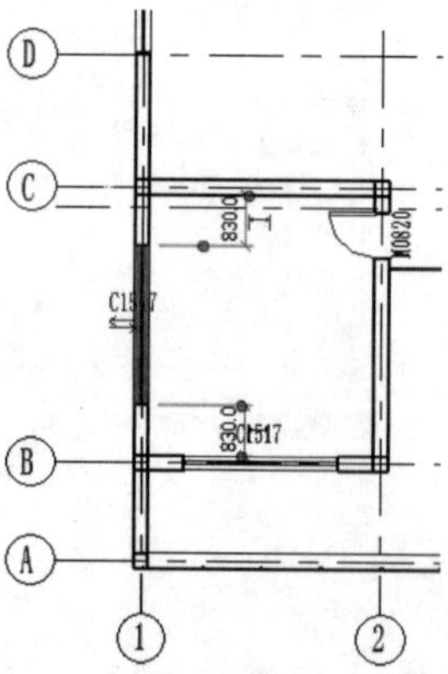

图 9-30　激活窗

(4) 将视图切换到三维视图。选中窗将其激活，显示窗在墙体上的定位尺寸，双击窗的底高度值，修改尺寸值为 500，如图 9-31 所示，也可以直接在“属性”选项板中更改高度为 500。采用相同的方法，修改所有的窗底高度，结果如图 9-32 所示。

(5) 选择窗，然后单击“主体”面板中的“拾取新主体”按钮，将光标移到另一面墙上，当预览图像位于所需位置时单击以放置窗。

常规的编辑命令同样适用于门窗的编辑。可在平面、立面、剖面、三维等视图中移动、复制、阵列、镜像和对齐门窗。

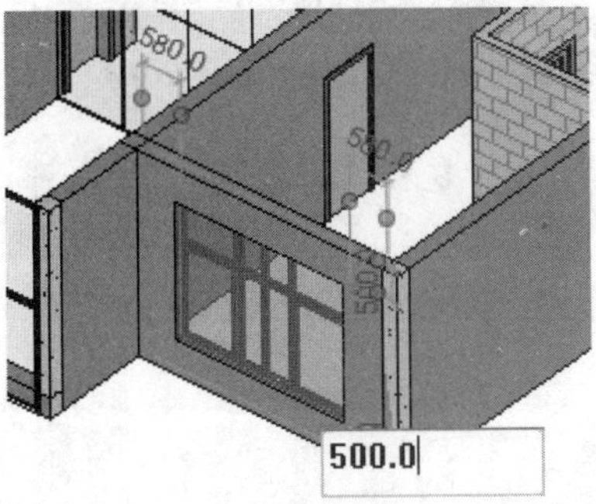

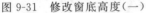

图 9-31　修改窗底高度(一)

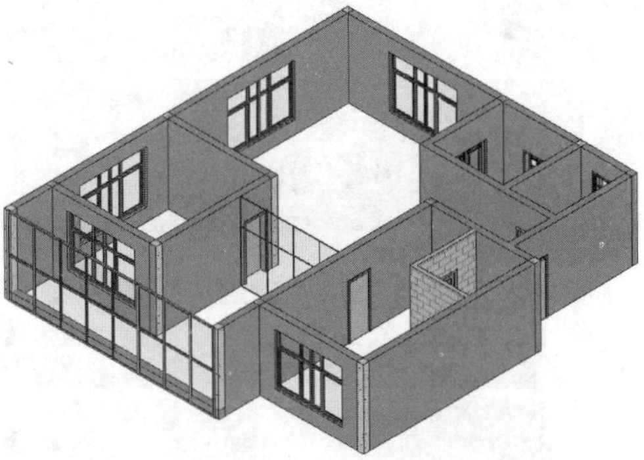

图 9-32　修改窗底高度(二)

9.3　上机练习——教学楼门窗设计

练习目标

本节创建教学楼上的门窗，如图 9-33 所示。

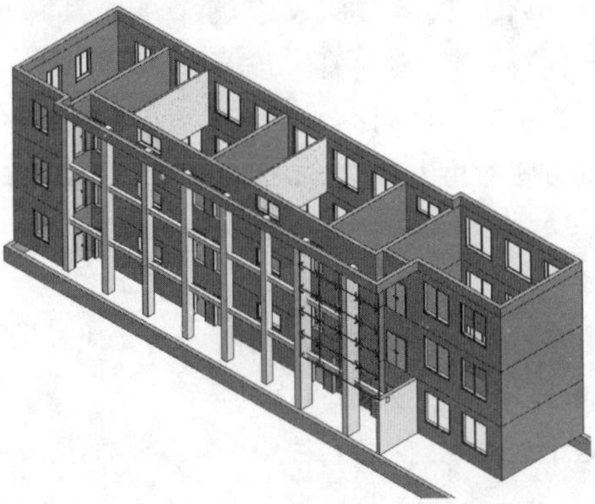

图 9-33　教学楼门窗设计

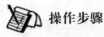

设计思路

利用门命令分别布置一层、二层、三层上的门，再利用窗命令布置一层、二层、三层上的窗户。

9.3.1　创建门

9-1

操作步骤

(1) 将视图切换至 1F 楼层平面。

(2) 单击“建筑”选项卡“构建”面板中的“门”按钮，打开“修改|放置 门”选项卡。

(3) 单击“模式”面板中的“载入族”按钮，打开“载入族”对话框，选择“China”→“建筑”→“门”→“卷帘门”文件夹中的“水平卷帘门.rfa”族文件，如图 9-34 所示。单击

Note

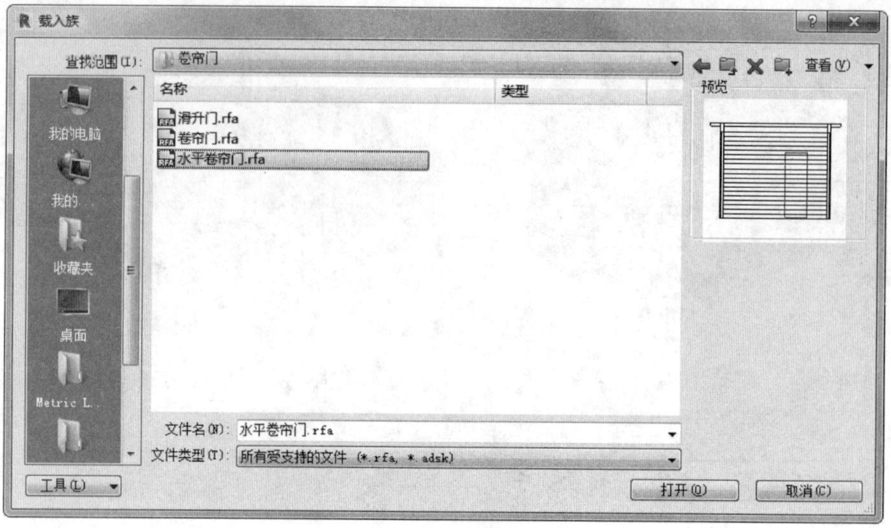

图 9-34 “载入族”对话框(一)

“打开”按钮,载入水平卷帘门族。

(4) 在一层楼梯间放置卷帘门,并修改临时尺寸,如图 9-35 所示。

(5) 重复“门”命令,单击“模式”面板中的“载入族”按钮,打开“载入族”对话框,选择“China”→“建筑”→“门”→“普通门”→“平开门”→“双扇”文件夹中的“双面嵌板木门 1. rfa”族文件,如图 9-36 所示。单击“打开”按钮,载入双面嵌板木门 1 族。

(6) 在“属性”选项板中选择“双面嵌板木门 1 1500×2100mm”类型,将其放置在如图 9-37 所示的位置,并修改临时尺寸。

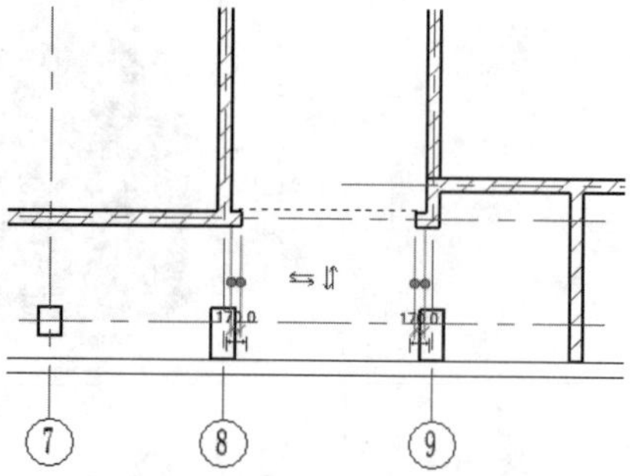

图 9-35 放置卷帘门

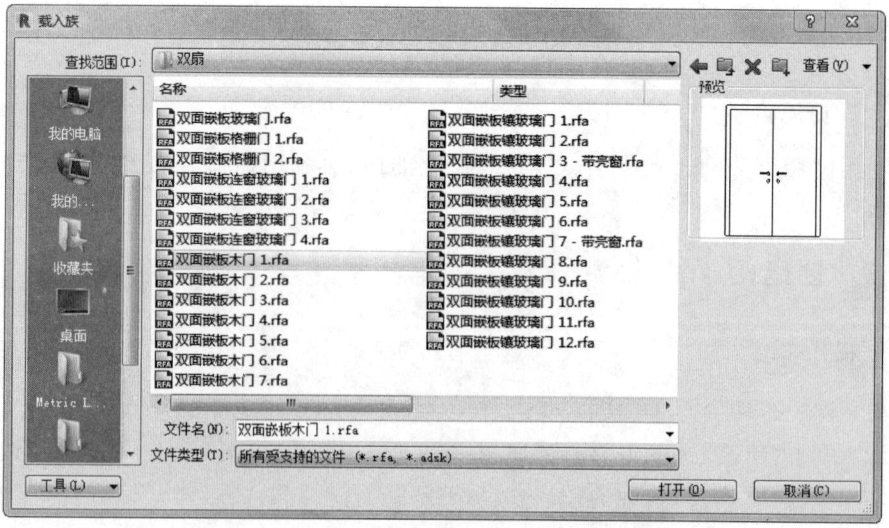

图 9-36 “载入族”对话框(二)

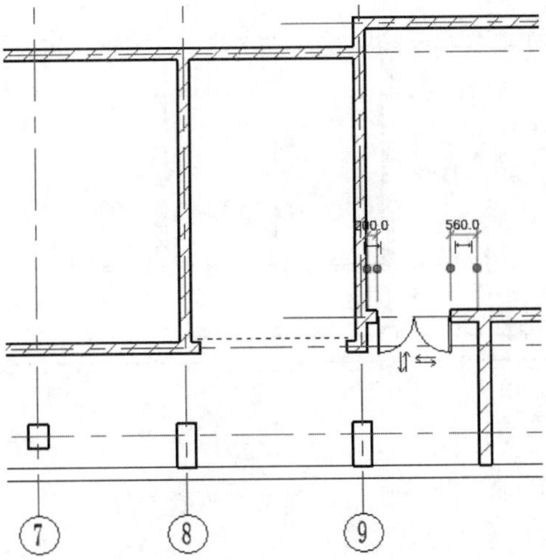

图 9-37　放置双面嵌板木门

(7) 重复"门"命令，单击"模式"面板中的"载入族"按钮，打开"载入族"对话框，选择"China"→"建筑"→"门"→"普通门"→"平开门"→"单扇"文件夹中的"单嵌板木门 1. rfa"族文件，如图 9-38 所示。单击"打开"按钮，载入单嵌板木门 1 族。

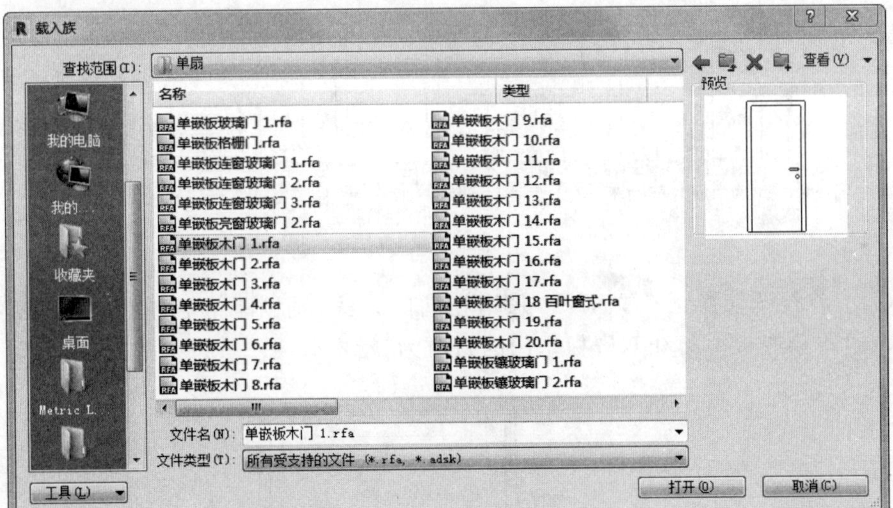

图 9-38　"载入族"对话框(三)

(8) 在"属性"选项板中选择"单嵌板木门 1 900×2100mm"类型，将其放置在如图 9-39 所示的位置，并修改临时尺寸，使门到墙的距离为 200，单击⇆或⇅按钮，调整门方向。

(9) 将视图切换至南立面图。

(10) 单击"修改"选项卡"修改"面板中的"复制"按钮，按住 Ctrl 键选择一层上的单嵌板和双嵌板木门，然后按空格键。

(11) 在选项栏中选中"多个"复选框，然后指定起点，向二层和三层复制门，结果如图 9-40 所示。

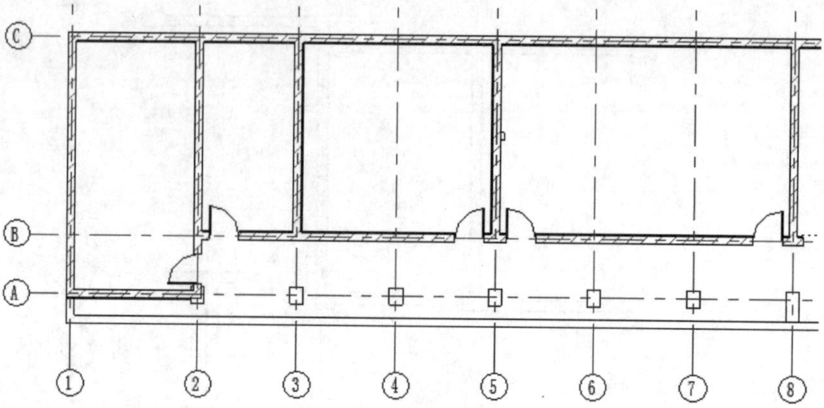

图 9-39　放置单嵌板木门

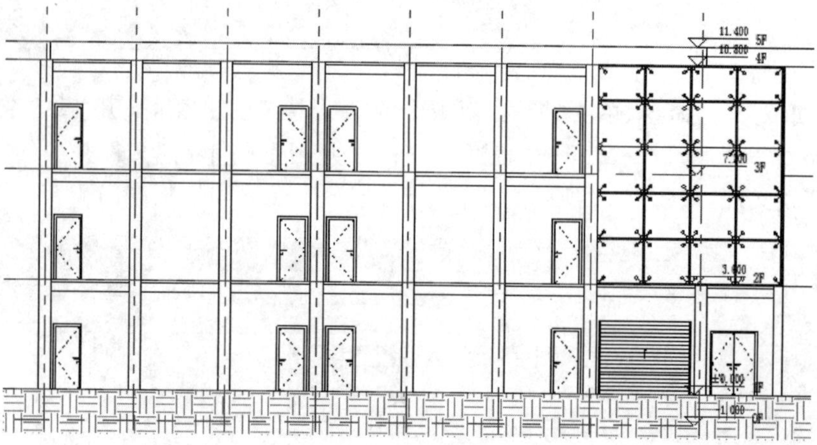

图 9-40　复制门

(12) 将视图切换至东立面图，采用相同的方法，复制单嵌板木门，结果如图 9-41 所示。更改单嵌板木门和双嵌板木门的材质为“蜡木”。

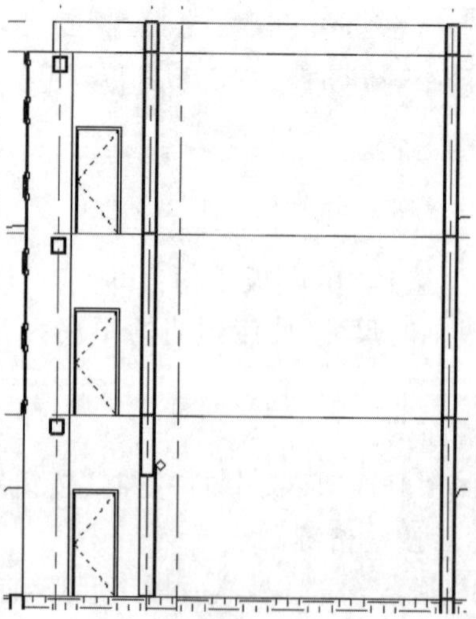

图 9-41　复制单嵌板木门

9.3.2 创建窗

操作步骤

Note

9-2

1. 创建第一层窗

(1) 将视图切换至1F楼层平面。单击“建筑”选项卡“构建”面板中的“窗”按钮，打开“修改|放置 门”选项卡。单击“模式”面板中的“载入族”按钮，打开“载入族”对话框，选择“China”→“建筑”→“窗”→“普通窗”→“推拉窗”文件夹中的“推拉窗6.rfa”族文件，如图9-42所示。单击“打开”按钮，载入推拉窗6族。

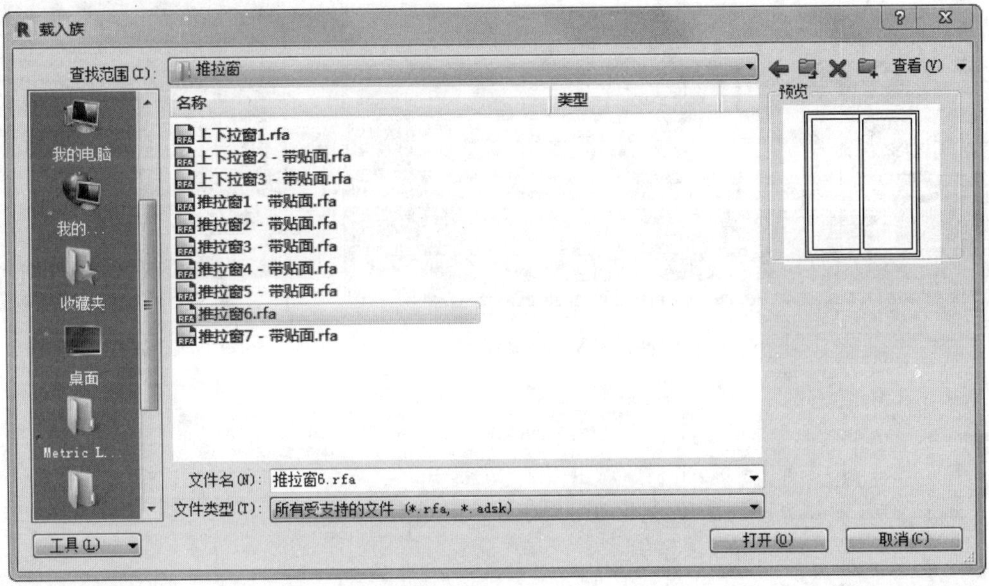

图9-42 “载入族”对话框

(2) 在“属性”选项板中单击“编辑类型”按钮，打开“类型属性”对话框，新建2000×2100mm类型，设置粗略高度为2100，粗略宽度为2000，分别设置框架材质和窗扇框材质为“金属-铝-白色”，如图9-43所示，其他采用默认设置，单击“确定”按钮。

(3) 在“属性”选项板中设置底高度为1000，其他采用默认设置，如图9-44所示。

(4) 将窗户放置到如图9-45所示的位置。

(5) 重复“窗”命令，在“属性”选项板中单击“编辑类型”按钮，打开“类型属性”对话框，新建1800×1100mm类型，设置粗略高度为1100，粗略宽度为1800，如图9-46所示，其他采用默认设置，单击“确定”按钮。

(6) 在“属性”选项板中设置底高度为2100，其他采用默认设置，如图9-47所示。

(7) 将窗户放置到如图9-48所示的位置，并修改临时尺寸值。

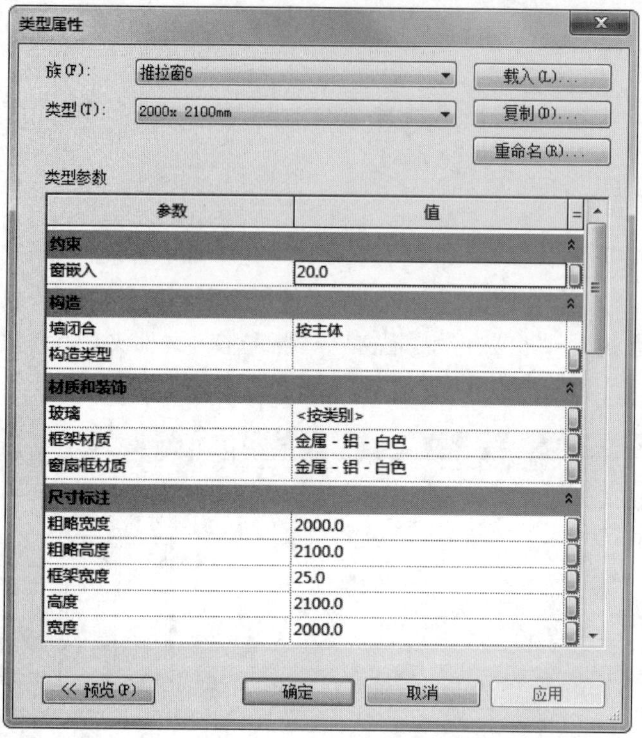

图 9-43 “类型属性”对话框

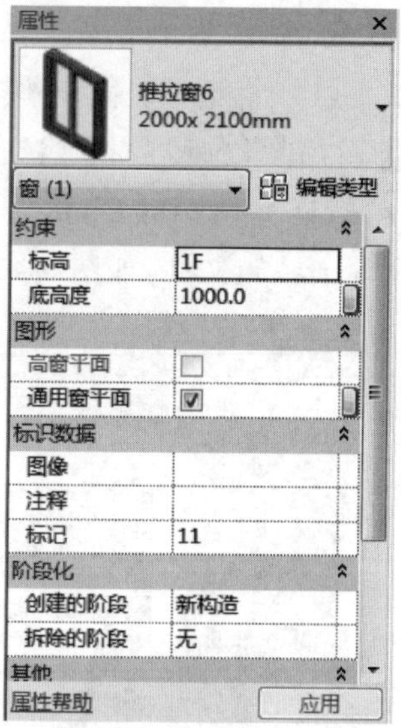

图 9-44 “属性”选项板

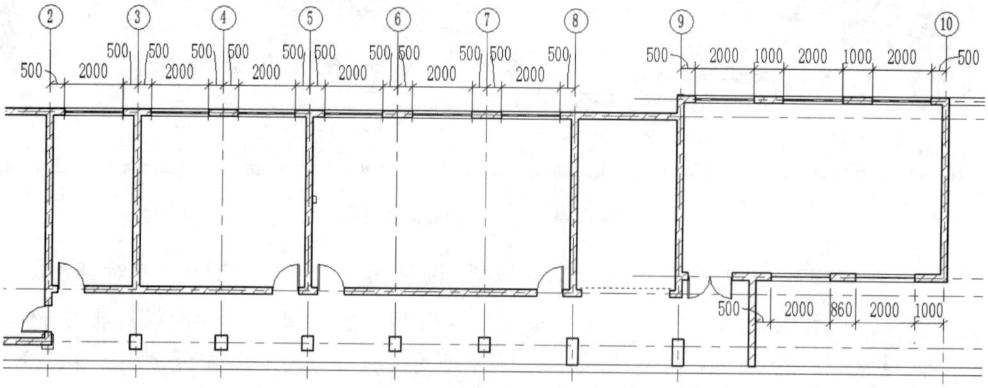

图 9-45 放置推拉窗

注意： 如果放置的 1100×1800 窗户看不见，则单击“属性”选项板“视图范围”栏中的“编辑”按钮，打开“视图范围”对话框，设置剖切面的偏移量为 2100，如图 9-49 所示。单击“确定”按钮。

(8) 重复“窗”命令，在“属性”选项板中单击“编辑类型”按钮，打开“类型属性”对话框，新建 1200×1800mm 类型，设置粗略高度为 1800，粗略宽度为 1200，如图 9-50 所示。其他采用默认设置，单击“确定”按钮。

(9) 在“属性”选项板中设置底高度为 1000，其他采用默认设置，如图 9-51 所示。

(10) 将窗户放置到如图 9-52 所示的位置，并修改临时尺寸值。

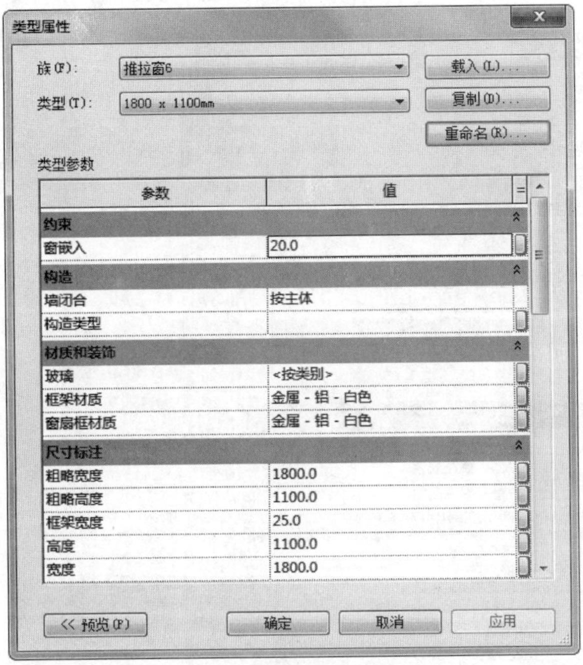

图 9-46　“类型属性”对话框

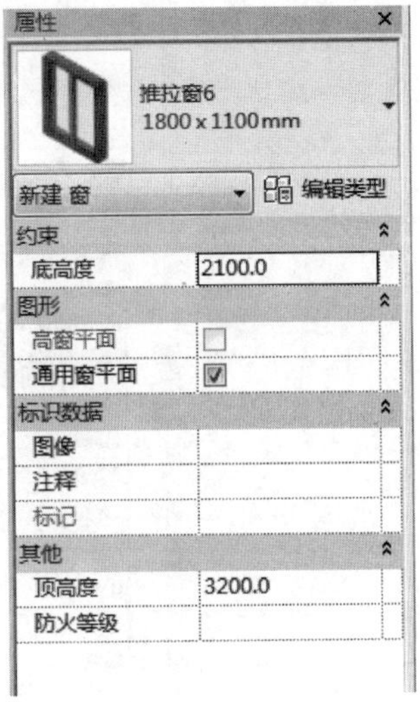

图 9-47　“属性”选项板

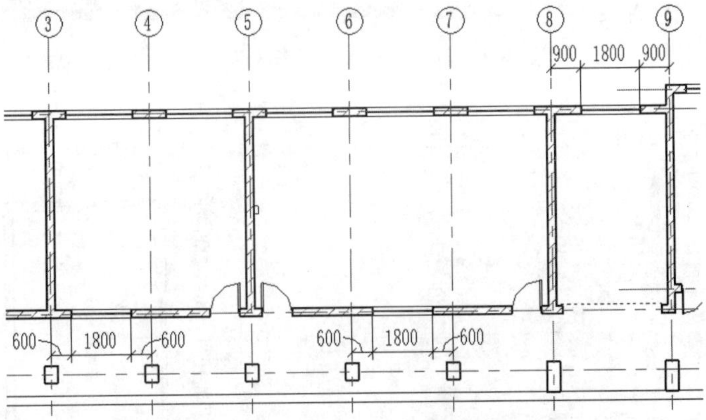

图 9-48　放置推拉窗

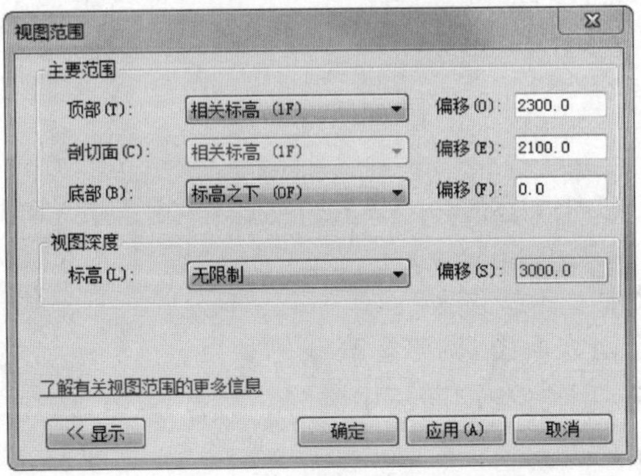

图 9-49　“视图范围”对话框

Note

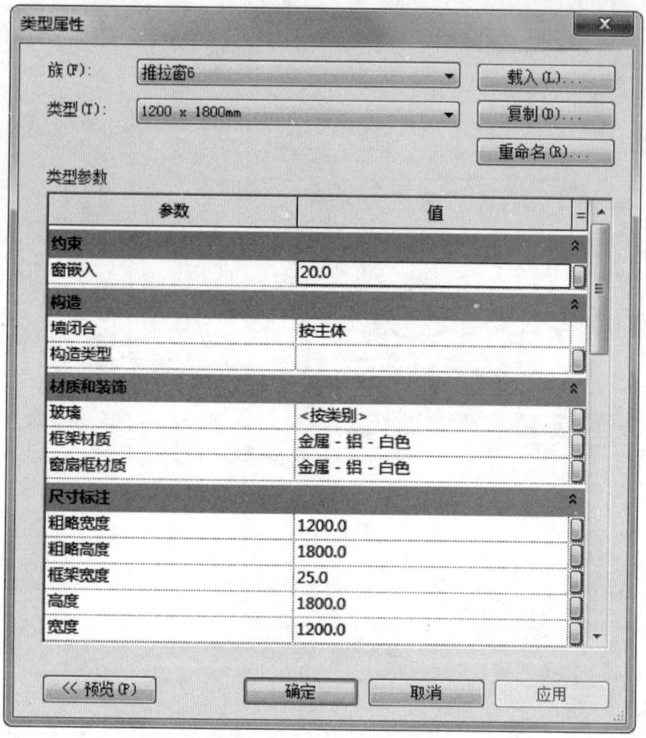

图 9-50　“类型属性”对话框

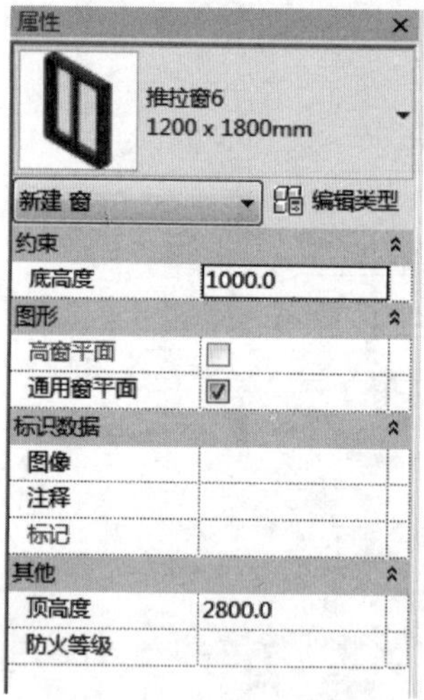

图 9-51　“属性”选项板

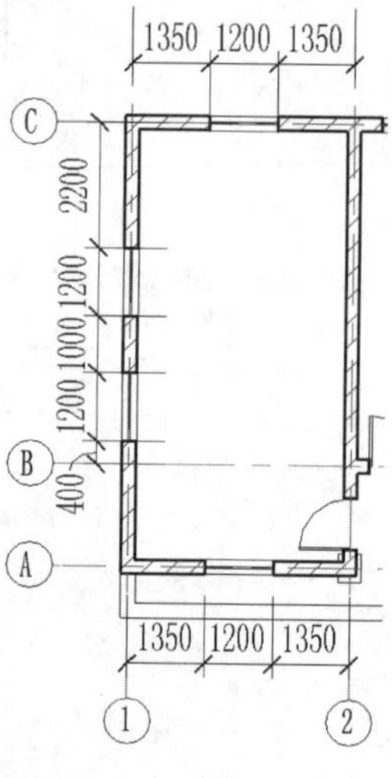

图 9-52　放置推拉窗

2. 创建第二、三层窗

(1) 将视图切换至南立面图，调整标高线的长度。

(2) 单击“修改”选项卡“修改”面板中的“复制”按钮，按住 Ctrl 键选择一层上的五扇窗户，然后按空格键。

(3) 在选项栏中选中“多个”复选框，然后指定起点，向二层和三层复制窗户，结果如图 9-53 所示。

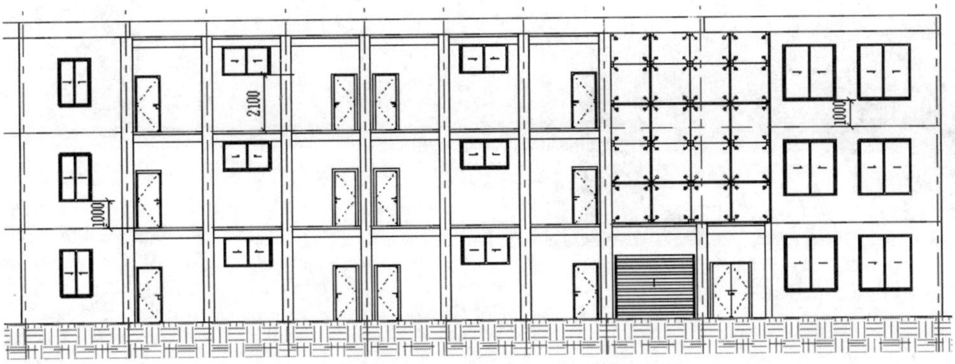

图 9-53 创建南立面图上的窗户

(4) 将视图切换至西立面图。单击“修改”选项卡“修改”面板中的“复制”按钮，将窗户复制到二层和三层，窗户离标高线的距离为 1000，结果如图 9-54 所示。

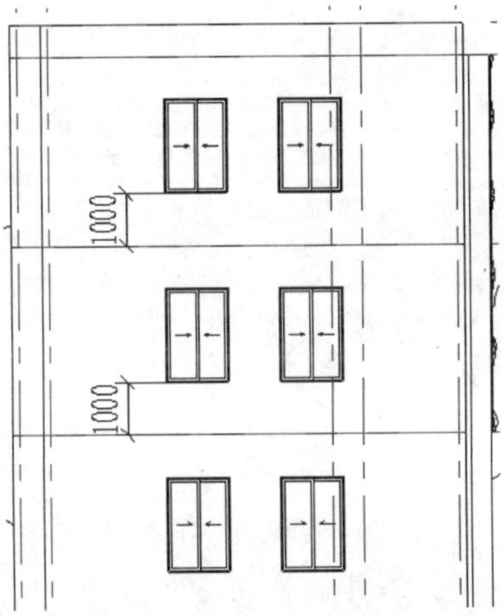

图 9-54 创建西立面图上的窗户

(5) 将视图切换至北立面图。单击“视图”选项卡“图形”面板中的“可见性/图形”按钮，打开“立面：北的可见性/图形替换”对话框，在“模型类别”选项卡中取消选中“地形”“场地”和“植物”复选框，单击“确定”按钮，隐藏场地、地形和植物。

(6) 单击“修改”选项卡“修改”面板中的“复制”按钮，将窗户复制到二、三层，结果如图 9-55 所示。

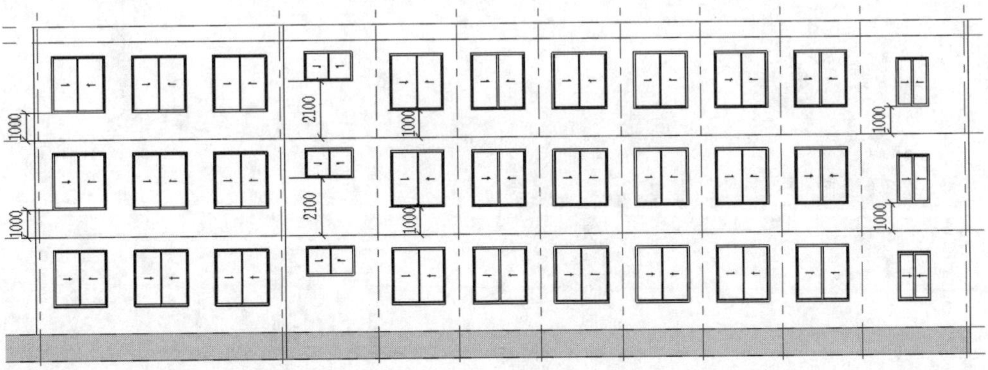

图 9-55 创建北立面图上的窗户

(7) 至此窗户创建完毕，将视图切换至三维视图观察模型，如图 9-33 所示。

第10章

板设计

本章导读

楼板、天花板是建筑的普遍构成要素，本章将介绍这几种要素创建工具的使用方法。

学习要点

- 结构楼板
- 建筑楼板
- 天花板

10.1　楼　　板

楼板是一种分隔承重构件，是楼板层中的承重部分，它将房屋垂直方向分隔为若干层，并把人和家具等竖向荷载及楼板自重通过墙体、梁或柱传给基础。

10.1.1　结构楼板

本节通过选择支撑框架、墙或绘制楼板范围来创建结构楼板。

操作步骤

(1) 将视图切换至标高 1 楼层平面。

(2) 单击“建筑”选项卡“构建”面板“楼板”下拉列表框中的“楼板：结构”按钮，打开“修改|创建楼层边界”选项卡和选项栏，如图 10-1 所示。

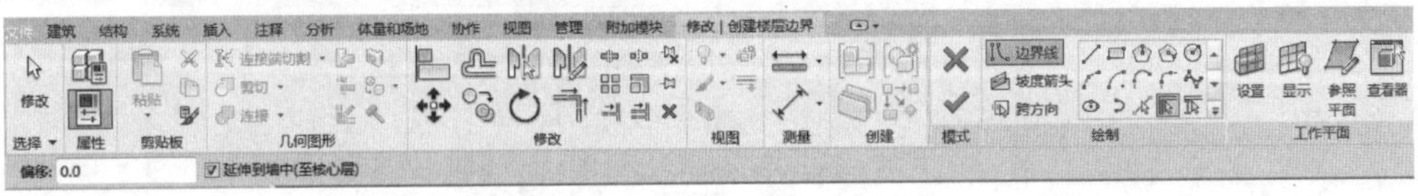

图 10-1　“修改|创建楼层边界”选项卡和选项栏

- 偏移：指定相对于楼板边缘的偏移值。
- 延伸到墙中(至核心层)：测量到墙核心层之间的偏移。

(3) 在“属性”选项板中选择“楼板 现场浇注混凝土 225mm”类型，如图 10-2 所示。

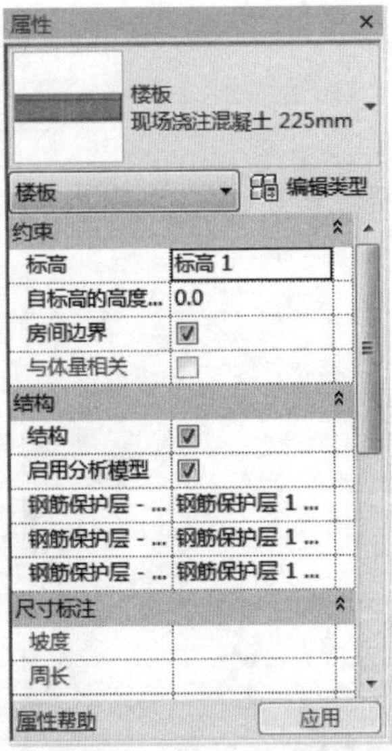

图 10-2　“属性”选项板

- 标高：将楼板约束到的标高。
- 自标高的高度偏移：指定楼板顶部相对于标高参数的高程。
- 房间边界：指定楼板是否作为房间边界图元。
- 与体量相关：指定此图元是从体量图元创建的。
- 结构：指定此图元有一个分析模型。
- 启用分析模型：显示分析模型，并将它包含在分析计算中。默认情况下该复选框处于选中状态。
- 钢筋保护层-顶面：指定与楼板顶面之间的钢筋保护层距离。
- 钢筋保护层-底面：指定与楼板底面之间的钢筋保护层距离。
- 钢筋保护层-其他面：指从楼板到邻近图元面之间的钢筋保护层距离。
- 坡度：将坡度定义线修改为指定值，而无须编辑草图。如果有一条坡度定义线，则此参数最初会显示一个值；如果没有坡度定义线，则此参数为空并被禁用。

Note

➢ 周长：设置楼板的周长。

（4）单击“绘制”面板中的“边界线”按钮和“拾取墙”按钮（默认状态下，系统会激活这两个按钮），选择边界墙，如图10-3所示。

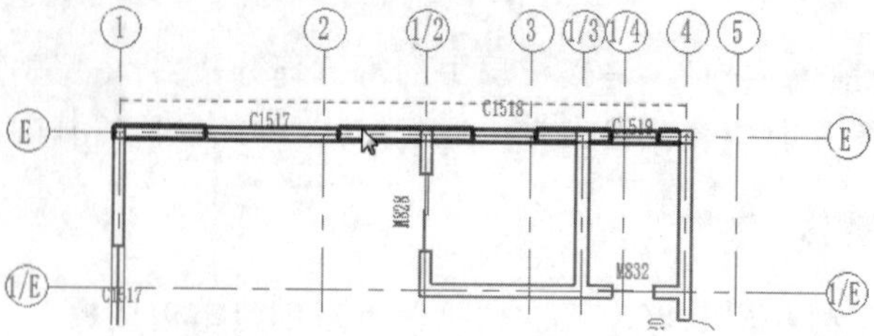

图10-3　选择边界墙

（5）在选项栏中输入偏移为500。根据所选边界墙生成如图10-4所示的边界线，单击“翻转”按钮，调整边界线的位置。

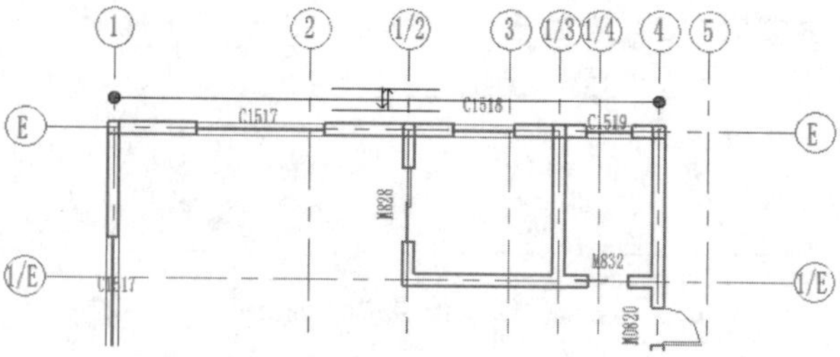

图10-4　边界线

（6）采用相同的方法，提取其他边界线，结果如图10-5所示。

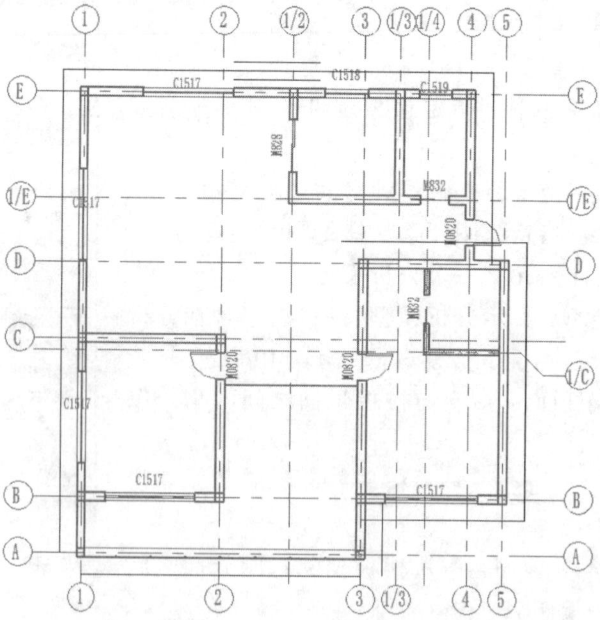

图10-5　提取边界线

(7) 选取边界线，拖曳边界线的端点，调整边界线的长度，形成闭合边界，如图 10-6 所示。

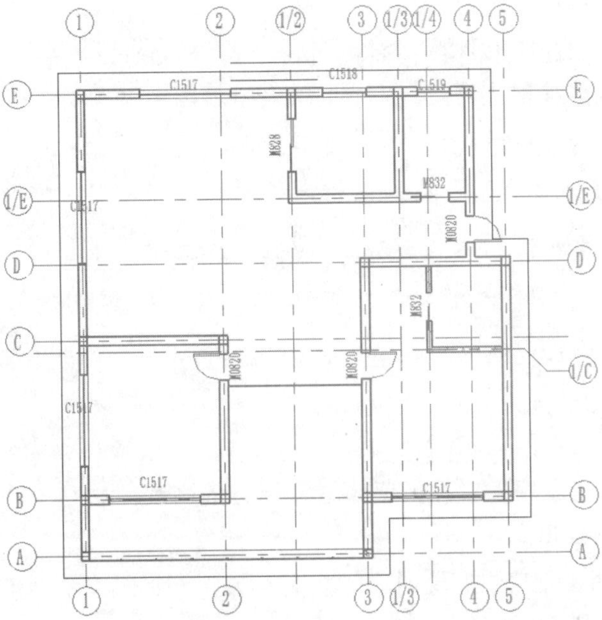

图 10-6　绘制闭合的边界

(8) 单击“模式”面板中的“完成编辑模式”按钮 ✔，弹出如图 10-7 所示的提示对话框，单击“否”按钮，完成楼板的添加。

(9) 将视图切换到三维视图，观察楼板，如图 10-8 所示。

图 10-7　提示对话框

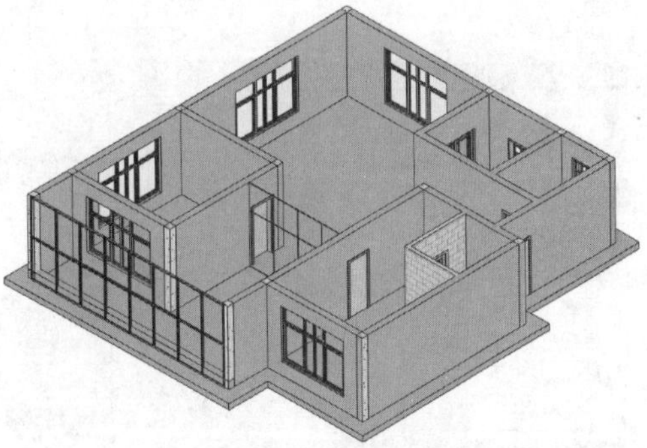

图 10-8　结构楼板

10.1.2　建筑楼板

建筑楼板是楼地面层中的面层，是室内装修中的地面装饰层，其构建方法与结构楼板相同，只是楼板的构造不同。

可通过拾取墙或使用绘制工具定义楼板的边界来创建楼板。通常在平面视图中绘制楼板，当三维视图的工作平面设置为平面视图的工作平面时，也可以使用该三维视图绘制楼板。楼板会沿绘制时所处的标高向下偏移。

操作步骤

1. 创建客厅地板

(1) 单击“建筑”选项卡“构建”面板“楼板” 下拉列表框中的“楼板：建筑”按钮，打开“修改|创建楼层边界”选项卡和选项栏，如图 10-9 所示。

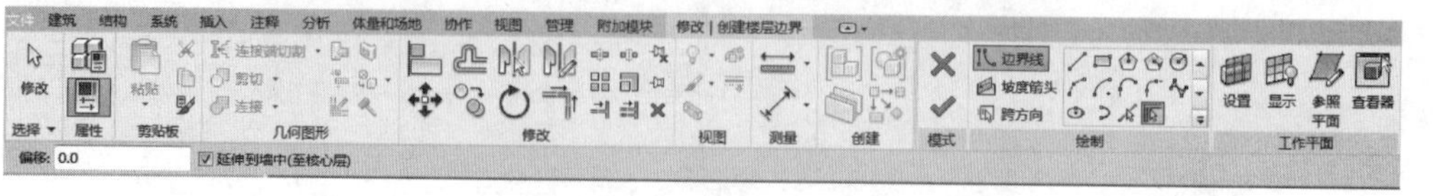

图 10-9 “修改|创建楼层边界”选项卡和选项栏

(2) 在选项栏中输入偏移为 0，在“属性”选项板中选择“楼板 常规-150mm”类型，如图 10-10 所示。

➢ 面积：指定楼板的面积。

➢ 顶部高程：指示用于对楼板顶部进行标记的高程。这是一个只读参数，它报告倾斜平面的变化。

(3) 单击“编辑类型”按钮，打开“类型属性”对话框，单击“复制”按钮，打开“名称”对话框，输入名称为“瓷砖地板”，单击“确定”按钮，返回到“类型属性”对话框，如图 10-11 所示。

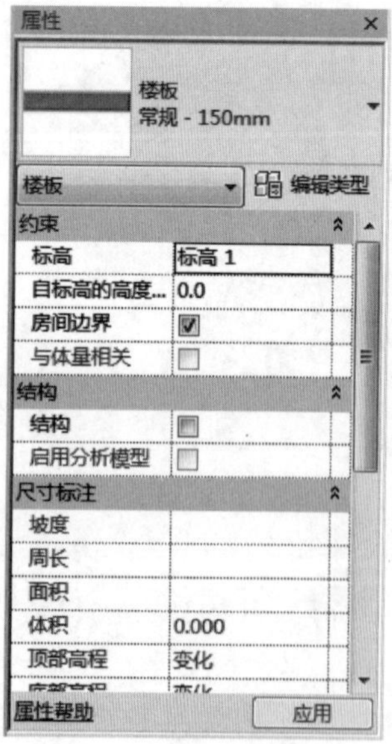

图 10-10 “属性”选项板

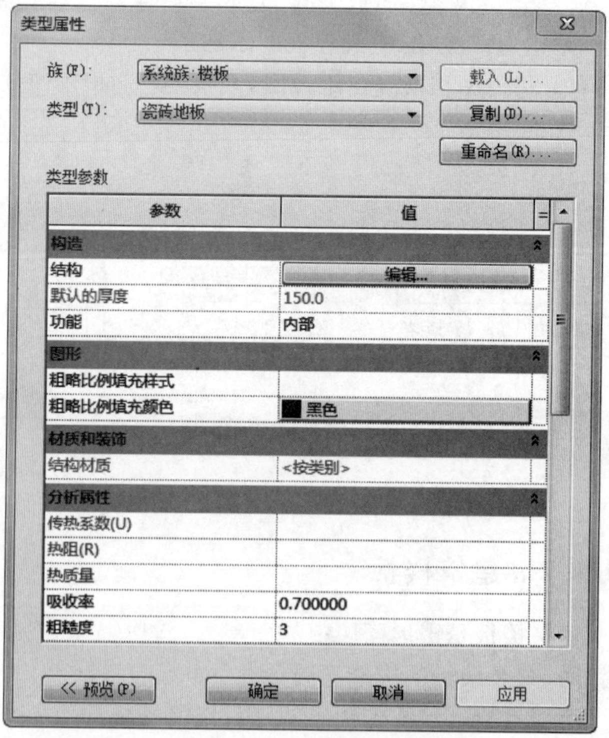

图 10-11 “类型属性”对话框

➢ 结构：创建复合楼板合成。
➢ 默认的厚度：指示楼板类型的厚度，通过累加楼板层的厚度得出。
➢ 功能：指示楼板是内部的还是外部的。
➢ 粗略比例填充样式：指定粗略比例视图中楼板的填充样式。
➢ 粗略比例填充颜色：为粗略比例视图中的楼板填充图案应用颜色。
➢ 结构材质：为图元结构指定材质。此信息可包含于明细表中。
➢ 传热系数(U)：用于计算热传导，通常通过流体和实体之间的对流和阶段变化来计算。
➢ 热质量：对建筑图元蓄热能力进行测量的一个指标，是每个材质层质量和指定热容量的乘积。
➢ 吸收率：对建筑图元吸收辐射能力进行测量的一个指标，是吸收的辐射与事件总辐射的比率。
➢ 粗糙度：表示表面粗糙度的一个指标，其值为 1～6(其中 1 表示粗糙，6 表示平滑，3 则是大多数建筑材质的典型粗糙度)，用于确定许多常用热计算和模拟分析工具中的气垫阻力值。

(4) 单击“编辑”按钮，打开“编辑部件”对话框，如图 10-12 所示。单击“插入”按钮 插入(I) ，插入新的层并更改功能为面层 1[4]，单击“材质”栏中的“浏览”按钮 ，打开“材质浏览器”对话框，选择“瓷砖，瓷器，6 英寸”材质并添加到文档中，选中“使用渲染外观”复选框，单击“图案填充”区域，打开“填充样式”对话框，选择“交叉线 5mm”，如图 10-13 所示。

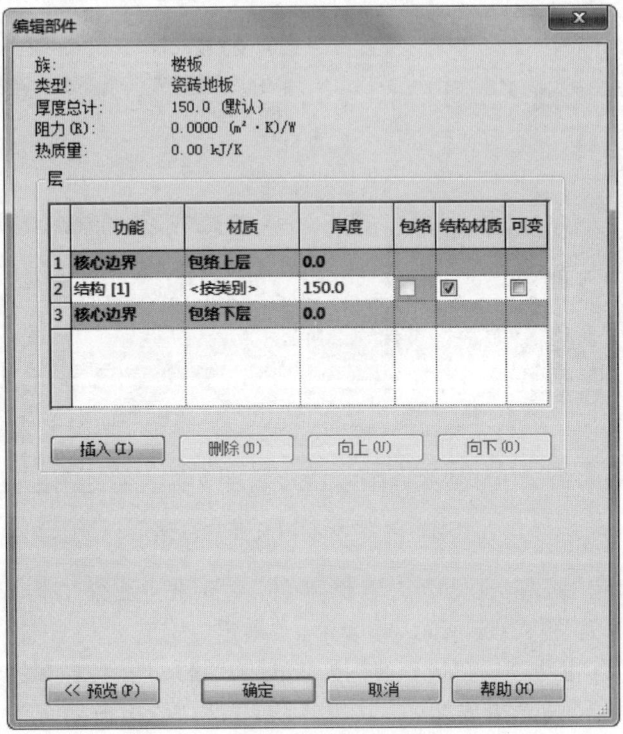

图 10-12　“编辑部件”对话框

Note

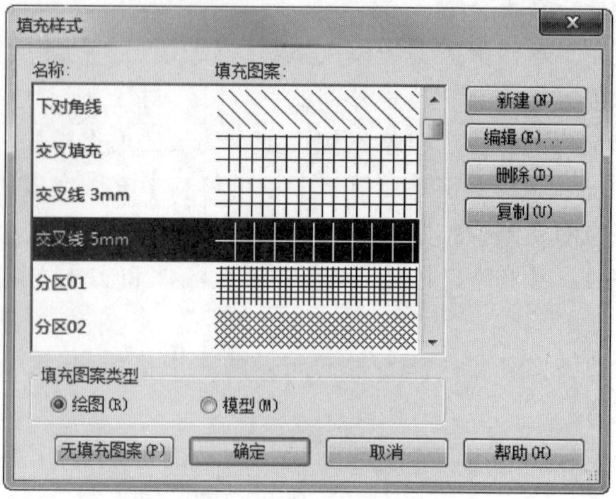

图 10-13 “填充样式”对话框

（5）单击“确定”按钮，返回到“材质浏览器”对话框，其他采用默认设置，如图 10-14 所示。

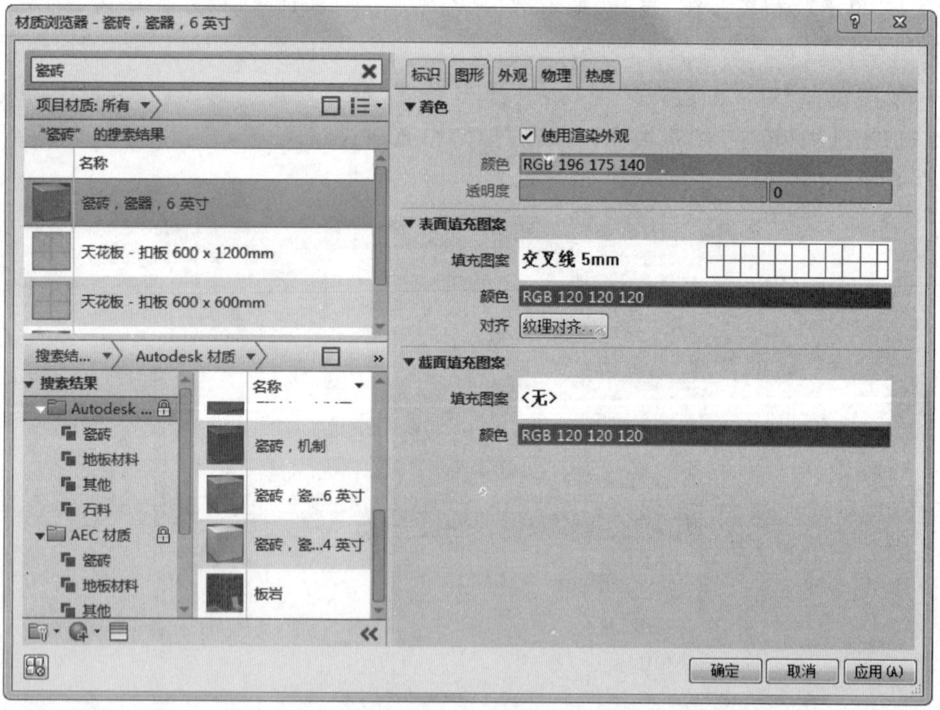

图 10-14 “材质浏览器”对话框

（6）单击“确定”按钮，返回到“编辑部件”对话框，设置结构层的厚度为 20，面层 1[4]厚度为 20，如图 10-15 所示，连续单击“确定”按钮。

（7）单击“绘制”面板中的“边界线”按钮和“拾取墙”按钮（默认状态下，系统会激活这两个按钮），选择边界墙，提取边界线，并利用“拆分图元”按钮拆分边界线，再删除多余的线段形成封闭区域，结果如图 10-16 所示。

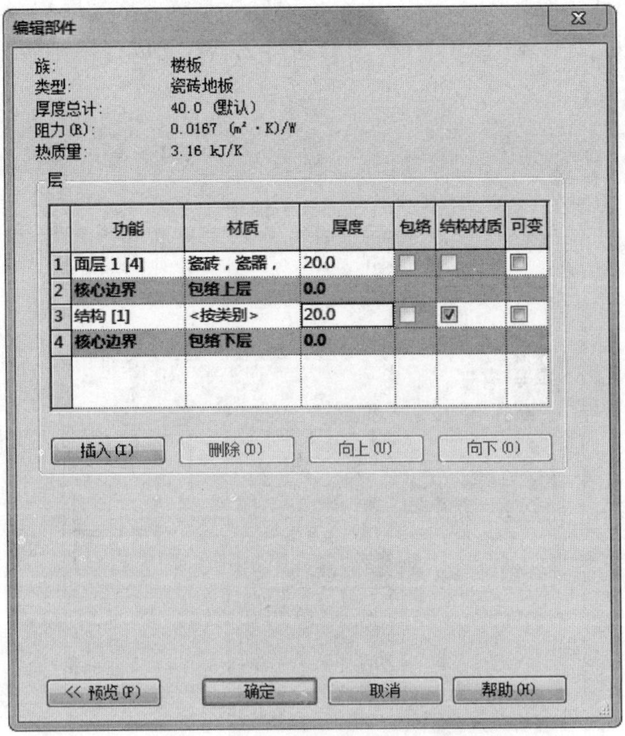

图 10-15　“编辑部件”对话框

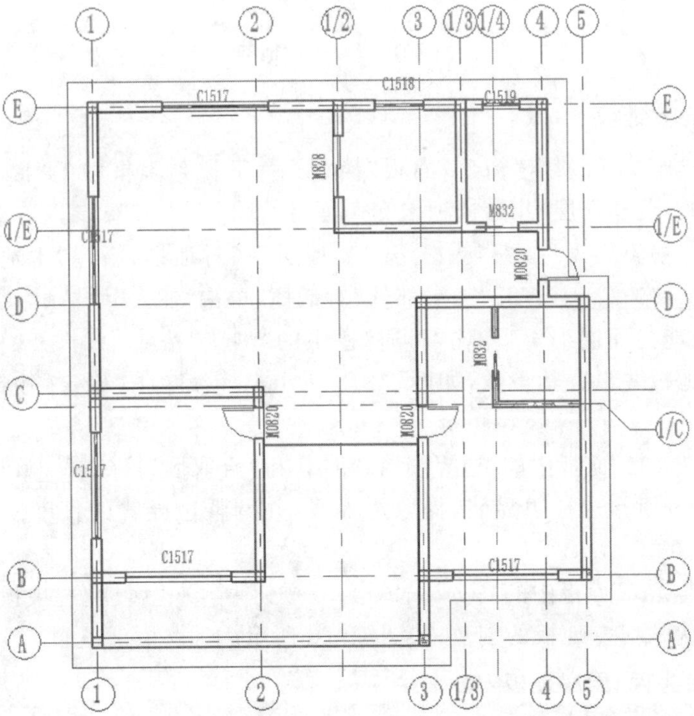

图 10-16　绘制房间边界

Note

(8) 单击“模式”面板中的“完成编辑模式”按钮，系统提示警告“高亮显示的楼板重叠”，在“属性”选项板中更改自标高的高度为40，完成瓷砖地板的创建，如图10-17所示。

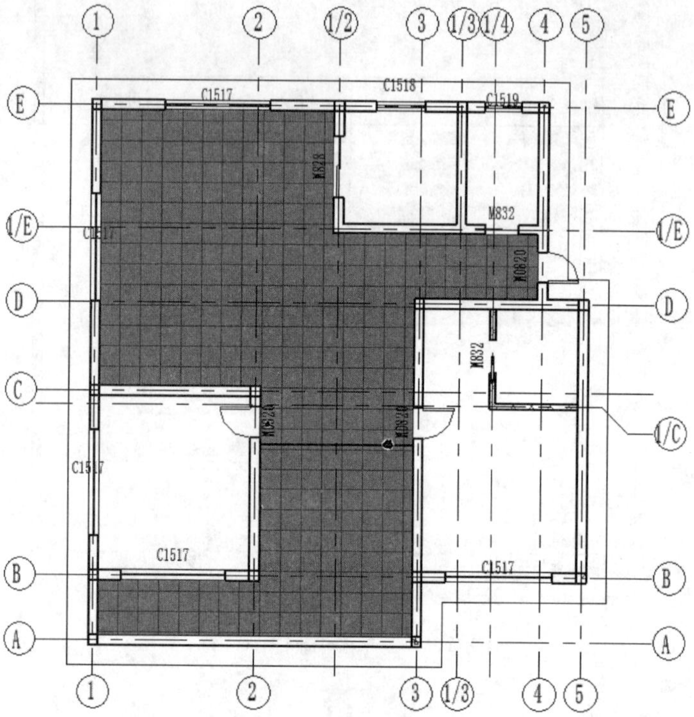

图10-17　瓷砖地板

2. 创建卧室地板

(1) 单击“建筑”选项卡“构建”面板“楼板”下拉列表框中的“楼板：建筑”按钮，打开“修改|创建楼层边界”选项卡和选项栏。

(2) 单击“编辑类型”按钮，打开“类型属性”对话框，新建“木地板”类型，单击“编辑”按钮 编辑... ，打开“编辑部件”对话框，单击“插入”按钮 插入(I) ，插入新的层并更改功能为面层1[4]，单击“材质”栏中的“浏览”按钮，打开“材质浏览器”对话框，选取木地板并设置其参数，如图10-18所示。连续单击“确定”按钮，完成木地板的设置。

(3) 单击“绘制”面板中的“边界线”按钮和“拾取墙”按钮(默认状态下，系统会激活这两个按钮)，选择边界墙，提取边界线，并调整边界线的长度使其形成闭合边界，结果如图10-19所示。

(4) 单击“模式”面板中的“完成编辑模式”按钮，在“属性”选项板中更改自标高的高度为40，完成卧室地板的创建，如图10-20所示。

3. 创建卫生间、厨房地板

(1) 单击“建筑”选项卡“构建”面板“楼板”下拉列表框中的“楼板：建筑”按钮，打开“修改|创建楼层边界”选项卡和选项栏。

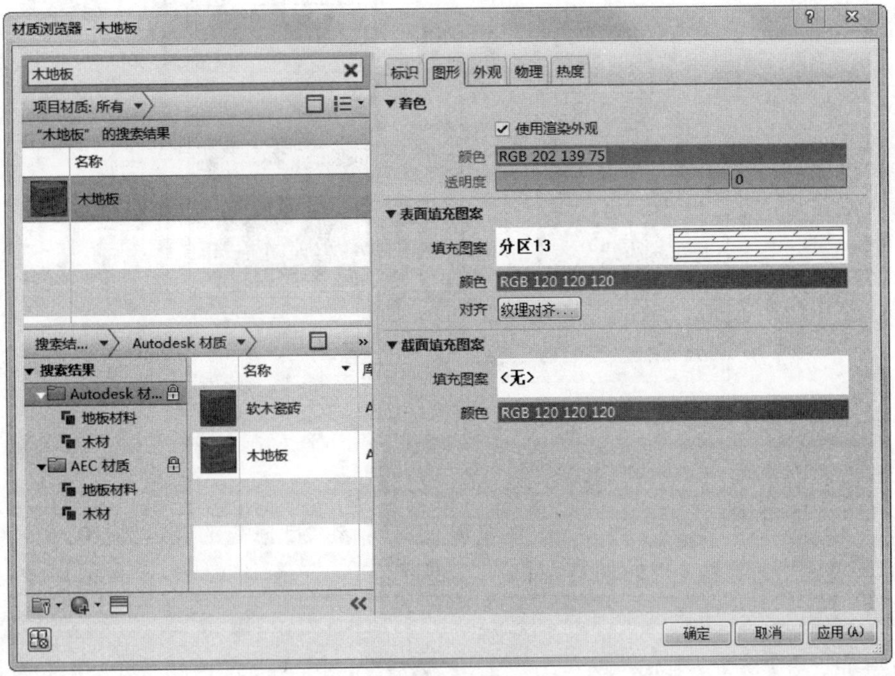

图 10-18 “材质浏览器”对话框

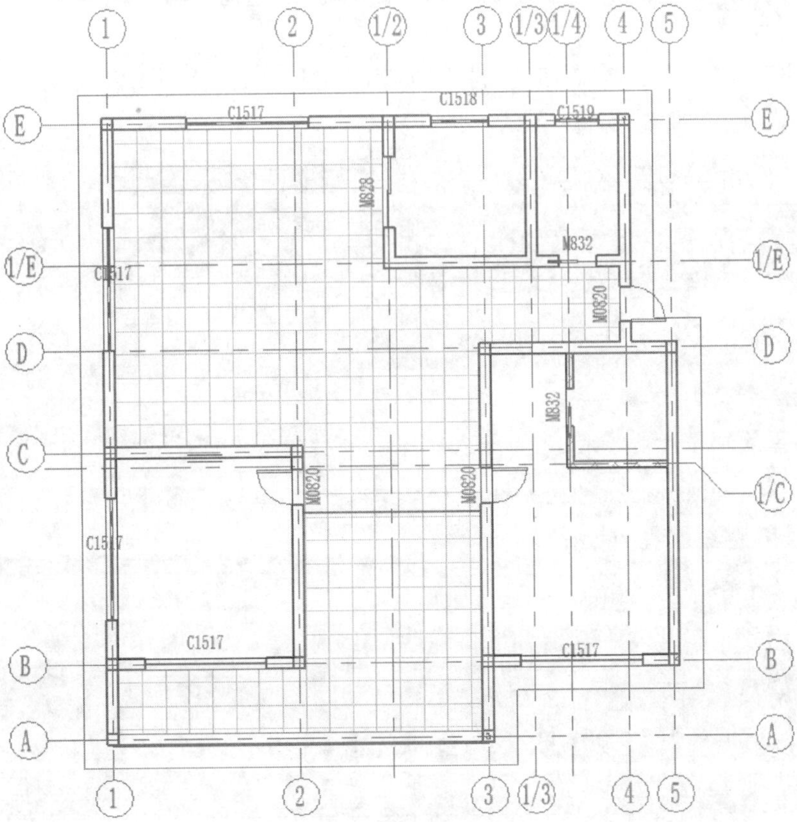

图 10-19 绘制边界线

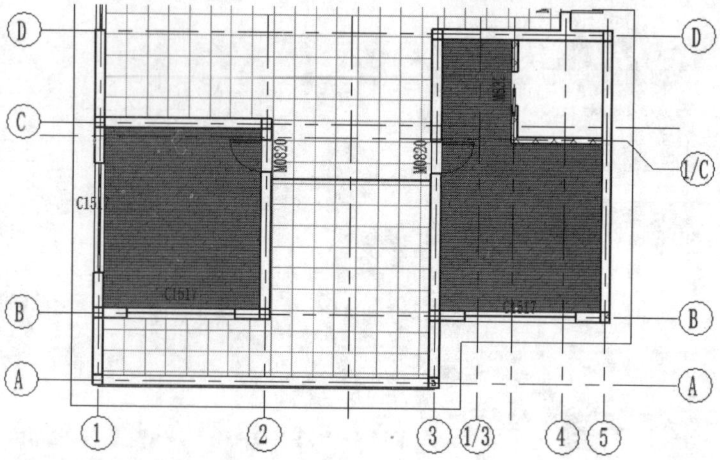

图 10-20　卧室地板

（2）在“属性”选项板中选择“瓷砖地板”类型，输入自标高的高度为 40。

（3）单击“编辑类型”按钮，打开“类型属性”对话框，新建“小瓷砖地板”。

（4）单击“确定”按钮，返回到“类型属性”对话框，单击“编辑”按钮 编辑... ，打开“编辑部件”对话框，单击“插入”按钮 插入(I) ，插入新的层并更改功能为面层 1［4］。单击“材质”栏中的“浏览”按钮，打开“材质浏览器”对话框，选择“瓷砖，瓷器，4英寸”材质并添加到文档中，选中“使用渲染外观”复选框，单击“图案填充”区域，打开“填充样式”对话框，选择“对角交叉线 3mm”填充图案。

（5）单击“确定”按钮，返回到“材质浏览器”对话框，其他采用默认设置，如图 10-21 所示。连续单击“确定”按钮。

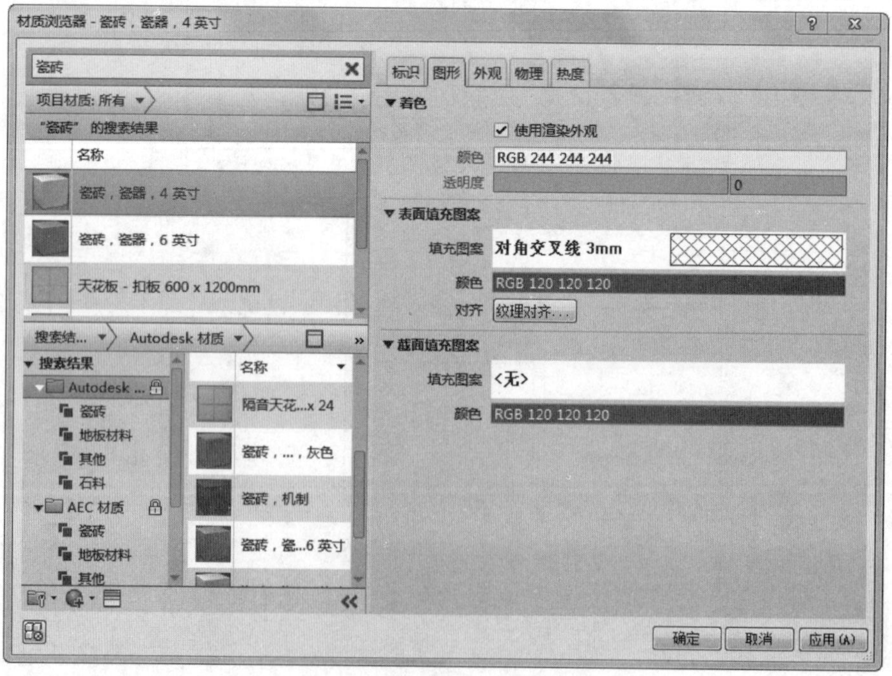

图 10-21　“材质浏览器”对话框

(6) 单击“绘制”面板中的“边界线”按钮和“矩形”按钮绘制边界线并将其与墙体锁定，如图 10-22 所示。

(7) 单击“模式”面板中的“完成编辑模式”按钮，在“属性”选项板中输入自标高的高度为 40，完成卫生间地板的创建，如图 10-23 所示。

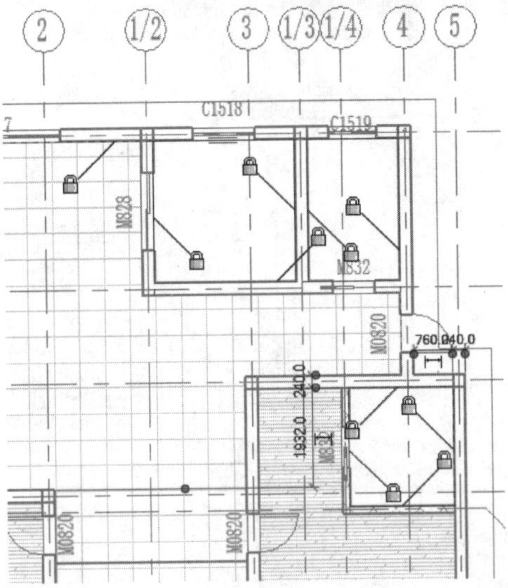

图 10-22　绘制边界线

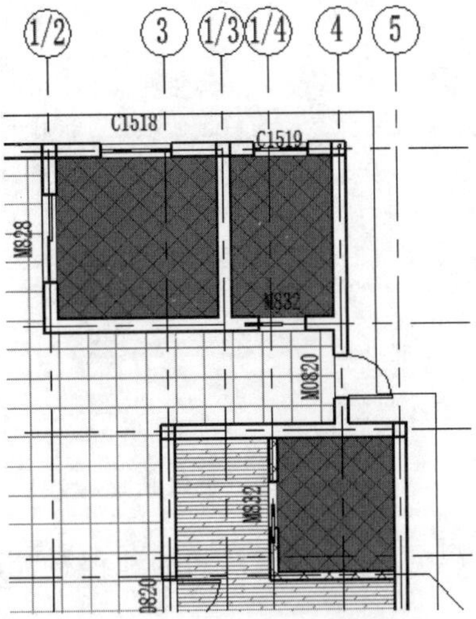

图 10-23　卫生间地板

提示： 卫生间地板中间部分要比周围低，这样有利于排水，因而需要对卫生间地板进行编辑。

(8) 单击“形状编辑”面板中的“添加点”按钮，分别在卫生间、厨房的中间位置添加点，如图 10-24 所示。在绘图区中右击，打开如图 10-25 所示的快捷菜单，选择“取消”命令，然后选择添加的点，在点旁边显示高程为 0，更改高程值为 5，如图 10-26 所示。按 Enter 键确认。

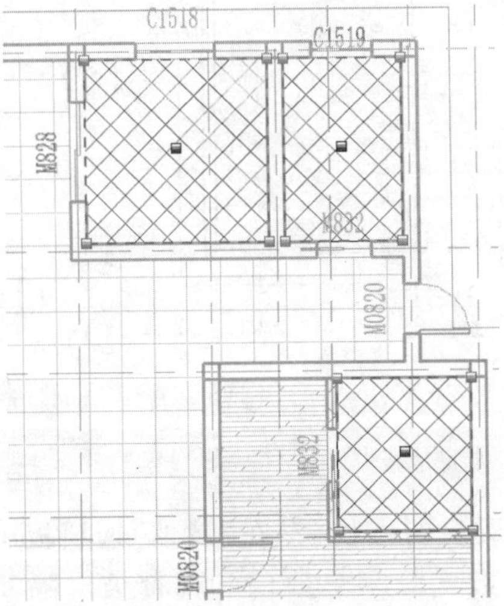

图 10-24　添加点

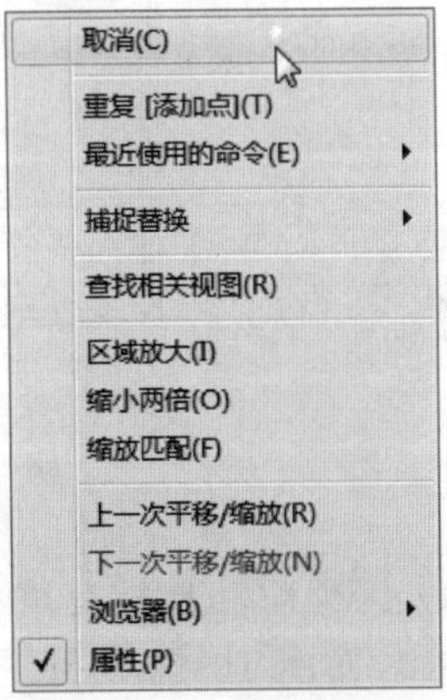

图 10-25　快捷菜单

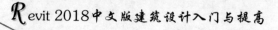

(9) 分别更改卫生间和厨房的高程为 5,修改后的地板如图 10-27 所示。

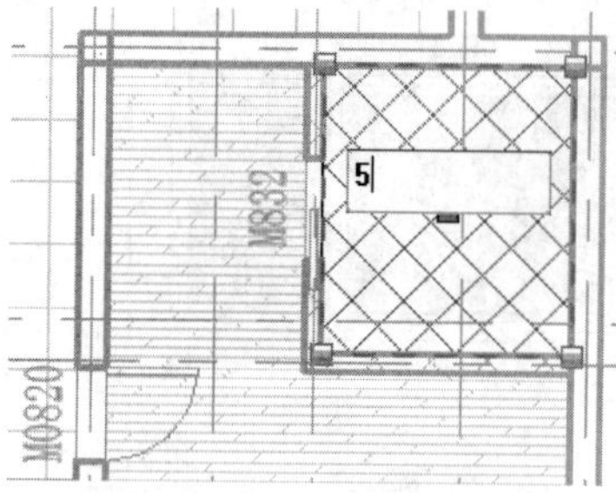

图 10-26　更改高程

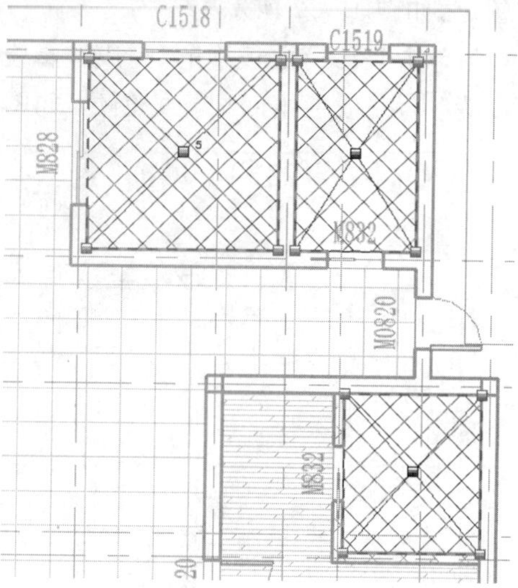

图 10-27　卫生间地板

(10) 完成所有房间的地板布置,如图 10-28 所示。

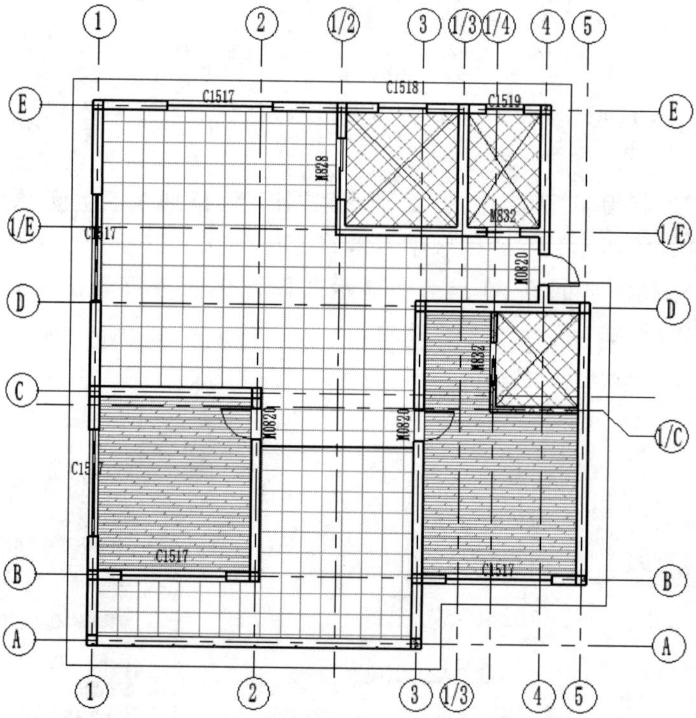

图 10-28　布置地板

(11) 因为门和地板有重叠,因此选取厨房的推拉门,在“属性”选项板中更改底高度为 40,如图 10-29 所示。采用相同的方式分别更改门和内部玻璃隔断底高度为 40。

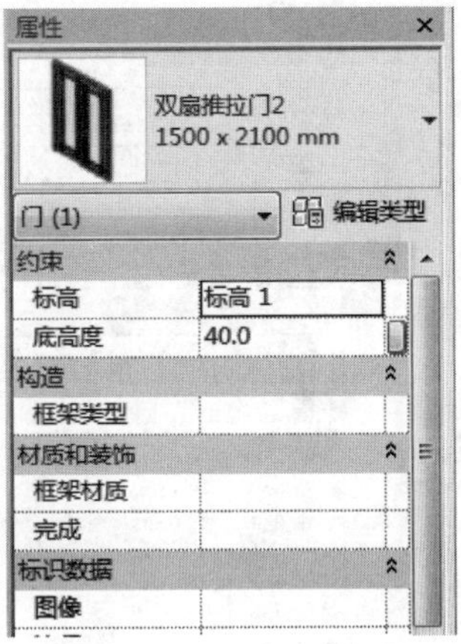

图 10-29　更改底高度

10.1.3　楼板边

可以通过选取楼板的水平边缘来添加楼板边缘。可以将楼板边缘放置在二维视图(如平面或剖面视图)中,也可以放置在三维视图中。

操作步骤

(1) 单击“建筑”选项卡“构建”面板“楼板”下拉列表框中的“楼板：楼板边”按钮,打开“修改|放置楼板边缘”选项卡,如图 10-30 所示。

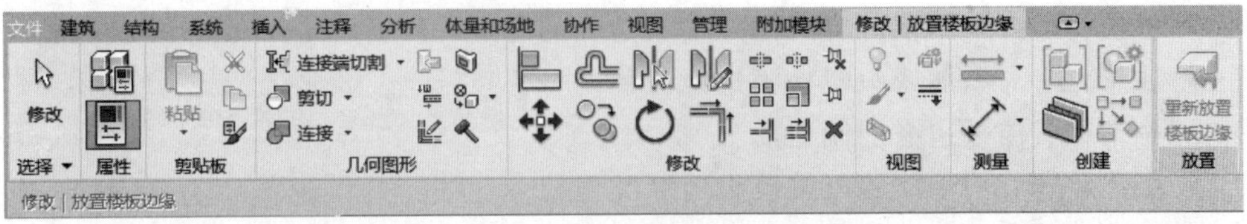

图 10-30　“修改|放置楼板边缘”选项卡

(2) 在“属性”选项板中可以设置垂直、水平轮廓偏移以及轮廓角度,如图 10-31 所示。

- 垂直轮廓偏移：以创建的边缘为基准,向上和向下移动楼板边缘。
- 水平轮廓偏移：以创建的边缘为基准,向前或向后移动楼板边缘。
- 长度：楼板边缘的实际长度。
- 体积：楼板边缘的实际体积。
- 注释：用于放置有关楼板边缘的一般注释的字段。
- 标记：为楼板边缘创建的标签。对于项目中的每个图元,此值都必须是唯一的,如果此数值已被使用,Revit 会发出警告信息,但允许继续使用它。
- 角度：将楼板边缘旋转到所需的角度。

(3) 单击“编辑类型”按钮,打开如图 10-32 所示的“类型属性”对话框,在“轮廓”下拉列表框中选择“楼板边缘-加厚：600×300mm”轮廓,单击“确定”按钮。

Note

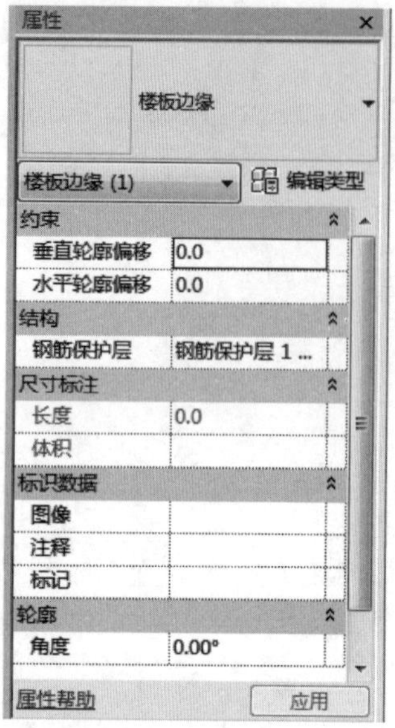

图 10-31 “属性”选项板

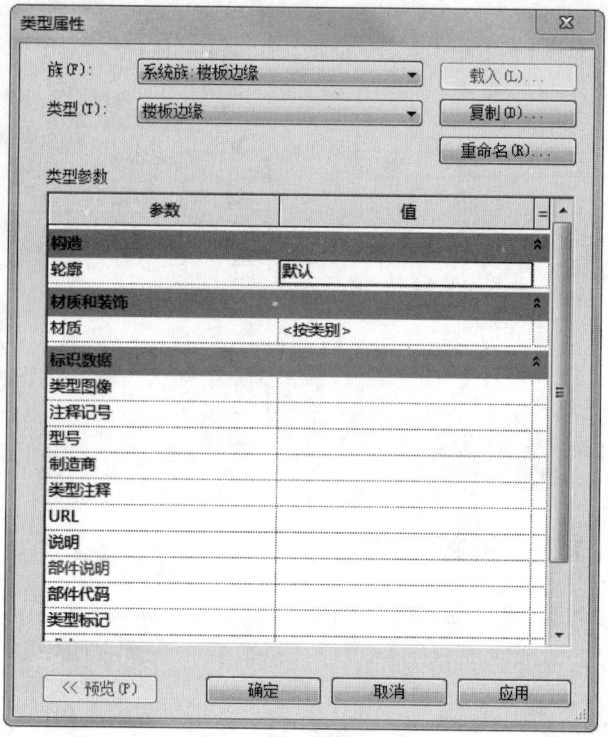

图 10-32 “类型属性”对话框

- 轮廓：特定楼板边缘的轮廓形状。
- 材质：可以采用多种方式指定楼板边缘的外观。
- 注释记号：添加或编辑楼板边缘注释记号。
- 制造商：楼板边缘的制造商。
- 类型注释：用于放置有关楼板边缘类型的一般注释的字段。
- URL：指向可能包含类型专有信息的网页的链接。
- 说明：可以在此文本框中输入楼板边缘说明。
- 部件说明：基于所选部件代码描述部件。
- 部件代码：从层级列表中选择的统一格式部件代码。
- 类别标记：为楼板边缘创建的标签。对于项目中的每个图元，此值都必须是唯一的，如果此数值已被使用，Revit 会发出警告信息，但允许继续使用它。

(4) 在视图中选择楼板水平边缘线，单击放置楼板边缘，如图 10-33 所示。

(5) 单击“使用垂直轴翻转轮廓”按钮和“使用水平轴翻转轮廓”按钮，调整楼板边缘的方向。

(6) 继续单击放置楼板边缘，Revit 会将其作为一个连续的楼板边缘。如果楼板边缘的线段在角部相遇，它们会相互斜接，如图 10-34 所示。

(7) 单击“修改|楼板边缘”选项卡“轮廓”面板中的“添加/删除线段”按钮，单击边缘以添加或删除楼板边缘的线段。

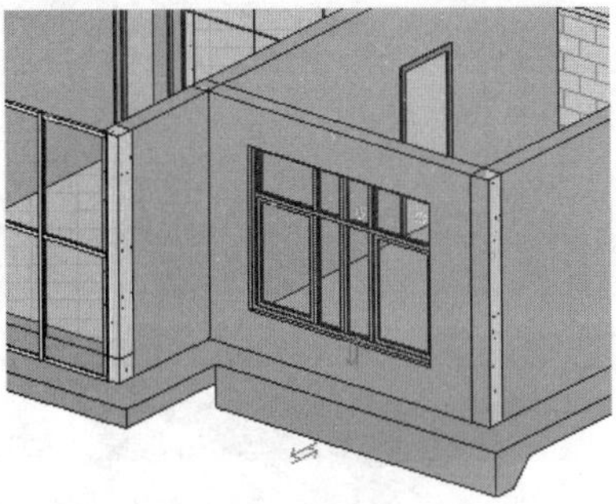

图 10-33 放置楼板边缘

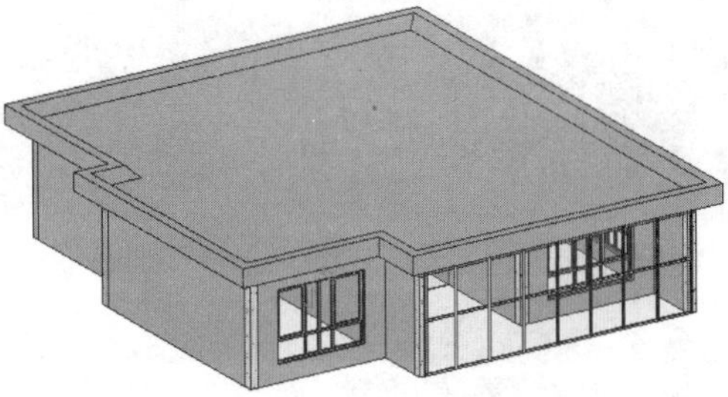

图 10-34 创建楼板边缘

10.1.4 从体量面创建楼板

操作步骤

(1) 新建一项目文件,并创建如图 10-35 所示的体量实例。

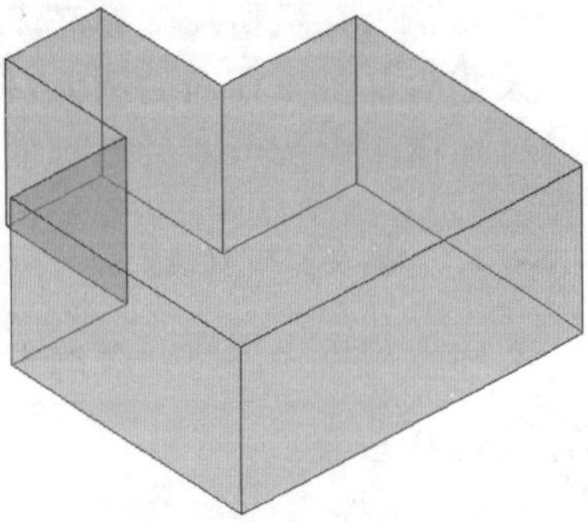

图 10-35 创建体量

(2) 选取体量实例,打开“修改|体量”选项卡,单击“模型”面板中的“体量楼层”按钮,打开“体量楼层”对话框,选中“标高 1”和“标高 2”复选框,如图 10-36 所示。单击“确定”按钮,创建体量楼层,如图 10-37 所示。

(3) 单击“体量和场地”选项卡“面模型”面板中的“楼板”按钮,打开“修改|放置面楼板”选项卡,单击“多重选择”面板中的“选择多个”按钮,禁用此选项(默认状态下,此选项处于启用状态)。

图 10-36 “体量楼层”对话框

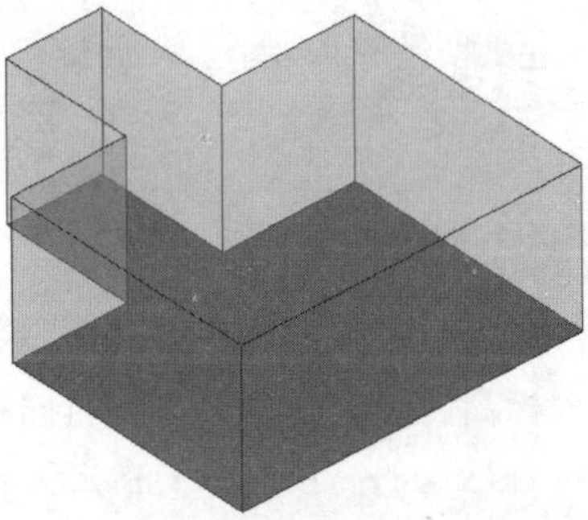

图 10-37 创建体量楼层

(4) 在“属性”选项板中选择楼板类型为“楼板常规-150mm”,其他采用默认设置。

(5) 在视图中选择标高 1 体量楼层,如图 10-38 所示,创建楼板,结果如图 10-39 所示。

Note

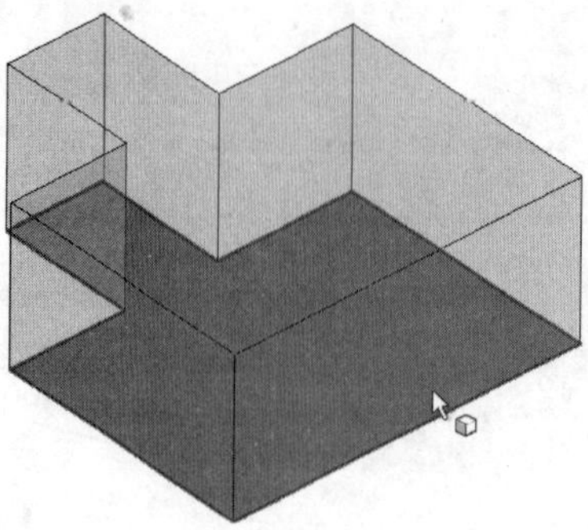

图 10-38　选取体量楼层

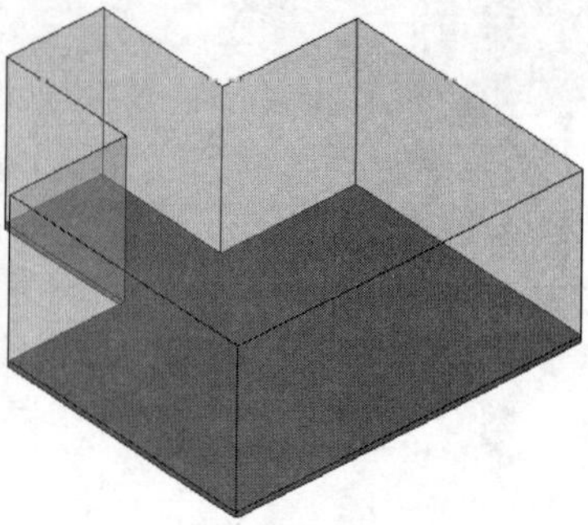

图 10-39　创建楼板

10.2　天　花　板

可以在天花板所在的标高之上按指定的距离创建天花板。

天花板是基于标高的图元,创建天花板是在其所在标高以上指定距离处进行的。

可在模型中放置两种类型的天花板:基础天花板和复合天花板。

10.2.1　基础天花板

基础天花板为没有厚度的平面图元。表面材料样式可应用于基础天花板平面。

操作步骤

(1) 将视图切换到楼层平面中的标高 2。

(2) 单击"建筑"选项卡"构建"面板中的"天花板"按钮,打开"修改|放置 天花板"选项卡,如图 10-40 所示。

图 10-40　"修改|放置 天花板"选项卡

(3) 在"属性"选项板中选择"基本天花板-常规"类型,输入自标高的高度偏移为−50,如图 10-41 所示。

➢ 标高:指明放置天花板的标高。

➢ 自标高的高度偏移:指定天花板顶部相对于标高参数的高程。

➢ 房间边界:指定天花板是否作为房间边界图元。

➢ 坡度:将坡度定义线修改为指定值,而无须编辑草图。如果有一条坡度定义线,则此参数最初会显示一个值;如果没有坡度定义线,则此参数为空并被禁用。

➢ 周长:设置天花板的周长。

➢ 面积:设置天花板的面积。

➢ 注释：显示用户输入或从下拉列表框中选择的注释。输入注释后，便可以为同一类别中图元的其他实例选择该注释，无须考虑类型或族。

➢ 标记：按照用户所指定的那样标识或枚举特定实例。

(4) 单击“天花板”面板中的“自动创建天花板”按钮（默认状态下，系统会激活这个按钮），在单击构成闭合环的内墙时，会在这些边界内部放置一个天花板，而忽略房间分隔线，如图 10-42 所示。

Note

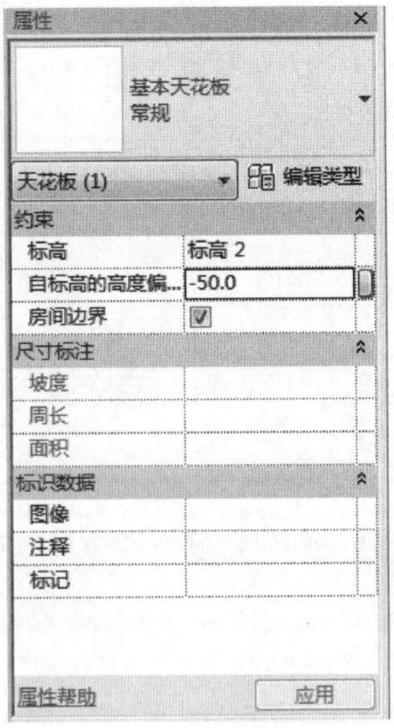

图 10-41　“属性”选项板

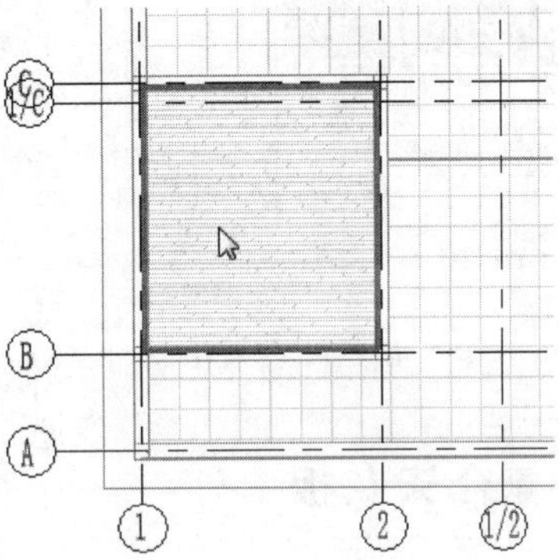

图 10-42　选择边界墙

(5) 在选择的区域内单击创建天花板，如图 10-43 所示。

(6) 单击“天花板”面板中的“绘制天花板”按钮，打开“修改|创建天花板边界”选项卡，单击“绘制”面板中的“边界线”按钮和“线”按钮（默认情况下，系统会激活这两个按钮），绘制另一个卧室的边界线，如图 10-44 所示。

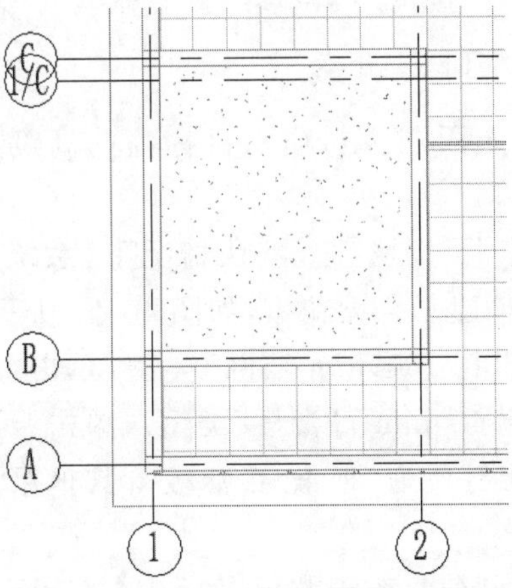

图 10-43　创建天花板

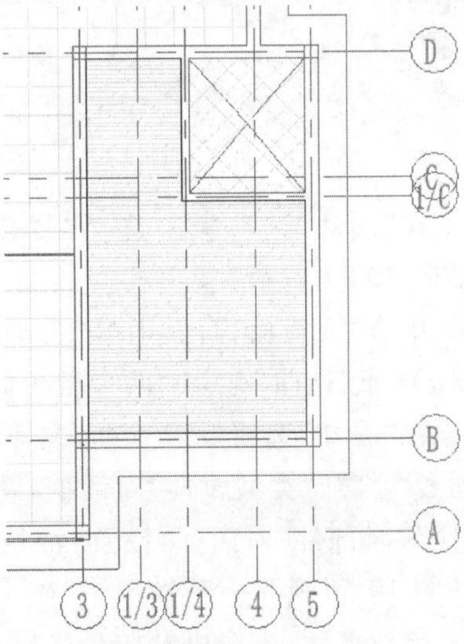

图 10-44　绘制边界线

(7) 单击"模式"面板中的"完成编辑模式"按钮 ,完成卧室天花板的创建,结果如图 10-45 所示。

(8) 采用相同的方式,创建储藏室和厨房的天花板,如图 10-46 所示。

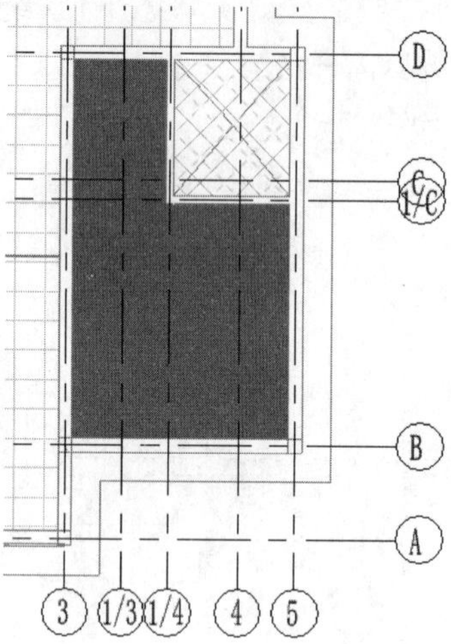

图 10-45　创建卧室天花板

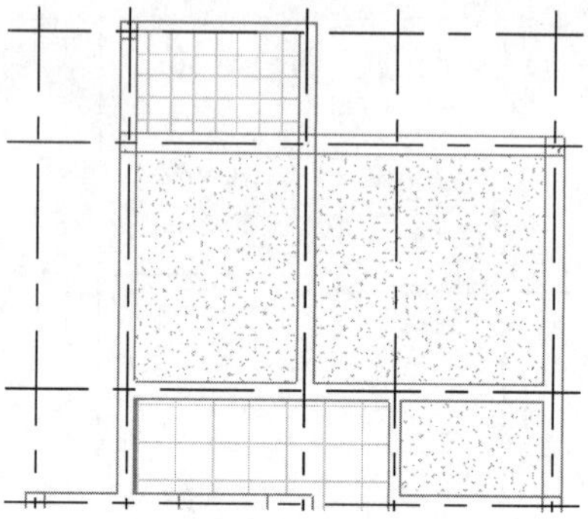

图 10-46　创建储藏室和厨房天花板

10.2.2　复合天花板

复合天花板由已定义各层材料厚度的图层构成。

操作步骤

(1) 单击"建筑"选项卡"构建"面板中的"天花板"按钮 ,打开"修改|放置 天花板"选项卡,如图 10-47 所示。

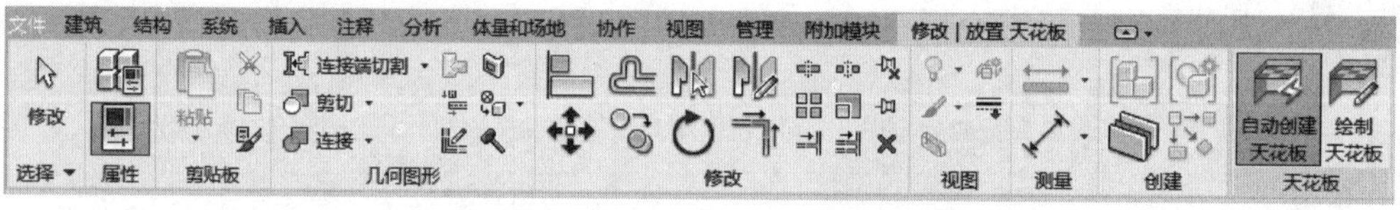

图 10-47　"修改|放置 天花板"选项卡

(2) 在"属性"选项板中选择"复合天花板-光面"类型,输入自标高的高度偏移为 −60,如图 10-48 所示。

(3) 单击"天花板"面板中的"自动创建天花板"按钮 (默认情况下,系统会激活这个按钮),分别拾取厨房和两个卫生间的边界创建复合天花板,如图 10-49 所示。

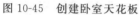

(4) 在"属性"选项板中选择"复合天花板 600×600mm 轴网"类型,单击"编辑类型"按钮 ,打开"类型属性"对话框,新建"600×600mm 石膏板"类型。单击"编辑"按钮,打开"编辑部件"对话框,设置"面层 2[5]"的材质为"松散-石膏板",其他采用默认设置,如图 10-50 所示。连续单击"确定"按钮。

(5) 拾取客厅、书房以及阳台区域的边界线创建复合天花板,如图 10-51 所示。

Note

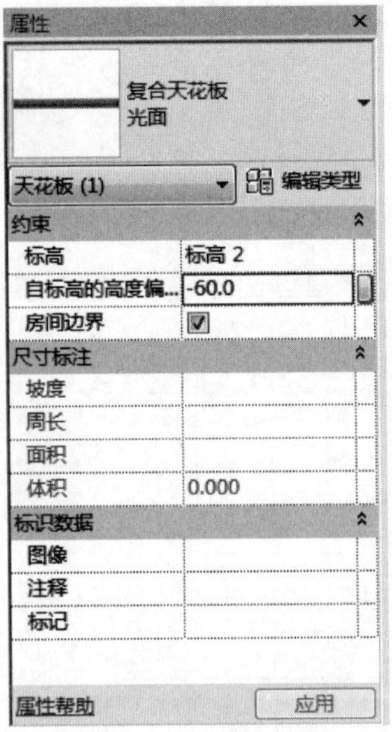

图 10-48 “属性”选项板

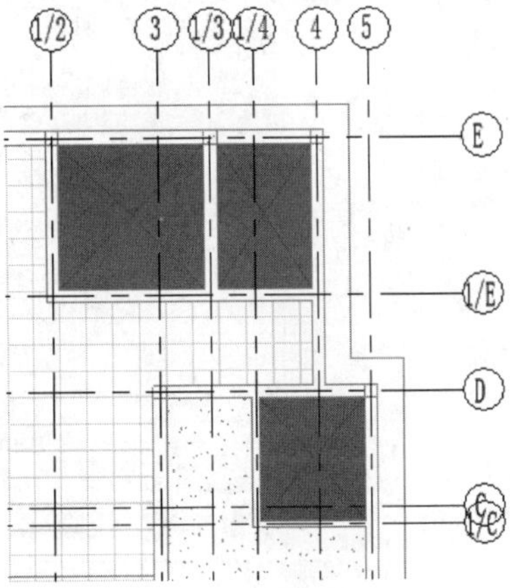

图 10-49 创建复合天花板

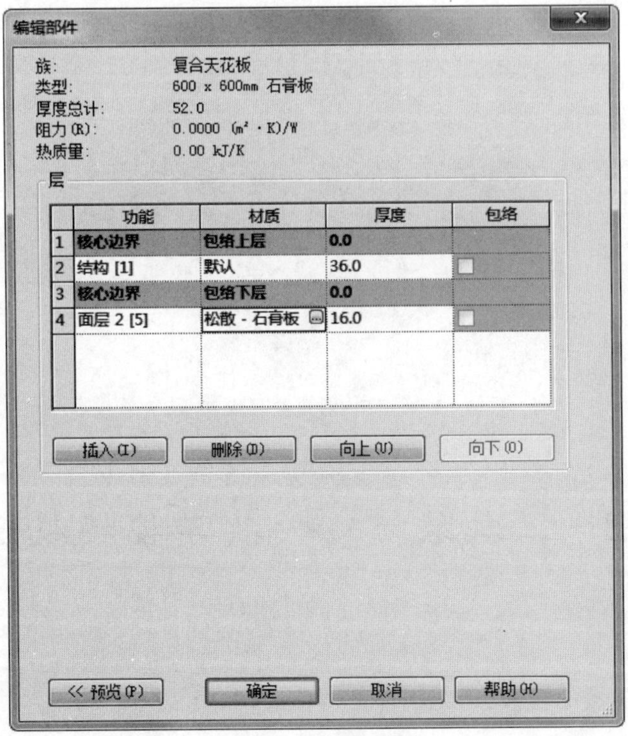

图 10-50 “编辑部件”对话框

Note

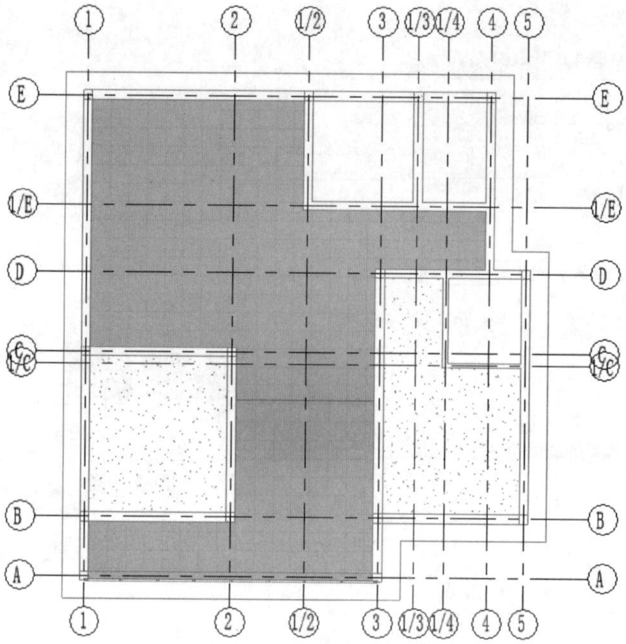

图 10-51　创建复合天花板

（6）将视图切换至三维视图，观察图形，如图 10-52 所示。

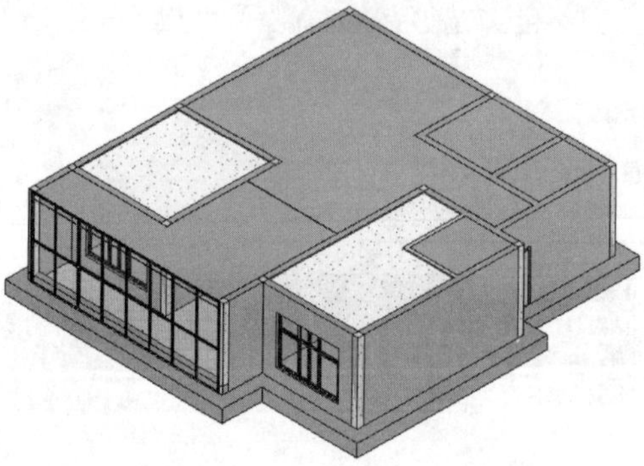

图 10-52　创建复合天花板

10.3　上机练习——教学楼楼板设计

练习目标

本节创建教学楼的楼板、天花板以及楼板边，如图 10-53 所示。

设计思路

利用“楼板：结构”命令分别创建一层、二层、三层、四层楼板，然后利用“楼板：建筑”命令创建一层、二层、三层地板，利用“天花板”命令创建一层、二层、三层天花板，最

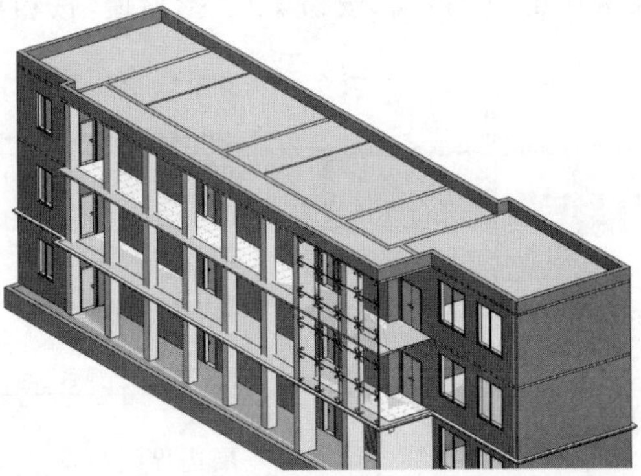

图 10-53　教学楼楼板设计

后创建楼板边轮廓，利用“楼板：楼板边”命令在二层楼板上创建楼板边。

10.3.1　创建楼板

10-1

操作步骤

（1）将视图切换到 1F 楼层平面图。

（2）单击“建筑”选项卡“构建”面板“楼板”下拉列表框中的“楼板：结构”按钮，打开“修改|创建楼层边界”选项卡和选项栏。

（3）在“属性”选项板中选择“楼板 常规-150mm”类型，单击“编辑类型”按钮，打开“类型属性”对话框，新建“地坪混凝土”类型。单击“编辑”按钮，打开“编辑部件”对话框，设置结构层的材质为“混凝土-现场浇注混凝土”，然后单击“插入”按钮，分别创建其他层，并添加材质和厚度，其他采用默认设置，如图 10-54 所示。

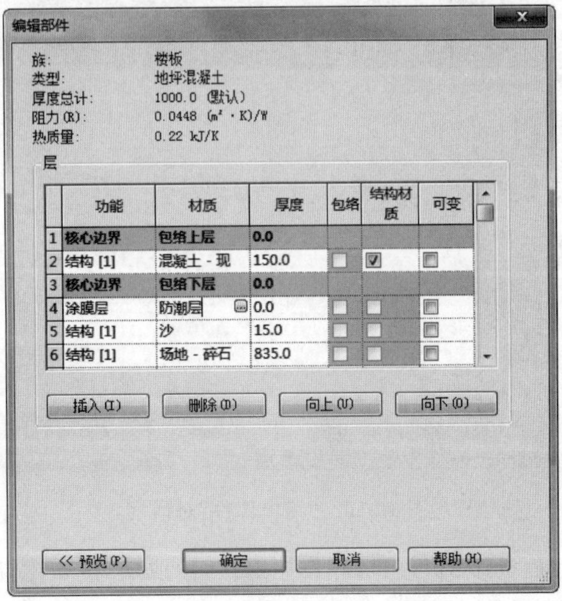

图 10-54　“编辑部件”对话框

（4）单击“绘制”面板中的“边界线”按钮、“拾取墙”按钮和“线”按钮，创建边界线，如图 10-55 所示。

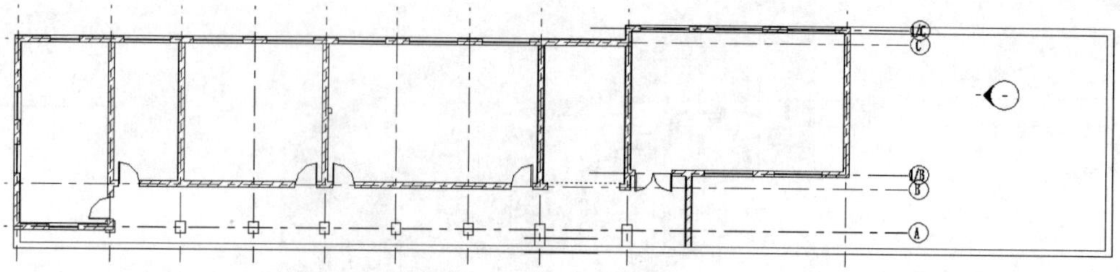

图 10-55　绘制第一层边界线

（5）在“属性”选项板中设置自标高的高度为－30。

（6）将视图切换到 2F 楼层平面图。单击“建筑”选项卡“构建”面板“楼板”下拉列表框中的“楼板：结构”按钮。

（7）在“属性”选项板中选择“楼板 常规-150mm”类型，单击“编辑类型”按钮，打开“类型属性”对话框，新建“常规-100mm”类型。单击“编辑”按钮，打开“编辑部件”对话框，设置结构层的材质为“混凝土砌块”，输入厚度为 100，其他采用默认设置，如图 10-56 所示。

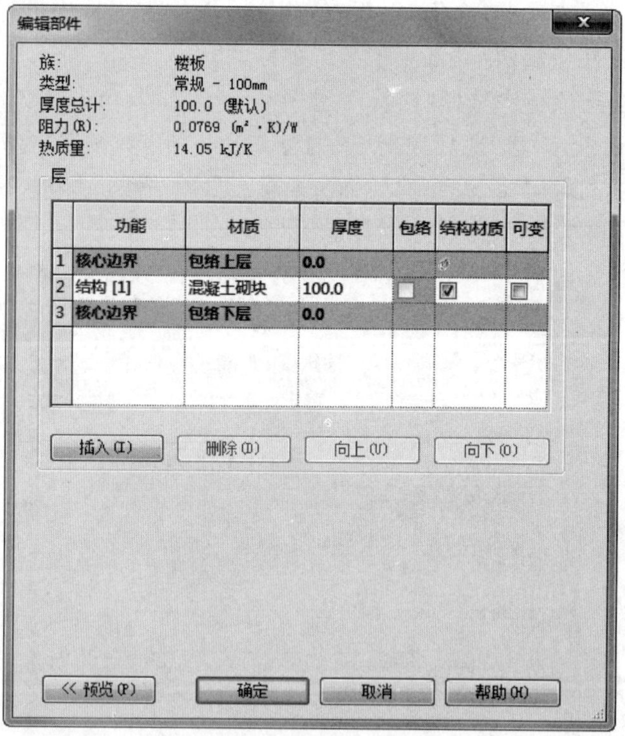

图 10-56　“编辑部件”对话框

（8）单击“绘制”面板中的“边界线”按钮、“拾取墙”按钮和“线”按钮，创建边界线，如图 10-57 所示。

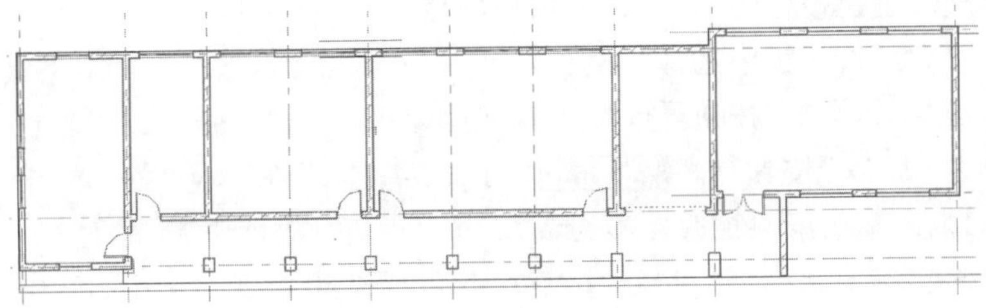

图 10-57 绘制第二层楼板边界线

(9) 单击“模式”面板中的“完成编辑模式”按钮，完成第二层结构楼板的创建。

(10) 将视图切换到 3F 楼层平面图。重复步骤(7)～(10)，绘制如图 10-58 所示的第三层楼板边界线，然后创建结构楼板。

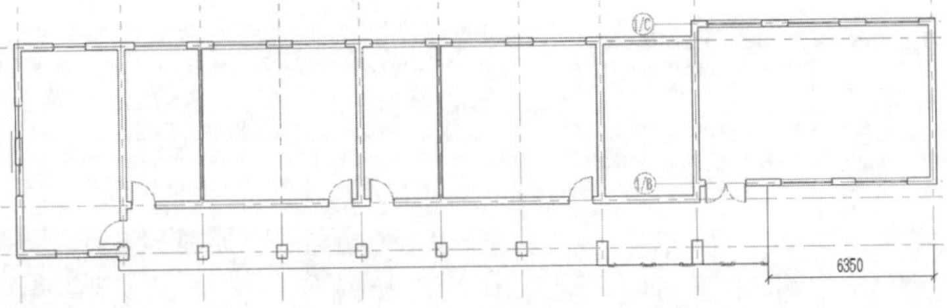

图 10-58 绘制三层楼板边界

(11) 单击“模式”面板中的“完成编辑模式”按钮，完成第三层结构楼板的创建。

(12) 将视图切换到 4F 楼层平面图。重复步骤(7)～(10)，绘制如图 10-59 所示的第四层楼板边界线，然后创建结构楼板。

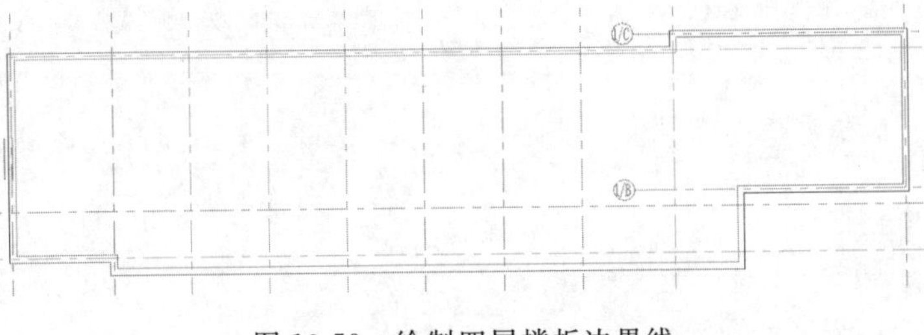

图 10-59 绘制四层楼板边界线

(13) 在“属性”选项板中设置自标高的高度为 0。单击“模式”面板中的“完成编辑模式”按钮，完成第四层结构楼板的创建。

10.3.2 创建地板

10-2

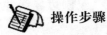

操作步骤

1. 创建第一层地板

(1) 将视图切换到 1F 楼层平面图。

(2) 单击“建筑”选项卡“构建”面板“楼板”下拉列表框中的“楼板：建筑”按钮

Note

，打开“修改|创建楼层边界”选项卡和选项栏。

(3) 在“属性”选项板中选择“楼板 常规-150mm”类型，输入自标高的高度为0。

(4) 单击“编辑类型”按钮，打开“类型属性”对话框，新建“花岗岩地面”类型。

(5) 单击“编辑”按钮 编辑... ，打开“编辑部件”对话框，单击“插入”按钮 插入(I) ，插入新的层并更改功能为面层2[5]。单击“材质”栏中的“浏览”按钮，打开“材质浏览器”对话框，新建“石材无纹理”材质并添加到文档中，选中“使用渲染外观”复选框，单击“表面填充图案”选项区中的“图案填充”区域，打开“填充样式”对话框，单击“模型”选项，选择“砌体-砌块225×450…”，单击“确定”按钮，继续设置截面填充图案为石材-剖面纹理。

(6) 在“材质浏览器”对话框中，其他采用默认设置，如图10-60所示。单击“确定”按钮。

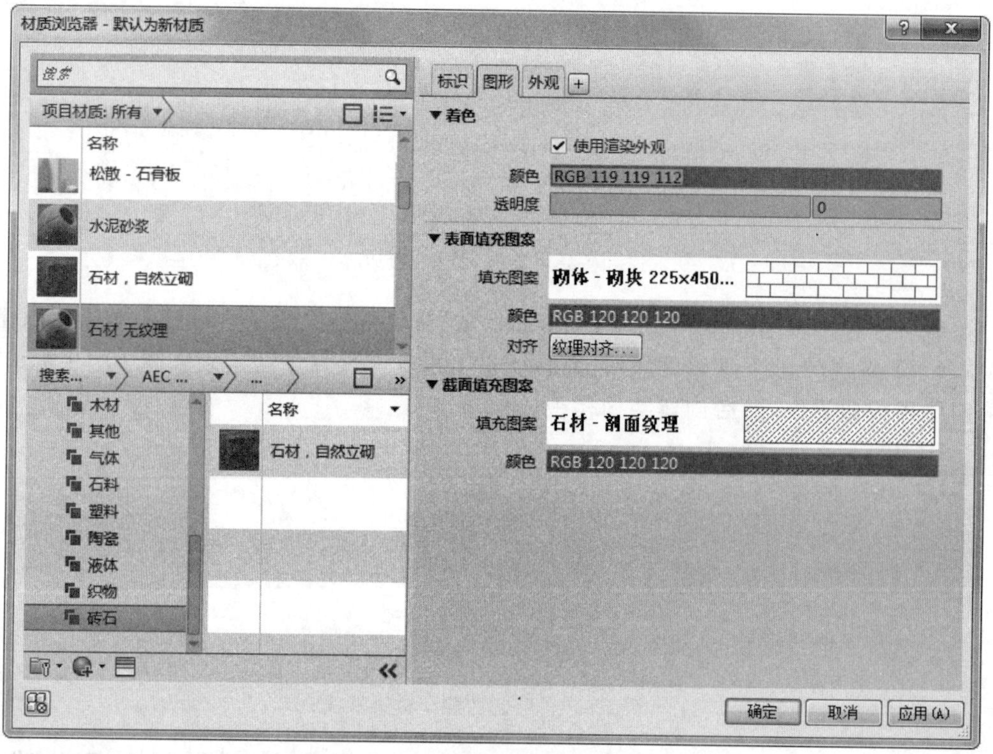

图10-60 “材质浏览器”对话框

(7) 返回到“编辑部件”对话框，设置“面层2[5]”厚度为10，结构层厚度为20，如图10-61所示。连续单击“确定”按钮。

(8) 单击“绘制”面板中的“边界线”按钮和“拾取墙体”按钮，绘制边界线并将其与墙体锁定，如图10-62所示。

(9) 单击“模式”面板中的“完成编辑模式”按钮，完成地板的创建，如图10-63所示。

(10) 重复“楼板：建筑”命令，在“属性”选项板中选择“花岗岩地面”类型，单击“编辑类型”按钮，打开“类型属性”对话框，新建“PVC塑料地板”。

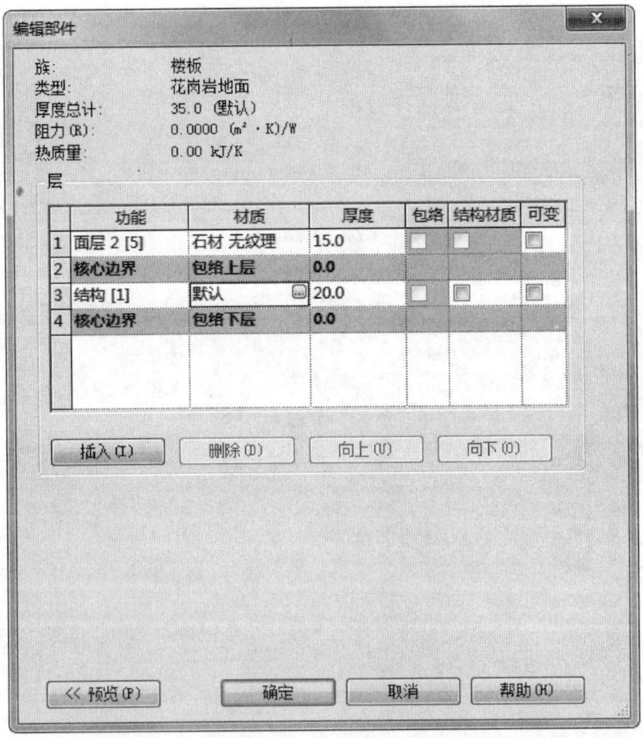

图 10-61 “编辑部件”对话框

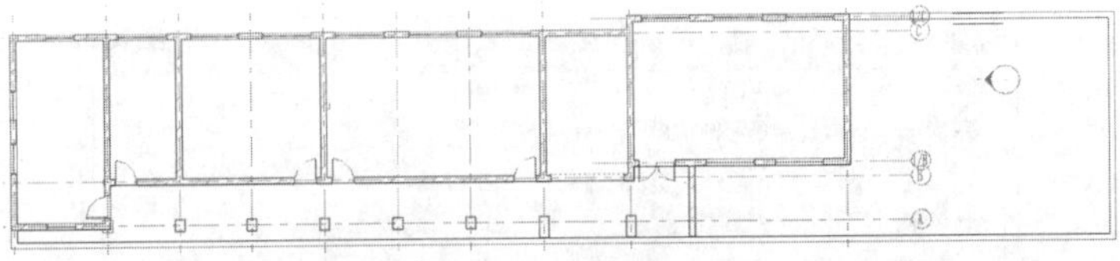

图 10-62 绘制边界线

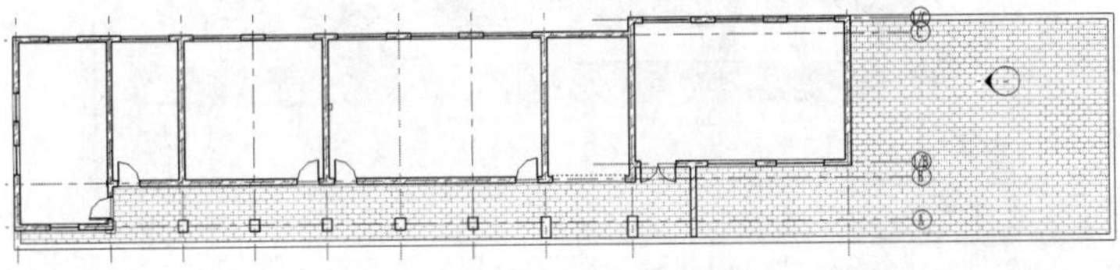

图 10-63 铺花岗岩地板

(11) 单击“确定”按钮，返回到“类型属性”对话框，单击“编辑”按钮 编辑... ，打开“编辑部件”对话框，单击“插入”按钮 插入(I) ，插入新的层并更改功能为面层 2[5]。单击“材质”栏中的“浏览”按钮 ，打开“材质浏览器”对话框，设置参数如图 10-64 所示。

(12) 单击“确定”按钮，返回到“编辑部件”对话框，设置“面层 2[5]”厚度为 10，其他采用默认设置，如图 10-65 所示。连续单击“确定”按钮。

(13) 单击“绘制”面板中的“边界线”按钮 和“矩形”按钮 ，绘制边界线并将其与墙体锁定，如图 10-66 所示。

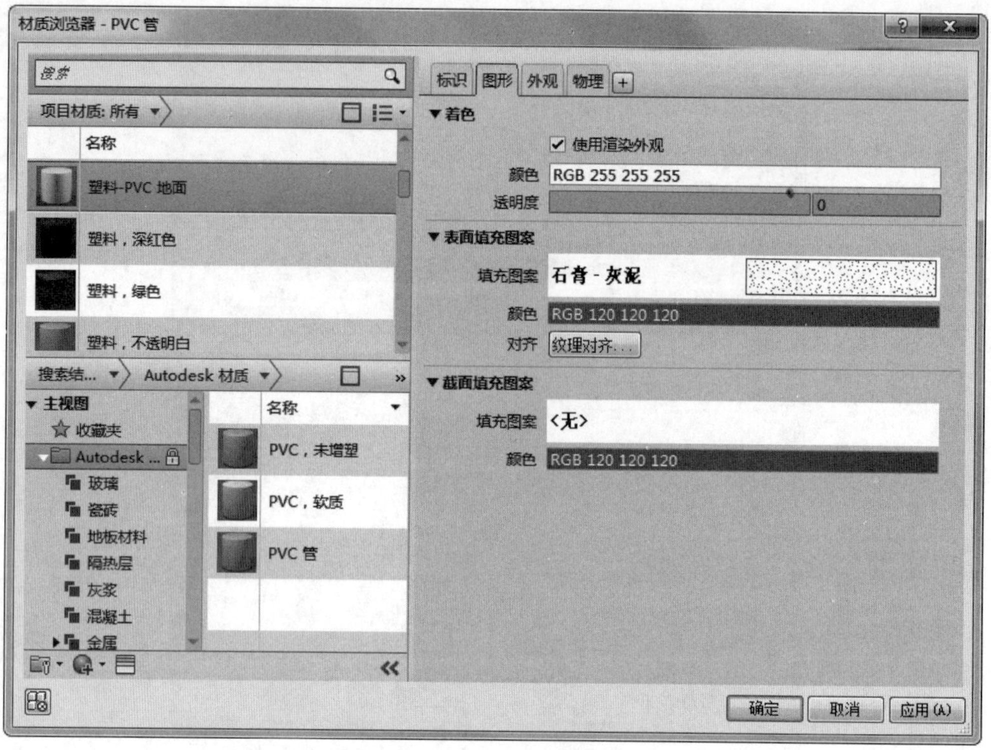

图 10-64 “材质浏览器”对话框

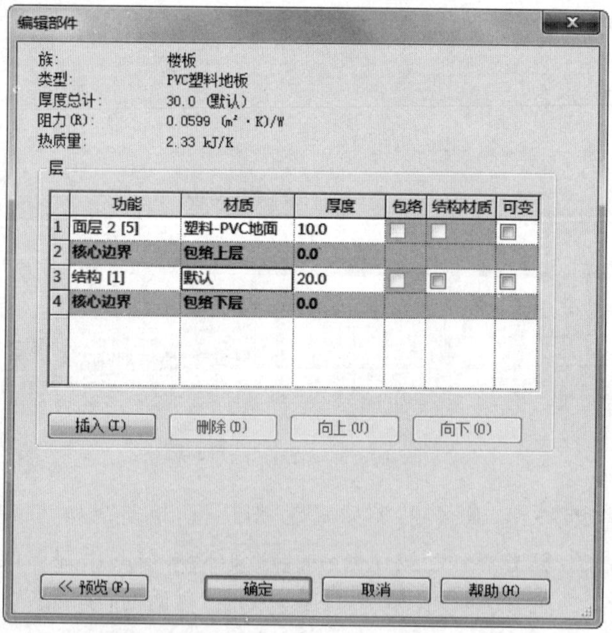

图 10-65 “编辑部件”对话框

(14) 单击“模式”面板中的“完成编辑模式”按钮✔，完成 PVC 地板的创建，如图 10-67所示。

Note

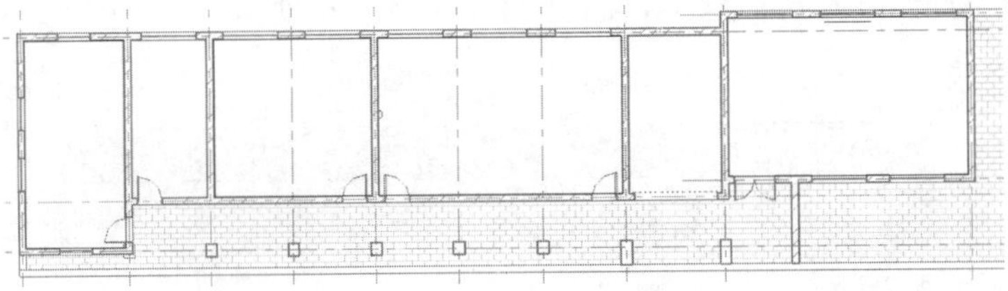

图 10-66　绘制边界线

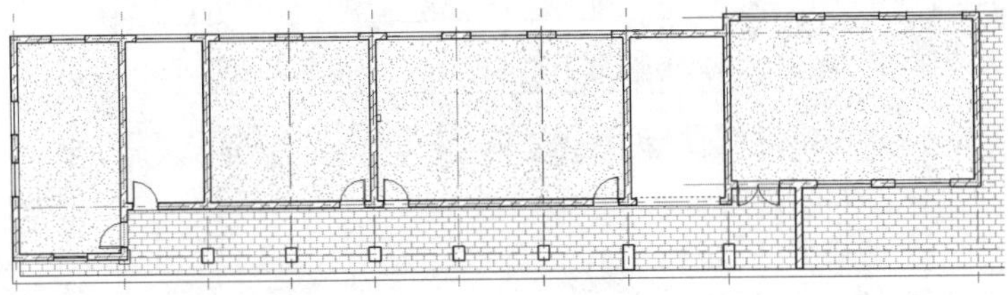

图 10-67　PVC 地板

(15) 重复“楼板：建筑”命令，单击“编辑类型”按钮，打开“类型属性”对话框，新建“木地板”。

(16) 单击“确定”按钮，在“类型属性”对话框中单击“编辑”按钮 编辑... ，打开“编辑部件”对话框，单击“插入”按钮 插入(I) ，插入新的层并更改功能为面层 2[5]。单击“材质”栏中的“浏览”按钮，打开“材质浏览器”对话框，设置面层 2[5]的材质如图 10-68 所示。

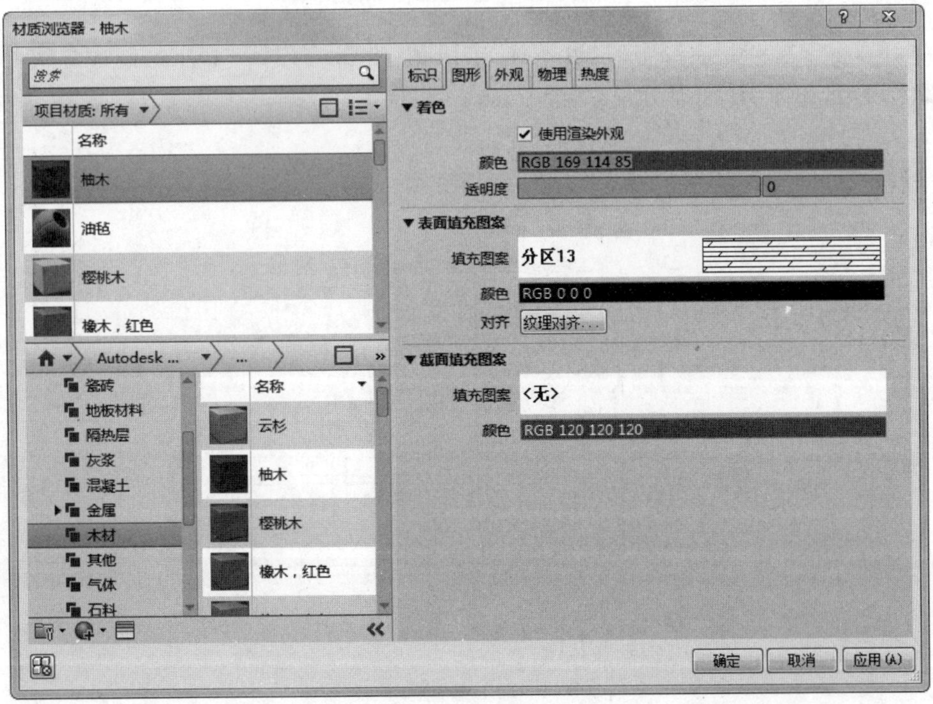

图 10-68　“材质浏览器”对话框

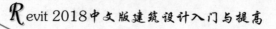

（17）在“编辑部件”对话框中，设置“面层 2[5]”厚度为 10，如图 10-69 所示。连续单击“确定”按钮。

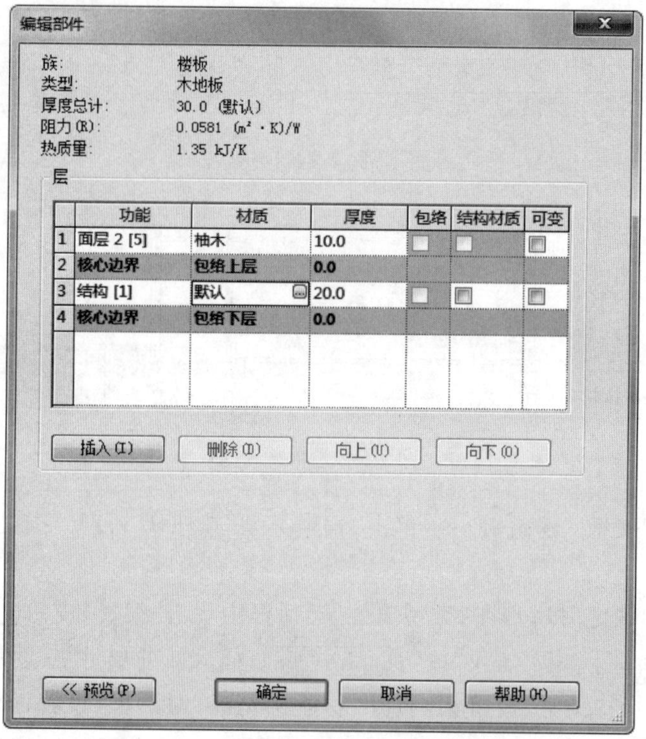

图 10-69 “编辑部件”对话框

（18）单击“绘制”面板中的“边界线”按钮和“矩形”按钮，绘制边界线并将其与墙体锁定，如图 10-70 所示。

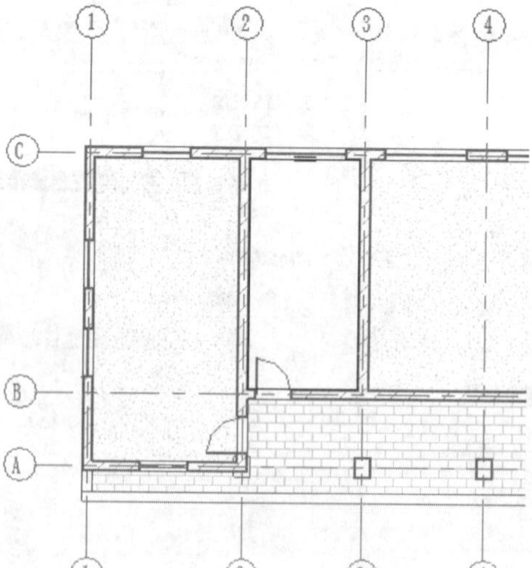

图 10-70 绘制边界线

(19) 单击“模式”面板中的“完成编辑模式”按钮，完成木地板的创建，如图 10-71所示。

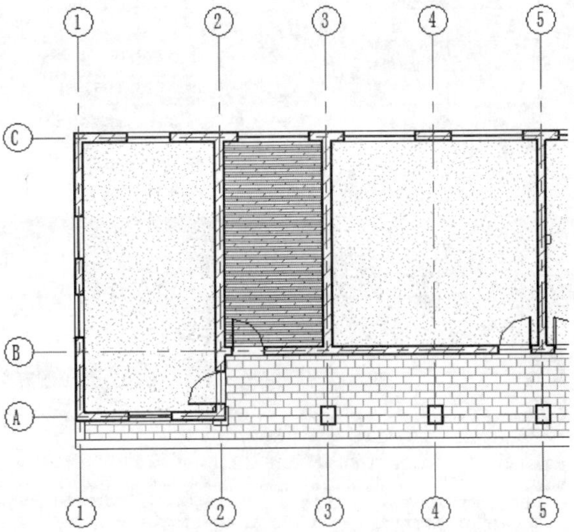

图 10-71　木地板

2. 创建第二层地板

(1) 将视图切换到 2F 楼层平面图，单击“建筑”选项卡“构建”面板“楼板”下拉列表框中的“楼板：建筑”按钮，打开“修改|创建楼层边界”选项卡和选项栏。

(2) 在“属性”选项板中选择“木地板”类型，输入自标高的高度为 0。新建“瓷砖地板”。

(3) 单击“编辑”按钮 编辑... ，打开“编辑部件”对话框，单击面层 2[5]材质中的“浏览”按钮，打开“材质浏览器”对话框，新建“600 瓷砖”材质并添加到文档中，选中“使用渲染外观”复选框。

(4) 单击表面填充图案中的“图案填充”区域，打开“填充样式”对话框。单击“模型”选项，单击“新建”按钮，打开“添加表面填充图案”对话框，具体设置如图 10-72 所示。连续单击“确定”按钮返回到“材质浏览器”对话框，具体设置如图 10-73 所示。

(5) 返回到“编辑部件”对话框，设置“面层 2[5]”厚度为 10，如图 10-74 所示。连续单击“确定”按钮。

(6) 单击“绘制”面板中的“边界线”按钮和“线”按钮，绘制边界线，如图 10-75 所示。

(7) 单击“模式”面板中的“完成编辑模式”按钮，完成瓷砖地板的创建，如图 10-76 所示。

(8) 按照一层的铺设方式，铺设二层的地板，结果如图 10-77 所示。

图 10-72　“添加表面填充图案”对话框

Note

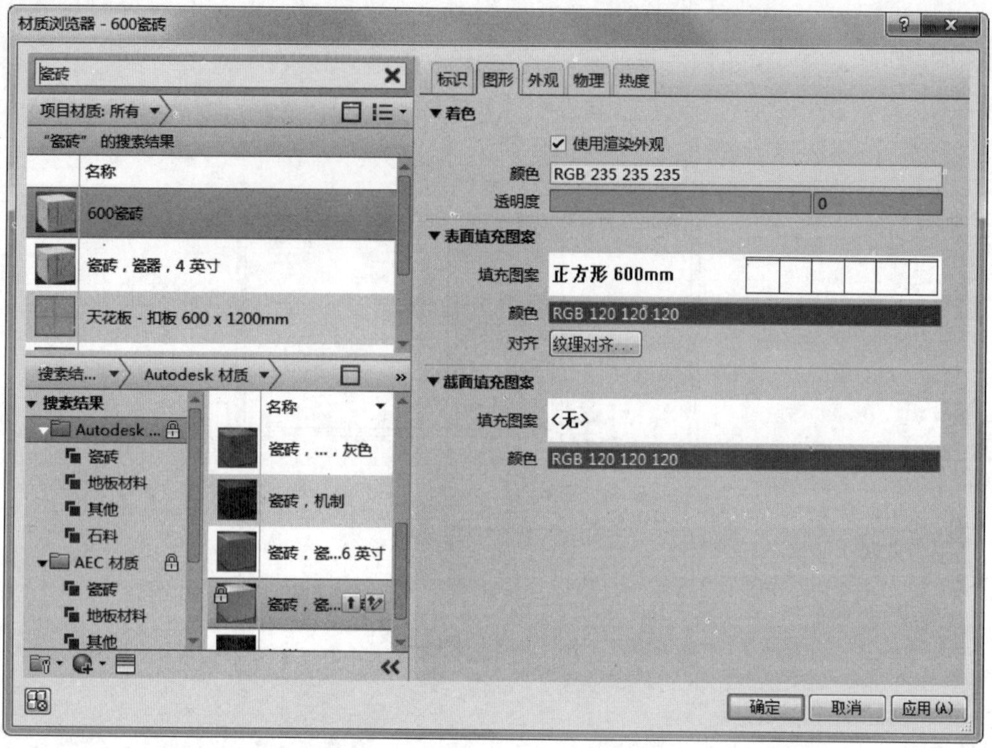

图 10-73 "材质浏览器"对话框

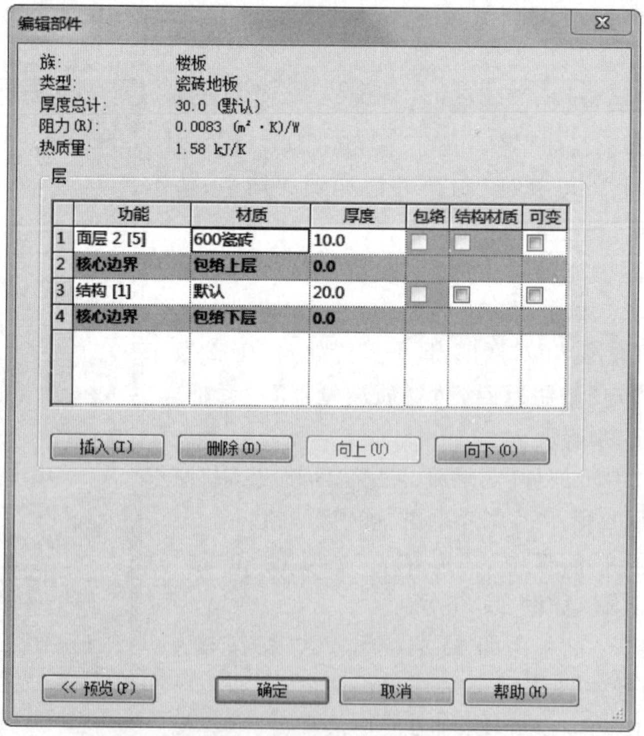

图 10-74 设置瓷砖地板参数

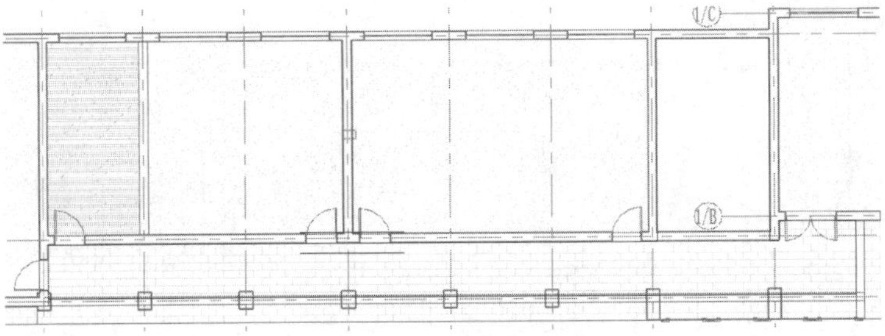

图 10-75　绘制边界线

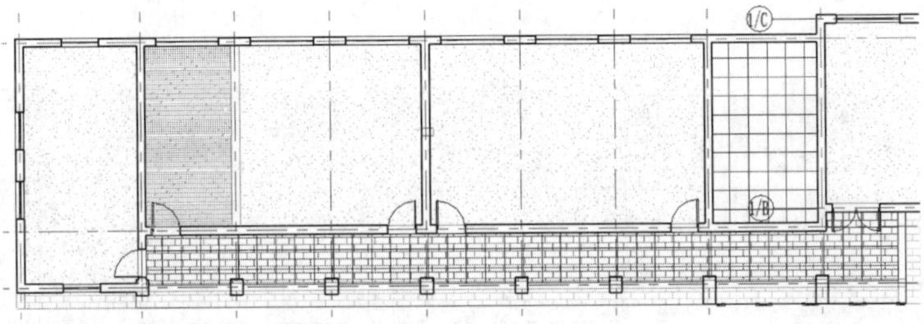

图 10-76　铺设瓷砖

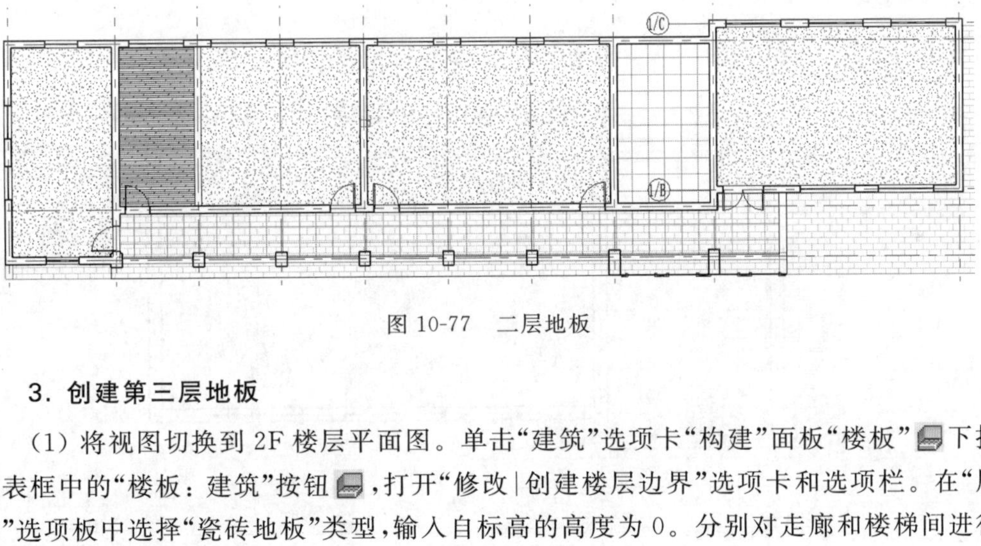

图 10-77　二层地板

3. 创建第三层地板

（1）将视图切换到 2F 楼层平面图。单击“建筑”选项卡“构建”面板“楼板”下拉列表框中的“楼板：建筑”按钮，打开“修改|创建楼层边界”选项卡和选项栏。在“属性”选项板中选择“瓷砖地板”类型，输入自标高的高度为 0。分别对走廊和楼梯间进行地板铺设，结果如图 10-78 所示。

（2）单击“建筑”选项卡“构建”面板“楼板”下拉列表框中的“楼板：建筑”按钮，打开“修改|创建楼层边界”选项卡和选项栏。在“属性”选项板中选择“木地板”类型，输入自标高的高度为 0。分别对办公室进行地板铺设，结果如图 10-79 所示。

（3）单击“建筑”选项卡“构建”面板“楼板”下拉列表框中的“楼板：建筑”按钮，打开“修改|创建楼层边界”选项卡和选项栏。在“属性”选项板中选择“PVC 塑料地板”类型，输入自标高的高度为 0。对活动室进行地板铺设，结果如图 10-80 所示。

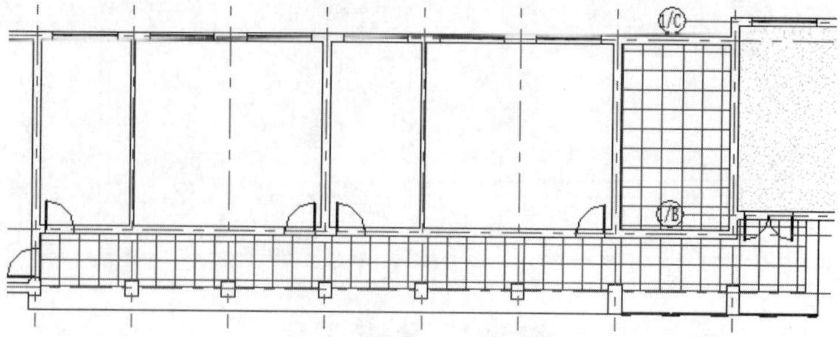

图 10-78 铺设瓷砖

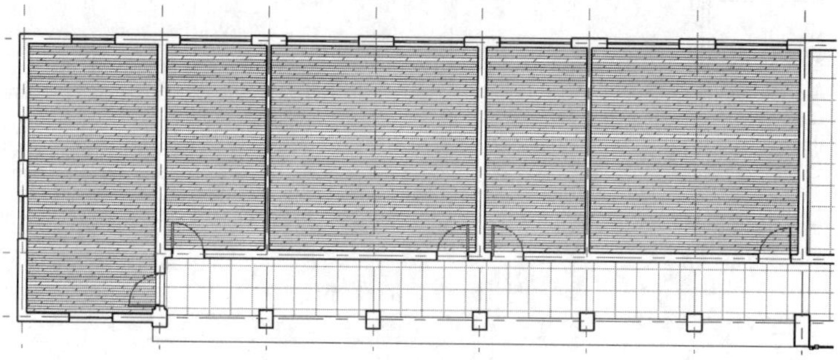

图 10-79 办公室地板

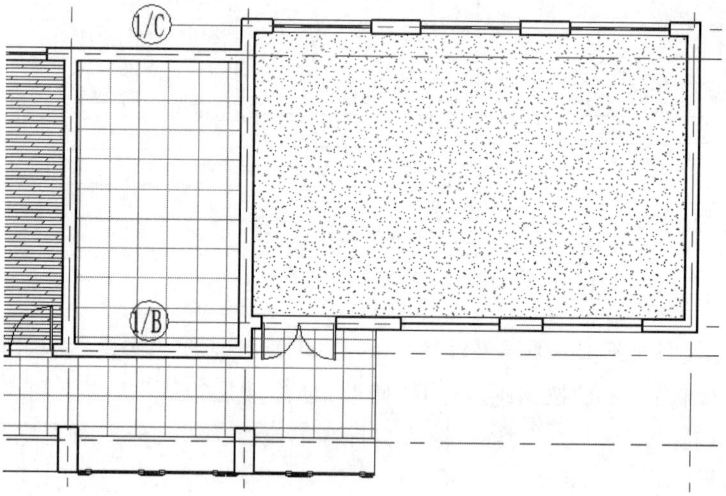

图 10-80 活动室地板

10-3

10.3.3 创建天花板

操作步骤

(1) 将视图切换到1F天花板平面。

(2) 单击“建筑”选项卡“构建”面板中的“天花板”按钮，打开“修改|放置 天花板”选项卡。

(3) 在"属性"选项板中选择"复合天花板-600×600mm 轴网"类型,单击"编辑类型"按钮,打开"类型属性"对话框,新建"矿棉板吊顶"类型。单击"编辑"按钮,打开"编辑部件"对话框。单击"插入"按钮 插入(I) ,插入新的层并更改功能为面层 2[5]。单击"材质"栏中的"浏览"按钮,打开"材质浏览器"对话框,设置材质参数,如图 10-81 所示。单击"确定"按钮。

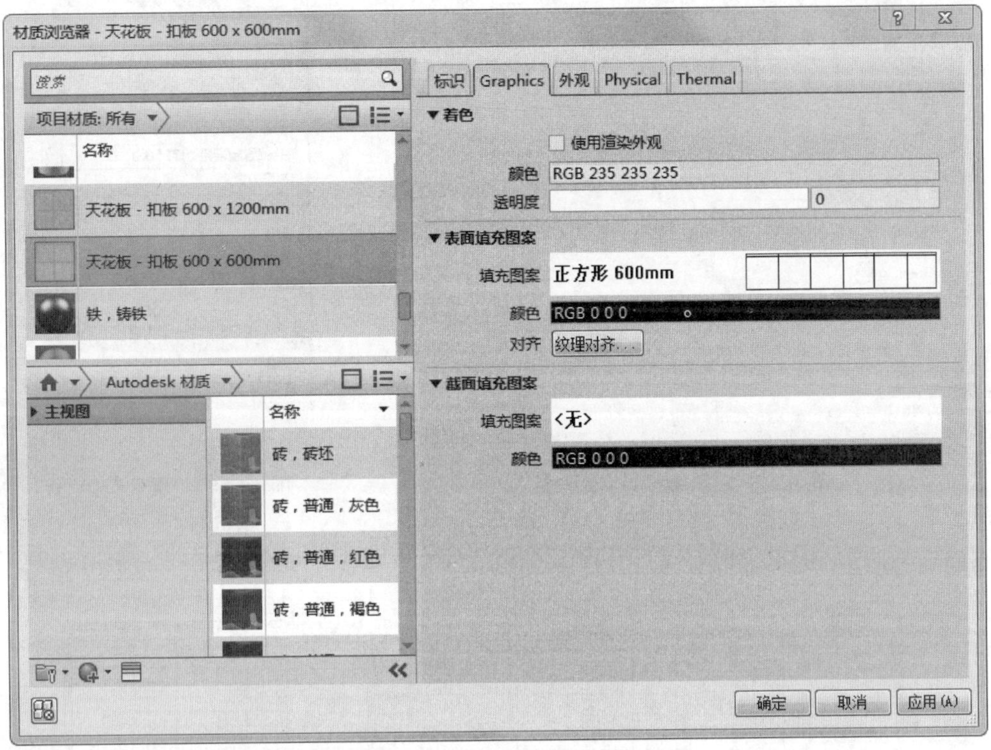

图 10-81 设置材质参数

(4) 在"编辑部件"对话框中设置结构层的厚度为 20,其他采用默认设置,如图 10-82 所示,连续单击"确定"按钮。

(5) 输入自标高的高度偏移为 3150,其他采用默认设置,如图 10-83 所示。

(6) 单击"天花板"面板中的"自动创建天花板"按钮,拾取房间边界线,创建天花板,如图 10-84 所示。

(7) 将视图切换到 2F 天花板平面。

(8) 单击"建筑"选项卡"构建"面板中的"天花板"按钮,打开"修改|放置 天花板"选项卡。

(9) 在"属性"选项板中选择"复合天花板-矿棉板吊顶"类型,输入自标高的高度偏移为 3150。

(10) 单击"天花板"面板中的"自动创建天花板"按钮,创建如图 10-85 所示的天花板。

(11) 将视图切换到 3F 天花板平面。单击"建筑"选项卡"构建"面板中的"天花板"按钮,打开"修改|放置 天花板"选项卡。

Note

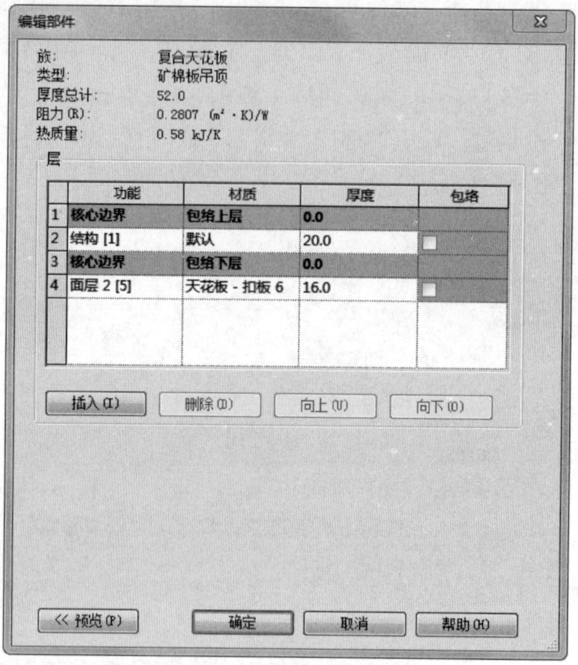

图 10-82 “编辑部件”对话框

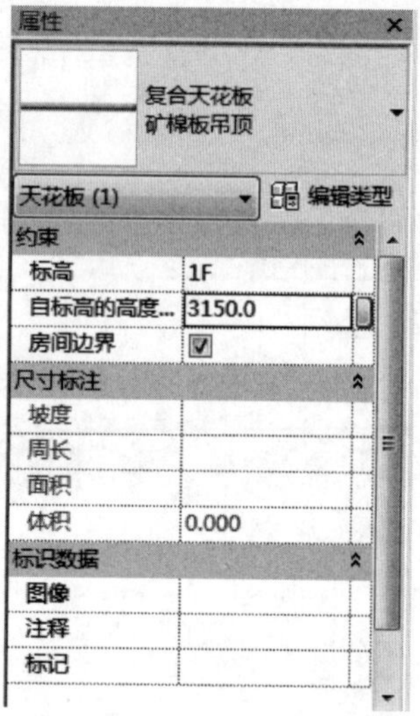

图 10-83 “属性”选项板

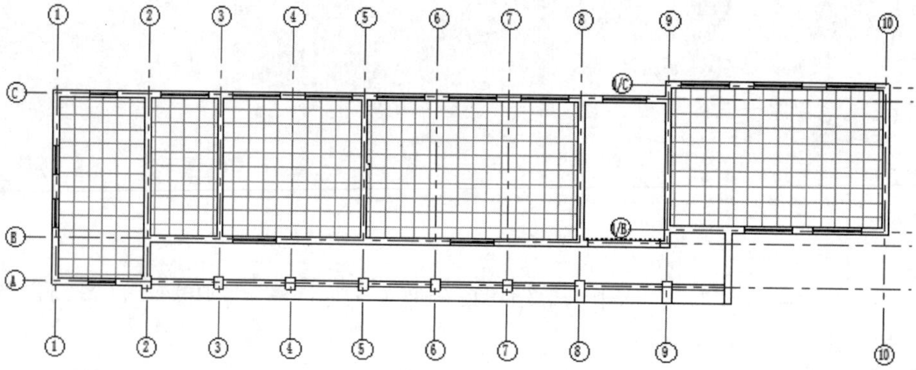

图 10-84 绘制天花板边界

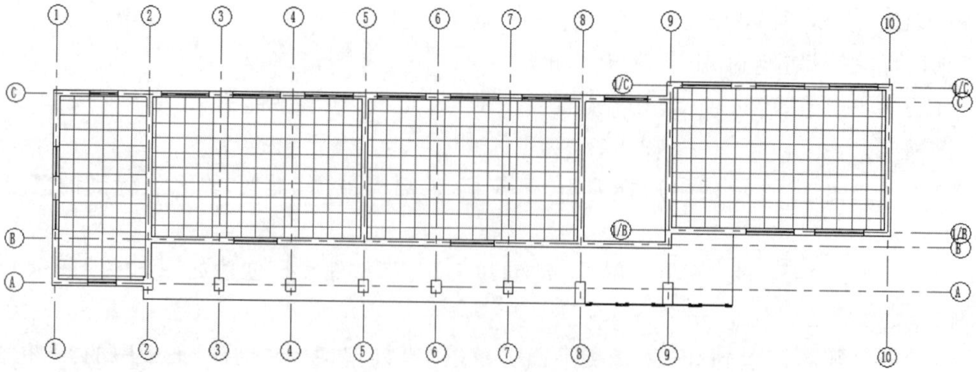

图 10-85 绘制二层天花板

Note

(12) 在"属性"选项板中选择"复合天花板-矿棉板吊顶"类型，单击"编辑类型"按钮，打开"类型属性"对话框，新建"石膏板吊顶"类型。单击"编辑"按钮，打开"编辑部件"对话框，单击"插入"按钮 插入(I) ，插入新的层并更改功能为面层 2[5]。单击"材质"栏中的"浏览"按钮，打开材质浏览器，设置材质参数，如图 10-86 所示。连续单击"确定"按钮。

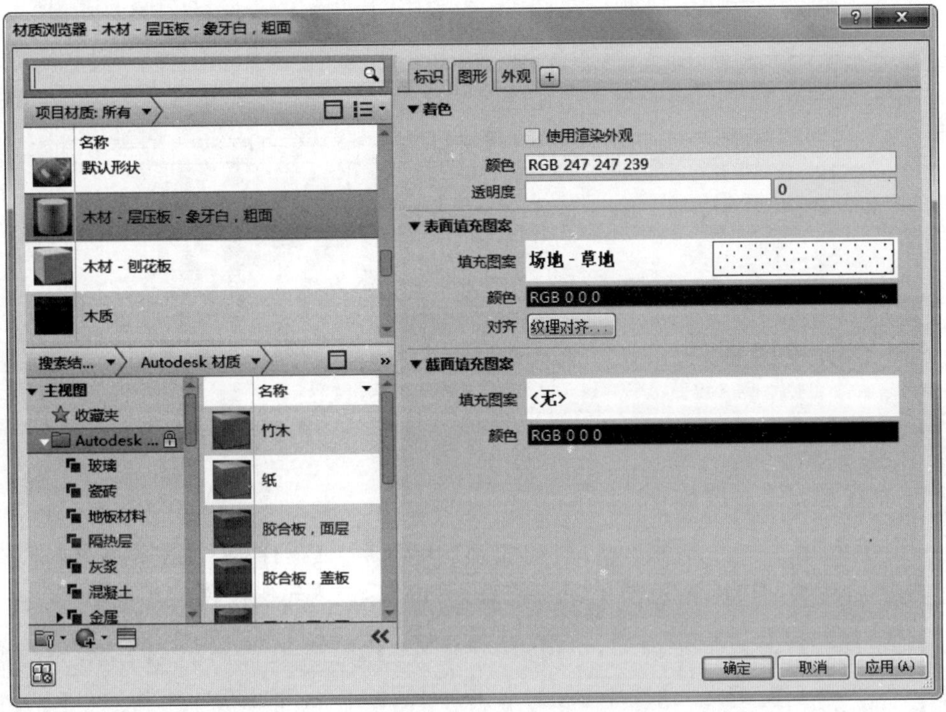

图 10-86 材质参数设置

(13) 单击"天花板"面板中的"自动创建天花板"按钮，选取会议室边界创建如图 10-87 所示的天花板。

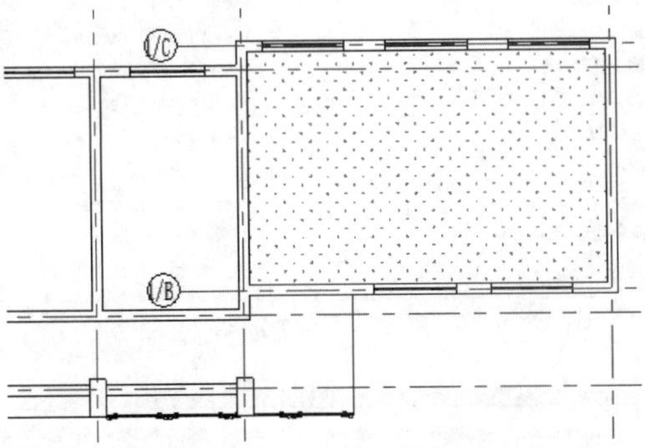

图 10-87 创建天花板

(14) 在"属性"选项板中选择"矿棉板吊顶"类型，创建其他房间的天花板，结果如图 10-88 所示。

Note

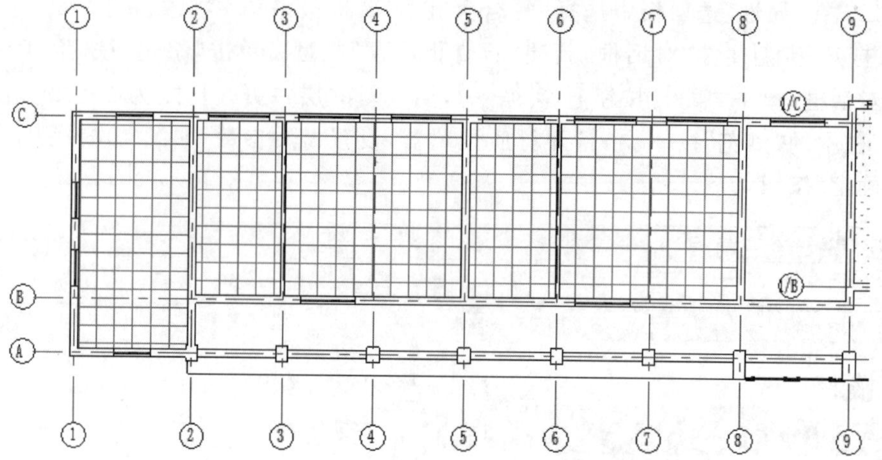

图 10-88　创建天花板

10.3.4　创建楼板边

操作步骤

10-4

1. 创建楼板边轮廓族

(1) 单击“文件”→“新建”→“族”命令,打开“新族-选择样板文件”对话框,选取“公制轮廓.rft”样板,如图 10-89 所示,单击“打开”按钮,进入轮廓族创建环境。

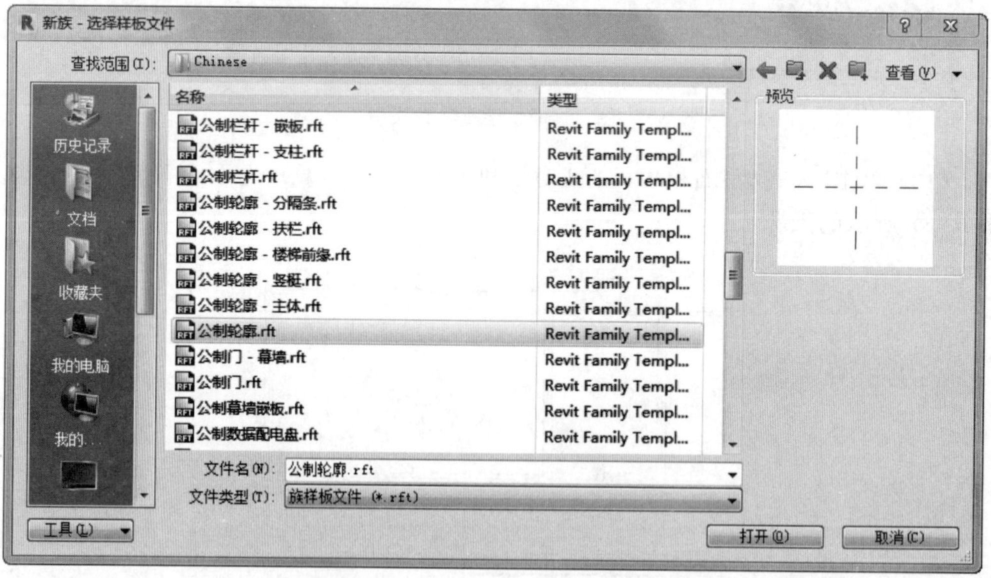

图 10-89　“新族-选择样板文件”对话框

(2) 单击“创建”选项卡“详图”面板中的“线”按钮,打开“修改|放置线”选项卡,绘制如图 10-90 所示的轮廓。

(3) 单击快速访问工具栏中的“保存”按钮,打开“另存为”对话框,设置保存路径，输入文件名为“直线腰线. rft”，如图 10-91 所示，单击“保存”按钮，保存直线腰线族。

（4）关闭直线腰线族文件，回到教学楼项目文件中，将视图切换至三维视图。

（5）单击“插入”选项卡“从库中载入”面板中的“载入族”按钮 ，打开“载入族”对话框，选取上步创建的族文件，如图 10-92 所示，单击“打开”按钮，载入创建的直线腰线族。

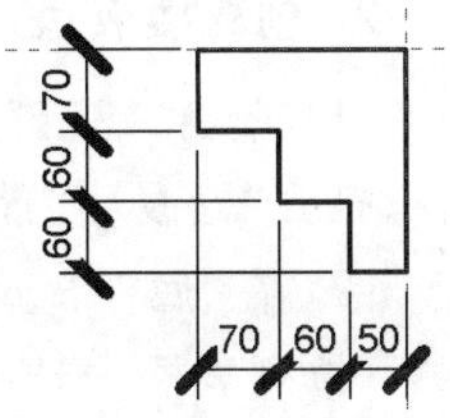

图 10-90　绘制轮廓

Note

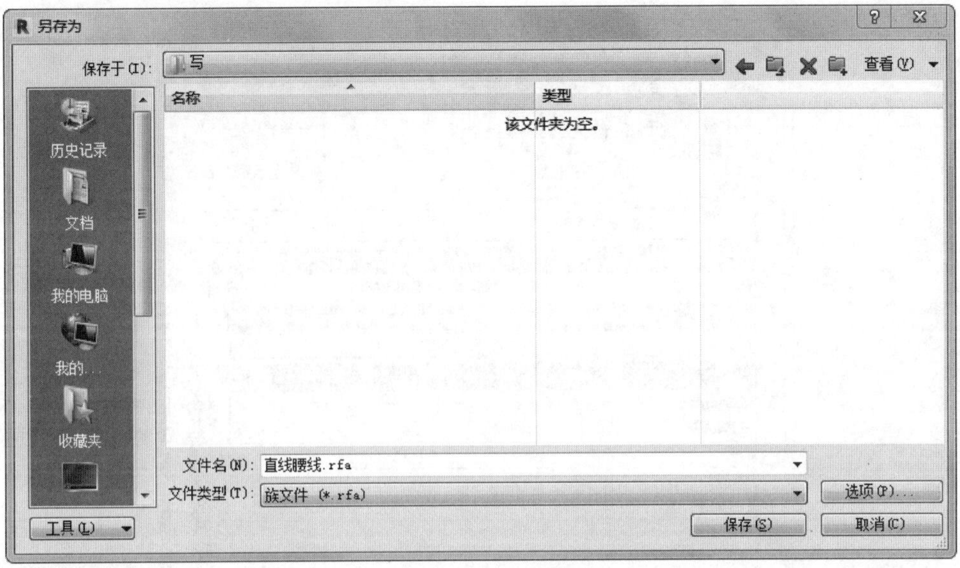

图 10-91　“另存为”对话框

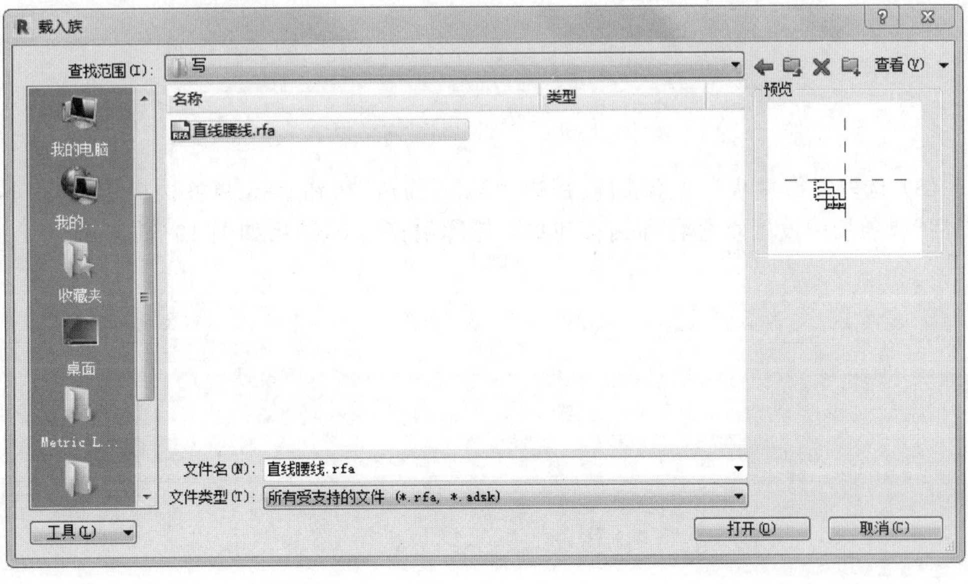

图 10-92　“载入族”对话框

Note

2. 创建楼板边

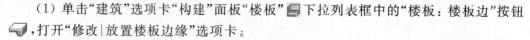

（1）单击“建筑”选项卡“构建”面板“楼板”下拉列表框中的“楼板：楼板边”按钮，打开“修改|放置楼板边缘”选项卡。

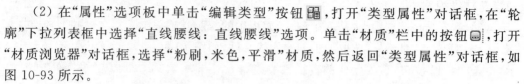

（2）在“属性”选项板中单击“编辑类型”按钮，打开“类型属性”对话框，在“轮廓”下拉列表框中选择“直线腰线：直线腰线”选项。单击“材质”栏中的按钮，打开“材质浏览器”对话框，选择“粉刷，米色，平滑”材质，然后返回“类型属性”对话框，如图 10-93 所示。

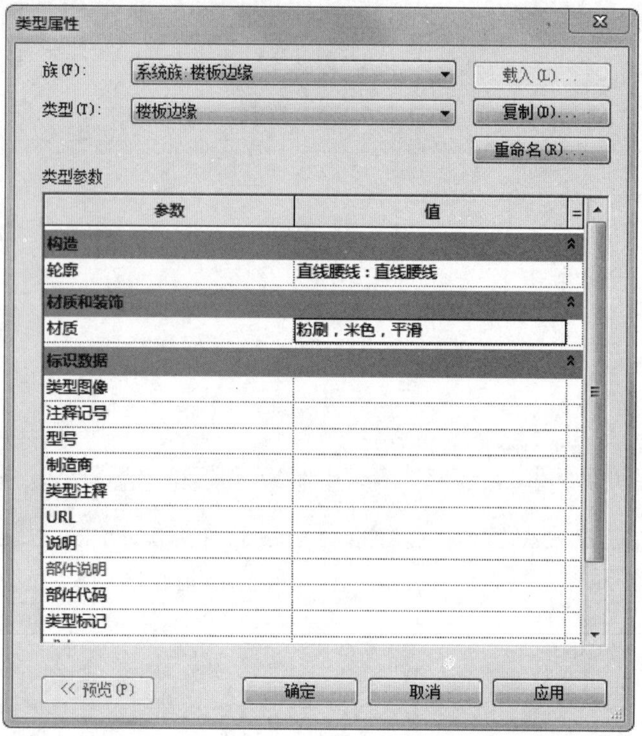

图 10-93 “类型属性”对话框

（3）选取二层楼板边线添加楼板边，单击“翻转”按钮，调整楼板边的方向，在“属性”选项板中设置垂直轮廓偏移和水平轮廓偏移为 0，结果如图 10-53 所示。

第11章

屋顶设计

本章导读

屋顶是指房屋或构筑物外部的顶盖，包括屋面以及在墙或其他支撑物以上用以支撑屋面的一切必要材料和构造长长的、内部有一个漂亮的五彩装饰的露木屋顶。

屋顶一般都会延伸至墙面以外，突出的部分称为屋檐。屋檐还具有保护作用，可以使其下的立柱和墙面免遭风雨侵蚀。

学习要点

- 屋顶
- 屋檐

Note

11.1 屋　　顶

屋顶有平顶和坡顶两种类型，坡顶又分为一面坡屋顶、二面坡屋顶、四面坡屋顶和攒尖顶四种类型。

Revit 软件提供了多种屋顶的创建工具，如迹线屋顶、拉伸屋顶以及屋檐的创建。

11.1.1　迹线屋顶

操作步骤

(1) 将视图切换到楼层平面"标高 2"。

(2) 单击"建筑"选项卡"构建"面板"屋顶"下拉列表框中的"迹线屋顶"按钮，打开"修改|创建屋顶迹线"选项卡和选项栏，如图 11-1 所示。

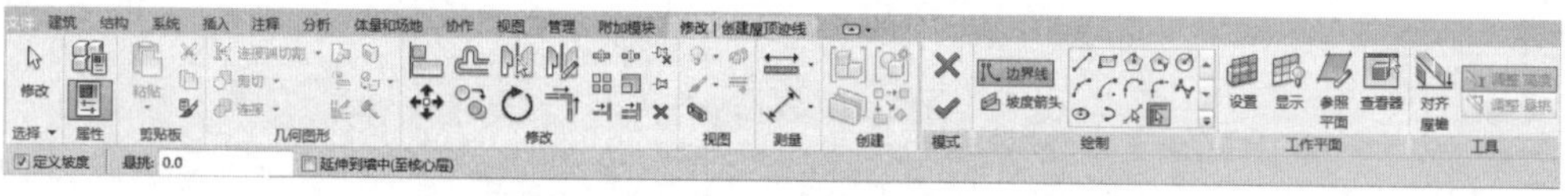

图 11-1 "修改|创建屋顶迹线"选项卡

- 定义坡度：取消选中此复选框，创建不带坡度的屋顶。
- 偏移：定义悬挑距离。
- 延伸到墙中(至核心层)：选中此复选框，从墙核心处测量悬挑。

(3) 在"属性"选项板中选择"基本屋顶 常规-125mm"类型，其他采用默认设置，如图 11-2 所示。

- 底部标高：设置迹线或拉伸屋顶的标高。
- 房间边界：选中此复选框，则屋顶是房间边界的一部分。此属性在创建屋顶之前为只读；在绘制屋顶之后，可以选择屋顶，然后修改此属性。
- 与体量相关：指示此图元是从体量图元创建的。
- 自标高的底部偏移：设置高于或低于绘制时所处标高的屋顶高度。
- 截断标高：指定标高，在该标高上方所有迹线屋顶几何图形都不会显示。以该方式剪切的屋顶可与其他屋顶组合，构成"荷兰式四坡屋顶""双重斜坡屋顶"或其他屋顶样式。
- 截断偏移：指定的标高以上或以下的截断高度。
- 椽截面：通过指定椽截面来更改屋檐的样式，包括垂直截面、垂直双截面或正方形双截面，如图 11-3 所示。

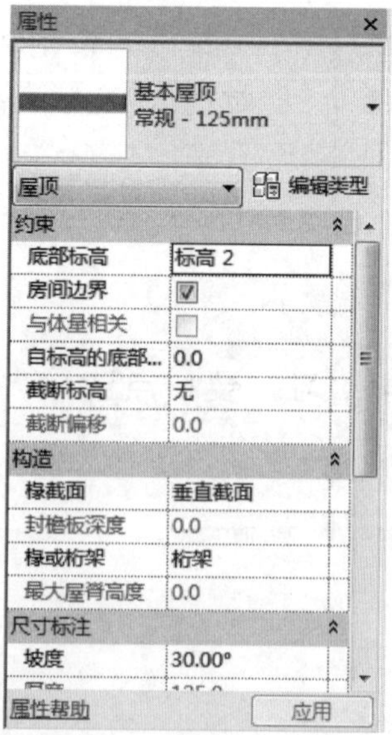

图 11-2 "属性"选项板

垂直截面　　垂直双截面　　正方形双截面

图 11-3　椽截面

- 封檐板深度：指定一个介于零和屋顶厚度之间的值。
- 最大屋脊高度：屋顶顶部位于建筑物底部标高以上的最大高度。可以使用“最大屋脊高度”工具设置最大允许屋脊高度。
- 坡度：将坡度定义线的值修改为指定值，而无须编辑草图。如果有一条坡度定义线，则此参数最初会显示一个值。
- 厚度：可以选择可变厚度参数来修改屋顶或结构楼板的层厚度，如图 11-4 所示。

如果没有可变厚度层，则整个屋顶或楼板将倾斜，并在平行的顶面和底面之间保持固定厚度。

如果有可变厚度层，则屋顶或楼板的顶面将倾斜，而底部保持为水平平面，形成可变厚度楼板。

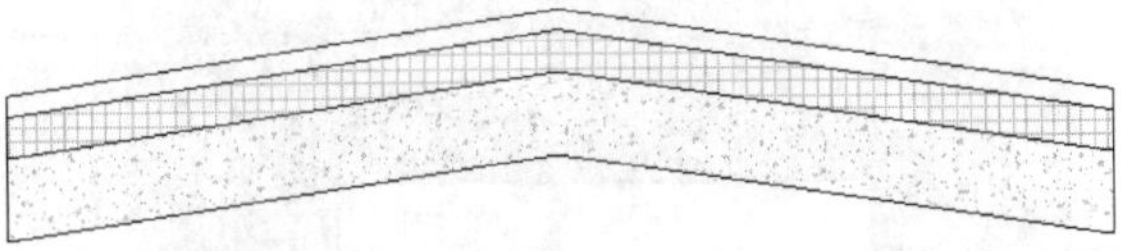

没有可变厚度层

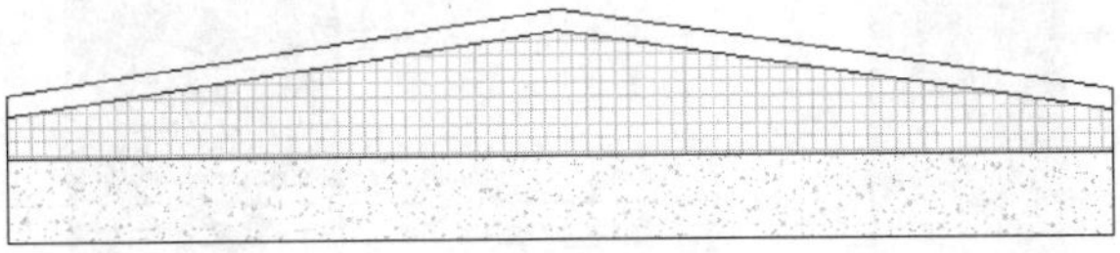

有可变厚度层

图 11-4　厚度

（4）单击“绘制”面板中的“边界线”按钮和“拾取墙”按钮（系统默认激活这两个按钮，也可以单击其他绘制工具绘制边界），在选项栏中输入悬挑值为 500，拾取外墙创建屋顶迹线，并调整屋顶迹线使其成为一个闭合轮廓，如图 11-5 所示。

（5）单击“模式”面板中的“完成编辑模式”按钮，完成屋顶迹线的绘制，如图 11-6 所示。

注意： 如果试图在最低标高上添加屋顶，则会出现一个对话框，提示将屋顶移动到更高的标高上。如果选择不将屋顶移动到其他标高上，Revit 会随后提示屋顶是否过低。

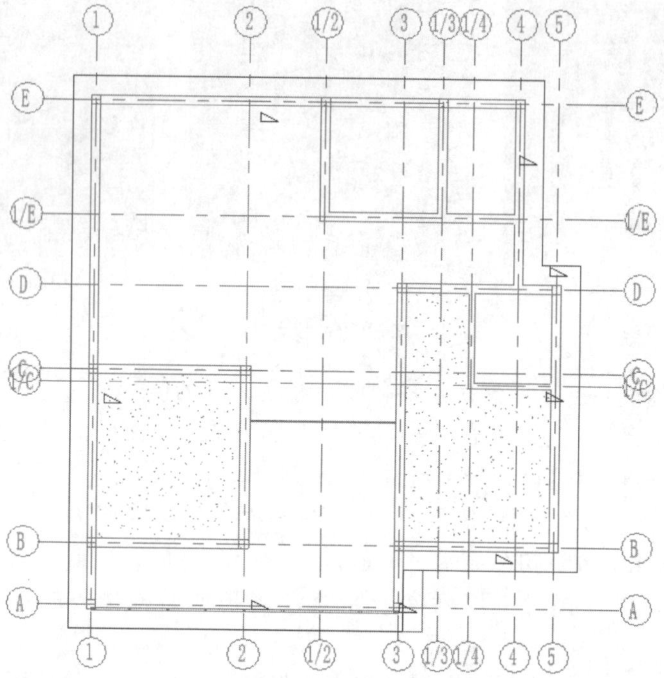

图 11-5　绘制屋顶迹线

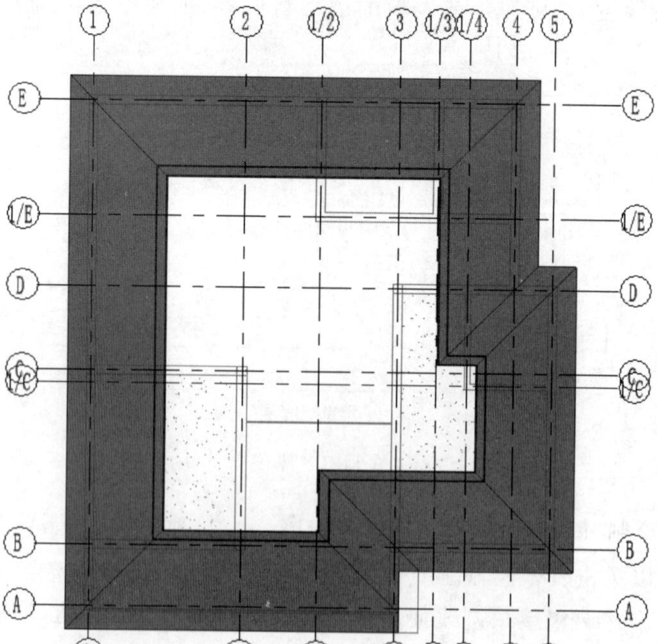

图 11-6　绘制屋顶

（6）双击三维视图，将视图切换到三维视图，观察屋顶，如图 11-7 所示。

（7）将视图切换至标高 2 楼层平面，双击屋顶对屋顶进行编辑。选取最下端的屋顶迹线，打开如图 11-8 所示的“属性”选项板，取消选中“定义屋顶坡度”复选框，此时屋顶迹线上的坡度符号取消，如图 11-9 所示。

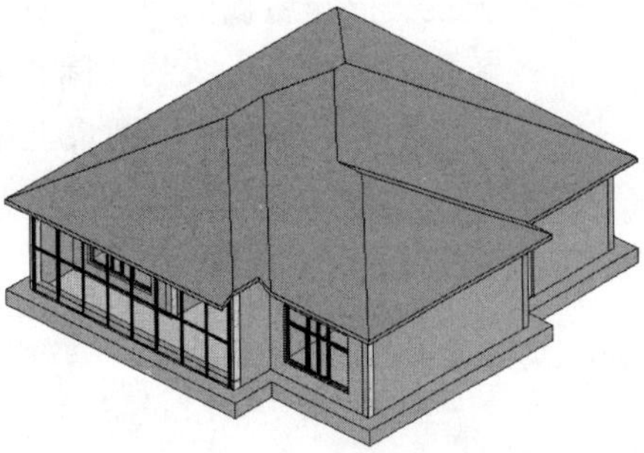

图 11-7　创建屋顶

> 定义屋顶坡度：对于迹线屋顶，将屋顶线指定为坡度定义线，可以创建不同的屋顶类型（包括平屋顶、双坡屋顶和四坡屋顶），常见的坡度屋顶如图 11-10 所示。

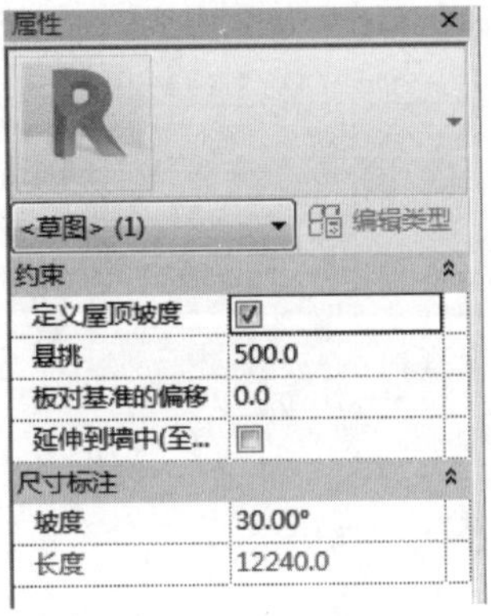

图 11-8　“属性”选项板

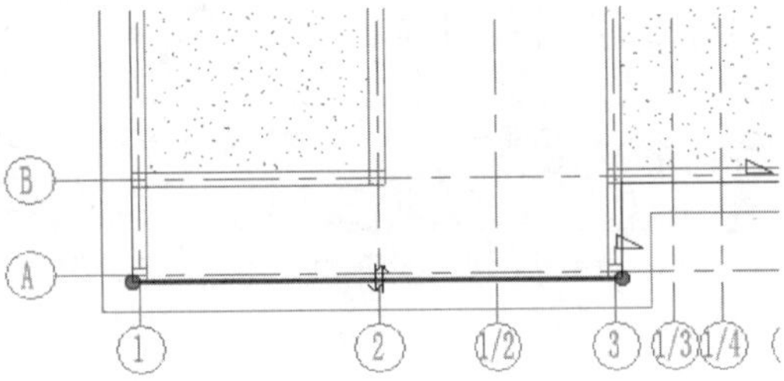

图 11-9　取消坡度

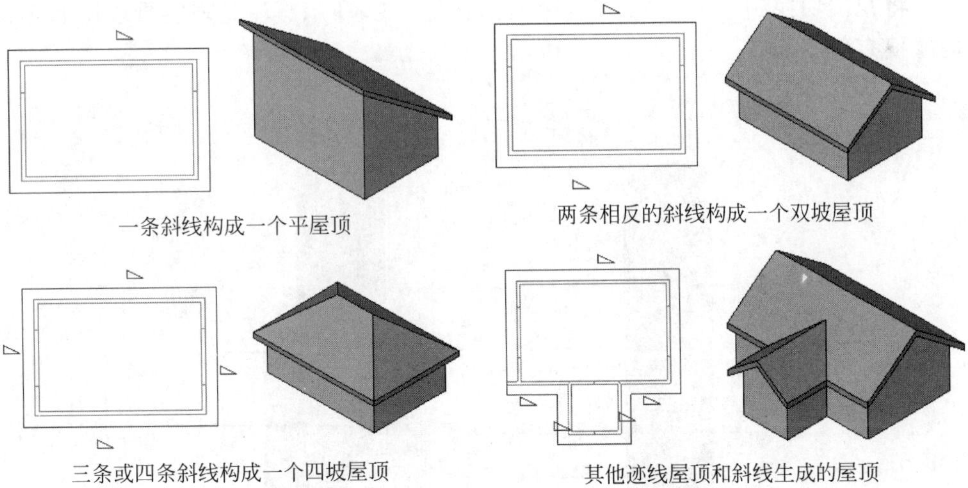

一条斜线构成一个平屋顶
两条相反的斜线构成一个双坡屋顶
三条或四条斜线构成一个四坡屋顶
其他迹线屋顶和斜线生成的屋顶

图 11-10　根据不同坡度斜线创建屋顶

> 悬挑：调整此线距相关墙体的水平偏移。

> 板对基准的偏移：此高度高于墙和屋顶相交的底部标高，此高度是相对于屋顶底部标高的高度，默认值为 0。

> 延伸到墙中（至核心层）：指定从屋顶边到外部核心墙的悬挑尺寸标注。默认情

况下，悬挑尺寸标注是从墙的外部核心墙测量的。

➢ 坡度：指定屋顶的斜度。此属性指定坡度定义线的坡度角。

➢ 长度：屋顶边界线的实际长度。

(8) 采用相同的方法取消最上端的屋顶迹线的坡度，如图 11-11 所示。

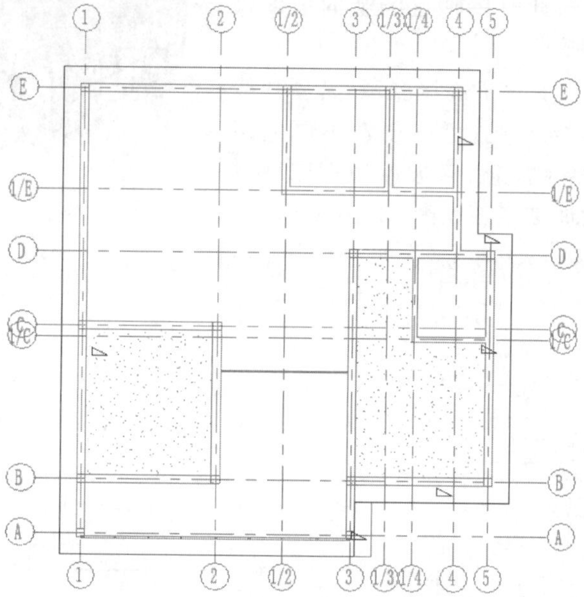

图 11-11　屋顶迹线取消坡度

(9) 单击“模式”面板中的“完成编辑模式”按钮 ✔，完成屋顶迹线的编辑，如图 11-12 所示。将视图切换到三维视图，观察屋顶，如图 11-13 所示。注意观察带坡度和不带坡度的屋顶有何不同。

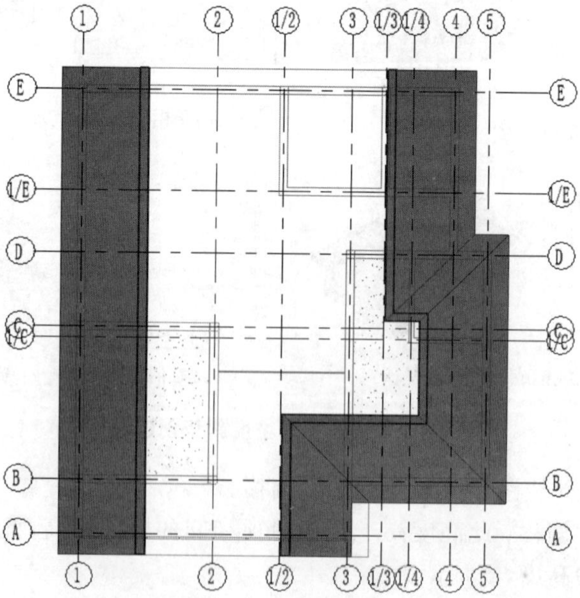

图 11-12　编辑屋顶

(10) 从图中可以看出墙没有到屋顶，选取没有到屋顶的墙，打开“修改|墙”选项卡，单击“修改墙”面板中的“附着 顶部/底部”按钮，在选项栏中选择“顶部”选项，然后在视图中选择屋顶为墙要附着的屋顶，如图 11-14 所示。采用相同的方式，延伸结构柱至屋顶。

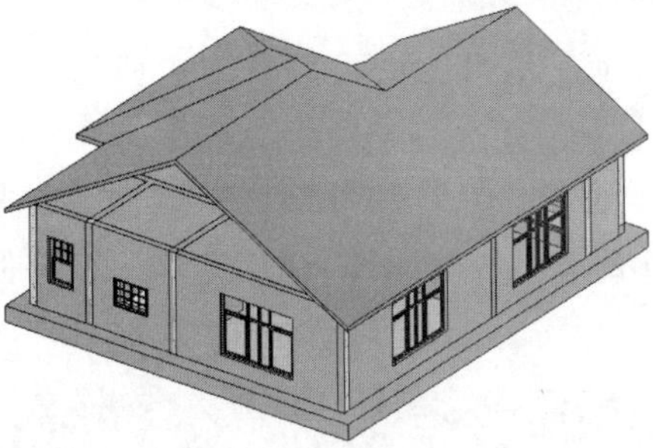

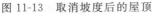

图 11-13 取消坡度后的屋顶

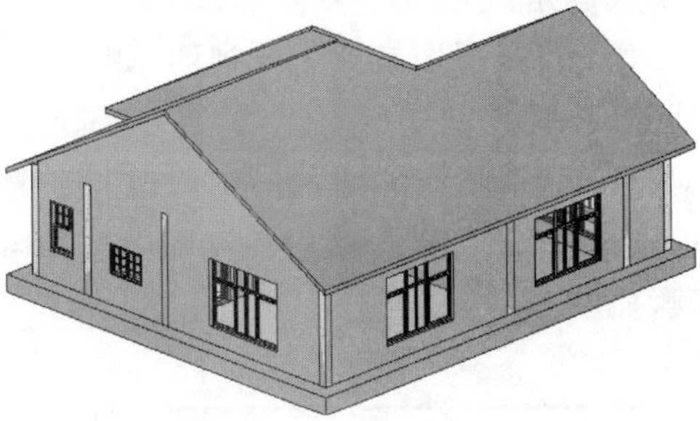

图 11-14 延伸墙至屋顶

11.1.2 拉伸屋顶

可以通过拉伸绘制的轮廓来创建屋顶。

操作步骤

(1) 新建一项目文件，并利用墙体命令绘制如图 11-15 所示的墙体。

(2) 将视图切换到楼层平面“南立面”。

(3) 单击“建筑”选项卡“构建”面板“屋顶”下拉列表框中的“拉伸屋顶”按钮，打开“工作平面”对话框，选择“拾取一个平面”单选按钮，如图 11-16 所示。

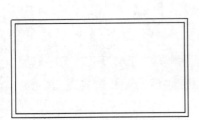

图 11-15 绘制墙体

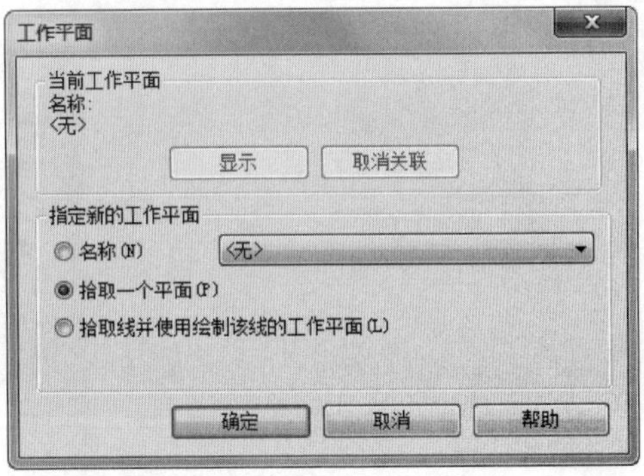

图 11-16 “工作平面”对话框

(4) 单击“确定”按钮，在视图中选择如图 11-17 所示的墙面，打开“屋顶参照标高和偏移”对话框，设置标高和偏移量，如图 11-18 所示。

(5) 打开“修改|创建拉伸屋顶轮廓”选项卡和选项栏，如图 11-19 所示。

(6) 单击“绘制”面板中的“样条曲线”按钮，绘制如图 11-20 所示的曲线为拉伸截面。

(7) 在属性管理器中单击“编辑类型”按钮，打开“类型属性”对话框，新建“常规-200mm”类型。单击“结构”栏中的“编辑”按钮，打开“编辑部件”对话框，更改结构层的厚度为200,如图11-21所示。

(8) 单击“模式”面板中的“完成编辑模式”按钮,完成屋顶拉伸轮廓的绘制,如图11-22所示。

(9) 将视图切换至动立面图,在“属性”选项板中更改拉伸起点和拉伸终点,如图11-23所示。

(10) 将视图切换到三维视图,如图11-24所示。从视图中可以看出东西两面墙没有延伸到屋顶。

(11) 选取所有的墙,打开“修改|墙”选项卡,单击“附着到顶部/底部”,在选项栏中选择“顶部”选项,然后在视图中选择屋顶为墙要附着的屋顶,结果选取的墙延伸至屋顶,如图11-25所示。

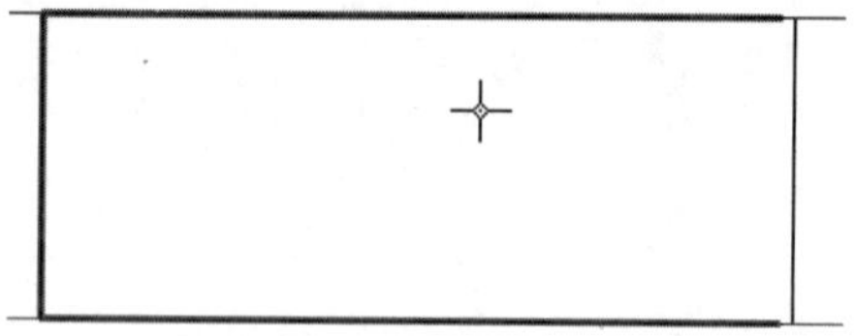

图11-17 选取墙面

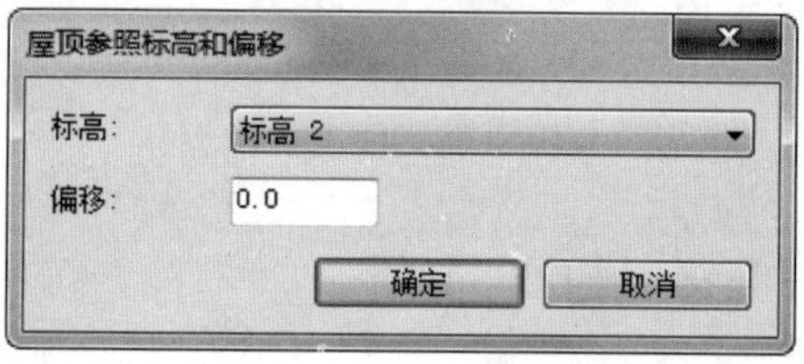

图11-18 “屋顶参照标高和偏移”对话框

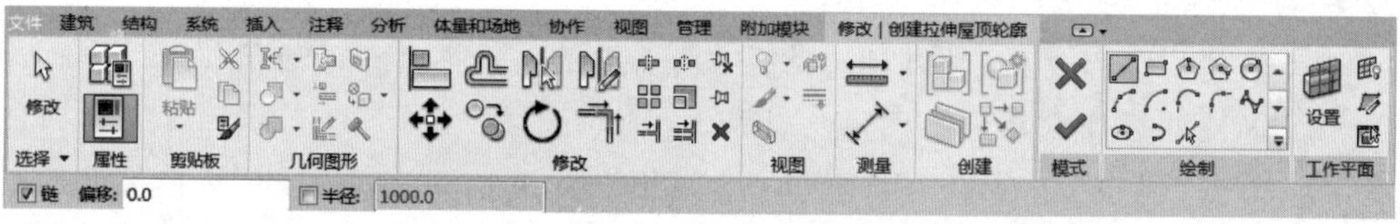

图11-19 “修改|创建拉伸屋顶轮廓”选项卡和选项栏

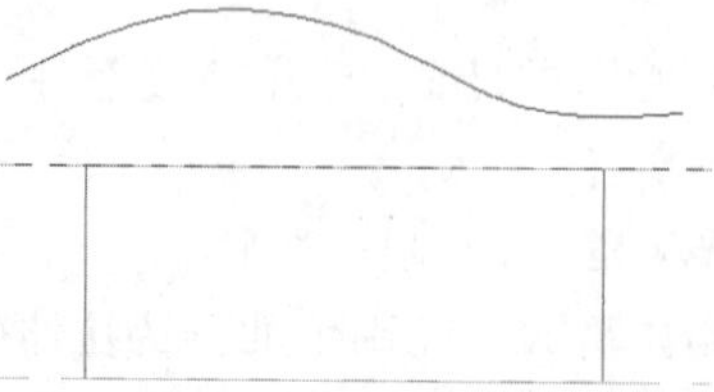

图11-20 绘制拉伸截面

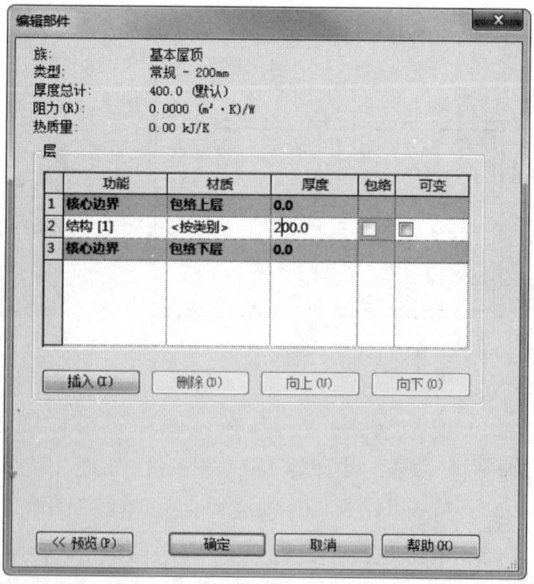

图11-21 “编辑部件”对话框

Note

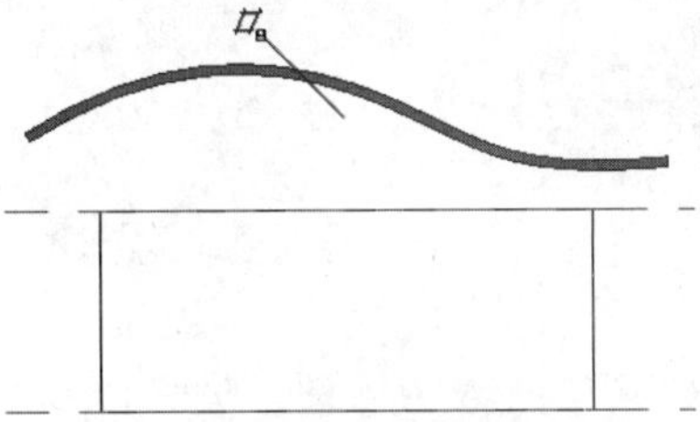

图 11-22 添加拉伸屋顶

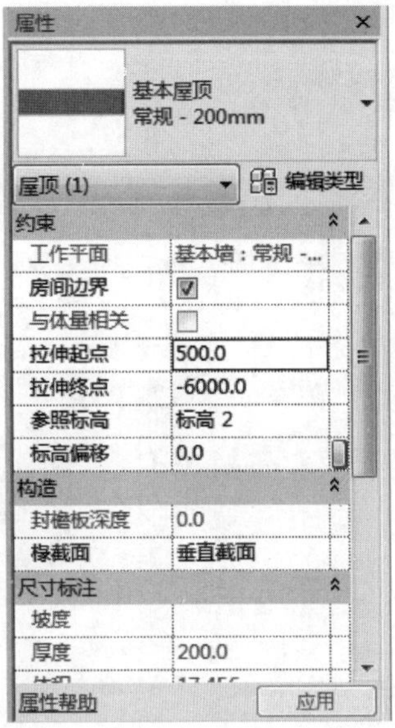

图 11-23 更改拉伸起点和终点

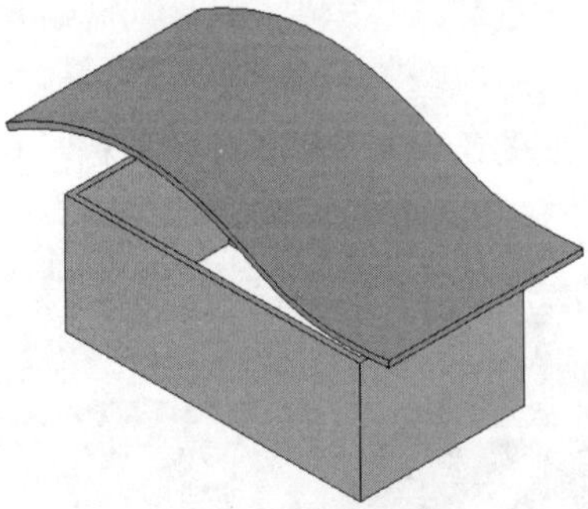

图 11-24 三维视图

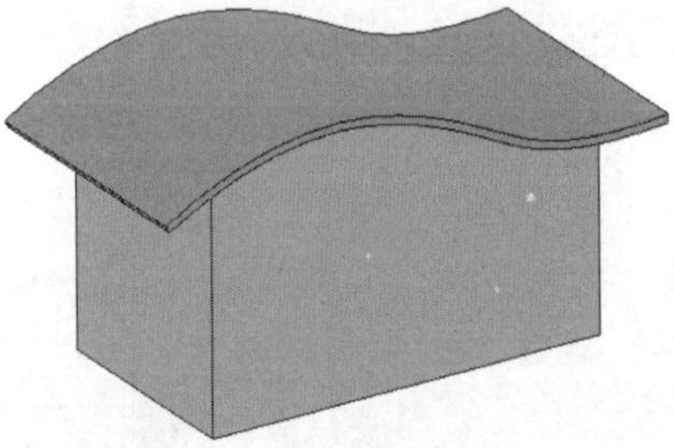

图 11-25 墙延伸至屋顶

11.1.3 从体量面创建屋顶

使用“面屋顶”工具可以在体量的任何非垂直面上创建屋顶。

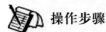

操作步骤

(1) 打开 10.1.4 节绘制的体量实例。

(2) 单击“体量和场地”选项卡“面模型”面板中的“楼板”按钮，打开“修改|放置面楼板”选项卡，单击“多重选择”面板中的“选择多个”按钮，禁用此选项(默认情况下，此选项处于启用状态)。

(3) 在“属性”选项板中选择屋顶类型为“基本屋顶 常规-400mm”，其他参数采用默认设置，如图 11-26 所示。

(4) 在视图中选择体量实例的上表面，如图 11-27 所示，创建屋顶，结果如图 11-28 所示。

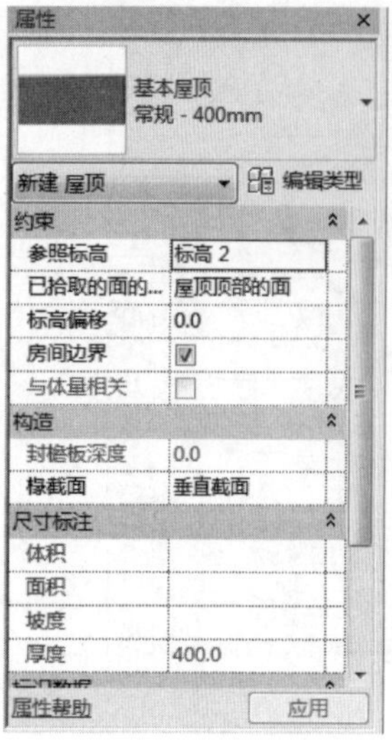

图 11-26 “属性”选项板

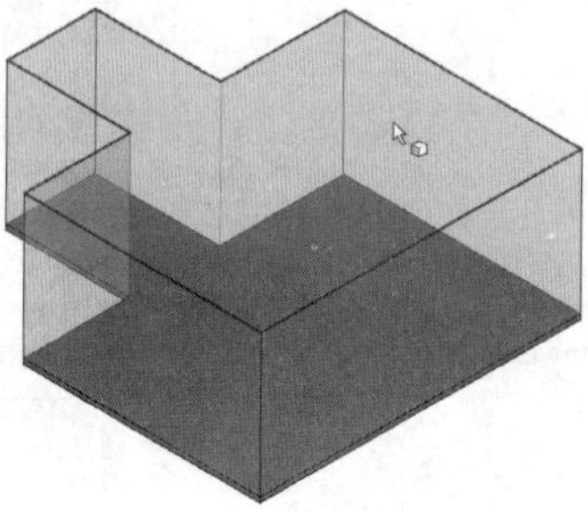

图 11-27 选取体量楼层

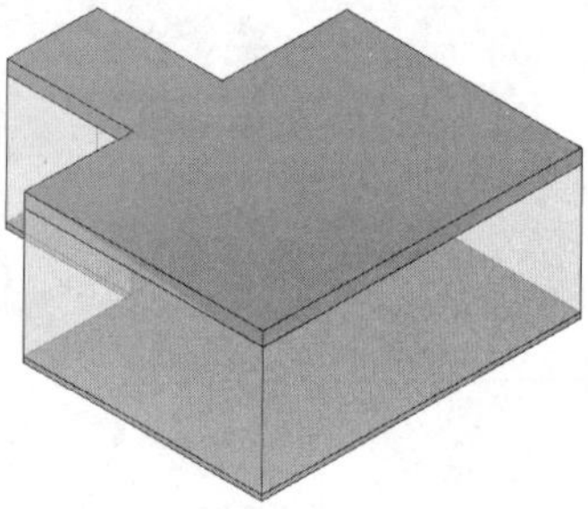

图 11-28 创建屋顶

11.2 屋　　檐

创建屋顶时,指定悬挑值来创建屋檐。完成屋顶的绘制后,可以对齐屋檐并修改其截面和高度,如图 11-29 所示。

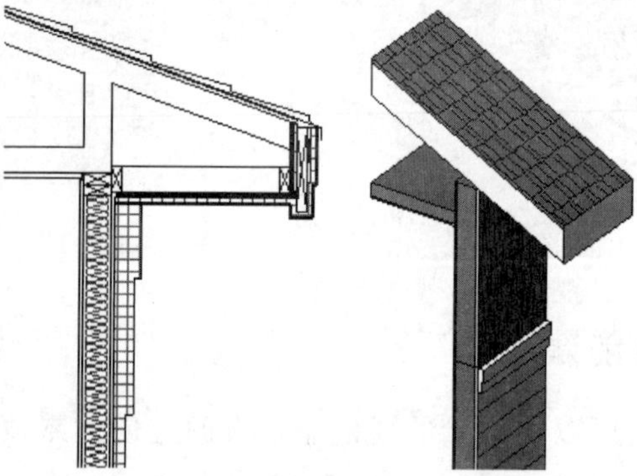

图 11-29 屋檐

11.2.1 屋檐底板

使用“屋檐底板”工具来对建筑图元的底面进行建模。可以将檐底板与其他图元(例如墙和屋顶)关联。如果更改或移动了墙或屋顶,檐底板也将相应地进行调整。

操作步骤

(1) 打开 11.1.2 节绘制的图形。

(2) 将视图切换到楼层平面“标高 2”。

(3) 单击“建筑”选项卡“构建”面板“屋顶”下拉列表框中的“屋檐底板”按钮，打开“修改|创建屋檐底板边界”选项卡和选项栏，如图 11-30 所示。

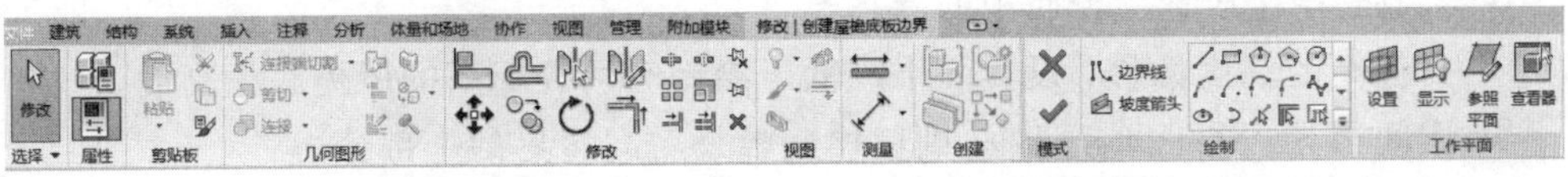

图 11-30 “修改|创建屋檐底板边界”选项卡

(4) 单击“绘制”面板中的“边界线”按钮和“矩形”按钮，绘制屋檐底板边界线，如图 11-31 所示。

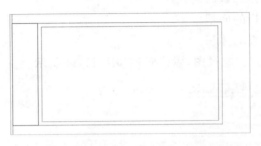

图 11-31 绘制屋檐底板边界线

(5) 单击“模式”面板中的“完成编辑模式”按钮，完成屋檐底板边界的绘制。

(6) 在“属性”选项板中选择“屋檐底板 常规-300mm”类型，单击“编辑类型”按钮，打开“类型属性”对话框，新建“常规-200mm”类型，单击“编辑”按钮，打开“编辑部件”对话框。设置结构厚度为 200，如图 11-32 所示。连续单击“确定”按钮。

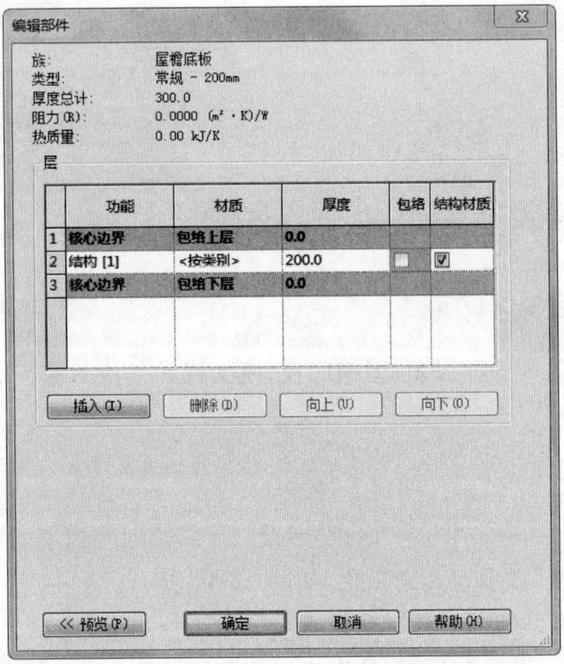

图 11-32 设置屋檐底板参数

Note

(7) 在"属性"选项板中设置自标高的高度偏移为 1400,其他采用默认设置,如图 11-33所示。

➢ 标高:指定放置屋檐底板的标高。
➢ 自标高的高度偏移:设置高于或低于绘制时所处标高的屋檐底板高度。
➢ 房间边界:选中此复选框,则屋檐底板是房间边界的一部分。
➢ 坡度:将坡度定义线的值修改为指定值,而无须编辑草图。如果有一条坡度定义线,则此参数最初会显示一个值;如果没有坡度定义线,则此参数为空并被禁用。
➢ 周长:指定屋檐底板的周长。
➢ 面积:屋檐底板的面积。
➢ 体积:屋檐底板的体积。

(8) 将视图切换到三维视图,屋檐底板如图 11-34 所示。

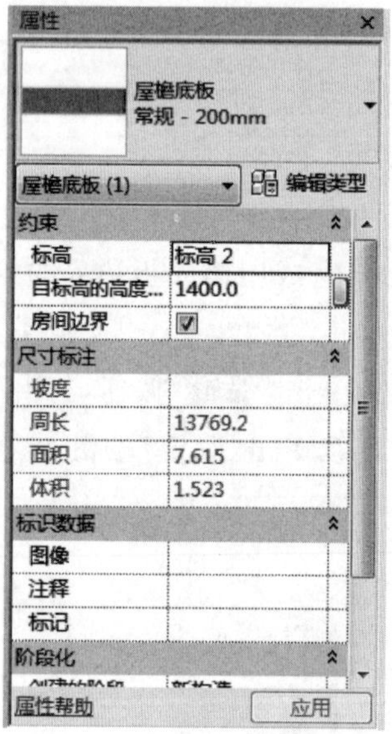

图 11-33 "属性"选项板

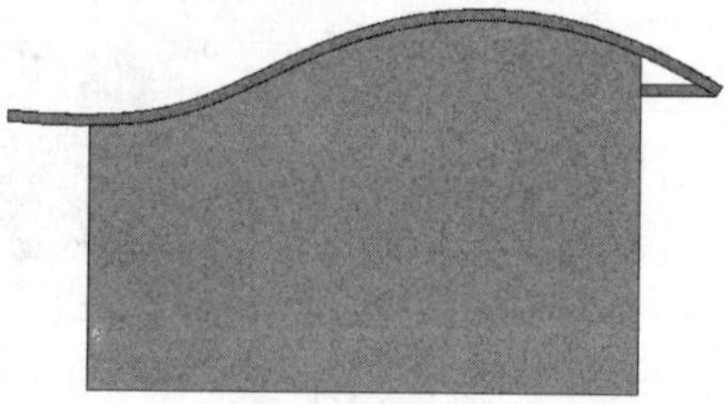

图 11-34 屋檐底板

11.2.2 封檐板

使用"封檐板"工具选取屋顶、屋檐底板、模型线和其他封檐板的边,添加封檐板。

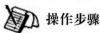

操作步骤

(1) 打开 11.1.1 节绘制的图形文件。

(2) 单击"建筑"选项卡"构建"面板"屋顶"下拉列表框中的"封檐板"按钮,打开"修改|放置封檐板"选项卡和选项栏,如图 11-35 所示。

(3) 单击屋顶边、屋檐底板、封檐板或模型线进行添加,如图 11-36 所示,生成封檐板,如图 11-37 所示。单击按钮,使用水平轴翻转轮廓;单击按钮,使用垂直轴翻转轮廓,如图 11-38 所示。

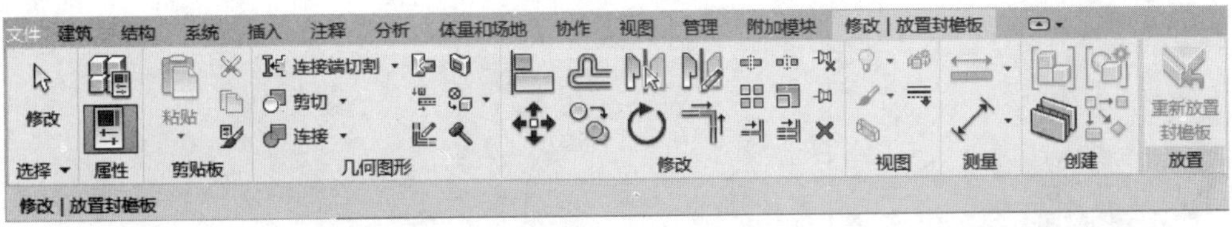

图 11-35　“修改|放置封檐板”选项卡

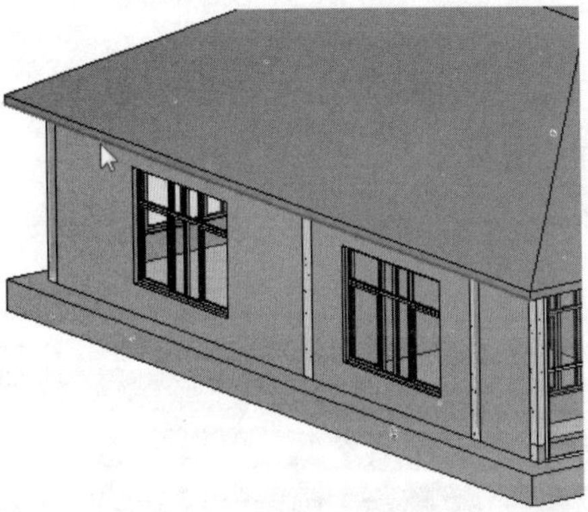

图 11-36　选择屋顶边

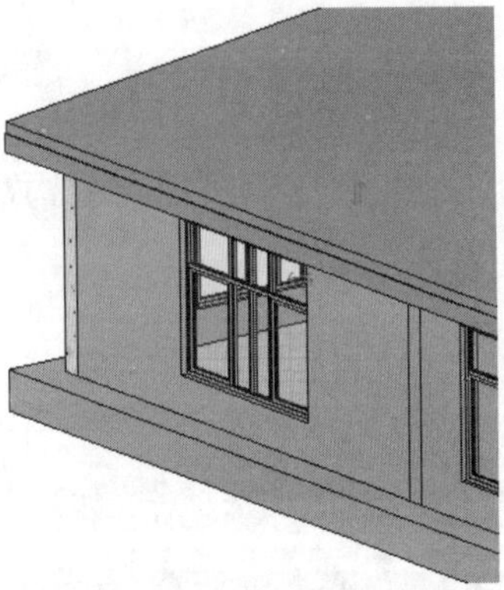

图 11-37　封檐板

(4) 继续选择边缘时，Revit 会将其作为一个连续的封檐板。如果封檐带的线段在角部相遇，它们会相互斜接，结果如图 11-39 所示。

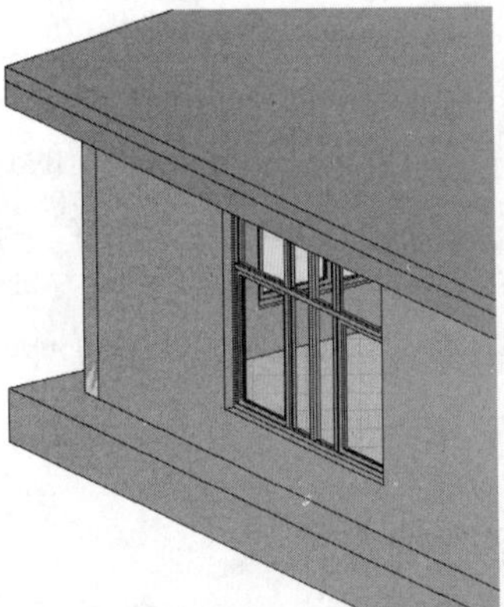

图 11-38　垂直轴翻转封檐板

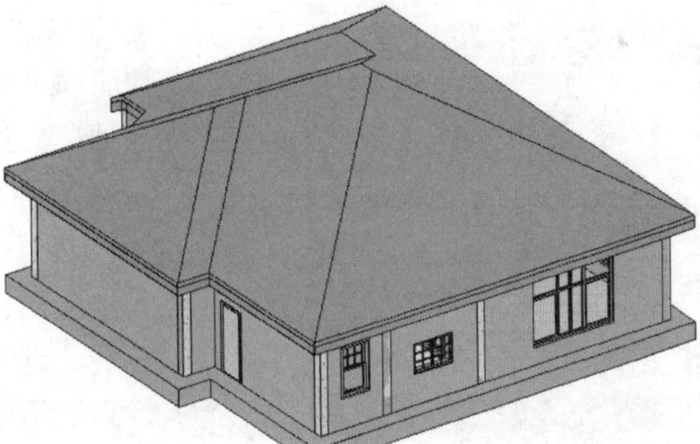

图 11-39　绘制封檐板

(5) 如果屋顶双坡段部上的封檐板没有包裹转角，则会斜接端部。选取封檐板，打开“修改|封檐板”选项卡，单击“修改斜接”按钮，打开“斜接”面板，如图 11-40 所示。

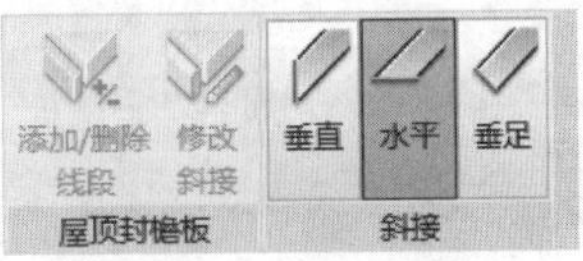

图 11-40　斜接面板

(6) 选择斜接类型，单击封檐板的端面修改斜接方式，如图 11-41 所示。按 Esc 键退出。

Note

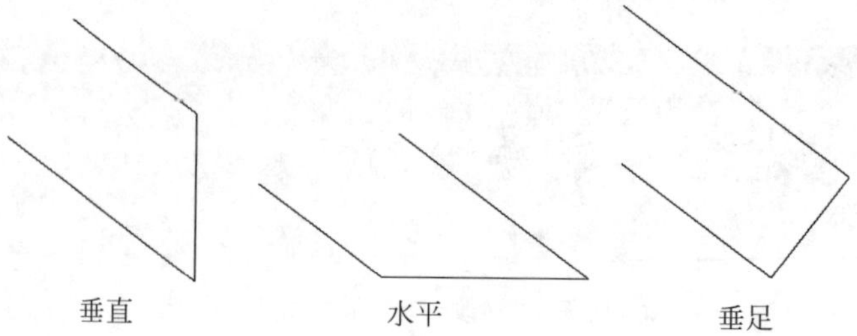

图 11-41　斜接类型

11.2.3　檐槽

使用“檐槽”工具可以将檐沟添加到屋顶、屋檐底板、模型线和封檐带。

操作步骤

(1) 打开上节绘制的图形。

(2) 单击“建筑”选项卡“构建”面板“屋顶”下拉列表框中的“檐槽”按钮，打开“修改|放置檐沟”选项卡，如图 11-42 所示。

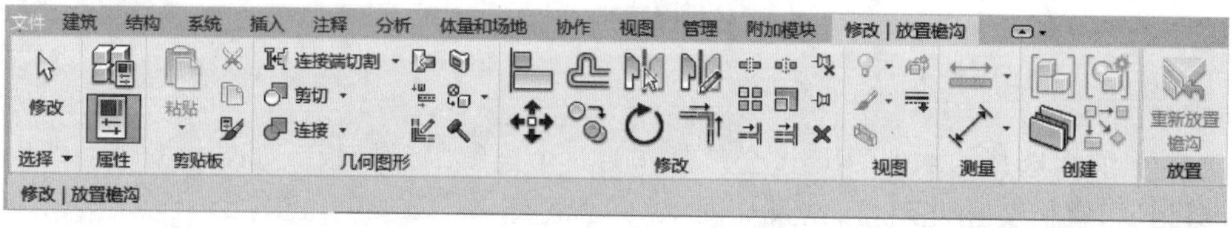

图 11-42　“修改|放置檐沟”选项卡

(3) 在“属性”选项板中可以设置垂直、水平轮廓偏移以及轮廓角度，如图 11-43 所示。

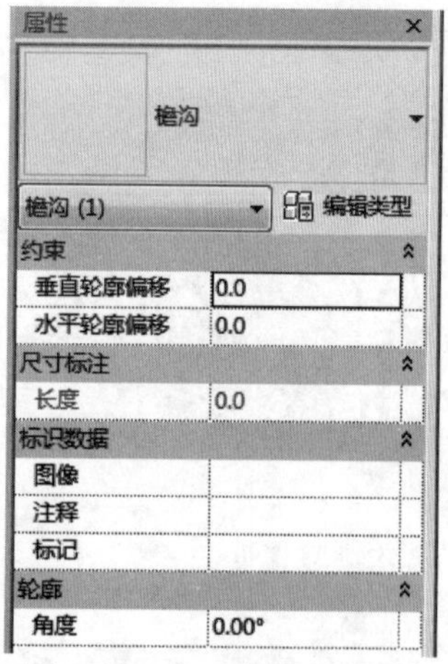

图 11-43　“属性”选项板

- 垂直轮廓偏移：将封檐沟向创建时所基于的边缘以上或以下移动。例如，如果选择一条水平屋顶边缘，一个封檐带就会向此边缘以上或以下移动。
- 水平轮廓偏移：将封檐沟移向或背离创建时所基于的边缘。
- 长度：檐沟的实际长度。
- 注释：有关屋顶檐沟的注释。
- 标记：用于屋顶檐沟的标签，通常是数值。对于项目中的每个屋顶檐沟，此值都必须是唯一的。
- 角度：旋转檐沟至所需的角度。

(4) 在“属性”选项板中单击“编辑类型”按钮，打开“类型属性”对话框，在“轮廓”列表中选择“檐沟-斜角：125×125mm”轮廓，如图 11-44 所示，其他参数采用默认设置，单击“确定”按钮。

(5) 单击屋顶、屋檐底板、封檐带或模型线的水平边缘进行添加，如图 11-45 所示。生成檐沟，如图 11-46 所示。单击按钮，使用水平轴翻转轮廓；单击按钮，使用垂直轴翻转轮廓。

Note

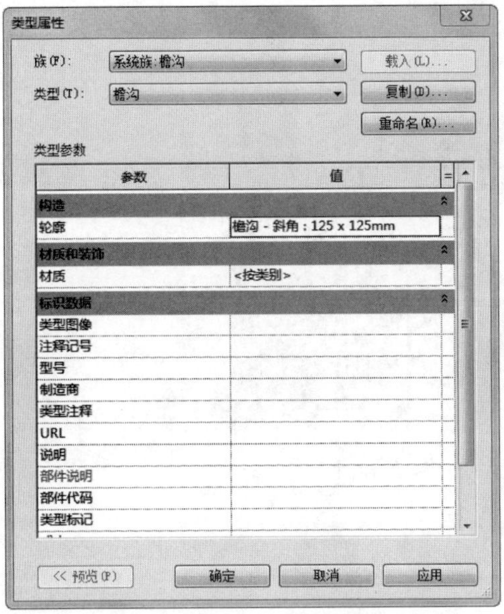

图 11-44　“类型属性”对话框

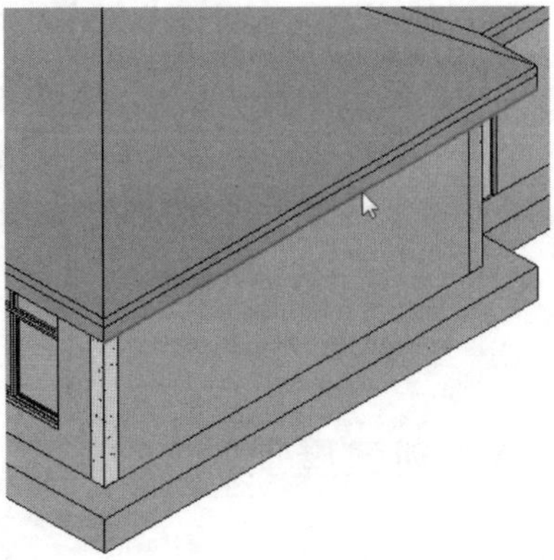

图 11-45　选择水平边缘

(6) 继续选取其他封檐板的边缘创建檐沟，结果如图 11-47 所示。

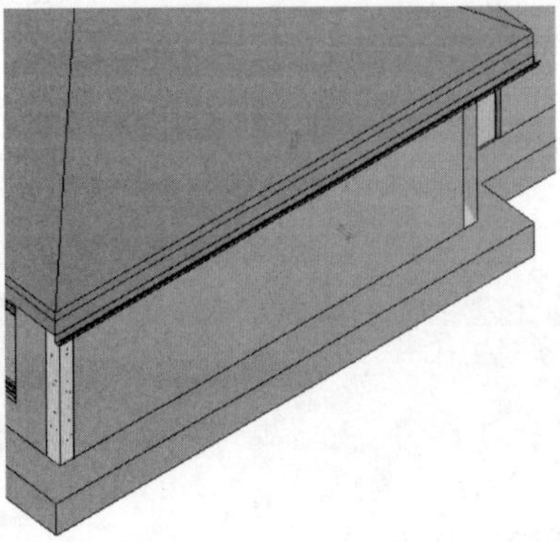

图 11-46　檐沟

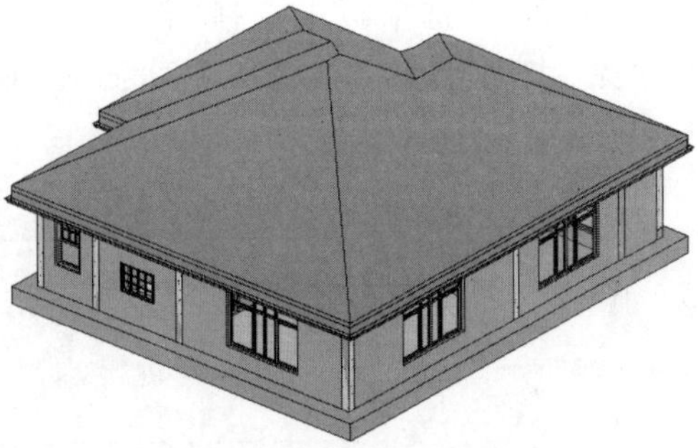

图 11-47　绘制其他檐沟

11.3　上机练习——教学楼屋顶设计

练习目标

本节主要绘制教学楼的屋顶，如图 11-48 所示。

设计思路

首先利用“迹线屋顶”命令绘制带坡度的屋顶，然后利用“封檐板”命令沿着屋顶边线创建封檐板，最后利用“檐槽”命令创建檐槽。

Note

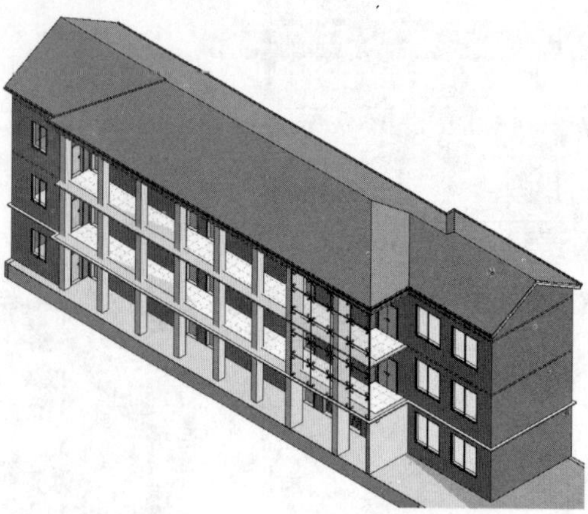

图 11-48　教学楼屋顶设计

11.3.1　创建屋顶

11-1

操作步骤

（1）将视图切换到 5F 楼层平面。

（2）单击“建筑”选项卡“构建”面板“屋顶”下拉列表框中的“迹线屋顶”按钮，打开“修改|创建屋顶迹线”选项卡和选项栏。

（3）在“属性”选项板中选择“常规-400mm”类型，新建“常规-100mm”类型，单击“编辑”按钮，打开“编辑部件”对话框，插入“面层 2[5]”，并设置材质为“瓦片-筒瓦”，如图 11-49所示。

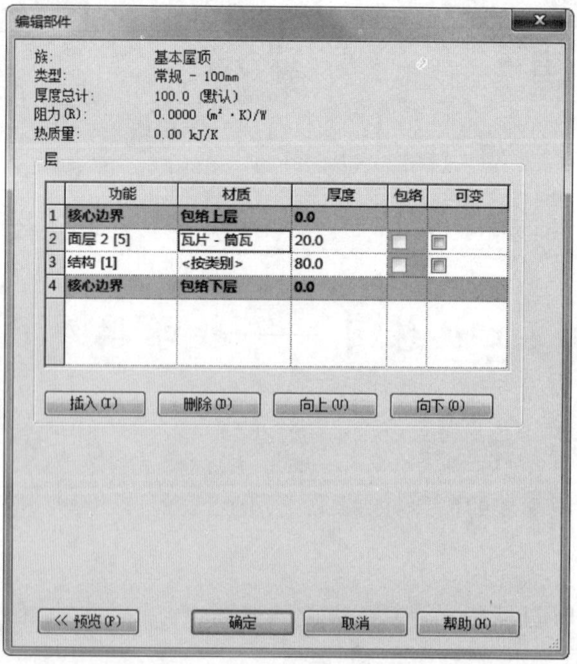

图 11-49　参数设置

(4) 单击“绘制”面板中的“边界线”按钮 和“线”按钮 ，在选项栏中输入偏移值为 300，绘制屋顶迹线，如图 11-50 所示。

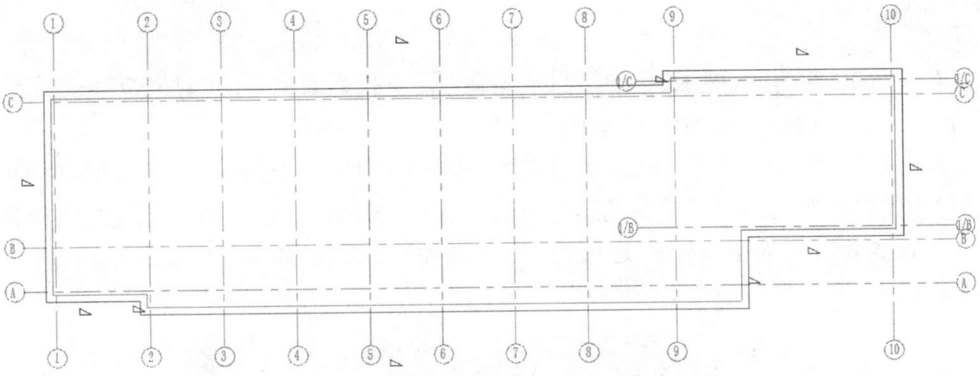

图 11-50 绘制屋顶迹线

(5) 按住 Ctrl 键，选取 1 轴线和 10 轴线上的屋迹线，在选项栏中取消选中“定义屋顶坡度”复选框，取消这两条屋迹线的坡度，如图 11-51 所示。

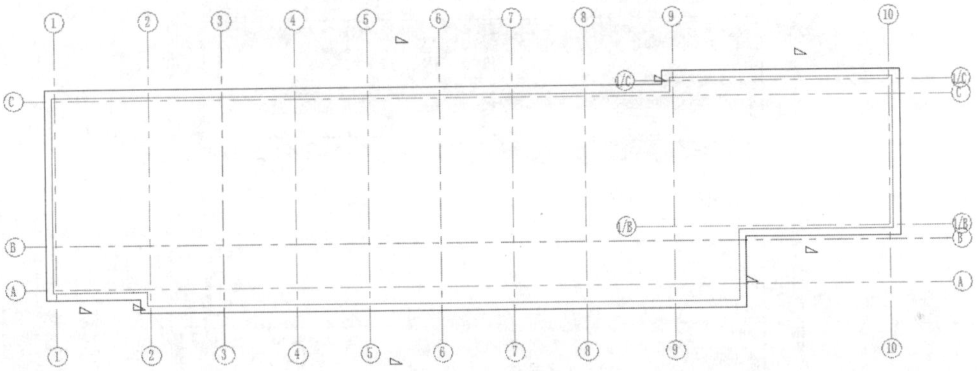

图 11-51 取消坡度

(6) 单击“模式”面板中的“完成编辑模式”按钮 ，完成屋顶的创建，如图 11-52 所示。

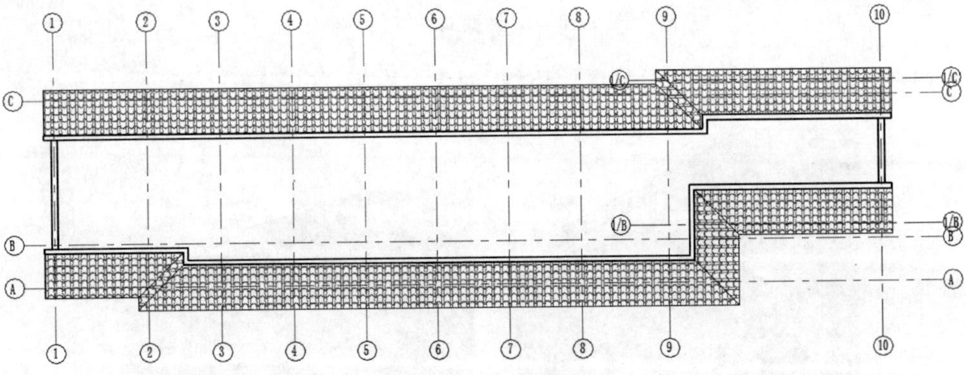

图 11-52 创建屋顶

Note

11-2

11.3.2 创建封檐板

操作步骤

（1）单击“建筑”选项卡“构建”面板“屋顶”下拉列表框中的“封檐板”按钮，打开“修改|放置封檐板”选项卡和选项栏。

（2）在“属性”选项板中单击“编辑类型”按钮，打开“类型属性”对话框，单击“材质”栏中的按钮，打开“材质浏览器”对话框，选择“粉刷，米色，平滑”材质，其他参数采用默认设置，单击“确定”按钮，返回到“类型属性”对话框，如图 11-53 所示。单击“确定”按钮。

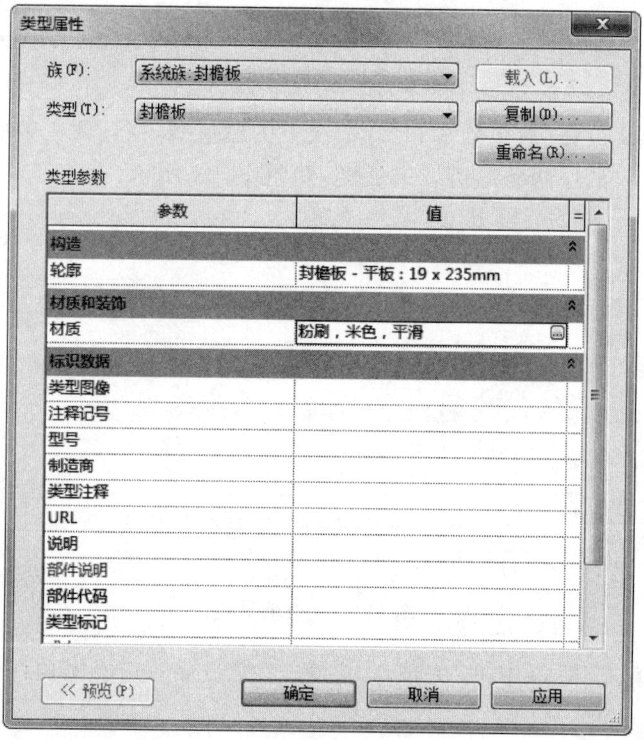

图 11-53 “类型属性”对话框

（3）在视图中选取人字形屋顶的边线，创建封檐板，如图 11-54 所示。

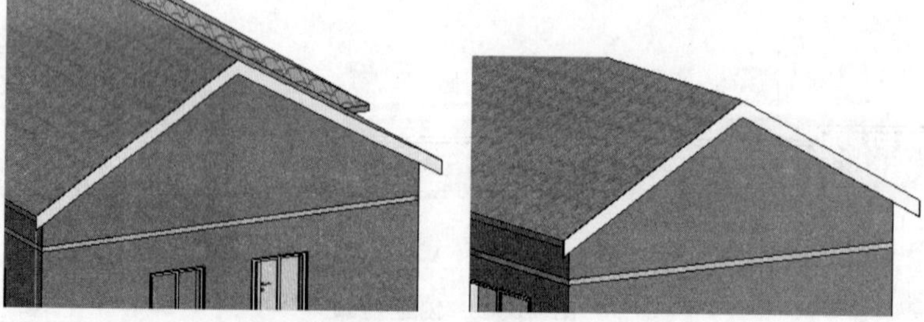

图 11-54 创建封檐板

11.3.3　创建檐槽

操作步骤

(1) 单击"建筑"选项卡"构建"面板"屋顶"下拉列表框中的"檐槽"按钮，打开"修改|放置檐沟"选项卡和选项栏。

(2) 在"属性"选项板中单击"编辑类型"按钮，打开"类型属性"对话框，在"轮廓"下拉列表框中选择"檐沟-斜角：150×150mm"类型，如图 11-55 所示。其他采用默认设置，单击"确定"按钮。

Note

11-3

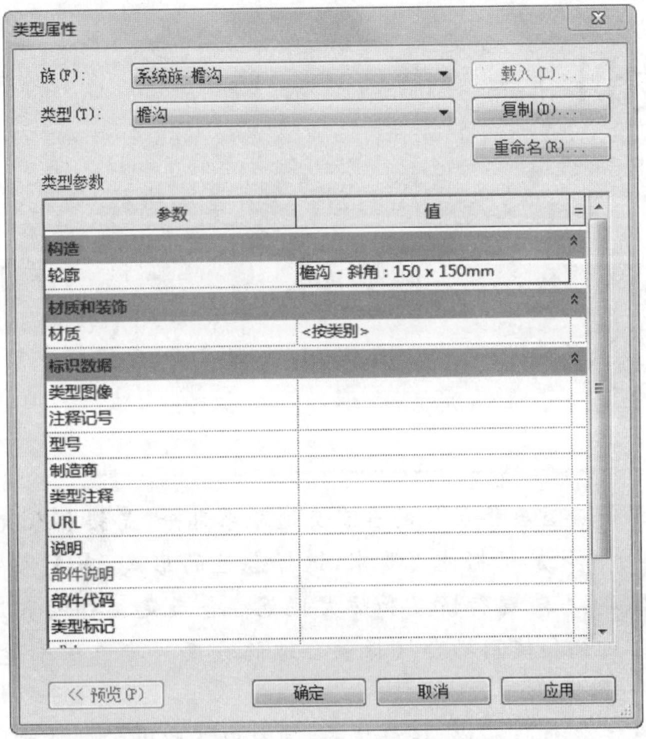

图 11-55　"类型属性"对话框

(3) 在视图中选取屋顶的两侧边线放置屋檐沟，如图 11-56 所示。

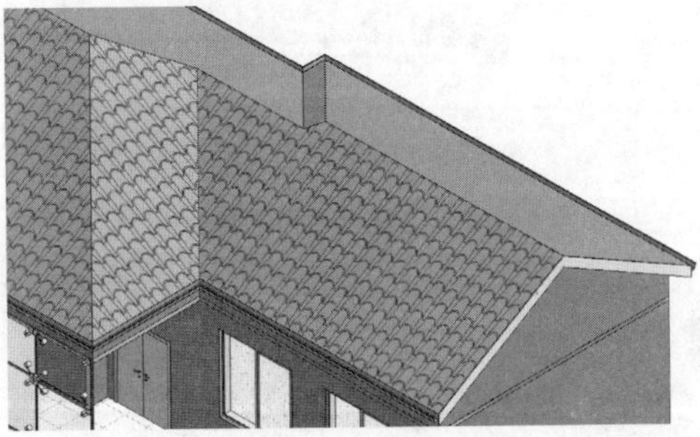

图 11-56　放置屋檐沟

第12章

楼梯设计

本章导读

楼梯是房屋各楼层间的垂直交通联系部分，是楼层人流疏散必经的通路，楼梯设计应根据使用要求，选择合适的形式，布置恰当的位置，根据使用性质、人流通行情况和防火规范综合确定楼梯的宽度和数量，并根据使用对象和使用场合选择最合适的坡度。其中扶手是楼梯的组成部分之一。

本章主要介绍楼梯、栏杆扶手、洞口以及坡道的创建方法。

学习要点

- 楼梯
- 栏杆扶手
- 洞口
- 坡道

Note

12.1 楼　　梯

在楼梯零件编辑模式下，可以直接在平面视图或三维视图中装配构件。

楼梯可以包括以下内容。

（1）梯段：包括直梯、螺旋梯段、U形梯段、L形梯段、自定义绘制的梯段。

（2）平台：通过拾取两个梯段，或通过自定义绘制平台。

（3）支撑（侧边和中心）：随梯段自动创建，或通过拾取梯段或平台边缘创建。

（4）栏杆扶手：在创建期间自动生成，或稍后放置。

12.1.1 绘制直梯

本节通过指定梯段的起点和终点来创建直梯段构件。

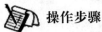

操作步骤

（1）打开楼梯原始文件，将视图切换到标高1楼层平面。

（2）单击“建筑”选项卡“构建”面板中的“楼梯”按钮，打开“修改|创建楼梯”选项卡和选项栏，如图12-1所示。

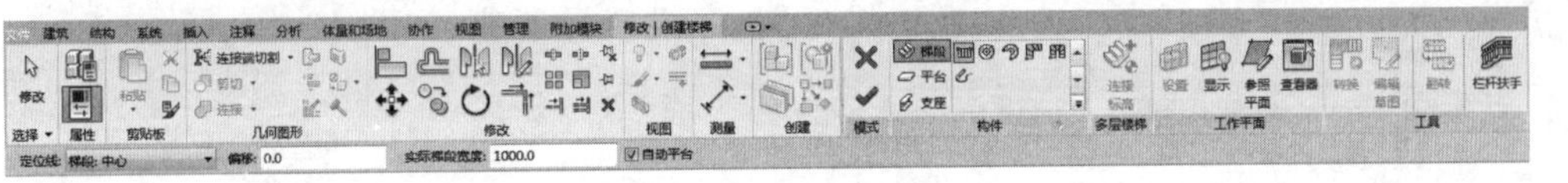

图12-1 “修改|创建楼梯”选项卡和选项栏

（3）在选项栏中设置定位线为“梯段：中心”，偏移为0，实际梯段宽度为2075，并选中“自动平台”复选框。

（4）单击“构件”面板中的“梯段”按钮和“直梯”按钮（默认状态下，系统会激活这两个按钮），绘制楼梯路径，如图12-2所示。默认情况下，在创建梯段时会自动创建栏杆扶手。

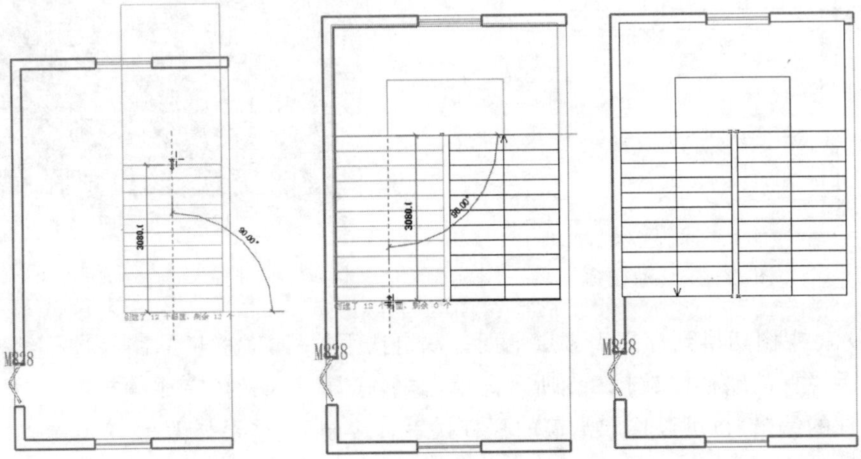

图12-2 绘制楼梯路径过程

Note

（5）在“属性”选项板中选择“现场浇注楼梯 整体浇筑楼梯”类型，设置底部标高为“标高 1”，底部偏移为 0，顶部标高为“标高 2”，所需踢面数为 24，实际踏板深度为 280，其他采用默认设置，如图 12-3 所示。

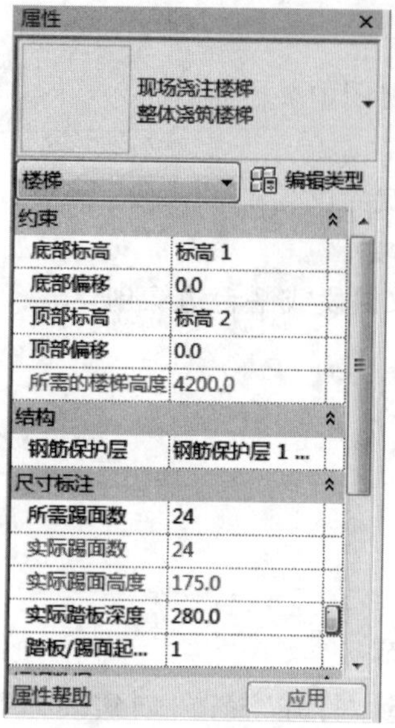

图 12-3 “属性”选项板

- ➢ 底部标高：设置楼梯的基面。
- ➢ 底部偏移：设置楼梯相对于底部标高的高度。
- ➢ 顶部标高：设置楼梯的顶部标高。
- ➢ 顶部偏移：设置楼梯相对于顶部标高的偏移量。
- ➢ 所需踢面数：踢面数是基于标高间的高度计算得出的。
- ➢ 实际踢面数：通常，此值与所需踢面数相同，但如果未向给定梯段完整添加正确的踢面数，则这两个值也可能不同。
- ➢ 实际踢面高度：显示实际踢面高度。
- ➢ 实际踏板深度：设置此值以修改踏板深度，而不必创建新的楼梯类型。

（6）选取楼梯，移动并调整其位置，如图 12-4 所示。单击“模式”面板中的“完成编辑模式”按钮，将视图切换到三维视图，完成楼梯创建，如图 12-5 所示。

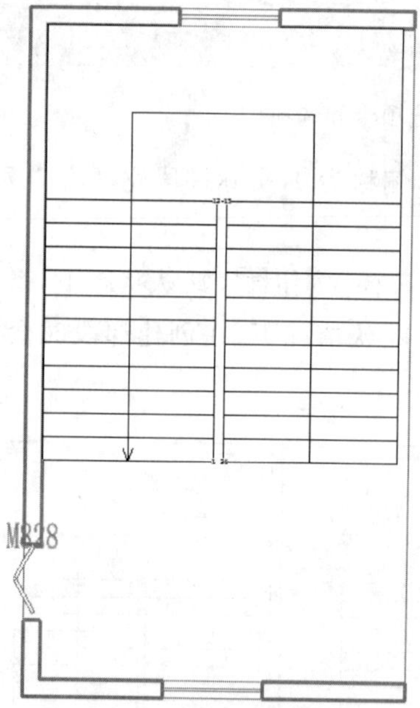

图 12-4 移动楼梯

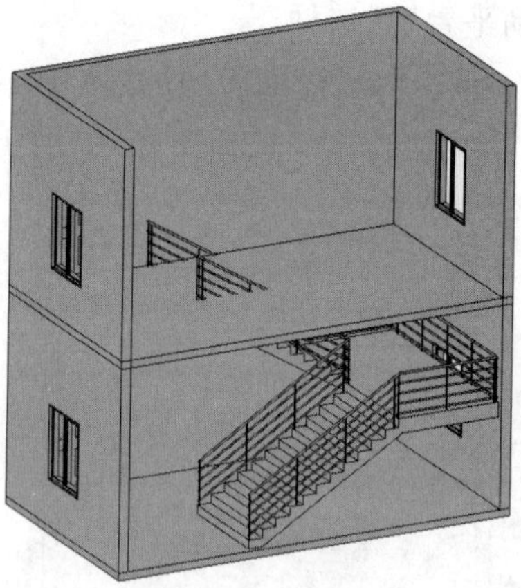

图 12-5 创建楼梯

（7）将视图切换到标高 1 楼层平面。双击扶手栏杆，对栏杆的路径进行编辑，删除沿墙扶手栏杆的路径，如图 12-6 所示。单击“模式”面板中的“完成编辑模式”按钮，完成栏杆的编辑，也可以选取沿墙的栏杆扶手直接删除，结果如图 12-7 所示。

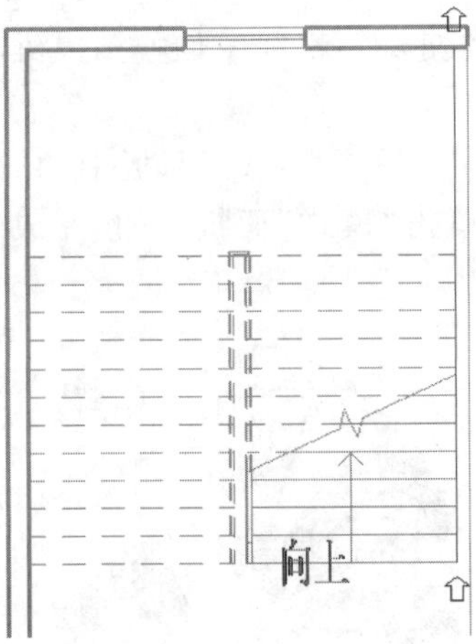

图 12-6　删除栏杆路径

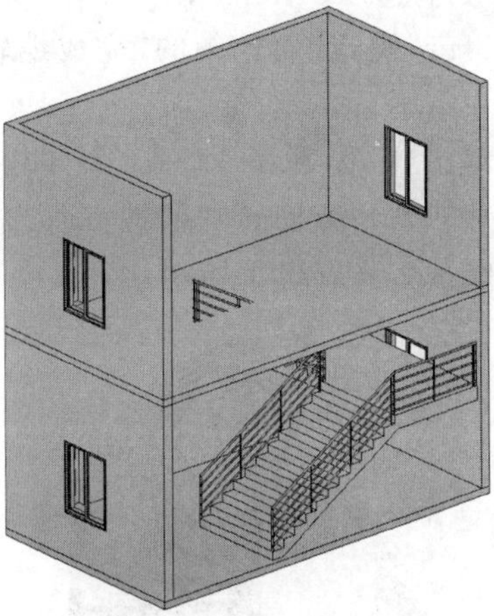
图 12-7　编辑栏杆

12.1.2　绘制全踏步螺旋梯

通过指定起点和半径创建螺旋梯段构件。可以使用“全台阶螺旋”梯段工具来创建大于 360°的螺旋梯段。

创建此梯段时包括连接底部和顶部标高的全数台阶。

默认情况下，按逆时针方向创建螺旋梯段。

使用“翻转”工具可在楼梯编辑模式中更改方向(如有需要)。

操作步骤

(1) 新建一项目文件。

(2) 单击“建筑”选项卡“构建”面板中的“楼梯”按钮，打开“修改|创建楼梯”选项卡和选项栏，在选项栏中设置定位线为“梯段：中心”，偏移为 0，实际梯段宽度为 1500，并选中“自动平台”复选框。

(3) 单击“构件”面板中的“梯段”按钮和“全踏步螺旋”按钮，在绘图区域中指定螺旋梯段的中心点，移动光标以指定梯段的半径，如图 12-8 所示。在绘制时，将指示梯段边界和达到目标标高所需的完整台阶数。默认情况下，按逆时针方向创建梯段。

(4) 在“属性”选项板中选择“组合楼梯 190mm 最大踢面 250mm 梯段”类型，设置底部标高为“标高 1”，底部偏移为 0.0，顶部标高为“标高 2”，顶部偏移为 0.0，所需踢面数为 22，实际踏板深度为 250，结果如图 12-9 所示。

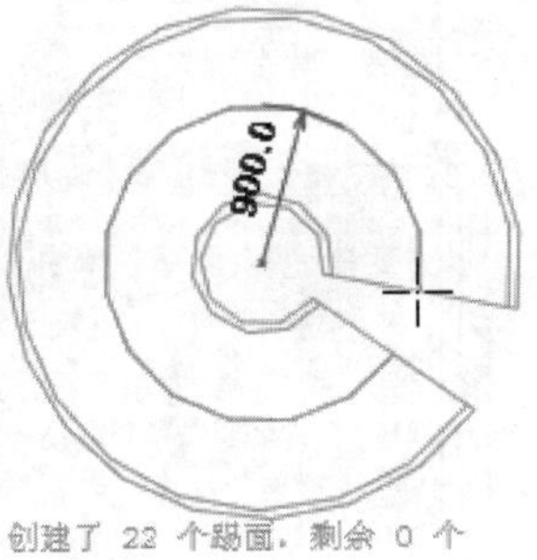

图 12-8　指定中心和半径

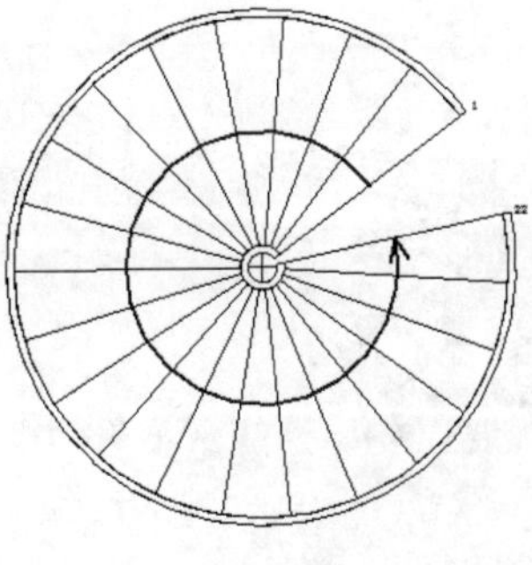
图 12-9　螺旋楼梯

Note

（5）单击“模式”面板中的“完成编辑模式”按钮✔，将视图切换到三维视图，结果如图 12-10 所示。

（6）双击楼梯，激活“修改|创建楼梯”选项卡，单击“工具”面板中的“翻转”按钮，将楼梯的旋转方向从逆时针更改为顺时针，单击“模式”面板中的“完成编辑模式”按钮✔，结果如图 12-11 所示。

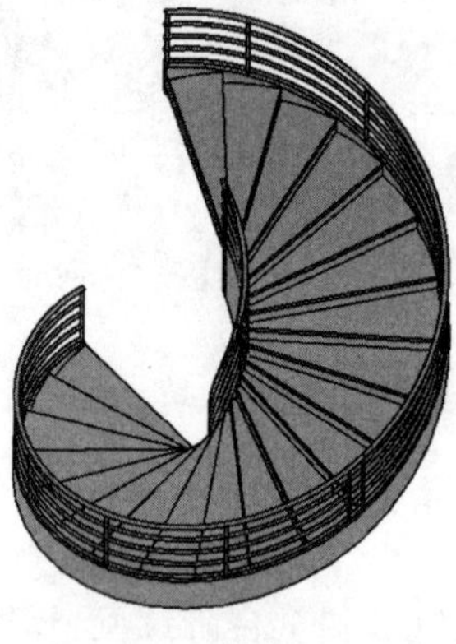

图 12-10　逆时针旋转楼梯

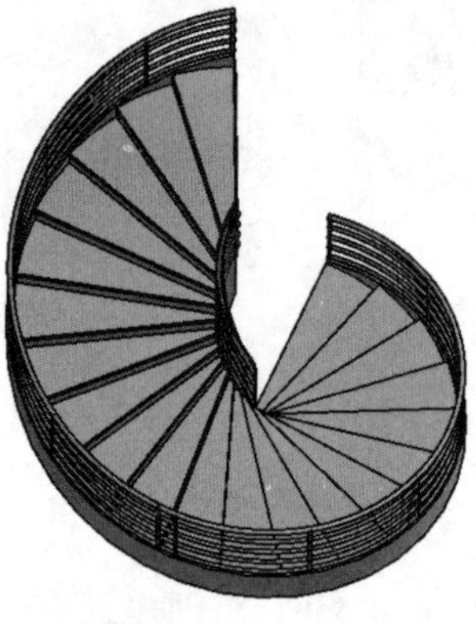

图 12-11　顺时针旋转楼梯

12.1.3　绘制圆心端点螺旋梯

本节通过指定梯段的中心点、起点和终点来创建螺旋楼梯梯段构件。使用“圆心-端点螺旋”梯段工具创建小于 360°的螺旋梯段。

操作步骤

（1）单击“建筑”选项卡“构建”面板中的“楼梯”按钮，打开“修改|创建楼梯”选项卡和选项栏。

（2）单击“构件”面板中的“梯段”按钮和“圆心-端点螺旋”按钮，在选项栏中设置定位线为“梯段：中心”，偏移为 0，实际梯段宽度为 1000，并选中“自动平台”复选框和“改变半径时保持同心”复选框。

（3）在绘图区域中指定螺旋梯段的中心点，移动光标以指定梯段的半径，如图 12-12所示。

（4）单击确定第一个梯段终点，继续移动光标，然后单击指定第二个梯段起点，此时系统自动创建平台，默认平台深度等于梯段宽度，如图 12-13 所示。

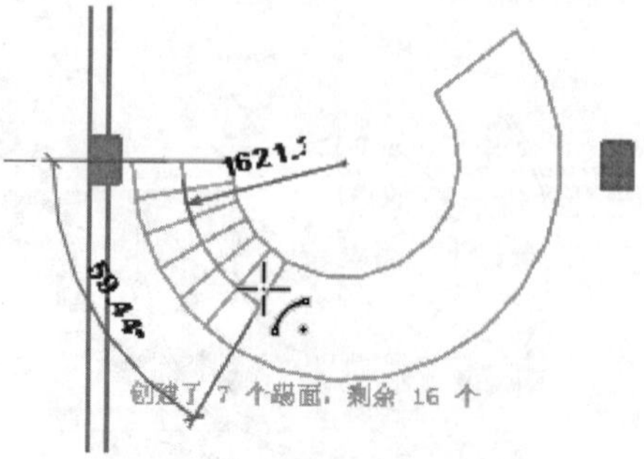

图 12-12　指定中心和半径

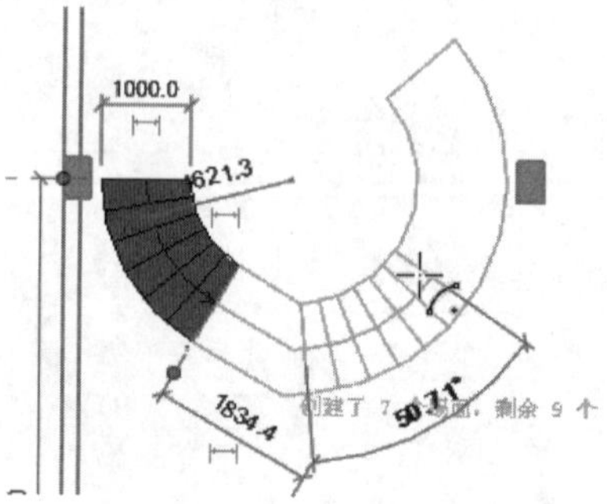

图 12-13　确定第一梯段终点

(5) 继续移动光标，单击以指定终点，结果如图 12-14 所示。

(6) 在“属性”选项板中选择“现场浇注楼梯 整体浇筑楼梯”类型，设置底部标高为“标高 1”，底部偏移为 0.0，顶部标高为“标高 2”，顶部偏移为 0.0，所需踢面数为 22，实际踏板深度为 280，如图 12-15 所示。

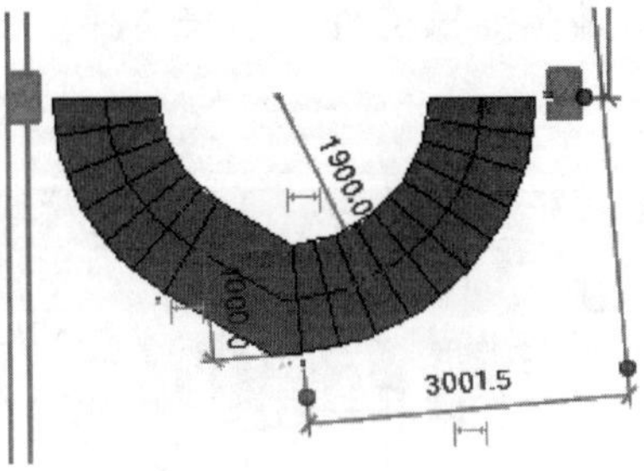

图 12-14　确定终点

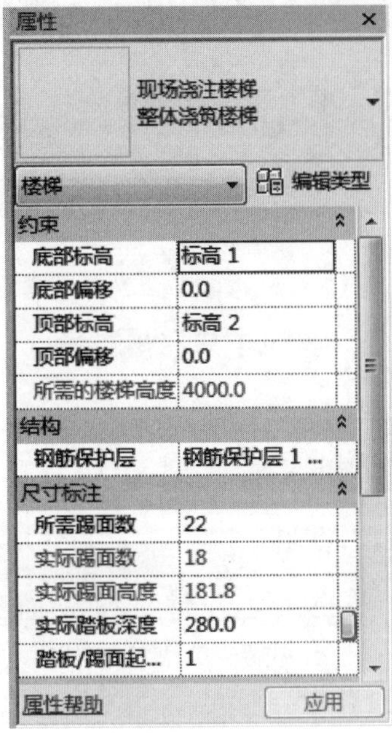

图 12-15　“属性”选项板

(7) 单击“模式”面板中的“完成编辑模式”按钮 ✔，将视图切换到三维视图，如图 12-16 所示。

(8) 双击楼梯，打开“修改|创建楼梯”选项卡，对楼梯进行编辑，选取平台上的造型操纵柄，调整平台形状，并移动楼梯的位置，结果如图 12-17 所示。

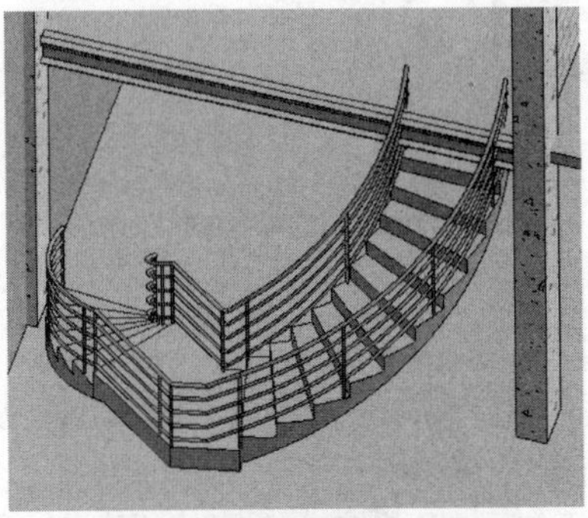

图 12-16　绘制楼梯

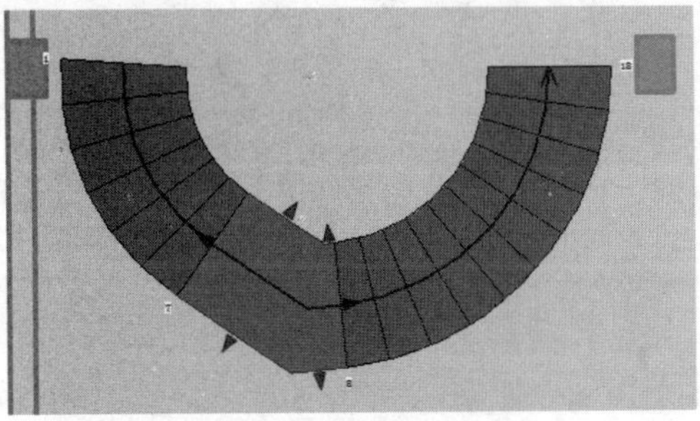

图 12-17　编辑楼梯

(9) 单击“模式”面板中的“完成编辑模式”按钮 ✔，将视图切换到三维视图，如图 12-18所示。

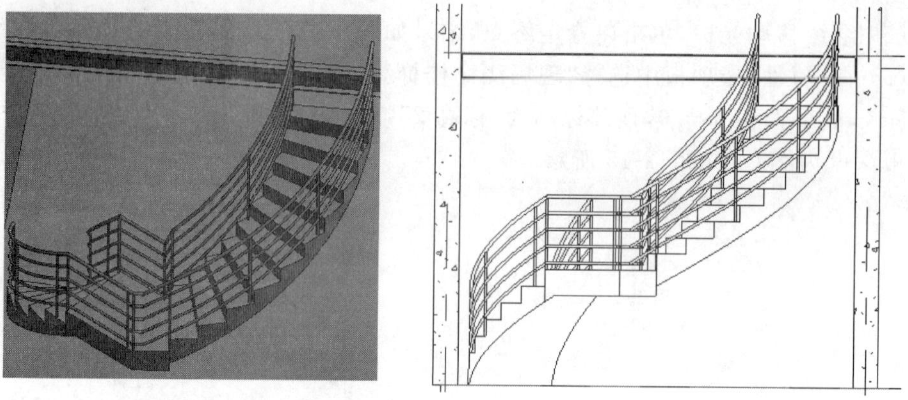

图 12-18　螺旋楼梯

12.1.4　绘制 L 形转角梯

本节通过指定梯段的较低端点创建 L 形斜踏步梯段构件。斜踏步梯段将自动连接底部和顶部立面。

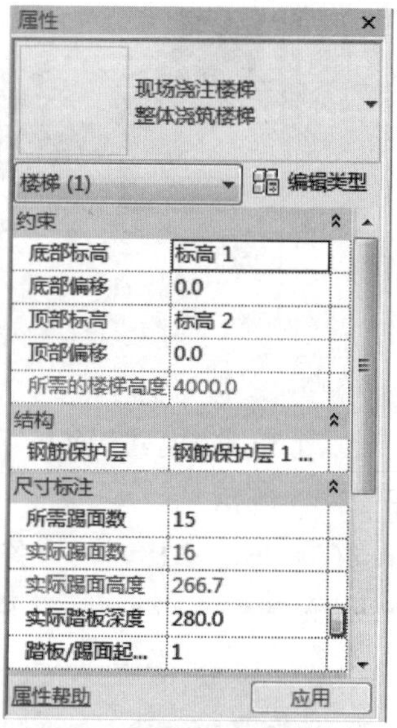

图 12-19　"属性"选项板

操作步骤

(1) 将视图切换至标高 1 平面图。

(2) 单击"建筑"选项卡"构建"面板中的"楼梯"按钮，打开"修改|创建楼梯"选项卡和选项栏。

(3) 在"属性"选项板中选择"现场浇注楼梯 整体浇筑楼梯"类型，设置底部标高为"标高 1"，底部偏移为 0.0，顶部标高为"标高 2"，顶部偏移为 0.0，所需踢面数为 15，实际踏板深度为 280，如图 12-19 所示。

(4) 单击"构件"面板中的"梯段"按钮和"L 形转角"按钮，在选项栏中设置定位线为"梯段：中心"，偏移为 0，实际梯段宽度为 1000，并选中"自动平台"复选框。

(5) 楼梯方向如图 12-20 所示，可以看出楼梯方向不符合要求。按空格键可旋转斜踏步梯段的形状，以便梯段朝向所需的方向，如图 12-21 所示。

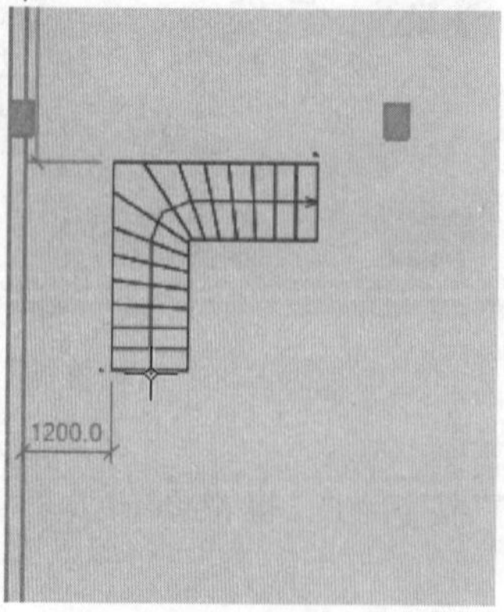

图 12-20　楼梯方向

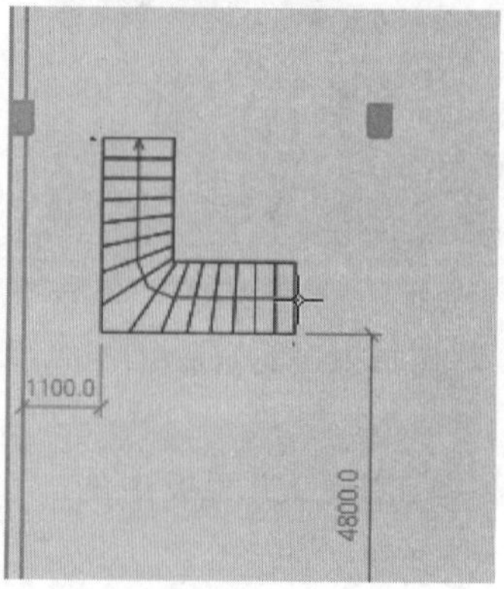

图 12-21　更改楼梯方向

Note

(6) 单击放置楼梯，如图 12-22 所示。

(7) 单击“模式”面板中的“完成编辑模式”按钮✔，将视图切换到三维视图，如图 12-23 所示。

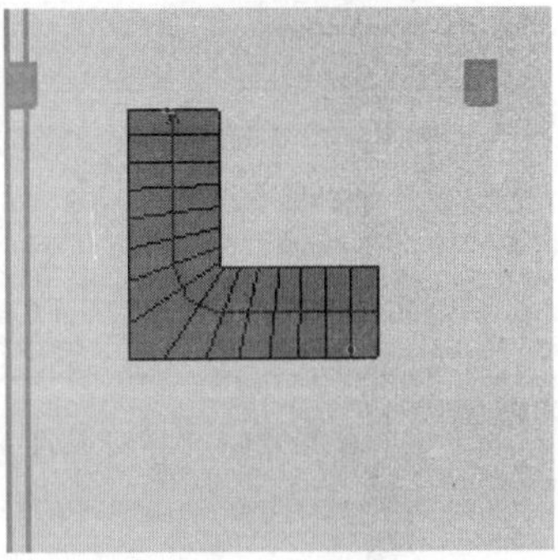

图 12-22 放置楼梯

图 12-23 L 形转角楼梯

提示：如果相对于墙或其他图元定位梯段，将光标靠近墙，斜踏步楼梯会捕捉到相对于墙的位置。

(8) 单击“修改”选项卡“修改”面板中的“对齐”按钮，先选择楼板的端面，然后选择楼梯最后一个台阶的端面，如图 12-24 所示，使楼梯和楼板对齐，结果如图 12-25 所示。

图 12-24 选择对齐面

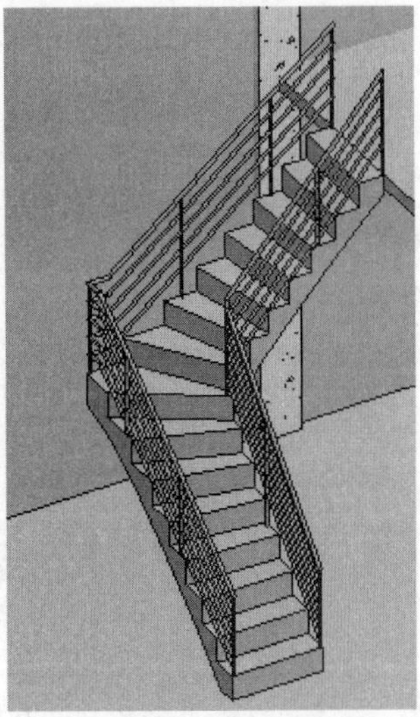

图 12-25 对齐楼梯

U 形转角梯是通过指定梯段的较低端点创建 U 形斜踏步梯段,具体绘制方法与 L 形转角梯相同,这里不再详细介绍,读者可以自行绘制。

12.1.5　绘制自定义楼梯

在创建楼梯构件时,通过绘制边界和踢面来创建自定义形状的梯段构件。可以通过绘制边界和踢面来定义自定义梯段,而不是让 Revit 自动计算楼梯梯段。

注意:通过绘制创建构件时,构件之间不会像使用常用的构件工具创建楼梯构件时那样自动彼此相关。例如,如果用户绘制梯段和平台构件,然后更改梯段的宽度,则平台形状不会自动更改。绘制的构件必须手动更新。

操作步骤

(1) 将视图切换至标高 1 平面图。

(2) 单击“建筑”选项卡“构建”面板中的“楼梯”按钮,打开“修改|创建楼梯”选项卡和选项栏。单击“工具”面板中的“栏杆扶手”按钮,打开“栏杆扶手”对话框,选择“踏板”为栏杆的放置位置,如图 12-26 所示。单击“确定”按钮,为楼梯梯段创建栏杆扶手的类型。

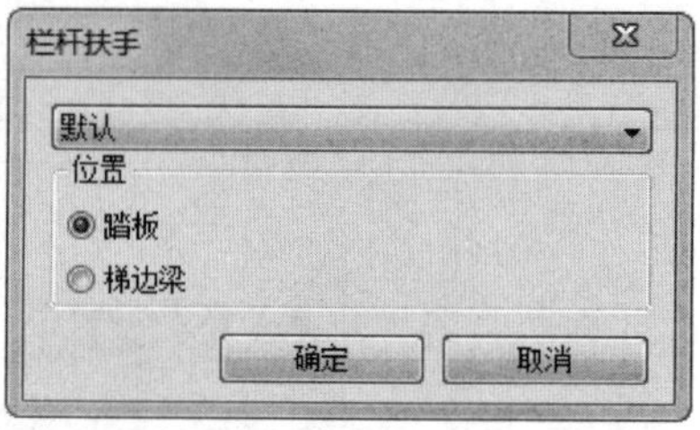

图 12-26　“栏杆扶手”对话框

(3) 单击“构件”面板中的“梯段”按钮和“创建草图”按钮,打开“修改|创建楼梯→绘制梯段”选项卡,如图 12-27 所示。

图 12-27　“修改|创建楼梯→绘制梯段”选项卡

(4) 单击“绘制”面板中的“边界”按钮和“线”按钮,绘制左右边界。

提示:请勿将左右边界线相互连接。可以将其绘制为单条线或多段线(例如,多段直线和弧线连接在一起)。

连接左、右边界之间的踢面线。如果踢面线延伸到边界之外,创建梯段时会对踢面线进行修剪。

绘制的楼梯路径必须始于第一条踢板线,而结束于最后一条踢面线。不能延伸到第一条或最后一条踢面线之外。

12.2　栏 杆 扶 手

通过“栏杆扶手”命令以添加独立式栏杆扶手或是将栏杆扶手附加到楼梯、坡道和其他主体。

使用栏杆扶手工具，可以完成以下操作：

(1) 将栏杆扶手作为独立构件添加到楼层中；

(2) 将栏杆扶手附着到主体(如楼板、坡道或楼梯)；

(3) 在创建楼梯时自动创建栏杆扶手；

(4) 在现有楼梯或坡道上放置栏杆扶手；

(5) 绘制自定义栏杆扶手路径并将栏杆扶手附着到楼板、屋顶板、楼板边、墙顶、屋顶或地形。

创建栏杆扶手时，扶栏和栏杆将自动按相等间隔放置在栏杆扶手上，如图 12-28 所示。

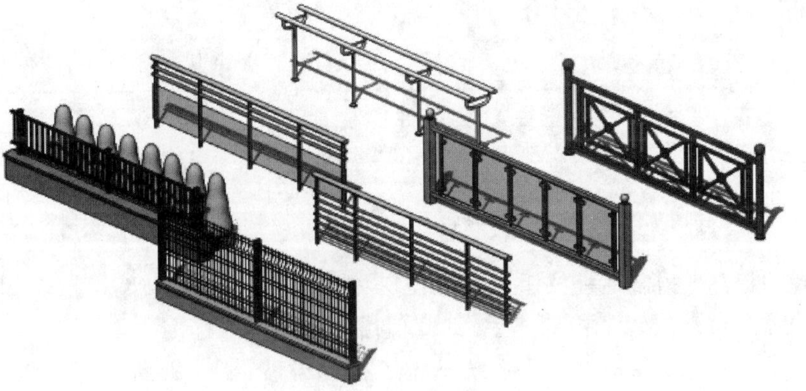

图 12-28　栏杆扶手

12.2.1　通过绘制路径创建栏杆

本书通过绘制栏杆扶手路径来创建栏杆扶手，然后选择一个图元(例如楼板或屋顶)作为栏杆扶手主体。

操作步骤

(1) 将视图切换至标高 1 楼层平面视图。

(2) 单击“建筑”选项卡“构建”面板“栏杆扶手”下拉列表框中的“绘制路径”按钮，打开“修改|创建栏杆扶手路径”选项卡和选项栏，如图 12-29 所示。

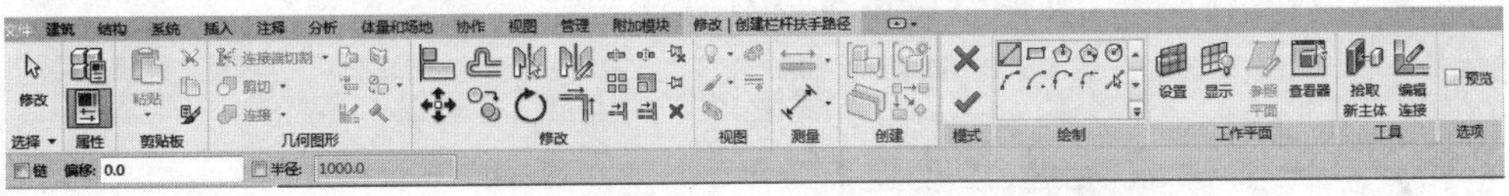

图 12-29　“修改|创建栏杆扶手路径”选项卡和选项栏

(3) 单击“绘制”面板中的“线”按钮(默认状态下，系统会激活此按钮)，选择栏杆路径，如图 12-30 所示。单击“模式”面板中的“完成编辑模式”按钮，完成栏杆路径的绘制。

(4) 在“属性”选项板中选择“栏杆扶手 900mm 圆管”类型，输入底部偏移为 300，如图 12-31 所示。

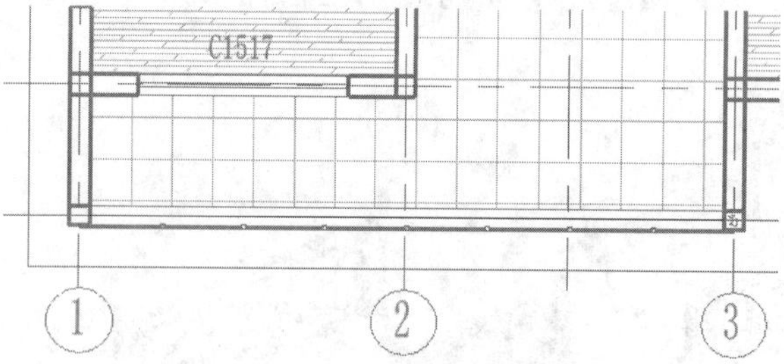

图 12-30　绘制栏杆路径

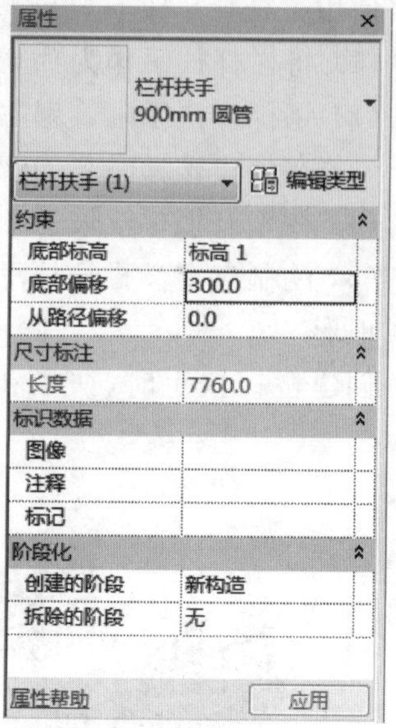

图 12-31　“属性”选项板

➢ 底部标高：指定栏杆扶手系统不位于楼梯或坡道上时的底部标高。如果在创建楼梯时自动放置了栏杆扶手，则此值由楼梯的底部标高决定。

➢ 底部偏移：如果栏杆扶手系统不位于楼梯或坡道上，则此值是楼板或标高到栏杆扶手系统底部的距离。

➢ 从路径偏移：指定相对于其他主体上踏板、梯边梁或路径的栏杆扶手偏移。如果在创建楼梯时自动放置了栏杆扶手，则可以选择将栏杆扶手放置在踏板或梯边梁上。

➢ 长度：栏杆扶手的实际长度。

➢ 注释：有关图元的注释。

➢ 标记：应用于图元的标记，如显示在图元多类别标记中的标签。

➢ 创建的阶段：创建图元的阶段。

➢ 拆除的阶段：拆除图元的阶段。

(5) 双击三维视图，将视图切换至三维视图，结果如图 12-32 所示。

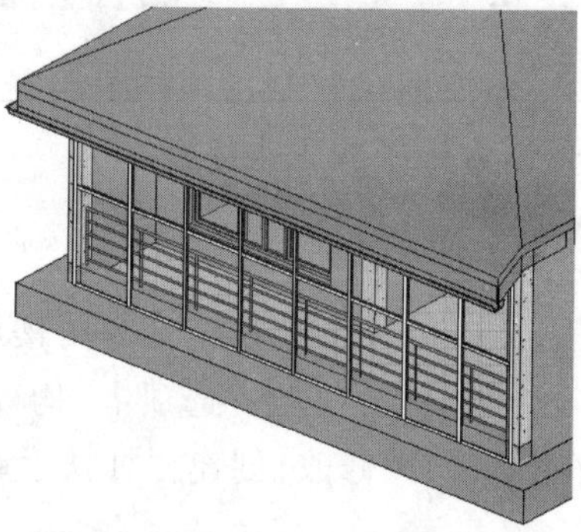

图 12-32　创建栏杆

12.2.2　在楼梯或坡道上放置栏杆

可以选择栏杆扶手类型，对于楼梯，可以指定将栏杆扶手放置在踏板还是梯边梁上。

操作步骤

(1) 单击“建筑”选项卡“构建”面板“栏杆扶手”下拉列表框中的“放置在楼梯/坡道上”按钮，打开“修改|在楼梯/坡道上放置栏杆扶手”选项卡，如图 12-33 所示。

默认栏杆扶手位置在踏板上。

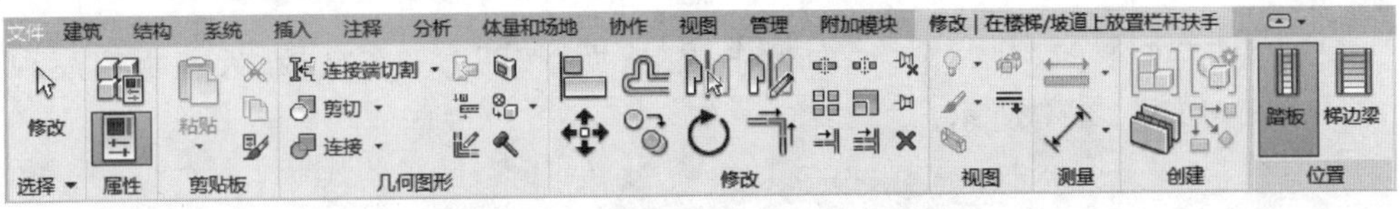

图 12-33　“修改|在楼梯/坡道上放置栏杆扶手”选项卡

（2）在类型选项板中选择栏杆扶手的类型为“栏杆扶手 1100mm”。

（3）在将光标放置在无栏杆扶手的楼梯或坡道时，它们将高亮显示。当设置多层楼梯作为栏杆扶手主体时，栏杆扶手会按组进行放置，以匹配多层楼梯的组，如图 12-34 所示。

（4）将视图切换到标高 1 平面图，选择栏杆扶手，单击按钮，调整栏杆扶手位置。

（5）双击栏杆扶手，打开“修改|路径”选项卡，对栏杆扶手的路径进行编辑，单击“圆角弧”按钮，将拐角处改成圆角，如图 12-35 所示。

（6）单击“模式”面板中的“完成编辑模式”按钮，完成栏杆的修改，结果如图 12-36 所示。

图 12-34　添加扶手

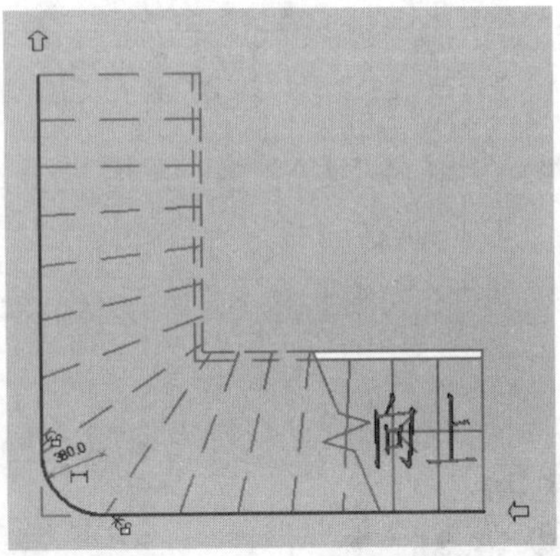

图 12-35　编辑扶手路径

图 12-36　修改后的栏杆扶手

Note

12.3　洞　口

使用“洞口”工具可以在墙、楼板、天花板、屋顶、结构梁、支撑和结构柱上剪切洞口。

12.3.1　面洞口

可以使用“面洞口”工具在楼板、屋顶或天花板上剪切竖直洞口。

Note

操作步骤

（1）单击“建筑”选项卡“洞口”面板中的“按面”按钮，在楼板、天花板或屋顶中选择一个面，如图 12-37 所示。

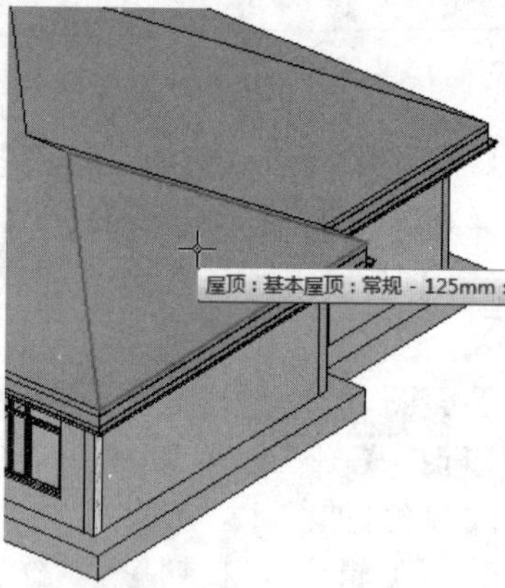

图 12-37　选取屋顶面

（2）打开“修改|创建洞口边界”上下文选项卡和选项栏，如图 12-38 所示。

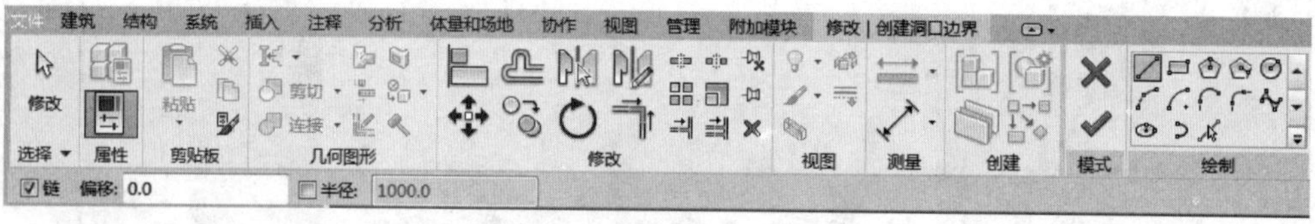

图 12-38　“修改|创建洞口边界”上下文选项卡和选项栏

（3）单击“绘制”面板中的“椭圆”按钮，在屋顶上绘制一个椭圆，如图 12-39 所示。也可以利用其他绘制工具绘制任意形状的洞口。

（4）单击“模式”面板中的“完成编辑模式”按钮，完成面洞口的绘制，如图 12-40 所示。

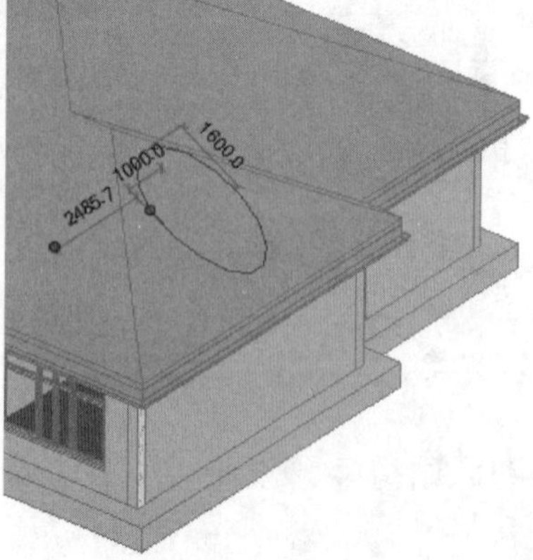

图 12-39　绘制椭圆

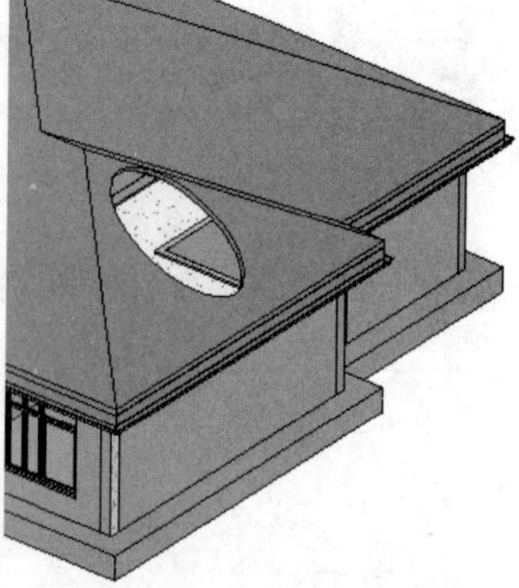

图 12-40　绘制面洞口

12.3.2 垂直洞口

可以使用“垂直洞口”工具在楼板、屋顶或天花板上剪切垂直洞口。

操作步骤

(1) 单击“建筑”选项卡“洞口”面板中的“垂直洞口”按钮，选择屋顶，如图 12-41 所示。

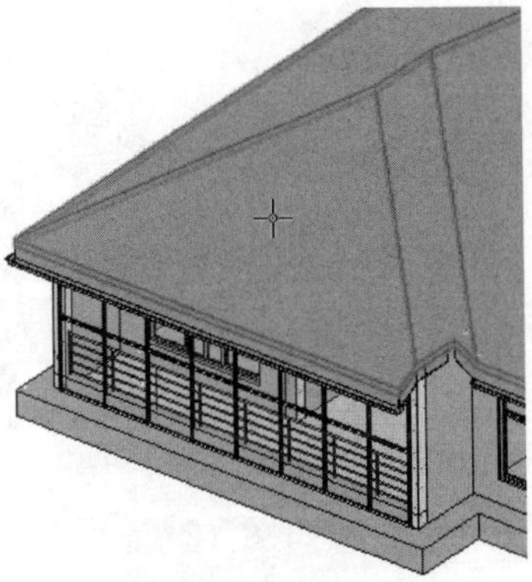

图 12-41 选取屋顶

(2) 打开“修改|创建洞口边界”上下文选项卡和选项栏，如图 12-42 所示。

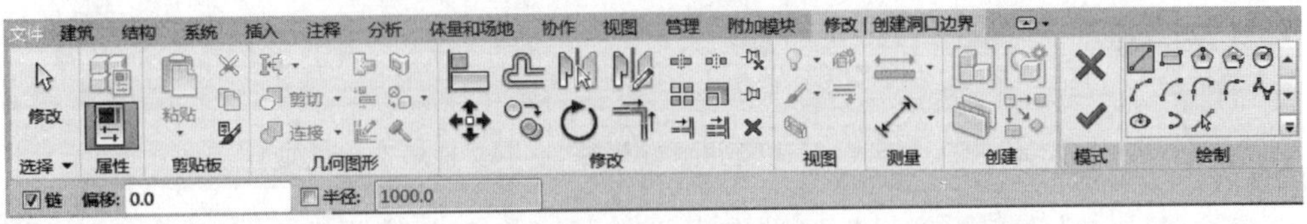

图 12-42 “修改|创建洞口边界”上下文选项卡和选项栏

(3) 单击“绘制”面板中的“椭圆”按钮，在屋顶上绘制如图 12-43 所示的椭圆。也可以利用其他绘制工具绘制任意形状的洞口。

(4) 单击“模式”面板中的“完成编辑模式”按钮，完成垂直洞口的绘制，如图 12-44所示。

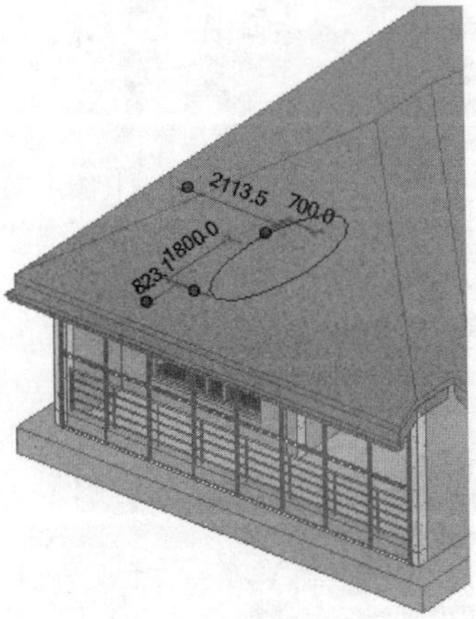

图 12-43 绘制椭圆

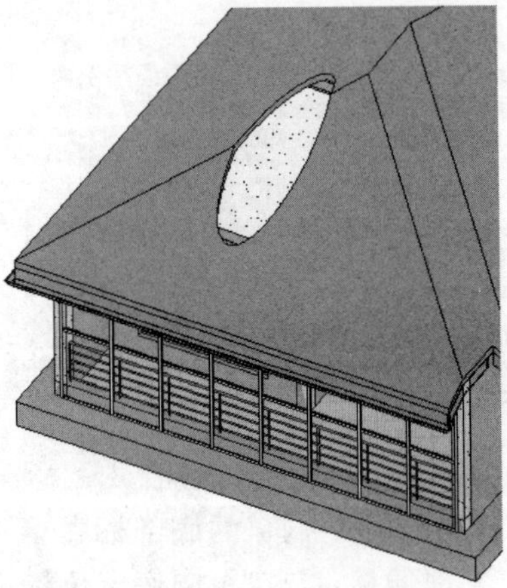

图 12-44 垂直洞口

Note

☎ **注意**：应了解“面洞口”和“垂直洞口”的绘制区别。

12.3.3 竖井洞口

使用“竖井”工具可以放置跨越整个建筑高度（或者跨越选定标高）的洞口，洞口同时贯穿屋顶、楼板或天花板的表面。

操作步骤

(1) 打开文件，如图 12-45 所示。将视图切换至标高 1 楼层平面。

(2) 单击“建筑”选项卡“洞口”面板中的“竖井”按钮，打开“修改|创建竖井洞口草图”上下文选项卡和选项栏，如图 12-46 所示。

(3) 单击“绘制”面板中的“边界线”按钮和“矩形”按钮，将视图切换到上视图，绘制如图 12-47 所示的边界线。

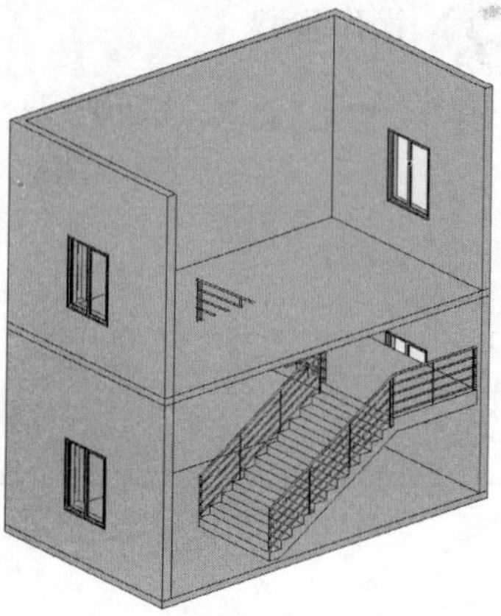

图 12-45　原文件

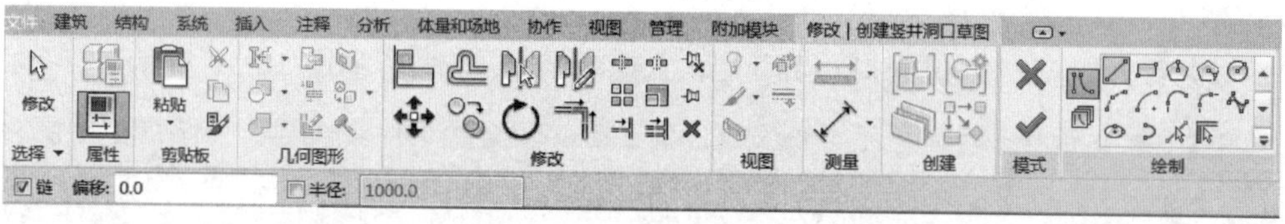

图 12-46　“修改|创建竖井洞口草图”上下文选项卡和选项栏

(4) 在“属性”选项板中设置底部约束为“标高 1”，底部偏移为 0，顶部约束为“直到标高：标高 3”，顶部偏移为 0，其他参数采用默认设置，如图 12-48 所示。

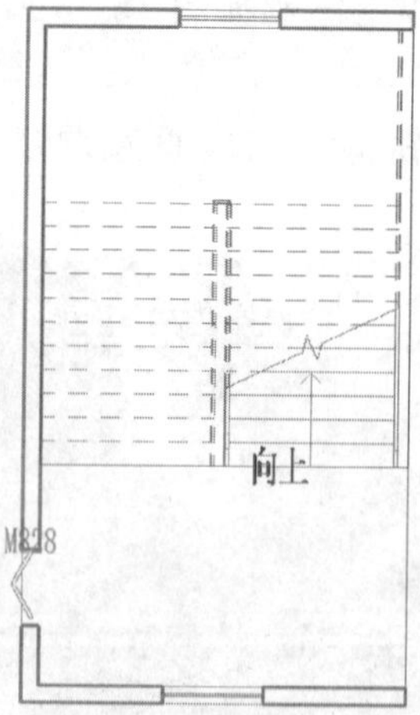

图 12-47　绘制边界线

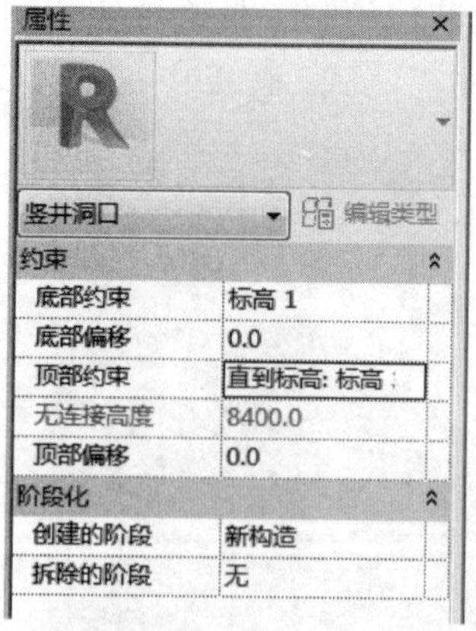

图 12-48　“属性”选项板

- 底部约束：洞口的底部标高。
- 底部偏移：洞口距洞底定位标高的高度。

- 顶部约束：用于约束洞口顶部的标高。如果未定义墙顶定位标高，则洞口高度为“无连接高度”中指定的值。
- 顶部偏移：洞口距顶部标高的偏移。
- 无连接高度：如果未定义顶部约束，则会使用洞口的高度（从洞底向上测量）。
- 创建的阶段：指示主体图元的创建阶段。
- 拆除的阶段：指示主体图元的拆除阶段。

（5）单击“模式”面板中的“完成编辑模式”按钮✔，完成竖井洞口的绘制，如图12-49所示。

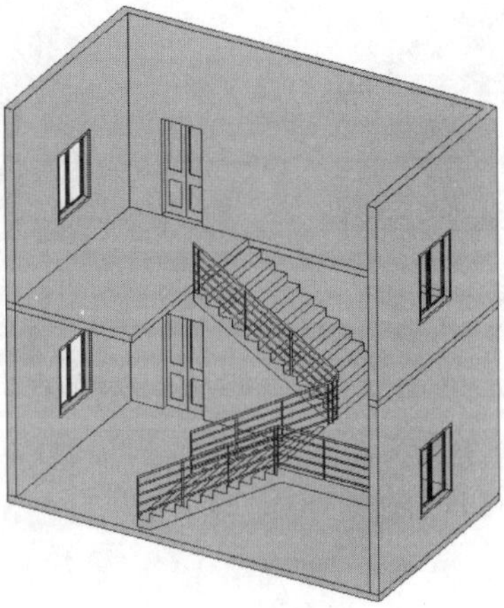

图12-49　竖井洞口

12.3.4　墙洞口

使用“墙洞口”工具可以在直线墙或曲线墙上剪切矩形洞口。

操作步骤

（1）打开檐槽文件，在“属性”选项板中选中剖面框，然后在视图中选取房屋，如图12-50所示。

（2）选择剖面框，并选取控制图标拖动调整剖面框的剖切位置，使内部玻璃隔断显示出来，如图12-51所示。

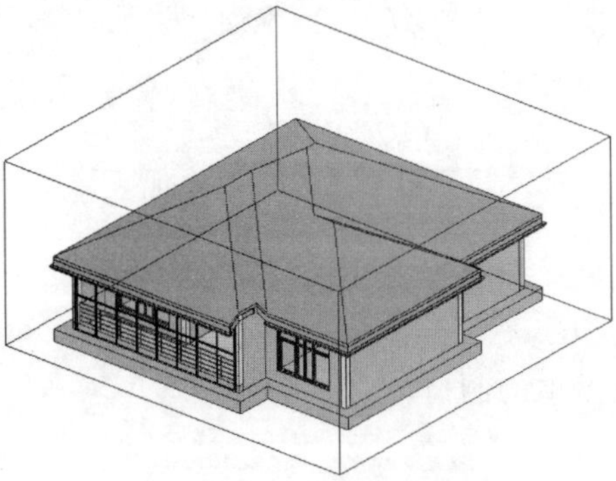

图12-50　显示剖面框

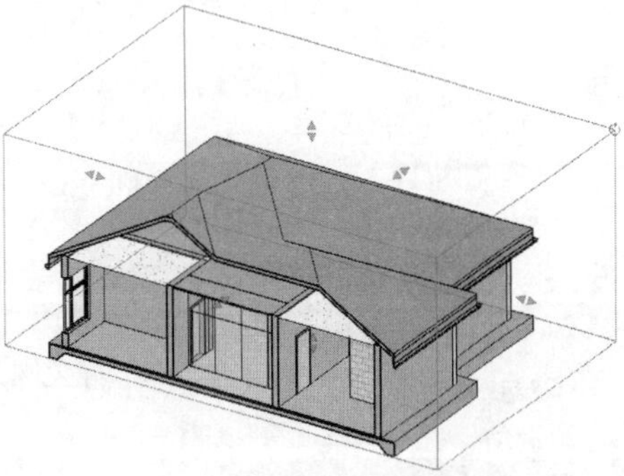

图12-51　调整剖切位置

Note

(3) 单击 ViewCube 上的"前"字样，将视图切换到前视图，如图 12-52 所示。

(4) 单击"建筑"选项卡"洞口"面板中的"墙洞口"按钮，选择内隔断玻璃幕墙为要创建洞口的墙，如图 12-53 所示。

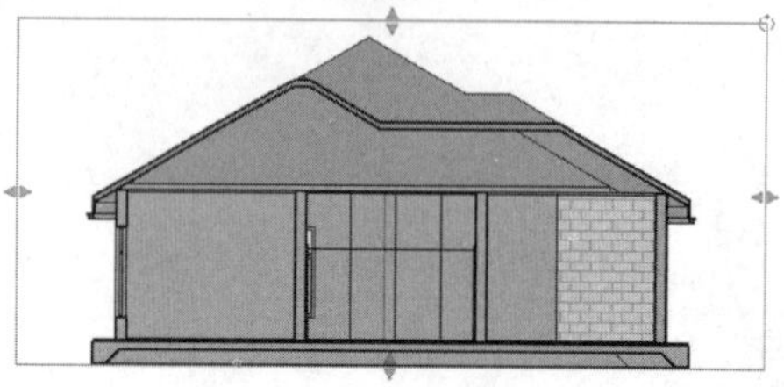

图 12-52　切换到前视图

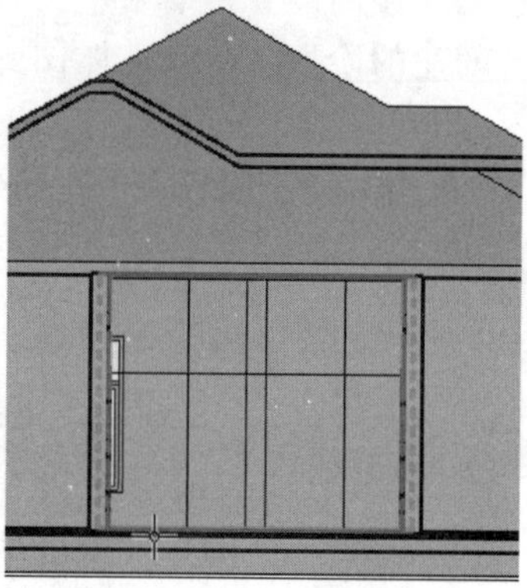

图 12-53　选取墙

(5) 在墙上单击确定矩形的起点，然后移动光标到适当位置单击确定矩形对角点，绘制一个矩形洞口，如图 12-54 所示。

(6) 将视图切换到三维视图，结果如图 12-55 所示。

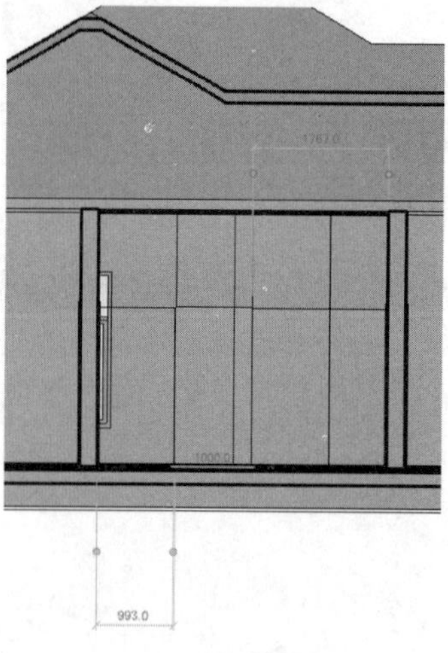

图 12-54　绘制矩形洞口

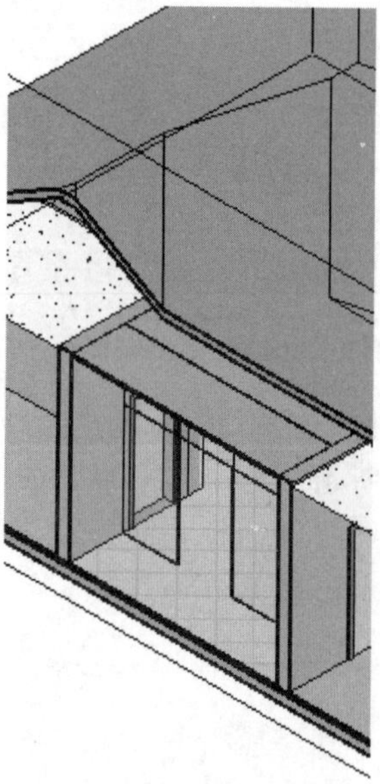

图 12-55　三维视图

12.3.5　老虎窗洞口

在添加老虎窗后，可以为其剪切一个穿过屋顶的洞口。

操作步骤

(1) 打开老虎窗文件，如图 12-56 所示。

(2) 单击“建筑”选项卡“洞口”面板中的“老虎窗洞口”按钮，在视图中选择大屋顶作为要被剪切的屋顶，如图 12-57 所示。

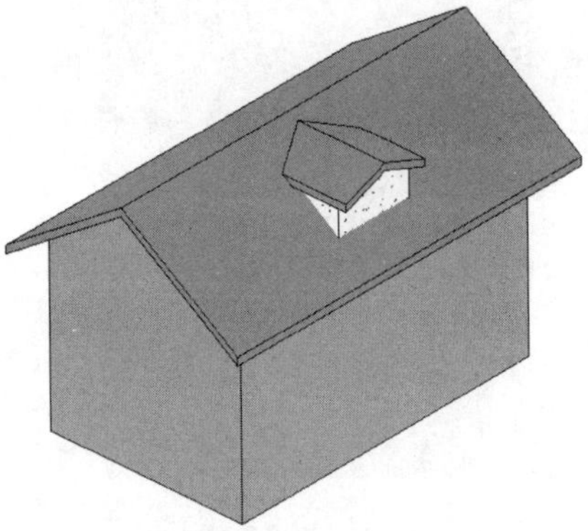

图 12-56 老虎窗

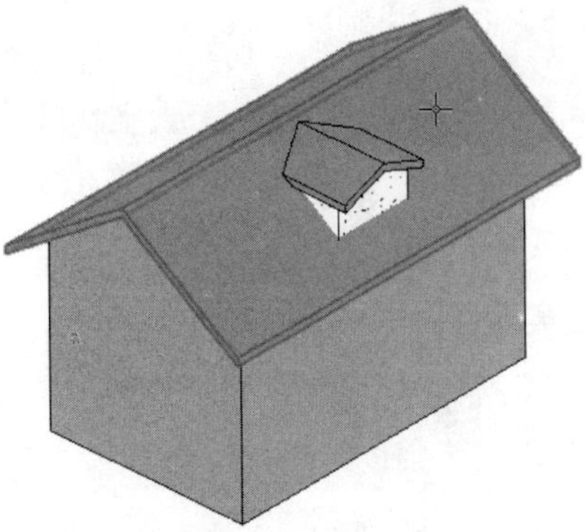

图 12-57 选取大屋顶

(3) 打开“修改|编辑草图”选项卡，如图 12-58 所示。系统默认单击“拾取”面板中的“拾取屋顶/墙边缘”按钮。

图 12-58 “修改|编辑草图”选项卡

(4) 在视图中选取连接屋顶、墙的侧面或屋顶连接面定义老虎窗的边界，如图 12-59 所示。

(5) 取消“拾取屋顶/墙边缘”按钮的选择，然后选取边界调整边界线的长度，使其成闭合区域，如图 12-60 所示。

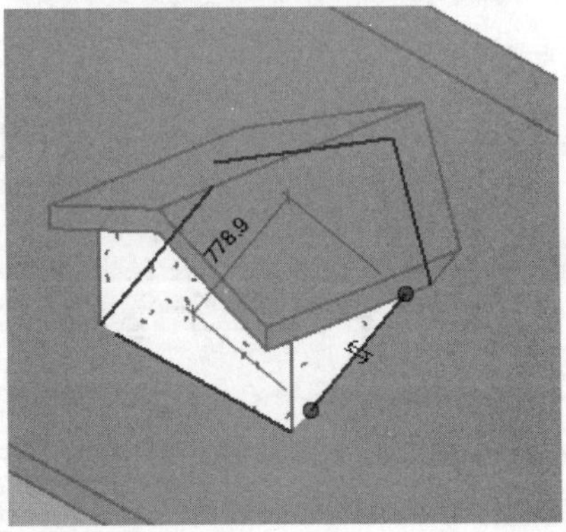

图 12-59 提取边界

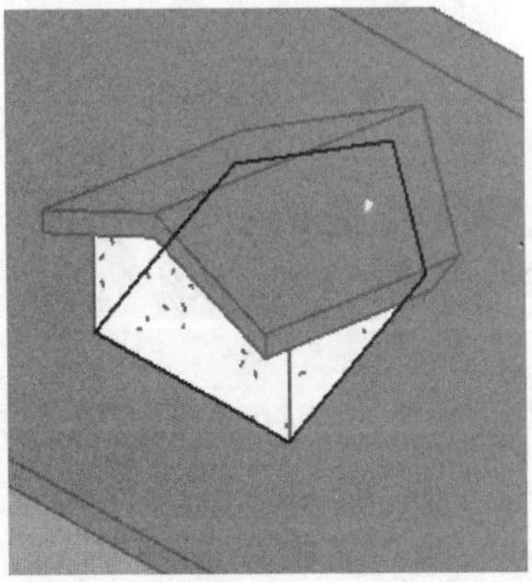

图 12-60 老虎窗边界

(6) 单击“模式”面板中的“完成编辑模式”按钮，选取老虎窗上的墙和屋顶，单击控制栏中的“临时隐藏/隔离”按钮，在打开的上拉菜单中选择“隐藏图元”命令，如图 12-61 所示，隐藏图元以后的老虎窗洞口，如图 12-62 所示。

Note

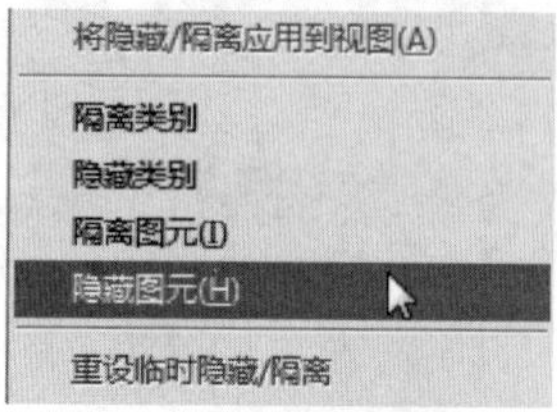

图 12-61　上拉菜单

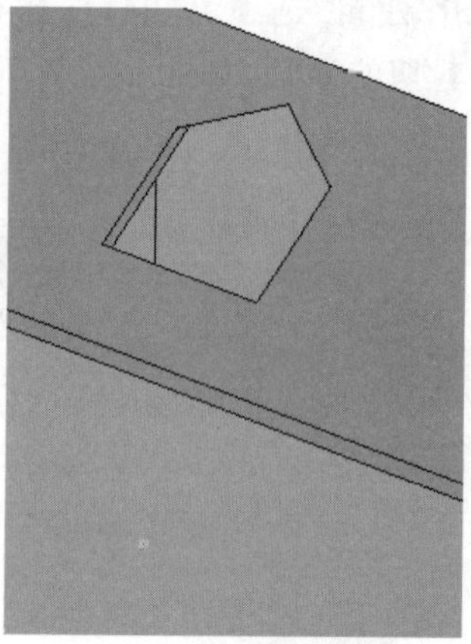

图 12-62　老虎窗洞口

12.4　坡　　道

可以在平面视图或三维视图中绘制一段坡道或绘制边界线来创建坡道。

操作步骤

(1) 打开坡道文件，将视图切换至标高 1 楼层平面视图。

(2) 单击“建筑”选项卡“构建”面板中的“坡道”按钮，打开“修改|创建坡道草图”选项卡和选项栏，如图 12-63 所示。

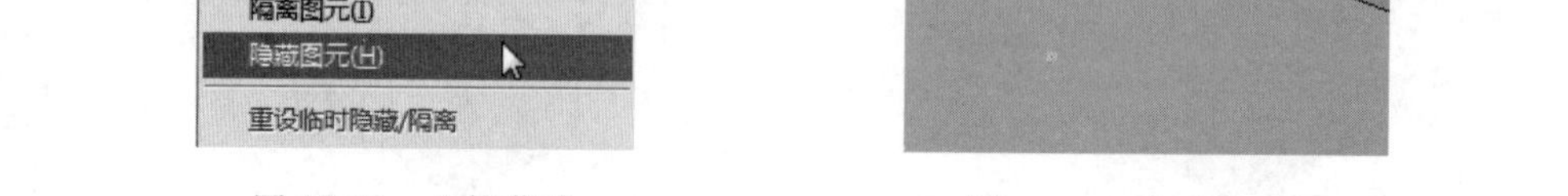

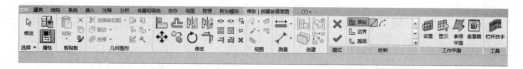

图 12-63　“修改|创建坡道草图”选项卡和选项栏

(3) 单击“工具”面板中的“栏杆扶手”按钮，打开“栏杆扶手”对话框，在下拉列表框中选择“无”选项，如图 12-64 所示。

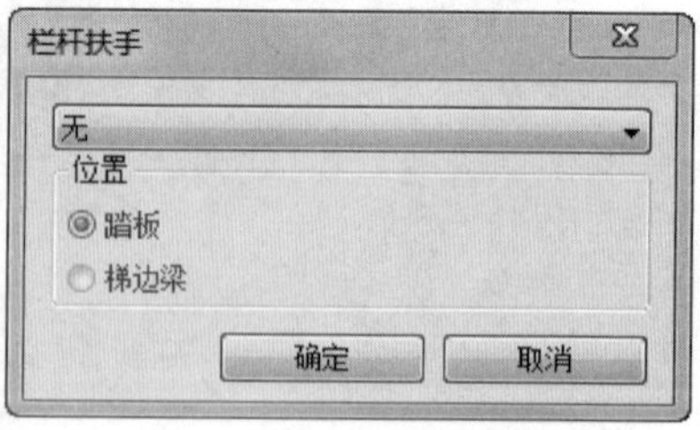

图 12-64　“栏杆扶手”对话框

(4) 单击“绘制”面板中的“梯段”按钮和“线”按钮，绘制如图 12-65 所示的梯段。然后修改梯段的长度为 5000，如图 12-66 所示。

(5) 在“属性”选项板中设置底部标高为“地下”，顶部标高为“标高 1”，宽度为 750，其他采用默认设置，如图 12-67 所示。

➢ 底部标高：设置坡道的基准。
➢ 底部偏移：设置距其底部标高的坡道高度。
➢ 顶部标高：设置坡道的顶部。
➢ 顶部偏移：设置距顶部标高的坡道偏移。

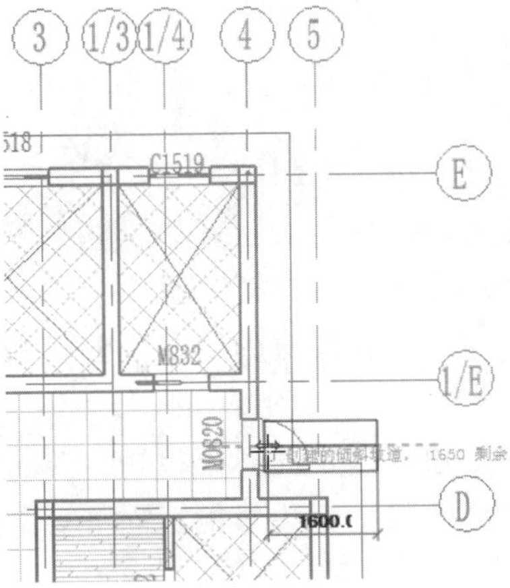

图 12-65　绘制梯段

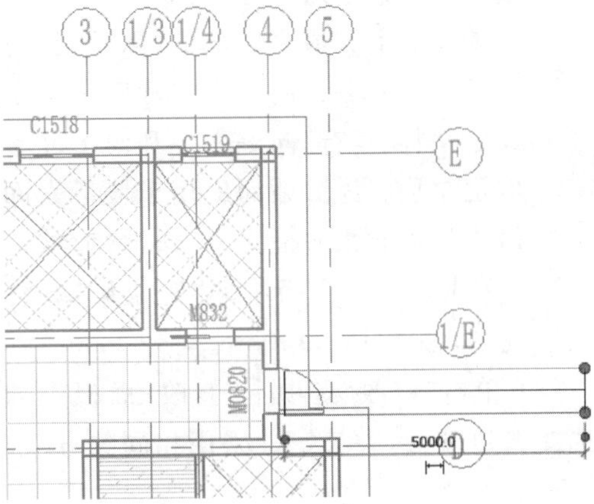

图 12-66　修改梯段长度

- 多层顶部标高：设置多层建筑中的坡道顶部。
- 文字(向上)：指定向上文字。
- 文字(向下)：指定向下文字。
- 向上标签：指示是否显示向上文字。
- 向下标签：指示是否显示向下文字。
- 在所有视图中显示向上箭头：指示是否在所有视图中显示向上箭头。
- 宽度：坡道的宽度。

(6) 单击“编辑类型”按钮，打开“类型属性”对话框，设置造型为“实体”，功能为“外部”，坡道最大坡度为 3，其他采用默认设置，如图 12-68 所示。

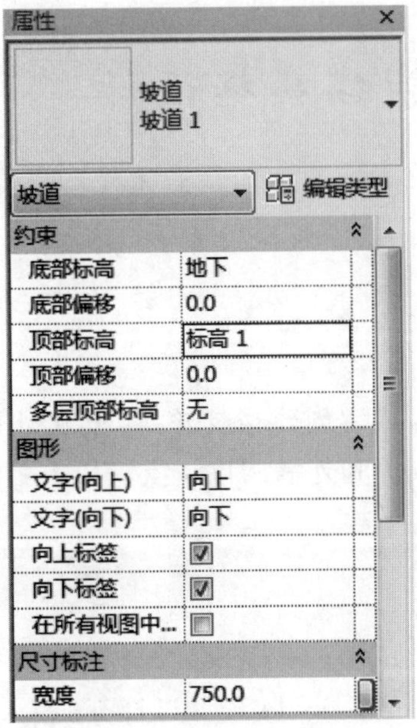

图 12-67　“属性”选项板

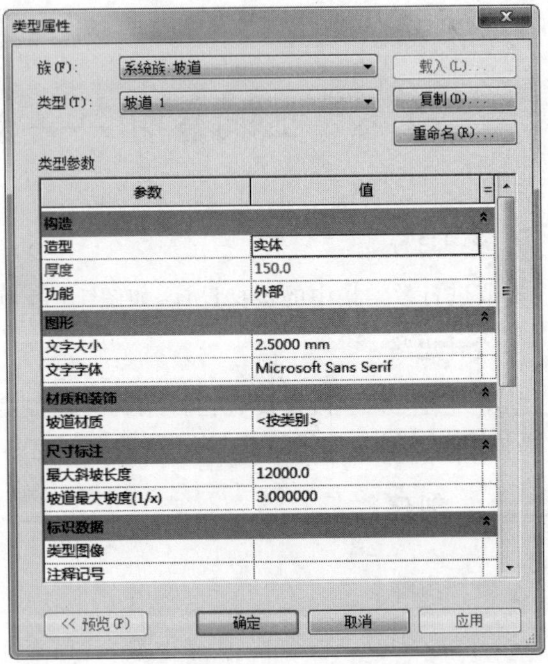

图 12-68　“类型属性”对话框

Note

➢ 厚度：设置坡道的厚度。
➢ 功能：指示坡道是内部的(默认值)还是外部的。
➢ 文字大小：坡道向上文字和向下文字的字体大小。
➢ 文字字体：坡道向上文字和向下文字的字体。
➢ 坡道材质：为渲染而应用于坡道表面的材质。
➢ 最大斜坡长度：指定要求平台前坡道中连续踢面高度的最大数量。

(7) 单击“模式”面板中的“完成编辑模式”按钮✔，完成坡道的绘制，将视图切换至三维视图，如图 12-69 所示。

(8) 单击“修改”选项卡“修改”面板中的“对齐”按钮，先选择楼板边缘端面，然后选择坡道端面，并锁定。采用相同的方法，使坡道侧面与楼板边缘侧面对齐，结果如图 12-70 所示。

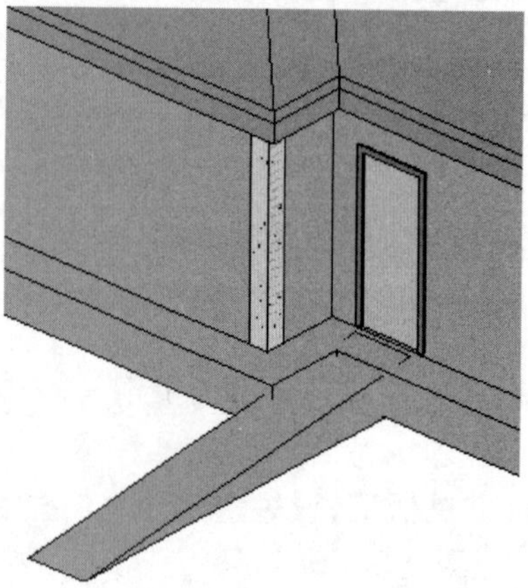
图 12-69　创建坡道

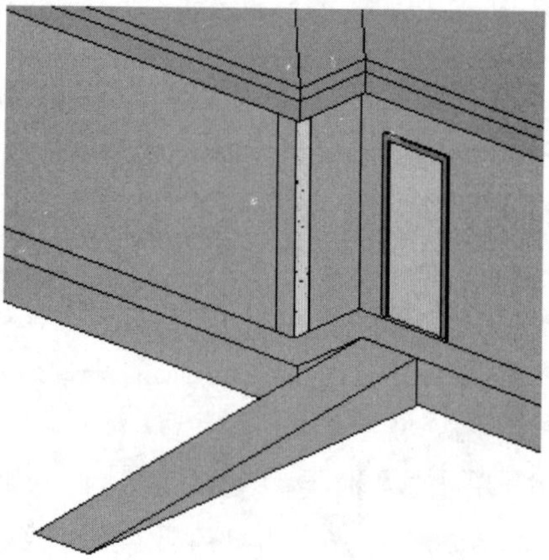
图 12-70　对齐坡道

12.5　上机练习——教学楼楼梯设计

练习目标

本节进行教学楼中的楼梯设计，如图 12-71 所示。

设计思路

利用“栏杆扶手”命令设置栏杆结构并绘制栏杆，然后创建楼梯轮廓，创建外面台阶，再利用“楼梯”命令创建室内楼梯，最后创建楼梯洞口和外墙洞口。

12.5.1　创建栏杆

12-1

操作步骤

(1) 单击“插入”选项卡“从库中载入”面板中的“载入族”按钮，打开“载入族”对话框，选择“China”→“建筑”→“栏杆扶手”→“栏杆”→“常规扶栏”→“普通栏杆”文

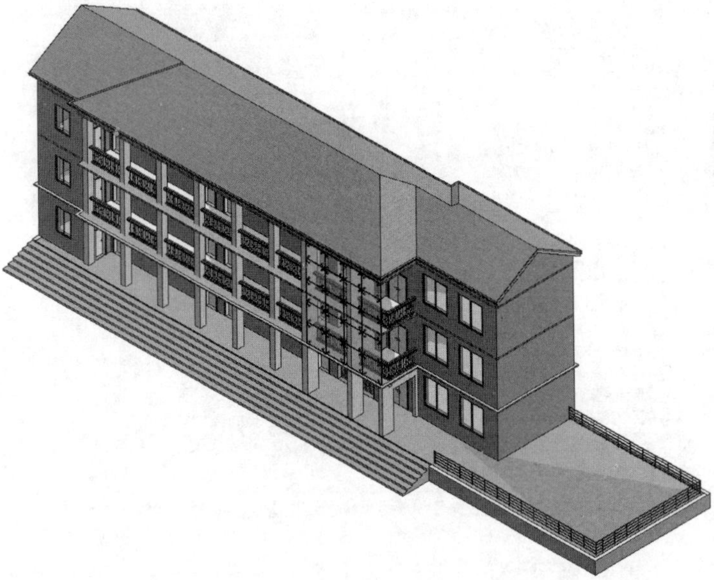

图 12-71　教学楼楼梯设计

件夹中的“立筋龙骨 2. rfa”族文件，如图 12-72 所示，单击“打开”按钮，载入立筋龙骨栏杆。

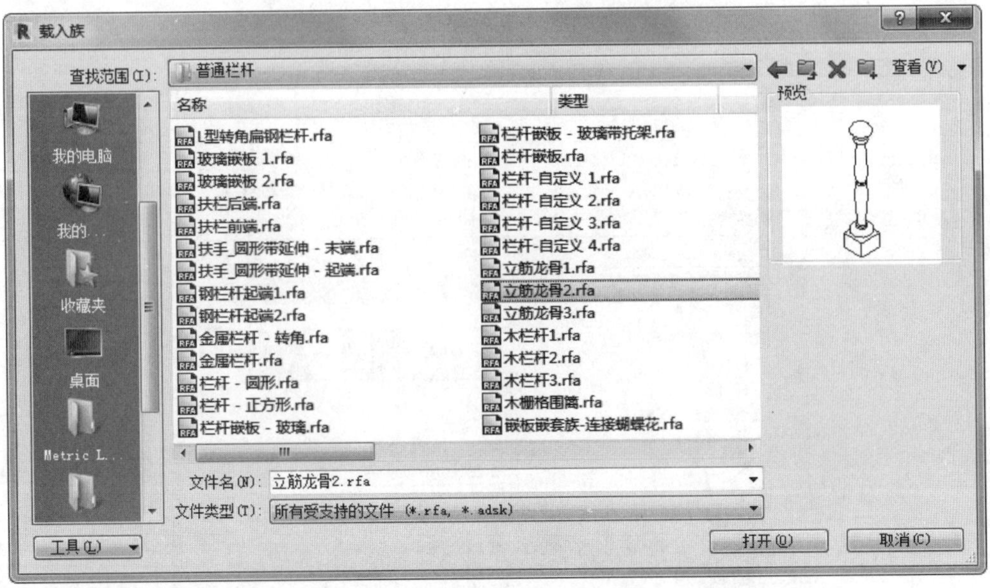

图 12-72　“载入族”对话框

（2）单击“插入”选项卡“从库中载入”面板中的“载入族”按钮，打开“载入族”对话框，选择“China”→“轮廓”→“专项轮廓”→“栏杆扶手”文件夹中的“FPC T12×W25×L150. rfa”族文件，如图 12-73 所示，单击“打开”按钮，载入栏杆扶手。

（3）将视图切换至 2F 楼层平面。

（4）单击“建筑”选项卡“构建”面板“栏杆扶手”下拉列表框中的“绘制路径”按

Note

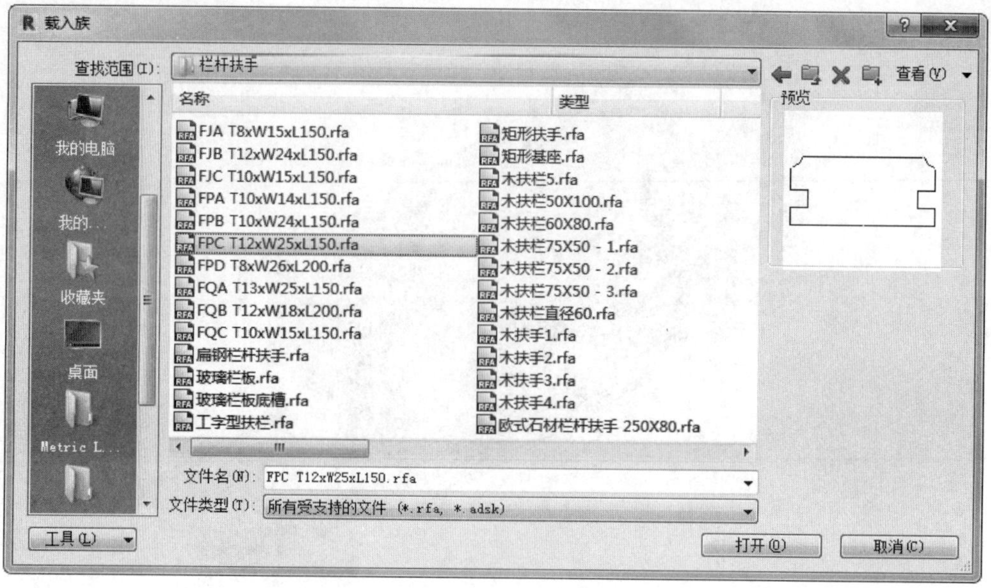

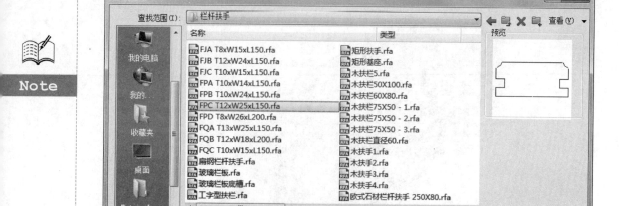

图 12-73 “载入族”对话框

钮，打开“修改|创建栏杆扶手路径”选项卡和选项栏。

(5) 在“属性”选项板中选择“栏杆扶手 1100mm”类型，单击“编辑类型”按钮，打开“类型属性”对话框，设置栏杆偏移为－25，如图 12-74 所示。

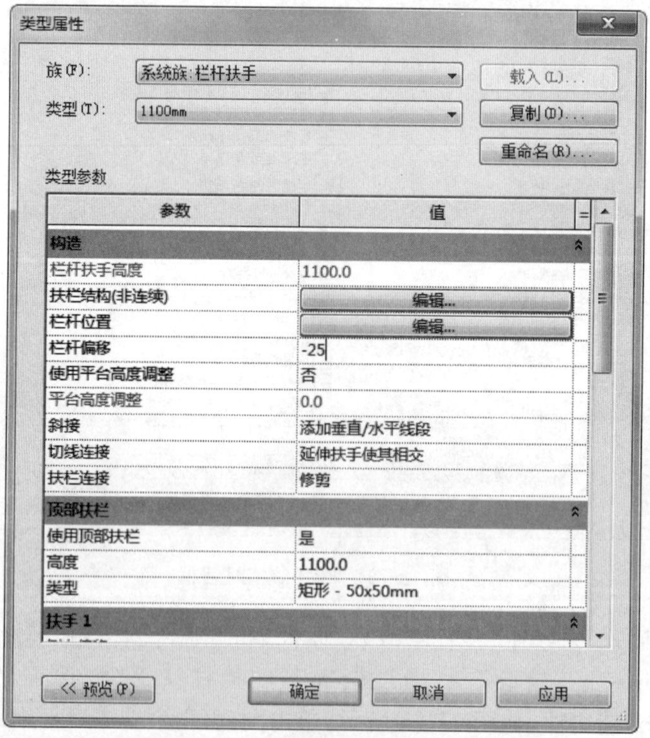

图 12-74 “类型属性”对话框

（6）单击“扶栏结构（非连续）”栏中的“编辑”按钮，打开“编辑扶手（非连续）”对话框，单击“插入”按钮，输入名称为“扶手 1”，在“轮廓”下拉列表中选择“FPC T12×W25×L150：FPC T12×W25×L150”选项，输入高度为 1100.0，偏移为－25.0，材质为“粉刷，米色，平滑”，如图 12-75 所示。单击“确定”按钮，返回到“类型属性”对话框。

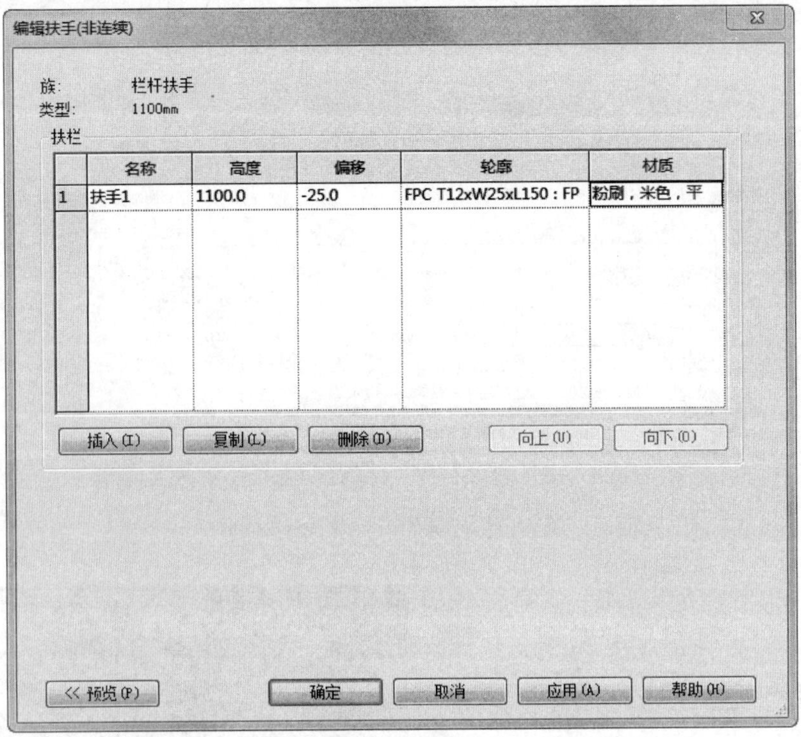

图 12-75　“编辑扶手（非连续）”对话框

（7）单击“栏杆位置”栏中的“编辑”按钮，打开“编辑栏杆位置”对话框，在常规栏的栏杆族中选择“立筋龙骨 2：立筋龙骨 2”，设置顶部为“扶手 1”，顶部偏移为－160，相对前一栏杆的距离为 200，超出长度填充为“立筋龙骨 2：立筋龙骨 2”，在“支柱”选项区中设置起点支柱和终点支柱为“无”，转角支柱为“立筋龙骨 2：立筋龙骨 2”，如图 12-76 所示。

（8）单击“绘制”面板中的“线”按钮，绘制栏杆路径，如图 12-77 所示。单击“模式”面板中的“完成编辑模式”按钮，完成栏杆的创建。

（9）在项目浏览器中选择“族”→“栏杆扶手”→“立筋龙骨 2”节点下的“立筋龙骨 2”选项，然后右击，在打开的快捷菜单中选择“类型属性”命令，打开“类型属性”对话框，设置材质为“粉刷，米色，平滑”，单击“确定”按钮，完成栏杆材质的设置。

（10）将视图切换至三维视图，观察栏杆如图 12-78 所示。

（11）将视图切换至 2F 楼层平面，单击“建筑”选项卡“构建”面板“栏杆扶手”下拉列表框中的“绘制路径”按钮，打开“修改|创建栏杆扶手路径”选项卡，绘制如图 12-79 所示的栏杆路径。单击“模式”面板中的“完成编辑模式”按钮，完成栏杆的创建。

Note

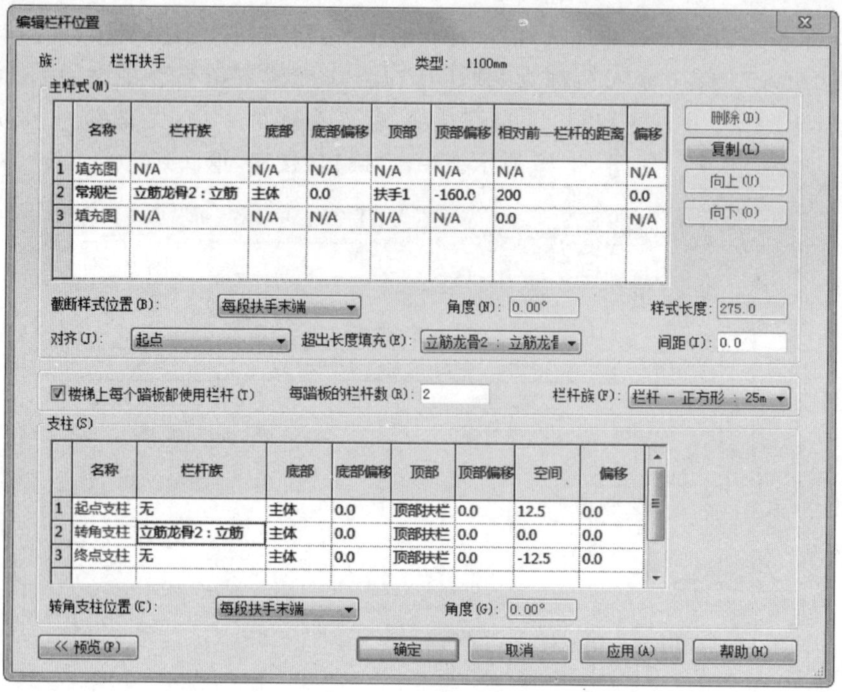

图 12-76 “编辑栏杆位置”对话框

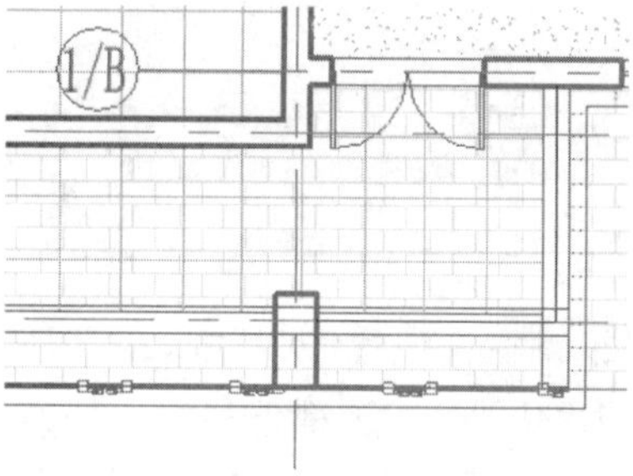

图 12-77 绘制栏杆路径

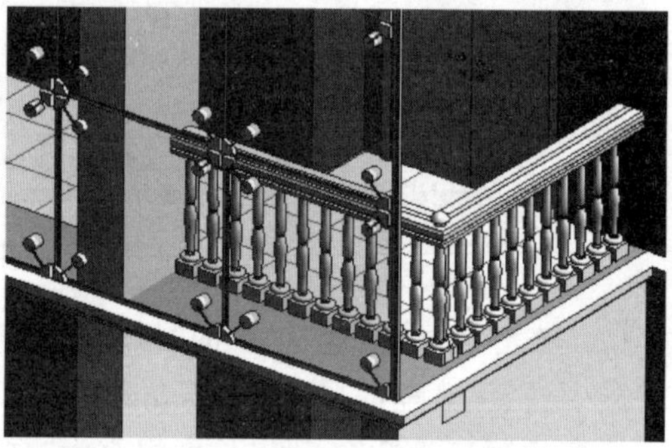

图 12-78 绘制二层栏杆

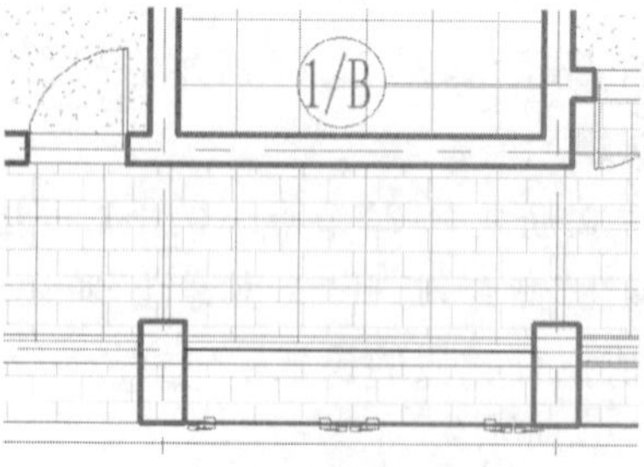

图 12-79 绘制栏杆路径

（12）采用相同的方法继续绘制二层的其他扶手栏杆，如图 12-80 所示。

（13）采用与二层扶手栏杆相同的创建方法，创建三层的扶手栏杆，将视图切换至三维视图，如图 12-81 所示。

（14）将视图切换到 1F 楼层平面图。

（15）单击“建筑”选项卡“构建”面板“楼板”下拉列表框中的“楼板：建筑”按钮，打开“修改|创建楼层边界”选项卡和选项栏。

（16）在“属性”选项板中选择“常规-100mm”类型，然后单击“编辑类型”按钮，打开“类型属性”对话框，新建“百叶地板”类型。单击“编辑”按钮，打开“编辑部件”对话框，更改结构层的材质为“钢,油漆面层,象牙白,有光泽”,并更改厚度为 20,如图 12-82 所示。

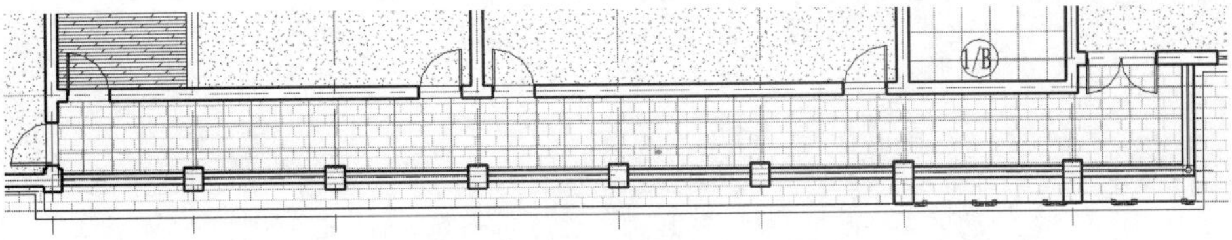

图 12-80　绘制二楼楼梯扶手栏杆

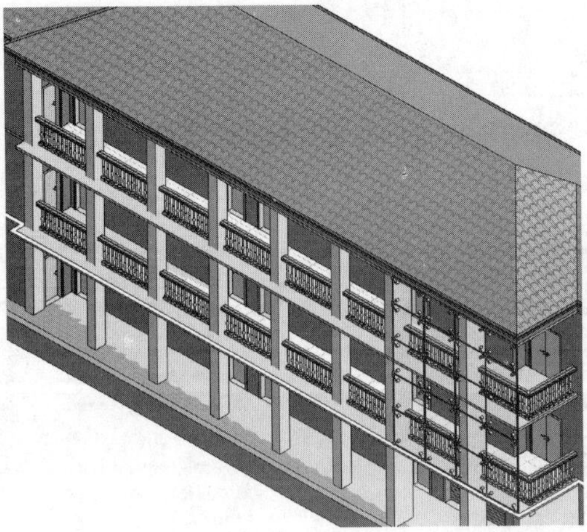

图 12-81　创建三层的扶手栏杆

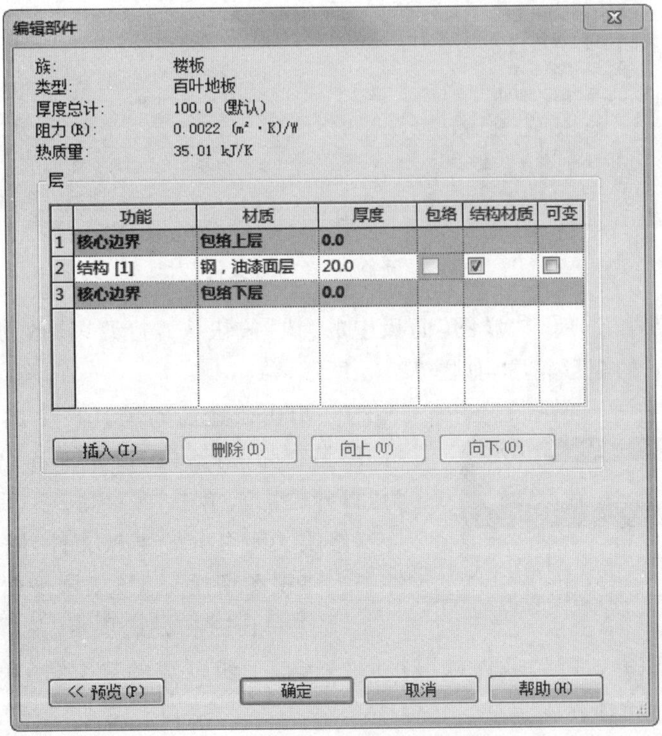

图 12-82　“编辑部件”对话框

（17）单击“绘制”面板中的“边界线”和“矩形”按钮，绘制楼板边界，如图 12-83所示。

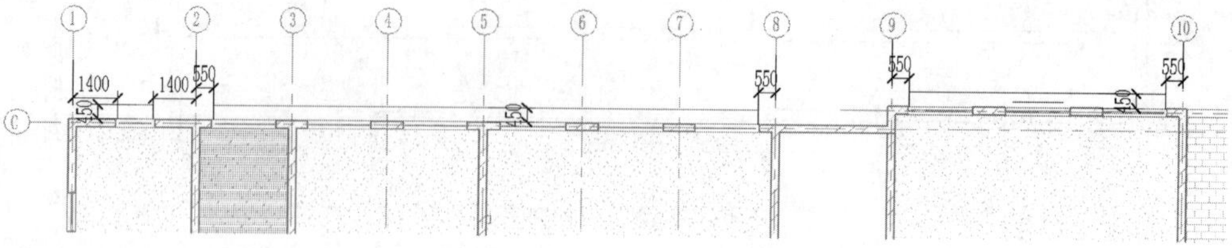

图 12-83　绘制楼板边界

（18）创建楼板边轮廓族

① 单击“文件”→“新建”→“族”命令，打开“新族-选择样板文件”对话框，选取“公制轮廓.rft”样板，如图 12-84 所示，单击“打开”按钮，进入轮廓族创建环境。

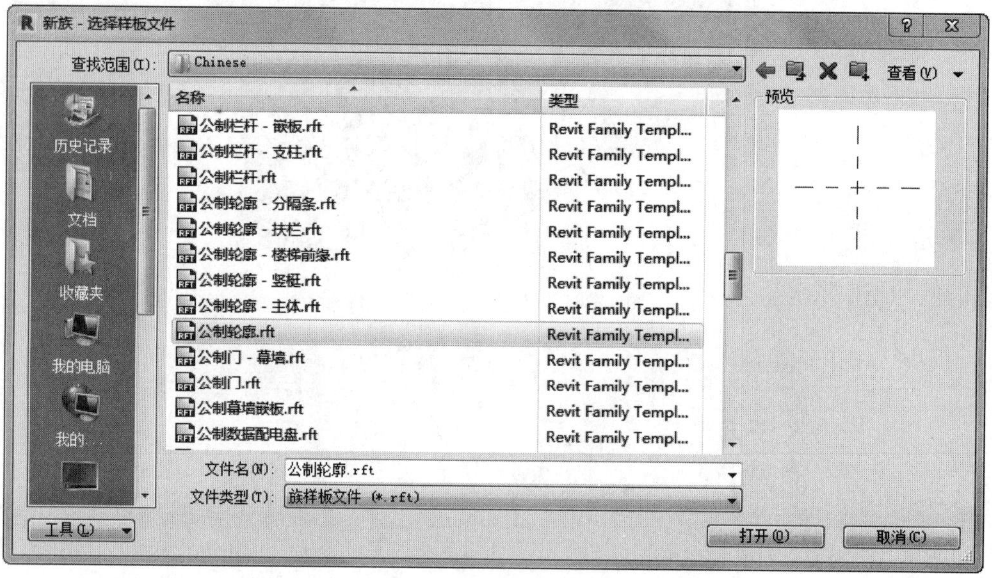

图 12-84　“新族-选择样板文件”对话框

② 单击“创建”选项卡“详图”面板中的“线”按钮，打开“修改|放置线”选项卡，绘制 50×10mm 的矩形轮廓，如图 12-85 所示。

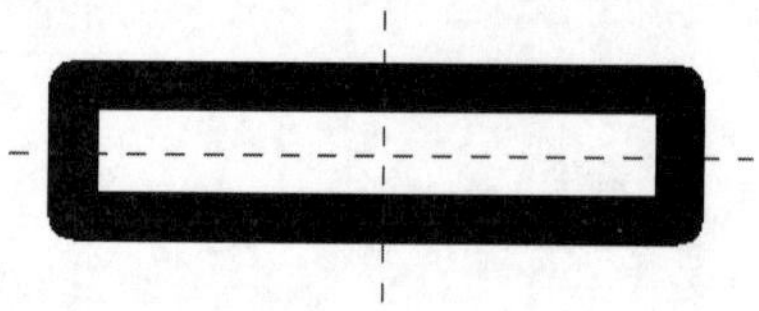

图 12-85　绘制轮廓

③ 单击快速访问工具栏中的“保存”按钮，打开“另存为”对话框，设置保存路径，输入文件名为“百叶轮廓”，单击“保存”按钮，保存百叶轮廓族。

修改关闭百叶轮廓族文件，回到教学楼项目文件中。将视图切换至 1F 楼层平面。

（19）单击“插入”选项卡“从库中载入”面板中的“载入族”按钮，打开“载入族”对话框，选择上步创建的族文件，单击“打开”按钮，载入创建的百叶轮廓族。

（20）单击“建筑”选项卡“构建”面板“栏杆扶手”下拉列表框中的“绘制路径”按

钮，打开“修改|创建栏杆扶手路径”选项卡和选项栏。

(21) 在“属性”选项板中选择“栏杆扶手 1100mm”类型，单击“编辑类型”按钮，打开“类型属性”对话框，新建“空调百叶”类型，更改高度为 1000，如图 12-86 所示。

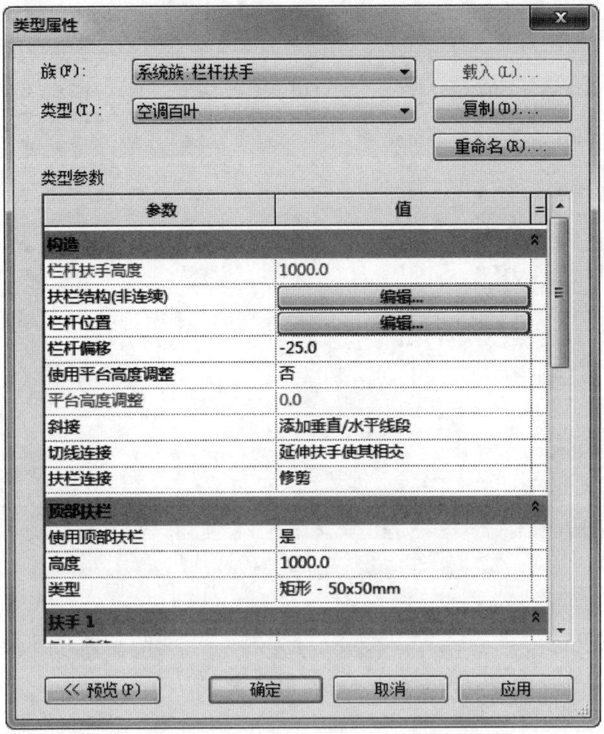

图 12-86 “类型属性”对话框

(22) 单击“扶栏结构(非连续)”栏中的“编辑”按钮，打开“编辑扶手(非连续)”对话框，更改扶手 1 的轮廓为“矩形扶手：50×50mm”，材质为“钢，油漆面层，象牙白，有光泽”，高度为 1000；单击“插入”按钮，建立“新建扶手(1)”，设置高度为 900，轮廓为“百叶轮廓”，材质为“钢，油漆面层，象牙白，有光泽”，选中“新建扶手(1)”，单击“复制”按钮，复制新建扶手直至“新建扶手(10)”，分别更改高度，间隔为 100，其中“新建扶手(2)”的高度为 50，如图 12-87 所示。单击“确定”按钮，返回到“类型属性”对话框。

(23) 单击“栏杆位置”栏中的“编辑”按钮，打开“编辑栏杆位置”对话框，在常规栏的栏杆族中选择“栏杆-正方形：25mm”，设置顶部为“扶手 1”，顶部偏移为 0，相对前一栏杆的距离为 1500，然后选中常规栏，单击“复制”按钮，新建常规栏，在“支柱”选项区中设置起点支柱、终点支柱和转角支柱为“栏杆-正方形：25mm”，如图 12-88 所示。

(24) 单击“绘制”面板中的“线”按钮，沿着底板边缘线绘制栏杆路径，如图 12-89 所示。单击“模式”面板中的“完成编辑模式”按钮，完成空调百叶的创建。

(25) 重复“栏杆扶手”命令，在另外两块底板上创建空调百叶，将视图切换至三维视图，如图 12-90 所示。

(26) 将视图切换至北立面视图，按住 Ctrl 键选择视图中的一层上所创建的底板和空调百叶，如图 12-91 所示。

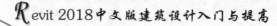

Note

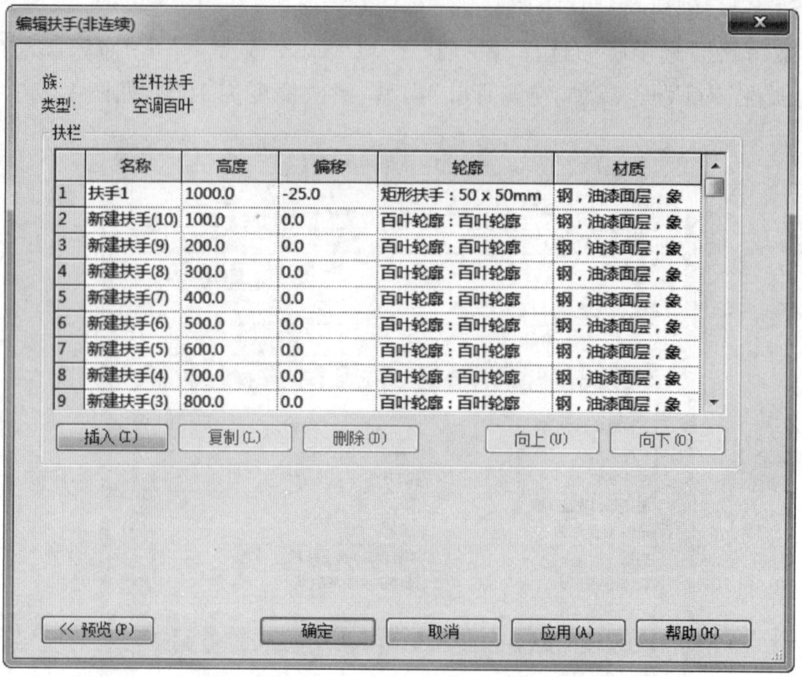

图 12-87 “编辑扶手(非连续)”对话框

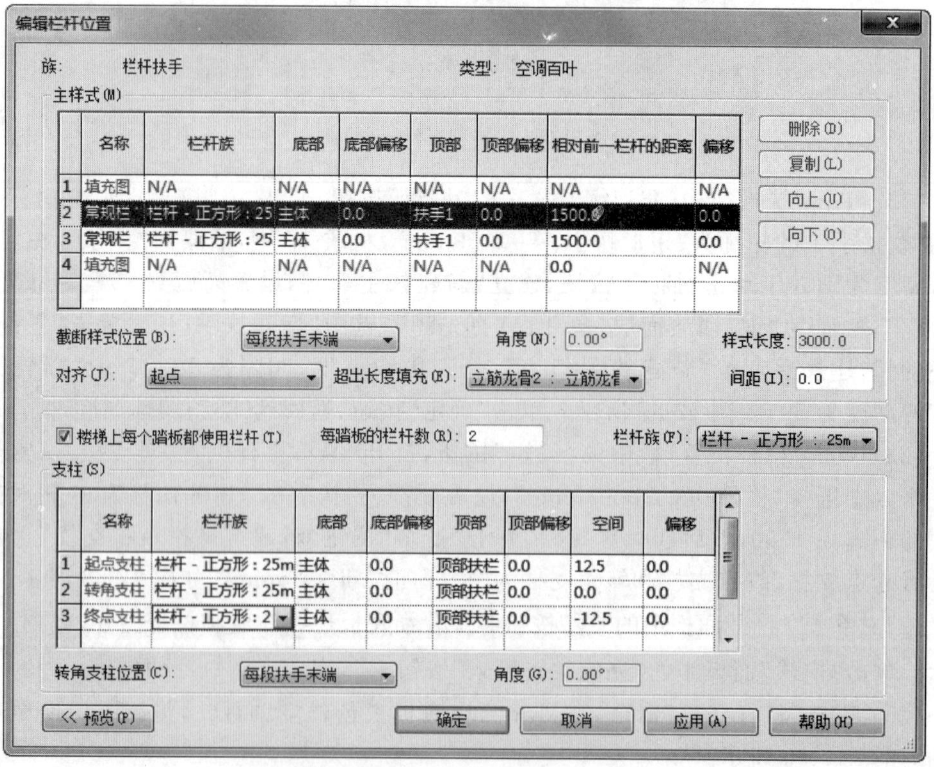

图 12-88 “编辑栏杆位置”对话框

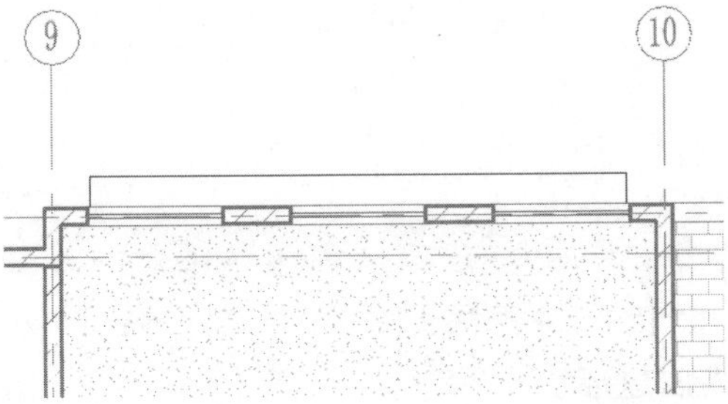

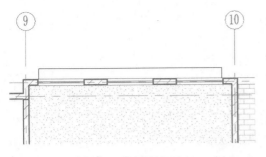

图 12-89　绘制栏杆路径

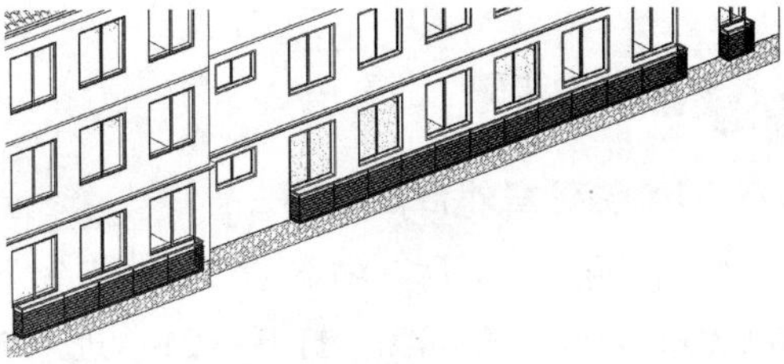

图 12-90　创建空调百叶

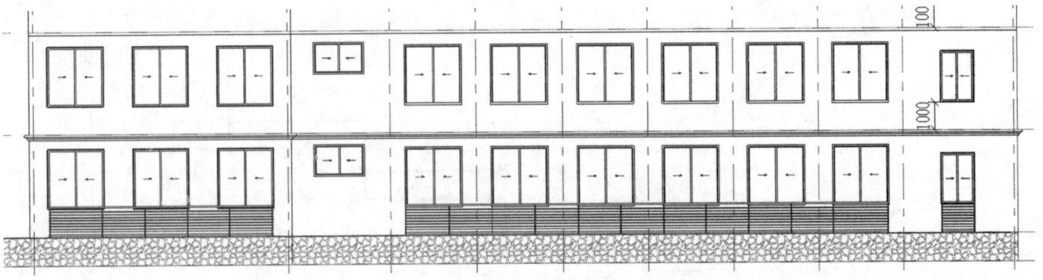

图 12-91　选取底板和空调百叶

(27) 打开"修改|选择多个"选项卡，单击"创建"面板中的"创建组"按钮，打开"创建模型组"对话框，输入名称为"空调室外搁置板"，不选中"在组编辑器中打开"复选框，如图 12-92 所示。单击"确定"按钮，将所选择的图元创建成组。按 Esc 键退出"修改|模型组"编辑模式。

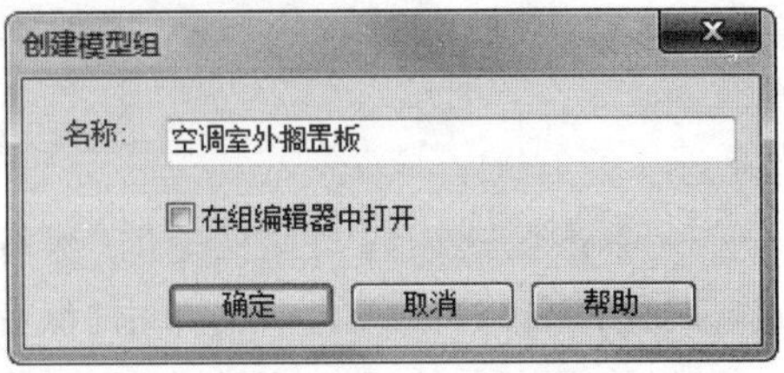

图 12-92　"创建模型组"对话框

(28) 单击组中的任意图元即可选中模型组中的所有图元，并打开"修改|模型组"选项卡。单击"修改"面板中的"阵列"按钮，在选项栏中选择"线性"选项，设置项目数为 3，选择移动到"第二个"选项，在视图中选择任意点为参考点，鼠标垂直向上拾取终点，结果如图 12-93 所示。

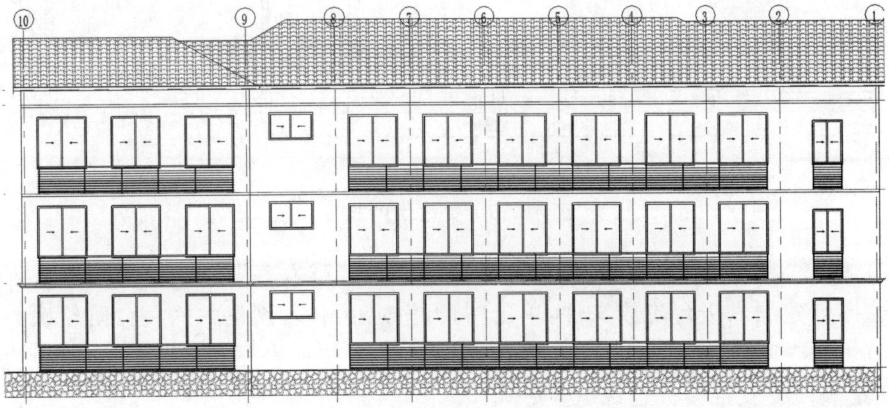

图 12-93　阵列空调室外搁置板

Note

12.5.2 创建楼梯

操作步骤

1. 创建室外台阶轮廓

(1) 单击“文件”→“新建”→“族”命令，打开“新族-选择样板文件”对话框，选择“公制轮廓.rft”样板，单击“打开”按钮，进入轮廓族创建环境。

(2) 单击“创建”选项卡“详图”面板中的“线”按钮，打开“修改|放置线”选项卡，绘制台阶外形轮廓，如图 12-94 所示。

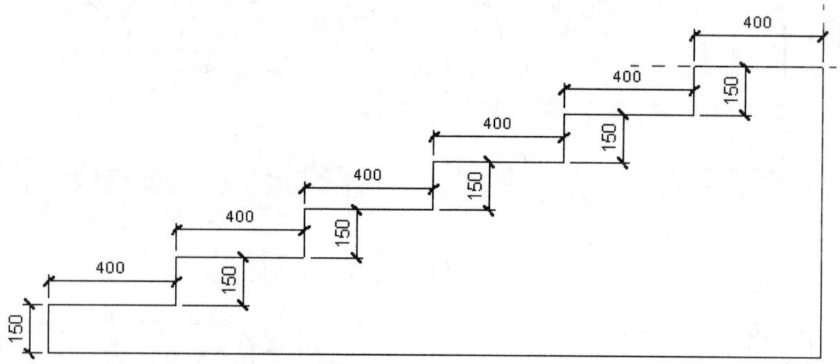

图 12-94 绘制台阶外形轮廓

(3) 单击快速访问工具栏中的“保存”按钮，打开“另存为”对话框，设置保存路径，输入文件名为“六级台阶”，单击“保存”按钮，保存室外台阶族。

(4) 关闭族文件，进入到教学楼文件，将视图切换至 1F 楼层平面视图。

(5) 选取南边最外围的墙，拖动调整其长度，如图 12-95 所示。

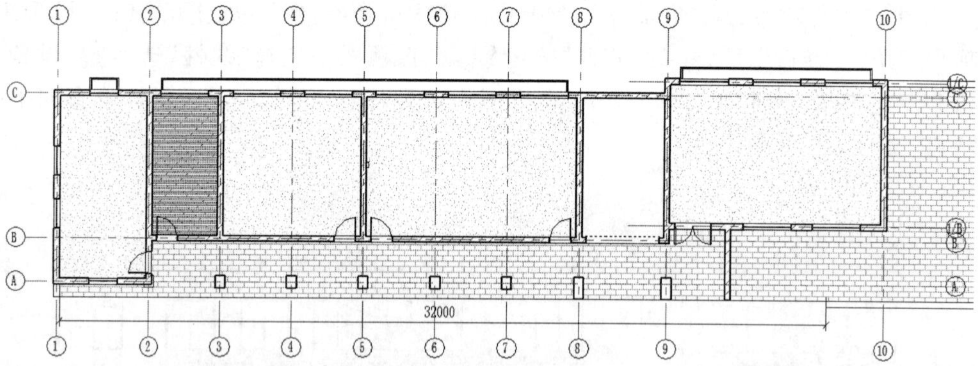

图 12-95 更改墙的长度

(6) 单击“插入”选项卡“从库中载入”面板中的“载入族”按钮，打开“载入族”对话框，选择创建的六级台阶族文件，单击“打开”按钮，载入创建的六级台阶轮廓族。

(7) 单击“建筑”选项卡“构建”面板“楼板”下拉列表框中的“楼板：楼板边”按钮，打开“修改|放置楼板边缘”选项卡。

(8) 在“属性”选项板中单击“编辑类型”按钮，打开“类型属性”对话框，新建“室外台阶”类型，选择轮廓为“六级台阶”，设置材质为“石材 无纹理”，如图 12-96 所示。

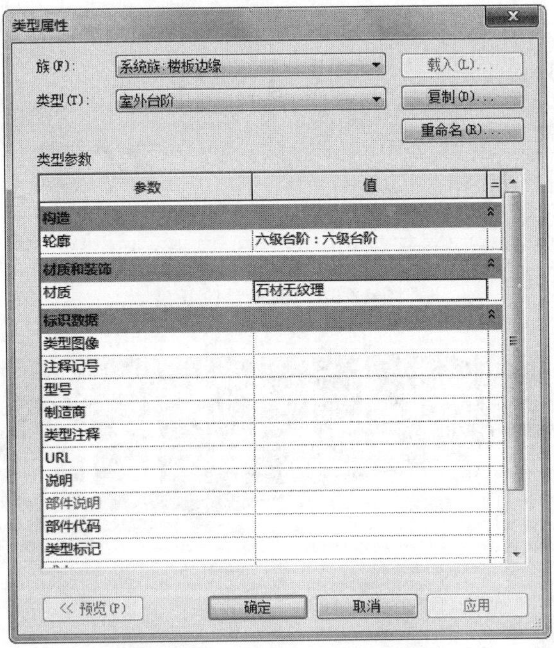

图 12-96　“类型属性”对话框

(9) 选取 1F 层地板的外边线，创建室外台阶，如图 12-97 所示。

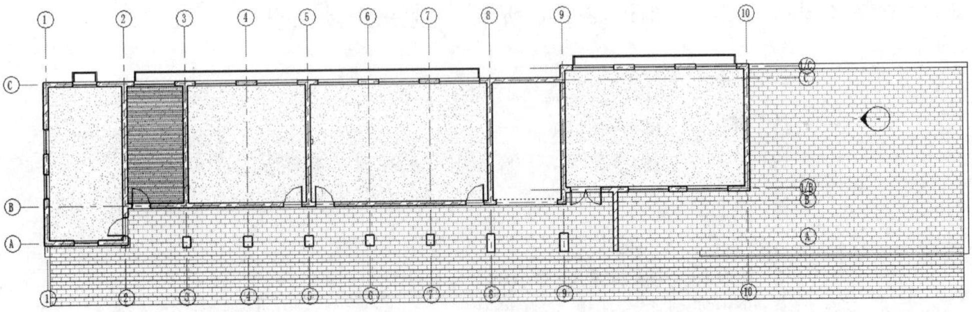

图 12-97　创建室外台阶

(10) 选取室外台阶，拖动线段端点调整室外台阶的长度与外墙端点重合，如图 12-98 所示。

(11) 单击“修改”选项卡“修改”面板中的“对齐”按钮，选取一层楼板的底面和台阶的底面使其对齐，并锁定，然后将视图切换至三维视图，如图 12-99 所示。

2. 创建室内楼梯

(1) 将视图切换至 1F 楼层平面。

(2) 单击“建筑”选项卡“构建”面板中的“楼梯”按钮，打开“修改|创建楼梯”选项卡和选项栏。

(3) 在选项栏中设置定位线为“楼梯：中心”，偏移为 0，实际梯段宽度为 1650，并选中“自动平台”复选框。

Note

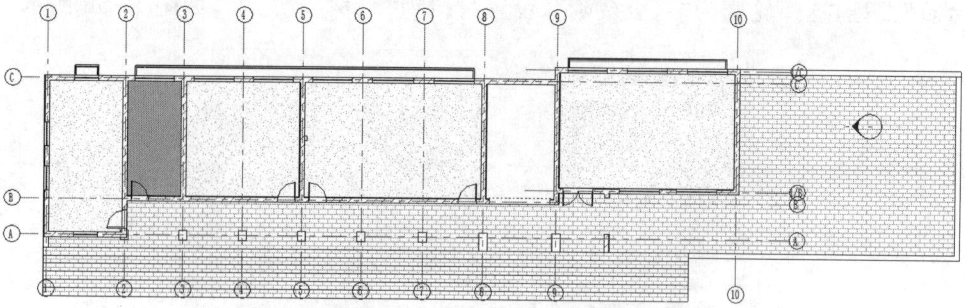

图 12-98　编辑台阶长度

图 12-99　对齐台阶

（4）在“属性”选项板中选择“整体浇筑楼梯”类型，单击“编辑类型”按钮，打开“类型属性”对话框，新建“室内楼梯”类型，更改最大踢面高度为 150，最小踏板深度为 260。

（5）单击“平台类型”栏中的按钮，打开“类型属性”对话框，新建“200mm 厚度”类型，更改整体厚度为 200，如图 12-100 所示，其他采用默认设置。

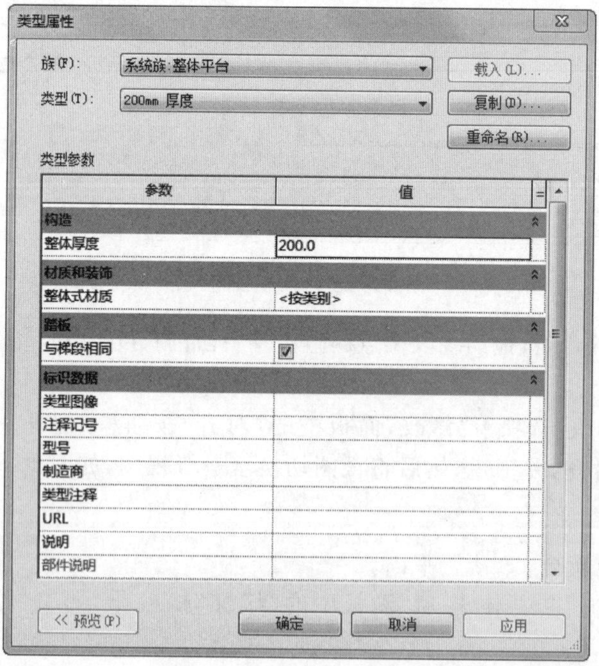

图 12-100　平台参数设置

（6）单击“确定”按钮，返回到室内楼梯“类型属性”对话框，如图 12-101 所示，其他采用默认设置，完成室内楼梯参数设置。

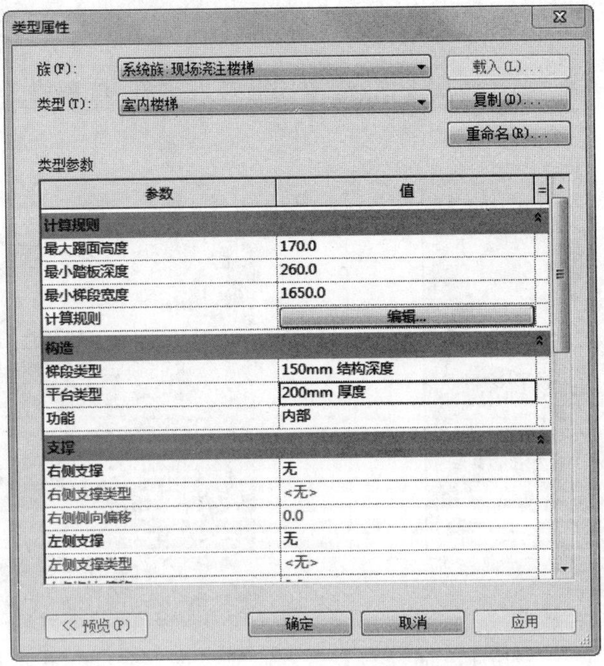

图 12-101　“类型属性”对话框

（7）单击“构件”面板中的“梯段”按钮和“直梯”按钮，绘制楼梯路径，如图 12-102 所示。

（8）在“属性”选项板中更改所需踢面数为 23，其他采用默认设置，如图 12-103 所示。单击“模式”面板中的“完成编辑模式”按钮，完成楼梯创建。

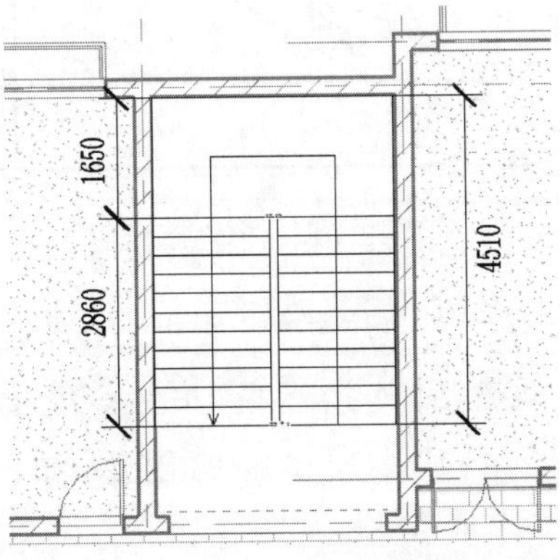

图 12-102　绘制楼梯路径

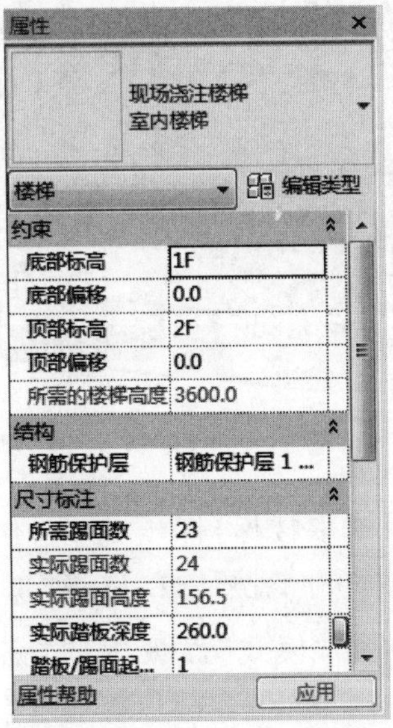

图 12-103　“属性”选项板

Note

(9) 将视图切换至三维视图,然后在“属性”选项板中选中“剖面框”复选框,在视图中显示模型的剖面框。选取并拖动剖面框剖切楼梯间,观察楼梯,如图 12-104 所示。

(10) 将视图切换至 1F 楼层平面,选取挨着墙的栏杆,然后将其删除,如图 12-105 所示。

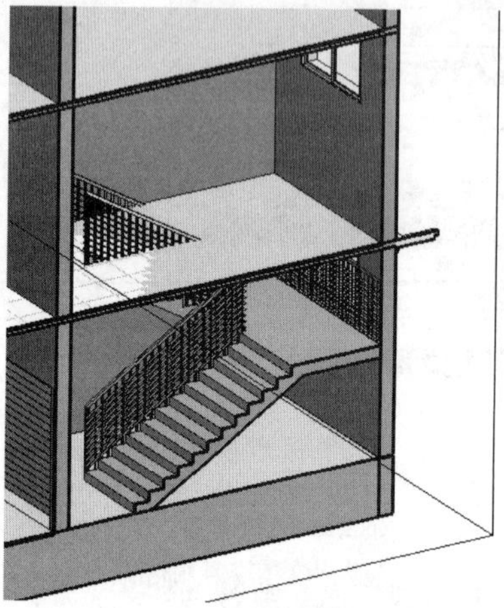

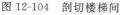

图 12-104　剖切楼梯间

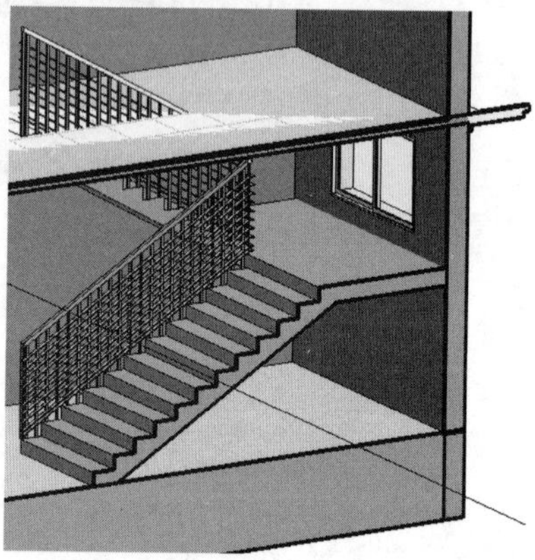

图 12-105　删除栏杆

(11) 选取栏杆,然后在“属性”选项板中更改其类型为“900mm 圆管”,结果如图 12-106所示。

(12) 将视图切换至东立面视图,如图 12-107 所示。

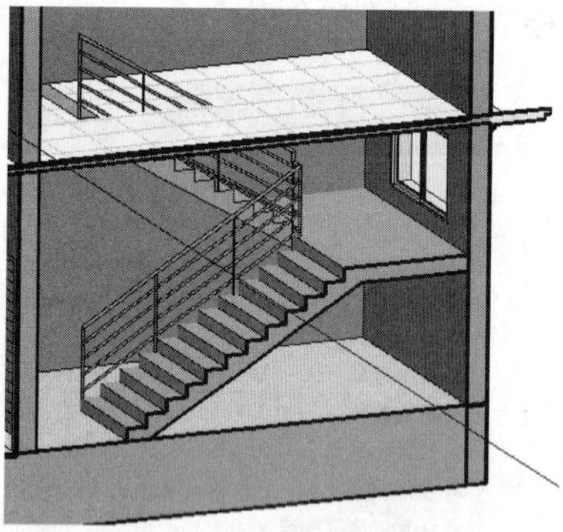

图 12-106　更改扶手类型

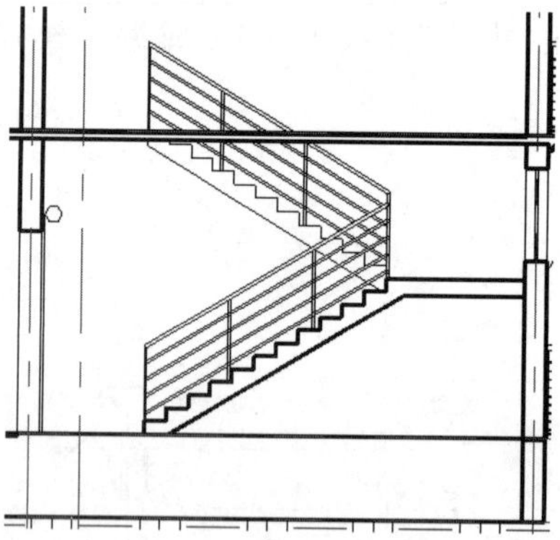

图 12-107　东立面视图

(13) 选取楼梯,打开“修改|楼梯”选项卡,单击“多层楼梯”面板上的“选择标高”按钮,打开“修改|多层楼梯”选项,系统自动激活“连接标高”按钮,选取 3F 的标高线,单击“模式”面板中的“完成”按钮,完成多层楼梯的创建,如图 12-108 所示。

Note

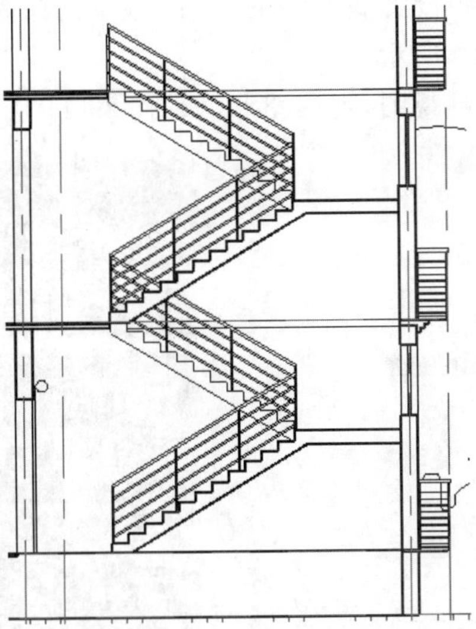

图 12-108　创建多层楼梯

12.5.3　创建洞口

12-2

操作步骤

(1) 将视图切换至 1F 楼层平面。

(2) 单击“建筑”选项卡“洞口”面板中的“竖井”按钮，打开“修改|创建竖井洞口草图”上下文选项卡和选项栏。

(3) 单击“绘制”面板中的“边界线”按钮和“矩形”按钮，绘制如图 12-109 所示的边界线，并锁定。单击“模式”面板中的“完成编辑模式”按钮，完成洞口边界的绘制。

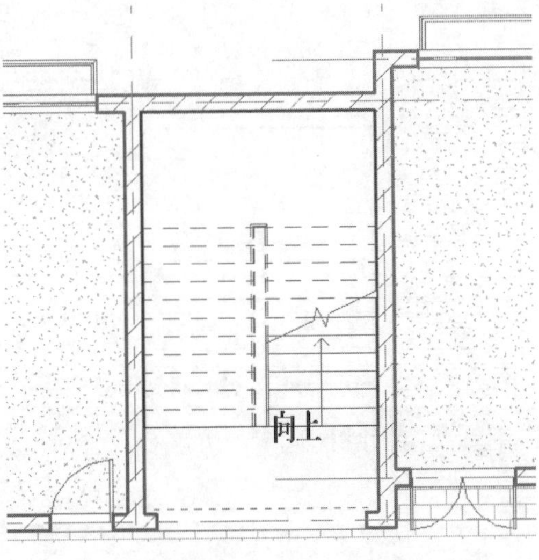

图 12-109　绘制边界线

(4) 在“属性”选项板中设置底部约束为1F,顶部约束为“直到标高：3F”,其他参数采用默认设置,如图12-110所示。

(5) 将视图切换至三维视图,观察图形,如图12-111所示。

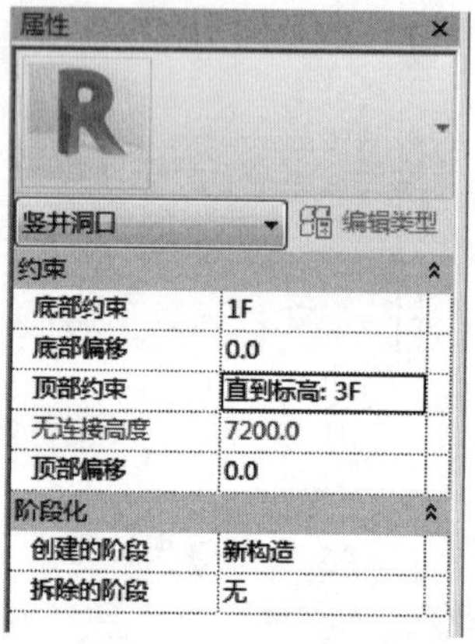

图12-110　设置参数

图12-111　创建洞口

(6) 将视图切换至3F楼层平面视图。

(7) 单击“建筑”选项卡“构建”面板“栏杆扶手”下拉列表框中的“绘制路径”按钮,打开“修改|创建栏杆扶手路径”选项卡和选项栏。

(8) 在“属性”选项板中选择“900mm圆管”类型。

(9) 单击“绘制”面板中的“线”按钮,绘制如图12-112所示的栏杆路径。单击“模式”面板中的“完成编辑模式”按钮,完成栏杆的绘制。

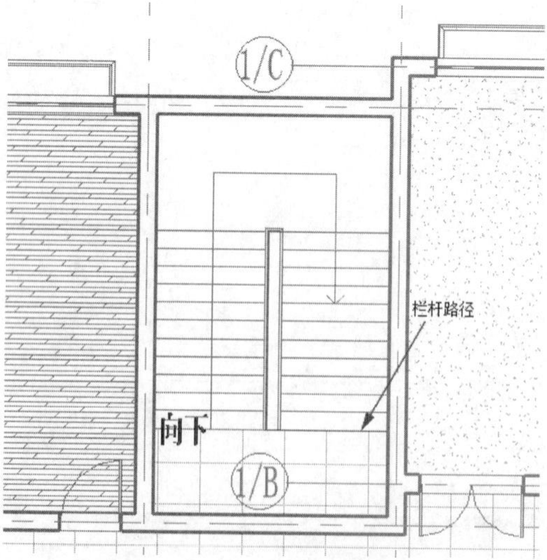

图12-112　绘制栏杆路径

（10）在三维视图中调整剖切面位置，将幕墙剖切掉，并将楼梯间完全显示出来，然后将视图切换至前视图。

（11）单击“建筑”选项卡“洞口”面板中的“墙洞口”按钮，在楼梯间位置绘制矩形作为洞口，取消绘制后，双击临时尺寸修改尺寸，如图 12-113 所示。

（12）采用相同的方式在三层楼梯间的墙体上创建洞口，如图 12-114 所示。

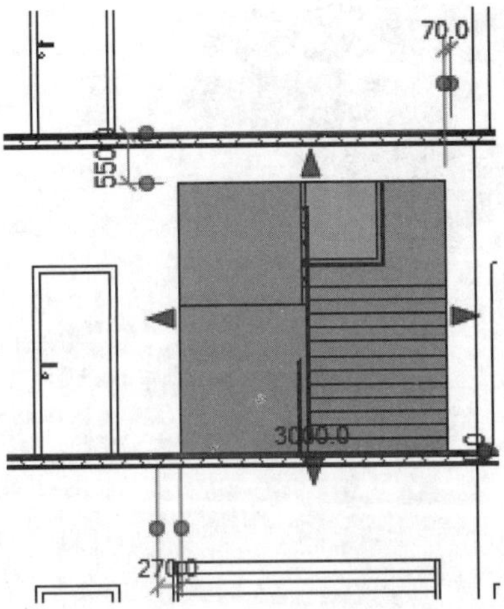

图 12-113　绘制二层洞口

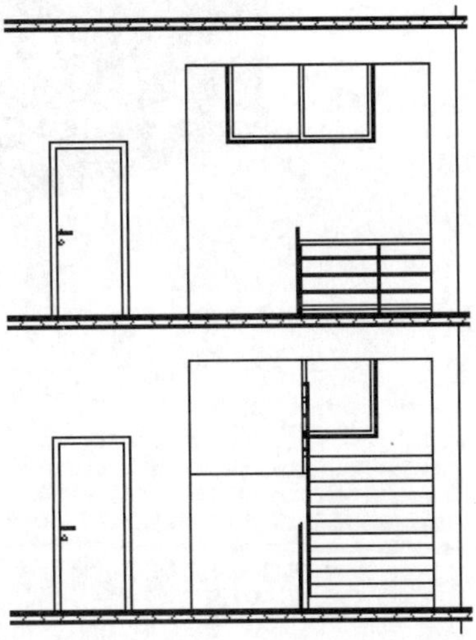

图 12-114　创建三层洞口

（13）在“属性”选项板中取消选中“剖面框”复选框，取消剖面框的显示。

（14）单击“建筑”选项卡“洞口”面板中的“墙洞口”按钮，在外墙位置绘制矩形作为洞口，取消绘制后，双击临时尺寸对其进行修改，如图 12-115 所示。

（15）将视图切换至 1F 楼层平面。单击“建筑”选项卡“构建”面板“栏杆扶手”下拉列表框中的“绘制路径”按钮，打开“修改|创建栏杆扶手路径”选项卡，绘制如图 12-116 所示的栏杆路径。

图 12-115　绘制洞口

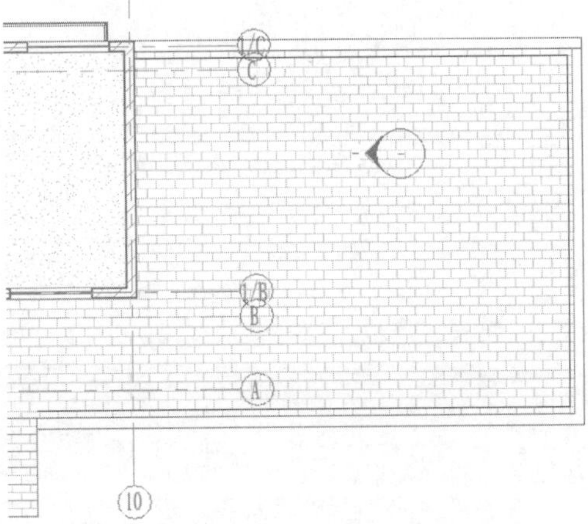

图 12-116　绘制栏杆路径

(16) 在“属性”选项板中选择“900mm 圆管”类型，单击“模式”面板中的“完成编辑模式”按钮 ✔，完成栏杆的创建。将视图切换至三维视图，如图 12-117 所示。

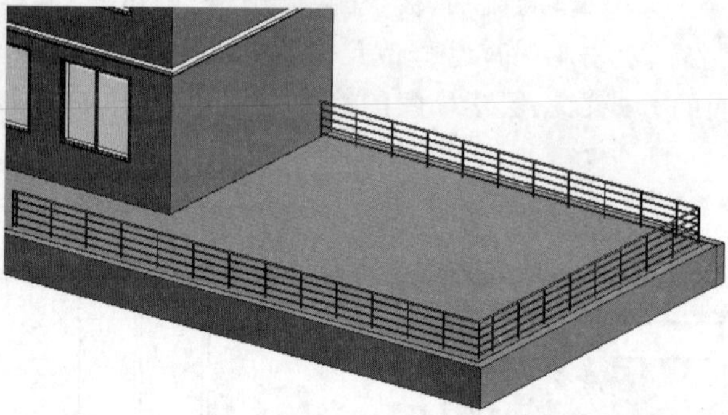

图 12-117　创建栏杆

第13章

房间图例和家具布置

本章导读

可以使用“房间”工具在平面视图中创建房间，或将其添加到明细表内，以便于以后放置在模型中。选择一个房间后可检查其边界，修改其属性，将其从模型中删除或移至其他位置。可以根据所创建的房间边界得到房间面积。

学习要点

- 房间
- 面积
- 家具布置

13.1 房　　间

房间是基于图元(例如,墙、楼板、屋顶和天花板)对建筑模型中的空间进行细分的部分。

13.1.1 创建房间

在模型设计前先创建预定义的房间、创建房间明细表并将房间添加到明细表。可以稍后在模型准备就绪时将房间放置到模型。

操作步骤

(1) 打开坡道文件,并将视图切换至标高 1 楼层平面。

(2) 单击"建筑"选项卡"房间和面积"面板中的"房间"按钮,打开"修改|放置 房间"选项卡和选项栏,如图 13-1 所示。

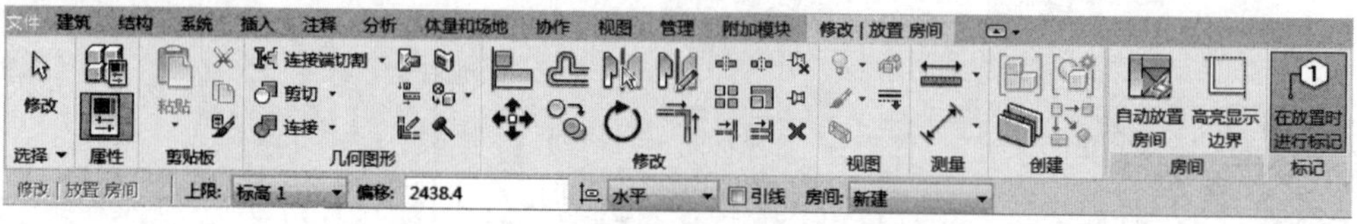

图 13-1 "修改|放置 房间"选项卡和选项栏

- 在放置时进行标记:如果要随房间显示房间标记,则选中此按钮;如果要在放置房间时忽略房间标记,则取消选中此按钮。
- 高亮显示边界:如果要查看房间边界图元,则选中此按钮,Revit 将以金黄色高亮显示所有房间边界图元,并显示一个警告对话框。
- 上限:指定将从其测量房间上边界的标高。如果要向标高 1 楼层平面添加一个房间,并希望该房间从标高 1 扩展到标高 2 或标高 2 上方的某个点,则可将"上限"指定为"标高 2"。
- 偏移:输入房间上边界距该标高的距离。输入正值表示向"上限"标高上方偏移,输入负值表示向其下方偏移。
- :指定所需房间的标记方向,分别有水平、垂直和模型三种方向。
- 引线:指定房间标记是否带有引线。
- 房间:可以选择"新建"命令创建新的房间,或者从列表中选择一个现有房间。

(3) 在"属性"选项板中可以更改标记类型,并设置房间的其他属性,如图 13-2 所示。

- 标高:房间所在的底部标高。
- 上限:测量房间上边界时所基于的标高。
- 高度偏移:从"上限"标高开始测量,到房间上边界之间的距离。输入正值表示

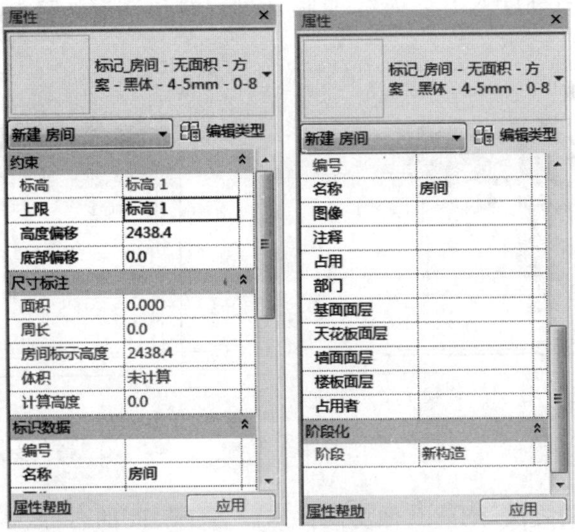

图 13-2 “属性”选项板

向“上限”标高上方偏移，输入负值表示向其下方偏移。输入 0(零)将使用为“上限”指定的标高。

➢ 底部偏移：从底部标高(由“标高”参数定义)开始测量，到房间下边界之间的距离。输入正值表示向底部标高上方偏移，输入负值表示向其下方偏移。输入 0(零)将使用底部标高。
➢ 面积：根据房间边界图元计算得出的净面积。
➢ 周长：房间的周长。
➢ 房间标示高度：房间可能的最大高度。
➢ 体积：启用了体积计算时计算的房间体积。
➢ 编号：指定的房间编号。此值对于项目中的每个房间都必须是唯一的。如果此值已被使用，Revit 会发出警告信息，但允许继续使用它。
➢ 名称：房间名称。
➢ 注释：用户指定的有关房间的信息。
➢ 占用：房间的占有类型。
➢ 部门：将使用房间的部门。
➢ 基面面层：基面的面层信息。
➢ 天花板面层：天花板的面层信息，如大白浆。
➢ 墙面面层：墙面的面层信息，如刷漆。
➢ 楼板面层：楼板的面层信息，如地毯。
➢ 占用者：使用房间的人、小组或组织的名称。

(4) 在绘图区中将光标放置在封闭的房间中高亮显示，如图 13-3 所示。单击放置房间，如图 13-4 所示。

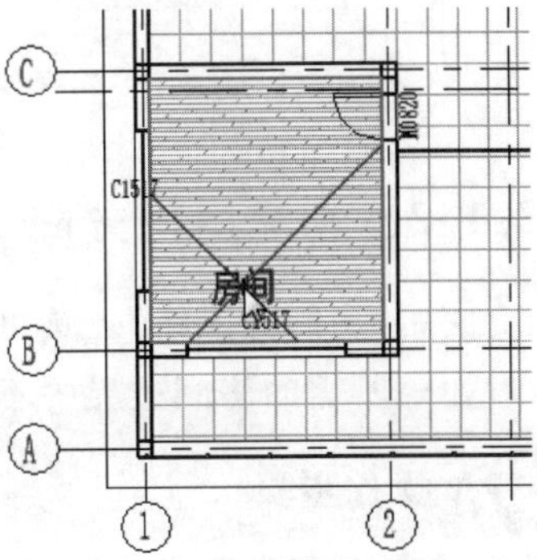

图 13-3 预览房间

Note

（5）双击房间名称进入编辑状态，此时房间以红色线段显示，然后输入房间名称为“次卧室”，如图 13-5 所示。

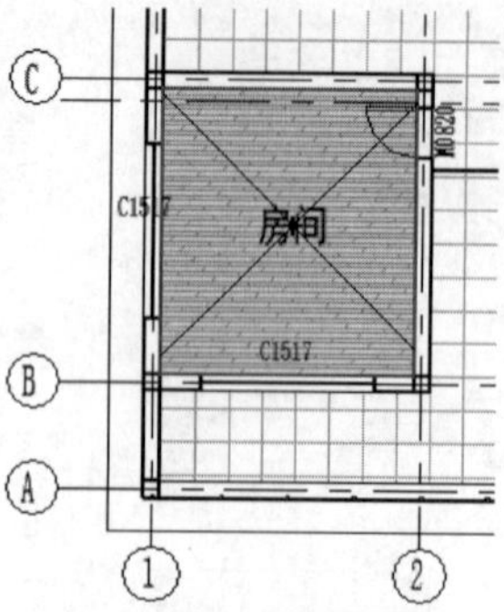

图 13-4　放置房间

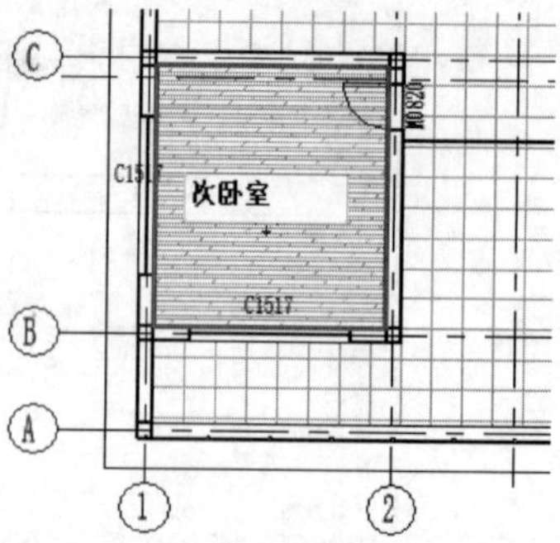

图 13-5　输入名称

（6）采用相同的方法，创建其他房间并修改各个房间的名称，结果如图 13-6 所示。

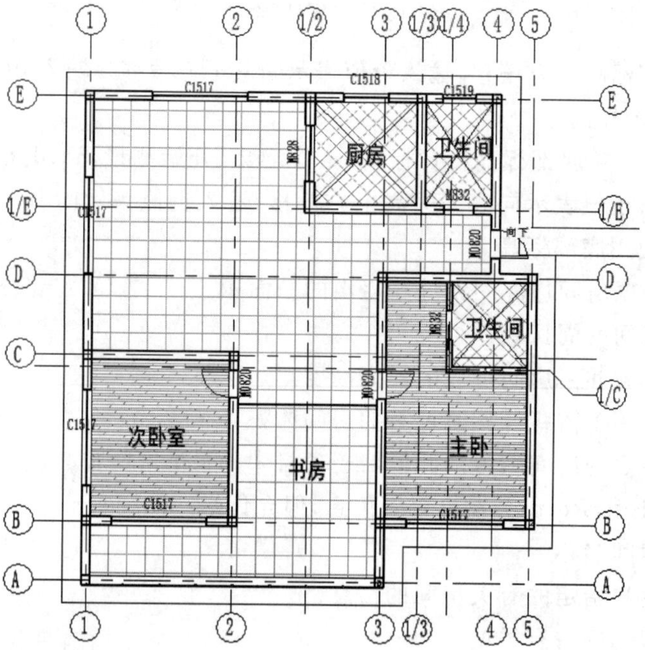

图 13-6　创建房间

13.1.2　创建房间分隔

使用“房间分隔线”工具可添加和调整房间边界。

如果所需的房间边界中不存在房间边界图元，则添加分隔线以帮助定义房间。

操作步骤

（1）继续图 13-6 的绘制。

（2）单击“建筑”选项卡“房间和面积”面板中的“房间分隔”按钮 ，打开“修改|放

置 房间分隔”选项卡和选项栏，如图 13-7 所示。

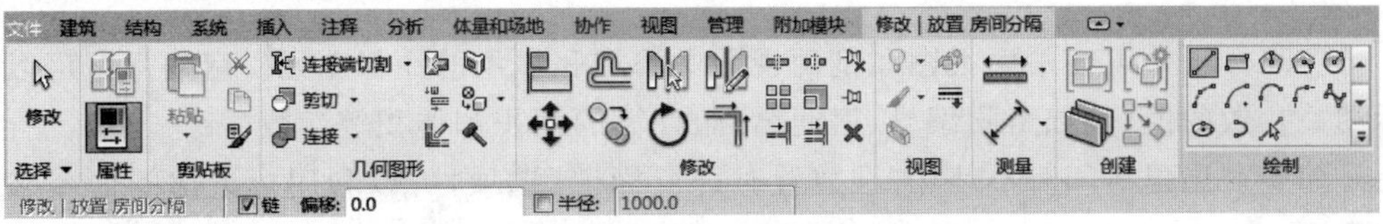

图 13-7　“修改|放置 房间分隔”选项卡和选项栏

（3）单击“绘制”面板中的“线”按钮，在客厅区域绘制分隔线，如图 13-8 所示。继续绘制分隔线，将书房从客厅区域分隔开。

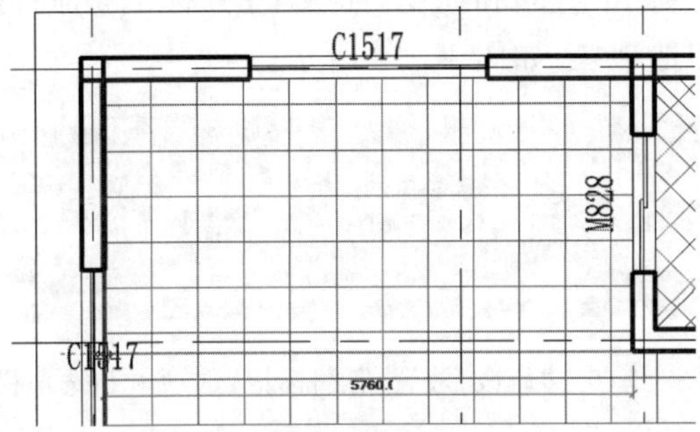

图 13-8　绘制分隔线

（4）单击“建筑”选项卡“房间和面积”面板中的“房间”按钮，添加就餐区和客厅房间，并修改名称，如图 13-9 所示。

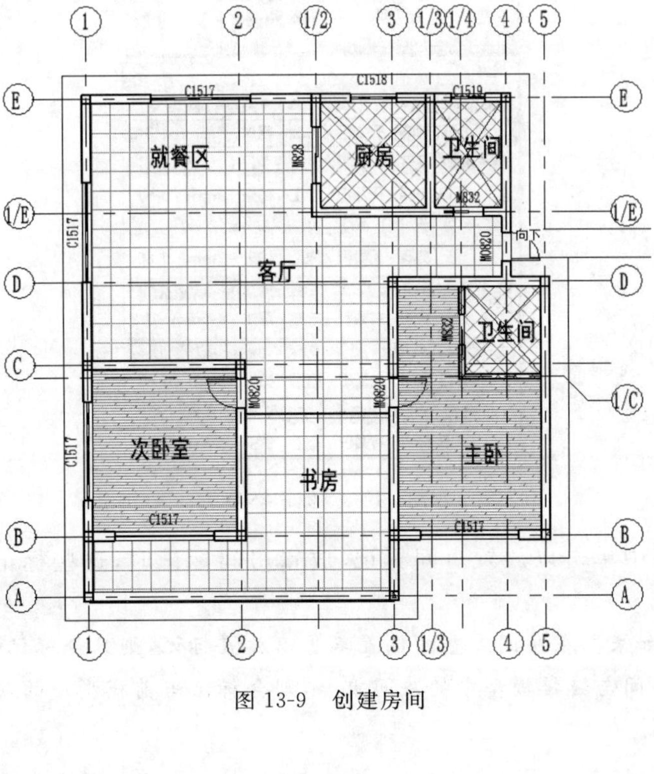

图 13-9　创建房间

Note

13.1.3 创建房间标记

房间标记是可在平面视图和剖面视图中添加和显示的注释图元。房间标记可以显示相关参数的值,例如房间编号、房间名称、计算的面积和体积等参数。

如果在创建房间时不使用“在放置时进行标记”选项,可以利用标记房间命令来标记房间。

操作步骤

(1) 继续图 13-9 的绘制。

(2) 单击“建筑”选项卡“房间和面积”面板中的“标记 房间”按钮,打开“修改|放置 房间标记”选项卡和选项栏,如图 13-10 所示。

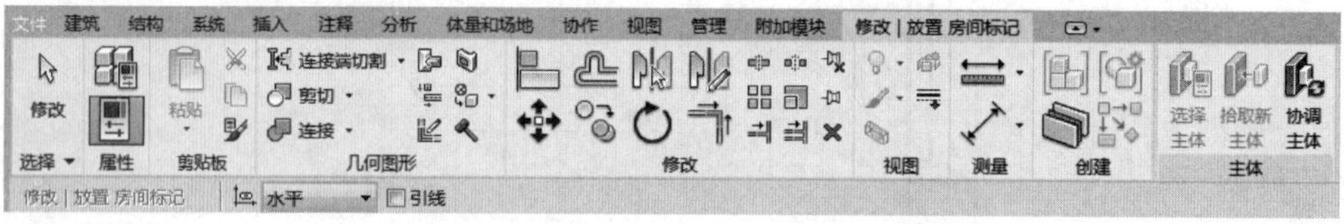

图 13-10 “修改|放置 房间标记”选项卡和选项栏

(3) 在选项栏中指定房间标记方向和房间标记是否带有引线。

(4) 在“属性”选项板中可以选择标记类型,如图 13-11 所示。

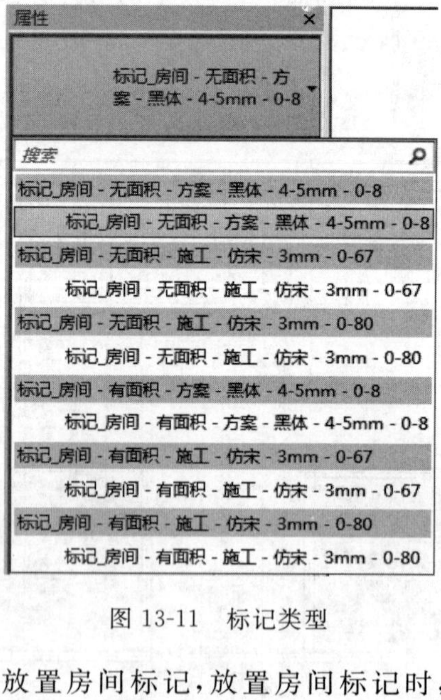

图 13-11 标记类型

(5) 在房间中单击以放置房间标记,放置房间标记时,这些标记将与现有标记对齐。

注意:如果要在房间重叠的位置单击以放置标记,则只会标记一个房间。如果当前模型中的房间与链接模型中的房间重叠,则会标记当前模型中的房间。

13.2 面 积

面积是对建筑模型中的空间进行再分隔形成的，其范围通常比各个房间范围大。面积不一定以模型图元为边界。可以绘制面积边界，也可以拾取模型图元作为边界。

13.2.1 创建面积平面

面积平面是根据模型中面积方案和标高显示空间关系的视图。可以对每一个面积方案和楼层应用面积平面。

操作步骤

（1）单击“建筑”选项卡“房间和面积”面板中的“面积”下拉列表框中的“面积平面”按钮，打开“新建面积平面”对话框，如图 13-12 所示。

（2）在“类型”下拉列表框中选择“总建筑面积”类型，然后在列表中选择“标高 1”为新建的视图，如图 13-13 所示。

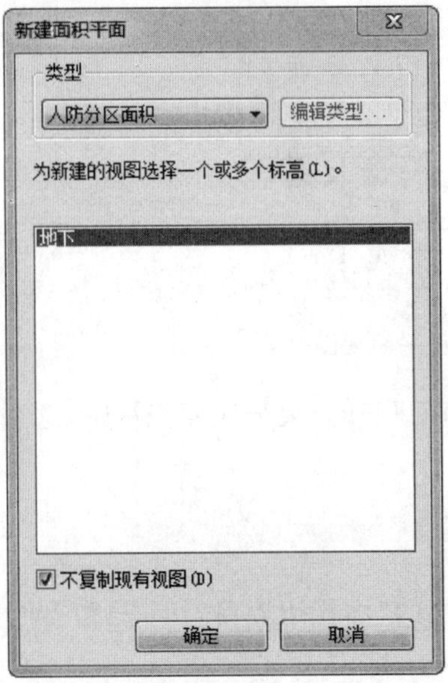

图 13-12 “新建面积平面”对话框

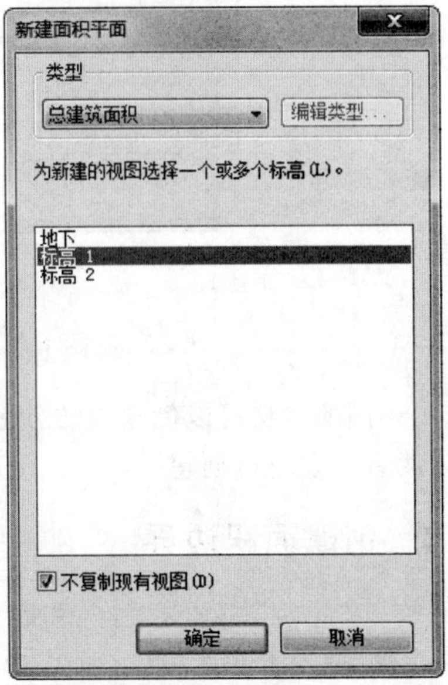

图 13-13 设置参数

不复制现有视图：选中此复选框，创建唯一的面积平面视图；取消选中此复选框，则创建现有面积平面视图的副本。

（3）单击“确定”按钮，打开如图 13-14 所示的提示框，单击“是”按钮。

➢ 是：单击此按钮，Revit 会沿着闭合的环形外墙放置边界线。

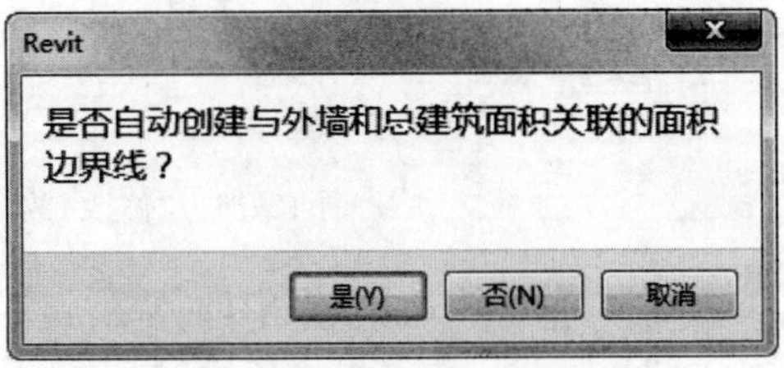

图 13-14 提示框

➢ 否：单击此按钮，由用户自己绘制面积边界线。

提示：Revit 不能在未闭合的外墙上自动创建面积边界线。如果项目中包含位于环形外墙以内的规则幕墙系统，则必须绘制面积边界，因为规则幕墙系统不是墙。

(4) 系统自动创建标高 1 总建筑面积平面视图，在视图中显示建筑总面积并用紫色线条高亮显示总面积轮廓，如图 13-15 所示。

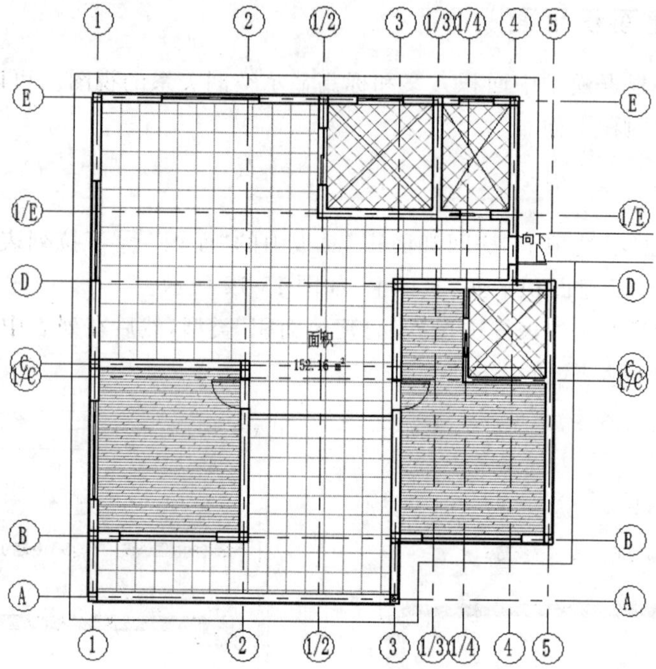

图 13-15　创建总面积平面视图

采用相同的方法可以创建人防分区面积、净面积和防火分区面积视图，这里不再一一介绍，读者可以自行创建。

13.2.2　创建面积边界

(1) 单击"建筑"选项卡"房间和面积"面板中的"面积边界"按钮，打开"修改|放置 面积边界"选项卡和选项栏，如图 13-16 所示。

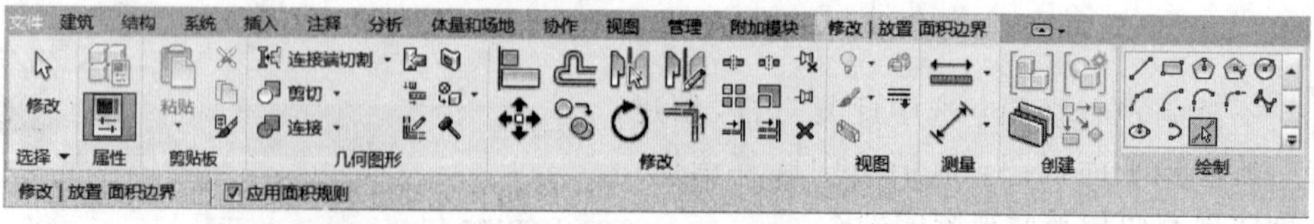

图 13-16　"修改|放置 面积边界"选项卡和选项栏

(2) 单击"绘制"面板中的"矩形"按钮，绘制次卧的边界，如图 13-17 所示。

(3) 按 Esc 键退出边界绘制。

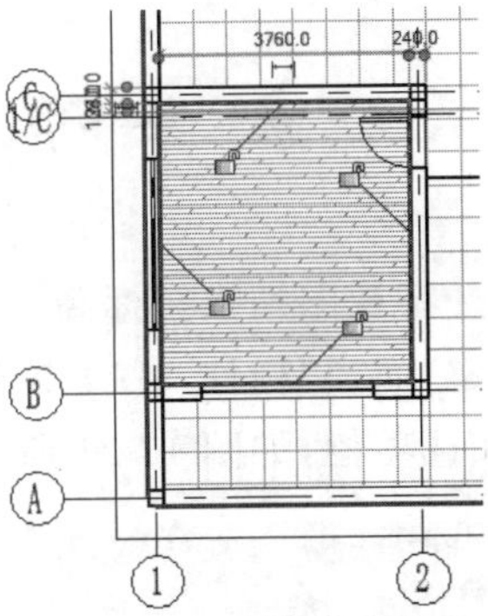

图 13-17 绘制次卧边界

13.2.3 创建面积

(1) 单击“建筑”选项卡“房间和面积”面板“面积” 下拉列表框中的“面积”按钮 ,打开“修改|放置 面积”选项卡和选项栏,如图 13-18 所示。

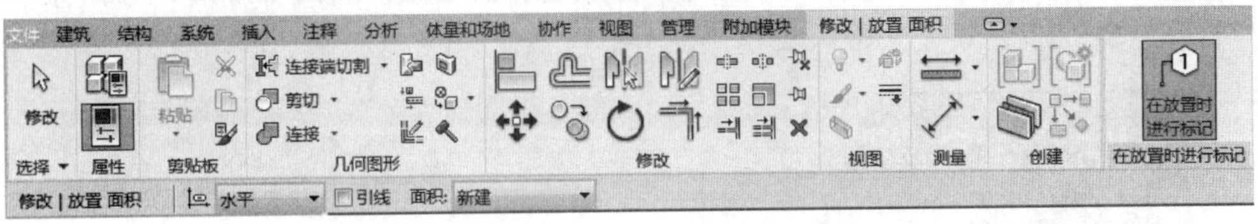

图 13-18 “修改|放置 面积”选项卡和选项栏

(2) 在选项栏中指定房间标记方向和房间标记是否带有引线。

(3) 在“属性”选项板中选择“标记_面积”类型,更改名称为次卧,如图 13-19 所示。

(4) 在上一节创建的面积边界中单击放置面积,结果如图 13-20 所示。

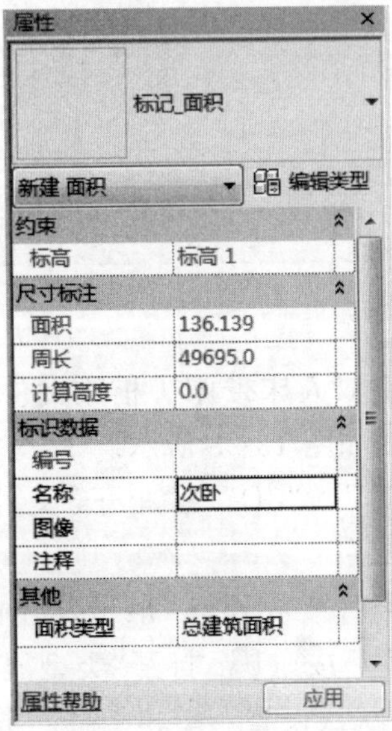

图 13-19 “属性”选项板

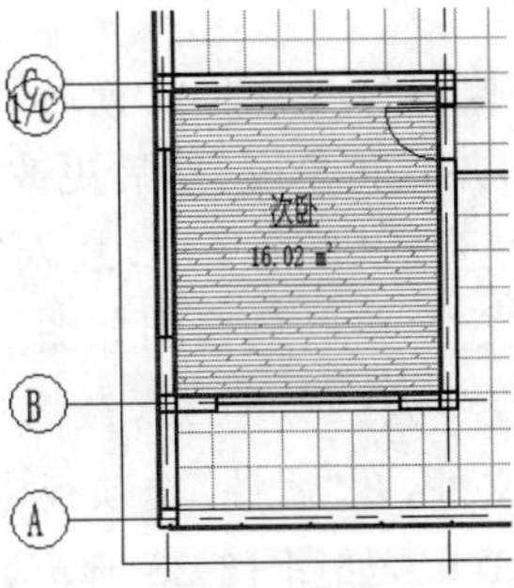

图 13-20 创建面积

Note

13.3 家具布置

（1）打开上节创建的图形，并将视图切换至标高1楼层平面。

（2）单击“建筑”选项卡“构建”面板“构件”下拉列表框中的“放置构件”按钮，打开“修改|放置 构件”选项卡和选项栏，如图13-21所示。

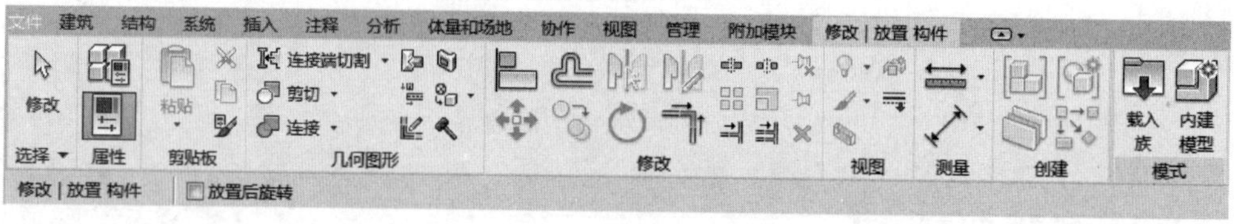

图13-21 “修改|放置 构件”选项卡和选项栏

（3）单击“模式”面板中的“载入族”按钮，打开“载入族”对话框，选择“建筑”→“家具”→“3D”→“床”文件夹中的“双人床带床头柜.rfa”族文件，如图13-22所示。单击“打开”按钮，载入双人床带床头柜族文件。

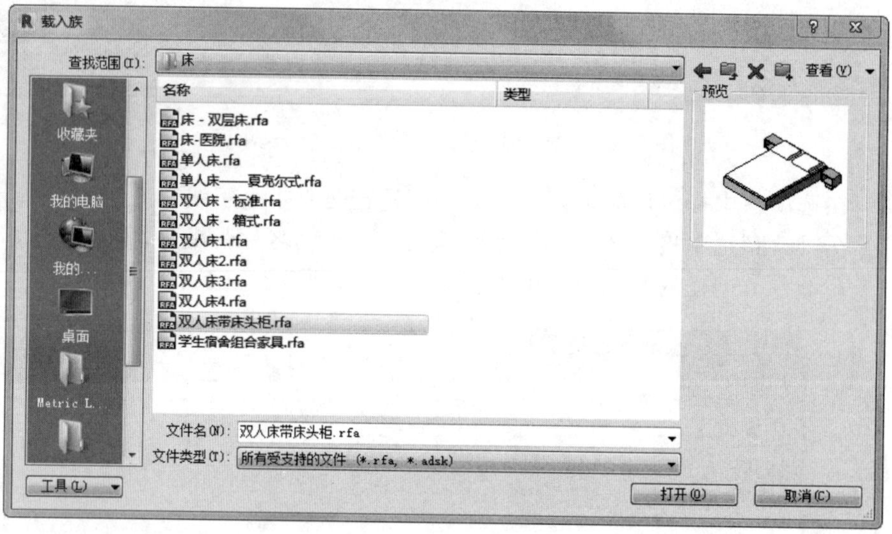

图13-22 “载入族”对话框

（4）在选项栏中选中“放置后旋转”复选框，将双人床带床头柜族文件放置在主卧中适当位置，并旋转角度，然后更改床的位置尺寸，如图13-23所示。

（5）重复步骤(2)～(4)，载入“建筑”→“家具”→“3D”→“柜子”文件夹中的“地柜2.rfa”族文件，将其放置到如图13-24所示的位置。

（6）重复步骤(2)～(3)，载入“建筑”→“家具”→“3D”→“柜子”文件夹中的“衣柜2.rfa”族文件，在“属性”选项板中单击“编辑类型”按钮，打开“类型属性”对话框，更改宽度为1600，如图13-25所示，其他参数采用默认设置。单击“确定”按钮，将其放置在如图13-26所示的位置。

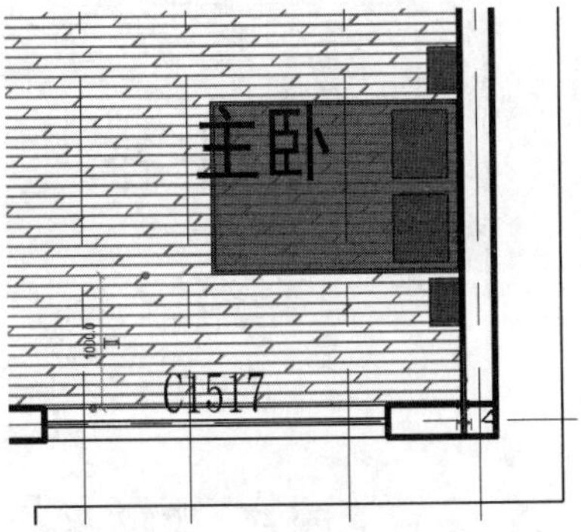

图 13-23　放置双人床

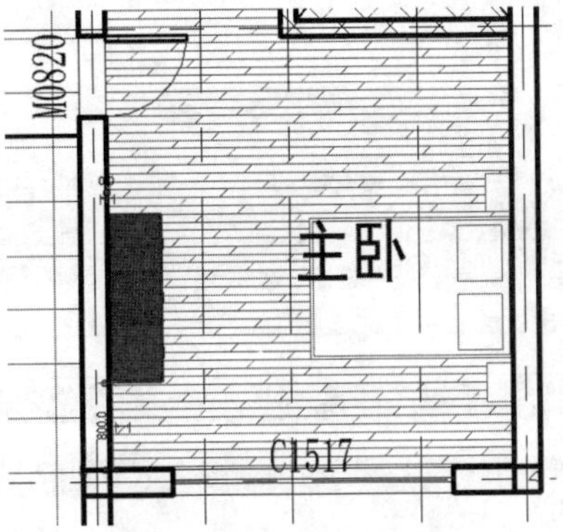

图 13-24　布置地柜

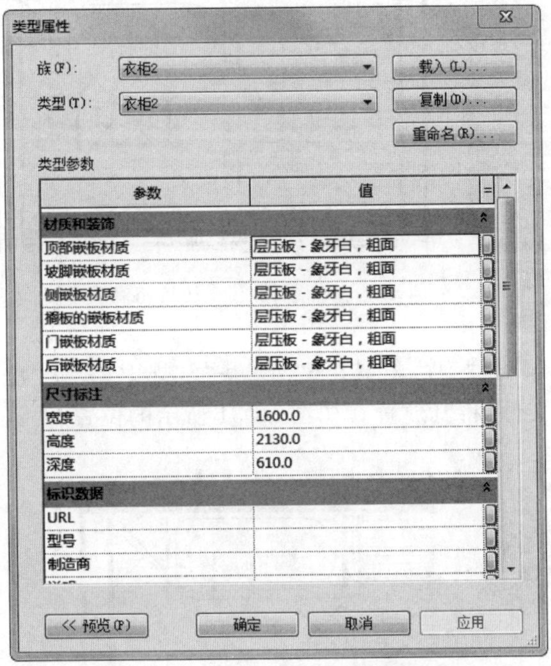

图 13-25　“类型属性”对话框

图 13-26　放置衣柜

(7) 重复步骤(2)～(3)，载入“建筑”→“植物”→“3D”→“盆栽”文件夹中的“盆栽 1 3D. rfa”族文件，在“属性”选项板中单击“编辑类型”按钮，打开“类型属性”对话框，更改高度为 600，如图 13-27 所示，其他参数采用默认设置。单击“确定”按钮，将其放置在如图 13-28 所示的位置。

(8) 重复步骤(2)～(3)，载入“建筑”→“卫生器具”→“3D”→“常规卫浴”→“浴盆”文件夹中的“浴盆 1 3D. rfa”族文件，单击主卧卫生间北面墙放置浴盆，如图 13-29 所示。

(9) 重复步骤(2)～(3)，载入“建筑”→“卫生器具”→“3D”→“常规卫浴”→“坐便器”文件夹中的“连体式坐便器. rfa”族文件，将其放置在如图 13-30 所示的位置。(为了使图形看起来更清晰，将图中的所有标记文字都更改为“标记-房间-无面积-施工-仿宋-3mm-0-67”类型。)

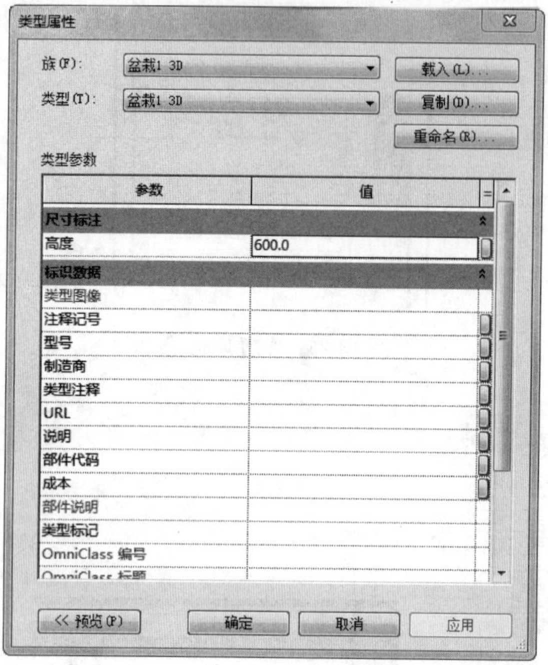

图 13-27 “类型属性”对话框

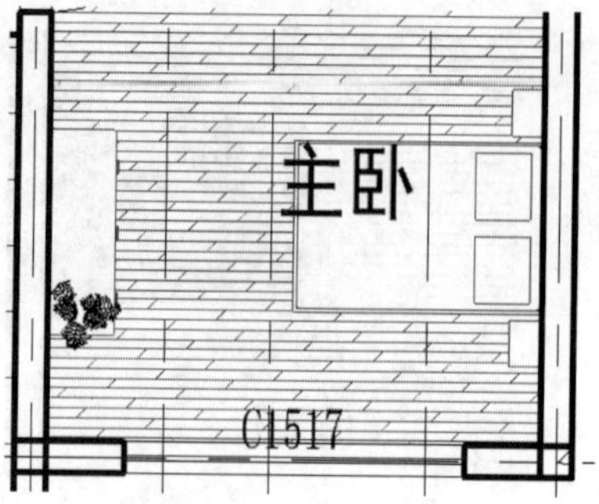

图 13-28 放置盆栽

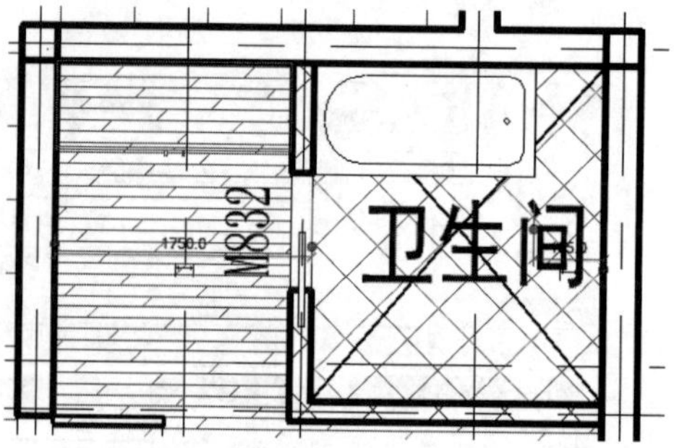

图 13-29 放置浴盆

（10）重复步骤(2)～(3)，载入“建筑”→“卫生器具”→“3D”→“常规卫浴”→“洗脸盆”文件夹中的“立柱式洗脸盆.rfa”族文件，将其放置在如图 13-31 所示的位置。

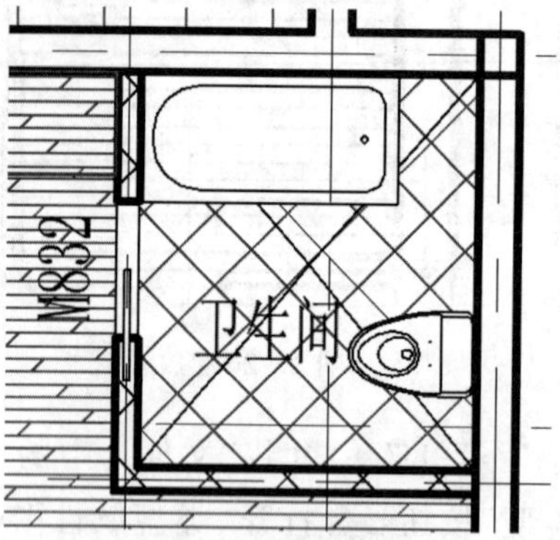

图 13-30 放置坐便器

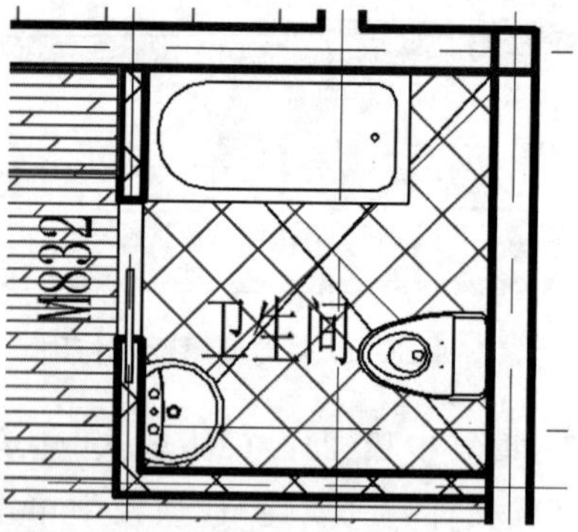

图 13-31 放置洗脸盆

读者可以按照主卧家具的布置方法布置其他房间家具，这里不再一一介绍。

第14章

施工图设计

本章导读

建筑施工图是反映建筑物的规划位置、内外装修、构造及施工要求等的图纸，由首页（图纸目录、设计说明）、总平面图、平面图、立面图、剖面图和详图组成。

施工图设计是根据施工要求，画出一套完整的反映建筑物整体和各细部构造和结构的图样，以及有关的技术资料。

学习要点

- 总平面图
- 平面图
- 剖面图
- 详图

Note

14.1 总平面图

在画有等高线或坐标方格网的地形图上，加画上新设计的以及将来拟建的房屋、道路、绿化景观等，必要时可以画上各种管线布置以及地表水排放情况，并标明建筑基地方位及风向，这样的图形称为总平面图。总平面图是进行施工组织、场地布置以及对建筑定位放线的依据，也是评价建筑合理性程度的重要依据之一。通常将总平图放在整套施工图的首页。

14.1.1 总平面图内容概括

总平面图用于表达整个建筑基地的总体布局，表达新建建筑物及构筑物位置、朝向及周边环境关系，这也是总平面图的基本功能。总平面图专业设计成果包括设计说明书、设计图纸以及根据合同规定所需画出的鸟瞰图、模型等。总平面图只是其中设计图纸部分，在不同设计阶段，总平面图除了具备其基本功能外，表达设计意图的深度和倾向也有所不同。

在方案设计阶段，总平面图着重体现新建建筑物的体量大小、形状及与周边道路、房屋、绿地、广场和红线之间的空间关系，同时传达室外空间设计效果。因此，方案图在具有必要的技术性的基础上，还强调艺术性的体现。就目前情况来看，除了绘制 CAD 线条图外，还需对线条图进行套色、渲染处理或制作鸟瞰图、模型等。总之，设计者总在不遗余力地展现自己设计方案的优点及魅力，以便在竞争中胜出。

在初步设计阶段，进一步推敲总平面图设计中涉及的各种因素和环节（如道路红线、建筑红线或用地界线、建筑控制高度、容积率、建筑密度、绿地率、停车位数以及总平面布局、周围环境、空间处理、交通组织、环境保护、文物保护、分期建设等），推敲方案的合理性、科学性和可实施性，进一步准确落实各种技术指标，深化竖向设计，为施工图设计作准备。

在施工图设计阶段，总平面图的专业成果包括图纸目录、设计说明、设计图纸和计算书。其中设计图纸包括总平面图、竖向布置图、土方图、管道综合图、景观布置图及详图等。总平面图是新建房屋定位、放线以及布置施工现场的依据，因此必须详细、准确、清楚地表达出来。

14-1

14.1.2 上机练习——创建教学楼总平面图

练习目标

本节创建教学楼总平面图，如图 14-1 所示。

设计思路

首先整理图形，然后标注高程点、尺寸，再创建图纸并将视图导入到图纸中，最后填写图纸。

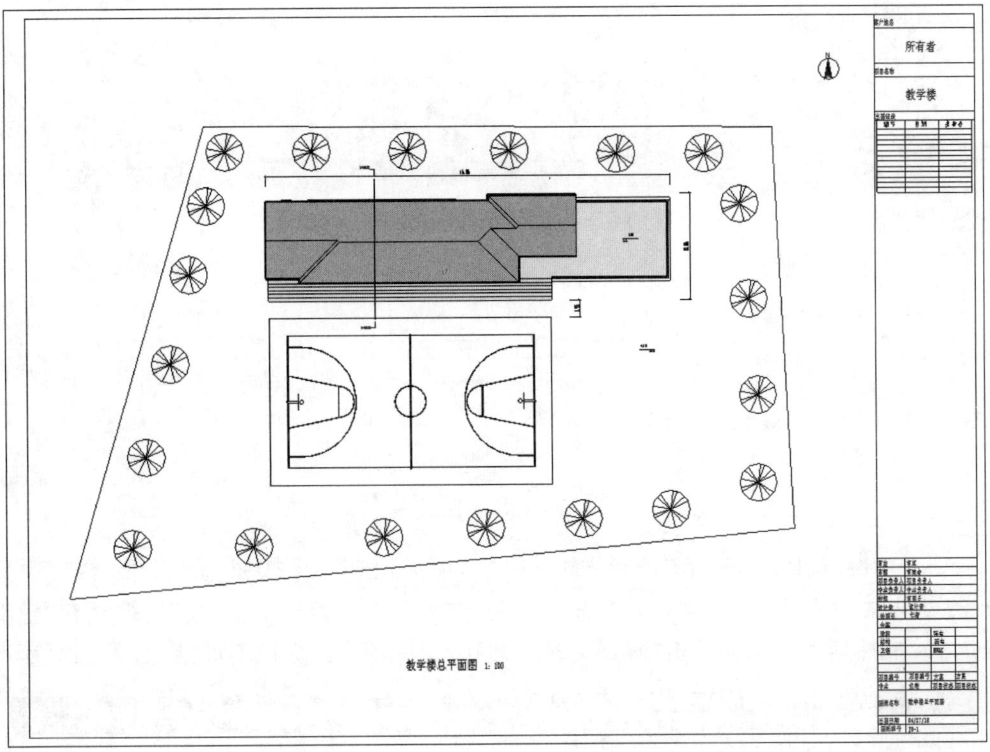

图 14-1　教学楼总平面图

操作步骤

(1) 将视图切换至 0F 楼层视图。

(2) 单击“属性”选项板“视图范围”栏中的“编辑”按钮，打开“视图范围”对话框，设置主要范围栏中的顶部为“相关标高(0F)”，偏移为 100000；剖切面为“相关标高(0F)”，偏移为 100000；底部为“标高之下”，偏移为 0；视图深度标高为“标高之下”，偏移为 0，如图 14-2 所示。单击“确定”按钮，形成的视图如图 14-3 所示。

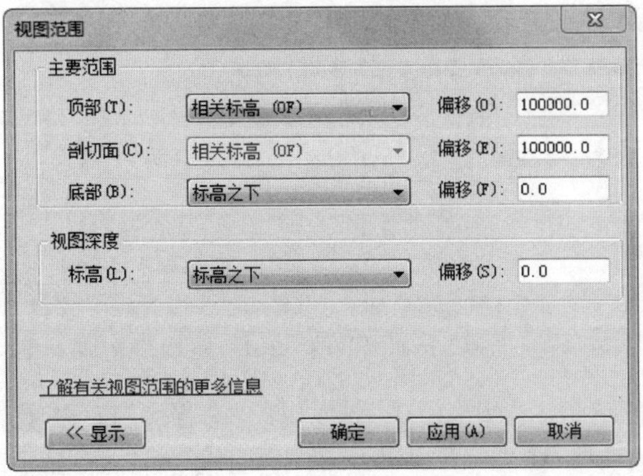

图 14-2　“视图范围”对话框

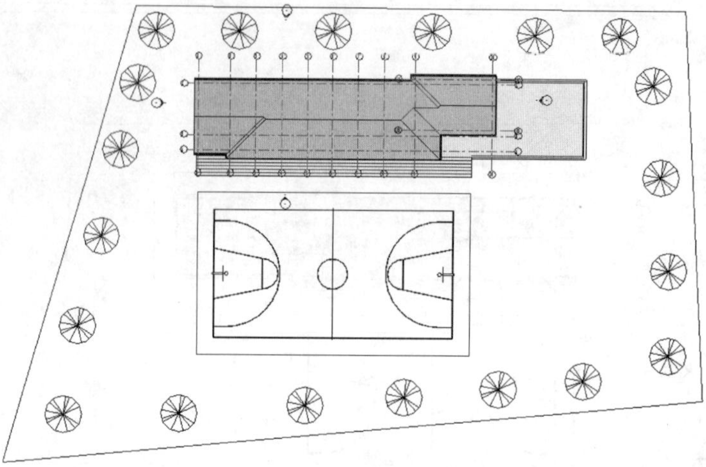

图 14-3　视图

（3）单击“视图”选项卡“图形”面板中的“可见性/图形”按钮 ，打开“楼层平面：0F 的可见性/图形替换”对话框，在“注释类别”选项卡中取消选中“立面”复选框和“轴网”复选框，如图 14-4 所示。单击“确定”按钮，则 0F 层中的立面标记不可见，如图 14-5 所示。

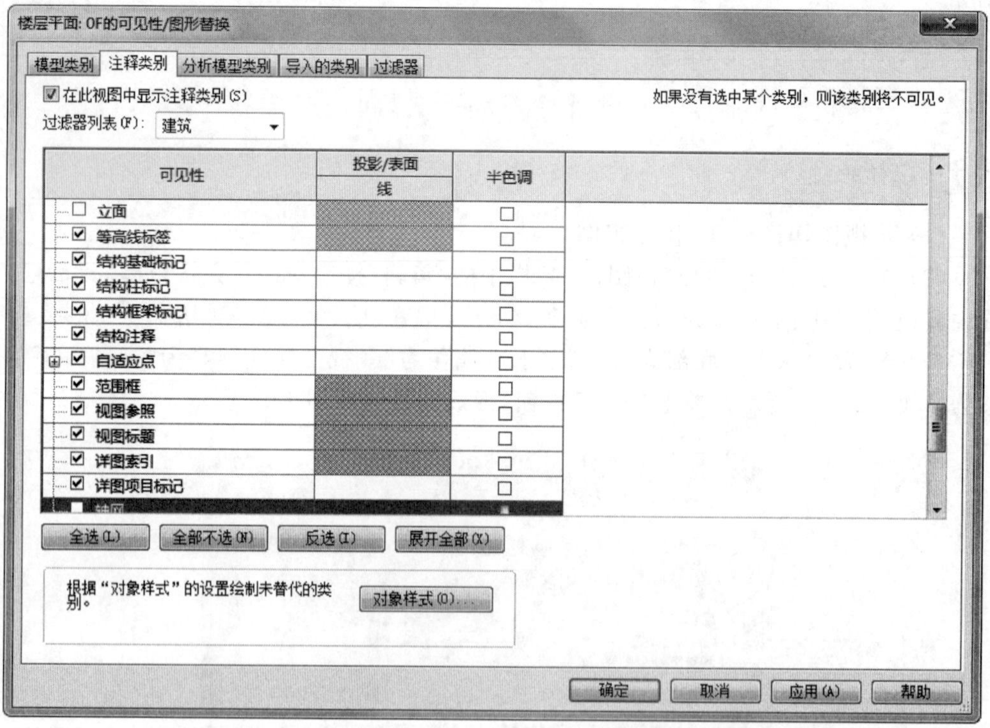

图 14-4　“楼层平面：0F 的可见性/图形替换”对话框

（4）单击“注释”选项卡“尺寸标注”面板中的“高程点”按钮 ，打开“修改|放置尺寸标注”选项卡和选项栏，在选项栏中取消选中“引线”复选框，显示高程为“实际(选定)高程”，如图 14-6 所示。

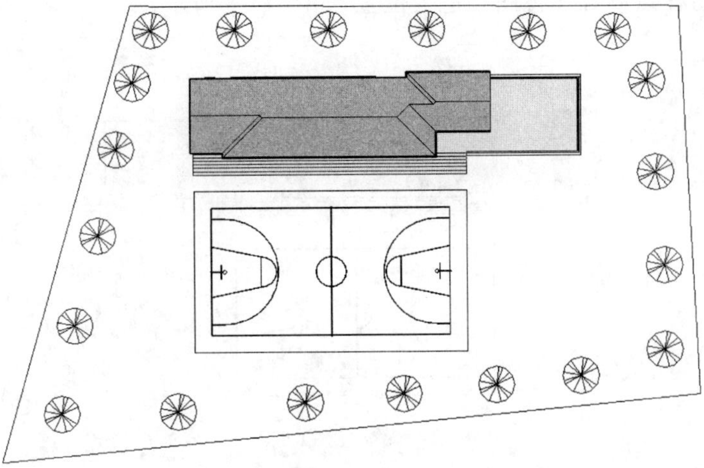

图 14-5 隐藏立面标记

图 14-6 选项栏

（5）在“属性”选项板中选择“高程点 三角形(项目)”类型，单击“编辑类型”按钮，打开“类型属性”对话框，更改文字大小为 7，如图 14-7 所示，其他参数采用默认设置，单击“确定”按钮。

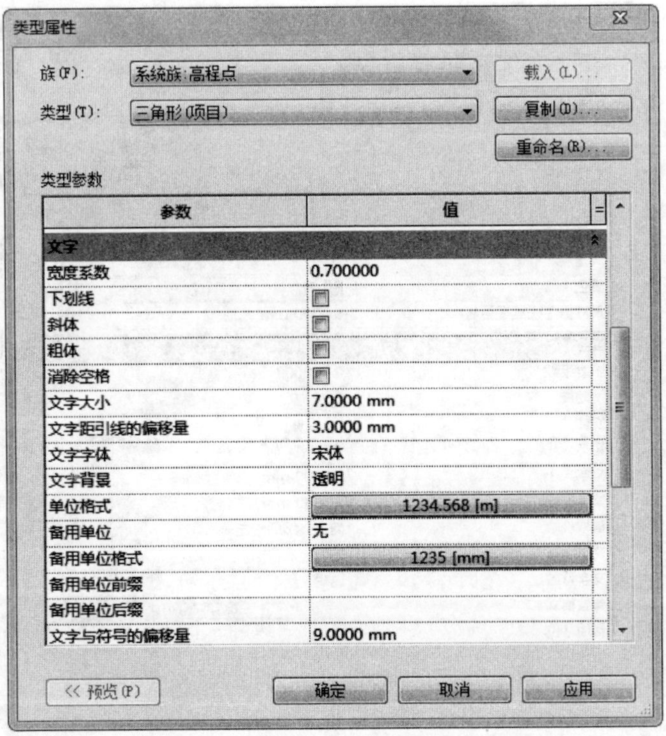

图 14-7 “类型属性”对话框

(6) 将高程点放置在视图中适当位置，如图 14-8 所示。

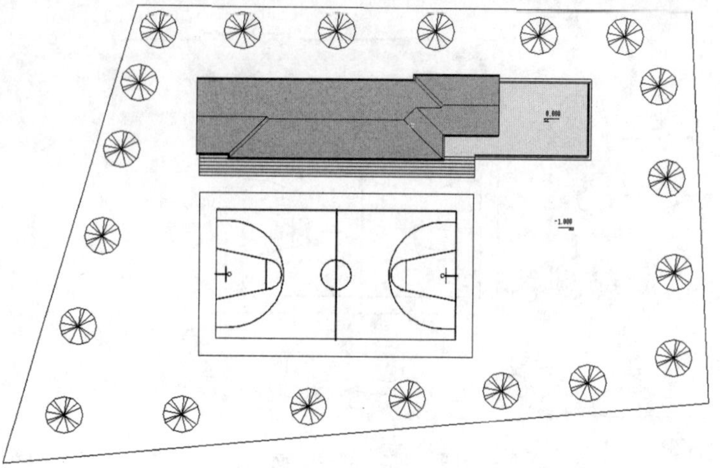

图 14-8　标注高程点

(7) 单击“注释”选项卡“尺寸标注”面板中的“对齐”按钮 ，在“属性”选项板中选择“线性尺寸标注样式 对角线-3mm RomanD(场地)-引线-共线文字”类型，单击“编辑类型”按钮 ，打开“类型属性”对话框，新建“线性尺寸标注样式 对角线-5mm RomanD (场地)-引线-共线文字”类型，更改文字大小为 5mm，其他参数采用默认设置，如图 14-9 所示，单击“确定”按钮。

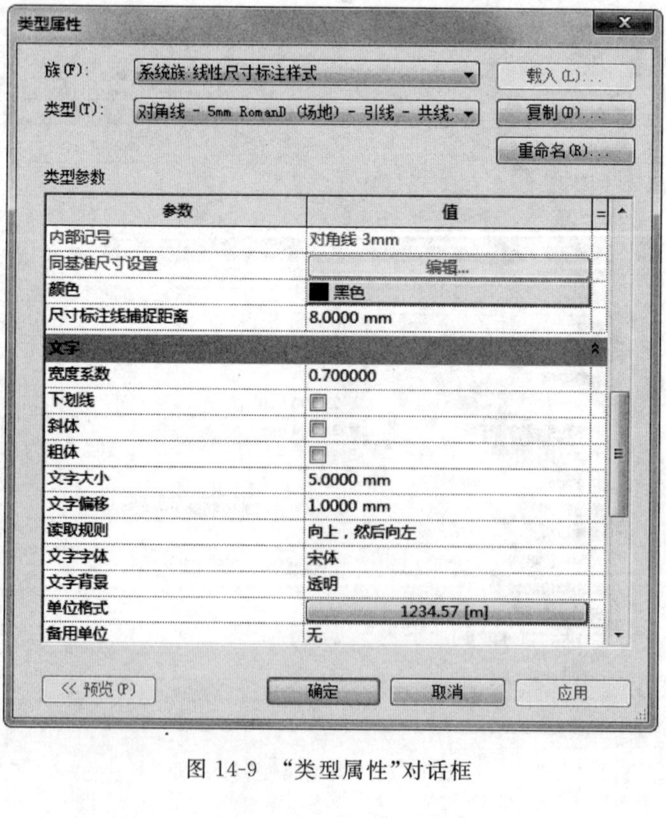

图 14-9　“类型属性”对话框

（8）标注建筑范围，如图 14-10 所示。

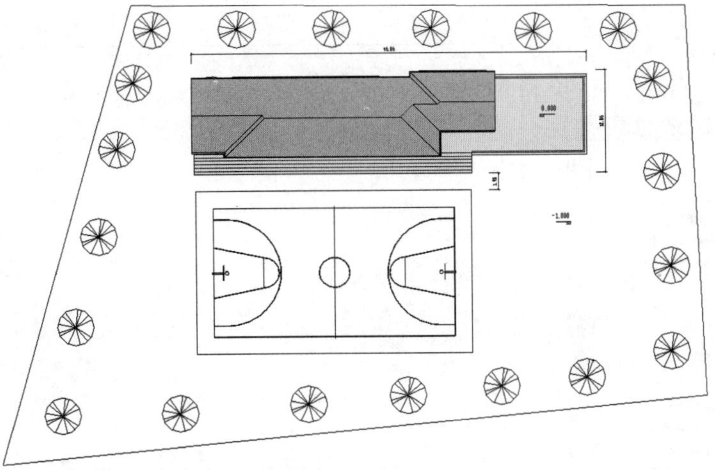

图 14-10　标注尺寸

知识点：总平面图尺寸标注

总平面图上的尺寸应标注新建房屋的总长、总宽及与周围房屋或道路的间距，尺寸以米为单位，标注到小数点后两位。新建房屋的层数在房屋图形右上角用点数或数字表示。一般低层、多层用点数表示层数，高层用数字表示，如果为群体建筑，也可统一用点数或数字表示。

（9）单击“视图”选项卡“图纸组合”面板中的“图纸”按钮，打开“新建图纸”对话框，在列表中选择“A0 公制”图纸，如图 14-11 所示。

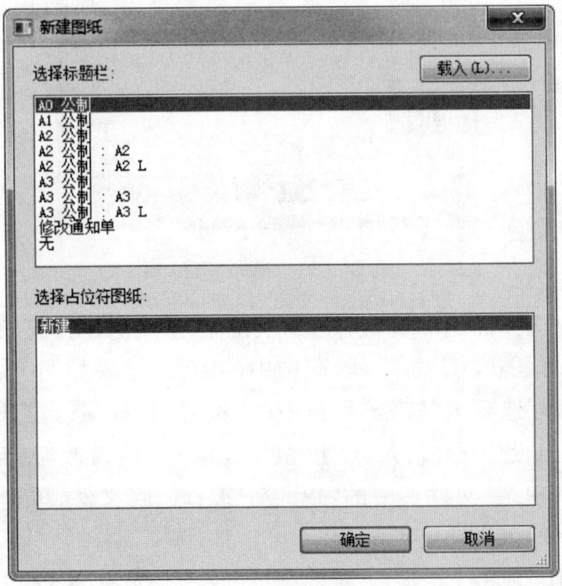

图 14-11　“新建图纸”对话框

Note

（10）单击“确定”按钮，新建 A0 图纸，并显示在项目浏览器的图纸节点下，如图 14-12 所示。

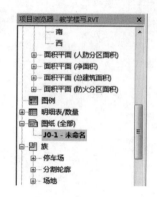

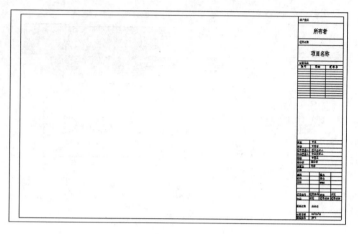

图 14-12　新建 A0 图纸

（11）单击“视图”选项卡“图纸组合”面板中的“视图”按钮，打开“视图”对话框，在列表中选择“楼层平面：0F”视图，如图 14-13 所示，然后单击“在图纸中添加视图”按钮，将视图添加到图纸中，如图 14-14 所示。

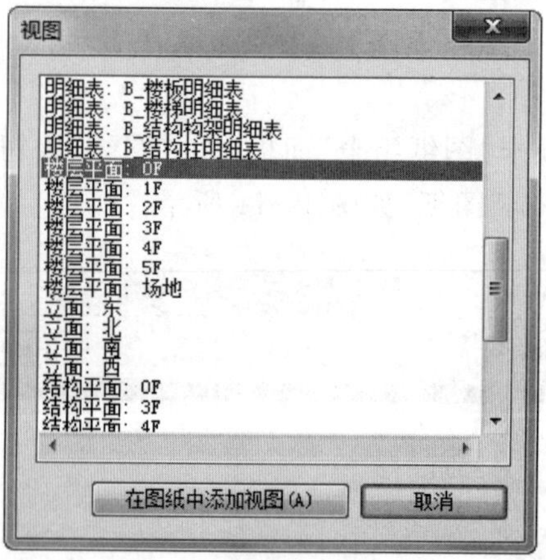

图 14-13　“视图”对话框

（12）在图纸中选择标题和视口，然后右击，在弹出的快捷菜单中选择“在视图中隐藏”→“图元”命令，如图 14-15 所示，隐藏选中的图元，结果如图 14-16 所示。

（13）单击“注释”选项卡“符号”面板中的“符号”按钮，打开“修改|放置符号”选项卡。单击“模式”面板中的“载入族”按钮，打开“载入族”对话框，选择“China”→“注释”→“符号”→“建筑”文件夹中的“指北针 2. rfa”族文件，单击“打开”按钮，将其放置在图纸中的右上角，如图 14-17 所示。

（14）单击“注释”选项卡“文字”面板中的“文字”按钮 **A**，在“属性”选项板中选择“文字 宋体 10mm”类型，在图形下方输入“总平面图”文字，然后在“属性”选项板中选择“文字 宋体 7.5mm”类型，输入比例“1：100”，结果如图 14-18 所示。

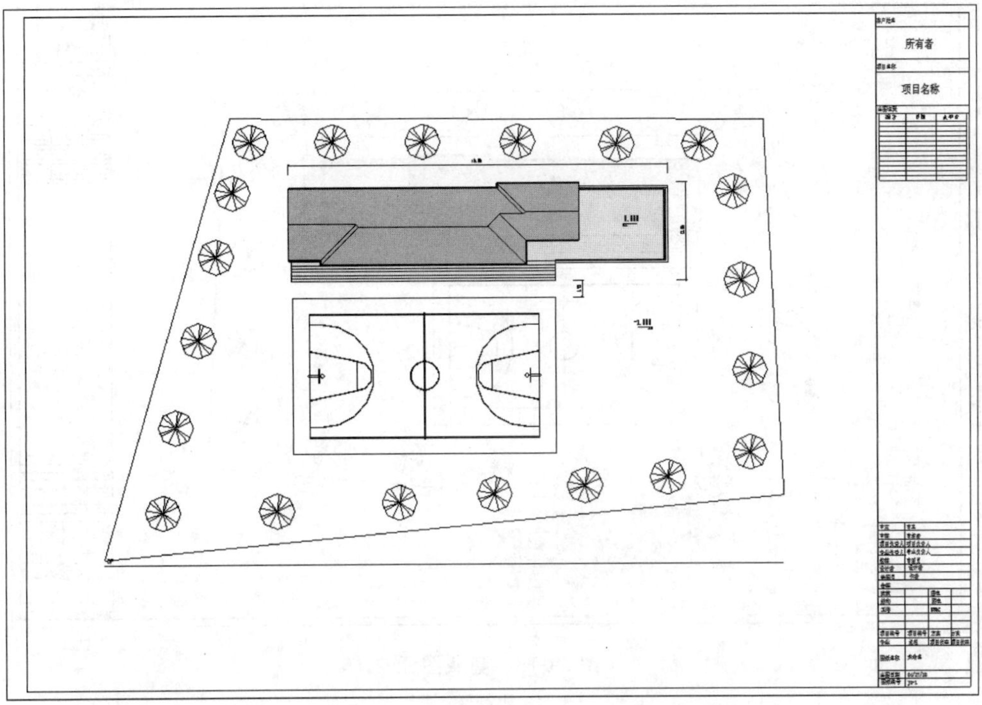

图 14-14　添加视图到图纸

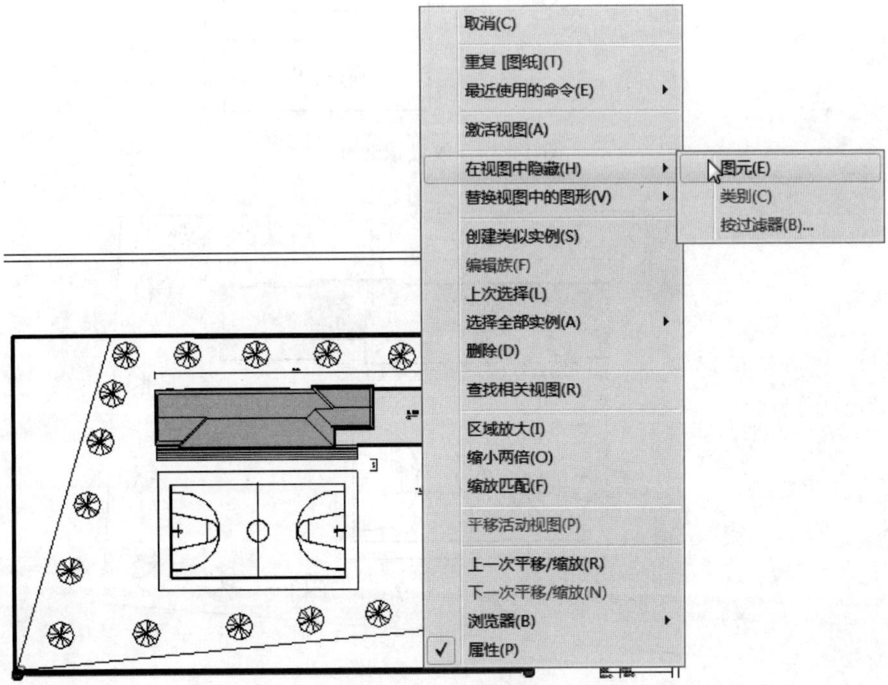

图 14-15　快捷菜单

Note

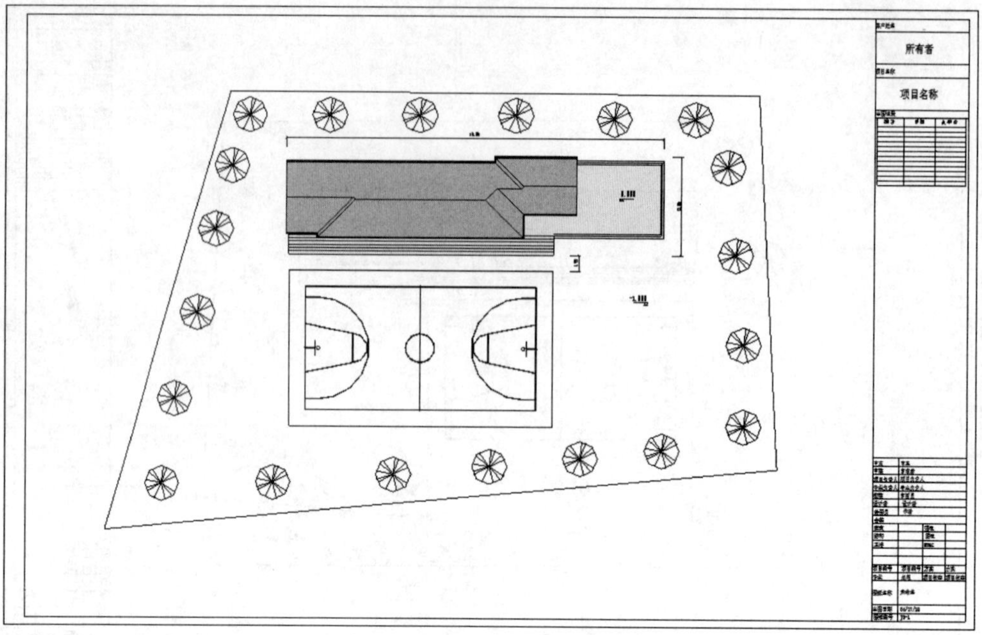

图 14-16　隐藏图元

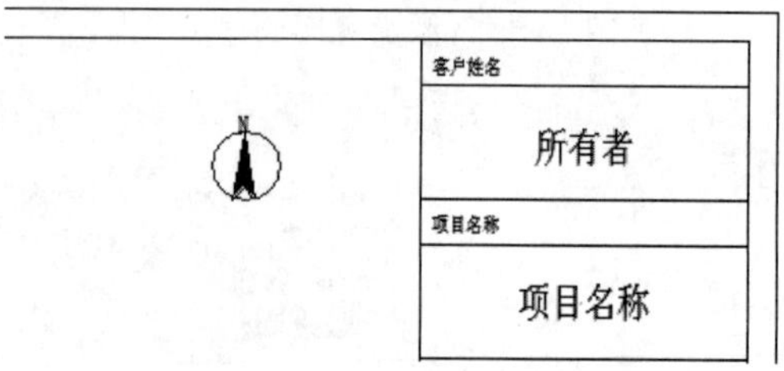

图 14-17　放置指北针

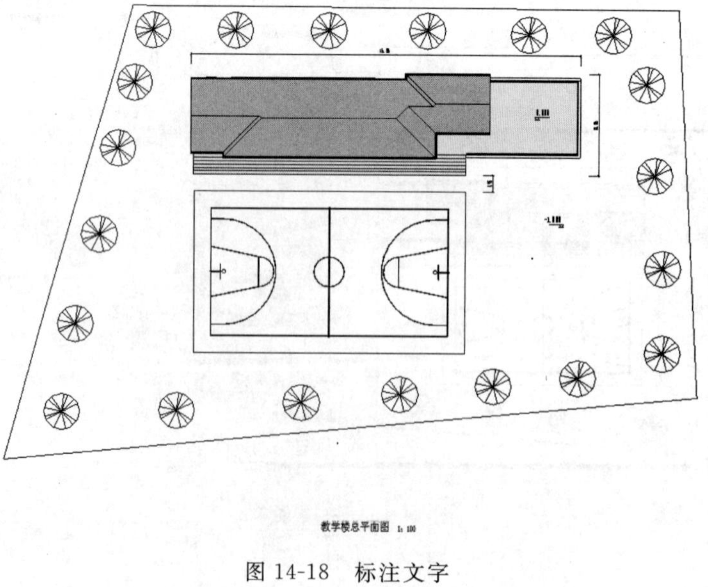

图 14-18　标注文字

(15) 双击图框上的文字,对其进行更改。这里更改项目名称为“教学楼”,更改图纸名称为“教学楼总平面图”,如图 14-19 所示。

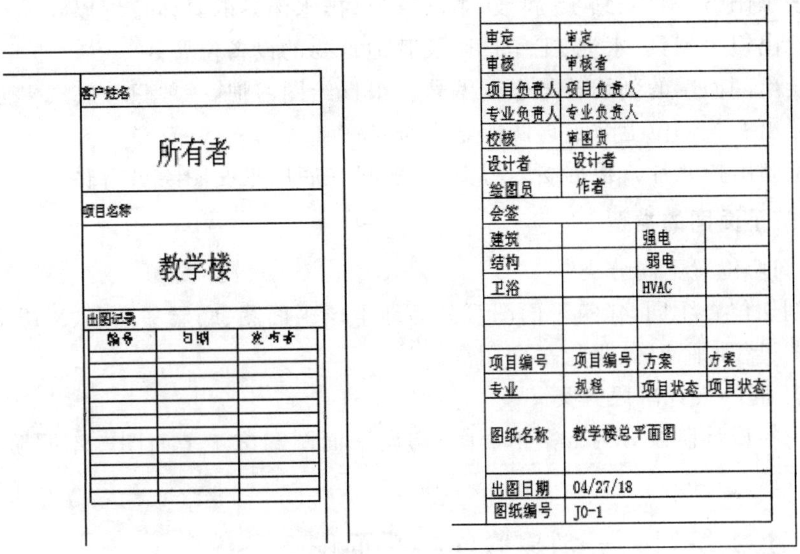

客户姓名
所有者
项目名称
教学楼
出图记录
编号
日期
发布者
审定
审定
审核
审核者
项目负责人
项目负责人
专业负责人
专业负责人
校核
审图员
设计者
设计者
绘图员
作者
会签
建筑
强电
结构
弱电
卫浴
HVAC
项目编号
项目编号
方案
方案
专业
规程
项目状态
项目状态
图纸名称
教学楼总平面图
出图日期
04/27/18
图纸编号
J0-1

图 14-19 更改文字

14.2 平 面 图

建筑平面图主要反映房屋的平面形状、大小和房间的布置,墙柱的位置、厚度和材料,门窗类型和位置等。建筑平面图是施工过程中施工放线、砌墙、安装门窗、预留孔洞、室内装修及编制预算、施工备料等工作的重要依据,是施工图中最基本、最重要的图样之一。

14.2.1 建筑平面图概述

建筑平面图是假想用一个水平的剖切平面沿着窗台以上的门窗洞口处将房屋剖切开,移走剖切平面以上部分,而得到水平剖面图。

1. 建筑平面图的图示要点

(1) 每个平面图对应一个建筑物楼层,并注有相应的图名。

(2) 可以表示多层的一张平面图称为标准层平面图。标准层平面图各层的房间数量、大小和布置都必须相同。

(3) 建筑物左右对称时,可以将两层平面图绘制在同一张图纸上,左右分别绘制各层的一半,同时中间要注上对称符号。

(4) 如果建筑平面图较大,可以分段绘制。

2. 建筑平面图的图示内容

(1) 表示墙、柱、门、窗的位置和编号,房间名称或编号,轴线编号等。

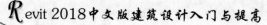

(2) 注出室内外的有关尺寸及室内楼、地面的标高。建筑物的底层，标高为±0.000。

(3) 表示出电梯、楼梯的位置以及楼梯的上下方向和主要尺寸。

(4) 表示阳台、雨篷、踏步、斜坡、雨水管道、排水沟等的具体位置以及大小尺寸。

(5) 绘出卫生器具、水池、工作台以及其他重要的设备位置。

(6) 绘出剖面图的剖切符号以及编号。根据绘图习惯，一般只在底层平面图绘制。

(7) 标出有关部位上节点详图的索引符号。

(8) 绘制出指北针。根据绘图习惯，一般只在底层平面图绘出指北针。

3. 建筑平面图的类型

1）按剖切位置不同分类

根据剖切位置不同，建筑平面图可分为地下层平面图、底层平面图、X层平面图、标准层平面图、屋顶平面图、夹层平面图等。

2）按不同的设计阶段分类

按不同的设计阶段分为方案平面图、初设平面图和施工平面图。不同阶段图纸表达深度不一样。

14-2

14.2.2 上机练习——创建教学楼平面图

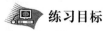

练习目标

本节绘制教学楼平面图，如图14-20所示。

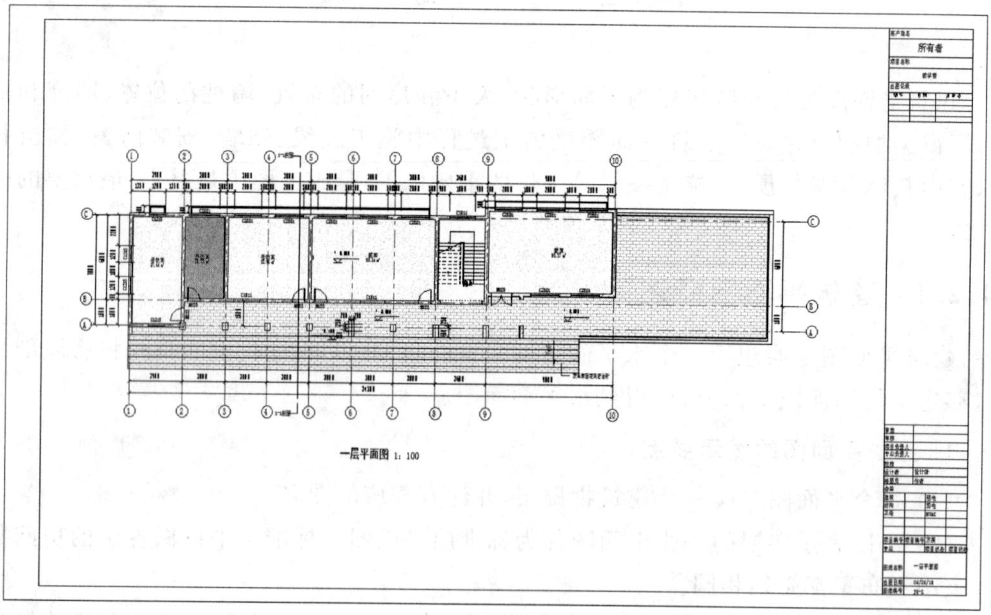

图14-20 教学楼平面图

设计思路

首先复制1F楼层平面图，然后在复制的楼层平面图上进行整理，再添加门、窗、房间标记，最后标注高程、尺寸，填写文字。

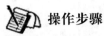

操作步骤

(1) 将视图切换至 1F 楼层平面。

(2) 在项目浏览器中选择“楼层平面”→“1F 节点，然后右击，在弹出的快捷菜单中选择“复制视图”→“带细节复制”命令，如图 14-21 所示。

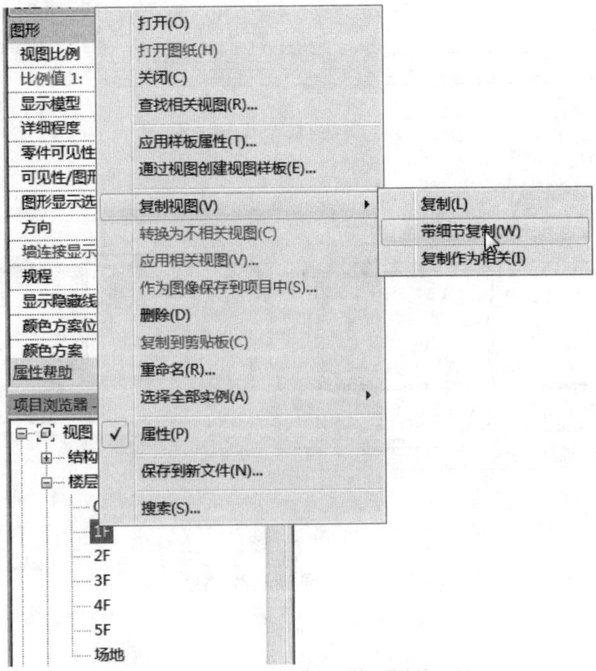

图 14-21　快捷菜单

(3) 在项目浏览器中选择“楼层平面”→“1F 副本 1”节点，然后右击，在弹出的快捷菜单中选择“重命名”命令，打开“重命名视图”对话框，输入名称为“一层平面图”，如图 14-22 所示，并切换至此视图。

(4) 单击“视图”选项卡“图形”面板中的“可见性/图形”按钮，打开“楼层平面：一层平面图的可见性/图形替换”对话框，在“模型类别”选项卡中分别取消选中“地形”“场地”和“植物”复选框，在“注释类别”选项卡中取消选中“立面”复选框。单击“确定”按钮，得到的一层平面图如图 14-23 所示。

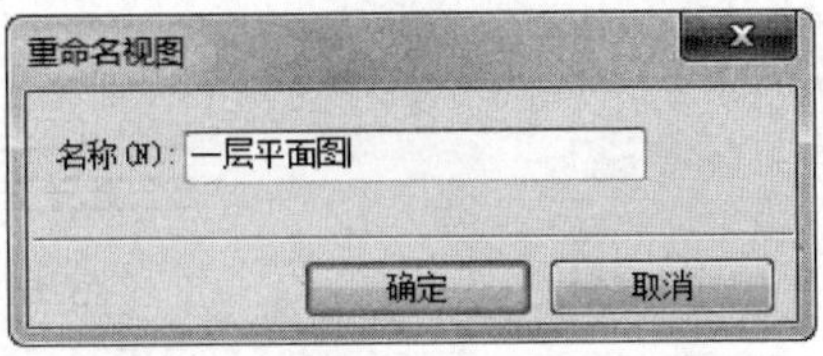

图 14-22　“重命名视图”对话框

(5) 选取轴线，拖动轴号节点调整轴线的长度，如图 14-24 所示。

(6) 单击 1/C 轴线上的“添加弯头”标记，调整 1/C 轴线的轴号位置，采用相同的方法调整 1/B 轴线的轴号位置，如图 14-25 所示。

(7) 单击“注释”选项卡“标记”面板中的“按类别标记”按钮，打开“修改|标记”选项卡，取消选中选项栏中的“引线”复选框，选取视图中的门和窗添加标记，结果如图 14-26 所示。

Note

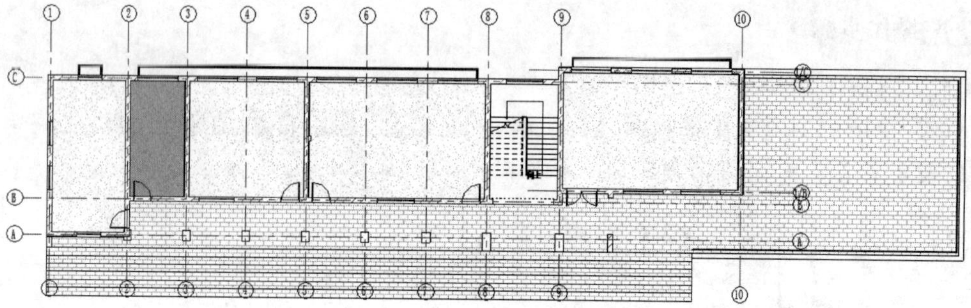

图 14-23　整理后的一层平面图

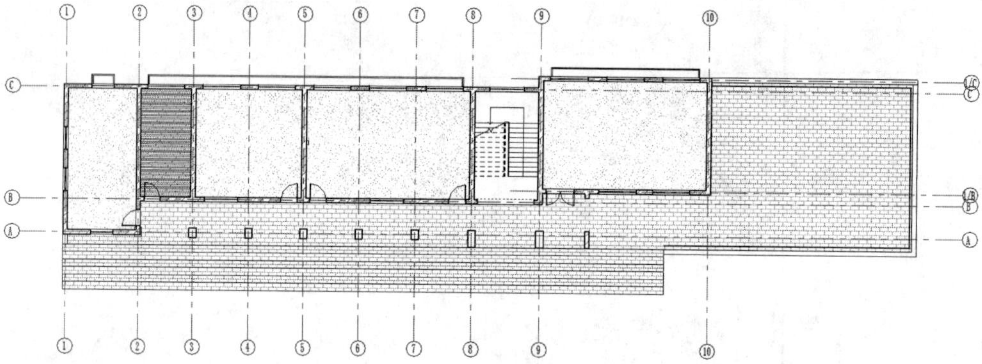

图 14-24　调整轴线长度

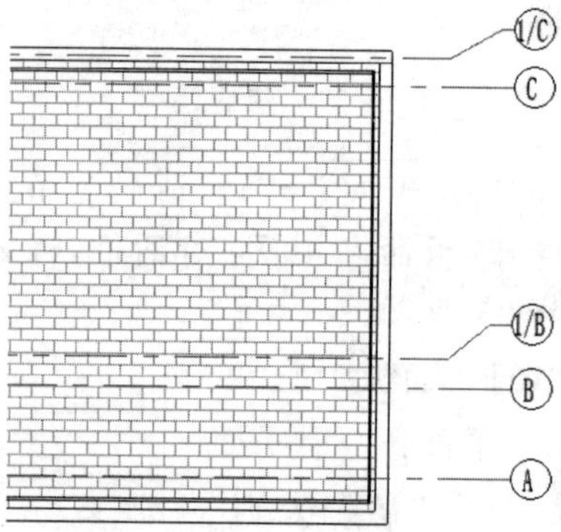

图 14-25　调整轴号位置

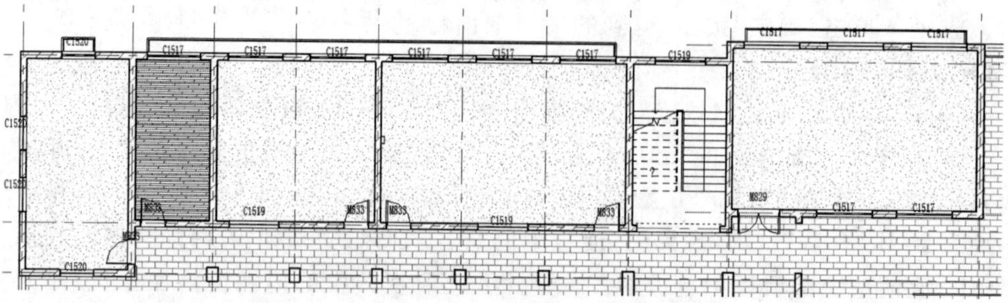

图 14-26　添加门和窗标记

(8) 从图 14-26 中可以看出左侧的标记没有与窗或门平行，选择标记，在“属性”选项板中设置方向为“垂直”，如图 14-27 所示，更改后的标记如图 14-28 所示。

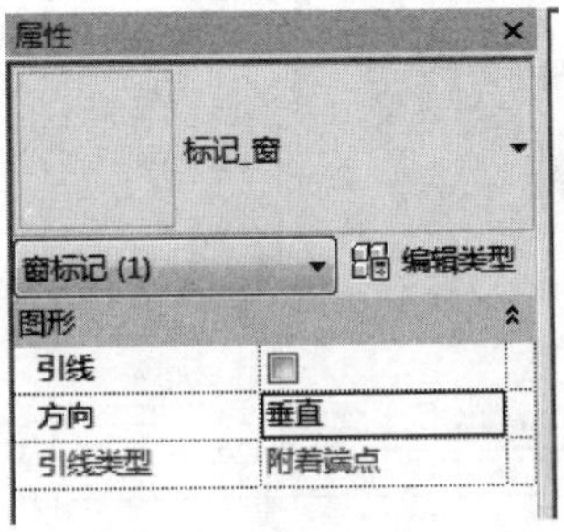

图 14-27 “属性”选项板

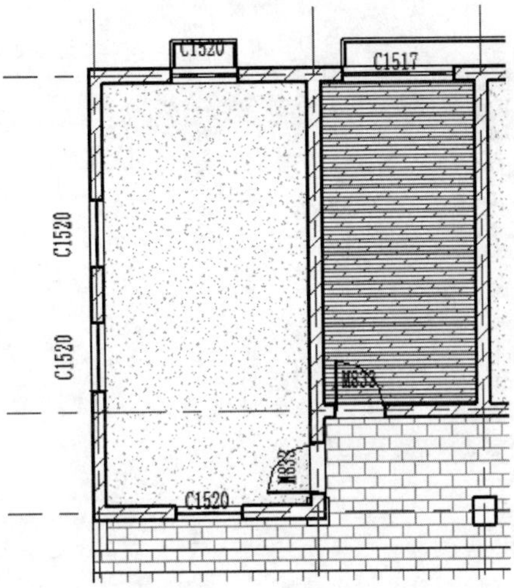

图 14-28 更改标记方向

(9) 选取门和窗上的标记，拖动光标调整门和窗标记的位置，然后更改标记内容，如图 14-29 所示。

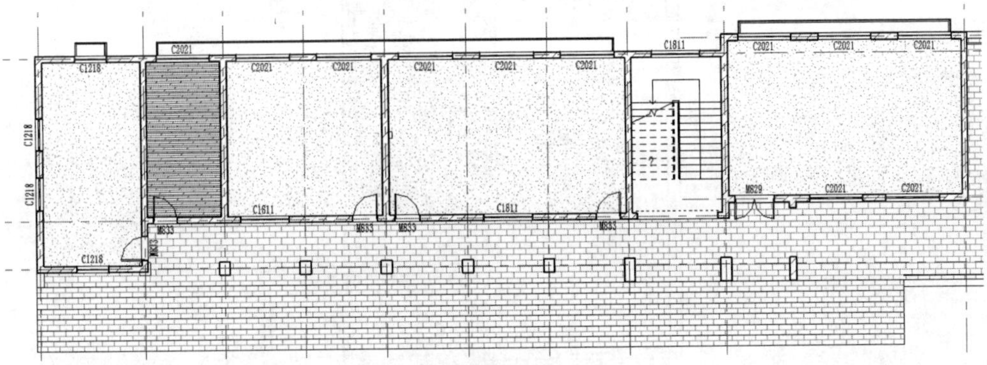

图 14-29 移动标记

(10) 单击“建筑”选项卡“房间和面积”面板中的“房间”按钮，在“属性”选项板中选择“标记_房间-有面积-施工-仿宋-3mm-0-80”类型，输入名称为“活动室”，如图 14-30 所示，在视图中放置房间标记，如图 14-31 所示。

(11) 继续放置其他房间标记，双击房间名称进行修改，如图 14-32 所示。

(12) 采用相同的方法更改其他房间名称，结果如图 14-33 所示。

(13) 单击“注释”选项卡“尺寸标注”面板中的“高程点”按钮，打开“修改|放置尺寸标注”选项卡和选项栏，在选项栏中取消选中“引线”复选框，显示高程为“实际(选定)高程”。

(14) 在“属性”选项板中选择“高程点 正负零高程点(项目)”类型，将高程点放置在视图中适当位置，如图 14-34 所示。

Note

图 14-30 “属性”选项板

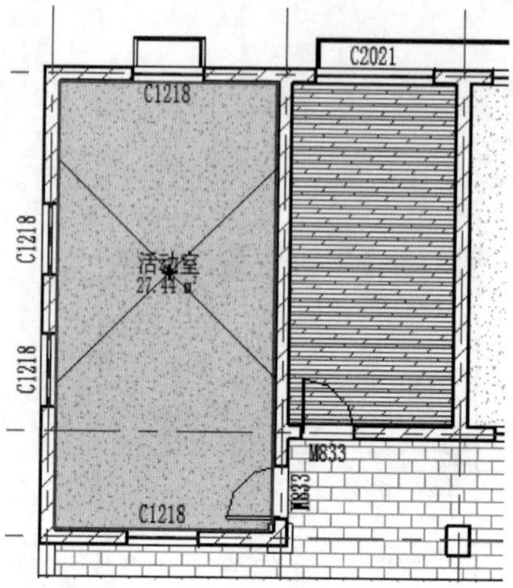

图 14-31 放置活动室标记

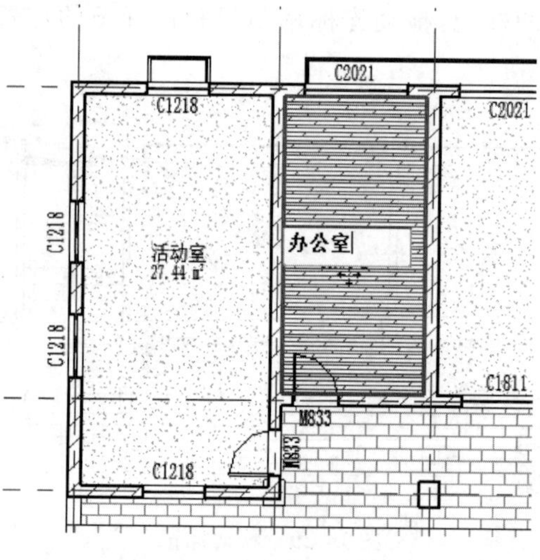

图 14-32 修改房间名称

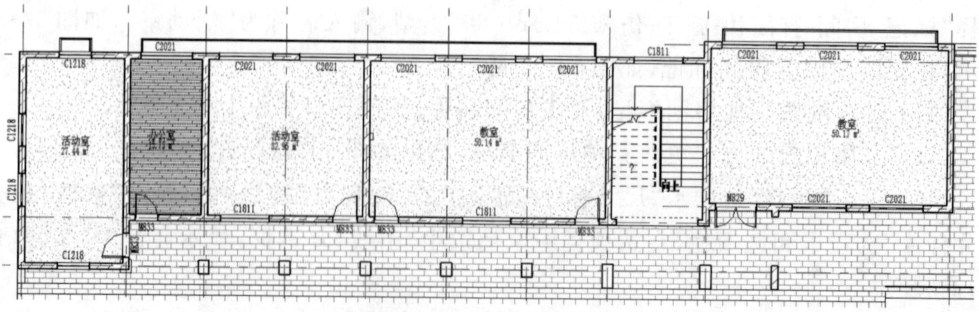

图 14-33 添加房间标记

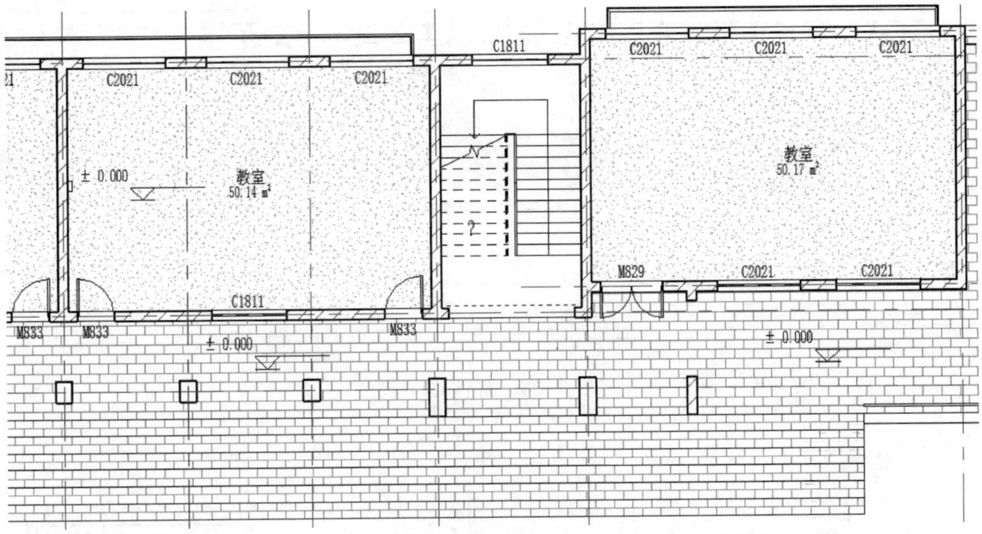

图 14-34　标注零点高程点

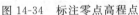

(15) 在“属性”选项板中选择“高程点 三角形(项目)”类型，单击“编辑类型”按钮，打开“类型属性”对话框，更改文字大小为 3mm，将高程点放置在视图中适当位置，并调整文字位置，如图 14-35 所示。

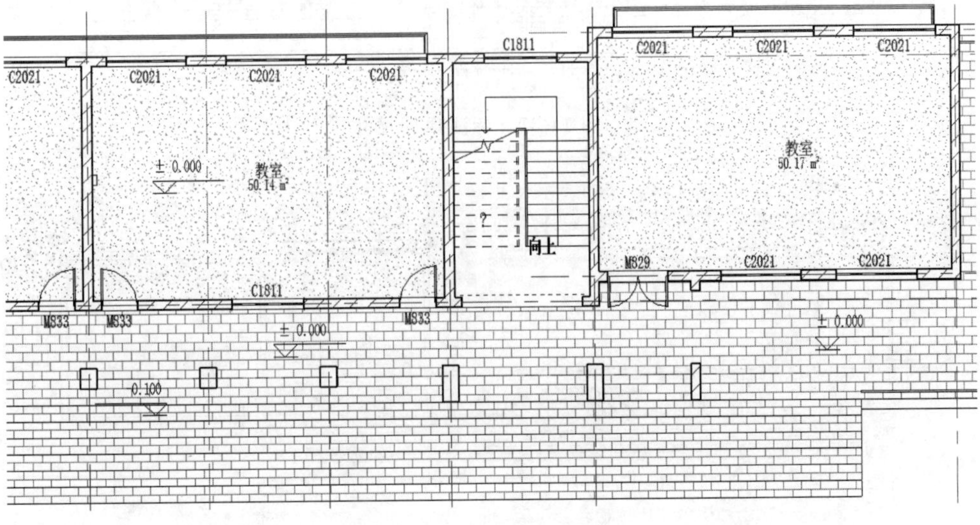

图 14-35　标注高程点

(16) 单击“注释”选项卡“尺寸标注”面板中的“对齐”按钮，标注细节尺寸，如图 14-36 所示。

(17) 单击“注释”选项卡“尺寸标注”面板中的“对齐”按钮，标注内部尺寸，如图 14-37 所示。

(18) 单击“注释”选项卡“尺寸标注”面板中的“对齐”按钮，标注外部尺寸，如图 14-38 所示。

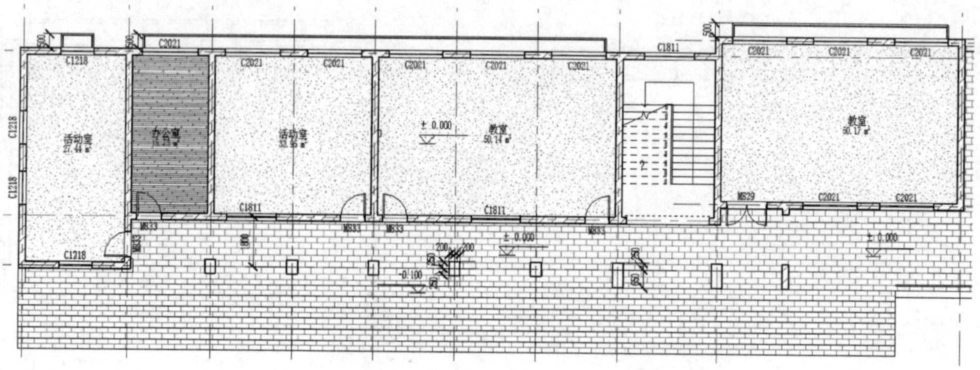

图 14-36　标注细节尺寸

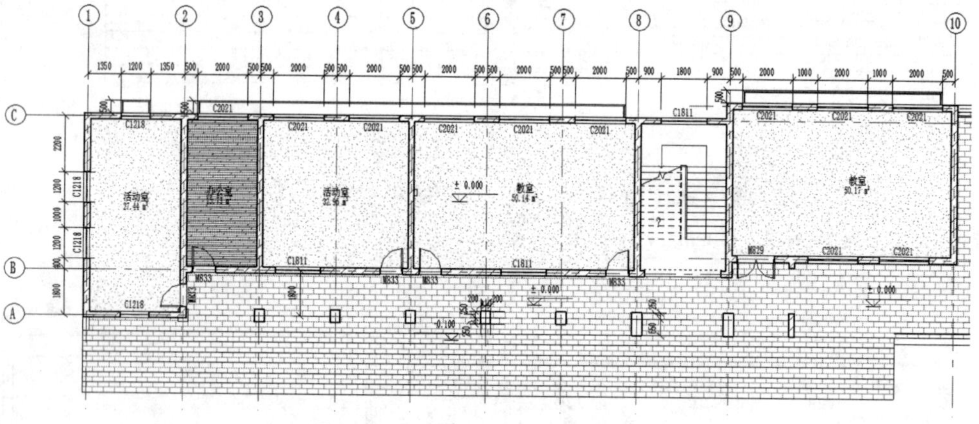

图 14-37　标注内部尺寸

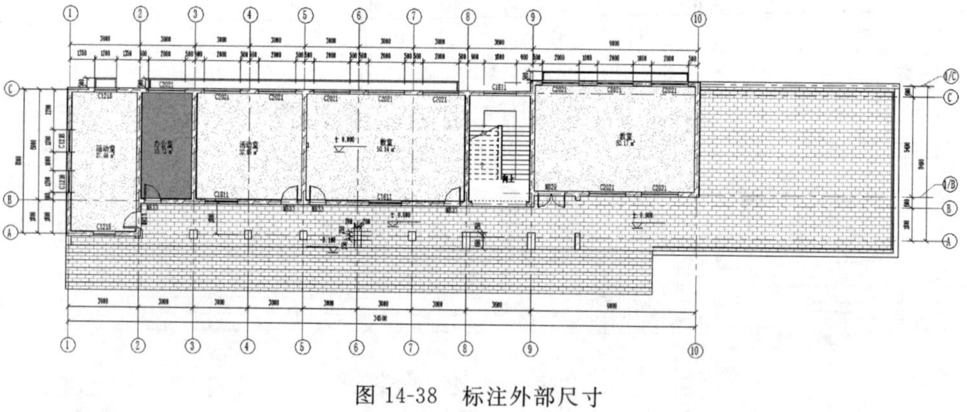

图 14-38　标注外部尺寸

知识点：平面图尺寸标注

1. 外部尺寸

外部尺寸指标注在建筑平面图轮廓外的三道尺寸。

第一道尺寸为房屋外轮廓的总尺寸，即从一端的外墙边到另一端的外墙边的总长和总宽。

第二道尺寸为各定位轴线间的距离。其中横向轴线尺寸叫开间尺寸，纵向轴线尺寸叫进深尺寸。

第三道尺寸为分段尺寸，表达门窗洞口宽度和位置，墙垛分段以及细部构造等。标注这道尺寸应以轴线为基准。

三道尺寸线之间的距离一般为 7～10mm，第三道尺寸线与平面图中最近的图形轮廓线之间距离宜小于 10mm。

当平面图的上下或左右的外部尺寸相同时，只需要标注左(右)侧尺寸与上(下)方尺寸就可以了，否则，平面图的上下与左右均应标注尺寸。外墙以外的台阶、平台、散水等细部尺寸应另行标注。

2. 内部尺寸

内部尺寸指外墙以内的全部尺寸，它主要用于注明内墙门窗洞的位置及其宽度、墙体厚度、房间大小、卫生器具、灶台和洗涤盆等固定设备的位置及其大小。

(19) 单击“注释”选项卡“符号”面板中的“符号”按钮，在“属性”选项板中选择“符号排水箭头”选项，输入排水坡度为“下 6 步”，如图 14-39 所示，将其放置在平面图室外台阶处，如图 14-40 所示。

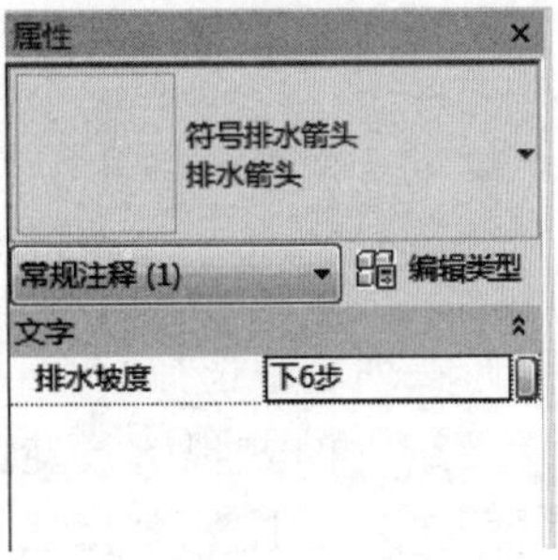

图 14-39　“属性”选项板

(20) 选择上步放置的符号，单击“修改”面板中的“旋转”按钮，将符号旋转 90°，结果如图 14-41 所示。

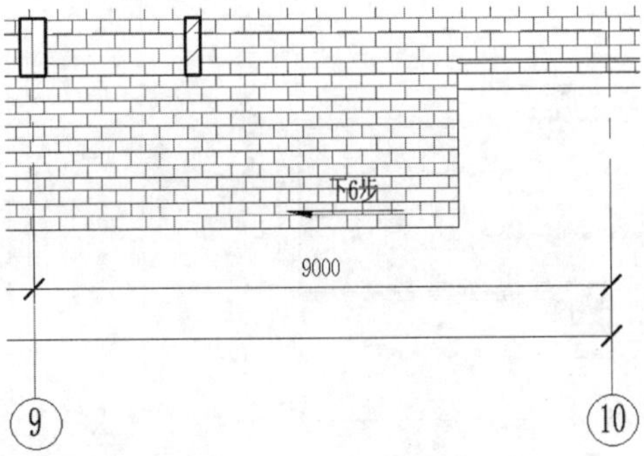

图 14-40　放置符号

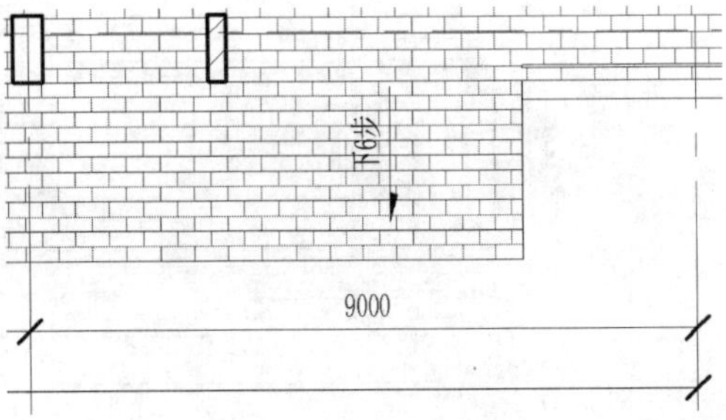

图 14-41　旋转符号

(21) 单击“注释”选项卡“文字”面板中的“文字”按钮，打开“修改|放置文字”选项卡，单击“两段”按钮，如图 14-42 所示。

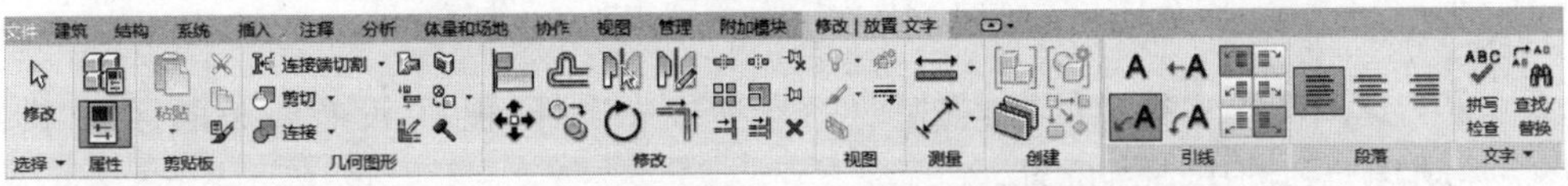

图 14-42　“修改|放置文字”选项卡

(22) 在“属性”选项板中选择“宋体 3mm”类型，指定引线的起点和转折点，并输入文字为“灰色麻面花岗岩台阶”，如图 14-43 所示。

Note

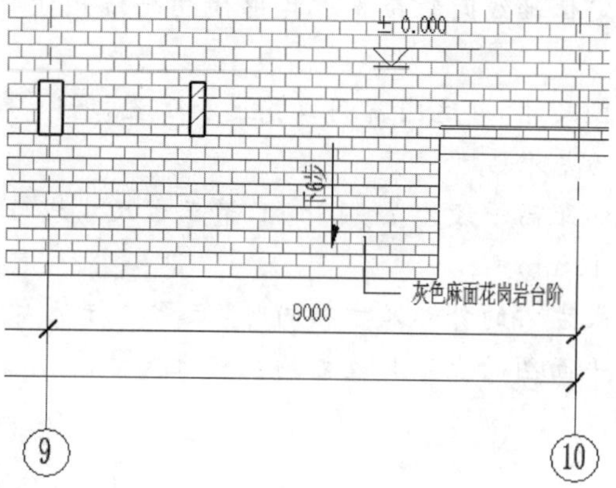

图 14-43　输入文字

（23）单击“视图”选项卡“图纸组合”面板中的“图纸”按钮，打开“新建图纸”对话框，在列表中选择“A2 L 公制”图纸，单击“确定”按钮，新建 A2 图纸。

（24）单击“视图”选项卡“图纸组合”面板中的“放置视图”按钮，打开“视图”对话框，在列表中选择“楼层平面：一层平面图”视图，然后单击“在图纸中添加视图”按钮，将视图添加到图纸中，如图 14-44 所示。

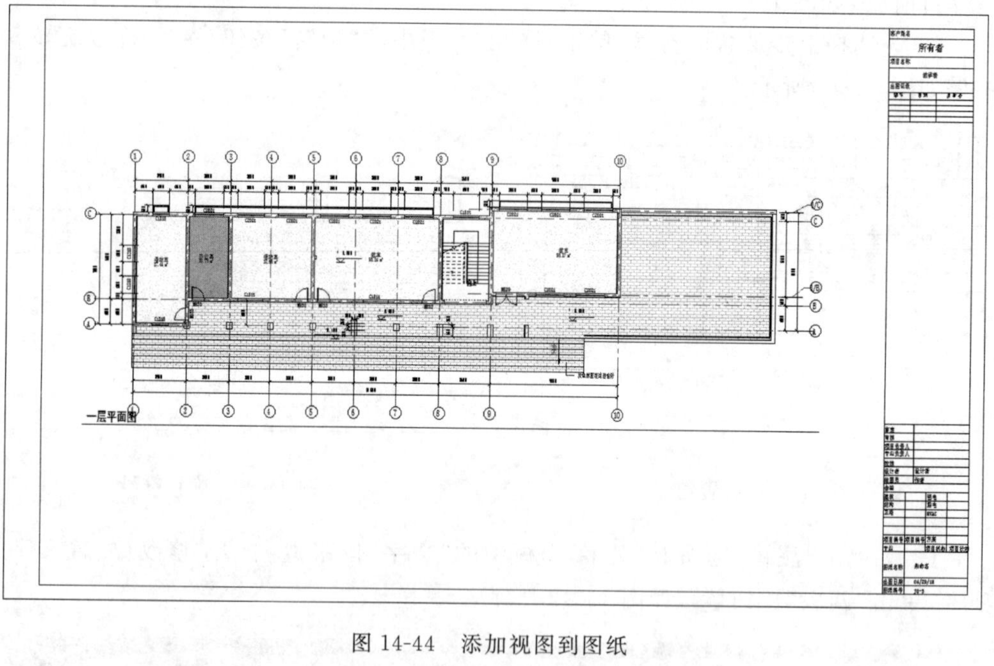

图 14-44　添加视图到图纸

（25）选取图形中视口标题，在“属性”选项板中选择“视口 没有线条的标题”类型，并将标题移动到图中适当位置。

（26）单击“注释”选项卡“文字”面板中的“文字”按钮，在打开的“修改|放置文字”选项卡中单击“无引线”按钮，在“属性”选项板中选择“文字 宋体 5mm”类型，输入比例“1∶100”，结果如图 14-45 所示。

（27）右击项目浏览器中的“J0-2-未命名”文件，在弹出的快捷菜单中选择“重命名”

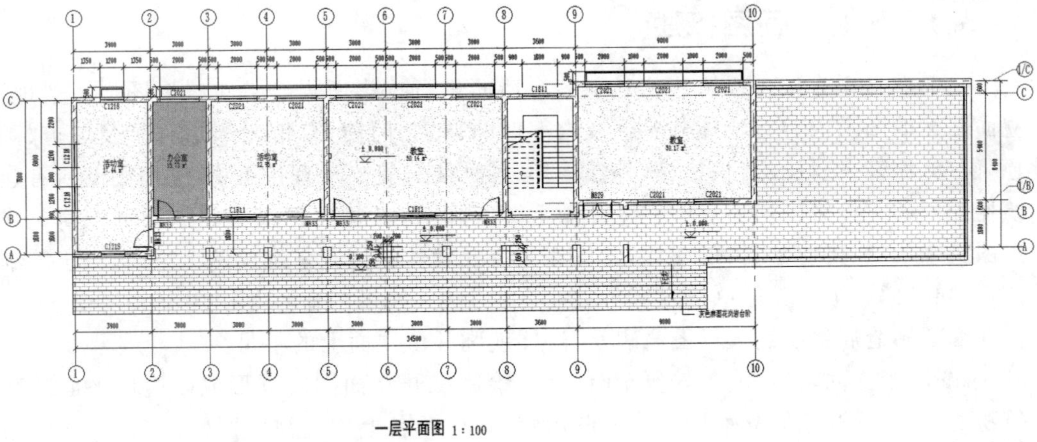

图 14-45 输入文字

命令，如图 14-46 所示。

(28) 打开“图纸标题”对话框，输入名称为“一层平面图”，如图 14-47 所示，单击“确定”按钮，完成图纸的命名。

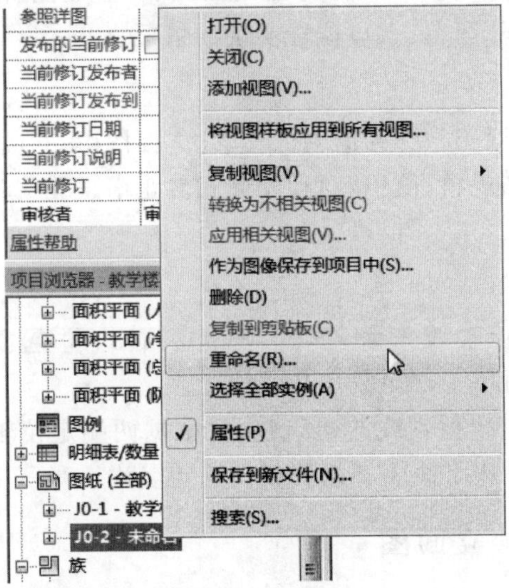

图 14-46 快捷菜单

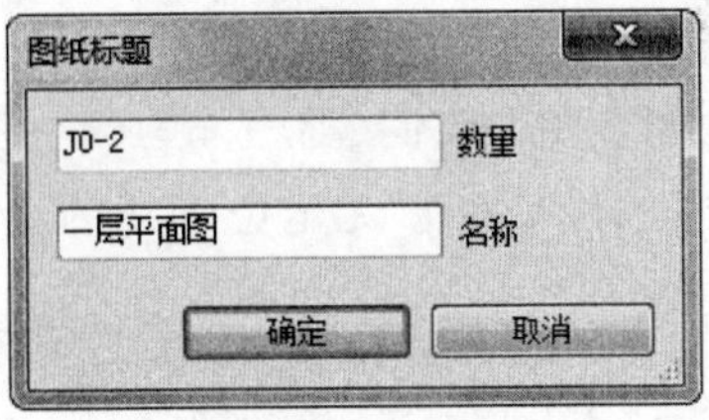

图 14-47 “图纸标题”对话框

读者可以根据一层平面图的创建方法，创建教学楼的二层平面图和三层平面图，这里不再介绍。

14.3 立 面 图

建筑立面图是用来研究建筑立面的造型和装修的图样。立面图主要反映建筑物的外貌和立面装修的做法，这是因为建筑物给人的美感主要来自其立面的造型和装修。

Note

14.3.1 建筑立面图概述

立面图是用直接正投影法将建筑各个墙面进行投影所得到的正投影图。一般地，立面图上的图示内容有墙体外轮廓及内部凹凸轮廓、门窗(幕墙)、入口台阶及坡道、雨篷、窗台、窗楣、壁柱、檐口、栏杆、外露楼梯、各种线脚等。从理论上讲，立面图上所有建筑构配件的正投影图均要反映在立面图上。实际上，一些比例较小的细部可以简化或用图例来代替。例如门窗的立面，可以在具有代表性的位置仔细绘制出窗扇、门扇等细节，而同类门窗则用其轮廓表示即可。在施工图中，如果门窗不是引用有关门窗图集，则其细部构造需要绘制大样图来表示，这样就弥补了立面上的不足。

此外，当立面转折、曲折较复杂时，可以绘制展开立面图。圆形或多边形平面的建筑物，可分段展开绘制立面图。为了图示明确，在图名上均应注明"展开"二字，在转角处应准确标明轴线号。

建筑立面图命名的目的在于能够一目了然地识别其立面的位置。因此，各种命名方式都是围绕"明确位置"这个主题来实施。至于采取哪种方式，则以具体情况而定。

1. 以相对主入口的位置特征命名

以相对主入口的位置特征命名，建筑立面图可以称为正立面图、背立面图、侧立面图。这种方式一般适用于建筑平面图方正、简单，入口位置明确的情况。

2. 以相对地理方位的特征命名

以相对地理方位的特征命名，建筑立面图常称为南立面图、北立面图、东立面图、西立面图。这种方式一般适用于建筑平面图规整、简单，而且朝向相对正南正北偏转不大的情况。

3. 以轴线编号命名

以轴线编号命名是指用立面起止定位轴线来命名，如①-⑥立面图、Ⓔ-Ⓐ立面图等。这种方式命名准确，便于查对，特别适用于平面较复杂的情况。

根据国家标准 GB/T 50104—2010，有定位轴线的建筑物，宜根据两端定位轴线号编注立面图名称。无定位轴线的建筑物可按平面图各面的朝向确定名称。

14-3

14.3.2 上机练习——创建教学楼立面图

练习目标

本节绘制教学楼立面图，如图 14-48 所示。

设计思路

首先复制南立面图，将复制的立面图进行整理，然后标注尺寸，添加文字，最后创建图纸。

操作步骤

(1) 将视图切换至南立面图。

(2) 在项目浏览器中选择"立面"→"南"节点，然后右击，在弹出的快捷菜单中选择

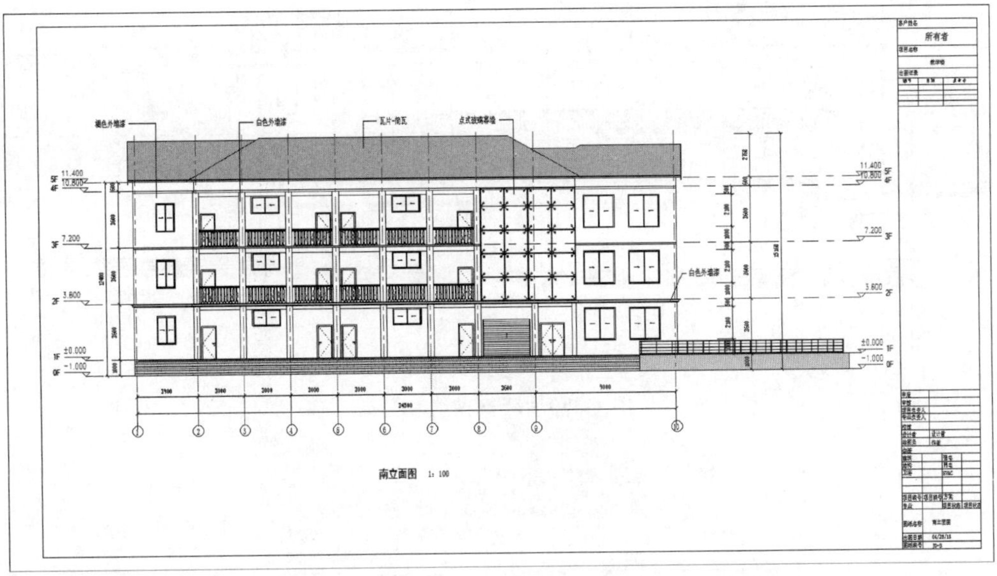

图 14-48　教学楼立面图

“复制视图”→“带细节复制”命令。

(3) 将新复制的立面图重命名为“南立面图”，并切换至此视图。

(4) 单击“视图”选项卡“图形”面板中的“可见性/图形”按钮，打开“立面：南立面图的可见性/图形替换”对话框，在“模型类别”选项卡中分别取消选中“场地”“地形”和“植物”复选框，单击“确定”按钮，得到的南立面图如图 14-49 所示。

图 14-49　整理后的南立面图

(5) 选取轴线调整其长度，然后更改轴号的显示和隐藏，选取标高线调整其长度，然后更改轴号的显示和隐藏，如图 14-50 所示。

(6) 单击“注释”选项卡“尺寸标注”面板中的“对齐”按钮，标注尺寸，如图 14-51 所示。

(7) 单击“注释”选项卡“文字”面板中的“文字”按钮A，打开“修改|放置文字”选项卡，单击“两段”按钮，在“属性”选项板中选择“宋体 3mm”类型，指定引线的起点和转折点，并输入文字，如图 14-52 所示。

Note

图 14-50　调整轴线和标高

图 14-51　标注尺寸

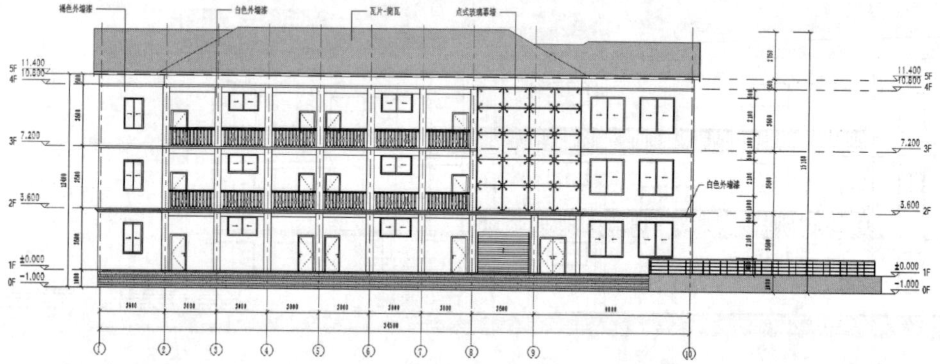

图 14-52　添加材质标记

(8) 单击“视图”选项卡“图纸组合”面板中的“图纸”按钮，打开“新建图纸”对话框，在列表中选择“A2 L 公制”图纸，单击“确定”按钮，新建 A2 图纸。

(9) 单击“视图”选项卡“图纸组合”面板中的“视图”按钮，打开“视图”对话框，在列表中选择“立面：南立面图”视图，然后单击“在图纸中添加视图”按钮，将视图添加到图纸中，如图 14-53 所示。

(10) 选取图形中视口标题，在“属性”选项板中选择“视口 没有线条的标题”类型，并将标题移动到图中适当位置。

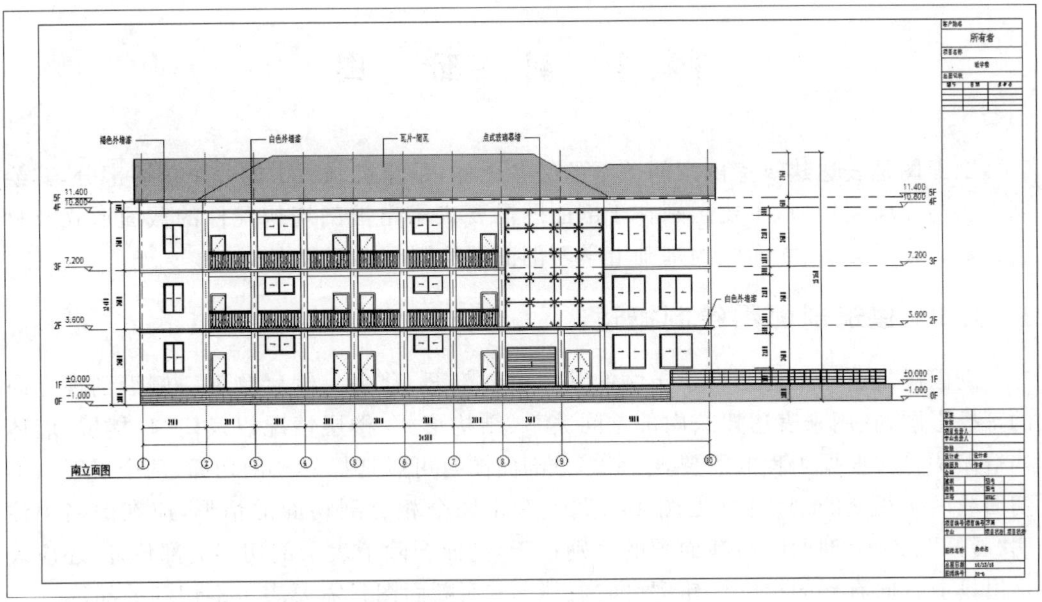

图 14-53　添加视图到图纸

(11) 单击“注释”选项卡“文字”面板中的“文字”按钮 **A**，在“属性”选项板中选择“文字 宋体 5mm”类型，输入比例“1：100”，结果如图 14-54 所示。

图 14-54　输入文字

(12) 右击项目浏览器中的“J0-3-未命名”文件，在弹出的快捷菜单中选择“重命名”命令，打开“图纸标题”对话框，输入名称为“南立面图”，单击“确定”按钮，完成图纸的命名。

读者可以根据南立面图的创建方法，创建教学楼的东立面图、西立面图和北立面图，这里不再一一介绍。

Note

14.4 剖 面 图

剖面图是表达建筑室内空间关系的必备图样，是建筑制图中的一个重要部分，其绘制方法与立面图相似，主要区别在于剖面图需要表示出被剖切构配件的截面形式及材料图案。在平面图、立面图的基础上学习剖面图绘制会方便很多。

14.4.1 建筑剖面图绘制概述

剖面图是指用剖切面将建筑物的某一位置剖开，移去一侧后剩下一侧沿剖视方向的正投影图，它用来表达建筑内部空间关系、结构形式、楼层情况以及门窗、楼层、墙体构造做法等。根据工程的需要，绘制一个剖面图时可以选择一个剖切面、两个平行的剖切面或两个相交的剖切面(见图 14-55)。对于两个相交剖切面的情形，应在图名中注明“展开”二字。剖面图与断面图的区别在于，剖面图除了表示剖切到的部位外，还应表示出投射方向看到的构配件轮廓(即“看线”)；而断面图只需要表示剖切到的部位。

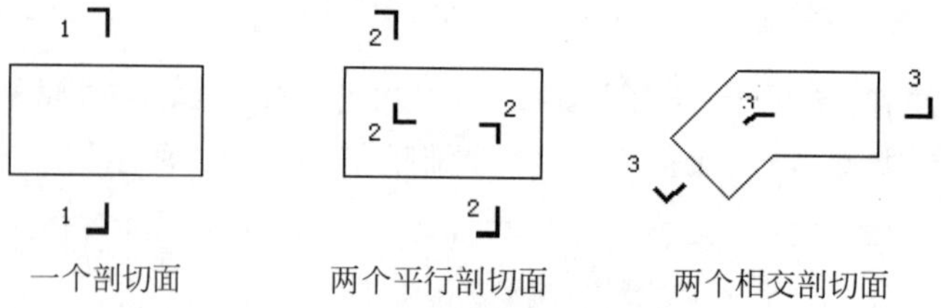

图 14-55 剖切面形式

不同的设计深度，图示内容有所不同。

方案阶段重点在于表达剖切部位的空间关系、建筑层数、高度、室内外高差等。剖面图中应注明室内外地坪标高、楼层标高、建筑总高度(室外地面至檐口)、剖面编号、比例或比例尺等。如果有建筑高度控制，还需标明最高点的标高。

初步设计阶段需要在方案图基础上增加主要内外承重墙、柱的定位轴线和编号，更加详细、清晰、准确地表达出建筑结构、构件(剖到或看到的墙、柱、门窗、楼板、地坪、楼梯、台阶、坡道、雨篷、阳台等)本身及其相互关系。

施工图阶段在优化、调整、丰富初设图的基础上，图示内容最为详细。一方面是剖到和看到的构配件图样应准确、详尽、到位，另一方面应标注详细。除了标注室内外地坪、楼层、屋面突出物、各构配件的标高外，还要标注竖向尺寸和水平尺寸。竖向尺寸包括外部三道尺寸(与立面图类似)和内部地坑、隔断、吊顶、门窗等部位的尺寸；水平尺寸包括两端和内部剖到的墙、柱定位轴线间尺寸及轴线编号。

根据规范规定，应根据图纸的用途或设计深度，在平面图上选择空间复杂，能反映全貌、构造特征以及有代表性的部位进行剖切。

投射方向一般宜向左、向上，当然也要根据工程情况而定。剖切符号标在底层平面图中，短线指向为投射方向。剖面图编号标在投射方向一侧，剖切线若有转折，应在转角的外侧加注与该符号相同的编号，如图 14-55 所示。

Note

14-4

14.4.2　上机练习——创建教学楼 1—1 剖面图

练习目标

本节创建 1—1 剖面图，如图 14-56 所示。

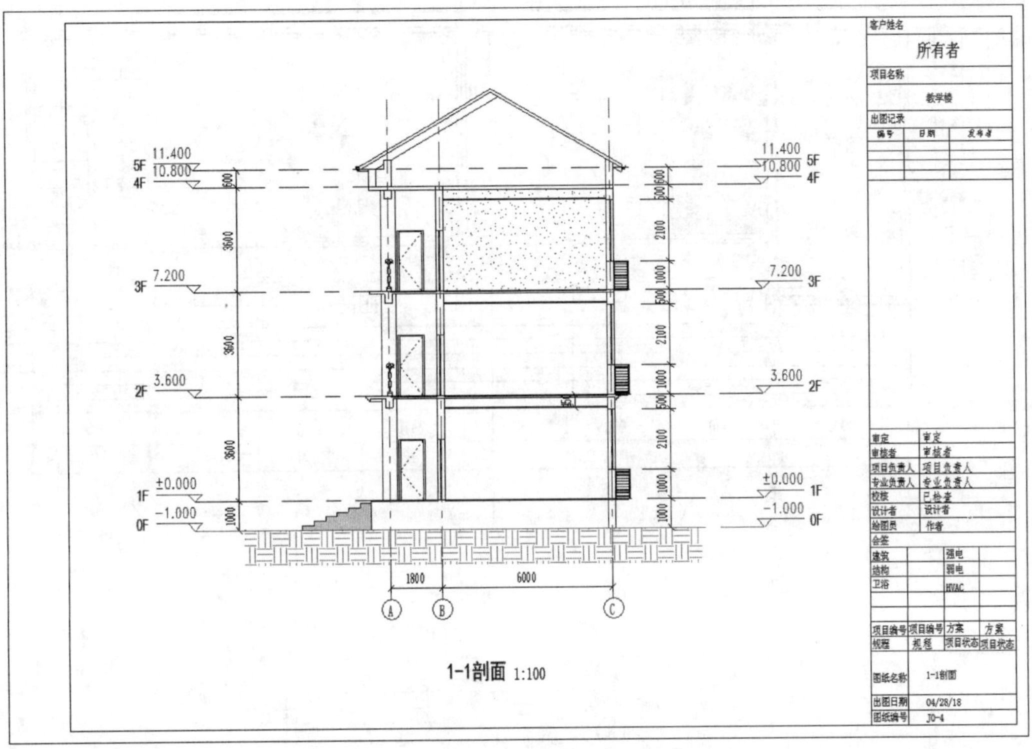

图 14-56　1—1 剖面图

设计思路

根据平面图上的剖面线生成剖面图，然后标注尺寸并整理图形，最后添加图纸。

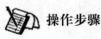

操作步骤

（1）将视图切换到一层平面图楼层平面。

（2）单击“视图”选项卡“创建”面板中的“剖面”按钮，打开“修改|剖面”上下文选项卡和选项栏，参数采用默认设置。

（3）在视图中绘制剖面线，然后调整剖面线的位置，如图 14-57 所示。

（4）绘制完剖面线，系统自动创建剖面图，在项目浏览器的剖面（建筑剖面）节点下双击剖面 1 视图，打开此剖面视图，如图 14-58 所示。

（5）在“属性”选项板中取消选中“裁剪区域可见”复选框，隐藏视图中的裁剪区域，如图 14-59 所示。

（6）单击“注释”选项卡“尺寸标注”面板中的“对齐”按钮，标注尺寸，如图 14-60 所示。

Note

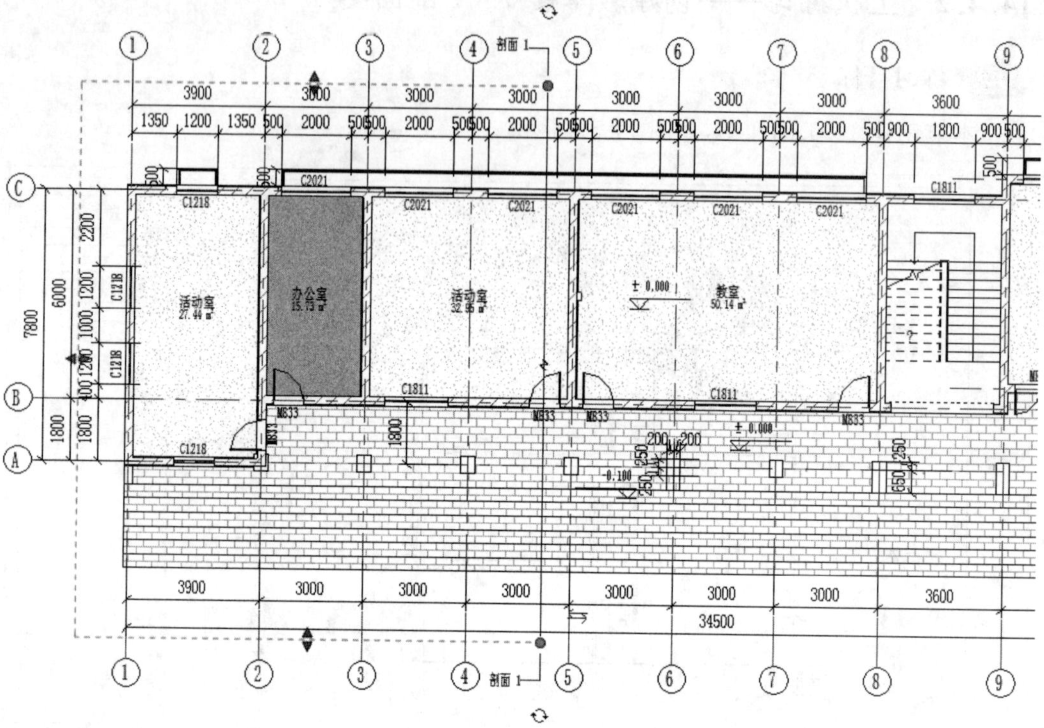

图 14-57　绘制剖面线

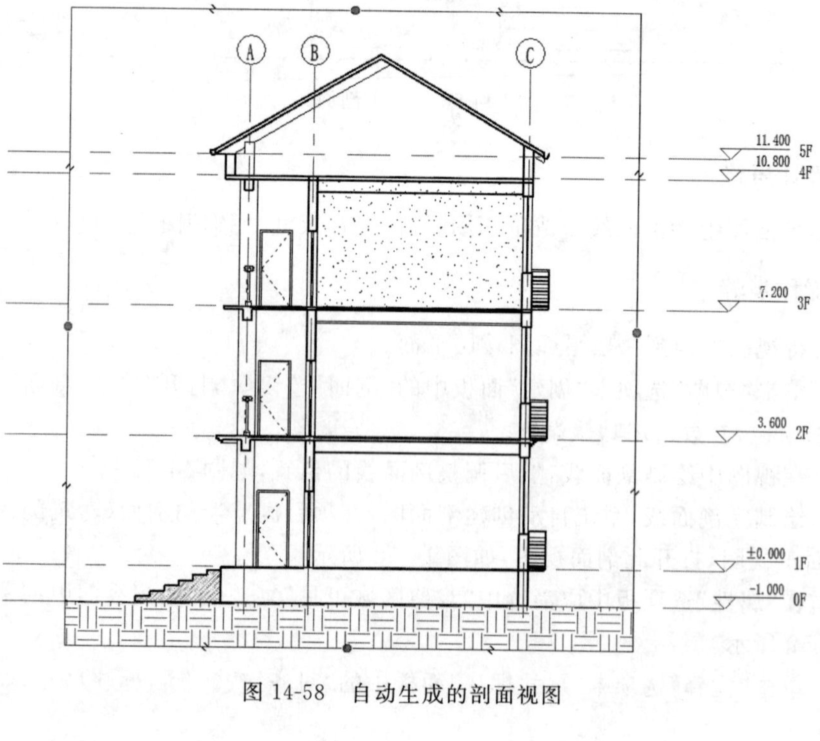

图 14-58　自动生成的剖面视图

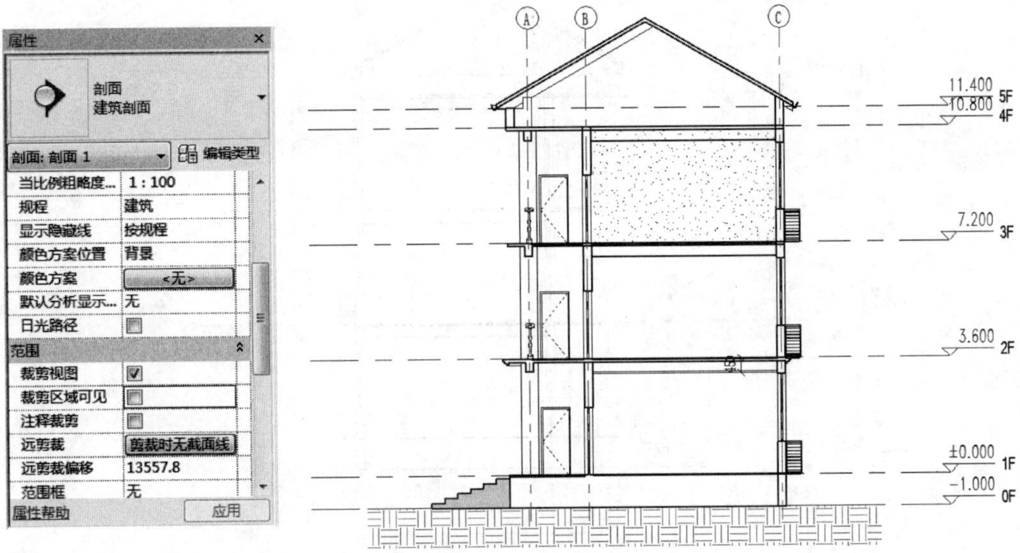

图 14-59　隐藏裁剪区域

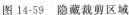

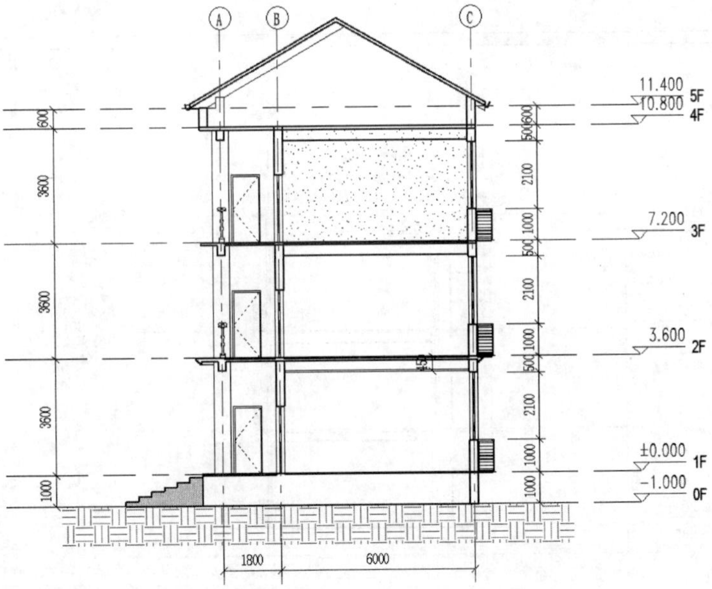

图 14-60　标注尺寸

(7) 分别选取轴号和标高线并拖曳调整其位置，然后更改轴号的显示和隐藏，整理后结果如图 14-61 所示。

(8) 单击“视图”选项卡“图纸组合”面板中的“图纸”按钮，打开“新建图纸”对话框，在列表中选择“A3 公制”图纸，单击“确定”按钮，新建 A3 图纸。

(9) 单击“视图”选项卡“图纸组合”面板中的“视图”按钮，打开“视图”对话框，在列表中选择“剖面 1”视图，然后单击“在图纸中添加视图”按钮，将视图添加到图纸中，如图 14-62 所示。

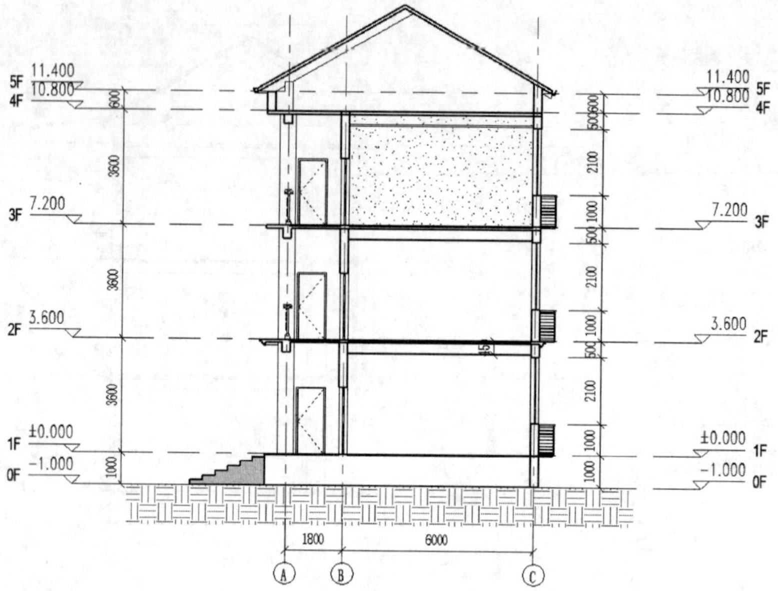

图 14-61　整理轴号和标高位置

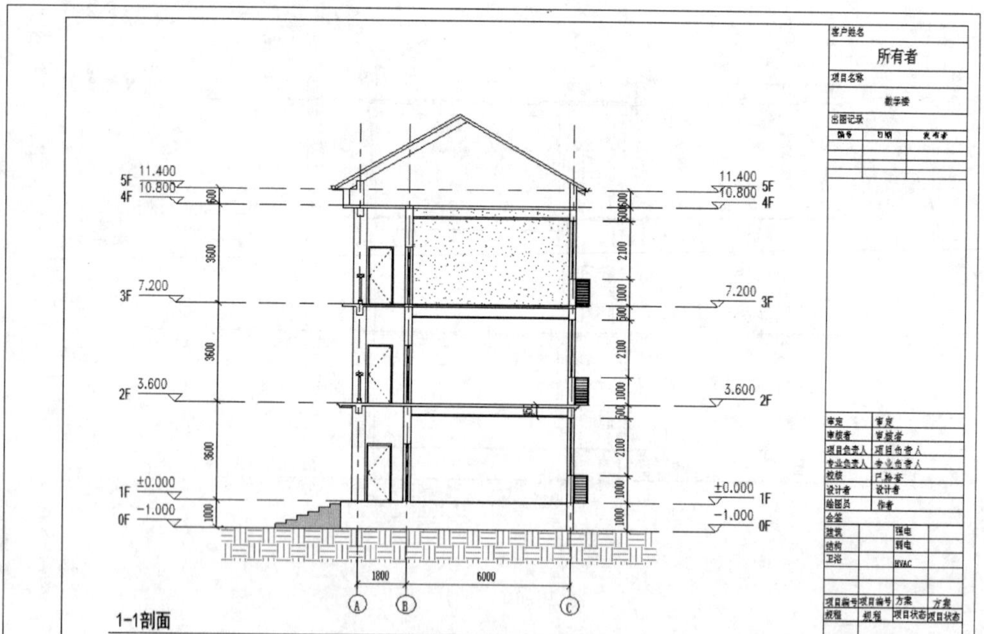

图 14-62　添加视图到图纸

（10）选取图形中视口标题，在“属性”选项板中选择“视口 没有线条的标题”类型，并将标题移动到图中适当位置，然后在“属性”选项板中更改视图名称为“1-1 剖面图”，如图 14-63所示。

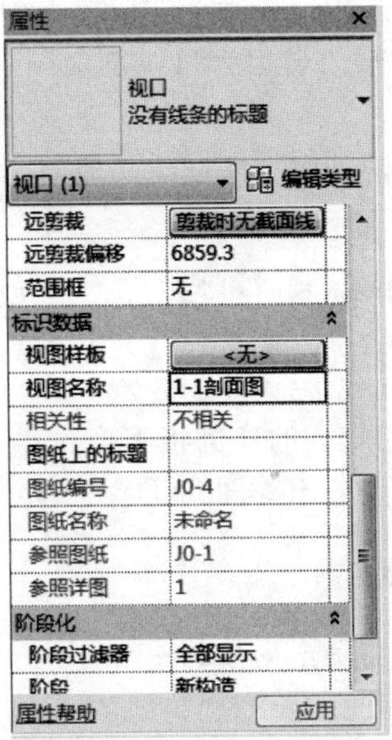

图 14-63　“属性”选项板

(11) 单击“注释”选项卡“文字”面板中的“文字”按钮 **A**，在“属性”选项板中选择“文字 宋体 5mm”类型，输入比例“1∶100”，结果如图 14-64 所示。

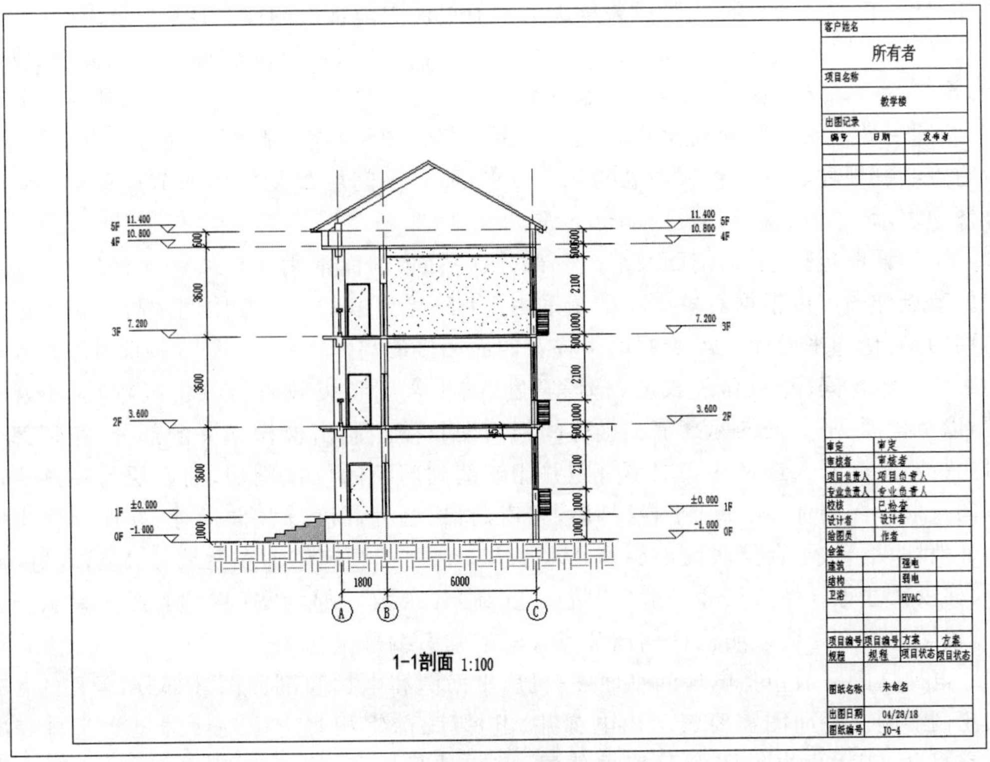

图 14-64　输入文字

(12) 右击项目浏览器中的"J0-4-未命名"文件,在弹出的快捷菜单中选择"重命名"命令,打开"图纸标题"对话框,输入名称为"1-1 剖面图",单击"确定"按钮,完成图纸的命名。

读者可以根据 1-1 剖面图的创建方法创建其他剖面图,这里不再介绍。

Note

14.5 详 图

对建筑的细部或构配件,用较大的比例将其形状、大小、材料和做法按正投影图的画法详细地表示出来的图样称为建筑详图。

14.5.1 建筑详图绘制概述

前面介绍的平、立、剖面图均是全局性的图纸,由于比例的限制,不可能将一些复杂的细部或局部做法表示清楚,因此需要将这些细部、局部的构造、材料及相互关系采用较大的比例详细绘制出来,以指导施工。这样的建筑图形称为详图,也称大样图。对于局部平面(如厨房、卫生间)放大绘制的图形,习惯叫作放大图。需要绘制详图的位置一般有室内外墙节点、楼梯、电梯、厨房、卫生间、门窗、室内外装饰等。

内外墙节点一般用平面和剖面表示,常用比例为 1∶20。平面节点详图可以表示出墙、柱或构造柱的材料和构造关系。剖面节点详图即常说的墙身详图,需要表示出墙体与室内外地坪、楼面、屋面的关系,以及相关的门窗洞口、梁或圈梁、雨篷、阳台、女儿墙、檐口、散水、防潮层、屋面防水、地下室防水等构造做法。墙身详图可以从室内外地坪、防潮层处开始一路画到女儿墙压顶。为了节省图纸,在门窗洞口处可以断开,也可以重点绘制地坪、中间层、屋面处的几个节点,而将中间层重复使用的节点集中到一个详图中表示。节点编号一般由上至下编。

楼梯详图包括平面、剖面及节点 3 部分。平面、剖面常用 1∶50 的比例绘制,楼梯中的节点详图可以根据对象大小酌情采用 1∶5、1∶10、1∶20 等比例。与建筑平面图不同的是,楼梯平面图只需绘制出楼梯及四面相接的墙体;而且,楼梯平面图需要准确地表示出楼梯间净空、梯段长度、梯段宽度、踏步宽度和级数、栏杆(栏板)的大小及位置,以及楼面、平台处的标高等。楼梯间剖面图只需绘制出楼梯相关的部分,相邻部分可用折断线断开。选择在底层第一跑并能够剖到门窗的位置剖切,向底层另一跑梯段方向投射。需要标注层高、平台、梯段、门窗洞口、栏杆高度等竖向尺寸,并应标注出室内外地坪、平台、平台梁底面的标高。水平方向需要标注定位轴线及编号、轴线尺寸、平台、梯段尺寸等。梯段尺寸一般用"踏步宽(高)×级数=梯段宽(高)"的形式表示。此外,楼梯剖面上还应注明栏杆构造节点详图的索引编号。

电梯详图一般包括电梯间平面图、机房平面图和电梯间剖面图 3 部分,常用 1∶50 的比例绘制。平面图需要表示出电梯井、电梯厅、前室相对定位轴线的尺寸及自身的净空尺寸,表示出电梯图例及配重位置、电梯编号、门洞大小及开取形式、地坪标高等。机房平面需表示出设备平台位置及平面尺寸、顶面标高、楼面标高以及通往平台的梯子形式等内容。剖面图需要剖在电梯井、门洞处,表示出地坪、楼层、地坑、机房平台的竖向尺寸和高度，标注出门洞高度。为了节约图纸，中间相同部分可以折断绘制。

厨房、卫生间放大图根据其大小可酌情采用 1∶30、1∶40、1∶50 的比例绘制。需要详细表示出各种设备的形状、大小和位置及地面设计标高、地面排水方向及坡度等，对于需要进一步说明的构造节点，需标明详图索引符号，或绘制节点详图，或引用图集。

门窗详图包括立面图、断面图、节点详图等内容。立面图常用 1∶20 的比例绘制，断面图常用 1∶5 的比例绘制，节点图常用 1∶10 的比例绘制。标准化的门窗可以引用有关标准图集，说明其门窗图集编号和所在位置。根据《建筑工程设计文件编制深度规定》(2008 年版)，非标准的门窗、幕墙需绘制详图。如为委托加工，需绘制出立面分格图，标明开取扇、开取方向，说明材料、颜色及与主体结构的连接方式等。

就图形而言，详图兼有平、立、剖面的特征，它综合了平、立、剖面绘制的基本操作方法，并具有自己的特点，只要掌握一定的绘图程序，绘制难度应不大。真正的难度在于对建筑构造、建筑材料、建筑规范等相关知识的掌握。

Note

14.5.2 上机练习——创建教学楼楼梯详图

14-5

练习目标

本节绘制楼梯详图，如图 14-65 所示。

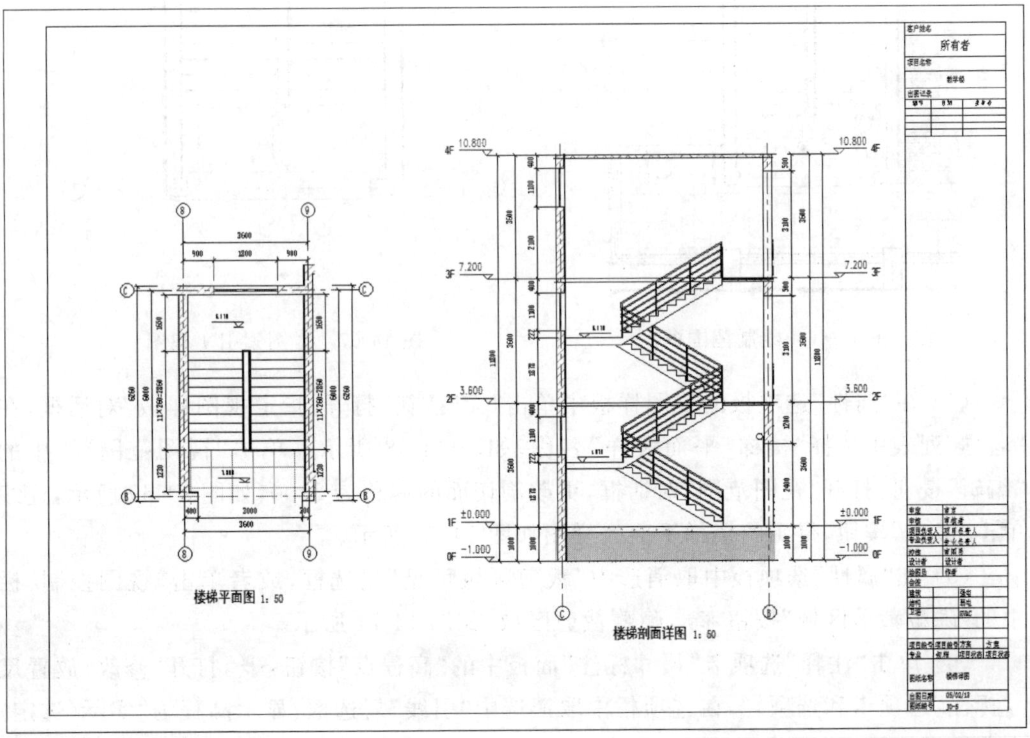

图 14-65 楼梯详图

Note

设计思路

首先创建楼梯平面详图并标注尺寸，然后创建楼梯剖面详图并标注尺寸，最后创建详图图纸。

操作步骤

1. 创建楼梯平面详图

（1）将视图切换到3F楼层平面视图。

（2）单击“视图”选项卡“创建”面板“详图索引”下拉列表框中的“矩形”按钮，在视图中的楼梯间位置绘制详图索引范围框，如图14-66所示。

（3）系统自动创建3F-详图索引1视图，双击进入此视图，如图14-67所示。

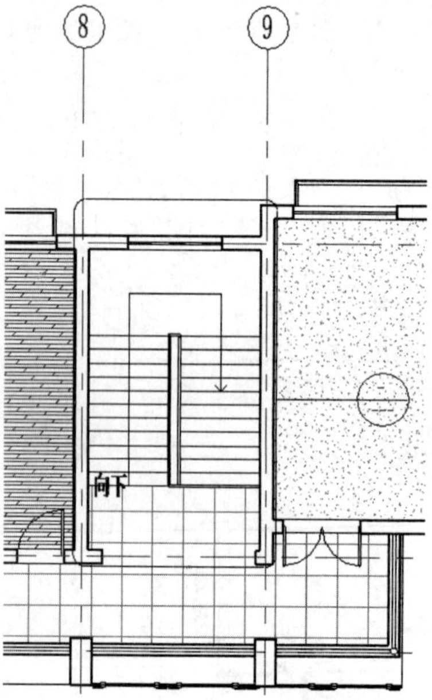

图14-66 绘制范围框

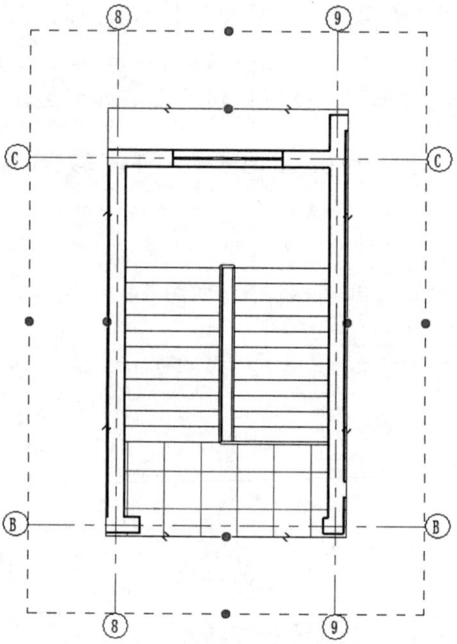

图14-67 详图索引1视图

（4）在“属性”选项板的视图样板中单击“无”按钮，打开“指定视图样板”对话框，在“名称”列表中选择“楼梯_平面大样”名称，如图14-68所示。单击“视图范围”栏中的“编辑”按钮，打开“视图范围”对话框，更改剖切面的偏移为2100，如图14-69所示，连续单击“确定”按钮，得到的楼梯平面大样图如图14-70所示。

（5）在“属性”选项板中取消选中“裁剪区域可见”复选框，或者单击“视图控制”栏中的“隐藏裁剪区域”按钮，隐藏裁剪区域，如图14-71所示。

（6）单击“注释”选项卡“尺寸标注”面板中的“高程点”按钮，打开“修改|放置尺寸标注”选项卡和选项栏，在选项栏中取消选中“引线”复选框，显示高程为“实际(选定)高程”。

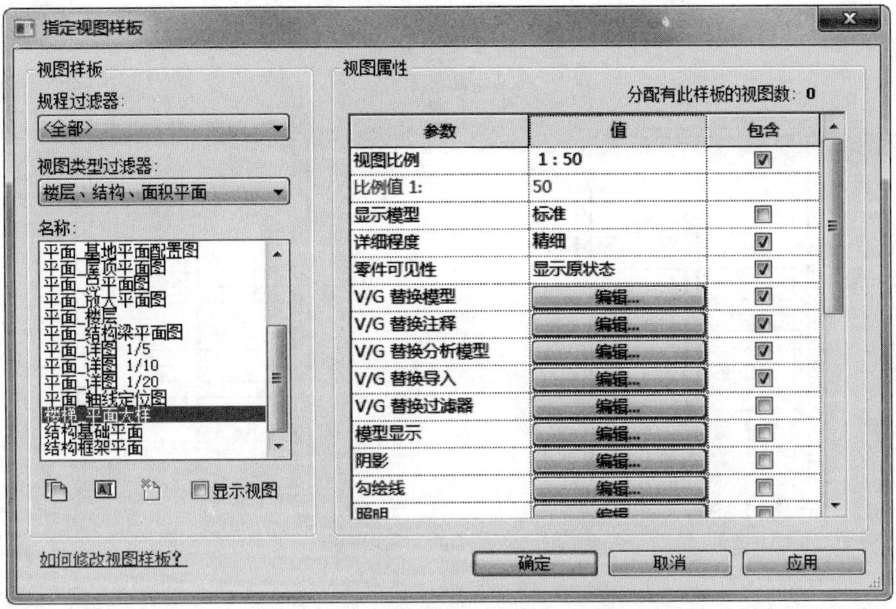

图 14-68 “指定视图样板”对话框

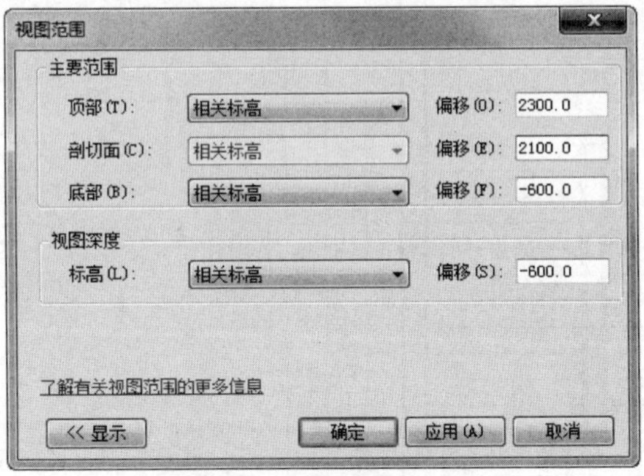

图 14-69 “视图范围”对话框

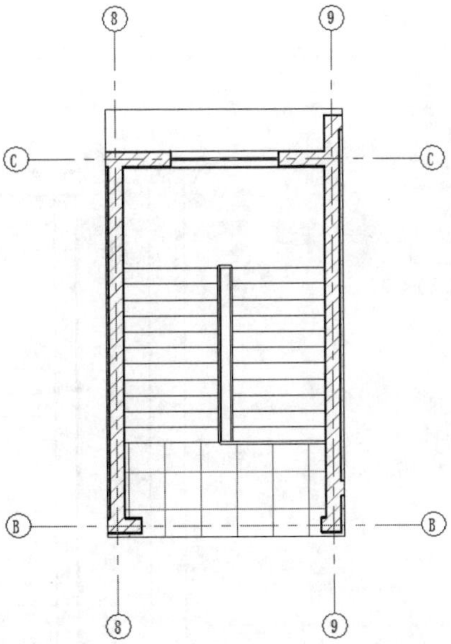

图 14-70 楼梯平面大样图

(7) 在“属性”选项板中选择“高程点 三角形(项目)”类型,将高程点放置在房间地面和楼梯平台上,结果如图 14-72 所示。

(8) 单击“注释”选项卡“尺寸标注”面板中的“对齐”按钮,标注尺寸,如图 14-73 所示。

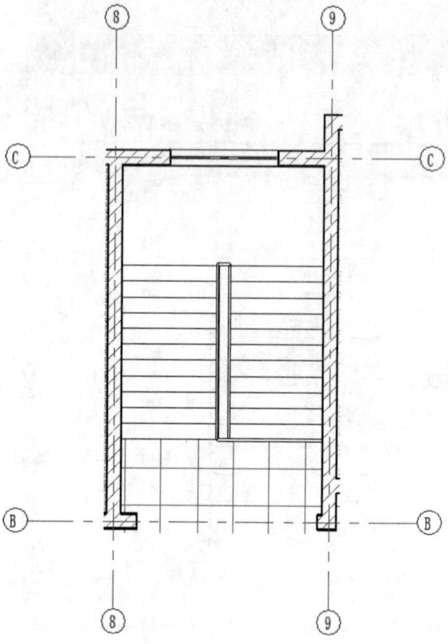

图 14-71　隐藏裁剪区域

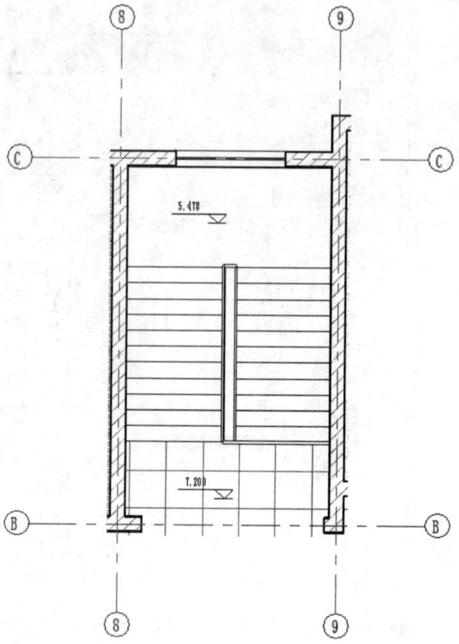

图 14-72　标注高程

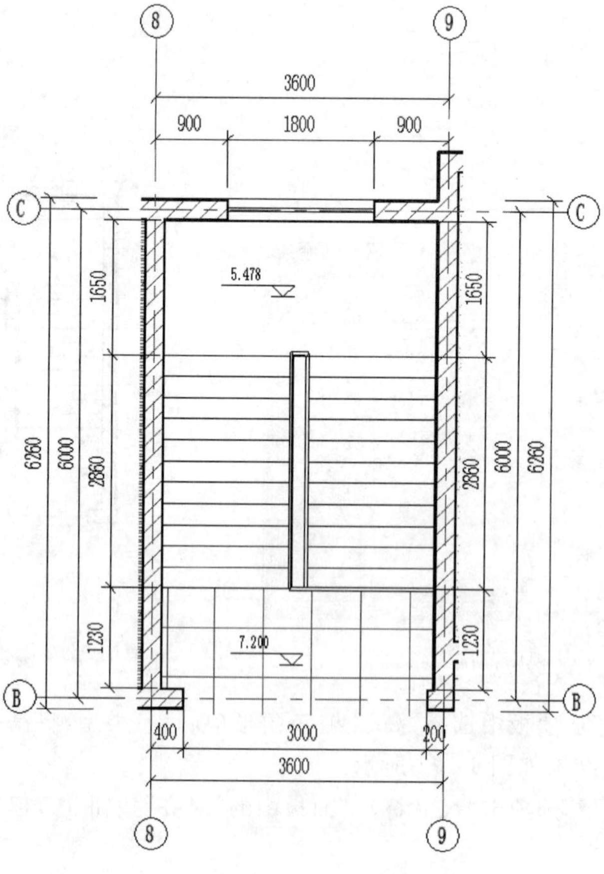

图 14-73　标注尺寸

(9) 双击楼梯标注中段数值，打开“尺寸标注文字”对话框，选择“以文字替换”单选按钮，在其右侧的文本框中输入“11×260＝2860”，其他采用默认设置，如图 14-74 所示。单击“确定”按钮，修改后的结果如图 14-75 所示。

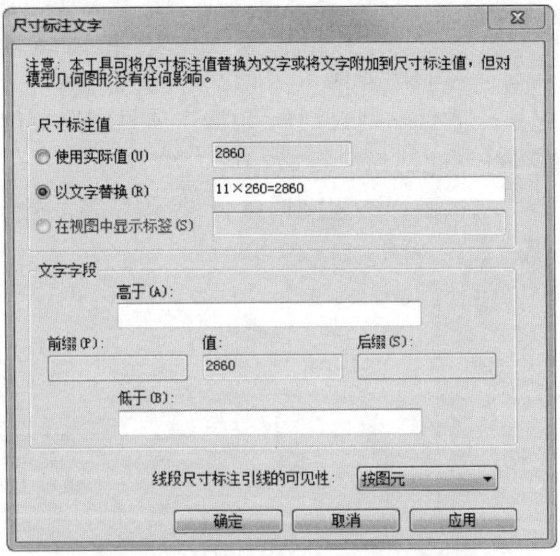

图 14-74　“尺寸标注文字”对话框

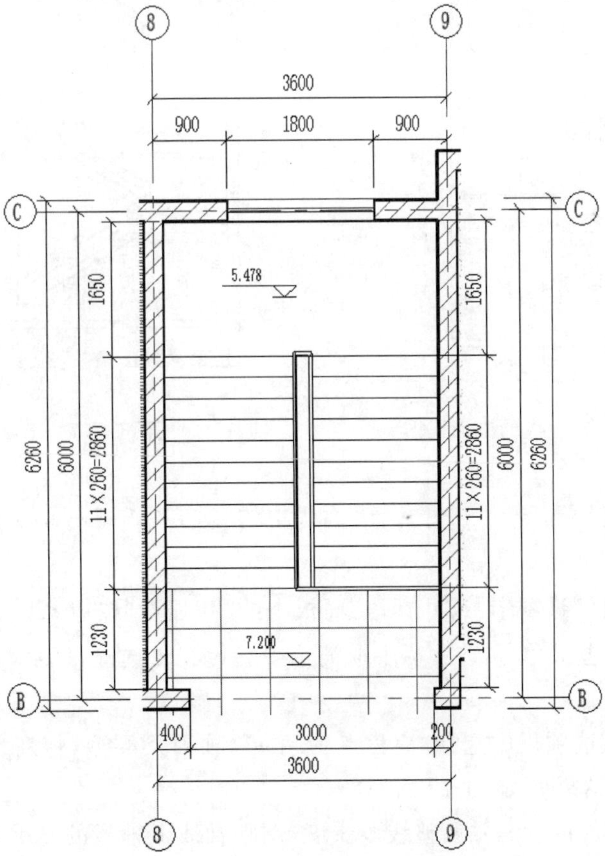

图 14-75　修改尺寸

(10) 重命名视图名称为"楼梯平面图"。

2. 创建楼梯剖面详图

(1) 将视图切换至 1F 楼层平面视图。单击"视图"选项卡"创建"面板中的"剖面"按钮，打开"修改|剖面"选项卡和选项栏，采用默认设置。

(2) 在视图中楼梯左侧绘制剖面线。

(3) 绘制完剖面线系统后自动创建剖面图 1，在项目浏览器的"剖面(建筑剖面)"节点下双击"剖面 1 视图"，打开此剖面视图，如图 14-76 所示。

(4) 在视图控制栏中将视图详细程度调整为"精细"，然后拖曳裁剪框调整到适合的大小，并隐藏裁剪框，如图 14-77 所示。

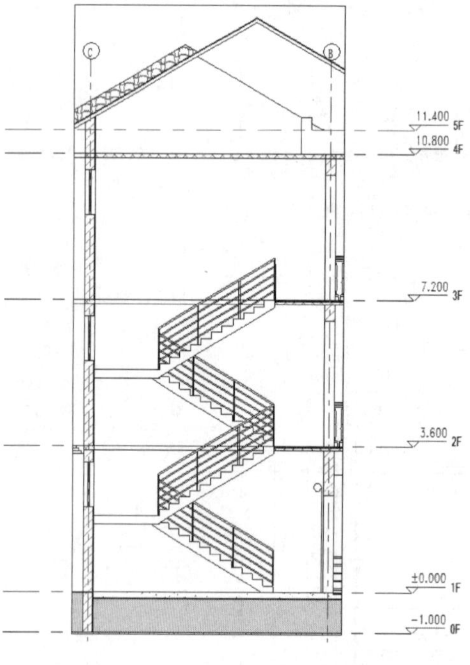

图 14-76　自动生成的剖面视图

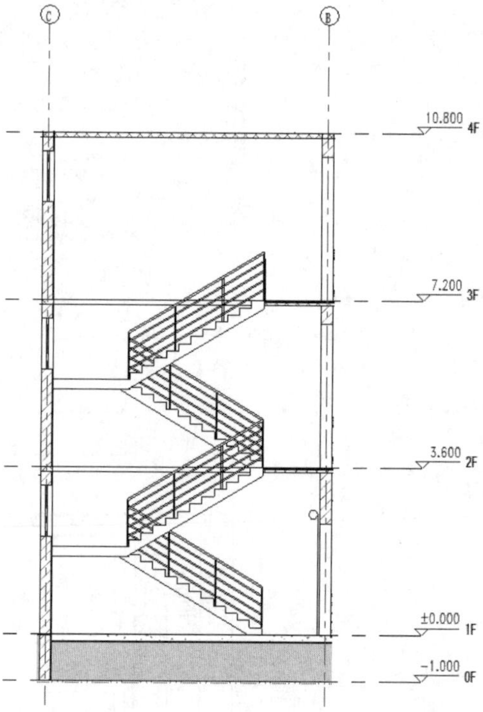

图 14-77　隐藏裁剪框

(5) 单击"注释"选项卡"尺寸标注"面板中的"对齐"按钮，标注尺寸，如图 14-78 所示。

(6) 单击"注释"选项卡"尺寸标注"面板中的"高程点"按钮，打开"修改|放置尺寸标注"选项卡和选项栏，在选项栏中取消选中"引线"复选框，显示高程为"实际(选定)高程"。

(7) 在"属性"选项板中选择"高程点 三角形(项目)"类型，将高程点放置在房间地面和楼梯平台上，结果如图 14-79 所示。

(8) 显示另一侧的标高并调整线段长度，调整轴线上轴号的显示与隐藏，如图 14-80 所示，更改视图名称为"楼梯剖面详图"。

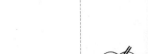

Note

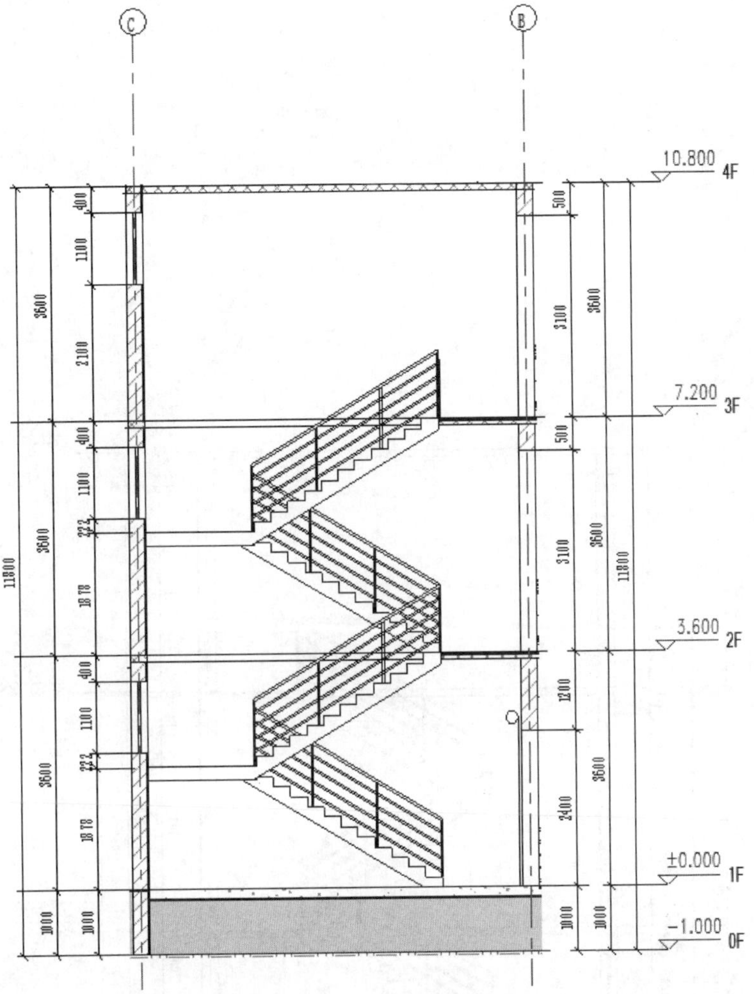

图 14-78 标注尺寸

3. 创建楼梯详图图纸

(1) 单击“视图”选项卡“图纸组合”面板中的“图纸”按钮，打开“新建图纸”对话框，在列表中选择“A2 公制”图纸，单击“确定”按钮，新建 A2 图纸。

(2) 单击“视图”选项卡“图纸组合”面板中的“视图”按钮，打开“视图”对话框，在列表中分别选择“楼层平面：楼梯平面图”和“剖面：楼梯剖面详图”视图，然后单击“在图纸中添加视图”按钮，将视图添加到图纸中，然后更改楼梯剖面详图的比例为 1：50，如图 14-81 所示。

(3) 选取图形中视口标题，在“属性”选项板中选择“视口 没有线条的标题”类型，并将标题移动到图中适当位置。

(4) 单击“注释”选项卡“文字”面板中的“文字”按钮 A，在“属性”选项板中选择“文字 宋体 5mm”类型，输入比例“1：50”，结果如图 14-82 所示。

Note

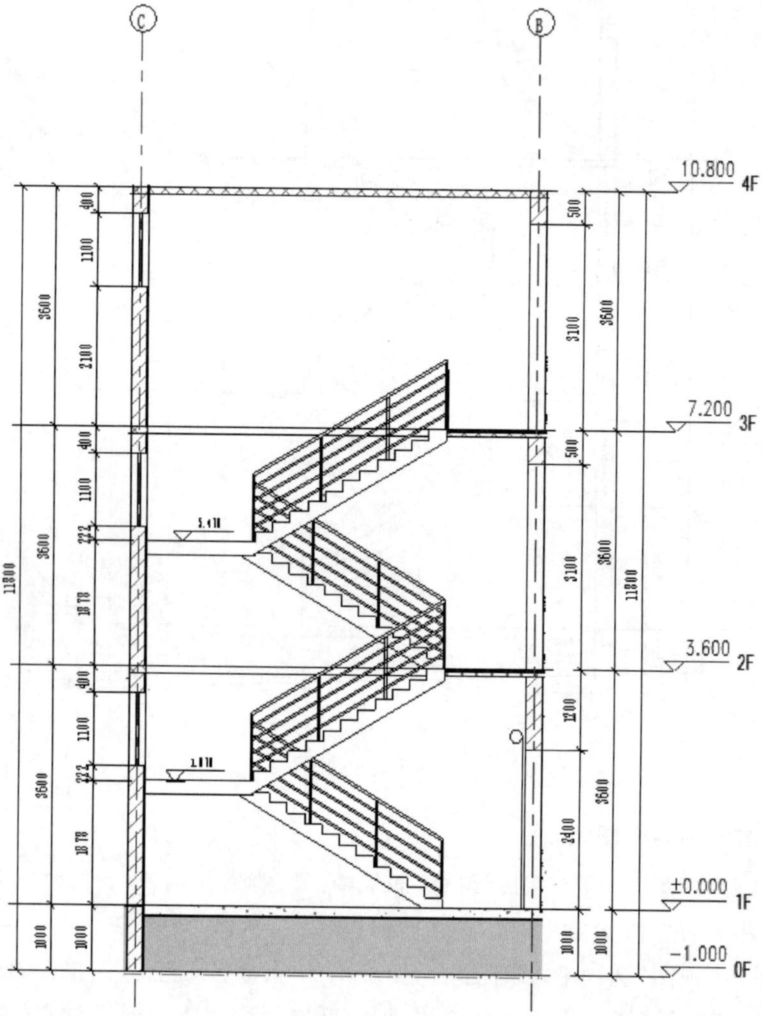

图 14-79　标注高程

Note

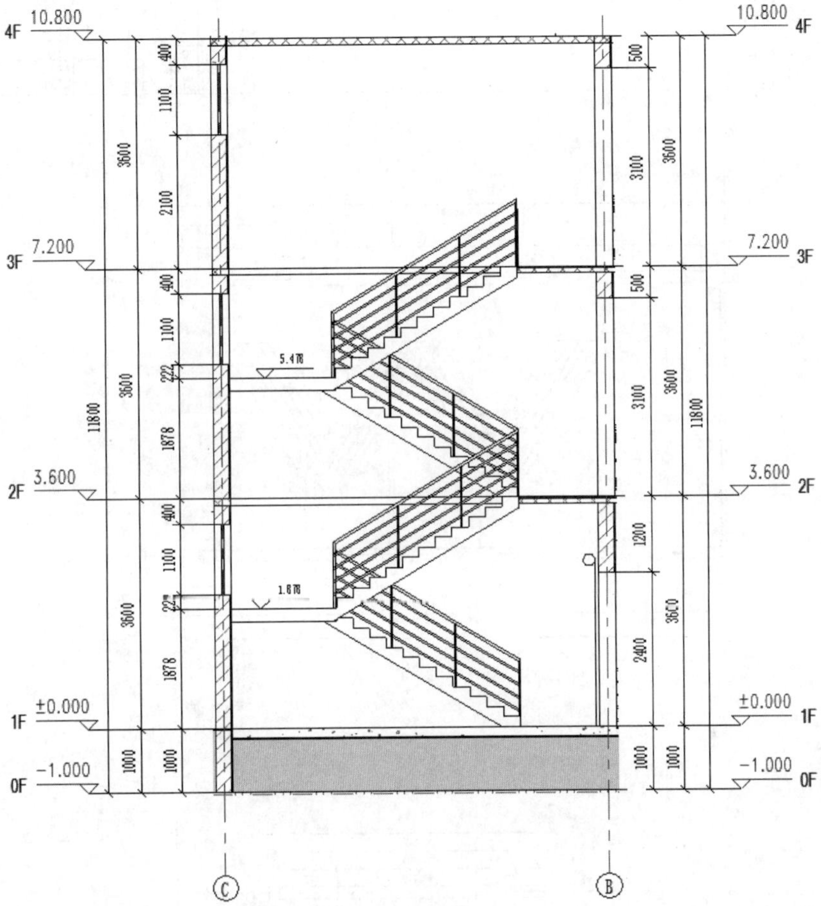

图 14-80　显示标高和轴号

Note

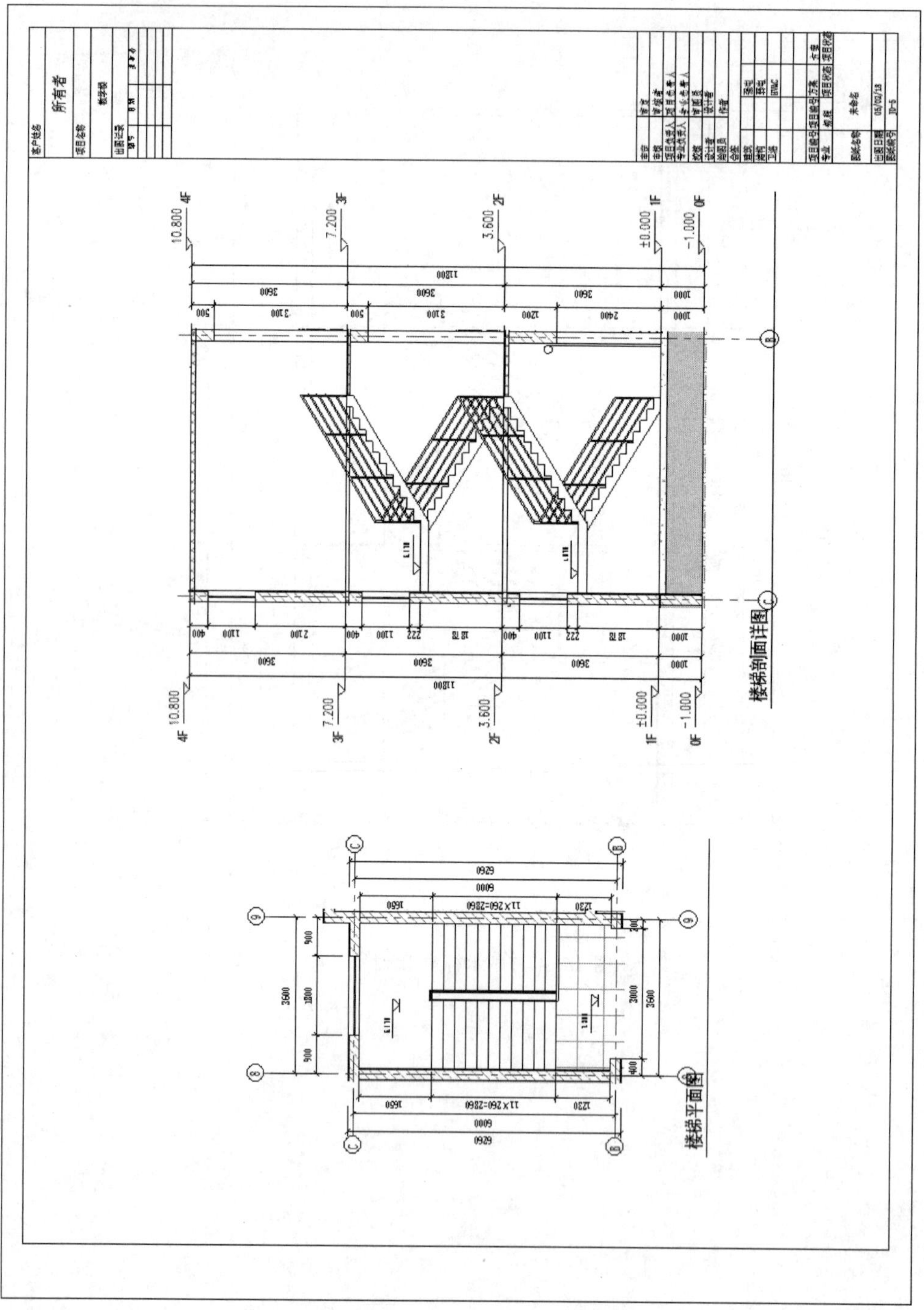

图 14-81 添加视图到图纸

Note

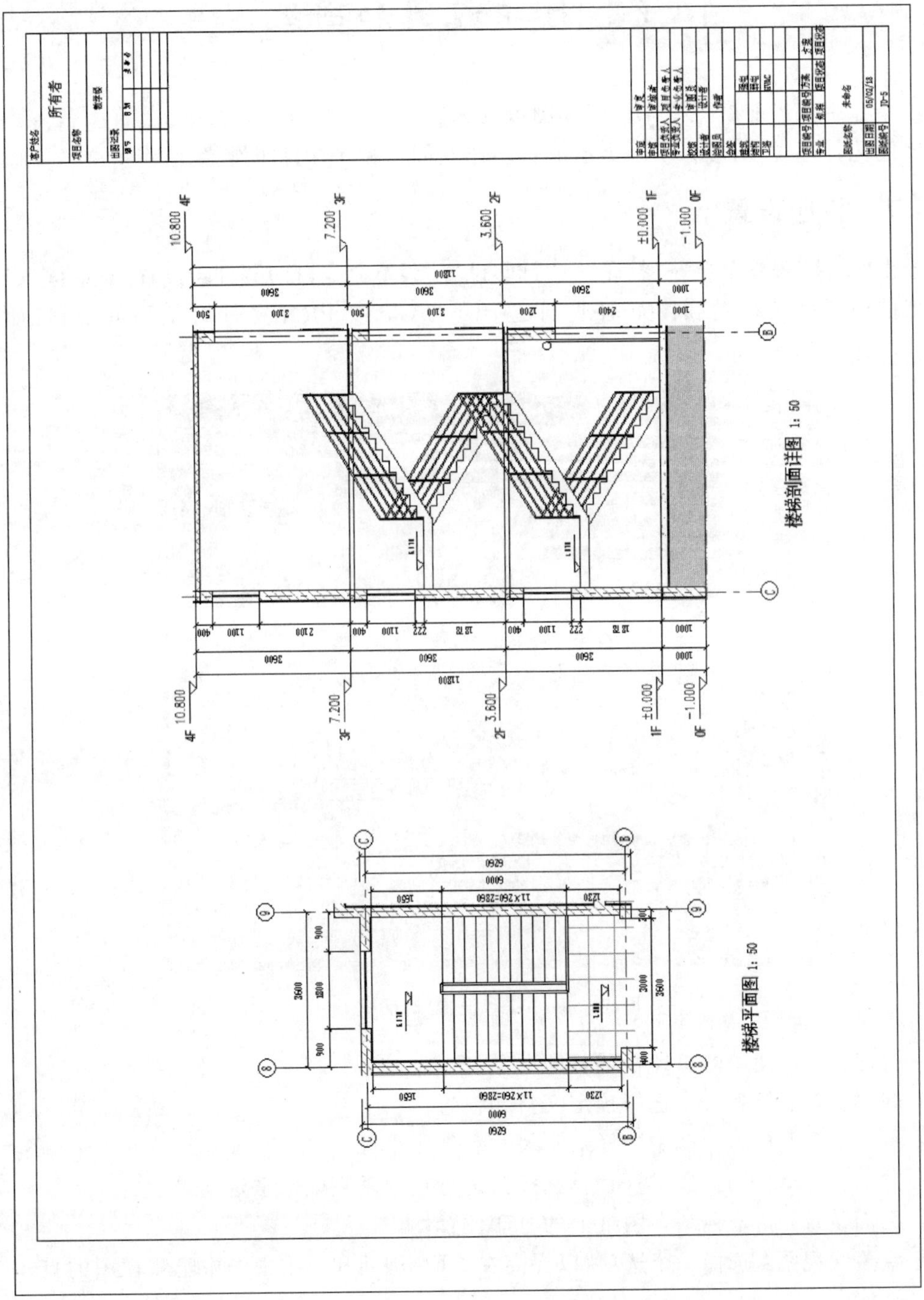

图 14-82　输入文字

Note

(5) 右击项目浏览器中的"J0-5-未命名"文件,在弹出的快捷菜单中选择"重命名"命令,打开"图纸标题"对话框,输入名称为"楼梯详图",单击"确定"按钮,完成图纸的命名。

14.6 打印视图和图纸

本节介绍从当前模型打印视图和图纸的方法。

要简化打印过程,可为不同类型的打印作业创建和保存打印设置。

14.6.1 打印设置

单击"文件"程序菜单→"打印"→"打印设置"菜单命令,打开"打印设置"对话框,定义从当前模型打印视图和图纸时或创建 PDF、PLT 或 PRN 文件时使用的设置,如图 14-83 所示。

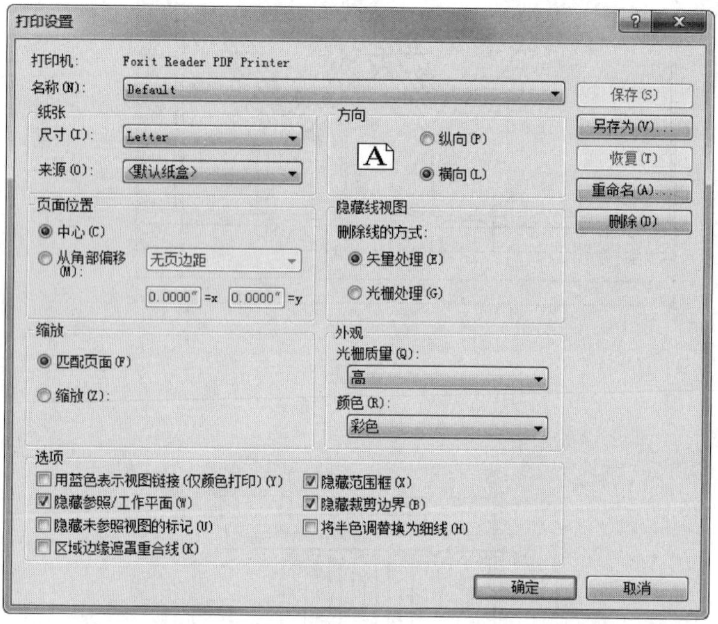

图 14-83 "打印设置"对话框

➢ 打印机:要使用的打印机或打印驱动。
➢ 名称:在下拉列表中选择预定义打印设置。
➢ 纸张:从下拉列表框中选择纸张尺寸和纸张来源。
➢ 方向:选择"纵向"或"横向"单选按钮进行页面垂直或水平定向。
➢ 页面位置:指定视图在图纸上的打印位置。
➢ 隐藏线视图:选择一个选项,以提高在立面、剖面和三维视图中隐藏视图的打印性能。
➢ 缩放:指定是将图纸与页面的大小匹配,还是缩放到原始大小的某个百分比。
➢ 光栅质量:控制传送到打印设置的光栅数据的分辨率。质量越高,打印时间越长。

➢ 颜色：包括黑白线条、灰度和彩色。

➢ 黑白线条：所有文字、非白色线、填充图案线和边缘以黑色打印，所有的光栅图像和实体填充图案以灰度打印。

➢ 灰度：所有颜色、文字、图像和线以灰度打印。

➢ 彩色：如果打印机支持彩色，则会保留并打印项目中的所有颜色。

➢ 选项

- 用蓝色表示视图链接：默认情况下用黑色打印视图链接，但是也可以选择用蓝色打印。
- 隐藏参照/工作平面：选中此复选框，不打印参照平面和工作平面。
- 隐藏未参照视图的标记：如果不希望打印不在图纸中的剖面、立面和详图索引视图的视图标记，则选中此复选框。
- 区域边缘遮罩重合线：选中此复选框，遮罩区域和填充区域的边缘覆盖和它们重合的线。
- 隐藏范围框：选中此复选框，不打印范围框。
- 隐藏裁剪边界：选中此复选框，不打印裁剪边界。
- 将半色调替换为细线：如果视图以半色调显示某些图元，则选中此复选框将半色调图形替换为细线。

14.6.2　打印视图

（1）打开要打印的视图和图纸。

（2）单击“文件”程序菜单→“打印”→“打印”菜单命令，打开“打印”对话框，设置打印属性打印文件，如图 14-84 所示。

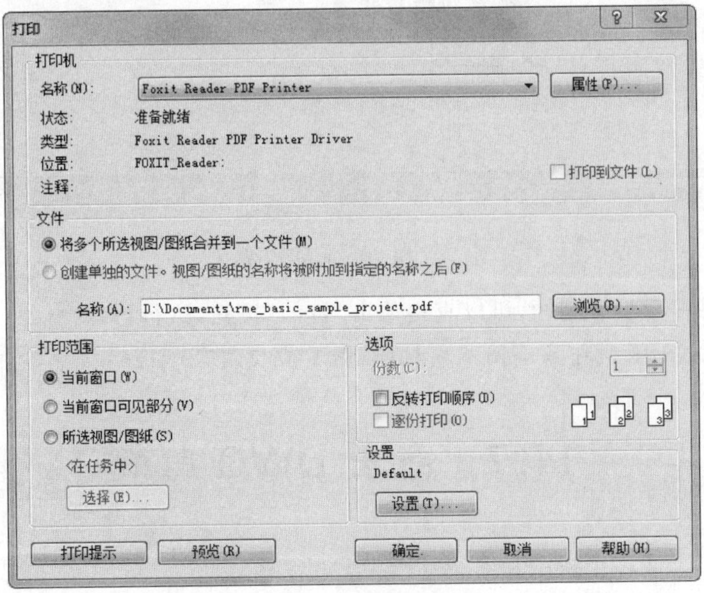

图 14-84　“打印”对话框

Note

(3) 在“名称”下拉列表框中选择一个打印机。

(4) 单击“属性”按钮，打开所选择打印机的“属性”对话框，设置打印机。

(5) 在“打印范围”选项区中，指定要打印的是当前窗口、当前窗口的可见部分，还是所选视图/图纸，如果要打印所选视图和图纸，则单击“选择”按钮，选择要打印的视图和图纸。

(6) 在“选项”选项区中指定打印份数以及是否按相反顺序打印视图/图纸。

(7) 设置好打印参数后，单击“确定”按钮进行打印。

14.6.3 打印预览

使用“打印预览”命令可在打印之前查看当前视图或图纸的草图版本。

(1) 在“打印”对话框中单击“预览”按钮，或单击“文件”程序菜单→“打印”→“打印预览”菜单命令，预览视图打印效果，如图 14-85 所示。

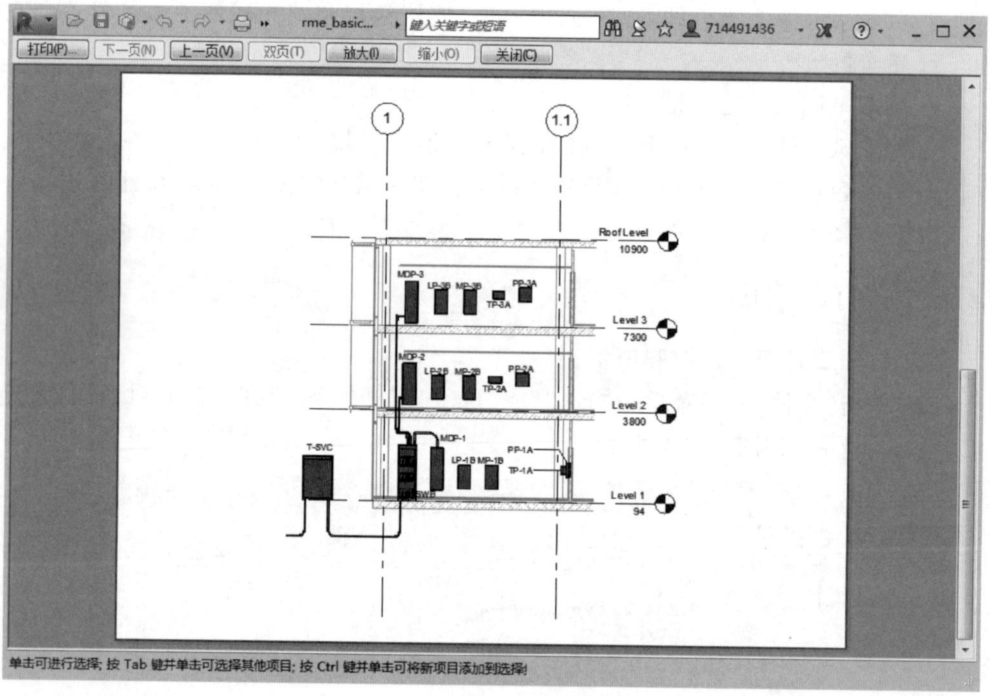

图 14-85　打印预览

(2) 如果查看没有问题，可以直接单击“打印”按钮，进行打印。

注意： 如果打印多个图纸或视图，则不能使用“打印预览”命令。

14.7 导出 DWG 图纸

可以将一个或多个视图和图纸导出为 DWG 格式。

(1) 单击“文件”程序菜单→“导出”→“CAD 格式”→“DWG”菜单命令，打开“DWG

导出”对话框，如图 14-86 所示。

➢ 导出：确定要在“视图/图纸”列表中显示的集，该列表中包括“仅当前视图/图纸”和“任务中的视图/图纸集”两个集。
  - 仅当前视图/图纸：显示当前活动中的视图或图纸。
  - 任务中的视图/图纸集：启用“按列表显示”可对整个项目或已建立集的视图和图纸进行过滤。

➢ 新建集：创建空集。

➢ 复制集：创建活动集的副本。

➢ 重命名集：重命名活动集。

➢ 删除集：删除活动集。

➢ 视图/图纸列表：显示按“导出”和“按列表显示”选项过滤的视图和图纸。
  - 包含：将视图导出为输出文件。
  - 类型：显示用来表示视图类型的图标，如：平面视图、剖面视图、立面视图、三维视图和图纸。
  - 名称：视图的名称，双击该名称可在左侧的预览窗格中查看该视图的缩略图。

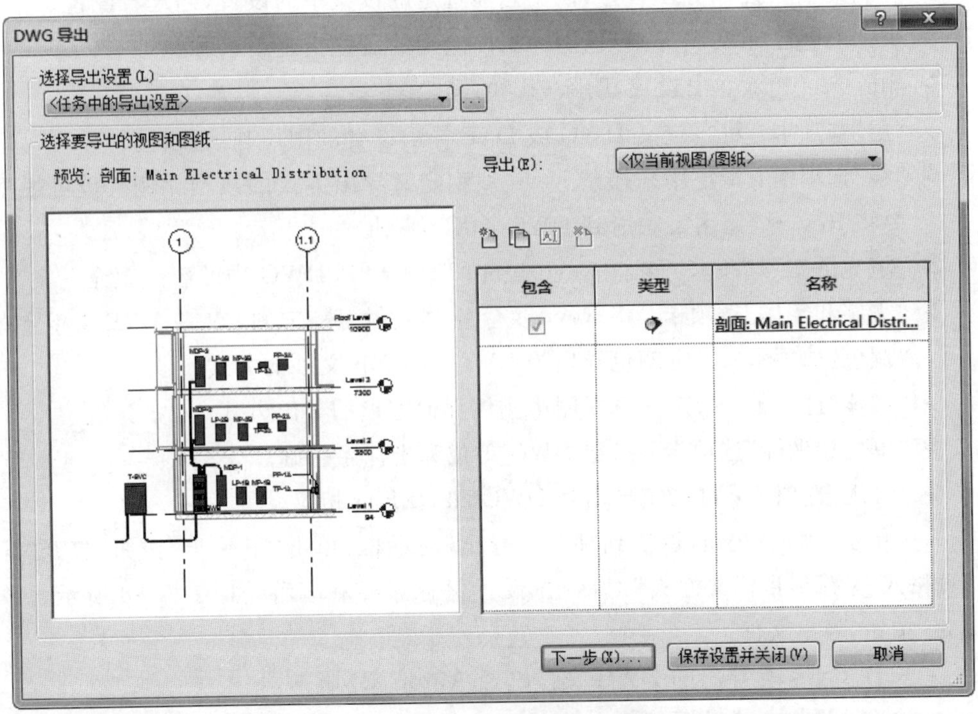

图 14-86 “DWG 导出”对话框

（2）单击按钮，打开如图 14-87 所示的“修改 DWG/DXF 导出设置”对话框，在“选择导出设置”列表框中选择要修改的设置，在左侧面板中列出所有现有的导出设置，

Note

图 14-87 “修改 DWG/DXF 导出设置”对话框

根据需要在选项卡中指定导出选项。

- 新建集：新建导出设置。
- 复制集：复制导出设置，使用当前选定的设置中的设置，创建新设置。
- 重命名：重命名导出设置，为当前选定的设置指定新名称。
- 删除：删除导出设置，删除选定的设置。
- “层”选项卡：可自定义 DWG 或 DXF 导出设置的图层映射设置。
- “线”选项卡：指定用来控制 Revit 线型定义导出方式的线型比例。也可根据需要将 Revit 线型图案映射到 DWG/DXF 线型。
- “填充图案”选项卡：可将 Revit 填充图案映射到 DWG 中的影线填充图案。
- “文字和字体”选项卡：将 Revit 文字字体映射至特定的 DWG/DXF 文字字体。
- “颜色”选项卡：指定颜色导出为 DWG 或 DXF 文件的方式。
- “实体”选项卡：指定三维视图中实体几何图形的导出方式。
- “单位和坐标”选项卡：指定 DWG 单位和坐标系基础。
- “常规”选项卡：可指定导出到 DWG 和 DXF 的相应设置。

(3) 单击“确定”按钮，返回到“DWG 导出”对话框，单击“下一步”按钮，打开“导出 CAD 格式-保存到目标文件夹”对话框，设置保存路径和名称，如图 14-88 所示。单击“确定”按钮，导出文件。

- 文件类型：为导出的 DWG 文件选择 AutoCAD 版本。
- 命名：选择一个选项用于自动生成文件名。
- 将图纸上的视图和链接作为外部参照导出：取消选中此复选框，项目中的任何 Revit 或 DWG 链接导出为单个文件，而不是多个彼此参照的文件。

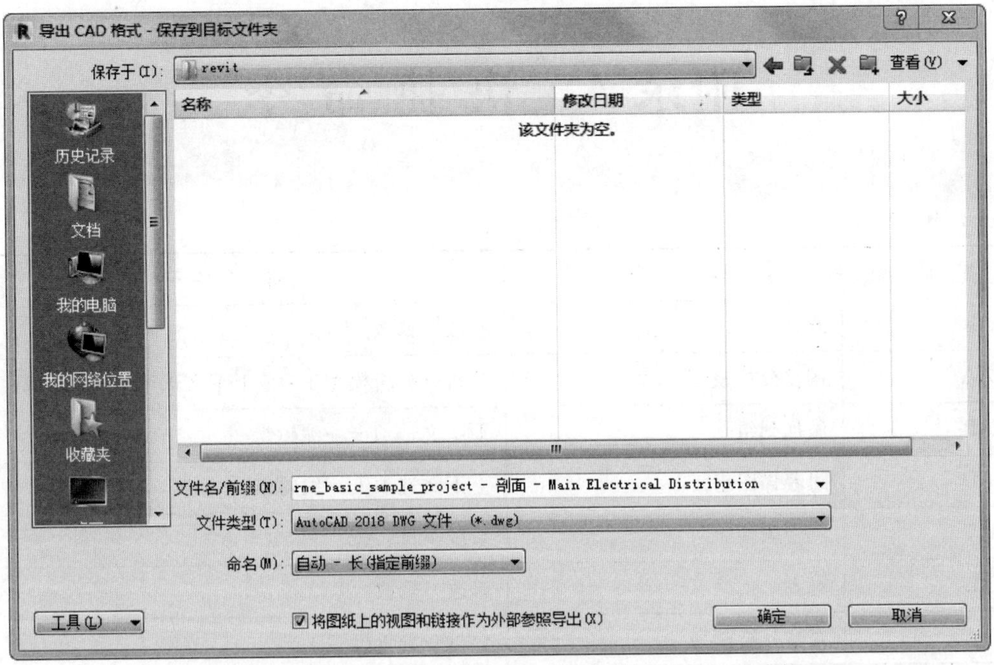

图 14-88 “导出 CAD 格式-保存到目标文件夹”对话框

附录A 快捷命令

A

快 捷 键	命 令	路 径
AR	阵列	修改→修改
AA	调整分析模型	分析→分析模型工具；上下文选项卡→分析模型
AP	添加到组	上下文选项卡→编辑组
AD	附着详图组	上下文选项卡→编辑组
AT	风管末端	系统→HVAC
AL	对齐	修改→修改
AA	调整分析模型	分析→分析模型工具

B

快 捷 键	命 令	路 径
BM	结构框架：梁	结构→结构
BR	结构框架：支撑	结构→结构
BS	结构梁系统；自动创建梁系统	结构→结构；上下文选项卡→梁系统

C

快 捷 键	命 令	路 径
CO/CC	复制	修改→修改
CG	取消	上下文选项卡→编辑组
CS	创建类似	修改→创建
CP	连接端切割：应用连接端切割	修改→几何图形
CL	柱；结构柱	建筑→构建；结构→结构
CV	转换为软风管	系统→HVAC
CT	电缆桥架	系统→电气
CN	线管	系统→电气
Ctrl+Q	关闭文字编辑器	上下文选项卡→编辑文字；文字编辑器

Note

D

快 捷 键	命 令	路 径
DI	尺寸标注	注释→尺寸标注；修改→测量；创建→尺寸标注；上下文选项卡→尺寸标注
DL	详图 线	注释→详图
DR	门	建筑→构建
DT	风管	系统→HVAC
DF	风管管件	系统→HVAC
DA	风管附件	系统→HVAC
DC	检查风管 系统	分析→检查系统
DE	删除	修改→修改

E

快 捷 键	命 令	路 径
EC	检查 线路	分析→检查系统
EE	电气设备	系统→电气
EX	排除构件	关联菜单
EW	弧形导线	系统→电气
EW	编辑 尺寸界线	上下文选项卡→尺寸界线
EL	高程点	注释→尺寸标注；修改→测量；上下文选项卡→尺寸标注
EG	编辑 组	上下文选项卡→成组
EH	在视图中隐藏：隐藏图元	修改→视图
EU	取消隐藏 图元	上下文选项卡→显示隐藏的图元
EOD	替换视图中的图形：按图元替换	修改→视图
EOG	图形由视图中的图元替换：切换假面	
EOH	图形由视图中的图元替换：切换半色调	

F

快 捷 键	命 令	路 径
FG	完成	上下文选项卡→编辑组
FR	查找/替换	注释→文字；创建→文字；上下文选项卡→文字
FT	结构基础：墙	结构→基础

Note

续表

快　捷　键	命　　令	路　　径
FD	软风管	系统→HVAC
FP	软管	系统→卫浴和管道
F7	拼写检查	注释→文字；创建→文字；上下文选项卡→文字
F8/Shift＋W	动态视图	
F5	刷新	
F9	系统浏览器	视图→窗口

G

快　捷　键	命　　令	路　　径
GP	创建组	创建→模型；注释→详图；修改→创建；创建→详图；建筑→模型；结构→模型
GR	轴网	建筑→基准；结构→基准

H

快　捷　键	命　　令	路　　径
HH	隐藏图元	视图控制栏
HI	隔离图元	视图控制栏
HC	隐藏类别	视图控制栏
HR	重设临时隐藏/隔离	视图控制栏
HL	隐藏线	视图控制栏

I

快　捷　键	命　　令	路　　径
IC	隔离类别	视图控制栏

L

快　捷　键	命　　令	路　　径
LD	荷载	分析→分析模型
LO	热负荷和冷负荷	分析→报告和明细表
LG	链接	上下文选项卡→成组
LL	标高	创建→基准；建筑→基准；结构→基准
LI	模型线；边界线；线形钢筋	创建→模型；创建→详图；创建→绘制；修改→绘制；上下文选项卡→绘制
LF	照明设备	系统→电气
LW	线处理	修改→视图

Note

M

快捷键	命令	路径
MD	修改	创建→选择；插入→选择；注释→选择；视图→选择；管理→选择等
MV	移动	修改→修改
MM	镜像	修改→修改
MP	移动到项目	关联菜单
ME	机械 设备	系统→机械
MS	MEP 设置：机械设置	管理→设置
MA	匹配类型属性	修改→剪贴板

N

快捷键	命令	路径
NF	线管配件	系统→电气

O

快捷键	命令	路径
OF	偏移	修改→修改

P

快捷键	命令	路径
PP/Ctrl+1/VP	属性	创建→属性；修改→属性；上下文选项卡→属性
PI	管道	系统→卫浴和管道
PF	管件	系统→卫浴和管道
PA	管路附件	系统→卫浴和管道
PX	卫浴装置	系统→卫浴和管道
PT	填色	修改→几何图形
PN	锁定	修改→修改
PC	捕捉到点云	捕捉
PS	配电盘 明细表	分析→报告和明细表
PC	检查管道 系统	分析→检查系统

R

快捷键	命令	路径
RM	房间	建筑→房间和面积
RT	房间 标记；标记房间	建筑→房间和面积；注释→标记

Note

续表

快捷键	命令	路径
RY	光线追踪	视图控制栏
RR	渲染	视图→演示视图；视图控制栏
RD	在云中渲染	视图→演示视图；视图控制栏
RG	渲染库	视图→演示视图；视图控制栏
R3	定义新的旋转中心	关联菜单
RA	重设分析模型	分析→分析模型工具
RO	旋转	修改→修改
RE	缩放	修改→修改
RB	恢复已排除构件	关联菜单
RA	恢复所有已排除成员	上下文选项卡→成组；关联菜单
RG	从组中删除	上下文选项卡→编辑组
RC	连接端切割：删除连接端切割	修改→几何图形
RH	切换显示隐藏 图元模式	上下文选项卡→显示隐藏的图元；视图控制栏
RC	重复上一个命令	关联菜单

S

快捷键	命令	路径
SA	选择全部实例：在整个项目中	关联菜单
SB	楼板；楼板：结构	建筑→构建；结构→结构
SK	喷头	系统→卫浴和管道
SF	拆分面	修改→几何图形
SL	拆分图元	修改→修改
SU	其他设置：日光设置	管理→设置
SI	交点	捕捉
SE	端点	捕捉
SM	中点	捕捉
SC	中心	捕捉
SN	最近点	捕捉
SP	垂足	捕捉
ST	切点	捕捉
SW	工作平面网格	捕捉
SQ	象限点	捕捉

Note

续表

快 捷 键	命 令	路 径
SX	点	捕捉
SR	捕捉远距离对象	捕捉
SO	关闭捕捉	捕捉
SS	关闭替换	捕捉
SD	带边缘着色	视图控制栏

T

快 捷 键	命 令	路 径
TL	细线	视图→图形；快速访问工具栏
TX	文字标注	注释→文字；创建→文字
TF	电缆桥架 配件	系统→电气
TR	修剪/延伸	修改→修改
TG	按类别标记	注释→标记；快速访问工具栏

U

快 捷 键	命 令	路 径
UG	解组	上下文选项卡→成组
UP	解锁	修改→修改
UN	项目单位	管理→设置

V

快 捷 键	命 令	路 径
VV/VG	可见性/图形	视图→图形
VR	视图 范围	上下文选项卡→区域；属性选项卡
VH	在视图中隐藏类别	修改→视图
VU	取消隐藏 类别	上下文选项卡→显示隐藏的图元
VOT	图形由视图中的类别替换：切换透明度	
VOH	图形由视图中的类别替换：切换半色调	
VOG	图形由视图中的图元替换：切换假面	

Note

W

快 捷 键	命 令	路 径
WF	线框	视图控制栏
WA	墙	建筑→构建；结构→结构
WN	窗	建筑→构建
WC	层叠窗口	视图→窗口
WT	平铺窗口	视图→窗口

Z

快 捷 键	命 令	路 径
ZZ/ZR	区域放大	导航栏
ZX/ZF/ZE	缩放匹配	导航栏
ZC/ZP	上一次平移/缩放	导航栏
ZV/ZO	缩小一半	导航栏
ZA	缩放全部以匹配	导航栏
ZS	缩放图纸大小	导航栏

数字

快 捷 键	命 令	路 径
32	二维模式	导航栏
3F	飞行模式	导航栏
3W	漫游模式	导航栏
3O	对象模式	导航栏

附录B　Revit中的常见问题

1. Revit视图中默认的背景颜色为白色，能否修改？

答：能。单击“文件”程序菜单→“选项”命令，打开“选项”对话框，在“图形”选项卡的“颜色”选项区中单击背景色块，打开“颜色”对话框，选择需要的背景颜色即可。

2. 文件损坏出错，如何修复？

答：在“打开”对话框中选中“核查”复选框。若数据仍存在问题，可以使用项目的备份文件，如“×××项目.0001.rvt”。

3. 如何控制在插入建筑柱时不与墙自动合并？

答：定义建筑柱族时，单击其“属性”选项区中的“类别和参数”按钮，打开其对话框，不选中“将几何图形自动连接到墙”复选框。

4. 如何合并拆分后的图元？

答：选择拆分后的任意一部分图元，单击其操作夹点，使其分离，然后再拖动到原来的位置松手，被拆分的图元就会重新合并。

5. 如何创建曲面墙体？

答：通过体量工具创建符合要求的体量表面，再将体量表面以生成墙的方式创建异形墙体。

6. 如何改变门或窗等基于主体的图元位置？

答：选择需要改变的图元，然后单击“修改|××”选项卡中的“拾取新主体”按钮。

7. 若不小心将面板上的“属性”或者“项目浏览器”关闭，怎么处理？

答：单击“视图”选项卡“窗口”面板中的“用户界面”按钮，在打开的如图B-1所示的下拉列表框中选中“属性”或“项目浏览器”复选框即可。

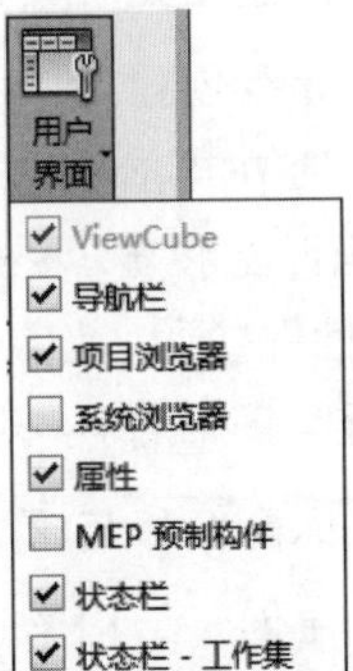

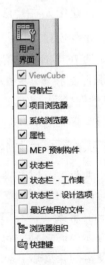

图B-1　“用户界面”下拉列表框

8. 如何查看建筑模型内部的某一部分？

答：在“属性”选项卡中选中“剖面框”复选框，调整剖面框的大小来查看建筑模型内部。

9. 渲染场景时，为什么生成的图像或材质呈黑色？

答：① 验证光源定义没有被任何几何模型挡住并且没有位于天花板平面之上。

② 在“可见性/图形替换”对话框中单击“照明设备”节点，选中“光源”复选框。

③ 尝试添加另一个光源，最好是“照明设备”和“落地灯-火炬状.rfa”。

④ 渲染场景查看光线是否相同。

10. 如何实现多人多专业协同工作？

答：实现多人多专业协同工作，涉及专业间协作管理的问题，仅仅凭借 Revit 自身的功能操作无法完成高效的协作管理，在开始协同前，必须为协同做好准备工作。准备工作的内容：确定协同工作方式，确定项目定位信息，确定项目协调机制等；确定协同工作方式，是链接还是工作集的方式。工作集的注意：明确构件的命名规则、文件保存的命名规则等。

11. Revit 中链接 CAD 和导入 CAD 有什么区别？

答：链接 CAD 有点类似于 Office 软件中的超链接功能，链接 CAD 相当于借用 CAD 文件，如果在外部将 CAD 移动位置或者删除，Revit 中的 CAD 也会随之消失。导入 CAD 就是相当于直接把 CAD 文件变为 Revit 本身的文件，而不是借用，不管外部的 CAD 如何变化都不会对 Revit 中的 CAD 产生影响，因为它已经成为 Revit 项目的一部分，跟外部 CAD 文件不存在联系。

12. CAD 在视图中找不到怎么办？

答：在使用 Revit 过程中，常遇到导入的 CAD 图纸在视图中找不到的问题，此时可以双击鼠标中键迅速进入视图中心，找到图纸再进行解锁、移动的操作。

13. 画的柱在视图中为何不显示？

答：在进行柱的创建的时候默认放置方式为深度，表示柱是由放置高度平面向下布置，建筑样板创建的项目当中默认的视图范围只能看到当前平面向上的图元，所以创建的柱在视图中不显示。因此在创建柱的时候应将放置方式深度改为高度。

14. 创建的标高没有对应的视图怎么办？

答：通过复制创建的标高不会在楼层平面自动生成楼层平面视图，需要通过“视图”选项卡“创建”面板“平面视图”下拉列表框中的“楼层平面”选项新建楼层平面视图。

15. 创建图元在楼层平面不可见？

答：导致创建的图元在视图中不显示的原因有很多，首先检查视图范围，检查创建的图元是否在当前视图范围内；第二检查“视图控制栏”中的显示隐藏图元选项，检查该图元是否能够显示；第三检查“属性”选项板“图形”选项中的规程是否为协调；第四检查“属性”选项板范围选项中的“截剪视图”复选框是否选中；第五通过快捷键 VV 打开“可见性/图形替换”对话框检查该图元是否未选中“可见性”复选框。

16. 标高偏移与 *Z* 轴偏移的区别？

答：在创建结构梁过程中，可以通过起点、终点的标高偏移和 *Z* 轴偏移两个参数来调整梁的高度，在结构梁并未旋转的情况下，这两种偏移的结果是相同的。但如果梁需要旋转一个角度，两种方式创建的梁就会产生差别。

因为标高的偏移无论是否有角度，都会将构件垂直升高或降低。而结构梁的 *Z* 轴偏移在设定的角度后，将会沿着旋转后的 *Z* 轴方向进行偏移。另外用起点终点偏移的方式可以创建斜梁。

17. 在 Revit 中隐藏导入 CAD 图纸的指定图层？

答：导入 CAD 图纸以后，为了让图纸显示得更加简单明了，可以隐藏图纸中的指定的一些图层。单击“视图”选项卡“图形”面板中的“可见性/图形”按钮，打开“可见性/图形替换”对话框，在“导入的类别”选项卡中单击导入的 CAD 图纸，在图纸节点下取消相应图层复选框的选中，即可隐藏对应的图层。

18. Revit 中测量点，项目基点，图形原点三者的区别？

答：测量点：项目在世界坐标系中实际测量定位的参考坐标原点，需要和总图配合，从总图中获取坐标值。

项目基点：项目在用户坐标系中测量定位的相对参考坐标原点，需要根据项目特点确定此点的合理位置(项目的位置是会随着基点的位置变换而变化，也可以关闭其关联状态，一般以左下角两根轴网的交点为项目基点的位置，所以链接的时候一定是原点到原点的链接)。

图形原点：默认情况下，在第一次新建项目文件时，测量点和项目基点位于同一个位置点，此点即为图形原点，此点无明显显示标记。

注意：当项目基点、测量点和图形原点不在同一个位置的时候，用高程点坐标可以测出三个不同的值。

19. Revit 轴网 3D 和 2D 的区别？

答：如果轴网都是 3D 的信息，移动轴网时，标高 1、标高 2 中的轴网都会跟着一起移动。

如果轴网是 2D 的信息，在标高 1 移动轴网，只在标高 1 移动，对其标高 2 平面的轴网没有移动。

20. 怎样避免双击误操作？

答：在使用 Revit 建模过程中，常会由于双击模型中的构件进入到族编辑视图中，为了避免由于双击导致的不确定性后果，可以单击“选项”对话框“用户界面”选项卡中双击选项的“自定义”按钮，打开“自定义双击设置”对话框，将族的双击操作设置为不进行任何操作。

21. 视图总是灰显下一层的解决办法？

答：将“属性”选项板中“基线 范围：底部标高”设置为“无”，如图 B-2 所示，就不会看到下层楼层的图元。

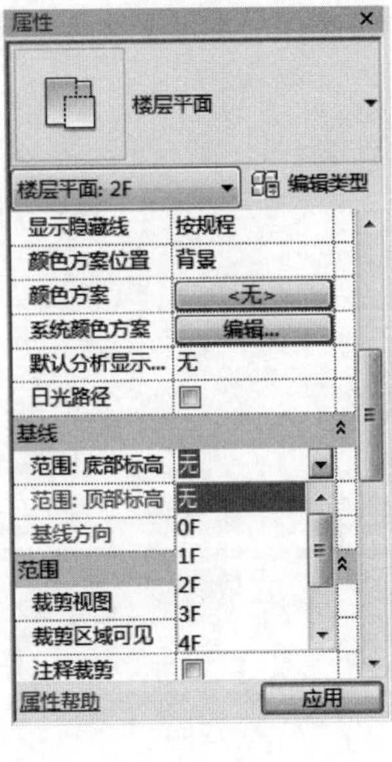

图 B-2

22. 巧用 Shift 和 Ctrl。

答：在 Revit 中，常把 Shift 键和 Ctrl 键当作功能键来使用，今天教大家如何巧用 Shift 键和 Ctrl 键，熟练运用会节省大量时间。

(1) 在使用复制或移动命令的时候，可以按住 Shift 键，选中选项栏中的“约束”复选框，达到 CAD 中正交的效果(仅能在水平或者垂直方向被复制或移动)。

（2）若图元为倾斜状态，使用复制或移动命令的时候，按住 Shift 键，图元也可以沿着垂直方向进行移动或复制。

（3）在使用偏移、镜像、旋转命令的时候，Revit 默认将“复制”选中，按住 Ctrl 键就能取消选中选项栏中的“复制”。

（4）使用 Ctrl 键可以达到快速复制的方法（先选中所要复制的图元，按住 Ctrl 键，之后单击鼠标左键拖动所选中的图元，即可完成复制）。

（5）在使用复制或移动命令的时候，可以通过按住 Ctrl 键，在复制和移动命令之间切换。

（6）使用 Ctrl＋Tab 键可以在打开的视图之间切换。

23. 门窗插入的技巧。

答：（1）在平面中插入门窗时，输入 SM，门窗会自动定义在墙体的中心位置。

（2）空格键可以快速调整门开启的方向。

（3）在三维视图中调整门窗的位置时需要注意，选择门窗后使用移动命令调整时只能在同一平面上进行修改，重新定义主体后可以使门窗移动到其他的墙面上。

24. 在幕墙中添加门窗的方法。

答：方法一：在项目中插入一个窗嵌板族，然后通过 Tab 键切换选择幕墙中要替换的嵌板，替换为门窗嵌板即可。

方法二：把幕墙中的一块玻璃替换成墙，然后就可在墙的位置插入普通的门窗。

25. 如何在斜墙中放置垂直窗？

答：可以创建基于屋顶的公制常规模型的窗进行放置，在给定的屋顶中通过洞口和拉伸工具新建需要的窗。载入到项目中放置就可以在斜墙中放置窗。

26. 梁连接不上？

答：首先用修剪延伸为角的工具，尝试将两个梁进行连接，如果梁没有按照理想的方式连接。再用梁连接工具，单击梁的连接处的小箭头，可以将梁连接在一起。

二维码索引

Note